Aumann · Haupt

Einführung in die reelle Analysis III

# Einführung in die reelle Analysis

## III Integralrechnung der Funktionen mehrerer Veränderlicher

von

Georg Aumann und Otto Haupt

3., völlig neu gestaltete Auflage des Werkes
Haupt · Aumann · Pauc, Differential- und Integralrechnung

Walter de Gruyter · Berlin · New York 1983

Dr. phil., Dr. rer. nat. h.c. Georg Aumann, verstorben, war em. o. Professor an der Technischen Universität München und ord. Mitglied der Bayerischen Akademie der Wissenschaften.
Dr. phil., Dr. rer. nat. h.c., Dr. rer. nat. h.c., Dr. h.c. Otto Haupt ist em. o. Professor an der Universität Erlangen-Nürnberg, seit 1947 ord., seit 1982 korresp. Mitglied der Bayerischen Akademie der Wissenschaften und ord. Mitglied der Akademie der Wissenschaften und der Literatur in Mainz, sowie korresp. Mitglied der Société Royale des Sciences de Liège.

*CIP-Kurztitelaufnahme der Deutschen Bibliothek*

**Aumann, Georg:**
Einführung in die reelle Analysis / von Georg Aumann u. Otto Haupt. – Berlin ; New York : de Gruyter
Bis 2. Aufl. u.d.T.: Haupt, Otto: Differential- und Integralrechnung
NE: Haupt, Otto:
3. → Aumann, Georg: Integralrechnung der Funktionen mehrerer Veränderlicher

**Aumann, Georg:**
Integralrechnung der Funktionen mehrerer Veränderlicher / von Georg Aumann u. Otto Haupt. – 3., völlig neu gestaltete Aufl. d. Werkes Haupt, Aumann, Pauc, Differential- und Integralrechnung. – Berlin ; New York : de Gruyter, 1982.
(Einführung in die reelle Analysis / von Georg Aumann u. Otto Haupt ; 3)
ISBN 3-11-008819-3
NE: Haupt, Otto:

 Printed in Germany. Satz und Druck: W. Tutte Druckerei GmbH, Salzweg-Passau. – Bindung: Lüderitz & Bauer Buchgewerbe GmbH, Berlin.

# Vorwort

In memoriam GEORG AUMANN und CHRISTIAN PAUC

Georg Aumann starb 1980 und Christian Pauc 1981. Ersterer hat alle drei Auflagen dieses Werkes, letzterer den 3. Band der zweiten Auflage mitgeprägt. Meiner tiefen Trauer über den Tod dieser Mitarbeiter und lieben Freunde möchte ich mit dieser Erinnerung Ausdruck geben.

Dieser dritte (abschließende) Band beschäftigt sich mit Verallgemeinerungen der im 1. Band entwickelten Theorie des Riemannintegrals $J(D,f) = \int_D f dx$ reeller Funktionen einer reellen Veränderlichen $f: D \longrightarrow \mathbb{R}$; in dieser Theorie erwies sich das Integral als *additiv* in Abhängigkeit vom Integrationsbereich $D$ sowie als linear bezüglich des Integranden $f$ (vgl. I., 9.5.2., (B), bzw. 9.5.6., Satz 2.). Allerdings gilt weder die Additivität noch die Linearität wenigstens im Allgemeinen, weder im Fall von Vereinigungen abzählbar vieler Integrationsbereiche, noch von Folgen abzählbar vieler Integranden. Ein Beispiel für die zweite Möglichkeit, bei der also $J(D, f_r)$ für jedes $r = 1, 2, \ldots$, existiert, sowie $F := \lim_n (\sum_{r=1}^n f_r)$, nicht aber $J(D, F)$, bietet der folgende Fall: Es seien $a_r \in D := [0; 1]$ die in $D$ enthaltenen rationalen Zahlen und es sei $f_r(x) = 1$ bzw. $f_r(x) = 0$ für $x = a_r$ bzw. für $x \in D \setminus \{a_r\}$. Und entsprechendes gilt für die Additivität.

Es stellt sich damit die Aufgabe, die Riemannsche Theorie so zu erweitern, daß Fälle wie die oben angezeigten nicht auftreten. Soweit dabei in erster Linie die Additivität in Betracht gezogen wird, bemerke man, daß die „endliche Additivität“ bedingt ist durch die „endliche Additivität“ des Jordan-Inhaltes, welcher der Integraldefinition zu Grunde liegt, daß demgemäß auch bzw. zuerst der Inhalt zu einem „abzählbar unendlich additiven“, kurz „$\sigma$-additiven“, erweitert werden muß, d. h. zu einem Maß (worauf im 2. Teil eingegangen wird).

Bei Riemann spielt die Topologie (im $\mathbb{R}^1$) eine Rolle; denn die Integraldefinition nimmt Bezug auf den Begriff des Intervalles bzw. dessen Länge und damit auf die Metrik im $\mathbb{R}^1$. Indes erweisen sich die für die Analysis wesentlichen Eigenschaften des Integrals als unabhängig von einer Topologie in $D$, was für manche Anwendungen, unter anderem in der Wahrscheinlichkeitstheorie, wichtig ist.

Den vorstehenden Darlegungen entsprechend bringt in diesem (dritten) Band der 1. Teil eine Zusammenstellung mengen- und funktionsalgebraischer Hilfsmittel, hingegen der 2. bzw. 3. Teil die Grundlagen der Maß- bzw. Integraltheorie. Verallgemeinernd enthält der 4. Teil einiges aus der Theorie der $\sigma$-additiven (Mengen-)Funktionen. Der 5. Teil ist dem Problem der Stammfunktion (von „Punktfunktionen“) gewidmet, während der 6. Teil Ergänzungen zu den vorhergehenden Teilen bringt, darunter das Haarsche Maß, den Satz von Sard und den Beweis des Satzes von der Differenzierbarkeit fast überall der dehnungsbeschränkten (oder Lipschitz-)Abbildungen (des $\mathbb{R}^n$ in den $\mathbb{R}^k$). Im 7. Teil wird der Satz von Fubini behandelt und im 8. der Satz von Stokes, und zwar letzterer für dehnungsbeschränkte Flächenstücke. Neben die im 3. Teil entwickelte, von der $\sigma$-Additivität ausgehende Integraltheorie, tritt im 9. Teil die, von der Linearität bezüglich des Integranden ihren Ausgang nehmende, Stonesche Theorie der linearen Funktionale. Im Zusammenhang damit wird auf die Hilbertschen Räume, einschließlich des Satzes von Riesz-Fischer, eingegangen. Und abschließend wird auf Darstellungssätze für lineare Funktionale (nach H. Bauer) hingewiesen.

Beim Tode von Aumann war das Manuskript des Buches im wesentlichen abgeschlossen, aber noch keineswegs druckfertig; insbesondere lag vom 8. Kapitel nur ein kurzer, an die 2. Auflage sich anschließender Entwurf vor. So war die Drucklegung des 3. Bandes, wenn überhaupt, nur dann schon jetzt möglich dank der aufopferungsvollen Hilfe meines Freundes G. Nöbeling. Vor allem hat er dem 8. Kapitel eine gegenüber der 2. Auflage wesentlich verbesserte, sehr lesbare Fassung gegeben, er hat alle Korrekturen gelesen, sowie u.a. das Sachverzeichnis beigesteuert. So möchte ich ihm auch hier aufs herzlichste danken. Sehr verpflichtet fühle ich mich auch meinen Kollegen: Heinz Bauer, der mir einen Bericht über seine Arbeiten betr. das konkrete und abstrakte Radonintegral (9.7.3) zur Verfügung gestellt hat, und Dietrich Kölzow für seine Hinweise auf die Lifting-Theorie (5.9.4). Ein Verzeichnis von Druckfehlern im 2. Band haben mir liebenswürdigerweise die Kollegen W. Fischer und W.-D. Geyer übermittelt.

Zu danken habe ich, wie bei den vorhergehenden Bänden, dem Verlag für die gediegene Ausstattung des Bandes.

Bad Soden (Taunus), im August 1982. Otto Haupt

# Inhalt

**Erster Teil**
**Mengensysteme. Meßräume**



**Zweiter Teil**
**Inhalt und Maß**



**Dritter Teil**
**Integral reeller Funktionen bzgl. eines Maßes**



**Vierter Teil**
**$\sigma$-additive Funktionen**



**Fünfter Teil**
**Ableitungsbasen. Derivierte von Mengenfunktionen**

## Sechster Teil
## Ergänzungen



## Siebenter Teil
## Produktmaße. Der Satz von Fubini



## Achter Teil
## Sätze von Gauß und Stokes



## Neunter Teil
## Lineare positive stetige Funktionale

Erster Teil

# Mengensysteme. Meßräume

## 1.1. Grundbegriffe

Als Grundbereich, dem alle im Folgenden betrachteten Mengen angehören, sei ein System $\mathfrak{P}$ von Mengen gewählt, das eine größte Menge $M$ besitzt und aus dem die Bildung der Vereinigung und des Durchschnittes beliebig vieler Mengen sowie Komplementbildung nicht hinausführt; die Bezugnahme auf $\mathfrak{P}$ wird im allgemeinen nicht weiter explizit hervorgehoben. Es bezeichnen $A, B, \ldots$ Mengen (aus $\mathfrak{P}$) und $\mathfrak{A}$, $\mathfrak{B}$, $\mathfrak{S}$, $\mathfrak{T}$ usw. (Mengen-)Teilsysteme von $\mathfrak{P}$. Bezüglich der im Folgenden stillschweigend als bekannt angenommenen Rechenregeln der Mengenalgebra wird auf I., 1.4., verwiesen.

**1.1.1.** Bezeichnungen, Bei Ausdrücken $\bigcup_i A_i$ und $\bigcap_i A_i$ handelt es sich, soweit nicht anderes bemerkt ist, um (abzählbare) Folgen $(A_\nu)_{\nu \in \mathbb{N}}$.

**1.1.1.1. Definitionen.** Irgend ein $\mathfrak{S} \subset \mathfrak{P}$ wird bezeichnet
**(I)** als $s$- bzw. $d$-System, wenn für je endlich viele $A_1, \ldots, A_k$
(s) aus $A_1, \ldots, A_k \in \mathfrak{S}$ folgt $A_1 \cup \ldots \cup A_k \in \mathfrak{S}$ bzw. wenn
(d) aus $A_1, \ldots, A_k \in \mathfrak{S}$ folgt $A_1 \cap \ldots \cap A_k \in \mathfrak{S}$,
**(II)** als $\sigma$- bzw. $\delta$-System, wenn für je abzählbar viele $A_r$, $r \in \mathbb{N}$
($\sigma$) aus $\bigwedge_r A_r \in \mathfrak{S}$ folgt $\bigcup_r A_r \in \mathfrak{S}$ bzw. wenn
($\delta$) aus $\bigwedge_r A_r \in \mathfrak{S}$ folgt $\bigcap_r A_r \in \mathfrak{S}$,
**(III)** als ein $S$- bzw. $D$-System, wenn für beliebiges $\mathfrak{T} \subset \mathfrak{S}$ folgt
(S) $\bigcup \mathfrak{T} \in \mathfrak{S}$ bzw. (D) $\bigcap \mathfrak{T} \in \mathfrak{S}$,
**(IV)** als $c$-System, wenn aus $Q, R \in \mathfrak{S}$ folgt
(c) $Q \backslash R := Q \backslash Q \cap R := C_Q R \in \mathfrak{S}$ (Komplementarität),
**(V)** als 1-System, wenn in $\mathfrak{S}$ ein größtes Element $E$ existiert,
wenn also $\bigvee_{E \in \mathfrak{S}} \bigwedge_{Q \in \mathfrak{S}} Q \subset E$,
**(VI)** als ein $(u, v, w, \ldots)$-System, wenn $\mathfrak{S}$ gleichzeitig $u$-, $v$-, $w$-, …-System ist, wobei $u, v, w, \ldots \in \{s, d, \sigma, \delta, S, D, c, 1\}$ ($u, v, w, \ldots$ alle verschieden). Statt $(u)$-System schreibt man auch $u$-System usw.
**(VII)** als ein (Mengen-)**Ring**, wenn $\mathfrak{S}$ ein nicht leeres $s, c$-System ist. Ein Ring, der zugleich $\sigma$- bzw. $\delta$-System ist, heißt $\sigma$- bzw. $\delta$-Ring.
**(VIII)** als 1-Ring oder als eine (Mengen-)**Algebra**, wenn $\mathfrak{S}$ ein $(s, c, 1)$-System ist. Das

größte Element $E$ von $\mathfrak{S}$ heißt dann (die)**Einheit** der Algebra. Ist die Algebra zugleich $\sigma$-System, so spricht man von einer **$\sigma$-Algebra**.

(**IX**) als **Unterring** bzw. $\sigma$-Unterring eines Ringes $\mathfrak{R}$, wenn $\mathfrak{S} \subset \mathfrak{R}$ und wenn $\mathfrak{S}$ für sich betrachtet ein Ring bzw. ein $\sigma$-Ring ist bezüglich der in $\mathfrak{S}$ definierten Operationen $s$ und $c$. Ist $\mathfrak{R}$ eine Algebra bzw. $\sigma$-Algebra, so heißt $\mathfrak{S} \subset \mathfrak{R}$ **Unteralgebra** bzw. $\sigma$-Unteralgebra von $\mathfrak{S}$, wenn $\mathfrak{S}$ Unterring bzw. $\sigma$-Unterring von $\mathfrak{R}$ mit der *gleichen* Einheit $E$ wie der von $\mathfrak{R}$ ist.

(**X**) Für $\mathfrak{Q} \subset \mathfrak{P}$ und $T \subset M$ heißt $\mathfrak{Q} \cap T := T \cap \mathfrak{Q} := \{Q \cap T : Q \in \mathfrak{Q}\}$ die **Spur** von $\mathfrak{Q}$ in $T$.

### 1.1.1.2. Sätze und Beispiele.

(**2.1**) Ist $\mathfrak{Q}$ ein $(u, v, w, \ldots)$-System, so auch die Spur von $\mathfrak{Q}$ in $T$. Mit $\mathfrak{Q}$ ist also auch $\mathfrak{Q} \cap T$ ein Ring bzw. eine Algebra usw. Ferner ist $\mathfrak{Q} \cap T$ eine Algebra, wenn $\mathfrak{Q}$ ein Ring und wenn $T \in \mathfrak{Q}$ ist. (Bew. als Aufgabe).

(**2.2**) Es ist $\mathfrak{S}$ ein $s$- bzw. $d$-System, wenn mit je zwei Elementen aus $\mathfrak{S}$ ihre Vereinigung bzw. ihr Durchschnitt in $\mathfrak{S}$ enthalten ist.

(**2.3**) Jedes $\sigma$- bzw. $\delta$-System ist auch $s$- bzw. $d$-System.

(**2.4**) Jeder Ring, d. h. jedes $(s, c)$-System $\mathfrak{R}$ ist zugleich $(d, c)$-System. – Ist nämlich $Q, T \in \mathfrak{R}$ und $V := Q \cup T$, so gilt $Q \cap T = C_V(C_V(Q \cap T)) = C_V(C_V Q \cup C_V T)$. – Umgekehrt ist *nicht* jedes $(d, c)$-System auch ein Ring, d. h. $(s, c)$-System. Beispiel: Es sei $\mathfrak{S}$ das System aller höchstens $k$-elementigen Teilmengen von $M$. Es ist $\mathfrak{S}$ ein $d$-System und $c$-System, aber nicht $s$-System, falls $M$ mindestens $k + 1$ Elemente enthält.

(**2.4a**) Jeder $\sigma$-Ring ist auch $\delta$-System (Betr. Bew. vgl. (2.4)).

(**2.4b**) Ein $(s, 1)$- bzw. $(\sigma, 1)$-System $\mathfrak{S}$ ist Algebra bzw. $\sigma$-Algebra, wenn ($\mathfrak{S}$ ein größtes Element $E$ besitzt und) an Stelle von (c) die folgende Forderung ($c_E$) erfüllt ist

($c_E$) $$\bigwedge_{Q \in \mathfrak{S}} C_E Q \in \mathfrak{S}.$$

(Denn aus ($c_E$) folgt (c)).

(**2.4c**) Jede Algebra bzw. $\sigma$-Algebra ist zugleich $d$- bzw. $\delta$-System. Und umgekehrt ist jedes $(d, c_E, 1)$- bzw. $(\delta, c_E, 1)$-System Algebra bzw. $\sigma$-Algebra; diese letztere, gegenüber (2.4) schärfere Aussage ist bedingt dadurch, daß $(c_E)$ schärfer ist als $(c)$. (Denn es folgt $(c)$ aus $(c_E)$ und es gilt $\bigcup_\kappa Q_\kappa = E \setminus (\bigcap_\kappa C_E Q_\kappa)$).

(**2.5**) Jedes nicht leere $c$-System, speziell jeder nicht leere Ring, enthält die leere Menge (wie aus $(c)$ folgt).

(**2.6**) *Beispiele von (Mengen-)Algebren:*

(**a**) Die Potenzmenge $\mathfrak{p}(M)$ von $M$ ist eine $\sigma$-Algebra.

(**b**) Es ist $\mathfrak{S} := \{Q : Q \in \mathfrak{p}(M) \wedge ((Q \vee C_M Q) \text{ endlich})\}$ eine Algebra mit $M$ als Einheit; ersetzt man in der Definition von $\mathfrak{S}$ die Forderung „endlich" durch „abzählbar unendlich" so wird $\mathfrak{S}$ eine $\sigma$-Algebra.

**(c)** Es sei $\mathfrak{A}'$ eine Algebra mit Einheit $E$, ferner $\mathfrak{R}$ ein Unterring von $\mathfrak{A}'$ und $\mathfrak{C} := \{C_E R : R \in \mathfrak{R}\}$. Dann ist $\mathfrak{C}$ ein $s, d$-System, aber i.a. kein Ring. Hingegen ist $(\mathfrak{R} \cup \mathfrak{C})_s$ eine Unteralgebra von $\mathfrak{A}'$ mit $E$ als Einheit. – Spezialfall: $\mathfrak{R}$ sei das System der endlichen Teilmengen einer unendlichen Menge $E$. (Bew. als Aufgabe).
**(d)** Es sei $\mathfrak{J}$ ein System von Teilmengen $J$ einer Menge $A$ und $\mathfrak{J}_s$ bezeichne das System aller Vereinigungen von je endlich vielen Mengen aus $\mathfrak{J}$. Es gilt: $\mathfrak{J}_s$ ist genau dann eine Algebra mit der Einheit $A$, wenn Erstens $A \in \mathfrak{J}$, Zweitens $\mathfrak{J}$ eine $d$-System ist und Drittens $\bigwedge_{J \in \mathfrak{J}} C_A J \in \mathfrak{J}_s$ (Bew. als Aufgabe).

**1.1.2.** Erweiterung von Mengensystemen.

**1.1.2.1.** Häufig stellt sich die Aufgabe, ein gegebenes Mengensystem $\mathfrak{U} < \mathfrak{p}(M)$ zu erweitern zu einem System in $\mathfrak{p}(M)$ mit Eigenschaften, wie sie in 1.1.1. definiert worden sind. Eine allgemeine Antwort gibt der folgende

**Existenzsatz.** Voraussetzung. *Es sei* $\mathfrak{E} \subset \{s, d, \sigma, \delta, c, 1\}$, $\mathfrak{E} \neq \emptyset$ *und* $\mathfrak{U} \subset \mathfrak{p}(M)$ *mit* $\mathfrak{U} \neq \emptyset$.

Behauptung. (1) *Falls* $1 \notin \mathfrak{E}$ *ist, gibt es genau eine kleinste Erweiterung von* $\mathfrak{U}$ *zu einem* $\mathfrak{E}$*-System* $\mathfrak{U}_{\mathfrak{E}} \subset \mathfrak{p}(M)$. – (2) *Ist aber* $1 \in \mathfrak{E}$ *und ist ein* $E \in \mathfrak{p}(M)$ *mit* $\bigcup \mathfrak{U} \subset E \subset M$ *vorgegeben, so gibt es genau eine kleinste Erweiterung* $\mathfrak{U}_{\mathfrak{E}}$ *von* $U$ *zu einem* $\mathfrak{E}$*-System mit* $E$ *als größtem Element.*

Beweis. *Betr.* (1). Falls $1 \notin \mathfrak{E}$, ist $\mathfrak{U}_E := \bigcap \{\mathfrak{T} : \mathfrak{U} \subset \mathfrak{p}(M) \cap \mathfrak{T}$ ist $\mathfrak{E}$-System$\}$ die gesuchte Erweiterung von $\mathfrak{U}$; denn $\mathfrak{p}(M)$ selbst ist ein $\mathfrak{T}$ der fraglichen Art und für $u \neq 1$ ist der Durchschnitt von $u$-Systemen wieder ein $u$-System. – *Betr.* (2) Wenn $1 \in \mathfrak{E}$ und $\bigcup \mathfrak{U} \subset E$ ist, setzen wir $\mathfrak{U}' := \mathfrak{U} \cup \{E\}$. Nach (1) gibt es genau eine kleinste Erweiterung von $\mathfrak{U}'$ zu einem $(\mathfrak{E} \setminus \{1\})$-System $\mathfrak{U}''$ in $\mathfrak{p}(M)$ und sogar in $\mathfrak{p}(E)$. Wegen $\mathfrak{U}' \subset \mathfrak{U}''$ ist mithin $\mathfrak{U}''$ ein $\mathfrak{E}$-System mit größtem Element $E$ und zwar das kleinste, in dem $\mathfrak{U}$ enthalten ist, also $\mathfrak{U}_{\mathfrak{E}} = \mathfrak{U}''$.

**1.1.2.2.** Falls $1 \notin \mathfrak{E}$ bzw. falls $1 \in \mathfrak{E}$ sowie $\bigcup \mathfrak{H} \subset E$, bezeichnen wir $\mathfrak{H}_{\mathfrak{E}}$ als das von $\mathfrak{H}$ bzw. von $\mathfrak{H} \cup \{E\}$ **erzeugte** $\mathfrak{E}$*-System* und $\mathfrak{H}$ bzw. $\mathfrak{H} \cup \{E\}$ als **Erzeugende** von $\mathfrak{H}_{\mathfrak{E}}$. Weiter bezeichnen wir mit $\mathfrak{R}(\mathfrak{H})$ bzw. mit $\mathfrak{R}_\sigma(\mathfrak{H})$ den von $\mathfrak{H}$ erzeugten Ring bzw. $\sigma$-Ring $\mathfrak{H}_{(s,c)}$ bzw. $\mathfrak{H}_{(\sigma,c)}$, ferner mit $\mathbf{B}(\mathfrak{H})$ und als **Borelsches System** über $\mathfrak{H}$ das von $\mathfrak{H}$ erzeugte $(\sigma, \delta)$-System $\mathfrak{H}_{(\sigma,\delta)}$ und schließlich mit $\mathfrak{A}(\mathfrak{H})$, genauer $\mathfrak{A}(\mathfrak{H}, E)$ bzw. mit $\mathfrak{A}_\sigma(\mathfrak{H})$ oder $\mathfrak{A}_\sigma(\mathfrak{H}, E)$ die von $\mathfrak{H}$ mit $E$ als Einheit erzeugte Algebra bzw. $\sigma$-Algebra, nämlich $\mathfrak{H}_{(s,c,1)}$ bzw. $\mathfrak{H}_{(\sigma,c,1)}$.

**Satz.** Voraussetzung. *Es sei* $\mathfrak{R}$ *ein Ring in* $\mathfrak{p}(E)$.

Behauptung. (1) *Das von* $\mathfrak{R}$ *erzeugte* $\sigma$*-System* $\mathfrak{R}_\sigma := \mathfrak{R}_{(\sigma)}$ *ist ein* $(\sigma, d)$*-System. Jedes* $R \in \mathfrak{R}_s$ *gestattet* $\sigma$-**Zerlegungen**, *d.h. jedes* $R \in \mathfrak{R}_\sigma$ *läßt sich darstellen als* $R = \bigcup_t R'_t$ *mit* *disjunkten* $R'_t \in \mathfrak{R}$, *ferner gestattet* $R$ *(isotone)* $\sigma$-**Darstellungen**, *d.h. Darstellungen* $R = \bigcup_t R''_t$ *mit* $R''_t \in \mathfrak{R}$ *und* $R''_t \subset R''_{t+1}$.

(2) *Das von* $\mathfrak{R}$ *erzeugte* $\delta$-*System* $\mathfrak{R}_\delta := \mathfrak{R}_{(\delta)}$ *ist ein* $(s, \delta)$-*System. Jedes* $R \in \mathfrak{R}_\delta$ *gestattet (antitone)* $\delta$-**Darstellungen**, *d.h. Darstellungen* $R = \bigcap_t R^*_t$ *mit* $R^*_t \in \mathfrak{R}$ *und* $R^*_{t+1} \subset R^*_t$.

(3) *Für* $S \in \mathfrak{R}_\sigma$ *und* $D \in \mathfrak{R}_\delta$ *gilt* $S \backslash D \in \mathfrak{R}_\sigma$ *und* $D \backslash S \in \mathfrak{R}_\delta$ *(dabei ist natürlich* $S \in \mathfrak{R}$ *oder (und* $D \in \mathfrak{R}$ *eingeschlossen).*

(4) *Ist* $\mathfrak{R}$ *sogar eine Algebra mit der Einheit* $E$, *so ist das von* $\mathfrak{R}$ *in* $\mathfrak{p}(E)$ *erzeugte Borelsche System gleich der von* $\mathfrak{R}$ *erzeugten* $\sigma$-*Algebra, also* $\mathbf{B}(\mathfrak{R}) = A_\sigma(\mathfrak{R})$.

Beweis. *Betr.* (1) Es sei $\mathfrak{B} := \{\bigcup_r R_r : R_r \in \mathfrak{R}\}$, also $\mathfrak{R} \subset \mathfrak{B} \subset \mathfrak{R}_\sigma$. Weiter ist aber $\mathfrak{B} = \mathfrak{B}_s$; denn aus $V_t \in \mathfrak{B}$ folgt $V_t = \bigcup_r R_{tr}$ mit $R_{tr} \in \mathfrak{R}$, also $\bigcup_{tr} R_{tr} \in \mathfrak{B}$. Somit $\mathfrak{R} \subset \mathfrak{B}_s \subset \mathfrak{R}_\sigma$, woraus wegen der Minimaleigenschaft von $\mathfrak{R}_\sigma$ folgt $\mathfrak{B} = \mathfrak{R}_\sigma$. – Bildet man $R'_t := R_t \backslash (R_1 \cup \ldots \cup R_{t-1})$, so ist $R'_t \in \mathfrak{R}$ mit $R'_t \cap R'_s = \emptyset$ für $t \neq s$ und $S = \bigcup_t R_t = \bigcup_t R'_t$. Und für $R''_t := \bigcup_{r=1}^t R_r \in \mathfrak{R}$ ist $S = \bigcup_t R''_t$ mit $R''_t \subset R''_{t+1}$. – Es ist $\mathfrak{R}_\sigma = (\mathfrak{R}_\sigma)_d$; denn aus $V := \bigcup_r R_r$, $V' := \bigcup_t R'_t$, wobei $R_r, R'_t \in \mathfrak{R}$, folgt $V \cap V' = \bigcup_{r,t} R_r \cap R'_t \in \mathfrak{R}_\sigma$, wegen $R_r \cap R'_t \in \mathfrak{R}$.

*Betr.* (2) Es sei $D := \bigcap_r R_r \in \mathfrak{R}_\delta$ und $D' := \bigcap_t R'_t \in \mathfrak{R}_\delta$, wobei $R_r, R'_t \in \mathfrak{R}$. Dann gilt $D \cup D' = (\bigcap_r R_r) \cup (\bigcap_t R'_t) = \bigcap_{r,t} (R_r \cup R'_t)$ (vgl. I., 1.6.3.1., Satz 5.), mithin $D \cup D' \in \mathfrak{R}_\delta$. Weiter ist $D = \bigcap_r R_r = \bigcap_t R'_t$ mit $R'_t := R_1 \cap \ldots \cap R_t$, also $R'_{t+1} \subset R'_t$.

*Betr.* (3). Für $S := \bigcup_t R_t$ und $D := \bigcap_s R'_s$ mit $R_t, R'_s \in \mathfrak{R}$ gilt $S \backslash D = S \cap C_S D = \bigcup_t R_t \cap (\bigcup_s C_S R'_s) = \bigcup_{t,s} R_t \cap C_{R_t} R'_s \in \mathfrak{R}_\sigma$ wegen $C_{R_t} R'_s \in \mathfrak{R}$. Entsprechend $D \backslash S = \bigcap_{s,t} R'_s \cap C_{R'_s} R_t \in \mathfrak{R}_\delta$.

*Betr.* (4) Definitionsgemäß gilt $\mathbf{B} := \mathbf{B}(\mathfrak{R}) = \mathbf{B}_\sigma = \mathbf{B}_\delta$. Wir betrachten $\mathfrak{C} := \{B : B \in \mathbf{B} \wedge C_E B \in \mathbf{B}\}$; es ist also $\mathfrak{C}$ ein $c$-System mit $E$ als größtem Element. Ferner ist $\mathfrak{C} = \mathfrak{C}_\sigma$, weil aus $B_t \in \mathfrak{C}$ folgt $\bigcup_t B_t \in \mathbf{B}$ und $\bigcup_t C_E B_t \in \mathbf{B}$. Somit ist $\mathfrak{C}$ eine $\sigma$-Algebra, also zugleich $\delta$-System. Insgesamt hat man also $\mathfrak{R} \subset \mathfrak{C} = \mathfrak{C}_\sigma = \mathfrak{C}_\delta \subset \mathbf{B}$, woraus $\mathfrak{C} = \mathbf{B}$ wegen der Minimaleigenschaft von $\mathbf{B}$.

**Zusatz.** Ist $\mathfrak{R}$ Ring, so nicht notwendig auch $\mathfrak{R}_\sigma$ Ring. Beispiel: Elemente von $\mathfrak{R}$ seien die Vereinigungen von je endlich vielen Intervallen $^+(2^{-n}h; 2^{-n}k)$ mit $h < k, h, k \in \mathbb{Z}, n \in \mathbb{N}$; es ist $\mathfrak{R}_\sigma \neq \mathfrak{R}_\sigma(\mathfrak{R})$ (Bew. als Aufgabe).

Anmerkung. Dem Beweis des Existenzsatzes (1.1.2.1.) lag eine Konstruktion des $\mathfrak{U}_\mathfrak{C}$ „von oben her" zu Grunde. Daneben kann in einfachen Fällen eine Konstruktion „von unten her" treten, wie sie z.B. hier in 1.1.2.2. beim Beweis betr. (1), auch betr. (4), verwendet wurde. Betr. (4) ist dabei zu bemerken: Die Konstruktion „von unten her" des $\mathbf{B}(\mathfrak{U})$ (mittels transfiniter Induktion) erfolgt vermöge abwechselnder $\sigma$- und $\delta$-Bildung, gemäß ($\mathfrak{U} \mapsto \mathfrak{U}_\sigma \mapsto \mathfrak{U}_{\sigma\delta} := (\mathfrak{U}_\sigma)_\delta \mapsto \mathfrak{U}_{\sigma\delta\sigma} \mapsto \ldots$ (Schritt 1. Art) und Vereinigungsbildung in den Limesfällen (Schritt 2. Art) (vgl. Lit.).

**1.1.2.3.** *Erweiterungen eines Ringes zu einer Algebra.*

**Satz.** Voraussetzung. *Es sei* $\mathfrak{R} \subset \mathfrak{p}(M)$ *ein Ring.*

Behauptung. (I) *Jede Erweiterung von* $\mathfrak{R}$ *zu einer Algebra* $\mathfrak{R}' \subset \mathfrak{p}(M)$ *mit der Einheit* $E$ *genügt den beiden Bedingungen*
(a) $\bigcup \mathfrak{R} \subset E \in \mathfrak{p}(M)$ *und* (b) $\mathfrak{R}' \supset \mathfrak{R} \cup \mathfrak{C}_E$ mit $\mathfrak{C}_E := \{C_E R : R \in \mathfrak{R}\}$
(II) *Es ist* $\tilde{\mathfrak{R}}(E) := \mathfrak{R} \cup \mathfrak{C}_E$ *die kleinste Algebra über* $\mathfrak{R}$ (*in* $\mathfrak{p}(M)$).

Anmerkungen. (1) Es ist $\bigcup \mathfrak{R} (= \bigcup_{R \in \mathfrak{R}} R)$ das kleinstmögliche $E$ und, falls $\bigcup \mathfrak{R} = M$, sogar das einzig mögliche. – (2) Falls $\mathfrak{R}$ eine Algebra ist, also $\bigcup \mathfrak{R} =: E' \in \mathfrak{R}$ und falls gleichzeitig $E' \neq E$ ist, gilt $\mathfrak{C}_E = \{R \cup (E \setminus \bigcup \mathfrak{R}) : R \in \mathfrak{R}\}$.

Beweis. *Betr.* (I) Jedenfalls ist (a) notwendig dafür, daß $\mathfrak{R}'$ Erweiterung von $\mathfrak{R}$ ist. Entsprechendes gilt für (b), weil $\mathfrak{R} \cup \mathfrak{C}_E =: \tilde{\mathfrak{R}}(E)$ Algebra mit der Einheit $E$ ist. In der Tat: Es ist $\tilde{\mathfrak{R}} := \tilde{\mathfrak{R}}(E)$ ein $(s, c)$-System; denn für alle $A, B \in \mathfrak{R}$ gilt, wenn $C := C_E$ und $\mathfrak{C} := \mathfrak{C}_E$ gesetzt ist, $A \cup C B = C(B \setminus A) \in \mathfrak{C} \subset \tilde{\mathfrak{R}}$, $CA \cup CB = C(A \cap B) \in \mathfrak{C} \subset \tilde{\mathfrak{R}}$, $CA \setminus B = C(A \cup B) \in \mathfrak{C} \subset \tilde{\mathfrak{R}}$, $A \setminus CB = A \cap B \in \mathfrak{R} \subset \tilde{\mathfrak{R}}$, $CA \setminus CB = B \setminus A \in \mathfrak{R} \subset \tilde{\mathfrak{R}}$. – *Betr.* (II) Folgt aus (I). – *Betr. Anmerkungen.* (1) Klar. – (2) Weil $\mathfrak{R}$ Algebra mit $E'$ als Einheit ist, gilt $\bigwedge_{R \in \mathfrak{R}} \bigvee_{R' \in \mathfrak{R}} R = C_{E'} R'$, also $C_E R = C_E E' \cup R'$.

**1.1.3.** Eine Kennzeichnung der kleinsten $\sigma$-Algebra über einer Algebra

Es sei $\mathfrak{A}'$ eine $\sigma$-Algebra mit der Einheit $E$ (etwa $\mathfrak{A}' := \mathfrak{p}(E)$).

**Definition.** Ein Teilsystem $\mathfrak{F}$ von $\mathfrak{A}'$ werde als $\sigma', \delta'$*-System* (in $\mathfrak{A}'$) bezeichnet, wenn $\bigcup_r F_r \in \mathfrak{F}$ für *disjunkte* $F_r \in \mathfrak{F}$ und $\bigcap_r F_r \in \mathfrak{F}$ für $F_{r+1} \subset F_r$, $r = 1, 2, \ldots$ Die Menge aller $\sigma', \delta'$ Systeme $\mathfrak{F}$ (in $\mathfrak{A}'$) sei $\phi' = \phi'(\mathfrak{A}')$.

**Satz.** Voraussetzung. *Es sei* $\mathfrak{A}$ *eine Unteralgebra in der* $\sigma$*-Algebra* $\mathfrak{A}'$ *mit der Einheit* $E$ (*von* $\mathfrak{A}$ *und* $\mathfrak{A}'$). *Das Teilsystem der* $\sigma', \delta'$*-Systeme* $\mathfrak{F} \in \phi'(\mathfrak{A}')$, *für welche* $\mathfrak{A} \subset \mathfrak{F}$, *sei* $\phi = \phi(\mathfrak{A})$.

Behauptung. *Das (in* $\mathfrak{A}'$*) kleinste* $\sigma', \delta'$*-System* $\mathfrak{Q}$ *über* $\mathfrak{A}$ (*also* $\mathfrak{A} \subset \mathfrak{Q} \in \phi(\mathfrak{A})$) *ist gleich der (in* $\mathfrak{A}'$*) kleinsten* $\sigma$*-Algebra* $\mathfrak{A}_\sigma(\mathfrak{A})$ *über* $\mathfrak{A}$.

**Zusatz.** Speziell folgt hieraus wieder $\mathbf{B}(\mathfrak{A}) = \mathfrak{A}_\sigma(\mathfrak{A})$ (vgl. 1.1.2.2., Satz, Beh. (4)).

Beweis. (I) Als Durchschnitt aller $\sigma', \delta'$-Systeme über $\mathfrak{A}$ in $\mathfrak{A}'$ existiert $\mathfrak{Q}$ und ist eindeutig bestimmt, wobei $E \subset \mathfrak{A} \subset \mathfrak{Q} \subset \mathfrak{A}_\sigma(\mathfrak{A}) \subset \mathfrak{A}'$. Aus der Minimalität von $\mathfrak{A}_\sigma(\mathfrak{A})$ folgt $\mathfrak{Q} = \mathfrak{A}_\sigma(\mathfrak{A})$, falls $\mathfrak{Q}$ als $\sigma$-Algebra nachgewiesen wird. Dazu genügt es (gemäß 1.1.1.2., (2.4c)), daß $\mathfrak{Q} = \mathfrak{Q}_\delta$ und $\mathfrak{Q} = \mathfrak{Q}_c$, d.h. $\bigwedge_{Q \in \mathfrak{Q}} C_E Q \in \mathfrak{Q}$.
(II) Der Beweis für $\mathfrak{Q} = \mathfrak{Q}_\delta = \mathfrak{Q}_c$ benützt wesentlich, daß $\mathfrak{Q}$ minimal, d.h. kleinstes $\mathfrak{F} \in \phi(\mathfrak{A})$, in *Zeichen* $(M\mathfrak{Q})$, ist, ferner daß $\mathfrak{A}$ Algebra, d.h. $\mathfrak{A} = \mathfrak{A}_d = \mathfrak{A}_c$ mit $E$ als Einheit ist (vgl. 1.1.1.2., (2.4c).

(II 1) *Es gilt* $\mathfrak{Q} = \mathfrak{Q}_\delta$. In der Tat: ($\alpha$) Für $\mathfrak{R} := \{R : R \in \mathfrak{Q} \wedge \bigwedge_{A \in \mathfrak{A}} R \cap A \in \mathfrak{Q}\}$ gilt $\mathfrak{A} \subset \mathfrak{R}$, weil $\mathfrak{A} = \mathfrak{A}_d$. Es ist $\mathfrak{R} \in \phi(\mathfrak{A})$ (Beweis!) und definitionsgemäß $\mathfrak{R} \subset \mathfrak{Q}$. Wegen $\mathfrak{A} \subset \mathfrak{R}$ und $(M\mathfrak{Q})$ ist $\mathfrak{R} = \mathfrak{Q}$. – ($\beta$) Für $\mathfrak{S} := \{S : S \in \mathfrak{Q} \wedge \bigwedge_{Q \in \mathfrak{Q}} S \cap Q \in \mathfrak{Q}\}$ gilt $\mathfrak{S} \subset \mathfrak{R} \subset \mathfrak{Q}$ und da nach ($\alpha$) gilt $\bigwedge_{A \in \mathfrak{A}} \bigwedge_{Q \in \mathfrak{Q}} A \cap Q \in \mathfrak{Q}$, ist $\mathfrak{A} \subset \mathfrak{S} \subset \mathfrak{Q}$. Und weil wieder $\mathfrak{S} \in \phi(\mathfrak{A})$, folgt (wie in$\alpha$)) $\mathfrak{S} = \mathfrak{Q}$. – ($\gamma$) Aus der Definition von $\mathfrak{S}$ folgt $\mathfrak{Q} = \mathfrak{Q}_d$, wegen $\mathfrak{Q} = \mathfrak{Q}_\delta$, also $\mathfrak{Q} = \mathfrak{Q}_\delta$.

(II 2) *Es gilt auch* $\mathfrak{Q} = \mathfrak{Q}_c$. Zum Beweis setzen wir $\mathfrak{T} := \{T : T \in \mathfrak{Q} \wedge CT \in \mathfrak{Q}\}$, wobei $CT := C_E T$, also $\mathfrak{T} \subset \mathfrak{Q}$. Wegen $\mathfrak{A} = \mathfrak{A}_c$ ist $\mathfrak{A} \subset \mathfrak{T} \subset \mathfrak{Q}$. – ($\alpha$) Es ist $\mathfrak{T}$ ein $\sigma'$-System; denn für disjunkte $T_r \in \mathfrak{T}$, $r = 1, 2, \ldots$, ist $B := \bigcup_r T_r \in \mathfrak{Q}$ und $CB = \bigcap_r CT_r \in \mathfrak{Q}_\delta = \mathfrak{Q}$ (vgl. (II 1)), also $B \in \mathfrak{T}$. – ($\beta$) Es ist $\mathfrak{T}$ ein $\delta'$-System. Es sei nämlich $T_r \in \mathfrak{T}$ mit $T_{r+1} \in T_r$, $r = 1, 2, \ldots$. Dann ist $D := \bigcap_r T_r \in \mathfrak{Q}_\delta = \mathfrak{Q}$ und $CD = \bigcup_r CT_r = (CT_1) \cup \bigcup_{r \geq 1} (T_r \cap CT_{r+1})$ eine $\sigma'$-Darstellung von $CD$ (Beweis!) mit Summanden aus $\mathfrak{Q}$ (wegen $\mathfrak{Q} = \mathfrak{Q}_\delta$) also $CD \in \mathfrak{Q}$ und daher $D \in \mathfrak{T}$. – ($\gamma$) Wegen ($\alpha$), ($\beta$) und $(M\mathfrak{Q})$ ist $\mathfrak{T} = \mathfrak{Q}$. Da aber $\mathfrak{T} = \mathfrak{T}_c$, folgt $\mathfrak{Q} = \mathfrak{Q}_c$, wie behauptet.

**1.1.4.** Die Borelschen Mengen eines topologischen Raumes.

**Definition.** Es sei $\mathfrak{o}$ bzw. $\mathfrak{a}$ das $S$, $d$- bzw. $s$, $D$-System der offenen bzw. abgeschlossenen Mengen eines topologischen Raumes $(X, \mathfrak{u})$. Die Elemente der kleinsten $\sigma$-Algebra $\mathfrak{B} := \mathfrak{A}_\sigma(\mathfrak{o} \cup \mathfrak{a})$ über $\mathfrak{o} \cup \mathfrak{a}$ in $X$ werden als die **Borelschen Mengen** von $(X, \mathfrak{u})$ bezeichnet.

Der Zusammenhang dieser Borelschen Mengen mit den (vgl. 1.1.2.2.) Elementen des *Borelschen Systems* $\mathbf{B}(\mathfrak{H})$ über $\mathfrak{H} := \mathfrak{o} \cup \mathfrak{a}$ wird u.a. geliefert durch den

**Satz.** (0) *Es gilt* $\mathfrak{B} = \mathfrak{A}_\sigma(\mathfrak{o} \cup \mathfrak{a}) = \mathfrak{A}_\sigma(\mathfrak{o}) = \mathfrak{A}_\sigma(\mathfrak{a}) =: \mathfrak{B}(X, \mathfrak{u})$.
(I) *Es ist* $\mathbf{B}(\mathfrak{o} \cup \mathfrak{a}) = \mathfrak{A}_\sigma(\mathfrak{o} \cup \mathfrak{a}) = \mathfrak{B}$.
(II) *Ist speziell* $(X, \mathfrak{u})$ *metrisch, so gilt überdies* $\mathfrak{B} = \mathbf{B}(\mathfrak{o}) = \mathbf{B}(\mathfrak{a})$.

Beweis. *Zu* (0). Die $G \in \mathfrak{o}$ und die $F \in \mathfrak{a}$ sind paarweise Komplemente von einander.
*Zu* (I). Wegen $\mathbf{B}(\mathfrak{o} \cup \mathfrak{a}) \subset \mathfrak{A}_\sigma(\mathfrak{o} \cup \mathfrak{a})$ und wegen der Kleinsteigenschaft von $\mathfrak{A}_\sigma(\mathfrak{o} \cup \mathfrak{a})$ genügt es zu zeigen, daß $\mathbf{B}(\mathfrak{o} \cup \mathfrak{a})$ ein $C_X$-System ist, d. h. mit $Y \in \mathbf{B}(\mathfrak{o} \cup \mathfrak{a})$ auch $C_X Y \in \mathbf{B}(\mathfrak{o} \cup \mathfrak{a})$ gilt. Hierzu der

*Hilfssatz*: (1) Ist $\mathfrak{C}$ ein $C_X$-System, so auch $\mathfrak{C}_\sigma \cup \mathfrak{C}_\delta$. – (2) Ist $\bigwedge_i \mathfrak{C}_i$ ein $C_X$-System, so auch $\bigcup_i \mathfrak{C}_i$. ((2) ist evident und (1) folgt aus

$$C_X(\bigcup_\nu Y_\nu) = \bigcap_\nu (C_X Y_\nu), \quad C_X(\bigcap_\nu Y_\nu) = \bigcup_\nu (C_X Y_\nu)).$$

Die Behauptung des Satzes ergibt sich nun durch den Aufbau von $\mathbf{B}(\mathfrak{o} \cup \mathfrak{a})$ „von unten her" durch transfinite Induktion (vgl. Anmerk. in 1.1.2.2.). Zu Beginn folgt $\mathfrak{o} \cup \mathfrak{a} \subset (\mathfrak{o} \cup \mathfrak{a})_\sigma \cup (\mathfrak{o} \cup \mathfrak{a})_\delta \subset (\mathfrak{o} \cup \mathfrak{a})_{\sigma\delta}$, und allgemein gilt: Ist $C'$ ein $C_X$-System mit $\mathfrak{C} \subset \mathfrak{C}' \subset \mathfrak{C}_{sd}$ bzw. $\mathfrak{C} \subset \mathfrak{C}' \subset \mathfrak{C}_{\delta\sigma}$, so ist auch $\mathfrak{C}_\sigma \subset \mathfrak{C}'_\sigma \cup \mathfrak{C}'_\delta \subset \mathfrak{C}_{\sigma\delta\sigma}$ bzw. $\mathfrak{C}_\delta \subset \mathfrak{C}'_\sigma \cup \mathfrak{C}'_\delta \subset \mathfrak{C}_{\delta\sigma\delta}$ mit dem $C_X$-

System $\mathfrak{C}'_\sigma \cup \mathfrak{C}'_\delta$. Dies zeigt, daß bei der ersten Schrittart des transfiniten Aufbaus (abwechselnd $\sigma$- und $\delta$-Bildung) die $C_X$-Komplemente zu den Elementen eines Systems der Aufbaufolge im übernächsten System enthalten sind, und die fraglichen Vereinigungen der zweiten Schrittart die Eigenschaft haben, daß die $C_X$-Komponente der Elemente eines jeden Summanden im übernächsten Summanden auftreten, also $C_X$-Systeme ergeben, und letzthin die Vereinigung dieser $C_X$-Systeme, nämlich **B**, auch ein $C_X$-System ist.
*Zu* (II). Hierzu der
*Hilfssatz*: In einem metrischen Raum gilt $\mathfrak{a} \subset \mathfrak{o}_\delta$ und $\mathfrak{o} \subset \mathfrak{a}_\sigma$.

*Beweis* (der ersten Inklusion; die zweite folgt aus Komplementaritätsgründen). Es bezeichne $K_\varrho(a)$ die offene Kugel mit Zentrum $a$ und Radius $\varrho > 0$, und für $A \in \mathfrak{a}$ sei $U_\varrho(A) := \bigcup\{K_\varrho(a) : a \in A\}$. Es ist $U_{\nu^{-1}}(A) \in \mathfrak{o}$ und $\bigcap_{\nu \in \mathbb{N}} U_{\nu^{-1}}(A) = A$ (Beweis!), was $\mathfrak{a} \subset \mathfrak{o}_\delta$ bestätigt. – Nun folgt sofort $\mathfrak{o}_\delta \supset \mathfrak{o} \cup \mathfrak{a}$ und damit $\mathbf{B}(\mathfrak{o}) = \mathbf{B}(\mathfrak{o}_\delta) \supset \mathbf{B}(\mathfrak{o} \cup \mathfrak{a}) \supset \mathbf{B}(\mathfrak{o})$. Analog für $\mathbf{B}(\mathfrak{a})$.

1. Anmerkung. Im $\mathbb{R}^n$ läßt sich die Aussage $\mathfrak{B} = \mathbf{B}(\mathfrak{a})$ z. B. dahin verschärfen, daß $\mathfrak{B} = \mathbf{B}(\mathfrak{k})$, wobei $\mathfrak{k}$ das System der kompakten Teilmengen des $\mathbb{R}^n$ bezeichnet (was ja eine echte Teilmenge von $\mathfrak{a}$ ist); es gilt nämlich im $\mathbb{R}^n$ auch $\mathfrak{o} \subset \mathfrak{k}_\sigma$ (Beweis!).

2. Anmerkung. Im Hinblick auf die Beh. (4) des Satzes in 1.1.2.2. werden (soweit Mißverständnisse nicht zu befürchten sind) im Fall $\mathfrak{R}$ eine Algebra ist, die Elemente von $\mathbf{B}(\mathfrak{R})$ auch als Borelsche Mengen bezeichnet.

### 1.1.5. Gitterfolgen, Borelsche Mengen im $\mathbb{R}^n$.

In Verallgemeinerung der Anmerkungen am Ende von 1.1.4. kann man behaupten: In einem metrischen Raum wird das System $\mathfrak{B}$ der Borelschen Mengen erzeugt durch jedes Teilsystem $\mathfrak{t}$ von $\mathfrak{B}$, für welches $\mathfrak{o} \subset \mathfrak{t}_\sigma$, d. h. es gilt $\mathfrak{B} = \mathbf{B}(\mathfrak{t}_\sigma) = \mathbf{B}(\mathfrak{t})$. Speziell im Falle des (metrischen) $\mathbb{R}^n$ lassen sich für $\mathfrak{t}$ besonders einfache, sogar abzählbare Systeme von Erzeugenden von $\mathfrak{B}$ angeben; man gewinnt solche z. B. aus einer „beliebig feinen, gitterartigen Zerlegung" des $\mathbb{R}^n$ in Würfel.

**Definition.** Durch die Wahl eines Nullpunktes und einer orthonormierten Basis $e := (e_1, \ldots, e_n)$ des $V\,\mathbb{R}^n$ sei ein orthogonales kartesisches Koordinatensystem im $\mathbb{R}^n$ bestimmt. Unter $\mathfrak{M}(k)$, $k = 0, 1, \ldots$, werde dann verstanden das System aller (nach rechts) halboffenen Würfel $M_{kq} := {}^+(q_1 2^{-k}; (q_1 + 1) 2^{-k}) \times \ldots \times {}^+(q_n 2^{-k}; (q_n + 1) 2^{-k})$; $q := (q_1, \ldots, q_n) \in \mathbb{Z}^n$. Man bezeichnet $\mathfrak{M}(k)$ als ein (Würfel-)**Gitter** im $\mathbb{R}^n$ und $(\mathfrak{M}(k))_k$ als eine 0-**Würfelgitterfolge** mit den **Maschen** $M_{kq}$ (bezüglich $e$).

Folgerungen. (**1**) Durch $\mathfrak{M}(k)$ wird eine abzählbare *Zerlegung* des $\mathbb{R}^n$ geliefert, ferner durch $M_{tq} \cap \mathfrak{M}(k)$, falls $t < k$, eine *endliche* Zerlegung von $M_{tq}$. – (**2**) Je zwei Maschen aus $\mathfrak{M}(k)$ sind **translationskongruent**, d. h. durch eine geeignete Translation auf einander abbildbar. – (**3**) Es ist $\mathfrak{M}(k)$ lokal endlich, d.h. zu jedem $x \in \mathbb{R}^n$ gibt es endlich viele Maschen aus $\mathfrak{M}(k)$, in deren Vereinigung $V_k(x)$ eine Umgebung $U_k(x)$ von $x$ im $\mathbb{R}^n$ enthalten ist. – (**4**) Die Durchmesser der $V_k(x)$ gehen mit $k \sim +\infty$ gleichmäßig für alle $x \in \mathbb{R}^n$ gegen Null (Daher die Bezeichnung „0-Folge" für $(\mathfrak{M}(k))_k$). – (**5**) Es sind $\mathfrak{R}(\mathfrak{M}) = \mathfrak{M}_s$ und $(\mathfrak{M}(k))_s$ Ringe, hingegen ist $(M_{tq} \cap \mathfrak{M}(k))_s$ eine Algebra mit $M_{tq}$ als Einheit, $(t < k)$. – (**6**) Mit $\mathfrak{M} := \bigcup_k \mathfrak{M}(k)$ gilt: $\mathfrak{M} \subset \mathfrak{B}$ und $\mathfrak{o} \subset \mathfrak{M}_\sigma$, also $\mathbf{B}(\mathfrak{M}) = \mathfrak{B}$. Die Elemente $A$ von $\mathfrak{R}(\mathfrak{M})$ werden als Aggregate bezeichnet.

Beweis. *Betr.* (1)–(5) als Aufgabe. – *Betr.* (6) (I) Es ist $\mathfrak{M} \subset \mathfrak{o}_\delta \subset \mathfrak{B}$, weil jedes $M_{kq}$ Durchschnitt der Folge $(G_m)_m$ der offenen $G_m := (q_1 2^{-k} - 2^{-m}; (q_1+1)2^{-k}) \times \ldots \times (q_n 2^{-k} - 2^{-m}; (q_n+1)2^{-k})$ ist. – (II) Es sei $G \in \mathfrak{o}$. Zu jedem $x \in G$ existiert (vgl. (3) und (4)) ein $V_x \in \mathfrak{M}_s$ mit $x \in V_x \subset G$. Daher ist $G$ Vereinigung einer Teilmenge $\mathfrak{T}$ von $\mathfrak{M}$. Und mit $\mathfrak{M}$ ist auch $\mathfrak{T}$ abzählbar, also $G \in \mathfrak{M}_\sigma$.

**1.1.5.1.** *Zerlegung von Würfeln in spiegelinvariante „relativ offene" Würfel.*

Für spätere Zwecke ist es nützlich, wenn die „Bausteine" $M$ der Erzeugenden von $\mathfrak{B}$ die Symmetrieeigenschaft besitzen, daß das Bild von $M$ vermöge einer Spiegelung an einer Koordinatenhyperebene gleich ist dem Bild von $M$ vermöge einer Translation (senkrecht zu dieser Hyperebene), eine Eigenschaft, welche die $M_{kq}$ offenbar nicht haben. Eine endliche Zerlegung der $M_{kq}$ in sogenannte „relativ offene $\mathfrak{b}$-Würfel" $K_{kq,t}$ (verschiedener Dimension) liefert nun Bausteine mit dieser Symmetrieeigenschaft. Diese Zerlegung ergibt sich auf folgende Weise: Es ist

(1) $$M_{kq} = (\{p_1\} \cup J_1) \times \ldots \times (\{p_n\} \cup J_n)$$

mit $p_\nu := q_\nu 2^{-k}$, $J_\nu := (p_\nu; p_\nu + 2^{-k})$, $\nu = 1, \ldots, n$. Multipliziert man (1) distributiv aus, so ergibt sich eine Zerlegung von $M_{kq}$,

(2) $$M_{kq} = \bigcup_t M_{kq,t},$$

wobei $t$ läuft über die $2^n$ $n$-tupel $t := (t_1, \ldots, t_n)$ mit $t_\nu \in \{0, 1\}$,

$$M_{kq,t} := P_{1t_1} \times \ldots \times P_{nt_n},$$

und $P_{\nu 0} := \{p_\nu\}$, $P_{\nu 1} := J_\nu$, $\nu = 1, \ldots, n$.
Es heißt $M_{kq,t}$ ein *relativ offener* $\mathfrak{b}$-*Würfel* (*der Dimension* $d := \sum_\nu t_\nu$); es ist nämlich $M_{kq,t}$ als Teilmenge des durch die $n-d$ Gleichungen

$$x_\nu = p_\nu \quad \text{für} \quad t_\nu = 0$$

dargestellten $d$-dimensionalen linearen Teilraums von $\mathbb{R}^n$ ein $d$-dimensionaler offener Würfel (z.B. ist $M_{kq,(1,\cdots,1)}$ der offene Kern von $M_{kq}$ in $\mathbb{R}^n$, $M_{kq,(0,\cdots,0)} = \{(p_1, \ldots, p_n)\}$).

Jedes $M_{kq,t}$ hat die genannte Symmetrieeigenschaft (Beweis!). Es gilt der

**Satz.** *Das (abzählbare) System $\mathfrak{W}$ aller relativ-offenen* b*-Würfel $M_{kq,t}$ erzeugt $\mathfrak{B}$, d.h. $\mathbf{B}(\mathfrak{W}) = \mathfrak{B}$, und jedes $M_{kq,t}$ hat die Eigenschaft, daß sein Bild vermöge einer Spiegelung an einer Koordinatenhyperebene gleich ist seinem Bild vermöge einer Translation.*

Beweis. 1. $\mathfrak{o} \subset \mathfrak{M}_\sigma \subset \mathfrak{W}_\sigma$ wegen (2), also $\mathfrak{B} = \mathbf{B}(\mathfrak{o}) \subset \mathbf{B}(\mathfrak{W}_\sigma) = \mathbf{B}(\mathfrak{W})$. – 2. Es ist $M_{kq,t} = \bigcup_{\mu=1}^{\infty} P_{1t_1}(\mu) \times \ldots \times P_{nt_n}(\mu)$, wobei $P_{\nu t_\nu}(\mu) := P_{\nu t_\nu}$ falls $t_\nu = 0$ und $P_{\nu t_\nu}(\mu) := [p_\nu + 2^{-\mu-k}; p_\nu + 2^{-k} - 2^{-\mu-k}]$ falls $t_\nu = 1$, also $\mathfrak{W} \subset \mathfrak{a}_\sigma$ und somit $\mathbf{B}(\mathfrak{W}) \subset \mathbf{B}(\mathfrak{a}_\sigma) = \mathbf{B}(\mathfrak{a}) = \mathfrak{B}$.

**1.1.5.2.** *Gitterfolgen in einer Mengenalgebra.*

In Verallgemeinerung der Betrachtungen über Gitterfolgen (1.1.5.) im $\mathbb{R}^n$ beweise man (Aufgabe):

Voraussetzung. *Für eine Menge $E$ sei $\mathfrak{S} := \{S_k : k = 1, 2, \ldots\}$ ein abzählbares Teilsystem von $\mathfrak{p}(E)$, ferner sei $\mathfrak{A}(\mathfrak{S})$ die in $\mathfrak{p}(E)$ von $\mathfrak{S}$ erzeugte Algebra (vgl. 1.1.2.2.); es ist dabei $E$ Einheit von $\mathfrak{A}(\mathfrak{S})$.*

Behauptung. *Es existiert eine Folge $(\mathfrak{Z}_t)_t$ von je endlichen Zerlegungen $\mathfrak{Z}_t := \{B_{tr} : r = 1, \ldots, r_t\}$ von $E$ mit folgenden Eigenschaften:*
(I) *Es ist $\mathfrak{Z}_{t+1}$ Verfeinerung von $\mathfrak{Z}_t$, d.h. jedes $B_{t+1,r}$ ist Teil eines $B_{ts}$.* – (II) *Das System $\mathfrak{Z}$ aller Vereinigungen von je endlich vielen $B_{tr}$ (zuzüglich $\emptyset$) ist gleich dem System aller Elemente von $\mathfrak{A}(\mathfrak{S})$ (Man kann $(\mathfrak{Z}_t)_t$ als eine „gitterartige Zerlegungsfolge" zu einer Algebra mit abzählbarer Erzeugender bezeichnen).*

## 1.2. Der einem Mengenring zugeordnete Boolesche Ring

**Definition.** Ein (algebraischer) Ring $(B, +, .)$ heißt **Boolescher Ring**, wenn jedes Element von $B$ idempotent ist (d.h. $xx = x$ für $x \in B$). Ein Boolescher Ring mit Einheit heißt eine *Boolesche* **Algebra**.

Folgerungen: **1.** $x + x = 0$ (denn $x + x = (x + x)^2 = x + x + x + x$), d.h. jedes Element von $B$ hat (in der additiven Gruppe) die Ordnung 2; insbesondere ist also $-x = x$. – **2.** $xy = yx$ (denn $x + y = (x + y)^2 = x + y + xy + yx$), d.h. jeder Boolesche Ring ist kommutativ. – **3.** Jeder Boolesche Ring ist geordnet vermöge: $x \leqq y :\leftrightarrow x = xy$, und damit ein Verband mit $\inf\{x, y\} = xy$ und $\sup\{x, y\} = x + y + xy$ (Beweise als Aufgaben!) Beispiel siehe I., 3.4.8.

**Satz.** *Ist $(\mathfrak{R}, \cup, \cap, C)$ ein Mengenring (bzw. Algebra mit Einheit $E$), so wird $\mathfrak{R}$ zu einem Booleschen Ring $(\mathfrak{R}, +, .)$ (bzw. Algebra mit Einheit $E$) durch die Definitionen:*

(1) $$A+B:=(A\cup B)\cap C_{A\cup R}(A\cap B),\quad AB:=A\cap B,\quad A,B\in\mathfrak{R}.$$

*Umgekehrt berechnen sich die mengentheoretischen Operationen aus den Booleschen gemäß*

(2) $$A\cup B=A+B+AB,\quad A\cap B=AB,\quad C_A B=A+AB.$$

*Beweis* (als Aufgabe).

Bemerkung. In jedem Ring bzw. Booleschen Ring ist jede Ungleichung gleichwertig mit einer Gleichung.

Hinweis. Die Operationen $\cup$, $\cap$ und $C$ etwa in einem Mengenring $\mathfrak{R}$ sind „isomorph" zu Operationen max, min und – im Verband der sog. **charakteristischen** oder **Indikatorfunktionen** $1_M$ der Mengen $M\in\mathfrak{R}$. Dabei ist definitionsgemäß $1_M(x):=1$ bzw. $:=0$ für $x\in M$ bzw. $x\notin M$. Denn $1_{M\cup N}=\max\{1_M, 1_N\}$, ferner $1_{M\cap N}=\min\{1_M, 1_N\}$ und $1_{C_Q M}=1_Q-1_M$ für $M\subset Q$.

## 1.3. Ideale in Ringen

**1.3.0.** Viele Formulierungen in der Maß- und Integrationstheorie lassen sich wesentlich vereinfachen, wenn statt der Identität für Mengen usw. ein allgemeinerer (gröberer) Gleichheitsbegriff (Äquivalenz) eingeführt wird. Die im Folgenden benützte Äquivalenz zweier Mengen $M$, $M'$ gründet sich auf die Forderung, daß die „symmetrische Differenz" $M+M':=(M\cup M')\backslash(M\cap M')$ eine „vernachlässigbare" Menge $V$ sein soll, wobei $V$ einem Mengensystem $\mathfrak{V}$ angehört.
Damit nun die Relation $M+M'=V\in\mathfrak{V}$ zwischen $M$ und $M'$ eine *Äquivalenz* sei, die *mit den mengenalgebraischen Operationen* ($\cup$, $\cap$ usw.) *verträglich* (konsistent (vgl. I., 1.5.4.1.)) ist, ist *notwendig und hinreichend*: Das System $\mathfrak{V}$ der vernachlässigbaren Mengen $V$ ist ein „Ideal" im Sinne von 1.3.1., Definition. (Der Beweis folgt in 1.3.1.).
Insbesondere soll dann eine Aussage mit der Einschränkung „bis auf Mengen aus $\mathfrak{V}$" besagen, daß zu $\mathfrak{V}$ gehörige Mengen „*vernachlässigt*" werden, d. h. außer Betracht bleiben können.

**1.3.1.** Es sei $\mathfrak{R}$ ein (Mengen-)Ring oder $\sigma$-Ring oder speziell eine ($\sigma$-)Algebra.

**Definition.** Unter einem **Ideal** bzw. **$\sigma$-Ideal** in $\mathfrak{R}$ versteht man ein nicht leeres $s$- bzw. $\sigma$-System $\mathfrak{J}$ in $\mathfrak{R}$ derart, daß

($i_{\mathfrak{R}}$) aus $A\in\mathfrak{J}$ folgt $R\cap A\in\mathfrak{J}$ für alle $R\in\mathfrak{R}$, kürzer: $\mathfrak{R}\cap\mathfrak{J}\subset\mathfrak{J}$.

Anmerkung. Aus ($i_{\mathfrak{R}}$) und $\emptyset\in\mathfrak{R}$ folgt $\emptyset\in\mathfrak{J}$.

Folgerung. (1) Jedes Ideal bzw. $\sigma$-Ideal in $\mathfrak{R}$ ist Unterring bzw. $\sigma$-Unterring von $\mathfrak{R}$ (Denn mit $J$, $J' \in \mathfrak{J}$ ist $J \cup J' \in \mathfrak{J}$ (Definition von $\mathfrak{J}$ als $s$-System) bzw. $\bigcup_r J_r \in \mathfrak{J}$ für $J_r \in \mathfrak{J}$; ferner $C_{J \cup J'} J' \subset J \cup J' \in \mathfrak{J}$ (gemäß ($i_{\mathfrak{R}}$)). Außerdem ist $J + J' = (J \cup J') \setminus J \cap J' \in \mathfrak{J}$. – (2) Es ist $\mathfrak{J}$ Ideal in $\mathfrak{R}$ genau dann, wenn $\mathfrak{J} + \mathfrak{J} := \{X + Y : X, Y \in \mathfrak{J}\} \subset \mathfrak{J}$ und $\mathfrak{R} \cap \mathfrak{J} \subset \mathfrak{J}$.

Beispiele. (1) Das System aller endlichen Teilmengen von $\mathfrak{R}$ ist ein Ideal in $\mathfrak{R}$, sowie $\delta$-Unterring (aber i.a. nicht $\sigma$-Unterring) von $\mathfrak{R}$. – (2) Für nicht leere, disjunkte $A, B \subset M$ ist $\mathfrak{S} := \{\emptyset, A, B, A \cup B\}$ Ideal in $\mathfrak{p}(M)$ genau dann, wenn $A$ und $B$ beide einelementig sind. (Bew. Dann: Klar. – Nur dann: Ist z.B. $A = (q, q')$ mit $q, q' \in M$ und $q \neq q'$, so gilt $\{q\} \in \mathfrak{p}(M)$ und $\{q\} \cap A = \{q\} \notin \mathfrak{S}$). – (3) Es ist $\mathfrak{J}$ Ideal in $\mathfrak{R}$ genau dann, wenn aus $J \in \mathfrak{J}$ und $Q \in J \cap \mathfrak{R}$ folgt $Q \in \mathfrak{J}$ (wobei $\mathfrak{J} = \mathfrak{J}_s$).

**1.3.2.** Äquivalenz bezüglich eines Ideals.

**Definition.** Es sei $\mathfrak{R}$ ein Ring und $\mathfrak{V} \subset \mathfrak{R}$. Die Relation $\varrho_{\mathfrak{V}}$ in $\mathfrak{R} \times \mathfrak{R}$ sei erklärt durch $A \varrho_{\mathfrak{V}} B :\leftrightarrow A + B \in \mathfrak{V}$ (für $A, B \in \mathfrak{R}$).

**1. Satz.** Behauptung. (I) *Gleichwertig sind:* (1) *Es ist $\varrho_{\mathfrak{V}}$ eine Äquivalenz in $\mathfrak{R}$.* – (2) *Es gilt $\emptyset \in \mathfrak{V}$ und $\mathfrak{V} + \mathfrak{V} \subset \mathfrak{V}$ (d.h. $V' + V'' \in \mathfrak{V}$ für alle $V', V'' \in \mathfrak{V}$))*

(II) *Die Operation $\cap$ in $\mathfrak{R}$ ist verträglich mit der Äquivalenz $\varrho_{\mathfrak{V}}$ genau dann, wenn $\mathfrak{V}$ Ideal in $\mathfrak{R}$ ist.*

Bemerkung. Falls $\mathfrak{V}$ Ideal, ist die Äquivalenz $\varrho_{\mathfrak{V}}$ verträglich auch mit $c$ (vgl. 1.1.1.1., Definitionen, (IV)) sowie mit $+$ und $\cup$.

Beweis. *Betr. Beh.* (I). Es folgt (1) $\leftrightarrow$ (2) so: Es ist $\varrho_{\mathfrak{V}}$ reflexiv genau, wenn $A + A \in \mathfrak{V}$, also wenn $\emptyset \in \mathfrak{V}$. – Es ist $\varrho_{\mathfrak{V}}$ komparativ genau, wenn aus $V := A + C \in \mathfrak{V}$ und $V' := A' + C \in \mathfrak{V}$ folgt $A + A' \in \mathfrak{V}$. Wegen $(A + C) + (A' + C) = A + A' = V + V'$ ist $V + V' \in \mathfrak{V}$ notwendig und zwar für alle $V, V' \in \mathfrak{V}$, wie $C \neq \emptyset$ zeigt. Umgekehrt ist $\mathfrak{V} + \mathfrak{V} \subset \mathfrak{V}$ auch hinreichend. – *Betr. Beh.* (II). Es sei $\emptyset \in \mathfrak{V}$ und $\mathfrak{V} + \mathfrak{V} \subset \mathfrak{V}$. Ist dann $\varrho_{\mathfrak{V}}$ verträglich mit $\cap$, d.h. mit . , so folgt aus $A \varrho_{\mathfrak{V}} B$, daß $XA \varrho_{\mathfrak{V}} XB$, d.h. aus $V = A + B \in \mathfrak{V}$ folgt $XA + XB = XV \in \mathfrak{V}$ für alle $X \in \mathfrak{R}$ und alle $V \in \mathfrak{V}$, d.h. $X\mathfrak{V} \subset \mathfrak{V}$. Und es gilt auch die Umkehrung.

Bezeichnung. Ist $\mathfrak{V}$ Ideal in $\mathfrak{R}$, so schreiben wir statt $A \varrho_{\mathfrak{V}} B$ auch $A = B \pmod{\mathfrak{V}}$ oder $A =_{\mathfrak{V}} B$.

**2. Satz.** *Es sei $\mathfrak{J}$ Ideal in $\mathfrak{R}$. Dann ist bezüglich (der Äquivalenz) $=_{\mathfrak{J}}$ die kanonische Abbildung $\phi(\mathfrak{R}, \mathfrak{J})$ (vgl. I., 1.5.4.) ein Homomorphismus bezüglich $+$, (sowie $c$ und $\cup$). M.a.W.: Das System $\sum(\mathfrak{J})$ der Äquivalenzklassen bezüglich $\mathfrak{J}$ (in $\mathfrak{R}$) ist ein Boolescher Ring (nämlich honomorphes Bild des zu $\mathfrak{R}$ gehörigen Booleschen Ringes).*

Aufgabe. Es sei $\mathfrak{R}$ ein Ring und $\mathfrak{J}$ ein Ideal in $\mathfrak{R}$. Ferner sei $\mathfrak{R} = \bigcup_{\nu=1}^{n} S_\nu$ eine Zerlegung von $\mathfrak{R}$ mod $\mathfrak{J}$, d.h. $S_\nu \cap S_\mu = \emptyset \pmod{\mathfrak{J}}$ für $\nu \neq \mu$. Dann existiert eine Zerlegung $\mathfrak{R} = \bigcup_{\nu=1}^{n} S'_\nu$, also mit paarweise (in $\mathfrak{R}$) disjunkten $S'_\nu$, wobei $S'_\nu = S_\nu \pmod{\mathfrak{J}}$.

**1.3.3.** Ordnung bezüglich eines Ideals.

Es sei $\mathfrak{R}$ ein Ring und $\mathfrak{J}$ Ideal in $\mathfrak{R}$.

**Definition.** Es heiße $B$ **größer als** $A$ (mod $\mathfrak{J}$), in Zeichen $A \subset B$ (mod $\mathfrak{J}$), kürzer $A \subset_{\mathfrak{J}} B$, wenn $A = AB + J$ für passendes $J \in \mathfrak{J}$, womit $A =_{\mathfrak{J}} AB$ gleichbedeutend ist.

Anmerkung. $A = AB + J$ ist eine Zerlegung von $A$; denn $AB = AB + JB$, also $JB = \emptyset$ $(= JAB)$.

**Satz.** *Es ist* $\subset_{\mathfrak{J}}$ *eine* Ordnung *in* $\mathfrak{R}$ mit $=_{\mathfrak{J}}$ als Gleichheit. *Vermöge* $\phi(\mathfrak{R}, \mathfrak{J})$ *(vgl. 1.3.2., Satz) wird* $\subset_{\mathfrak{J}}$ *auf eine Ordnung in* $\sum(\mathfrak{J})$ *abgebildet.*

Beweis. *Betr. Reflexivität* von $\subset_{\mathfrak{J}}$. Es gilt $A = AA$ (mod $\mathfrak{J}$), also $A \subset_{\mathfrak{J}} A$. – *Betr. Transitivität* von $\subset_{\mathfrak{J}}$. Wegen der Verträglichkeit von $\cap$ gegen $=_{\mathfrak{J}}$ ergibt sich: $A =_{\mathfrak{J}} AB \rightarrow AC =_{\mathfrak{J}} ABC$ und $B =_{\mathfrak{J}} BC \rightarrow AB =_{\mathfrak{J}} ABC$, also $A =_{\mathfrak{J}} AB =_{\mathfrak{J}} ABC =_{\mathfrak{J}} AC$. – *Betr.* $=_{\mathfrak{J}}$. Aus $A = AB$ (mod $\mathfrak{J}$) und $B = AB$ (mod $\mathfrak{J}$) folgt $A = B$ (mod $\mathfrak{J}$).

**1.3.4.** Vernachlässungsprinzip (bez. eines Ideals).

**Definitionen. I.** Es sei $D$ eine Menge, $\mathfrak{A} \subset \mathfrak{p}(D)$ eine Algebra mit der Einheit $D$ und $\mathfrak{J}$ ein Ideal in $\mathfrak{A}$. Von einer Aussage $E(x)$ sagt man, „$E$ gelte überall in $D$“, wenn

(1) $$\bigwedge_{x \in D} E(x).$$

Das *Vernachlässigungsprinzip* besteht darin, daß man statt (1) die schwächere Aussage

($1_{\mathfrak{J}}$) $$\bigvee_{J \in \mathfrak{J}} \bigwedge_{x \in D \setminus J} E(x)$$

betrachtet; gilt ($1_{\mathfrak{J}}$), so sagt man „$E$ gelte ($\mathfrak{J}$-) **fast überall in** $D$“ oder „$E$ gelte **mod** $\mathfrak{J}$ **in** $D$. Bei Gültigkeit einer Aussage

(2) $$\bigvee_{J' \in \mathfrak{J}} \bigwedge_{x \in D \setminus J'} \neg E(x)$$

sagt man „$E$ gelte ($\mathfrak{J}$-) **fast nirgends in** $D$“.

**II.** Anwendung findet das Vernachlässigungsprinzip besonders bei Abbildungen, hier speziell bei reellen endlichen Funktionen $f: D \longrightarrow \mathbb{R}$. Demgemäß spricht man bei (Gültigkeit von)

(b) $$\bigvee_{q \in \mathbb{R},\, J \in \mathfrak{J}} \bigwedge_{x \in D \setminus J} f(x) \leqq q$$

von „$f$ ist ($\mathfrak{J}$-) *fast überall* oder (mod $\mathfrak{J}$) in $D$ *beschränkt nach oben*“; bei

(g) $$\bigvee_{J \in \mathfrak{J}} \bigwedge_{x \in D \setminus J} f(x) = g(x)$$

von „$f = g$ ($\mathfrak{J}$-) *fast überall* in $D$“, oder „$f = g$ (mod $\mathfrak{J}$) in $E$“; bei

(s) $\bigvee_{J\in\mathfrak{J}} f|D$ stetig in jedem $x\in D\setminus J$ (wenn $D$ topologisch)

von „$f$ ist ($\mathfrak{J}$-) *fast überall* stetig auf $D$"; bei

(k) bzw. (glk) $\bigvee_{J\in\mathfrak{J}}\bigwedge_{x\in D\setminus J}(f_n(x))_n$ konvergent bzw. gleichmäßig konvergent für alle $x\in D\setminus J$ von „$(f_n)_n$ ist ($\mathfrak{J}$-)*fast überall konvergent*" bzw. „($\mathfrak{J}$-)*fast überall gleichmäßig-konvergent*", usw.

Anmerkung. Während die Aussagen (b), (g), (k) und (glk) auf eine Aussage über das Verhalten der Funktionen auf Restriktionen bez. eines $D\setminus J$, und zwar ohne Bezugnahme auf ihr Verhalten auf dem ganzen $D$, zurückführbar sind, gilt dies nicht für (s); man beachte daher, daß die Aussage „$\bigvee_{J\in\mathfrak{J}} f|(D\setminus J)$ stetig in $D\setminus J$" von (s) verschieden ist.

Folgerungen. 1. Die Gleichheit mod $\mathfrak{J}$ bedeutet im System $\mathfrak{F}:=\mathfrak{F}(D,\mathbb{R})$, dem Ring der reellen endlichen Funktionen $f$ über $D$, eine *Äquivalenz*, welche (wegen Anmerkung betr. (g)) verträglich ist mit der (wie üblich stellenweisen) Addition und Multiplikation von Funktionen aus $\mathfrak{F}$. Das System der betreffenden Äquivalenzklassen ist also wieder ein Ring $\mathfrak{F}'$, wobei das Repräsentantenprinzip (I., 1.5.4.) gilt. *Null* in $\mathfrak{F}'$ ist die Klasse $\mathfrak{F}_0'$, die $f:=0$ enthält; $\mathfrak{F}_0'$ ist ein „Ideal" in $\mathfrak{F}\left((f,g\in\mathfrak{F}_0'\wedge h\in\mathfrak{F})\to(f-g\in\mathfrak{F}_0'\wedge f\cdot h\in\mathfrak{F}_0')\right)$. Jedes $f\in\mathfrak{F}_0'$ wird als **$\mathfrak{J}$-Nullfunktion** bezeichnet. – 2. Die Äquivalenzklassen $[f]$ von $=$ (mod $\mathfrak{J}$) sind i.a. keine Funktionen, wenn man auch mit ihnen wie mit Funktionen rechnen kann. Wenn nicht gerade $\mathfrak{J}=\{\emptyset\}$, so besteht die Klasse $[f]$ aus unendlich vielen Funktionen, die sich jeweils nur durch eine (additive) $\mathfrak{J}$-Nullfunktion unterscheiden: $[f]=f+\mathfrak{F}_0'$. – 3. Ist $f\in\mathfrak{F}$ beschränkt (mod $\mathfrak{J}$), so gibt es ein *in D* beschränktes $f'\in\mathfrak{F}$, welches (mod $\mathfrak{J}$) gleich $f$ ist. – 4. Es sei $\mathfrak{J}$ ein $\sigma$-Ideal. Dann gilt: (1) Der Limes jeder $\mathfrak{J}$-fast überall konvergenten Folge von $\mathfrak{J}$-Nullfunktionen ist wieder eine $\mathfrak{J}$-Nullfunktion. – (2) Zu jeder (mod $\mathfrak{J}$) konvergenten Folge $(f_n)$ mit $f_n\in\mathfrak{F}$ gibt es $f_n'\in\mathfrak{F}$, die (mod $\mathfrak{J}$) je gleich $f_n$ sind, derart, daß $(f_n')_n$ *in D* konvergiert und $\lim_n f_n(x)=\lim_n f_n'(x)$ (mod $\mathfrak{J}$).

### 1.3.5. Vollständigkeit bezüglich eines Ideals.

**Definition.** Es sei $\mathfrak{A}$ eine Algebra mit der Einheit $E$; und $\mathfrak{N}\subset\mathfrak{A}$ sei ein Ideal *in* $\mathfrak{P}:=\mathfrak{p}(E)$ (d.h. $\bigwedge_{N\in\mathfrak{N}}\bigwedge_{X\in\mathfrak{P}}X\subset N\to X\in\mathfrak{N}$). Man bezeichne $Y\in\mathfrak{P}$ als **($\mathfrak{A}$, $\mathfrak{N}$)-einschließbar**, wenn es $A', A''\in\mathfrak{A}$ gibt mit $A'\subset Y\subset A''$ und $A'=A''$ (mod $\mathfrak{N}$); und ein Mengensystem $\mathfrak{B}\in\mathfrak{P}$ heiße **($\mathfrak{A}$, $\mathfrak{N}$)-vollständig,** wenn jedes $V\in\mathfrak{B}$ ($\mathfrak{A}$, $\mathfrak{N}$)-einschließbar ist. Trivialerweise ist $\mathfrak{A}$ das kleinste ($\mathfrak{A}$, $\mathfrak{N}$)-vollständige System (in $\mathfrak{P}$).

**Satz.** *Es sei $\mathfrak{A}$ eine Algebra mit der Einheit E und $\mathfrak{N}\subset\mathfrak{A}$ ein Ideal in $\mathfrak{P}:=\mathfrak{p}(E)$. Dann ist das in $\mathfrak{P}$* grösste *($\mathfrak{A}$, $\mathfrak{N}$)-vollständige System $\mathfrak{A}_V$ eine* Algebra *mit der Einheit E. Sind $\mathfrak{A}$ und $\mathfrak{N}$ sogar $\sigma$-Systeme, so ist $\mathfrak{A}_V$ eine $\sigma$-Algebra.*

Beweis. Es sei $Y_t\in\mathfrak{P}$, $t=1,2,\ldots$, und $A_t', A_t''\in\mathfrak{A}$ mit $A_t'\subset Y_t\subset A_t''$ sowie mit $A_t''\setminus A_t'=:D_t\in\mathfrak{N}$. Für $A':=\bigcup_t A_t'$, $A'':=\bigcup_t A_t''$ und $Y:=\bigcup_t Y_t$ gilt dann $A', A''\in\mathfrak{A}$, $A''\setminus A'\subset\bigcup_t D_t\in\mathfrak{N}$ (vgl. 1.4.), $A'\subset Y\subset A''$. – Weiter ist mit $Y$ auch $Z:=\complement Y$ ($\mathfrak{A}$, $\mathfrak{N}$)-einschließbar, wobei

$C := C_E$. Denn für $B' := CA''$, $B'' := CA'$ gilt $B', B'' \in \mathfrak{A}\ B''\backslash B' = A''\backslash A'$ und $B' \subset Z \subset B''$. Somit ist $\mathfrak{A}_V$ Algebra bzw. $\sigma$-Algebra.

## 1.4. Einige mengenalgebraische Relationen

Es seien $Q, Q_r, Q', Q_t'$ beliebige Mengen aus einem $\mathfrak{p}(M)$; $r, t = 1, 2, \ldots$

(1) $$(\bigcup_r Q_r) \cap (\bigcup_t Q_t') = \bigcup_{r,t} Q_r \cap Q_t' \quad \text{und} \quad (\bigcap_r Q_r) \cup (\bigcap_t Q_t') = \bigcap_{r,t} Q_r \cup Q_t')$$

(2) $$Q\backslash(\bigcup_t Q_t') \cap Q = \bigcap_t (Q\backslash Q_t' \cap Q) \quad \text{und} \quad Q\backslash(\bigcap_t Q_t') \cap Q = \bigcup_t (Q\backslash Q_t' \cap Q)$$

(3) $$\bigcup_r (Q_r\backslash Q_r' \cap Q_r) \subset (\bigcup_r Q_r)\backslash(\bigcap_t Q_t') \cap (\bigcup_r Q_r) = \bigcup_{r,t} (Q_r\backslash Q_r \cap Q_t')$$

(3a) Ist speziell $Q_t' \subset Q_r$ für alle $r$, $t$, so gilt sogar

$$(\bigcup_r Q_r)\backslash(\bigcap_t Q_t') = \bigcup_r (Q_r\backslash Q_r')$$

(4) $$(\bigcap_r Q_r)\backslash(\bigcap_t Q_t') \cap (\bigcap_r Q_r) \subset \bigcup_r (Q_r\backslash Q_r' \cap Q_r)$$

$$(\bigcup_r Q_r)\backslash(\bigcup_t Q_t') \cap (\bigcup_r Q_r) \subset \bigcup_r (Q_r\backslash Q_r' \cap Q_r)$$

(5) $$(\bigcap_r Q_r) + (\bigcap_t Q_t') \subset \bigcup_r (Q_r + Q_r')$$

$$(\bigcup_r Q_r) + (\bigcup_t Q_t') \subset \bigcup_r (Q_r + Q_r')$$

(Bew. als Aufg.).

## 1.5. Meßräume

**1.5.0.** Schon in I., 6.1.3., waren reelle Funktionen $f: G \rightarrowtail \mathbb{R}$ einer reellen Variablen gekennzeichnet worden durch Systeme von Urbildmengen $S_i[f]$, für die in I., 7.5.9., (3), eine Reihe von Eigenschaften festgestellt wurden. Wie ohne weiteres zu sehen, gelten diese Feststellungen auch ohne die Annahme, daß $G \subset \mathbb{R}$. Da die in Rede stehende Art der Kennzeichnung bzw. Darstellung von Funktionen für die Maß- und Integrationstheorie von besonderer Bedeutung ist, soll sie jetzt in einen allgemeineneren Zusammenhang gestellt werden.

**1.5.1. Definition.** Unter einem **Meßraum** bzw. **$\sigma$-Meßraum** werde verstanden jedes Paar $(E, \mathfrak{A})$, wobei $\mathfrak{A}$ eine (Mengen-)Algebra bzw. $\sigma$-Algebra mit der Einheit $E$ ist. Die Elemente $A$ von $\mathfrak{A}$ heißen **$\mathfrak{A}$-meßbar.** – Die Bezeichnung „($\sigma$-)Algebra“ bzw. „($\sigma$-)Meßraum“ bedeute im Folgenden soviel wie „Algebra oder $\sigma$-Algebra“ usw. (vgl. Lit.).

B e i s p i e l e: (1) Ist $E$ endlich bzw. abzählbar, so ist $(E, \mathfrak{p}(E))$ ein Meß- bzw. $\sigma$-Meßraum. – (2) Ist $(E, \mathfrak{A})$ ein ($\sigma$-)Meßraum, so ist $(E', \mathfrak{A}')$ mit $\mathfrak{A}' := E' \cap \mathfrak{A}$ ebenfalls ein ($\sigma$-)Meßraum für jedes $E' \in \mathfrak{A}$ (Beweis!). – (3) Das System $\mathfrak{m}$ aller $\sigma$-Meßräume $(V, \mathfrak{B})$ mit fester Einheit $V$ ist vollständig geordnet (nach oben und unten, vgl. dazu I., 2.0.4., $U_8$) vermöge der Inklusion $\subset$; dabei ist dann $\inf_i (V, \mathfrak{B}_i) = (V, \bigcap_i \mathfrak{B}_i)$ und $\sup_i (V, \mathfrak{B}_i) = (V, \mathfrak{A}_\sigma(\bigcup_i \mathfrak{B}_i))$ für jedes Teilsystem $\mathfrak{m}' := \{(V, \mathfrak{B}_i : i \in J)\}$ von $\mathfrak{m}$. Wir bezeichnen den Meßraum $(V, \mathfrak{A}_\sigma(\bigcup_i \mathfrak{B}_i))$ auch als die **Meßraumhülle** des Teilsystems $\mathfrak{m}'$.

## 1.6. Meßbare Abbildungen

**Definition.** Sind $(V, \mathfrak{B})$ und $(W, \mathfrak{W})$ Meßräume, so werde jede Abbildung $f: V \longrightarrow W$ als $(\mathfrak{B}, \mathfrak{W})$-**meßbar**, in Formel auch $f: (V, \mathfrak{B}) \longrightarrow (W, \mathfrak{W})$, bezeichnet, für die $f^{[-1]}(f(V) \cap \mathfrak{W}) \subset \mathfrak{B}$ gilt, d. h. für die $\bigwedge_{W' \in f(V) \cap \mathfrak{W}} f^{[-1]}(W') \in \mathfrak{B}$. Falls Mißverständnisse ausgeschlossen sind, spricht man auch einfach von der „M e ß b a r k e i t  v o n $f$" und von einem „m e ß - b a r e n $f$".

H i n w e i s. Man betrachte: Es wird *nicht* $f(\mathfrak{B}) \subset \mathfrak{W}$ gefordert, wie man vielleicht erwarten würde, *sondern* $f^{[-1]}(f(V) \cap \mathfrak{W}) \subset \mathfrak{B}$.

**Satz.** (1) *Es sei* $f: V \longrightarrow W$. *Dann gilt:* (a) *Ist* $\mathfrak{W} \subset \mathfrak{p}(W)$ *eine* ($\sigma$-)*Algebra, so ist* $f_{in}(\mathfrak{W}) := f^{[-1]}(\mathfrak{W})$ *eine* ($\sigma$-)*Algebra in* $\mathfrak{p}(V)$. *Falls überdies* $f(V) \subset \mathfrak{W}$, *ist* $V$ *Einheit von* $f_{in}(\mathfrak{W})$ *und* $f: (V, f_{in}(\mathfrak{W})) \longrightarrow (W, \mathfrak{W})$. – (b) *Ist* $(V, \mathfrak{B})$ *ein* ($\sigma$-)*Meßraum und wird* $f_{fin}(\mathfrak{B}) := \{R : R \subset W \wedge f^{[-1]}(R) \in \mathfrak{B}\}$ *gesetzt, so ist* $(f(V), f_{fin}(\mathfrak{B}))$ *ein* ($\sigma$-)*Meßraum mit* $f: (V, \mathfrak{B}) \longrightarrow (f(V), f_{fin}(\mathfrak{B}))$.

(2) *Bezeichnet* $\mathfrak{W}'$ *eine Erzeugende von* $\mathfrak{W}$ *(vgl. 1.1.2.2., Satz, Beh. 4), so ist* $f: \mathfrak{B} \longrightarrow \mathfrak{W}$ $(\mathfrak{B}, \mathfrak{W})$ *meßbar genau dann, wenn* $f^{[-1]}(W'') \in \mathfrak{B}$ *für alle* $W'' \in \mathfrak{W}'$.

(3) *Aus* $g: (V, \mathfrak{B}) \longrightarrow (W, \mathfrak{W})$ *und* $f: (W, \mathfrak{W}) \longrightarrow (U, \mathfrak{U})$ *folgt* $f \circ g: (V, \mathfrak{B}) \longrightarrow (U, \mathfrak{U})$.

B e m e r k u n g. $f_{in}$ bzw. $f_{fin}$ ist Abkürzung für „von $f$ **initial**" bzw. „**final induziert**". Es besitzt $f_{in}(\mathfrak{W})$ bzw. $f_{fin}(\mathfrak{B})$ „Kleinst-" bzw. „Größt-"Eigenschaft im Sinne des „Meßbarmachens".

B e w e i s. *Betr.* (1). Es entsprechen einander ein-eindeutig die $R \subset \mathfrak{J}(V)$ und ihre Urbilder $f^{[-1]}(R)$. Aus der Vereinigungs- usw. -Treue von $f^{[-1]}$ (vgl. I., 1.6.6., Aufg. 1a) ergeben sich (a) und (b). – *Betr.* (2) Gemäß (1b) gilt $f: (V, \mathfrak{B}) \longrightarrow (W, \mathfrak{W})$ genau dann, wenn $\mathfrak{W} \subset f_{fin}(\mathfrak{B})$ und genau dann, wenn $\mathfrak{W}' \subset f_{fin}(\mathfrak{B})$. – *Betr.* (3). Folgt daraus, daß allgemein $\bigwedge_{U' \in \mathfrak{U}} (f \circ g)^{[-1]}(U')) = g^{[-1]}(V)$ mit $V \subset W$.

## 1.7. Beispiele zu 1.5. und 1.6

**1.** Treppenfunktionen. In Verallgemeinerung von I., 7.1.2.1., erklären wir:

**Definition.** Es wird $f: V \rightarrowtail W$ als **Treppenfunktion** (schlechthin) bezeichnet, wenn $f(V)$ *abzählbar* ist; wenn $f(V)$ *endlich* ist, spricht man auch von einer **speziellen** Treppenfunktion. Die „Konstanzmengen" $f^{[-1]}([w])$, $w \in W$, einer Treppenfunktion heißen **Treppen** von $f$ Zu den (speziellen) Treppenfunktionen gehören die charakteristischen Funktionen $1_W$ (vgl. 1.2.)
Hinsichtlich der Meßbarkeit von Treppenfunktionen hat man den

**Satz.** Voraussetzung. *Es sei $f: V \rightarrowtail W$ Treppenfunktion und $(V, \mathfrak{B})$ sowie $(W, \mathfrak{W})$ seien Meßräume.*

Behauptung (a). *Gilt $\bigwedge_{w \in f(V) \cap W} \{w\} \in \mathfrak{W}$, so ist bei $(\mathfrak{B}, \mathfrak{W})$-meßbarem $f$ jede Treppe von $f$ $\mathfrak{B}$-meßbar.* – (b) *Ist $\mathfrak{B}$ eine σ-Algebra und ist jede Treppe von $f$ $\mathfrak{B}$-meßbar, so ist $f$ selbst $(\mathfrak{B}, \mathfrak{W})$-meßbar.*

Beweis. *Betr.* (a) Klar. – *Betr.* (b) Für jedes $W' \in \mathfrak{W}$ gilt $f^{[-1]}(W') = f^{[-1]}(f(V) \cap W') \in \mathfrak{W}$. Wegen der Abzählbarkeit von $f(V)$ ist $f(V) \cap W' = \bigcup_n \{w_n\}$, also $f^{[-1]}(W) = \bigcup_n f^{[-1]}([w_n]) \in \mathfrak{B}$.

**2.** Topologische Abbildungen sind „Borel-messbar"; genauer: Es seien $P$ bzw. $Q$ topologische Räume und $\mathbf{B}(P)$ bzw. $\mathbf{B}(Q)$ die σ-Algebras der Borelschen Mengen in $P$ bzw. in $Q$. Jede topologische Abbildung $f: P \rightarrowtail Q$ ist $(\mathbf{B}(P), \mathbf{B}(Q))$-meßbar. (In der Tat: Es sei $\mathfrak{p}$ bzw. $\mathfrak{q}$ das σ-, $d$-System der offenen Mengen von $P$ bzw. von $Q$. Gemäß II., 1.5.5.1., ist $f(\mathfrak{p}, \mathfrak{q})$-meßbar. Und da $\mathfrak{p}$ bzw. $\mathfrak{q}$ Erzeugende von $\mathbf{B}(P)$ bzw. von $\mathbf{B}(Q)$ ist, folgt die Beh. aus 1.6., Satz, (2).

Beispiel. Jede Bewegung von $\mathbb{R}^n$ in sich ist Borel-meßbar (bezüglich der Metrik in $\mathbb{R}^n$) (Denn $f$ ist bijektiv und umkehrbar stetig).

**3.** Systeme von Meßräumen.

(3) (a) **Definition.** Unter dem **Produkt von Meßräumen** $(V_i, \mathfrak{B}_i)$, $i \in J$, wird verstanden derjenige Meßraum $(V, \mathfrak{B})$, für den $V := \times_i V_i$ und $\mathfrak{B}$ die Meßraumhülle (vgl. 1.5.1.) der von den Projektionen $p_i: V \rightarrowtail V_i$ initial induzierten Meßräume $(V, p_i^{[-1]}(\mathfrak{B}_i))$ (vgl. 1.6.). (Man beachte: Es ist $p_i$ die Surjektion $V \rightarrowtail V_i$ mit $p_i((x'_j)_{j \in J}) := x'_i$ für jedes $(x'_j)_j$, $x'_j \in V$. Man setzt auch $\mathfrak{B} := \otimes \mathfrak{B}_i$.

Beispiel. Die σ-Algebra $\mathfrak{B}^n$ der Borelschen Mengen des $\mathbb{R}^n$ kann gedeutet werden als das Produkt $\mathfrak{B}^1 \otimes \ldots \otimes \mathfrak{B}^1$ von $n$ Faktoren $\mathfrak{B}^1$, wenn $\mathbb{R}^n$ als $\mathbb{R}^1 \times \ldots \times \mathbb{R}^1$ aufgefaßt wird.

(3) (b) **Definition.** Unter der **Komposition** von Meßräumen $(V_i; \mathfrak{B}_i)$, $i \in J$, und zwar speziell

für *disjunkte* $V_i$ werde verstanden der Meßraum $(V, \mathfrak{B})$ mit $V := \bigcup_i V_i$ und $\mathfrak{B} := \{A : A \in \mathfrak{p}(V) \wedge \bigwedge_{i \in J} V_i \cap A \in \in \mathfrak{B}_i\}$. Dabei entsprechen die $A \in \mathfrak{B}$ bijektiv den $(A_i)_i \in \times_i \mathfrak{B}_i$; denn $A \in \mathfrak{B}$ wenn und nur wenn $(V_i \cap A)_i \in \times_i \mathfrak{B}_i$. Es ist $\mathfrak{B}$ eine Algebra, wobei die Verknüpfungen in $\mathfrak{B}$ „komponentenweise", d.h. durch die in den $\mathfrak{B}_i$ auszuführenden, gewonnen werden. Es ist $(V, \mathfrak{B})$ ein $\sigma$-Meßraum nur, wenn alle $(V_i, \mathfrak{B}_i)$ $\sigma$-Meßräume sind.

**Zusatz.** Durch $(\mathfrak{B}_i)_{i \in J}$ wird eine „direkte" Zerlegung der $\sigma$-Algebra $\mathfrak{B}$ in die $\sigma$-Algebren $\mathfrak{B}_i$ (mit disjunkten Einheiten $V_i$) geliefert.

Beispiel. Es sei $\phi := \phi(\mathbb{R}^n)$ eine 0-Folge von Gittern $\mathfrak{M}(k)$ (1.1.5.). Dabei seien $V_r$, $r = 1, 2, \ldots$, die Maschen von $\mathfrak{M}(1)$. Wird mit $\mathfrak{M}(\phi)$ das System aller Maschen aller $\mathfrak{M}(k)$ einschließlich $\mathbb{R}^n$ selbst bezeichnet, so sei $\mathfrak{A}$ bzw. $\boldsymbol{B}$ die kleinste Algebra $(\mathfrak{M}(\phi))_\sigma$ bzw. die kleinste $\sigma$-Algebra über $(\mathfrak{M}(\phi))$ bzw. über $\mathfrak{A}$. Entsprechend sei $\mathfrak{A}_r$ bzw. $\boldsymbol{B}_r$ die kleinste Algebra bzw. die kleinste $\sigma$-Algebra über $(\mathfrak{M}(V_r \cap \phi))$ bzw. über $\mathfrak{A}_r$. Dann ist $(V, \mathfrak{B})$ mit $V = \mathbb{R}^n$ die Komposition aus den $(V_r, \mathfrak{A}_r)$ und $(V, \boldsymbol{B})$ die aus den $(V_r, \boldsymbol{B}_r)$.

(3) (c) **Definition.** Ist $(V, \mathfrak{B})$ ein Meßraum und $V' \in \mathfrak{B}$, so heiße der Meßraum $(V', V' \cap \mathfrak{B})$ die **Einengung** von $(V, \mathfrak{B})$ auf $V'$; es ist $(V', V' \cap \mathfrak{B})$ ein Meßraum, weil $V' \cap \mathfrak{B}$ eine Algebra mit $V'$ als Einheit ist.

Beispiel. Die in (b) definierte Komposition $(V, \mathfrak{B})$ der $(V_i, \mathfrak{B}_i)$ ist der kleinste Meßraum über V, für den jedes $(V_i, \mathfrak{B}_i)$ Einengung auf $V_i$ ist.

Anmerkung. Die Einengung $(V', V' \cap \mathfrak{B})$ von $(V, \mathfrak{B})$ läßt sich deuten als der zu $(V, \mathfrak{B})$ von der kanonischen Abbildung $j: V' \rightarrowtail V'$ initial induzierte Meßraum.

(3) (d) Einengung (Restriktion) und Erweiterung (Extension) meßbarer Abbildungen.

(A) Einengung. Es sei $f(V, \mathfrak{B}) \rightarrowtail (W, \mathfrak{W})$ und $V' \in \mathfrak{B}$. Für $g := f \mid V'$ gilt dann $g: (V', V' \cap \mathfrak{B}) \rightarrowtail (W, \mathfrak{W})$. (Denn $V' = V' \cap V$ ist Einheit der Algebra $V' \cap \mathfrak{B}$ und für $W \in \mathfrak{W}$ gilt $g^{[-1]}(W) = V' \cap f^{[-1]}(W) \in V' \cap \mathfrak{B}$).

(B) Erweiterung. Voraussetzung. (1) Es seien $(W, \mathfrak{W})$, $(V, \mathfrak{B})$ und $(V_r, \mathfrak{B}_r)$, $r = 1, 2, \ldots$, Meßräume, wobei $V_r \in \mathfrak{B}$ und $\mathfrak{B}_r := V_r \cap \mathfrak{B}$. Außerdem sei $V := \bigcup_r V_r$. – (2) Es sei $f: V \rightarrowtail W$ und $f_r := f \mid V_r$ sowie $f_r: (V_r, \mathfrak{B}_r) \rightarrowtail (W, \mathfrak{W})$, $r = 1, 2, \ldots$

Behauptung. $f: (V, \mathfrak{B}) \rightarrowtail (W, \mathfrak{W})$.

Beweis. Für jedes $Y \in \mathfrak{W}$ gilt $f^{[-1]}(Y) = f^{[-1]}(Y \cap (\bigcup_r f(V_r))) = \bigcup_r f^{[-1]}(Y \cap f(V_r)) = \bigcup_r f_r^{[-1]}(Y) \in \mathfrak{B}$.

## 1.8. Reelle $(\mathfrak{B}, \mathfrak{B}^1)$-meßbare Funktionen

Es sei $\mathfrak{B}^1$ die vom $S$, $d$-System der offenen Mengen des $\mathbb{R}^1$ erzeugte $\sigma$-Algebra (der Borelschen Mengen des $\mathbb{R}^1$), also $(\mathbb{R}^1, \mathfrak{B}^1)$ ein $\sigma$-Meßraum.

Bemerkung. Bei reellen Funktionen $f\colon M \rightarrowtail \mathbb{R}^1$ verwenden wir (wie in I., 7.5.9.) die Bezeichnungen: $[f] := M$ sowie $[f \leqq y] := f^{[-1]}(\{z : z \leqq y\})$ usw., wobei also $y, z$ usw. $\in \mathbb{R}^1$.

**Satz.** *Es sei $D \subset \mathbb{R}^1$ dicht in $\mathbb{R}^1$ und abzählbar, etwa $D$ der Körper $\mathbb{Q}$ der rationalen Zahlen (vgl. I., 3.2.2. und 3.3.3.); ferner sei $(V, \mathfrak{B})$ irgend ein Meßraum. Es ist $f\colon V \rightarrowtail \mathbb{R}^1$ genau dann $(\mathfrak{B}, \mathfrak{B}^1)$-meßbar, wenn $\bigwedge_{y \in D} [f < y] \in \mathfrak{B}$.*

Beweis. (a) *Vorbemerkung.* Es ist $\mathfrak{E} := \{(-\infty; y) : y \in D]$ Erzeugende von $\mathfrak{B}^1$. – In der Tat: (1) Es ist $\mathfrak{E} \subset \mathfrak{B}^1$ (wegen $\mathfrak{E} \subset \mathfrak{o}$). – (2) Für alle $z \in \mathbb{R}^1$ gilt $(-\infty; z) = \bigcup_{y \in D \wedge y < z} (-\infty; y)$ und $(-\infty; z)^+ = \bigcap_{y \in D \wedge z < y} (-\infty; y)$. Ferner ist $(a; b) = (-\infty; b) \setminus (-\infty; a)^+$ für alle $a, b \in \mathbb{R}^1$ mit $a < b$. Da aber $\{(a; b) : a, b \in \overline{\mathbb{R}}^1 \wedge a < b\}$ Erzeugende von $\mathfrak{B}^1$ ist (weil von $\mathfrak{o}$, vgl. I., 5.5.3., Satz 1), gilt dies auch für $\mathfrak{E}$. (b) *Nur dann.* Es gilt $[f < y] = f^{[-1]}((-\infty; y) \cap f(V))$ und $(-\infty; y) \in \mathfrak{B}^1$. Dafür, daß $f\colon (V, \mathfrak{B}) \rightarrowtail (\mathbb{R}^1, \mathfrak{B}^1)$ sei, ist also notwendig $[f < y] \in \mathfrak{B}$ für $y \in D$. – *Dann.* $[f < z] = \bigcup_{y \in D \wedge y < z} [f < y]$ (vgl. I., 7.5.9.).

**1.8.1.** Beispiele.

1. Beispiel. Die *monotonen* $f\colon (a; b) \rightarrowtail \mathbb{R}^1$ sind $(\mathfrak{B}^1, \mathfrak{B}^1)$-meßbar. (Ist nämlich $f$ etwa isoton und ist $x' := \sup\{x : x \in [f < y]\}$, $y \in D$, so gilt $[f < y] = (a; b) \cap (-\infty; x')^+$ bzw. $= (a; b) \cap (-\infty; x')$ je nachdem $x' \in [f < y]$ oder nicht.

2. Beispiel. *Die Schränkungstransformation* $s\colon \mathbb{R}^1 \rightarrowtail [-1; +1]$ ist $(\mathfrak{B}^1, \mathfrak{B}^1)$-meßbar, wenn $\mathfrak{B}^1$ die $\sigma$-Algebra der Borelschen Mengen in $\mathbb{R}^1$ bezeichnet. (Betr. $s$ vgl. I., 7.5.5.1.)

3. Beispiel. *Die reellen halbstetigen Funktionen.*

Es sei $V$ ein topologischer Raum und $\mathfrak{u}(x)$ ein offener Umgebungsraster (ev. der Umgebungsfilter) von $x$ in $V$; ferner sei $\mathfrak{B}$ die, von den offenen Mengen in $V$ erzeugte $\sigma$-Algebra mit $V$ als Einheit.

**Definition.** Es heißt $f\colon V \rightarrowtail \mathbb{R}^1$ **oberhalb stetig** in $x' \in V$ bzw. in $V$, wenn $\bigwedge_{\varepsilon > 0} \bigvee_{U(x', \varepsilon) \in \mathfrak{u}(x')} \bigwedge_{x \in U(x', \varepsilon)} f(x) \leqq f(x') + \varepsilon$ bzw. wenn dies für alle $x' \in V$ gilt. Ersetzt man $f(x) < f(x') + \varepsilon$ durch $f(x) > f(x') - \varepsilon$, so erhält man die Definition der in $x'$ bzw. in $V$ **unterhalb stetigen** $f$ (Vgl. für $V \subset \mathbb{R}^1$: I., 7.5.2.1.).

Unmittelbare Folgerung: (I) Es ist $f$ unterhalb stetig (in $x'$ bzw. in $V$) genau, wenn $-f$ oberhalb stetig ist. – (II) Es ist $f$ *stetig* (in $x'$ bzw. in $V$) genau, wenn $f$ gleichzeitig ober- und unterhalb stetig ist.

Bemerkung. Für $T \subset V$ ist $1_T : V \rightarrowtail \{0, 1\}$ ober- bzw. unterhalb stetig in $V$ genau, wenn $T$ abgeschlossen bzw. offen (in $V$) ist. (Beweis als Aufgabe).
Die Halbstetigkeit läßt sich auf verschiedene Arten kennzeichnen. Es gilt nämlich der

**1. Satz.** Voraussetzung. *Es sei $V$ topologisch und $f : V \rightarrowtail \mathbb{R}^1$.*

Behauptung. (a) *Gleichwertig sind:* (a 1) *Es ist $f$* oberhalb *stetig in $V$.* – (a 2) *Für alle $x' \in V$ gilt $f(x') = \limsup_{x \to x'} f(x)$, d. h. $f(x') = \inf\{\sup\{f(x''); x'' \in U(x')\} : U(x') \in \mathfrak{u}(x')\}$.* – (a 3) *Es ist $[f < y]$ offen in $V$ für alle $y \in \mathbb{R}^1$.* – (a 4) *Es ist $[f \geqq y]$ abgeschlossen für alle $y \in \mathbb{R}^1$.*
(b) *Entsprechende Kennzeichnungen ergeben sich für* unterhalb *stetige $f$ bei Vertauschung von* inf *und* sup *sowie von $[f < y]$ bzw. $[f \geqq y]$ mit $[f > y]$ bzw. mit $[f \leqq y]$.*
(c) *In* (a 3) *und* (a 4) *kann „alle $y \in \mathbb{R}^1$" ersetzt werden durch „alle $y \in D$", wobei $D$ abzählbar und dicht in $\mathbb{R}^1$.*

Beweis. *Betr.* (a). Es gilt (a 1)$\leftrightarrow$(a 2) gemäß der Definition von limsup. – Es gilt (a 1) $\rightarrow$ (a 3). Denn $\bigwedge_{x' \in [f < y]} \bigvee_{U(x') \in \mathfrak{u}(x')} \bigwedge_{x \in U(x')} f(x) < y$, d. h. $[f < y]$ ist offen. – Es gilt (a 3)$\rightarrow$(a 1) Es sei nämlich $f(x') = y'$. Nach Vor. gilt $\bigwedge_{\varepsilon > 0} [f < y' + \varepsilon] \in \mathfrak{o}$ und $x' \in [f < y' + \varepsilon]$. Daher $\bigwedge_{\varepsilon > 0} \bigvee_{U(x') \in \mathfrak{u}(x')} \bigwedge_{x \in U(x')} f(x) < y' + \varepsilon$. – Schließlich ist (a 3)$\leftrightarrow$(a 4). Denn $[f \leqslant y] = C_V [f < y]$. – *Betr.* (c). Vgl. 1.8., Satz.

Aus dem 1. Satz folgt im Hinblick auf 1.8., Satz, der

**2. Satz.** *Ist $V$ topologisch und ist $\mathfrak{B}$ die von den in $V$ offenen Mengen erzeugte (Borelsche) $\sigma$-Algebra, so ist jedes in $V$ ober- oder unterhalb stetige $f : V \rightarrowtail \mathbb{R}^1$ $(\mathfrak{B}, \mathfrak{B}^1)$-meßbar, insbesondere also auch jedes in $V$ stetige $f$.*

*Aufgaben*: (1) Man verallgemeinere die Beh. (8)–(11) in I., 7.5.2.1., für $f : V \rightarrowtail \mathbb{R}^1$ und ev. für $f : V \rightarrowtail \overline{\mathbb{R}}^1$. – (2) Man beweise den 1. Satz (und Satz 2) für $f : V \rightarrowtail \overline{\mathbb{R}}^1$ (Anleitung. Ist $s$ die (stetige) Schränkungstransformation, so gilt $s \circ f : V \rightarrowtail \mathbb{R}^1$).

## 1.8.2. Rechnen mit reellen meßbaren Funktionen.

Es sei $(V, \mathfrak{B})$ ein Meßraum und $f : V \rightarrowtail \overline{\mathbb{R}}^1$ sein $(\mathfrak{B}, \mathfrak{B}^1)$ meßbar, wobei $\mathfrak{B}^1$ wieder die Borelsche $\sigma$-Algebra in $\overline{\mathbb{R}}^1$ bedeutet (bezüglich der Topologie in $\overline{\mathbb{R}}^1$) (Vgl. etwa I., 7.5.5.3.–4.). Dann gilt der

**1. Satz.** (I) *Gleichwertig sind:* (1) *Es ist $f$ $(\mathfrak{B}, \mathfrak{B}^1)$-meßbar.* – (2) *Es gilt $\bigwedge_{y \in \mathbb{R}^1} [f < y] \in \mathfrak{B}$.* – (3) *Es gilt $\bigwedge_{y \in \mathbb{R}^1} [f > y] \in \mathfrak{B}$.* – (4) *Es gilt $\bigwedge_{y \in \mathbb{R}^1} [f \leqq y] \in \mathfrak{B}$.* – (5) $\bigwedge_{y \in \mathbb{R}^1} [f \geqq y] \in \mathfrak{B}$.
(II) *Das System $\mathfrak{M}(\mathfrak{B}, \mathfrak{B}^1) = \mathfrak{M}(V, \mathfrak{B}; \overline{\mathbb{R}}^1, \mathfrak{B}^1)$ der $(\mathfrak{B}, \mathfrak{B}^1)$-meßbaren $f : V \rightarrowtail \overline{\mathbb{R}}^1$ ist stabil gegen Addition, Subtraktion, Multiplikation und Division, falls ergänzend festgesetzt wird: An denjenigen (Ausnahme-)Stellen (in $V$), an denen jeweils eine dieser Operationen in $\overline{\mathbb{R}}^1$ nicht ausführbar ist (vgl. I., 5.4.2.), soll die Operation den (willkürlich angenommenen) Wert 1 liefern.*

(III) *Sind die* $f_r: V \longrightarrow \bar{\mathbb{R}}^1$, $r = 1, 2, \ldots$, $(\mathfrak{V}, \mathfrak{B}^1)$ *meßbar, so auch* $f_s := \sup\{f_r : r = 1, 2, \ldots\}$ *und* $f_i := \inf\{f_r : r = 1, 2, \ldots\}$, *insbesondere sind daher* $f^- := \min\{f, 0\}$, $f^+ := \max\{f, 0\}$ *und damit* $|f| := f^+ - f^-$ *sowie* $\liminf_r f_r$ *und* $\limsup_r f_r$ $(\mathfrak{V}, \mathfrak{B}^1)$*-meßbar.*

**1. Zusatz.** Für ein $(\mathfrak{V}, \mathfrak{B}^1)$-meßbares $f$ sind alle Konstanzmengen $[f = a]$ auch $\mathfrak{V}$-meßbar.

**2. Zusatz.** In Beh. (I), (2)–(5), kann „$\bigwedge_{y \in \mathbb{R}^1}$" ersetzt werden durch „$\bigwedge_{y \in D}$", wobei $D \subset \mathbb{R}^1$ abzählbar und dicht in $\mathbb{R}^1$ ist.

**3. Zusatz.** Das System der $(\mathfrak{V}, \mathfrak{B}^1)$-meßbaren Funktionen $f: V \longrightarrow \mathbb{R}^1$, also der endlichen $f$, ist ein reeller Vektorraum $\mathfrak{V}$. Da in $\mathfrak{V}$ überdies eine Ordnung erklärt ist (I., 6.2.3.1.), für welche die Beh. (III) gilt, ist $\mathfrak{V}$ sogar ein Vektorverband (vgl. I., 3.4.3., auch III., 9.1.1.).

Beweis. *Betr.* (I) *mit Zusätzen* 1. *und* 2. Folgen aus I.,7.5.9. –

*Betr.* (II) Sind $f$ und $g$ zu verknüpfen, so liegen die in Beh. (II) angesprochenen Ausnahmestellen in den Mengen $[f = 0]$, $[g = 0]$, $[f = +\infty], \ldots, [g = -\infty]$, welche Mengen mitsamt ihren Durchschnitten und Vereinigungen $\mathfrak{V}$-meßbar sind. Daher ändert die in (II) getroffene Festsetzung betr. die Werte $f + g$ usw. in den Ausnahmestellen nichts an der Meßbarkeit von $f + g$ usw. – Es sei $V = [f] = [g]$. Dann ist $[f + g < y] = \bigcup_{z \in D} [f < z] \cap [g < y - z]$ (vgl. Zusatz 2.), ferner $\bigwedge_{y \in \mathbb{R}^+} [af < y] = [f < a^{-1} g]$ und $[-f < g] = [f > -g]$. Für $D^+ := D \cap \mathbb{R}^+$ gilt weiter $\bigwedge_{z \in D^+ \cup \{0\}} [f \cdot g > z] = (\bigcup_{y \in D^+} [f > y] \cap [g > zy^{-1}]) \cup (\bigcup_{-y \in D^+} [f < y] \cap [g < zy^{-1}])$.
Für $-z \in D^+$ ist $[f \cdot g > z] = [f = 0] \cup [g = 0] \cup [f \cdot g > 0] \cup [0 < (-f) \cdot g < -z]$; die beiden letzten Glieder rechterhand sind in analoger Weise darstellbar wie dies in der vorausgehenden Formel für $f \cdot g > z]$, $z \geqq 0$, angegeben wurde. Schließlich ist $\bigwedge_{y \in D^+} [f^{-1} < y] = [f > y^{-1}]$.

*Betr.* (III) $[f_i] = V$, $[f_i < y] = \bigcup_r [f_r < y]$, $[f_s \leqq y] = \bigcap_r [f_r \leqq y]$ und $\limsup_r f_r = \inf\{\sup\{f_t : t \geqslant r\} : r \geqq 1\}$ usw.

Erwähnt sei noch der

**2. Satz.** Verkettung meßbarer reeller Funktionen liefert meßbare Funktionen.

Voraussetzung. (1) *Es sei* $D \subset \bar{\mathbb{R}}^n$ *und* $\mathfrak{z}$ *eine* $\sigma$*-Algebra in* $D$ *mit* $D \in \mathfrak{z}$. *Außerdem sei* $f: D \longrightarrow \mathbb{R}^n$ $(\mathfrak{z}, \mathfrak{B}^n)$*-meßbar mit* $f := (f_1, \ldots, f_n)$. – (2) *Es sei* $E \subset \bar{\mathbb{R}}^n$ *und* $g: E \longrightarrow \bar{\mathbb{R}}$ *sei* $(\mathfrak{B}^n, \mathfrak{B})$*-meßbar mit* $f(D) \subset E$ $(\mathfrak{B} = \mathfrak{B}^1)$

Behauptung. *Die Verkettung* $g \circ f: D \longrightarrow \bar{\mathbb{R}}$ *ist* $(\mathfrak{z}, \mathfrak{B})$*-meßbar.*

Beweis. (A) *Hilfssatz.* Es sind gleichwertig: (a) $f$ ist $(\mathfrak{z}, \mathfrak{B}^n)$-meßbar. – (b) Jedes $f_\nu$, $\nu = 1, \ldots, n$, ist $(\mathfrak{z}, \mathfrak{B}^n)$-meßbar. – In der Tat: (a) $\to$ (b). Es sei $C_\nu := \mathbb{R}_1^1 \times \ldots \times \mathbb{R}_{\nu-1}^1 \times B_\nu \times$

$\bar{\mathbb{R}}^1_{\nu+1} \times \ldots \times \bar{\mathbb{R}}^1_n$, wobei $\bar{\mathbb{R}}_\nu := \bar{\mathbb{R}} =: \bar{\mathbb{R}}^1$, und $B_\nu \in \mathfrak{B}$, also $C_\nu \in \mathfrak{B}^n$, $\nu = 1, \ldots n$. Ferner ist*) $f_\nu^{[-1]}(B_\nu \cap f_\nu(D)) = f^{[-1]}(C_\nu \cap f(D)) \in \mathfrak{z}$, also $f_\nu$ ist $(\mathfrak{z}, \bar{\mathfrak{B}})$-meßbar. – (b) $\rightarrow$ (a). Es sei $f_\nu^{[-1]}(B_\nu \cap f_\nu(D))$ mit $B_\nu \in \mathfrak{B}$. Für $B := B_1 \times \ldots \times B_n \in \mathfrak{B}^n$ gilt $f^{[-1]}(B \cap f(D)) = f^{[-1]}(B_1 \cap f_1(D)) \times \ldots \times f^{[-1]}(B_n \cap f_n(D)) = \bigcap_\nu f_\nu^{[-1]}(B_\nu \cap f_\nu(D)) \in \mathfrak{z}$.
(B) Es sei $h := g \circ f$, also $h^{[-1]} = f^{[-1]} \circ g^{[-1]}$. Wir setzen $W(f) := f(D)$, $W(g) := g(E)$, $W(h) := h(D)$. Zufolge Vor. ist $W(f) \subset [g]$ und $W(h) \subset W(g)$ sowie $g^{[-1]}(W(g) \cap \mathfrak{B}) \subset \mathfrak{B}^n \cap [g]$. Weil $g^{[-1]}(g(W(f)) \cap M) \subset W(f)$ für beliebiges $M \subset \bar{\mathbb{R}}$ folgt $g^{[-1]}(W(g) \cap \mathfrak{B}) \subset \mathfrak{B}^n \cap W(f)$. Gemäß der Vor. und des Hilfssatzes ist jetzt $f^{[-1]}(g^{[-1]}(W(h) \cap \mathfrak{B})) \subset f^{[-1]}(W(f) \cap \mathfrak{B}^n) \subset \mathfrak{z}$.

Folgerung. Es sind meßbar: Reelle rationale Funktionen $r = r(k_1, \ldots, k_m)$ von reellen meßbaren Funktionen $k_\mu : D \longrightarrow \mathbb{R}$, $\mu = 1, \ldots, m$; ferner sind meßbar Verkettungen einer reellen monotonen oder stetigen Funktion $g : E \longrightarrow \bar{\mathbb{R}}$ (wobei $E \subset \bar{\mathbb{R}}$) mit einem reellen meßbaren $f$, speziell kann also $g$ die Schränkungstransformation (I., 7.5.5.) oder eine Potenz $|j|^t$ sein.

### 1.8.3. Darstellungen reeller meßbarer Funktionen.

#### 1.8.3.1. *Darstellung als Limiten von Treppenfunktionen.*

Jedes $f : (V, \mathfrak{V}) \longrightarrow (\bar{\mathbb{R}}, \mathfrak{B})$ läßt sich darstellen als Limes von Folgen $(\mathfrak{V}, \mathfrak{B})$-meßbarer Treppenfunktionen $f : V \longrightarrow \bar{\mathbb{R}}$. Da hier $\bar{\mathbb{R}}$ als Wertbereich auftritt, genügt für die Definition der metrischen Konvergenz nicht mehr (wie bei $\mathbb{R}$) die auf den absoluten Betrag gegründete Metrik, bei der $e(x, y) := |x - y|$ den Abstand (die Distanz) der beiden Punkte $x, y \in \mathbb{R}$ mißt (Vgl. I., 7.5.5.3. – 4.). – In $\bar{\mathbb{R}}$ verwenden wir daher eine andere Distanz, nämlich die folgende:

**Definition.** Unter der **Schränkungsdistanz** $d(u, w)$ zweier Punkte $u, w \in \bar{\mathbb{R}}$ werde verstanden $d(u, w) := |s(w) - s(u)|$, wobei $s : \bar{\mathbb{R}} \longrightarrow [-1; +1]$ mit $(u \longmapsto s(u) := u(1 + |u|)^{-1})$ für $u \in \mathbb{R}$ und $s(\pm\infty) = +1$. (vgl. I., 7.5.5.1.). Daß durch $d : \bar{\mathbb{R}} \times \bar{\mathbb{R}} \longrightarrow [-1; +1]$ eine Metrik im Sinne von II., 1.5.7., bestimmt wird, ergibt sich aus $s(u) = s(w) \leftrightarrow u = w$ (Isotonie von $s$), aus $d(u, w) = d(w, u)$ und aus $d(u, w) \leqq d(u, v) + d(v, w)$ (was aus $|x - y \leqq |x - z| + |z - y|$ folgt). Konvergenz in $\bar{\mathbb{R}}$ bezüglich dieser Metrik $d$ werde als $d$-Konvergenz bezeichnet und vom *d-Limes* gesprochen; analog sprechen wir von $e$-Konvergenz usw. bezüglich $e(x, y) := |x - y|$ in $\mathbb{R}$.

Bemerkung. (1) Für $0 \leqq w < u \leqq +\infty$ und für $0 \geqq w > u \geqq -\infty$ gilt $d(u, w) \leqq (1 + |w|)^{-1}$. – (2) Für $u, w \in \mathbb{R}$ gilt $d(u, w) \leqq e(u, w)$. (Bew. als Aufgaben).

Nun lautet der angekündigte

---

*) Beim Beweis der folgenden Gleichung sind die Eigenschaften der Projektion $((x_1, \ldots, x_n) \longmapsto x_\nu)$ zu berücksichtigen.

**Satz** über die Darstellung meßbarer Funktionen durch Treppenfunktionen.

Voraussetzung. *Es sei* $(V, \mathfrak{V})$ *ein Meßraum und* $f: (V, \mathfrak{V}) \longrightarrow (\bar{\mathbb{R}}, \bar{\mathfrak{B}})$.

Behauptung. (1) *Es ist f darstellbar als in V gleichmäßiger d-Limes von, auf V isotonen bzw. antitonen Folgen spezieller,* $(\mathfrak{V}, \bar{\mathfrak{B}})$*-meßbarer, Treppenfunktionen* $f_n$ *bzw.* $g_n$*; dabei ist* $f_n < +\infty$ *bzw.* $g_n > -\infty$ *für jedes n.* – (2) *Für jedes* $\alpha \in \mathbb{R}$ *ist f darstellbar als in V gleichmäßiger d-Limes einer Folge* $(\mathfrak{V}, \bar{\mathfrak{B}})$*-meßbarer, spezieller, endlicher Treppenfunktionen* $h_n$, *wobei* $(h_n)_n$ *auf* $[f > \alpha]$ *isoton und auf* $[f < \alpha]$ *antiton ist (oder umgekehrt).*

**Zusatz.** Legt man der Konvergenzdefinition nicht die *d*-, sondern die *e*-Metrik zu Grunde ($e(x, y) := |x - y|$), so gilt: (I) Ist *f endlich*, so ist die Existenz des gleichmäßigen *e*-Limes einer auf $[f]$ monotonen Folge von $(\mathfrak{V}, \mathfrak{B})$-meßbaren (endlichen) Treppenfunktionen $f_n$ (im allgemeinen) nur bei Zulassung *nicht-spezieller* $f_n$ gesichert. – (II) Ein *beschränktes f* ist gleichmäßiger *e*-Limes von speziellen (beschränkten) auf $[f]$ monotonen $(\mathfrak{V}, \mathfrak{B})$-meßbaren Treppenfunktionen.

Beweis. *Betr.* (1) Konstruktion *isotoner* $(f_n)_n$. Es sei das Gitter $\Gamma_n$ in $\mathbb{R}$ erklärt durch die Teilungspunkte $x_n(m) := m2^{-n}$ mit $m = 0, \pm 1, \pm 2, \ldots$; $n \geqq 1$. Es ist $(\Gamma_n)_n$ eine 0-Gitterfolge. Wir setzen $\alpha_\varrho := (-2^{2n} - 1 + \varrho)2^{-n}$ mit $\varrho = 1, \ldots, 2^{2n+1} + 1 =: q (> 1)$, sodaß $d(-\infty, \alpha_1) < 2^{-n}$ und $d(\alpha_q, +\infty) < 2^{-n}$ (vgl. oben Bemerkung (1)) sowie $d(\alpha_\varrho, \alpha_{\varrho+1}) < 2^{-n}$, $\varrho = 1, \ldots, q-1$ (vgl. Bemerkung (2)). Es ist dann $\bar{\mathbb{R}} = {}^+(-\infty; \alpha_1) \cup (\bigcup_{\varrho=1}^{q-1} {}^+(\alpha_\varrho, \alpha_{\varrho+1})) \cup [\alpha_q; +\infty]$ eine *endliche* Zerlegung von $\bar{\mathbb{R}}$. – Nun wird eine spezielle Treppenfunktion $f_n$ definiert gemäß $f_n(x) = -\infty$ für $x \in [f < \alpha_1]$, $f_n(x) = \alpha_\varrho$ für $x \in [\alpha_\varrho \leqq f < \alpha_{\varrho+1}]$, $\varrho = 1, \ldots, q-1$, und $f_n(x) = \alpha_q$ für $x \in [f \geqq \alpha_q]$; sollte $[f < \alpha_1] = \emptyset$ sein, so scheidet $[f < \alpha_1]$ für die Konstruktion der $f_n, f_{n+1}, \ldots$, aus, entsprechend für die Fälle $\emptyset = [\alpha_\varrho \leqq f < \alpha_{\varrho+1}]$ bzw. $[f \geqq \alpha_q] = \emptyset$. Die so erklärten $f_n$ sind ersichtlich speziell mit $f_n < +\infty$ und $(\mathfrak{V}, \bar{\mathfrak{B}})$-meßbar (wegen $[f < \alpha_1] \in \mathfrak{V}$ usw.) Beim Übergang von $f_n$ zu $f_{n+1}$ werden die Treppen unterteilt und damit die Funktionswerte vergrößert (bzw. nicht verkleinert), sodaß $f_n \leqq f_{n+1}$. – Konstruktion *antitoner* $(g_n)_n$. Man setzt $g_n(x) := \alpha_1$ für $x \in [f < \alpha_1]$, $g_n(x) := \alpha_{\varrho+1}$ für $x \in [\alpha_\varrho \leqq f < \alpha_{\varrho+1}]$ und $g_n(x) := +\infty$ für $x \in [f \geqq \alpha_q]$.

*Betr.* (2) Bei gegebenem $\alpha \in \mathbb{R}$ werden jetzt als Teilungspunkte zu $\Gamma_n$ gewählt $\alpha + m2^{-n}$, $m = 0, \pm 1, \ldots$, ferner die $\alpha_1, \ldots, \alpha_p$ nebst $\alpha_q$ so, daß $\alpha_p = \alpha$ und daß die Annahmen betr. die Schränkungsdistanzen dieser $\alpha_\varrho$ wie in (1) erfüllt sind. Sodann wird gesetzt: $f_n(x) := \alpha_1$ für $x \in [f \leqq \alpha_1]$, $f_n(x) := \alpha_{\varrho+1}$ für $x \in [\alpha_\varrho \leqq f < \alpha_{\varrho+1}]$, $\varrho = 1, \ldots, p-1$, $f_n(x) = \alpha_\varrho$ für $x \in [\alpha_\varrho \leqq f < \alpha_{\varrho+1}]$, $\varrho = p, \ldots, q-1$, und $f_n(x) := \alpha_q$ für $x \in [f \geqq \alpha_q]$.

*Betr. Zusätze.* Folgen aus der Konstruktion in (1).

**1.8.3.2.** Darstellung reeller Funktionen durch Spektralscharen.

Die Überlegungen in I., 7.5.9., (2) und (3), zeigen, daß eine reelle Funktion $f: V \longrightarrow \mathbb{R}$

durch eine „Mengenskala" wie $\{[f<q]: q \in Q\}$ oder $\{[f \leqq q]: q \in Q\}$, wobei $Q$ eine in $\mathbb{R}$ dichte Menge bezeichnet, eindeutig bestimmt ist, und zwar gelten, sowohl im Fall $S(q)=[f<q]$ als auch im Fall $S(q)=[f \leqq q]$ (für alle $q \in Q$) die Darstellungen:

(D) $$\bigwedge_{x \in V} \sup\{q' : q' \in Q \wedge x \notin S(q)\} = f(x) = \inf\{q'' : q'' \in Q \wedge x \in S(q)\}.$$

Zu bemerken ist, daß diese Darstellungen von $f$ auch bestehen, wenn $f: V \to \bar{\mathbb{R}}$, d.h. wenn für $f(x)$ auch die Werte $\pm\infty$ zugelassen sind. (Dabei ist $\sup\emptyset = -\infty$ und $\inf\emptyset = +\infty$ zu setzen) (Beweis!). Solche Darstellungen reeller Funktionen $f$ mittels Mengenskalen $S$ sollen jetzt allgemein behandelt werden.

**1. Definition.** Es sei $V$ eine beliebige Menge und $Q$ eine dichte Teilmenge von $\mathbb{R}$, $S: Q \to \mathfrak{p}(V)$ und $f: V \to \bar{\mathbb{R}}$. Wir sagen, „die **Abbildung** $S$ **stelle** $f$ **dar**", oder $S$ sei eine (**Funktions**)-**Skala von** $f$, wenn die Gleichungen (D) bestehen.
Beispielsweise sind $\{[f<q]: q \in Q\}$ und $\{[f \leqq q]: q \in Q\}$ Skalen von $f$; sie sind „extremal", was die folgende Kennzeichnung lehrt.

**1. Satz.** 1. $S: Q \to \mathfrak{p}(V)$ *ist eine Skala von* $f: V \to \bar{\mathbb{R}}$ *genau dann, wenn*

(E) $$\bigwedge_{q \in Q} [f<q] \subset S(q) \subset [f \leqq q].$$

2. *Die Abbildung* $S: Q \to \mathfrak{p}(V)$ *ist Skala einer reellen Funktion genau dann, wenn sie isoton ist.*

Beweis. *Zu* 1. (a) Es gelten die Gleichungen (D). Aus der ersten folgt $x \in [f<q] \to f(x) < q \to x \in S(q)$, und aus der zweiten Gleichung $x \in S(q) \to f(x) \leqq q \to x \in [f \leqq q]$; also gilt (E). – (b) Es gelte (E). Ist $x \notin S(q) \to f(x) \geqq q$; also gilt $f(x) \geqq \sup\{q : q \in Q \wedge x \notin S(q)\} =: g(x)$. Falls $g(x) = -\infty$, für alle $q \in Q$ also $x \in S(q)$, d.h. $x \in [f \leqq q]$, so folgt auch $f(x) = -\infty$. Falls aber $g(x) > -\infty$, folgt aus $q' \leqq f(x) \wedge q' \in Q$ allemal $x \notin S(q')$, also $g(x) \geqslant q'$; wegen der Dichtheit von $Q$ folgt mit $q' \rightsquigarrow f(x)$ somit $g(x) \geqq f(x)$, also insgesamt $g=f$. Analog beweist man die rechte Seite von (D). – *Zu* 2. (a) Aus (E) folgt für $q<q'$, daß $S(q) \subset [f \leqq q] \subset [f<q'] \subset S(q')$, d.h. jede Funktionsskala ist isoton. – (b) Es sei $S$ isoton. Wir betrachten die Funktion $f$, welche durch die erste Gleichung von (D) definiert wird. Aus $f(x)<q$ folgt $x \in S(q)$, d.h. $[f<q] \subset S(q)$. Andererseits folgt aus $x \in S(q)$ auch $x \in S(q')$ für alle $q' \geqq q$ (wegen der Isotonie von $S$), also $f(x) \leqq q$, somit $S(q) \subset [f \leqq q]$. Damit ist (E) für dieses f erfüllt und gemäß 1. befriedigt dann $f$ auch die zweite Gleichung von (D).

Bemerkung. Eine isotone Abbildung $S: Q \to \mathfrak{p}(V)$ mit in $\mathbb{R}$ dichtem $Q$ nennt man auch eine **Spektralschar** $S|Q$ **in** $V$ ($Q$ kann insbesondere abzählbar sein, z.B. die Menge der rationalen Zahlen.)
Jede Spektralschar $S|Q$ in $V$ bestimmt gemäß (D) genau eine reelle Funktion $f|V$; wir

wollen noch prüfen, wann zwei Spektralscharen $S|Q$ und $S_1|Q_1$ in $V$ dasselbe $f|V$ bestimmen. Zunächst werde geklärt, wie sich die Ordnung $f \leqq f_1$ bei den zugehörigen Skalen widerspiegelt.

**2. Definition.** Es seien $S|Q$ und $S_1|Q_1$ Spektralscharen in $V$. Wir schreiben

$$S \prec S_1 :\leftrightarrow \bigwedge_{q \in Q, q_1 \in Q_1} q < q_1 \rightarrow S(q) \subset S_1(q_1).$$

$\prec$ ist eine Präordnung im System $\sum$ aller Spektralscharen in $V$; denn $\prec$ ist reflexiv, weil jede Spektralschar isoton ist, und $\prec$ ist transitiv: In der Tat, wenn $S \prec S_1$ und $S_1 \prec S_2$ und $q < q_2 (\in Q_2)$, so gibt es ein $q_1 \in Q_1$ mit $q < q_1 < q_2$ (wegen der Dichtheit von $Q_1$), so daß $S(q) \subset S_1(q_1) \subset S_2(q_2)$.

**2. Satz.** *Sind $S|Q$ bzw. $S_1|Q_1$ Skalen von $f|V$ bzw. $f_1|V$, so gilt*

$$(\leqq) \qquad f_1 \leqq f \leftrightarrow S \prec S_1 .$$

Beweis. 1. Es gelte die rechte Seite von ($\leqq$); und es sei $q \in Q$, $q_1 \in Q_1$ und $q < q_1$. Mit einem $q' \in Q$ mit $q < q' < q_1$ folgt $[f \leqq q] \subset [f < q'] \subset S(q') \subset S_1(q_1) \subset [f_1 \leqq q_1]$, hieraus für $q_1 \rightsquigarrow q+$ sodann $[f \leqq q] \subset [f_1 \leqq q]$ für alle $q \in Q$, also $f_1 \leqq f$. – 2. Es sei $f_1 \leqq f$ und $q < q_1$. Dann gilt $S(q) \subset [f \leqq q] \subset [f < q_1] \subset [f_1 < q_1] \subset S_1(q_1)$.

**3. Satz.** *$S|Q$ und $S_1|Q_1$ sind Skalen derselben Funktion, wenn*

$$(\text{Ä}) \qquad S \prec S_1 \quad \textit{und} \quad S_1 \prec S .$$

Beweis folgt unmittelbar aus dem 1. Satz.

(Ä) definiert eine *Äquivalenz* $S \sim S_1$ in $\sum$ (I., 1.6.10.), bez. welcher $\prec$ konsistent ist, so daß sich die Präordnung in $\sum$ überträgt auf eine Ordnung in dem System $\sum_\sim$ der Äquivalenzklassen. Jeder Äquivalenzklasse ist umkehrbar eindeutig eine Funktion $f|V$ zugeordnet (d.h. die Äquivalenzklasse besteht genau aus denjenigen Spektralscharen $S|Q$, welche $f$ darstellen), und diese Zuordnung ist (gemäß 1. Satz) ein (Ordnungs-)*Antiisomorphismus.*

Als **obere** bzw. **untere extreme Funktionsskala** von $f$ bezeichne man die Abbildung ($q \mapsto [f < q]$) bzw. ($q \mapsto [f > q]$). Für diese hat man den (Bew. als Aufgabe)

**4. Satz.** Kennzeichnung der extremen Funktionsskalen.

Voraussetzung. *Es sei $Q$ dicht in $\mathbb{R}$ und $S: Q \rightarrow \mathfrak{p}(V)$.* – *Behauptung. Es ist $S$ genau dann die untere bzw. obere extreme Funktionsskala einer reellen Funktion, wenn für alle $q \in Q$*

$$S(q) = \bigcup \{S(q') : q' \in Q \wedge q' < q\} \quad \text{bzw.} \quad S(q) = \bigcap \{S(q'') : q'' \in Q \wedge q'' > q\}.$$

### 1.8.4. Adjungierte Ideale als Nullideale

Wir bemerken hier noch, daß die ..Adjunktion" eines $\sigma$-Ideals in einem $\sigma$-Meßraum stets als die eines „Nullideals" bezüglich der reellen meßbaren Funktionen gedeutet werden kann. Des Näheren handelt es sich um Folgendes:

Bezeichnung. Es sei $E$ eine Menge, $\mathfrak{P} := \mathfrak{p}(E)$. Für beliebige $\mathfrak{B}$, $\mathfrak{C} \subset \mathfrak{P}$ setzen wir: $\mathfrak{B} + \mathfrak{C} := \{B + C : B \in \mathfrak{B} \wedge C \in \mathfrak{C}\}$ und entsprechend $\mathfrak{B} \cup \mathfrak{C} := \{B \cup C : B \in \mathfrak{B} \wedge C \in \mathfrak{C}\}$.

Lemma. Ist $\mathfrak{R} \subset \mathfrak{P}$ ein $\sigma$-Ring und $\mathfrak{J} \subset \mathfrak{P}$ ein $\sigma$-Ideal in $\mathfrak{P}$, dann ist auch $\mathfrak{Z} := \mathfrak{R} + \mathfrak{J}$ ein $\sigma$-Ring.

Beweis. (1) Es ist $\mathfrak{Z} = \mathfrak{Z}_\sigma$. Es sei nämlich $z_t := x_t + y_t$, mit $x_t \in \mathfrak{R}$ und $y_t \in \mathfrak{J}$, $t = 1, 2, \ldots$ Wegen 1.4., (3a), und weil $\mathfrak{J}$ ein $\sigma$-Ideal ist, ergibt sich $\bigcup_t (x_t + y_t) = \bigcup_t ((x_t + x_t y_t) \cup (y_t + x_t y_t)) = ((\bigcup_t x_t) \setminus (\bigcap_t x_t y_t)) \cup y'$ mit $y' \in \mathfrak{J}$. Daher $\bigcup_t z_t = x' + y''$ mit $x' \in \mathfrak{R}$ und $y'' \in \mathfrak{J}$. – (2) Zu $x' + y', x'' + y'' \in \mathfrak{Z}$ existiert in $\mathfrak{Z}$ das Komplement. Denn $(x' + y') \setminus (x'' + y'') = (x' + y') + (x' + y')(x'' + y'') = (x' + x'x'') + y'''$ mit $x' + x'x'' \in \mathfrak{R}$ und $y''' \in \mathfrak{J}$.

Mit Hilfe des Lemmas ergibt sich der eingangs angedeutete

**Satz.** Voraussetzung. (1) *Sei $\mathfrak{R} \subset \mathfrak{P}$ ein $\sigma$-Ring und $\mathfrak{J} \subset \mathfrak{P}$ ein $\sigma$-Ideal. Weiter sei $\mathfrak{Z} := \mathfrak{R} + \mathfrak{J}$. – (2) Es sei $D \in \mathfrak{Z}$ und $f : D \to \bar{\mathbb{R}}$ sei $\mathfrak{Z}$-meßbar.*

Behauptung. *Es gibt ein $\mathfrak{R}$-meßbares $f' : D \to \bar{\mathbb{R}}$ mit $f = f'$ (mod $\mathfrak{J}$).*

Beweis. (I) Nach Vor. hat man für rationale Zahlen $r (r \in \mathbb{Q})$ $F(r) := [f < r] \in \mathfrak{Z}$ sowie $F(r) = R(r) + J(r)$ mit $R(r) \in \mathfrak{R}$, $J(r) \in \mathfrak{J}$. Dabei gilt $F(s) = U_{r<s} F(r)$ sowie $F(r) \subset F(s)$ für $r < s$. Für $F'(s) := \bigcup_{r<s} R(r)$ gilt $F'(t) = \bigcup_{s<t} F'(s) \in \mathfrak{R}$, sodaß (vgl. 1.8.3.2) ein $f' : D \to \bar{\mathbb{R}}$ mit $[f' < s] = F'(s)$ existiert, wobei $D = [f' \leqq +\infty] - [f \leqq +\infty]$.
(II) Zu zeigen ist, daß $N := [f \neq f'] \in \mathfrak{J}$. In der Tat: Zunächst ist $N \subset \bigcup_t ((F(t) + F'(t\,F(t)) \cup (F'(t) + F'(t) F(t)))$; denn zu jedem $x \in N$ existiert ein $r \in \mathbb{Q}$ mit $f(x) < r < f'(x)$ oder mit $f'(x) < f(x)$. Andererseits ist $F'(r) = \bigcup_{t<r} R(t) = \bigcup_{t<r} (F(t) + J(t)) \subset \bigcup_{t<r} (F(t) \cup J(t)) = F(r) + J'(r)$ mit $J'(r) \subset \bigcup_{t<r} J(t) \in \mathfrak{J}$ und $F(r) J'(r) = \emptyset$. Entsprechend ergibt sich $F(r) \subset F'(r) + J''(r)$ mit $J''(r) \in \mathfrak{J}$. Daher $F'(r) = F'(r) F(r) + J'$ und $F(r) = F(r) F'(r) + J''$ mit $J', J'' \in \mathfrak{J}$, d. h. $F'(r) = F(r)$ (mod $\mathfrak{J}$) oder $N \in \mathfrak{J}$.

## 1.9. Topologische Meßräume

### 1.9.1. An eine Topologie ($\mathfrak{N}$-) adaptierte $\sigma$-Meßräume

Für $\sigma$-Meßräume $(E, \mathfrak{A})$ ergeben sich neue Fragestellungen, wenn $(E, \mathfrak{A})$ **topologisch** ist, d. h. wenn $E$ Träger einer Topologie $(E, \mathfrak{o})$ ist (wobei $\mathfrak{o}$ das $S$, $d$-System der offenen Mengen ist, vgl. II., 1.5.) und wenn $\mathfrak{A}$ mit $\mathfrak{o}$ in geeigneter Weise verknüpft ist. Am nächsten liegt die

**1. Definition.** Der topologische $\sigma$-Meßraum $(E, \mathfrak{A})$ heißt **adaptiert an** $(E, \mathfrak{o})$, kürzer: an $\mathfrak{o}$, wenn $\mathfrak{o} \subset \mathfrak{A}$. Hat man außerdem ein *in* $\mathfrak{A}$ *enthaltenes* $\sigma$*-Ideal* $\mathfrak{N}$ *in* $\mathfrak{P} := \mathfrak{p}(E)$ verfügbar, so wird $(E, \mathfrak{A})$ als ($\mathfrak{N}$-)*adaptiert* (an $\mathfrak{o}$) bezeichnet. – Trivialerweise ist im Falle $\mathfrak{A} = \mathfrak{P}$ der $\sigma$-Meßraum $(E, \mathfrak{A})$ adaptiert an jedes $S, d$-System (in $\mathfrak{P}$) und $\mathfrak{N}$-adaptiert für jedes $\sigma$-Ideal $\mathfrak{N}$ in $\mathfrak{P}$.

Folgerung. Ist $(E, \mathfrak{A})$ adaptiert an $\mathfrak{o}$, so sind *in* $\mathfrak{A}$ *enthalten*: (I) Die von $\mathfrak{o}$ in $\mathfrak{A}$ erzeugte Borelsche $\sigma$-Algebra $\mathbf{B}(\mathfrak{o})$ und daher: (II) das $s, D$-System $\mathfrak{a} \subset \mathbf{B}(\mathfrak{o})$ der (in $(E, \mathfrak{o})$) abgeschlossenen Mengen sowie: (III) für jedes $P \in \mathfrak{P}$ sowohl $\bar{P} = \mathbf{h}(P)$ als $\underset{\circ}{P} = \mathbf{k}(P)$ (bez. $\mathbf{h}$ und $\mathbf{k}$ vgl. II., 1.5.2.2. und 1.5.4.); mithin ist:

(IV) die Begrenzung $P_g := \bar{P} \setminus \underset{\circ}{P}$ eines jeden $P \in \mathfrak{P}$.

Im Falle der $\mathfrak{N}$-Adaption wird durch Folgerung (IV) nahegelegt die

**2. Definition.** Der $\sigma$-Meßraum $(E, \mathfrak{A})$ sei $\mathfrak{N}$-adaptiert an $(E, \mathfrak{o})$. Als **$\mathfrak{N}$-begrenzt**, kürzer $\mathfrak{N}$-begr., werde bezeichnet jedes $A \in \mathfrak{A}$ mit $A_g \in \mathfrak{N}$. Mit $\mathfrak{A}_g := \mathfrak{A}_g(\mathfrak{o}, \mathfrak{N})$ sei bezeichnet das System aller $\mathfrak{N}$-begrenzten $A \in \mathfrak{A}$.

**Satz.** *Bei an* $\mathfrak{o}$ $\mathfrak{N}$*-adaptiertem* $\sigma$*-Meßraum* $(E, \mathfrak{A})$ *gilt:* (1) *Es ist* $\mathfrak{A}_g(\mathfrak{o}, \mathfrak{N})$ *eine Algebra mit* $\mathfrak{A}_g \subset \mathfrak{A}_v(\mathfrak{N})$ *(vgl. 1.3.5.)* – (2) *Im Falle* $\mathfrak{A} = \mathfrak{A}_g$ *gilt* $\mathfrak{A}_v(\mathfrak{N}) = (\mathfrak{A}_v(\mathfrak{N}))_g$.

Beweis. Betr. (1). – (a) Es gilt $\emptyset \in \mathbf{B}(\mathfrak{o})$ und $E \in \mathbf{B}(\mathfrak{o})$. [Denn wegen II., 1.5.4., Satz 2, (h5), ist $\mathbf{k}(\emptyset) = \emptyset = \mathbf{h}(\emptyset)$, und wegen II., 1.5.2.2., Satz 2, (k5), hat man $\mathbf{k}(E) = E = \mathbf{h}(E)$. Wegen $\underset{\circ}{A} \subset A \subset \bar{A}$ und $A_g \in \mathfrak{N}$ für $A \in \mathfrak{A}_g$ ist $\mathfrak{A}_g \subset \mathfrak{A}_v(\mathfrak{N})$].
(b) Mit $X_v \in \mathfrak{A}_g$, $v = 1, \ldots, n$, ist auch $S := \bigcup_{v=1}^{n} X_v \in \mathfrak{A}_g$. – In der Tat: Definitionsgemäß ist $k_v := \mathbf{k}_v(X_v) \subset X_v \subset h_v := \mathbf{h}(X_v)$ mit $(X_v)_g = h_v \setminus k_v \in \mathfrak{N}$. Für $S(k) := \bigcup_v k_v$, $S(h) := \bigcup_v h_v$ gilt (gemäß II., 1.5.2.2 bzw. 1.5.4., insbes. auch dort Satz 2, Anmerkung bzw. Folgerung) $S(k) \subset \mathbf{k}(S) \subset S \subset \mathbf{h}(h)$ mit $S(k) \in \mathfrak{o}_s = \mathfrak{o}$ bzw. $S(h) \in \mathfrak{a}_s = \mathfrak{a}$. Daher $S_g \subset S(h) \setminus S(k) \subset \bigcup_v (X_v)_g \in \mathfrak{N}$ (vgl. 1.4.). – Weiter ist $X_g = (C_E X)_g \in \mathfrak{N}$. Es ist also $\mathfrak{A}_g$ eine Algebra.
*Betr.* (2). Gemäß (1) ist noch zu zeigen, daß jetzt $\mathfrak{A}_v(\mathfrak{N}) \subset \mathfrak{A}_g$. Es sei also $X \in \mathfrak{A}_v(\mathfrak{N})$, d.h. zu $X$ gibt es $A', A'' \in \mathfrak{A}$ mit $A' \subset X \subset A''$ und $A' \setminus A'' \in \mathfrak{N}$. Wegen $\mathfrak{A} = \mathfrak{A}_g$ gilt $A' \setminus \mathbf{k}(A') \in \mathfrak{N}$ und $\mathbf{h}(A'') \setminus A'' \in \mathfrak{N}$. Aus $\mathbf{k}(A') \subset \mathbf{k}(X) \subset X \subset \mathbf{h}(X) \subset \mathbf{h}(A'')$ folgt nun wegen $\mathbf{h}(X) \setminus \mathbf{k}(X) \subset \mathbf{h}(A'') \setminus \mathbf{k}(A') \subset (\mathbf{h}(A'') \setminus A'') \cup (A'' \setminus A') \cup (A' \setminus \mathbf{k}(A')) \in \mathfrak{N}$, d.h. $X \in \mathfrak{A}_g$.

1. Anmerkung. Daß $\mathfrak{A}_g$ im allgemeinen nicht $\sigma$-Algebra ist, wird in 2.5.3., Zusatz, gezeigt.

2. Anmerkung. Aus $\bar{N} \in \mathfrak{N}$ folgt $N_g \in \mathfrak{N}$; die Umkehrung ist i.a. nicht richtig (Denn $N_g = \bar{N} \setminus \underset{\circ}{N} \subset \bar{N}$; und mit $\bar{N}$ gehört auch jede Teilmenge von $\bar{N}$ zu $\mathfrak{N}$). – Aus $N_g \in \mathfrak{N}$ und $N \in \mathfrak{N}$ folgt $\bar{N} \in \mathfrak{N}$ (Denn $\bar{N} \setminus N \subset N_g \in \mathfrak{N}$, also $\bar{N} \setminus N \in \mathfrak{N}$ und $\bar{N} \in \mathfrak{N}$ wegen $N \in \mathfrak{N}$).

**1.9.2.** An eine Topologie stark $\mathfrak{N}$-adaptierte $\sigma$-Meßräume.

Weitergehende Resultate ergeben sich bei folgender Verschärfung der $\mathfrak{N}$-Adaption:

**Definition.** Ein an $(E, \mathfrak{o})$ $\mathfrak{N}$-adaptierter $\sigma$-Meßraum $(E\ \mathfrak{A})$ wird als an $\mathfrak{o}$ **stark $\mathfrak{N}$-adaptiert** kürzer: st. $\mathfrak{N}$-adaptiert, bezeichnet, wenn $\mathfrak{o}_\delta$ obere Einschliessungserzeugende (mod $\mathfrak{N}$) für für $\mathfrak{A}$ ist, d. h. wenn

$$(\mathfrak{o}_\delta) \qquad \bigwedge\nolimits_{A\in\mathfrak{A}}\bigvee\nolimits_{G\in\mathfrak{o}_\delta} A\subset G\wedge G\setminus A\in\mathfrak{N}.$$

Mit $(\mathfrak{o}_\delta)$ gleichbedeutend ist: Das $s, D$-System $\mathfrak{a}$ der in $(E, \mathfrak{o})$ abgeschlossenen Mengen liefert mit $\mathfrak{a}_\sigma$ eine untere Einschliessungserzeugende für $\mathfrak{A}$, d. h. es gilt

$$(\mathfrak{a}_\sigma) \qquad \bigwedge\nolimits_{A\in\mathfrak{A}}\bigvee\nolimits_{F\in\mathfrak{a}_\sigma} F\subset A\wedge A\setminus F\in\mathfrak{N}.$$

Bemerkung. Bei starker $\mathfrak{N}$-Adaption spielen also $\mathfrak{o}_\delta$ und $\mathfrak{a}_\sigma$ eine ähnliche Rolle wie $\mathfrak{A}_{\sigma\delta}$ und $\mathfrak{A}_{\delta\sigma}$ bei der Erweiterung eines Prämaßes zu einem Maß (vgl. 2.4.). Speziell im Falle des Lebesgueschen Maßes im $\mathbb{R}^n$ (vgl. 2.5.2.) liegt ein Fall starker $\mathfrak{N}$-Adaption vor.

Es gilt nun der

**Satz.** Voraussetzung. *Es sei der $\sigma$-Meßraum $(E, \mathfrak{A})$ stark $\mathfrak{N}$-adaptiert an $\mathfrak{o}$. Ferner sei $f$ eine reelle, beschränkte, $\mathfrak{A}$-meßbare Funktion, also $f: D \rightarrowtail [a; b]$ mit $D\in\mathfrak{A}$ und $[f<\alpha]\in\mathfrak{A}$ für alle $\alpha\in\mathbb{R}$ (vgl. 1.8.).*

Behauptung. *Es ist $f$ darstellbar als Limes* (mod $\mathfrak{N}$) *einer (punktweise konvergenten) antitonen Folge von* unterhalbstetigen $f_r: D \rightarrowtail [a; b]$, $r = 1, 2, \ldots$

Beweis. (I) Die Beh. gilt zunächst für den Spezialfall der $\mathfrak{A}$-meßbaren *Indikatorfunktionen* (1.2.) $1(A) := 1_A$ mit $A\in\mathfrak{A}$. – In der Tat: Zu $A\in\mathfrak{A}$ existieren (wenn $(\mathfrak{o}_\delta)$) $G_r\in\mathfrak{o}\subset\mathfrak{A}$, $r = 1, 2, \ldots$, und $N\in\mathfrak{N}\subset\mathfrak{A}$, mit $G_{r+1}\subset G_r$ und $A=\bigcap_r G_r$ (mod $\mathfrak{N}$). Für $f_r := 1(G_r)$ folgt daraus $1(A)=\lim_r f_r$(mod $\mathfrak{N}$) mit unterhalbstetigen $f_r$. – (II) O.B.d.A. sei $f: D \rightarrowtail [a; b]$ mit $(0; 1)^+$ statt $[a; b]$. Unterteilung von $(0; 1)^+$ in $n = 2^k$ gleiche Teile liefert, wenn $A_{\nu n} := [(\nu-1)n^{-1} < f \leqq \nu n^{-1}]$, $\nu = 1, \ldots, 2^k$, mit $A_{\nu n}\in\mathfrak{A}$, gesetzt wird, für $f$ die Approximation $f_n := \sum_{\nu=1}^n \nu n^{-1}\, 1(A_{\nu n})$ mit $0\leqq f_n - f\leqq n^{-1}$ und $f_{n+1}\leqq f_n$. – (III) Es sei jetzt $(G_{\nu nm})_m$ die gemäß (I) zu $A_{\nu n}$ gehörige Folge mit $G_{\nu nm}\in\mathfrak{o}$ und mit $[\lim_m 1(G_{\nu nm}) \neq 1(A_{nm})]\in\mathfrak{N}$. Es ist $g_{nm} := \sum_{\nu=1}^n \nu n^{-1}\, 1(G_{\nu nm})$ nach unten halbstetig mit $g_{n+1\,m}\leqq g_{nm}$ und $g_{nm+1}\leqq g_{nm}$, sodaß $g_{mm} - f\leqq g_{nm} - f$ für $n\leqq m$. Weiter ist $[\lim_m g_{nm} \neq f_n]\in\mathfrak{N}_s = \mathfrak{N}$ und daher $[\lim_m g_{nm} = f_n]\in\mathfrak{A}\setminus\mathfrak{N}$ sowie $[\lim_m g_{nm} - f\leqq n^{-1}] = D\setminus N_n$ mit $N_n\in\mathfrak{N}$, also $[\lim_m g_{nm} - f > n^{-1}]\subset N_n$, woraus $[\lim_m g_{mm} - f > 0]\subset\bigcup_n N_n\in\mathfrak{N}_\sigma = \mathfrak{N}$.

**1.9.2.1.** *$\mathfrak{N}$-fast stetige Funktionen in stark $\mathfrak{N}$-adaptierten $\sigma$-Meßräumen.*

**1. Satz.** Voraussetzung. *Der $\sigma$-Meßraum $(E, \mathfrak{A})$ sei stark $\mathfrak{N}$-adaptiert an $\mathfrak{o}\subset\mathfrak{A}$; ferner sei $\mathfrak{a}\subset\mathfrak{A}$ das $s, D$-System der abgeschlossenen Mengen aus $(E, \mathfrak{o})$.*

Behauptung. *Jedes $A\in\mathfrak{A}$ gestattet eine sogen. $F$-***Darstellung** (mod $\mathfrak{N}$), *d. h. zu $A$ gibt es $F_r\in\mathfrak{a}$, $r = 1, 2, \ldots$, und $N\in\mathfrak{N}$ mit $A = N + \bigcup_r F_r$.*

Beweis. Mit $C := C_E$ gilt $\bigwedge_{A\in\mathfrak{A}} A' := CA \in \mathfrak{A}$ (weil $\mathfrak{A}$ Algebra). Wegen der st. $\mathfrak{N}$-adapt. gibt es zu $A'$ ein $G' \in \mathfrak{o}_\delta \subset \mathfrak{A}$ mit $A' \subset G'$ und $G' \setminus A' \in \mathfrak{N}$, also $CG' \in A \cap \mathfrak{a}_\sigma$ und $A \setminus C G' \in \mathfrak{N}$. Somit $CG' = \bigcup_r F_r = A$ (mod $\mathfrak{N}$).

**Definition.** Ein $f: D \to \mathbb{R}$ mit $D \in \mathfrak{A}$ heißt ($\mathfrak{N}$-) **fast stetig**, wenn es unter den $F$-Darstellungen von $D$ solche gibt, für die alle Einengungen $f \mid F_r$ (von $f$ auf $F_r$) stetig sind. Solche $F$-Darstellungen von $D$ heißen zu (dem $\mathfrak{N}$-fast stetigen) $f$ **gehörig**.

**1. Zusatz.** Für jede zum $\mathfrak{N}$-fast stetigen $f \mid D$ gehörige $F$-Darstellung von $D$ kann $F_r \subset F_{r+1}$, $r = 1, 2, \ldots$, angenommen werden. Ist nämlich $f$ stetig auf jedem $F_r$, so auch stetig auf jedem $F'_n := F_1 \cup \ldots \cup F_n$. In der Tat: Zunächst ist $F'_n \in \mathfrak{a} = \mathfrak{a}_s$. Sodann besagt Stetigkeit von $f$ auf $F'_n \in \mathfrak{a}$, daß (II., 1.5.5.) $f^{[-1]}(\mathfrak{J}(F'_n) \cap T) \in \mathfrak{a}$ für jedes abgeschlossene $T \in \mathbb{R}$; wegen $\mathfrak{J}(F'_n) = \bigcup_{\nu=1}^{n} \mathfrak{J}(F_\nu)$ folgt $f^{[-1]}(\mathfrak{J}(F'_n) \cap T) = \bigcup_\nu f^{[-1]}(\mathfrak{J}(F_\nu) \cap T) \in \alpha$ (Betr. $\mathfrak{J}$ usw. vgl. I., 1.6.6., speziell auch Aufg. (1), (a)).

**2. Zusatz.** In I., 9.5.6., Satz 1., waren die Riemannintegrierbaren Funktionen $f: D \to [\alpha'; \beta']$ mit $D := [\alpha; \beta]$ und $\alpha, \beta, \alpha', \beta' \in \mathbb{R}$, dadurch gekennzeichnet worden, daß sie in jedem $x \in D \setminus N$ *stetig auf* $D$ sind, wobei $N$ eine Lebesguesche Nullmenge ist (in der Bezeichnung in 2.5.2.0. ist $\lambda^1(N) = 0$). Jedes Riemannintegrierbare $f$ ist $\mathfrak{N}^1$-fast stetig auf $D$ (weil stetig auf $F_r$), wobei $\mathfrak{N}^1$ das $\sigma$-Ideal der $\lambda^1$-Nullmengen bezeichne. – Das Umgekehrte gilt im allgemeinen nicht. *Beispiel.* Es sei $D := [0; 1]$ und $\mathbb{Q}$ die Menge der rationalen Zahlen, sodaß $D \cap \mathbb{Q} \in \mathfrak{N}^1$. Die Indikatorfunktion $1_\mathbb{Q} | D$ ist stetig in $D \setminus \mathbb{Q}$, nämlich dort konstant Null, also $\mathfrak{N}^1$-fast stetig in $D$. Andererseits ist $1_\mathbb{Q}$ unstetig auf $D$ in jedem $x \in D \setminus \mathbb{Q}$.

Eigenschaften der ($\mathfrak{N}$-)fast stetigen Funktionen.

(1) Mit $f: D \to \mathbb{R}$ ist fast stetig auch jedes $f \mid D'$ mit $D' \in D \cap \mathfrak{A}$.. – (2) Es sei $D_r \in \mathfrak{A}$, $r = 1, 2, \ldots$, und $D := \bigcup_r D_r$, ferner $f: D \to \mathbb{R}$. Es sind gleichwertig: (I) Jedes $f \mid D_r$ ist fast stetig, $r = 1, 2, \ldots$ – (II) Es ist $f \mid D$ fast stetig.

Beweis. *Betr.* (1). Es sei $D' := N' \cup \bigcup_r F'_r$ bzw. $D = N \cup \bigcup_t F_t$ eine $F$-Darstellung für $D'$ bzw. eine zu $f$ gehörige für $D$. Wegen $F'_r \subset F'_{r+1}$ usw. gilt $D' = D \cap D' = N'' \cup \bigcup_t F'_t \cap F_t$ mit auf $F'_t \cap F_t$ stetigem $f$.

*Betr.* (2) (I) $\to$ (II). Es gehöre $D_r := N_r \cup \bigcup_\mu F_{r\mu}$ mit $F_{r\mu} \subset F_{r,\mu+1}$ zu $f \mid D_r$. Für $N := \bigcup_r N_r \in \mathfrak{N}$ und $F_r := F_{1r} \cup \ldots \cup F_{rr} \in \mathfrak{a}$ gilt dann $D = N \cup \bigcup_r F_r$; dabei ist $f \mid F_r$ stetig, weil nach Vor. die $f \mid F_{\nu r}$, $\nu = 1, \ldots, r$, stetig sind. – (II) $\to$ (I) Ergibt sich aus (1).

Anwendung. Jede $\mathfrak{A}$-meßbare reelle Treppenfunktion $g: D \to \mathbb{R}$ (mit $D \in \mathfrak{A}$) ist fast stetig. – In der Tat: Es ist $g = \sum_{r=1}^\infty \gamma_r 1_{D_r}$, wobei $D = \bigcup_r D_r$ eine $\sigma$-Zerlegung von $D$ in die $D_r \in \mathfrak{A}$ bezeichnet. Es ist also $g \mid D_r = \gamma_r =$ konst. und mithin stetig.

Wir kommen jetzt zu der in der Überschrift von 1.9.2.1. angedeuteten Gleichwertigkeit von $\mathfrak{A}$-Meßbarkeit und Fast-Stetigkeit bei starker Adaption.

Voraussetzung. *Es sei* $f: D \rightarrowtail \mathbb{R}$ *und* $(E, \mathfrak{A})$ *stark adaptiert an* $(E, \mathfrak{o})$.

Behauptung. *Gleichwertig sind:* (I) *Es ist* $f$ $\mathfrak{A}$*-meßbar.* – (II) *Es ist* $f$ *fast stetig* (*in* $D \in \mathfrak{A}$).

Beweis. *Betr.* (I) $\rightarrow$ (II). Da $f$ $\mathfrak{A}$-meßbar ist, gibt es gemäß 1.8.3.1., Zusatz, weil $f$ endlich ist, eine in $D$ gegen $f$ gleichmäßig $e$-konvergente Folge von $\mathfrak{A}$-meßbaren Treppenfunktionen $g_n$, $n = 1, 2, \ldots$ Zu dem $\mathfrak{A}$-meßbaren $g_n$, das gemäß „Anwendung" fast stetig ist, gehört eine $F$-Darstellung $D = N_n \cup A_n$ mit $N_n \in \mathfrak{N}$ und $A_n = \bigcup_t F_{nt} \in \mathfrak{a}_\sigma$; dabei ist $F_{nt} \subset F_{n,t+1}$. Es ist also $g_n$ stetig auf jedem $F_{nt}$, also $g_n$ und $g_{n+1}$ beide stetig auf jedem $F_{n,t,s} := F_{nt} \cap F_{n+1,s} \in \mathfrak{a}$. Mithin existiert eine zu $g_n$ *und* $g_{n+1}$ gehörige $F$-Darstellung $D = N_{n,n+1} \cup A_n \cap A_{n+1}$, wobei $A_n \cap A_{n+1} \in \mathfrak{a}_\sigma$ und $N_{n,n+1} \in \mathfrak{N}$. – Durch Induktion erhalten wir eine zu *allen* $g_1, \ldots, g_{p+1}$ gehörige $F$-Darstellung $D = N'_p \cup A'_p$ mit $N'_{p+1} \supset N'_p$ und $A'_{p+1} \subset A'_p \in \mathfrak{a}_\sigma$. Und daraus folgt $D = N' \cup A'$ mit $N' := \bigcup_p N'_p \in \mathfrak{N}$ und $A' := \bigcap_p A'_p \in \mathfrak{a}_{\sigma\delta}$; dabei ist jedes $g_n$ stetig auf $A'$, $n = 1, 2, \ldots$ Da gemäß der starken Adaption $\mathfrak{o} \subset \mathfrak{A}$, so auch $\mathfrak{a}_{\sigma\delta} \subset \mathfrak{A}$ und folglich $A' \in \mathfrak{A}$. Es gibt also $N'' \in \mathfrak{N}$ und $A \in \mathfrak{a}_\sigma$ mit $A' = N'' \cup A$ und $D = (N' \cup N'') \cup A$, wobei $A = \bigcup_r F_r \subset A'$. Nach Konstruktion von $A'$ folgt aus $A \subset A'$, daß jedes $g_n$ stetig ist auf jedem $F_r$. Wegen $f = \lim$ gleichmäßig ${}_n g_n$ in $D$ ist $f$ stetig auf jedem $F_r$, d. h. $f$ ist fast stetig.

(II) $\rightarrow$ (I) Ist $f: D \rightarrowtail \mathbb{R}$ fast stetig und $D := N \cup \bigcup_r F_r$ eine zu $f$ gehörige $F$-Darstellung von $D$, so ist $f \mid F_r$ stetig also $\mathfrak{A}$-meßbar für alle $r$. Setzt man $f_r(x) := f(x)$ für $x \in F_r$ und $f_r(x) := 0$ für $x \in D \setminus F_r$, so ist $f_r \mid D$ $\mathfrak{A}$-meßbar und mithin auch $f = \lim_r f_r$ (mod $\mathfrak{N}$).

Zweiter Teil

# Inhalt und Maß

## 2.0. Einleitung

Zwecks Motivierung der folgenden Ausführungen knüpfen wir an die in I., 9.7.14., gegebene Definition des Riemann-Stieltjes-Integrals $\int_D f dv$ an. Hierbei war $D := [a; b] \subset \mathbb{R}^1$; ferner war $v$ ein sogenannter *Inhalt*, nämlich eine Mengenfunktion $v : \mathfrak{R} \longrightarrow \mathbb{R}_0^+$, wobei $\mathfrak{R}$ der vom System aller Teilintervalle von $[a; b]$ erzeugte Ring und $v$ *additiv* ist, d.h. für jede endliche Zerlegung von $D$ in $\mathfrak{R}$, etwa $D = R_1 \cup \ldots \cup R_r$, gilt $v(R) = v(R_1) + \ldots + v(R_r)$ (Hier ist $\mathfrak{R}$ sogar eine Algebra mit $D$ als Einheit). Demgegenüber erfordert das später einzuführende Lebesgue-Stieltjes-Integral als begriffliche Erweiterung des Riemann-Stieltjes-Integrals eine Verallgemeinerung des Inhaltsbegriffes zu dem das Maßes, wobei an Stelle von $\mathfrak{R}$ eine $\sigma$-Algebra $\mathfrak{A}'$ mit der Einheit $D$ tritt und wobei das *Maß $\sigma$-additiv* ist, d.h. wobei für jede abzählbare Zerlegung $(A'_r)_r$ eines jeden $A' \in \mathfrak{A}'$ gilt: $m(A') = \sum_r m(A'_r)$, unter $m : \mathfrak{A}' \longrightarrow \bar{\mathbb{R}}_0^+$ das Maß verstanden ($A'_r \in \mathfrak{A}'$, $r = 1, 2, \ldots$).
Ein wesentlicher Teil der damit angedeuteten Aufgaben besteht, abgesehen von der Entwicklung der Lebesgueschen Integraltheorie, in Konstruktionen von Maßen aus gegebenen Inhalten, wobei wir speziell zum klassischen Borelschen und Lebesgueschen Maß im $\mathbb{R}^n$ gelangen.

## 2.1. Elementare Inhalte im $\mathbb{R}^n$ als einfachste Beispiele

Es sei $\mathfrak{R}(\mathfrak{M})$ der Ring, der zu einer 0-Gitterfolge $\Gamma$ gehört (1.1.5). Ferner sei $i : \mathfrak{R}(\mathfrak{M}) \longrightarrow \mathbb{R}_0^+$ ein Inhalt, der folgenden Forderungen genügt: (1) Der Inhalt $i_\Gamma(M_{kq})$ einer Masche $M_{kq} \in \mathfrak{M}$, also eines halboffenen Würfels der Kantenlänge $l = 2^{-k}$, hat den Wert $l^{-kn}$, (2) Der Inhalt $i_\Gamma(A)$ eines (Würfel-)Aggregates $A$, d.h. der Vereinigung von endlich vielen disjunkten Maschen $M_{kq}$, also $A = \bigcup_{k,q} M_{kq}$, ist gleich der Summe der Mascheninhalte

$$(+) \qquad i_\Gamma(A) = \sum_{k,q} i_\Gamma(M_{kq}), \quad \text{insbesondere:} \quad i_\Gamma(\emptyset) = 0 .$$

Bemerkung. Der Wert von $i_\Gamma(M_{kq})$ in (1) ist im Anschluß an die Elementargeometrie gewählt, wo man ja für den *abgeschlossenen* $\bar{M}_{kq}$ den gleichen Wert als Inhalt kennt. Dies steht übrigens im Einklang damit, daß bei jeder Erweiterung von $i_\Gamma | \mathfrak{R}(\mathfrak{M})$ zu einem Maß

(oder Inhalt), dessen Definitionsbereich alle $\bar{M}_{kq}$ enthält, die Begrenzung $\bar{M}_{kq} \setminus \underline{M}_{kq}$ jeder Masche und auch alle zur Erweiterung gehörigen Teile von ihr, zwangsläufig das Maß (oder den Inhalt) Null erhalten (vgl. z.B. 2.5.3.). Ein solcher erweiterter Inhalt $i_\Gamma^+$ ergibt sich, beispielsweise, beim Übergang von $\mathfrak{R}(\mathfrak{M})$ zu dem umfassenderen Ring $\mathfrak{R}(\mathfrak{M}^*)$, wobei $\mathfrak{M}^*$ das System aller relativ offenen $b$-Würfel $M_{kq,t}$ (1.1.5.1.) aller Dimensionen $\leq n$ bezeichnet; hier hat man dann sinngemäß statt (1) zu fordern, daß $i_\Gamma^*(M_{kq,t}) := 0$ bzw. $:= 2^{-kn}$ sei, je nachdem die Dimension von $M_{kq,t}$ kleiner bzw. $= n$ ist.
Wir bezeichnen noch einen Inhalt $i_\Gamma$ als $\Gamma$**-translationsinvariant**, wenn je zwei Aggregate, die durch Translation in einander überführbar sind, gleichen Inhalt besitzen.*)
Die obigen Erklärungen rechtfertigen sich durch den

**Satz.** (1) *Jedes den Forderungen* (1) *und* (2) *genügende* $i_\Gamma : \mathfrak{R}(\mathfrak{M}) \longrightarrow \mathbb{R}_0^+$ *ist ein Inhalt, insbesondere also eindeutig und additiv.* – (2) *Zugleich ist* $i_\Gamma | \mathfrak{R}(\mathfrak{M})$ *der einzige* $\Gamma$*-translationsinvariante Inhalt über* $\mathfrak{R}(\mathfrak{M})$ *mit* $i_\Gamma(M_{00}) = 1$.

Bezeichnung. Jeder Inhalt $i_\Gamma | \mathfrak{R}(\mathfrak{M})$ im Sinne des Satzes sei als ein **elementarer Inhalt** bezeichnet.

Beweis. Zu (1) Mit dem Wert $2^{-kn}$ für den Inhalt von $M_{kq}$ folgt mit $k' \geqq k$ aus der $\mathfrak{M}(k')_s$-Zerlegung von $M_{kq}$ in $2^{(k'-k)n}$ Maschen $M_{k'q'}$ wegen $2^{(k'-k)n} 2^{-k'n} = 2^{-kn}$ für den Inhalt

(I) $$i_\Gamma(M_{kq}) = \sum_{q'} i_\Gamma(M_{k'q'}).$$

Hat man nun für ein Aggregat $A$ zwei Zerlegungen

$$A = \bigcup_{\mu=1}^{m} M_{k_\mu q_\mu} = \bigcup_{\mu=1}^{m'} M_{k'_\mu q'_\mu},$$

so erhalten wir mit $k := \max\{k_1, \dots, k_m; k'_1, \dots, k'_{m'}\}$ die Zerlegungen

$$M_{k_\mu q_\mu} = \bigcup_{q''} M_{kq''} \quad \text{und} \quad M_{k'_\mu q'_\mu} = \bigcup_{q'''} M_{kq'''},$$

sodaß, mit Benutzung von (I), aus der Definition (+) und geeigneter Umordnungen der Summanden folgt:

$$\sum_{\mu=1}^{m} i_\Gamma(M_{k_\mu q_\mu}) = \sum_{\mu=1}^{m^*} i_\Gamma(M_{kq_\mu^*}) = \sum_{\mu=1}^{m'} i_\Gamma(M_{k'_\mu q'_\mu}),$$

d.h. die Eindeutigkeit der Definition (+). Mit einer analogen Zerlegungsprozedur beweist man die Additivität von $i_\Gamma$. Und die Translationsinvarianz des Inhaltes $i_\Gamma$ folgt aus der des Mascheninhaltes.

*Zu* (2). Es sei $i$ ein translationsinvarianter Inhalt auf $\mathfrak{R}(\mathfrak{M})$, d.h. für jeden Translationsvek-

*) Bei diesen Translationen wird zugleich das Gitter auf sich abgebildet.

tor $t$ ist mit $A, A+t \in \mathfrak{R}(\mathfrak{M})$ auch $i(A) = i(A+t)$. Da alle $M_{kq}$ bei festem $k$ Translationen von einander sind, so sind die $i(M_{kq})$ gleich für alle $q$ bei festem $k$. Zerlegt man $M_{00}$ durch $k$-fach wiederholte Kantenhalbierungen in $2^{kn}$ Maschen $M_{kq}$, so folgt aus der Additivität von $i$, daß $2^{kn} i(M_{kq}) = i(M_{00}) = 1$, also $i(M_{kq}) = 2^{-kn} =: l_k^n$, wobei $l_k$ die Kantenlänge von $M_{kq}$ bezeichnet. Alles weitere folgt nun wie in Ziff. 1.

Bemerkungen. (1) Für jeden halboffenen achsenparallelen Würfel $W \in \mathfrak{M}(k)_s$, der sich als Vereinigung von $m^n$ disjunkten $M_{kq}$ darstellt mit der Kantenlänge $l := 2^{-k} m$, gilt analog wie für $M_{kq}$ die Beziehung $i(W) = l^n$ (Bew.). – (2) In der Inhaltslehre des euklidischen $\mathbb{R}^n$ betrachtet man üblicherweise Polyeder, Kegel, Kugeln und ähnlich einfache Figuren und nennt sie „elementar"; sie bilden für $n \geqq 2$ keinen Ring, werden aber erfaßt durch die (Mengen-)Algebra des sogen. Jordaninhaltes, welcher seinerseits Erweiterung des oben behandelten Inhaltes $i_\Gamma$ ist (vgl. 2.5.3.). (Im $\mathbb{R}^1$ ist übrigens die Situation hinsichtlich „Elementarität" trivial).

Hinweis. Man beachte: Elementare Inhalte unterscheiden sich höchstens hinsichtlich der zu Grunde gelegten 0-Würfelgitterfolge. Dabei ist die Längeneinheit im $\mathbb{R}^n$ so gewählt, daß $i_\Gamma(M_{0q}) = 1$ für alle $q$.

## 2.2. Definition und Eigenschaften von Inhalten

Bezugnehmend auf die Beispiele in 2.1. erklären wir allgemein:

**1. Definition.** Eine Abbildung $i: \mathfrak{R} \to \overline{\mathbb{R}}_0^+$ werde als *Inhalt* (ohne Endlichkeitsbedingung, kurz: o. E. (oder o. Endl.)) bezeichnet, wenn $i$ den folgenden **Inhaltsaxiomen** genügt:
(i) Der Definitionsbereich $\mathfrak{R}$ ist ein (Mengen-)Ring, meist sogar eine Algebra;
(ip) Es ist $i \geqq 0$ und $i(\emptyset) = 0$;
(ia) Es ist $i$ **additiv** d. h. für beliebige (endlich viele) *disjunkte* $S_\mu \in \mathfrak{R}$, $\mu = 1, \ldots, m$, gilt

$$i\left(\bigcup_{\mu=1}^{m} S_\mu\right) = \sum_{\mu=1}^{m} i(S_\mu).$$

1. Anmerkung. Es genügt, die Additivität für zwei Sumanden ($m = 2$) zu postulieren, da hieraus (durch Induktion) (ia) für jedes $m$ folgt.

2. Anmerkung. Besitzt $i|\mathfrak{R}$ nur endliche Werte, so spricht man von einem endlichen Inhalt. Ist dabei $\mathfrak{R}$ eine Algebra mit der Einheit $E$, so ist $i|\mathfrak{R}$ sogar beschränkt; denn $0 \leqq i(R) \leqq i(R) + i(E \setminus R) = i(E) < +\infty$ für jedes $R \in \mathfrak{R}$ (vgl. unten Ziff. I.).
In den folgenden Betrachtungen werden folgende Begriffe eine Rolle spielen:

**2. Definition.** Eine Abbildung $f: \mathfrak{R} \to \overline{\mathbb{R}}_0^+$ heißt

I. **isoton** bzw. **antiton**, wenn allgemein $f(A') \leqq f(A'')$ bzw. $f(A') \geqq f(A'')$, falls $A' \subset A''$, wobei $A', A'' \in \mathfrak{R}$;

II. **subtraktiv**, wenn allgemein $f(A') - f(A' \cap A'') = f(A' \setminus A' \cap A'')$, soweit die Differenz linkerhand sinnvoll ist;

III. **überdeckungsbeschränkt**, kurz ü-beschränkt, wenn allgemein $f(A) \leqq \sum_{\kappa=1}^{k} f(A_\kappa)$, falls $A \subset \bigcup_{\kappa=1}^{k} A_\kappa$. – Schwächt man diese Aussage dadurch ab, daß man die Voraussetzung $A \subset \bigcup_{\kappa=1}^{k} A_\kappa$ durch $A = \bigcup_{\kappa=1}^{k} A_\kappa$ ersetzt, so spricht man von **Subadditivität**. Es gilt dann: Es ist $i$ subadditiv und isoton genau dann, wenn $i$ überdeckungsbeschränkt ist;

III.a. **$\sigma$-überdeckungsbeschränkt** bzw. *$\sigma$-subadditiv*, wenn in III. Vereinigungen auch von von abzählbar unendlich vielen $A_\kappa$ zugelassen werden.

IV. **$\sigma$-oberadditiv**, wenn für jedes $A \in \mathfrak{R}$ und für jede $\sigma$-Zerlegung $A = \bigcup_{\mu=1}^{\infty} A_\mu$, also mit disjunkten $A_\mu \in \mathfrak{R}$, gilt $\sum_{\mu=1}^{\infty} f(A_\mu) \leqq f(A)$.

V. **$\sigma$-additiv**, wenn $f$ gleichzeitig $\sigma$-oberadditiv und $\sigma$-subadditiv ist.

VI. **stetig nach unten**, in Zeichen $\downarrow$-stetig, auch $U$-stetig, wenn für alle $A$, $A_\mu \in \mathfrak{R}$ mit $A = \bigcap_{\mu=1}^{\infty} A_\mu$ gilt: $f(A) = \lim_m f(A_1 \cap \ldots \cap A_m)$, *falls* der Limes rechterhand (existiert und) *endlich* ist.

VII. **stetig nach oben**, in Zeichen $\uparrow$-stetig, auch 0-stetig, wenn für alle $A$, $A_\mu \in \mathfrak{R}$ mit $A = \bigcup_{\mu=1}^{\infty} A_\mu$ gilt: $f(A) = \lim_m f(A_1 \cup \ldots \cup A_m)$ (also der Limes rechterhand existiert).

VIII. **$\emptyset$-stetig**, wenn für $\emptyset = \bigcap_{\mu=1}^{\infty} A_\mu$ mit $A_\mu \in \mathfrak{R}$ gilt: Es ist $0 = \lim_m f(A_1 \cap \ldots \cap A_m)$ falls der Limes rechterhand existiert (und endlich ist).

IX. **$\sigma$-endlich**, wenn jedes $A \in \mathfrak{R}$ mit $f(A) = +\infty$ eine $\sigma$-Zerlegung $A = \bigcup_{r=1}^{\infty} A_r$ mit (disjunkten) $A_r \in \mathfrak{R}$ besitzt derart, daß $f(A_r) < +\infty$ für alle $r$ und daß $f(A) = \sum_r f(A_r)$. – Besitzt $\mathfrak{R}$ eine Einheit $E$ (mit $f(E) = +\infty$), so existiert eine $\sigma$-Zerlegung $E = \bigcup_r E_r$ mit $f(E_r) < +\infty$ und $f(E) = \sum_r f(E_r)$, falls $f$ $\sigma$-endlich.

Bemerkungen. Falls $f: \mathfrak{R} \longrightarrow \mathbb{R} \setminus \{-\infty\}$, gelten folgende Gleichwertigkeiten: (1) Es ist $f$ überdeckungsbeschränkt $\leftrightarrow$ Es ist $f$ subadditiv und isoton. – (2) Es ist $f$ additiv $\leftrightarrow$ Es ist $f$ subtraktiv. – (3) Es ist $f$ ein Inhalt $\leftrightarrow$ Es ist $f$ additiv sowie isoton und es gibt $B \in \mathfrak{R}$ mit $f(B) < +\infty$. (Bew. als Aufgaben).

Hinweis betr. $\downarrow$- und $\emptyset$-Stetigkeit. Ist $f$ ein Inhalt, so existiert und ist endlich der Limes rechterhand, falls $f(A_r) < +\infty$ für (mindestens) ein $r$.

**Definition.** Jeder $\sigma$-additive Inhalt werde als **Prämaß** bezeichnet, und ein Prämaß $f|\mathfrak{R}$ als **Maß**, wenn $\mathfrak{R}$ eine Algebra ist.
Es gibt Inhalte, die nicht Prämaße sind. Vgl. etwa 2.3.2., Satz, Beweis des Zusatzes.

### 2.2.1. Beispiele $\sigma$-endlicher Inhalte.

**1.** Es sei $T := \{t_1, t_2, \ldots\}$ eine abzählbar unendliche Menge ($t_m \neq t_n$ für $m \neq n$) und $r_1, r_2, \ldots$ eine unendliche Folge (reeller) positiver Zahlen mit $\sum_n r_n := r$; weiter sei $\mathfrak{A}$ eine $\sigma$-Algebra mit $T$ als Einheit. Man setze $u(X) := \sum\{r_m : t_m \in X\}$ für jedes $X \in \mathfrak{A}$, insbesondere $u(\emptyset) = 0$. Es ist $u|\mathfrak{A}$ ein Maß.

Als **Atom** $X^+$ von $\mathfrak{A}$ wird jedes von $\emptyset$ verschiedene, in $\mathfrak{A}$ nicht weiter zerlegbare Element von $\mathfrak{A}$ bezeichnet. Es gilt dann der

**Satz.** *Es ist $u|\mathfrak{A}$ genau dann σ-endlich, wenn $u(X^+) < +\infty$ für jedes Atom $X^+$ von $\mathfrak{A}$. Dabei gilt $u|\mathfrak{A}$ im Falle $r < +\infty$ ebenfalls als σ-endlich.*

Beweis. O.B.d.A. sei $r = +\infty$. – Nur dann. Gibt es ein Atom $X^+$ mit $u(X^+) = +\infty$, gilt für jede aufsteigende Folge $(X_\nu)_\nu$ mit $X_\nu \in \mathfrak{A}$ und $T = \bigcup_\nu X_\nu$ schließlich $X^+ \cap X_\nu \neq \emptyset$, also $X^+ \subset X_\nu$ und mithin $u(X_\nu) = +\infty$, sodaß $u|\mathfrak{A}$ nicht σ-endlich ist. – Dann. Es sei $u(X^+) < +\infty$ für jedes Atom $X^+$ von $\mathfrak{A}$. Es sei $T_\nu$ dasjenige Atom, welches $t_\nu$ enthält ($T_\nu$ ist darstellbar als Durchschnitt abzählbar vieler $X \in \mathfrak{A}$ (Bew.!)) Dann ist $\bigcup_n (\bigcup_{\nu=1}^n T_\nu) = T$ und $u(\bigcup_{\nu=1}^n T_\nu) < \sum_{\nu=1}^n u(T_\nu) < +\infty$.

**2.** Es sei $\mathfrak{A}$ eine σ-Algebra mit der Einheit $E$. Für jedes $T \subset E$ heißt $\mathfrak{A}^+ := T \cap \mathfrak{A}$ die **Spuralgebra** von $\mathfrak{A}$ auf $T$. Und ein Maß $u|\mathfrak{A}$ heißt **Spurerweiterung** eines Maßes $u^+|\mathfrak{A}^+$, wenn $u(X) = u^+(T \cap X)$ für $X \in \mathfrak{A}$.

**Satz.** *Die Spurerweiterung $u|\mathfrak{A}$ von $u^+|\mathfrak{A}^+$ ist σ-endlich genau dann, wenn $u^+|\mathfrak{A}^+$ ebenfalls σ-endlich ist. (Es sei $E$ Einheit von $\mathfrak{A}$).*

Beweis. Nur dann. Klar. – Dann. Für die Folge $(X_n)_n$ mit $X_n \in \mathfrak{A}$ sei $\bigcup_n (T \cap X_n) = T$ und $u^+(T \cap X_n) < +\infty$. Mit $E \setminus \bigcup_n X_n =: E' \in \mathfrak{A}$ ist $\bigcup_n (X_n \cup E') = E$ und $u(X_n \cup E') = u^+(T \cap (X_n \cup E')) = u^+(T \cap X_n) < +\infty$ wegen $T \cup E' = E$.

**3.** Jeder *elementare Inhalt* $i_\Gamma|\mathfrak{R}(\mathfrak{M})$ im $\mathbb{R}^n$ (vgl. 2.1.) ist σ-endlich. Denn $\mathbb{R}^n$ ist überdeckbar mit den abzählbar vielen Maschen $M_{0q}$, für die $i(M_{0q}) = 1$; Gleiches gilt dann für jedes $X \in \mathfrak{R}(\mathfrak{M})$.

### 2.2.2. Inhalte ohne und mit Endlichkeitseigenschaften.

Wir bringen jetzt Bemerkungen allgemeiner Art hinsichtlich des Verhaltens von Inhalten ohne und mit Endlichkeitsvoraussetzungen.

#### 2.2.2.1. *Inhalte ohne Endlichkeitsforderungen (o.E.)*

**1. Satz.** Voraussetzung. *Es sei $i|\mathfrak{R}$ ein Inhalt o.E.*

Behauptung. (a) *Es ist $i|\mathfrak{R}$ überdeckungsbeschränkt, insbesondere isoton, sowie σ-oberadditiv.*

(b) *Es sind gleichwertig;* (1) *Es ist $i|\mathfrak{R}$ ein Prämaß, d.h. σ-additiv.* – (2) *Es ist $i|\mathfrak{R}$ σ-überdeckungsbeschränkt.* – (3) *Es ist $i|\mathfrak{R}$ stetig nach oben.*

(c) *Für alle $R, R' \in \mathfrak{R}$ gilt die* Symmetrieformel

$$i(R) + i(R') = i(R \cup R') + i(R \cap R').$$

(d) *Es ist* $i|\mathfrak{R}$ *subtraktiv.*

**Zusatz.** Jedes Prämaß (o. E.) ist sowohl $\downarrow$-stetig als $\emptyset$-stetig.

Beweis. *Verabredung.* Es seien $R, \tilde{R}_r \in \mathfrak{R}$, $r = 1, 2, \ldots$, mit $R \subset \bigcup_r \tilde{R}_r$, also $R = \bigcup_r \tilde{R}_r \cap R$. Gemäß 1.1.2.2., Satz, Beh. (1), existiert eine $\sigma$-Zerlegung $R = \bigcup_r R'_r$ von $R$ (mir $R'_r \in \mathfrak{R}$) derart, daß $R'_r \subset \tilde{R}_r \cap R =: R_r$ und $S_t := \bigcup_{r=1}^t R_r = \bigcup_{r=1}^t R'_r$. – *Zu* (a) *Betr. Isotonie.* Aus $P, Q \in \mathfrak{R}$ mit $P \subset Q$ folgt $P \cup (Q \setminus P \cap Q) = Q$, wegen $i(Q \setminus P \cap Q) \geqq 0$ also $i(P) \leqq i(Q)$. – *Betr. Überdeckungsbeschränktheit.* Falls $R = R'_1 \cup \ldots \cup R'_t$ gilt $i(R) = i(R'_1) + \ldots + i(R'_t) \leqq i(\tilde{R}_1) + \ldots + i(\tilde{R}_t)$ wegen der Isotonie. – *Betr. $\sigma$-Oberadditivität.* Es gilt $i(S_t) = \sum_{r=1}^t i(R'_r) \leqq i(R)$, woraus für $t \rightsquigarrow +\infty$ die $\sigma$-Oberadditivität folgt. – *Zu* (b). (1) $\rightarrow$ (2) Aus (1) folgt $i(R) = \sum_r i(R'_r) \leqq \sum_r i(\tilde{R}_r)$ (wegen der Isotonie). – (2) $\rightarrow$ (3) Wegen (2) und der $\sigma$-Oberadditivität hat man $\sum_r i(R'_r) = \lim_t i(S_t) \leqq i(R) \leqq \sum_r i(R'_r)$, also $i(R) = \lim_t i(S_t)$. – (3) $\rightarrow$ (1). Aus $R = \bigcup_r R'_r$ folgt (wegen (3)), daß $i(R) = \lim_t i(S_t) = \lim_t (\sum_{r=1}^t i(R'_r)) = \sum_{r=1}^\infty i(R'_r)$. – *Zu* (c). $i(R) + i(R') = i(R) + i(R' \setminus R \cap R') + i(R \cap R')) = i(R \cup R') + i(R \cap R')$. – *Zu* (d) Vgl. Bemerkung (2) in 2.2.

*Betr. Zusatz.* Zurückführung auf die $\sigma$-Additivität von $i|\mathfrak{R}$ durch Übergang zu den Komplementen; dabei genügt es, den Fall der $\downarrow$-Stetigkeit zu erledigen, weil die $\emptyset$-Stetigkeit Folge der $\downarrow$-Stetigkeit ist. Es sei also $A = \bigcap_r A_r$ mit $A, A_r \in \mathfrak{R}$, $r = 1, 2, \ldots$; dabei wird o.B.d.A. $i(A_r) < +\infty$ für alle $r$ angenommen. Für $B_r := A_1 \setminus A'_r \in \mathfrak{R}$ mit $A'_r := A_1 \cap \ldots \cap A_r$ gilt $B_r \subset B_{r+1}$ und $\bigcup_r B_r = A_1 \setminus \bigcap_r A_r = A_1 \setminus A \in \mathfrak{R}$. Wegen $i(A) \leqq i(A_1) < +\infty$ folgt $i(A_1) - i(\bigcap_r A_r) = i(A_1) - i(A)$ und $i(A) = \lim_r i(A_1 \cap \ldots \cap A_r)$ wegen der $\uparrow$-Stetigkeit des Prämaßes $i|\mathfrak{R}$.

**Definition.** Es sei $\mathfrak{N} = \mathfrak{N}(i) := \{N : N \in \mathfrak{R} \wedge i(N) = 0\}$, also $\mathfrak{N}$ das System der $i$-**Nullmengen**, d. h. der Mengen vom Inhalt Null.

**2. Satz.** (1) *Für einen Inhalt* $i|\mathfrak{R}$ *o. E. ist das System* $\mathfrak{N}(i) \subset \mathfrak{R}$ *der i-Nullmengen ein Ideal im Ring* $\mathfrak{R}$, *kurz i-***Nullideal.** – (2) *Es ist* $X \in \mathfrak{N}(i)$ *gleichwertig damit, daß* $X \in \mathfrak{R}$ *und daß* $\bigwedge_{\varepsilon > 0} \bigvee_{R \in \mathfrak{R}} X \subset R \wedge i(R) < \varepsilon$.

**Zusatz.** Für alle $R \in \mathfrak{R}$ und alle $N \in \mathfrak{N}(i)$ gilt $i(R \cup N) = i(R + N) = i(R)$.

Beweis. *Betr.* (1). Es sei $N \in \mathfrak{N} = \mathfrak{N}(i)$ und $X \in \mathfrak{R} \cap N$. Wegen $X \subset N$ und der Isotonie von $i$ ist $i(X) \leqq i(N)$ und wegen $i(X) \geqq 0$ daher $i(X) = 0$. Außerdem ist für $N', N'' \in \mathfrak{N}$ wegen der ü-Beschränktheit von $i$ noch $i(N' \cup N'') \leqq i(N') + i(N'') = 0$, also $\mathfrak{N}$ ein $s$-System und damit ein Ideal in $\mathfrak{R}$. – *Betr.* (2) Nur dann. Aus $X \in \mathfrak{N}$ folgt $i(N) = 0 < \varepsilon$ für jedes $\varepsilon > 0$, wobei $X \subset N := X \in \mathfrak{R}$. – Dann. Zu $X \in \mathfrak{R}$ gebe es für jedes $\varepsilon > 0$ ein $R(\varepsilon) \in \mathfrak{R}$ mit $X \subset R(\varepsilon)$ und $i(R(\varepsilon)) < \varepsilon$. Dann ist $0 \leqq i(X) \leqq \inf \varepsilon = 0$. – *Betr. Zusatz.* Wegen $i(N) = i(R \cap N) = 0$ ergibt die Symmetrieformel (vgl. Satz 1.) $i(R \cup N) = i(R)$. Und wegen $R + N \subset R \cup N$ ist $i(R + N) = 0$.

Bezeichnung. Statt bezüglich des $i$-Nullideals $\mathfrak{N}(i)$ gemäß 1.3.4. von „$\mathfrak{N}(i)$-fast" überall (bzw. nirgends) zu sprechen, verwenden wir meist die Bezeichnung „*i-fast überall*" (bzw. „*i-fast nirgends*") oder auch $\mathfrak{R}$-fast überall usw. Erwähnt sei schließlich noch der

**3. Satz.** Allgemeiner Limessatz für Prämaße (o.E.).

Voraussetzung. (1) *Es sei* $i|\mathfrak{R}$ *ein Prämaß o. Endlichkeitsannahmen.* – (2) *Es sei* $A_n \in \mathfrak{R}$, $n = 1, 2, \ldots,$ *und* $S_k := \bigcup_{n \geqq k} A_n$, $S := \bigcap_{k \geqq 1} S_k$ *sowie* $D_k := \bigcap_{n \geqq k} A_n$ *und* $D := \bigcup_{k \geqq 1} D_k$; *soll gelten* $S_k, S, D_k, D \in \mathfrak{R}$, $k = 1, 2, \ldots$

Behauptung. *Schreibt man* $S := \limsup_n A_n$ *und* $D := \liminf_n A_n$, *so gilt:* (I) $i(\liminf_n A_n) \leqq \liminf_n i(A_n)$. – (II) *Falls* $i(S_{k'}) < +\infty$ *für passende* $k'$, *gilt überdies* $i(\limsup_n A_n) \geqq \limsup_n i(A_n)$, – (III) *Falls* $i(S_{k'}) < +\infty$ *für passendes* $k'$ *und falls* $\lim_n A_n := \limsup_n A_n = \liminf_n A_n$ *existiert, dann existiert auch* $\lim_n i(A_n)$ *mit* $\lim_n i(A_n) = i(\lim_n A_n)$. (Bew. als Aufg.).

Bemerkung. Es sei $\mathfrak{R}$ ein Ring und $f: \mathfrak{R} \longrightarrow \bar{\mathbb{R}}$. Dann gilt: (1) Es ist $f$ überdeckungsbeschränkt, wenn und nur wenn $f$ isoton und subadditiv ist. – (2) Es ist $f$ ein Inhalt genau dann, wenn $f$ additiv und überdeckungsbeschränkt sowie $f(\emptyset) = 0$ ist.

**2.2.2.2.** *σ-endliche Inhalte.*

**Satz.** Voraussetzung. *Es sei* $i|\mathfrak{R}$ *ein σ-endlicher Inhalt.*

Behauptung. *Gleichwertig sind die Aussagen:* (1) *Es ist* $i|\mathfrak{R}$ *ein Prämaß.* – (2) *Es ist* $i|\mathfrak{R}$ *stetig nach unten.* – (3) *Es ist* $i|\mathfrak{R}$ *∅-stetig.*

**Zusatz.** Die Gleichwertigkeit von (1) mit (2) und (3) gilt im allgemeinen für nicht $\sigma$-endliche Prämaße nicht mehr. – Es gibt Inhalte, die nicht $\sigma$-additiv sind.

Beweis. (a) Daß (1) → (2) → (3) folgt aus dem Beweis für den Zusatz zum 1. Satz in 2.2.2.1. – (b) Betr. (3) → (1). Seien $A, A_r \in \mathfrak{R}$ mit disjunkten $A_r$, $r = 1, 2, \ldots$; ferner $A'_t := A_1 \cup \ldots \cup A_t$, $t \geqq 1$, und es sei $A = \bigcup_t A'_t$. Für $B_q := A \setminus A'_q$ gilt dann $\emptyset = \inf_q B_q = \bigcap_q B_q$. – (bI) Es sei $i(A) < \infty$, also $i(B_q) < +\infty$ für $q \geqq 1$. Wegen der vorausgesetzten $\emptyset$-Stetigkeit von $i|\mathfrak{R}$ gilt also $0 = \lim_q i(B_q) = i(A) - \lim_q i(A_q)$ oder $i(A) = \lim_q i(A'_q)$, also die ↑-Stetigkeit und damit die $\sigma$-Additivität. – (bII) Es sei jetzt $i(A) = +\infty$.
Wegen der $\sigma$-Endlichkeit von $i|\mathfrak{R}$ existieren disjunkte $D_p \in \mathfrak{R}$, $p = 1, 2, \ldots$, mit $i(D_p) < +\infty$ und $A = \bigcup_p D_p$ sowie mit $i(A) = \sum_p i(D_p)$. Aus $A = \bigcup_r A_r$ folgt $D_p = \bigcup_r A_r \cap D_p$ und aus $A = \bigcup_p D_p$ folgt $A_t = \bigcup_p D_p \cap A_t$. Wegen $i(D_p) < +\infty$ folgt aus (BI), daß $i(D_p) = \sum_t i(A_t \cap D_p)$. Zufolge der $\sigma$-Oberadditivität von $i|\mathfrak{R}$ hat man weiter $\sum_t i(A_t) \geqq \sum_t (\sum_p i(A_t \cap D_p)) = \sum_p (\sum_t i(A_t \cap D_p)) = \sum_p i(D_p) = i(A) = +\infty$, also $\sum_t i(A_t) = i(A)$.

Beweis des Zusatzes. Angabe eines $\emptyset$-stetigen, aber nicht $\sigma$-additiven, nicht $\sigma$-endlichen Inhaltes. Es sei $\mathfrak{R} := \mathfrak{p}(\mathfrak{N})$ und $\mathfrak{E}$ der Ring aller endlichen Teilmengen von $\mathfrak{R}$. Man setze $i(R) = 0$ für $R \in \mathfrak{E}$ und $i(R) = +\infty$ für $R \in \mathfrak{U} := \mathfrak{R} \setminus \mathfrak{E}$. Dann ist $i|\mathfrak{R}$ ein Inhalt, der nicht $\sigma$-endlich aber $\emptyset$-stetig und nicht $\sigma$-additiv ist, letzteres, weil $i(\mathbb{N}) = +\infty \neq 0 = \sum_{n=1}^{\infty} i(\{n\})$ mit $\mathbb{N} = \bigcup_n \{n\}$ und $\{n\} \cap \{n'\} = \emptyset$ für $n \neq n'$.

## 2.3. Erweiterung von Inhalten

**2.3.1.** Erweiterung von Inhalten o.E. auf einem Ring ohne Einheit zu Inhalten auf einer Algebra.

**Satz.** Voraussetzung. *Es sei* $\mathfrak{R} \subset \mathfrak{p}(X)$ *ein Ring ohne Einheit und* $E_0 := \bigcup R \notin \mathfrak{R}$. *Weiter sei* $i|\mathfrak{R}$ *ein Inhalt und* $s := \sup\{i(R) : R \in \mathfrak{R}\}$,

Behauptung. (1) *Es ist* $i|\mathfrak{R}$ *erweiterbar zu einem Inhalt* $\tilde{\imath}|\tilde{\mathfrak{R}}$ *auf einer Algebra* $\tilde{\mathfrak{R}}$ *mit* $\mathfrak{R} \subset \tilde{\mathfrak{R}} \subset \mathfrak{p}(X)$. *Dabei kann (und soll) als Einheit von* $\tilde{\mathfrak{R}}$ *irgend ein E mit* $E_0 \subset E \subset X$ *und* $\tilde{\mathfrak{R}}$ *als kleinste Algebra über* $\mathfrak{R}$ *mit E als Einheit gewählt werden. Überdies kann (und soll) gefordert werden, daß* $\tilde{\imath}(Y) \leqq s$ *für alle* $Y \in \tilde{\mathfrak{R}}$. – (2) *Es gibt genau eine Erweiterung* $\tilde{\imath}|\tilde{\mathfrak{R}}$ *mit vorgegebener Einheit E von* $\tilde{\mathfrak{R}}$, *welche die in* (1) *erwähnten Eigenschaften besitzt und zwar ist:* $\tilde{\mathfrak{R}} := \mathfrak{R} \cup \{C_E R : R \in \mathfrak{R}\} \cup \{E\}$ *und (neben* $\tilde{\imath}(R) = i(R)$ *für* $R \in \mathfrak{R}$) $\tilde{\imath}(C_E R) = +\infty$ *bzw.* $\tilde{\imath}(C_E R) = s - i(R)$, *falls* $s = +\infty$ *bzw.* $s < +\infty$.

**Zusatz.** Bei $\sigma$-additivem $i|\mathfrak{R}$ ist $\tilde{\imath}|\tilde{\mathfrak{R}}$ ebenfalls $\sigma$-additiv.

Beweis. (a) Daß $\tilde{\imath}|\tilde{\mathfrak{R}}$ durch die Forderungen in Beh. (1) eindeutig bestimmt ist, folgt aus der Kleinsteigenschaft von $\tilde{\mathfrak{R}}$ und aus $s = \sup\{\tilde{\imath}(Y) : Y \in \tilde{\mathfrak{R}}\}$.
(b) Es ist $\tilde{\mathfrak{R}}$ eine Algebra mit der Einheit $E$. Denn $\tilde{\mathfrak{R}}$ ist komplementär bezüglich $E$; und außerdem gilt für alle $R, R' \in \mathfrak{R}$

$$(+) \qquad R \cup (E \setminus R') = E \setminus R'' \quad \text{mit} \quad R'' := R' \setminus (R' \; (R' \cap R) \in \mathfrak{R}$$

$$\text{sowie} \quad (E \setminus R) \cup (E \setminus R') = E \setminus (R \cap R').$$

(c) Es ist $\tilde{\imath}|\tilde{\mathfrak{R}}$ ein Inhalt. In der Tat: Zunächst ist $\tilde{\imath}(Y) \geqq 0$. Ferner ist $\tilde{\imath}|\tilde{\mathfrak{R}}$ additiv. Falls nämlich $s = +\infty$ ist gemäß (b) (+) z.B. $\tilde{\imath}(R \cap (E \setminus R')) = +\infty = \tilde{\imath}(R) + \infty$. Ist aber $s < +\infty$, so hat man neben (b) (+) noch $R \cap (E \setminus R') = \emptyset$, also $R = R \cap R'$, bzw. $(E \setminus R) \cap (E \setminus R') = \emptyset$, also $E = R \cup R'$, zu berücksichtigen und erhält: $\tilde{\imath}(R \cup (E \setminus R')) = s - i(R') + i(R) = \tilde{\imath}(R) + \tilde{\imath}(E \setminus R')$ bzw. $\tilde{\imath}((E \setminus R) \cup (E \setminus R')) = \tilde{\imath}(E \setminus R) + \tilde{\imath}(E \setminus R')$.

*Betr. Zusatz.* Es sei $Y_0 = Y_1 \cup \ldots$ mit $Y_m \in \tilde{\mathfrak{R}}$ und mit disjunkten $Y_m \in \tilde{\mathfrak{R}}$, $m = 1, 2, \ldots$ Falls $Y_0 \in \mathfrak{R}$ ist $Y_m \in \mathfrak{R}$ für alle $m$ und die $\sigma$-Additivität von $i|\mathfrak{R}$ liefert die Beh. – Es sei nun $Y_0 \notin \mathfrak{R}$, d.h. $Y_0 = E \setminus R_0$ mit $R_0 \in \mathfrak{R}$. Zu beliebigem $q$ mit $0 < q < s$ gibt es ein $R' \in \mathfrak{R}$ mit $i(R') > q$. Dann ist $R'' := R' \cup R_0 \supset R_0$ und ebenfalls $i(R'') > q$, wobei $R'' \in \mathfrak{R}$. Wegen $Y_0 \subset R'' \setminus R_0$ folgt $R'' \setminus R_0 = Z_1 \cup Z_2 \cup \ldots$ mit disjunkten $Z_m := (R'' \setminus R_0) \cap Y_m \in \mathfrak{R}$. Zufolge der $\sigma$-Additivität von $i|\mathfrak{R}$ ist daher $i(R'') - i(R_0) = \sum_m i(Z_m) \leqq \sum_m \tilde{\imath}(Y_m)$ und daraus für $q \rightsquigarrow s$ auch $\tilde{i}(Y_0) = s - i(R_0) \leqq \sum_m \tilde{i}(Y_m)$. Andererseits ist $\tilde{i}\,|\,\tilde{\mathfrak{R}}$ als Inhalt $\sigma$-oberadditiv (vgl. 2.2.2.1., 1. Satz) und daher auch $\tilde{i}(Y_0) \geqq \sum_m \tilde{i}(Y_m)$, was zusammen mit der vorangehenden Ungleichung die $\sigma$-Additivität von $\tilde{i}\,|\,\tilde{\mathfrak{R}}$ ergibt.

Bemerkungen. (1) Es gilt $\tilde{i}\,|\,A \cap \mathfrak{R} = i\,|\,A \cap \mathfrak{R}$ für jedes $A \in \mathfrak{R}$. – (2) Es gibt Erweiterungen $\tilde{i}\,|\,\tilde{\mathfrak{R}}$ von $i\,|\,\mathfrak{R}$ mit der in Bemerkung (1) angegebenen Eigenschaft, die nicht $\sigma$-additiv sind trotz der $\sigma$-Additivität von $i\,|\,\mathfrak{R}$ (vgl. 2.2.2.2., Bew. des Zusatzes).

**2.3.2.** Erweiterung von Inhalten und Maßen durch Adjunktion von (neuen) Nullmengen (vgl. Lit.).

**1.** Vorbemerkung. Es sei $M$ eine Menge, $\mathfrak{P} := \mathfrak{p}(M)$, ferner $\mathfrak{R} \subset \mathfrak{P}$ ein Ring und $\mathfrak{N} \subset \mathfrak{P}$ ein Ideal in $\mathfrak{P}$. Es ist $\mathfrak{Z} := \mathfrak{R} + \mathfrak{N} := \{R + N : R \in \mathfrak{R} \wedge N \in \mathfrak{N}\}$ ein Ring (vgl. 1.8.4.); jedes $Z \in \mathfrak{Z}$ gestattet also mindestens eine Darstellung $Z = R + N$. (Aus $R + N = R' + N' \in \mathfrak{Z}$ folgt $R + R' = N + N' \in \mathfrak{R} \cap \mathfrak{N}$, insbesondere ist also $R + N = R' + N'$ mit $R \neq R'$ nur bei $\mathfrak{R} \cap \mathfrak{N} \neq \emptyset$ möglich. Man beachte, daß $\mathfrak{R} \cap \mathfrak{N}$ nicht Ideal zu sein braucht.)
Zu $\mathfrak{R}$ und $\mathfrak{N}$ sei jetzt zusätzlich ein Inhalt $i : \mathfrak{R} \longrightarrow \bar{\mathbb{R}}_0^+$ gegeben. Gefragt wird nach der Möglichkeit einer Erweiterung (falls $\mathfrak{N}$ nicht Teil von $\mathfrak{R}$) $i_0 : \mathfrak{Z} \longrightarrow \bar{\mathbb{R}}_0^+$ von $i$ auf $\mathfrak{Z}$ vermöge des Ansatzes $i_0(Z') := i(R')$, wenn $Z' = R' + N' \in \mathfrak{Z}$, wobei also $\mathfrak{N}$ zum Ideal $\mathfrak{N}(i_0)$ von $i_0$ gehört ($\mathfrak{N}(i_0) := \{T : T \in \mathfrak{Z} \wedge i_0(T) = 0\}$).
**2.** Eine Antwort auf die in Ziff. 1. gestellte Frage ist enthalten in dem

**1. Satz.** Voraussetzung. (I) *Es sei $\mathfrak{R} \subset \mathfrak{P}$ ein Ring, ferner $\mathfrak{N}$ ein Ideal in $\mathfrak{P}$ und* $\mathfrak{Z} := \mathfrak{R} + \mathfrak{N}$. – (II) *Es sei $i : \mathfrak{R} \longrightarrow \bar{\mathbb{R}}_0^+$ ein Inhalt mit $\mathfrak{N}(i)$ als „Nullideal", d.h. dem Ideal der $S \in \mathfrak{Z}$ mit $i(S) = 0$.*

Behauptung. (1) *Folgende Behauptungen sind gleichwertig:* (a) *Es ist $\mathfrak{R} \wedge \mathfrak{N} \subset \mathfrak{N}(i)$.* – (b) *Es gilt $i(R') = i(R)$ für alle $R, R' \in \mathfrak{R}$ mit $R + R' \in \mathfrak{N}$.*
(2) *Falls* (1) (a) *(und* (b)*) erfüllt ist, wird für alle $Z = R + N \in \mathfrak{Z}$ eindeutig ein Inhalt $i_0\,|\,\mathfrak{Z}$ über $\mathfrak{Z}$ mit $i_0(Z) = i(R)$ geliefert, wobei $i_0\,|\,\mathfrak{Z}$ Erweiterung von $i\,|\,\mathfrak{R}$ ist, insbesondere also jede $i$-Nullmenge zugleich $i_0$-Nullmenge* ($\mathfrak{N}(i) \subset \mathfrak{N}(i_0)$).

**Zusatz.** *Unter der Annahme, daß die Beh.* (a) *des Satzes erfüllt ist, gilt noch:* (1) *Ist $i\,|\,\mathfrak{R}$ ein Maß und $\mathfrak{N}$ ein $\sigma$-Ideal, so ist $\mathfrak{Z}$ ein $\sigma$-Ring und $i_0\,|\,\mathfrak{Z}$ ein Maß.* – (2) *Es ist $i_0\,|\,\mathfrak{Z}$ die in $\mathfrak{Z}$ kleinste Erweiterung von $i\,|\,\mathfrak{R}$ zu einem Inhalt bzw. Maß derart, daß $\mathfrak{N} \subset \mathfrak{N}(i_0)$.*

Beweis. *Zu Beh.* (1) *Betr.* (a) $\rightarrow$ (b). Wie in (b) sei $R, R' \in \mathfrak{R}$ mit $R + R' \in \mathfrak{R} \cap \mathfrak{N}$. Gemäß (a) ist dann $R + R' \in \mathfrak{N}(i)$. Aus der Zerlegung $R + R' = (R + RR') \cup (R' + RR')$ und weil $N(i)$ Ideal, folgt $R + RR' \in \mathfrak{N}(i)$ und $R' + RR' \in \mathfrak{N}(i)$, also $R = RR' + N$ und $RR' = R' + N'$ mit $N, N' \in \mathfrak{N}(i)$, woraus $R = R' + N''$ mit $N'' \in \mathfrak{N}(i)$. Daraus folgt $i(R) = i(R' + R'N'') + i(N'' + R'N'') = i(R')$, also (b). – *Betr.* (b) $\rightarrow$ (a). Es ist $R' := \emptyset \in \mathfrak{R} \cap \mathfrak{N}$. Gilt daher (b), so folgt für jedes $R \in \mathfrak{R} \cap \mathfrak{N}$, daß $R + R' \in \mathfrak{R} \cap \mathfrak{N}$, gemäß (b) also $i(R') = 0 = i(R)$, mithin $R \in \mathfrak{N}(i)$ und $\mathfrak{R} \cap \mathfrak{N} \subset \mathfrak{N}(i)$.

*Zu Beh.* (2). (A) Es sei $R, R' \in \mathfrak{R}$ und $N, N' \in \mathfrak{N}$ mit $R + R' \in \mathfrak{N}$. Für $Z := R + N = R' + N' =: Z'$ folgt $R + R' = N + N' \in \mathfrak{N}$. Bei Gültigkeit von (a) bzw. (b) hat man dann $i(R) = i(R') = i_0(Z) = i_0(Z')$. Durch $Z$ ist also $i_0(Z)$ eindeutig bestimmt. Außerdem ist $i_0(R) = i(R)$ für $R \in \mathfrak{R}$, also $i_0 | \mathfrak{Z}$ Erweiterung von $i | \mathfrak{R}$. – (B) Es ist $i_0 | \mathfrak{Z}$ ein Inhalt. In der Tat: Jedenfalls ist $i_0(Z) = i(R) \geqq 0$ mit $i_0(\emptyset) = 0$. Die Additivität von $i_0 | \mathfrak{Z}$ läßt sich etwa so zeigen: Es sei $Z = R + N \in \mathfrak{Z}$ und $Z' = R' + N' \in \mathfrak{Z}$ mit $Z \cap Z' = \emptyset$. Wegen $Z \cap Z' = RR' + \bar{N} = \emptyset$ mit $\bar{N} \in \mathfrak{N}$ ist $RR' \in \mathfrak{R} \cap \mathfrak{N} \subset \mathfrak{N}(i)$, letzteres wegen (a). Außerdem hat man $Z \cup Z' = (R + N) + (R' + N') + (R + N)(R' + N') = (R + R' + RR') + N''$ mit $N'' \in \mathfrak{N}$; dabei ist $R \cup R' = R + R' + RR'$. Mithin gilt $i_0(Z \cup Z') = i(R \cup R') = i(R) + i(R') - i(RR')$, wobei $i(RR') = 0$ wegen $RR' \in \mathfrak{N}(i)$. Daher $i_0(Z \cup Z') = i_0(Z) + i_0(Z')$, falls $Z \cap Z' = \emptyset$.

*Betr. Zusatz.* Zu (1). Weil $\mathfrak{R}$ ein $\sigma$-Ring und $\mathfrak{N}$ ein $\sigma$-Ideal sein soll, ist auch $\mathfrak{Z} = \mathfrak{R} + \mathfrak{N}$ ein $\sigma$-Ring (vgl. 1.8.4.). Mit $Z_t = R_t + N_t \in \mathfrak{Z}$, $t = 1, 2, \ldots$, gilt daher $Z'_r := \bigcup_{t=1}^{r} Z_t \in \mathfrak{Z}$ und $Z' := \bigcup_{r \geqq 1} Z'_r \in \mathfrak{Z}$ sowie $R'_r := \bigcup_{t=1}^{r} R_t \in \mathfrak{R}$ und $R' := \bigcup_{r \geqq 1} R'_r \in \mathfrak{R}$. Es ist $i_0(Z) = i(R_t)$. Bei disjunkten $Z_\varrho$ ist $Z_r + Z_t = Z_r \cup Z_t$. Wegen $Z_t = (R_t + R_t N_t) \cup (N_t + N_t R_t)$ ergibt sich $Z' = (R' \setminus \bigcap_t R_t N_t) \cup N'' = R' + N'$, also $i_0(Z') = i(R') = \sum_t i(R_t) = \sum_t i_0(Z_t)$. – Zu (2). Folgt aus der Definition vom $i_0$.

**3.** Ein Beispiel für Adjunktion neuer Nullmengen wird geliefert durch die bei Produktmaßen auftretenden sogen. „Nilmengen“. Dies sei nachstehend kurz dargelegt.

(I) Es sei $Z^+ = X^+ \times Y^+$ und $\tilde{m}_X | \tilde{\mathfrak{X}}$ bzw. $\tilde{m}_Y | \tilde{\mathfrak{Y}}$ ein, der Einfachheit wegen als beschränkt und vollständig angenommenes Maß (vgl. 2.3.3.1. und die dort gebrauchten Bezeichnungen); statt $\tilde{m}_X, \tilde{\mathfrak{X}}$ usw. schreiben wir fortan $m_X, \mathfrak{X}\ (\subset \mathfrak{p}(X^+)), m_Y, \mathfrak{Y}\ (\subset \mathfrak{p}(Y^+))$. Es seien $\mathfrak{N}_X$ bzw. $\mathfrak{N}_Y$ die $\sigma$-Ideale der $m_X$- bzw. $m_Y$-Nullmengen. Für die Indikatorfunktionen $1_K$ bzw. $1_R$ der $K \in \mathfrak{p}(Z^+)$ bzw. $R \in \mathfrak{p}(X^+)$ usw. benutzen wir die Zeichen $((x, y) \mapsto c(x, y; K))$ bzw. $((x) \mapsto c(x, R))$, kürzer $c(x, y; K)$ bzw. $c(x; R)$.

**Definition.** Ein $N \in \mathfrak{p}(Z^+)$ wird als $(m_\Phi, m_Y)$-Nilmenge, kurz **Nilmenge**, bezeichnet, wenn für alle $X \in \mathfrak{X}, Y \in \mathfrak{Y}$ die iterierten Integrale

$$J(X, Y; N) := \int_X \left(\int_Y c(x, y; N)\, dm_Y(y)\right) dm_X(x) \quad \text{und}$$

$$J(Y, X; N) = \int_Y \left(\int_X c(x, y; N)\, dm_X(x)\right) dm_Y(y)$$

existieren und beide Null sind. – Das System der Nilmengen sei $\mathfrak{N}^0$.

(II) Es sei $P := X \times Y \in \mathfrak{P} := \mathfrak{X} \times \mathfrak{Y}$ und $j(P) := m_X(X) m_Y(Y)$. Weiter sei $i | \mathfrak{R}$ das kleinste vollständige Maß über $j | \mathfrak{P}$ mit dem $i$-Nullideal $\mathfrak{N}(i)$.

(III) Es gilt nun der

**2. Satz.** (1) *Es ist* $\mathfrak{N}^0$ *ein* $\sigma$*-Ideal (in* $\mathfrak{p}(Z^+)$*).* – (2) *Es gilt* $\mathfrak{N}_0 := \mathfrak{R} \cap \mathfrak{N}^0 \subset \mathfrak{N}(i)$.

Beweis. (A) Hilfssatz. Gleichwertig sind die folgenden drei Aussagen: (a) Es ist $N \in \mathfrak{N}^0$. –

(b) Bei beliebigen $X \in \mathfrak{X}$, $Y \in \mathfrak{Y}$ existiert $\int_Y c(x', y; N)\, dm_Y(y) = 0$ für $m_X$-fast alle $x' \in X$ und $\int_X c(x, y'; N)\, dm_X(x) = 0$ für $m_Y$-fast alle $y' \in Y$. – (c) Für beliebiges $P = X \times Y \in \mathfrak{X} \times Y$ sind $m_X$-fast alle $x$-Schnitte von $N \cap P$ $m_Y$-Nullmengen und $m_Y$-fast alle $y$-Schnitte von $N \cap P$ sind $m_X$-Nullmengen.

Beweis des Hilfssatzes. *Betr.* (a) ⟶ (b). Es existiert $m_X$-fast überall und ist $m_X$-summierbar $f(\,.\,) = \int_Y c(\,.\,, y; N)\, dm_Y(y)$. Wegen der Vollständigkeit von $m_X$ ist $f$ einerseits $m_X$-meßbar und, weil $f \geqq 0$ ist, $m_X$-fast überall Null. Entsprechend für $y$ statt für $x$. – *Betr.* (b) ⟶ (c). Aus $f = 0$ $m_X$-fast überall und $c \geqq 0$ folgt $c(x', y; N) = 0$ $m_Y$-fast überall für $m_X$-fast alle $x'$. Entsprechend für die $y'$-Schnitte. – *Betr.* (c) ⟶ (a). Jede $m_X$- bzw. $m_Y$-fast überall in $X$ bzw. in $Y$ verschwindende Funktion $f|X$ bzw. $g|Y$ (mit $f \geqq 0$ bzw. $g \geqq 0$) ist $m_X$- bzw. $m_Y$-summierbar mit dem Integralwert Null. Anwendung dieser Bemerkung auf $c(x, y; N)$ bezüglich $y$ bzw. $x$ führt zu $N \in \mathfrak{N}^0$.

(B) Bew. der Beh. (1) des Satzes. Es sei nämlich $Q \subset N \in \mathfrak{N}^0$ (mit $Q \in \mathfrak{p}(Z^+)$); dann ist $Q \in \mathfrak{N}^0$; denn die Beh. (c) des Hilfssatzes gilt für $N$ und damit auch für $Q$. – Daß $\mathfrak{N}^0$ sogar ein $\sigma$-System ist, folgt etwa so: Es sei $N_r \in \mathfrak{N}^0$, $r = 1, 2, \ldots$, und $M := \bigcup_r N_r$. Da für jedes $N_r$ die Aussage (c) des Hilfssatzes gilt, so auch für $M$, weil die $\mathfrak{N}_X$ und $\mathfrak{N}_Y$ $\sigma$-Systeme sind.

(C) Bew. der Beh. (2) das Satzes. Es sei nämlich $R \in \mathfrak{R}$, sodaß $c(x, y; R)$ $i$-summierbar ist. Da der Fubinische Satz für $c$ gilt, hat man $J(R) := \int_{X \times Y} c(x, y; R)\, dm = J(X, Y; R) = J(Y, X; R)$. Ist nun überdies $R \in \mathfrak{N}^0$, so folgt $R \in \mathfrak{N}_0$ und dann $J(R) = 0$, also $R \in \mathfrak{N}(i)$.

Anmerkung. Der vorstehende Satz bleibt richtig auch bei schwächeren Annahmen über $m_X$, $m_Y$, $m$.

**4.** Gemäß des Satzes in Ziff. 3 läßt sich der Satz in Ziff. 2. anwenden auf jedes $\sigma$-Ideal aus Nilmengen. Für den Fall $X^+ = \mathbb{R}$, $Y^+ = \mathbb{R}$, also den Fall der Ebene (genauer für das Einheitsquadrat) und das klassische Lebesguesche Maß werden solche Nilmengen geliefert durch von *W.* Sierpinski angegebene, Nicht-Lebesgue-meßbare Mengen $S$, deren $x$- und $y$-Schnitte alle endlich, also je 1-dimensionale Lebesguesche Nullmengen sind (vgl. Lit.).

### 2.3.3. Vollständige Erweiterung von Inhalten und Maßen.

Ein anderer, uns später begegnender Erweiterungsprozeß für Inhalte und Maße ist die sogen. Vervollständigung durch Einschließung. Er beruht auf folgender Begriffsbildung.

#### 2.3.3.1. *Endliche Inhalte.*

Es sei $\mathfrak{M}$ ein (Mengen-)Ring und $\mathfrak{R}$ ein Unterring von $\mathfrak{M}$; ferner sei $i: \mathfrak{R} \longrightarrow \mathbb{R}_0^+$ ein Inhalt und $\mathfrak{N}$ das Ideal der $i$-Nullmengen.

**1. Definition.** Für jedes $M \in \mathfrak{M}$ erklären wir:

$$\underline{i}(M) := \sup\{i(R') : R' \in \mathfrak{R} \wedge R' \subset M\};$$

$$\bar{i}(M) := +\infty, \quad \text{falls es kein} \quad R \in \mathfrak{R} \quad \text{gibt mit} \quad M \subset R, \quad \text{sonst}$$

$$\bar{i}(M) := \inf\{i(R'') : R'' \in \mathfrak{R} \wedge M \subset R''\};$$

dabei gilt also $0 \leqq \underline{i}(M) \leqq \bar{i}(M) \leqq +\infty$. Wir bezeichnen $\underline{i}(M)$ bzw. $\bar{i}(M)$ als den inneren bzw. als den äusseren $i$-Inhalt von $M$.

**2. Definition.** Jedes $M \in \mathfrak{M}$ mit $\underline{i}(M) = \bar{i}(M) < +\infty$ heiße $i$-**einschließbar**. Eine Erweiterung $j|\mathfrak{T}$ von $i|\mathfrak{R}$, wobei $\mathfrak{T} \subset \mathfrak{M}$ und wobei jedes $T \in \mathfrak{T}$ $i$-einschließbar ist (mit $j(T) := \bar{i}(T) = \underline{i}(T)$), werde als **Einschlußerweiterung von** $i|\mathfrak{R}$, kurz $i$-Einschlußerweiterung, bezeichnet. Gehört *jedes* $i$-einschließbare $M \in \mathfrak{M}$ zu $\mathfrak{R}$, so heiße $i|\mathfrak{R}$ **vollständig** in $\mathfrak{M}$.
Aus den Definitionen folgt der

**1. Satz.** *Ein $M \in \mathfrak{M}$ ist i-einschließbar genau dann, wenn es zu jedem $\varepsilon > 0$ solche $R', R'' \in \mathfrak{R}$ gibt, für die $R' \subset M \subset R''$ und $i(R'' \setminus R') < \varepsilon$. Speziell ist jedes $R \in \mathfrak{R}$ i-einschließbar.*

Nun sei $\tilde{\mathfrak{R}} \subset \mathfrak{M}$ das System aller $i$-einschließbaren $M \in \mathfrak{M}$. Es läßt sich $i|\mathfrak{R}$ erweitern zu einem $\tilde{i} : \tilde{\mathfrak{R}} \longrightarrow \mathbb{R}_0^+$ gemäß der Festsetzung: $(\tilde{i})$ $\tilde{i}(M) := \bar{i}(M) = \underline{i}(M)$ für jedes $M \in \tilde{\mathfrak{R}}$.
Dabei gilt der

**2. Satz.** (1) *Es ist $\tilde{\mathfrak{R}}$ ein Unterring von $\mathfrak{M}$ und es ist $\tilde{i}|\tilde{\mathfrak{R}}$ eine i-Einschlußerweiterung zu einem Inhalt. Das System $\tilde{\mathfrak{N}}$ der $\tilde{i}$-Nullmengen ist ein Ideal in $\mathfrak{M}$.* – (2) *Es ist $\tilde{i}|\tilde{\mathfrak{R}}$ vollständig in $\mathfrak{M}$.* – (3) *Ist $i|\mathfrak{R}$ $\sigma$-additiv, so auch $\tilde{i}|\tilde{\mathfrak{R}}$.* – (4) *Ist $i|\mathfrak{R}$ ein Maß, so auch $\tilde{i}|\tilde{\mathfrak{R}}$. Das System $\tilde{\mathfrak{N}}$ der $\tilde{i}$-Nullmengen ist dann ein $\sigma$-Ideal in $\mathfrak{M}$. Es ist also $\tilde{\mathfrak{N}} := \{\tilde{N} : \tilde{N} \in \mathfrak{M} \wedge (\bigwedge_{\varepsilon > 0} \bigvee_{R \in \mathfrak{R}} \tilde{N} \subset R \wedge i(R) < \varepsilon)\} = \{\tilde{N} : \tilde{N} \in \mathfrak{M} \wedge (\bigvee_{N \in \mathfrak{N}} \tilde{N} \subset N\}$.*

**Zusatz.** Die vollständige Erweiterung $\tilde{i}|\tilde{\mathfrak{R}}$ eines Maßes $i|\mathfrak{R}$ ist durch $i|\mathfrak{R}$ und $\tilde{\mathfrak{N}}$ bestimmt, insofern nämlich $\tilde{\mathfrak{R}} = \{R \cup \tilde{N} : R \in \mathfrak{R} \wedge \tilde{N} \in \tilde{\mathfrak{N}}\} = \{R' \setminus N' : R' \in \mathfrak{R} \wedge N' \in \tilde{\mathfrak{N}}\} =: \mathfrak{R} + \tilde{\mathfrak{N}}$. Es unterscheidet sich also $\tilde{\mathfrak{R}}$ von $\mathfrak{R}$ nur durch das Hinzutreten aller (zu $\mathfrak{M}$ gehörigen, noch nicht in $\mathfrak{N}$ enthaltenen) Teile der $i$-Nullmengen.

Beweis. *Betr. Beh.* (1). Es ist $\tilde{\mathfrak{R}}$ ein *Ring*. Es seien nämlich $A, B \in \tilde{\mathfrak{R}}$ und $A', A'', B', B'' \in \mathfrak{R}$ mit $A' \subset A \subset A''$, $B' \subset B \subset B''$ und beliebig kleinem $i(C)$ für $C := (A'' \setminus A') \cup (B'' \setminus B') \in \mathfrak{R}$. Es gilt aber (vgl. 1.4.): $A' \cup B' \subset A \cup B \subset A'' \cup B''$ und $(A'' \cup B'') \setminus (A' \cup B') \subset C$, ferner $A' \setminus B'' \subset A \setminus B \subset A'' \setminus B'$ und $(A'' \setminus B') \setminus (A' \setminus B'') \subset C$. – Es ist $\tilde{i}|\tilde{\mathfrak{R}}$ ein *Inhalt*. Für $A \cap B = \emptyset$ gilt nämlich $i(A') + i(B') = i(A' \cup B') \leqq \underline{i}(A \cup B) \leqq \bar{i}(A \cup B) \leqq i(A'') + i(B'')$, woraus $\tilde{i}(A) + \tilde{i}(B) = \tilde{i}(A \cup B)$. – Es ist $\tilde{\mathfrak{N}}$ Ideal in $\mathfrak{M}$. Zunächst ist $\tilde{\mathfrak{N}} = \tilde{\mathfrak{N}}_s$; denn zu $\tilde{N}_r \in \tilde{\mathfrak{N}}$, $r = 1, 2$, gibt es $N'_r \in \mathfrak{R}$ mit $\tilde{N}_r \subset N'_r$ und $i(N'_r) < \varepsilon$, sodaß $0 \leqq \underline{i}(\tilde{N}_1 \cup \tilde{N}_2) \leqq \bar{i}(\tilde{N}_1 \cup \tilde{N}_2) \leqq i(N'_1 \cup N'_2) \leqq i(N'_1) + i(N'_2) < 2\varepsilon$. Ist ferner $Q \in \mathfrak{M}$ mit $Q \subset \tilde{N} \in \tilde{\mathfrak{N}}$, so gilt $0 \leqq \underline{i}(Q) \leqq \bar{i}(Q) \leqq \tilde{i}(\tilde{N}) = 0$, also $Q \in \tilde{\mathfrak{N}}$.

*Betr. Beh.* (2). Zu $M \in \mathfrak{M}$ und $\varepsilon > 0$ gebe es $U, V \in \tilde{\mathfrak{R}}$ mit $U \subset M \subset V$ und $\tilde{i}(V \setminus U) < \varepsilon$. Dann gibt es $U', U'', V', V'' \in \mathfrak{R}$ mit $U' \subset U \subset U''$ und $V' \subset V \subset V''$ sowie mit $i(U'' \setminus U') < \varepsilon$, $i(V'' \setminus V') < \varepsilon$. Daher $U' \subset M \subset V''$ und $V'' \setminus U' \subset (V'' \setminus V') \cup (V' \setminus U'') \cup (U'' \setminus U') \subset (V'' \setminus V') \cup (V \setminus U) \cup (U'' \setminus U')$, also $\tilde{i}(V'' \setminus U') < 3\varepsilon$ und $M \in \tilde{\mathfrak{R}}$.

*Betr. Beh.* (3) Es ist $\tilde{i} | \tilde{\mathfrak{R}}$ *σ-additiv.* Gemäß 2.2.2.1., Satz 1., genügt es, den Inhalt $\tilde{i} | \tilde{\mathfrak{R}}$ als σ-ü(berdeckungs)beschränkt nachzuweisen. Es sei also $W, V_r \in \tilde{\mathfrak{R}}$, $r = 1, 2, \ldots$, mit $W \subset \bigcup_r V_r$. Zu $V_r$ existiert $V_r'' \in \mathfrak{R}$ mit $V_r \subset V_r''$ und $i(V_r'') < \tilde{i}(V_r) + 2^{-r}\varepsilon$; ebenso existiert $W_k' \in \mathfrak{R}$ mit $W_k' \subset W$, $k = 1, 2, \ldots$, und mit $\tilde{i}(W) = \sup\{i(W_k') : k = 1, 2, \ldots\}$. Wegen $W \subset \bigcup_r V_r''$ gilt $W_k' = \bigcup_r W_k' \cup V_r'' \subset \bigcup_r V_r''$. Da $i | \mathfrak{R}$ σ-additiv, also σ-ü-beschränkt ist, da ferner $W_k' \cap V_r'' \in \mathfrak{R}$, gilt $i(W_k') \leqq \sum_r i(V_r'') \leqq \varepsilon + \sum_r \tilde{i}(V_r)$. Und weil dies für jedes $k$ und jedes $\varepsilon > 0$ gilt, folgt $\tilde{i}(W) \leqq \sum_r \tilde{i}(V_r)$ für alle $W, V_r \in \tilde{\mathfrak{R}}$ mit $W \subset \bigcup_r V_r$, w.z.z.w.

*Betr. Beh.* (4). Ist $\tilde{\mathfrak{R}}$ ein σ-Ring, so auch $\tilde{\mathfrak{R}}$, d.h. aus $U_r \in \tilde{\mathfrak{R}}$, $r = 1, 2, \ldots$, und $V = \bigcup_r U_r$ folgt $V \in \tilde{\mathfrak{R}}$. In der Tat: Zu $U_r$ gibt es $U_r', U_r'' \in \mathfrak{R}$ mit $U_r' \subset U_r \subset U_r''$ und $i(U_r'' \setminus U_r') < 2^{-r}\varepsilon$, wobei $\varepsilon > 0$ beliebig; dabei gilt, weil $\mathfrak{R}$ ein σ-Ring sein soll: $\mathfrak{R} \ni R' := \bigcup_r U_r' \subset V \subset R'' := \bigcup_r U_r'' \in \mathfrak{R}$ mit $i(R'' \setminus R') \leqq \sum_r i(U_r'' \setminus U_r') < \varepsilon$ (weil $i | \mathfrak{R}$ σ-ü-beschränkt), also $V \in \tilde{\mathfrak{R}}$. – Es ist $\tilde{\mathfrak{N}}$ ein *σ-Ideal in* $\mathfrak{M}$. Es sei nämlich $N_r \in \tilde{\mathfrak{N}}$, $r = 1, 2, \ldots$, also $N := \bigcup_r N_r \in \tilde{\mathfrak{R}}$ mit $\tilde{i}(N) \leqq \sum_r \tilde{i}(N_r) = 0$, also $\tilde{\mathfrak{N}}$ ein σ-Ideal. Außerdem ist $0 \leqq \tilde{i}(W) \leqq \tilde{i}(\tilde{N})$ für jedes in einem $\tilde{N} \in \tilde{\mathfrak{N}}$ enthaltene $W \in \mathfrak{M}$, also $W \in \tilde{\mathfrak{N}}$.

Folgerung. Jedes $\tilde{R} \in \tilde{\mathfrak{R}}$ ist (mod $\tilde{\mathfrak{N}}$) gleich einem $R \in \mathfrak{R}$ und umgekehrt gehören alle zu einem $R \in \mathfrak{R}$ (mod $\tilde{\mathfrak{N}}$) gleichen $R'$ zu $\tilde{\mathfrak{R}}$. Daher ist $\tilde{\mathfrak{R}}$ zugleich die in $\mathfrak{M}$ größte vollständige Erweiterung $\mathfrak{R}_v(\tilde{\mathfrak{N}})$ von $\mathfrak{R}$ (im Sinne von 1.3.5., wo o.B.d.A. $\mathfrak{M} = \mathfrak{p}(E)$ und $R$ als Algebra mit der Einheit $E$ angenommen ist).

**2.3.3.2.** *Vervollständigung σ-endlicher Inhalte.*

Der 1. und 2. Satz aus 2.3.3.1. bleiben in Geltung, falls $i | \mathfrak{R}$ σ-endlich ist und $\mathfrak{R}$ als Algebra mit der Einheit $E$ angenommen wird. In der Tat: Man ziehe eine Zerlegung $E = \bigcup_r E_r$ von $E$ heran mit endlichen $i(E_r)$ und wende auf die $i | \mathfrak{R} \cap E_r$ die Ergebnisse von 2.3.3.1. an.

**Zusatz.** Der Fall, daß $i | \mathfrak{R}$ keiner Endlichkeitsforderung genügt, läßt sich ähnlich erledigen wie in 2.3.3.1.; man kann dabei benutzen, daß jedes $M$ mit $i(M) = +\infty$ zu $\tilde{\mathfrak{R}}$ gehört. Indes kommt der Fall eines $i | \mathfrak{R}$ o.E. für uns später nicht in Betracht.

## 2.4. Erweiterung eines Prämaßes zu einem Maß

**2.4.0.** Vorbemerkung. Es sei $\mathfrak{P}:=\mathfrak{p}(E)$, ferner $i|\mathfrak{A}$ ein Prämaß, wobei o.B.d.A. (vgl. 2.3.1.) $\mathfrak{A}\in\mathfrak{P}$ eine Algebra mit $E=\bigcup\mathfrak{A}$ als Einheit. Es soll gezeigt werden: $i|\mathfrak{A}$ läßt sich erweitern zu einem (endlichen oder $\sigma$-endlichen) Maß. Und zwar erweist sich als kleinstes derartiges Maß die (eindeutig bestimmte) Erweiterung $i_\beta|\mathbf{B}(\mathfrak{A})$ auf die in $\mathfrak{P}$ kleinste $\sigma$-Algebra $\mathbf{B}(\mathfrak{A})=\mathfrak{A}_\sigma(\mathfrak{A})$ (1.1.2.2.) über $\mathfrak{A}$ mit der Einheit $E$. Eindeutig bestimmt ist dann auch die in $\mathfrak{P}$ größte vollständige Erweiterung $i_\lambda|\mathfrak{L}(i|\mathfrak{A})$ von $i_\beta|\mathbf{B}(\mathfrak{A})$ (2.3.3.).

Bemerkung. (1) Falls $i|\mathfrak{A}$ ein elementarer Inhalt im $\mathbb{R}^n$ mit $E:=\mathbb{R}^n$ ist (2.1.), entspricht $i_\beta$ bzw. $i_\lambda$ dem klassischen Borelschen bzw. Lebesgueschen Maß im $\mathbb{R}^n$ (vgl. 2.5.2.). – (2) Es ist $\mathbf{B}(\mathfrak{A})$ unabhängig von $i$, nicht aber $\mathfrak{L}(i|\mathfrak{A})$, worauf unsere Bezeichnung hinweist.

Definitionsgemäß (vgl. 1.1.2.2.) ergibt sich $\mathbf{B}(\mathfrak{A})$ (in transfinit vielen Schritten) aus $\mathfrak{A}$ durch sukzessive Erweiterung auf $\mathfrak{A}_\sigma, \mathfrak{A}_\delta, \mathfrak{A}_{\sigma\delta}, \mathfrak{A}_{\delta\sigma}\ldots$ usw. also abwechselnd $\sigma$- und $\delta$-Erweiterungen. Indes kann diese *Konstruktion hier schon mit dem 2.Schritt*, d.h. nach der $\sigma\delta$- und $\delta\sigma$-Bildung, *abgebrochen* werden, weil es hier nur auf die Kenntnis der $i|\mathfrak{A}_{\sigma\delta}$- und $i|\mathfrak{A}_{\delta\sigma}$-Werte (bis auf Nullmengen) ankommt. Dabei ist (um die $\downarrow$-Stetigkeit zur Verfügung zu haben) $i|\mathfrak{A}$ als endlich angenommen; der Fall der $\sigma$-Endlichkeit erledigt sich hinterher leicht (2.4.2.).

**2.4.1.** Erweiterung von endlichen Prämassen.

Es sei also $\mathfrak{A}$ eine Algebra mit der Einheit $E$ und $i|\mathfrak{A}$ ein endliches (und daher beschränktes) Prämaß.

**2.4.1.1.** *Erweiterung von $i|\mathfrak{A}$ auf $i|\mathfrak{A}_\sigma$ und auf $i|\mathfrak{A}_\delta$.*

Zu diesen Erweiterungen führt zwangsläufig die folgende (I., 3.1.) Analysis. Es sei (vgl. 1.1.2.2.) $\mathbf{B}(\mathfrak{A})=\mathfrak{A}_\sigma(\mathfrak{A})$ die in $\mathfrak{P}:=\mathfrak{p}(E)$ kleinste $\sigma$-Algebra über $\mathfrak{A}$. Angenommen, es existiert eine Erweiterung von $i|\mathfrak{A}$ zu einem Maß $\bar{i}|\mathfrak{B}$. Da für jede Folge $(A_r)_r$, $r=1,2,\ldots$, mit $A_r\in\mathfrak{A}$ gilt: $\bigcup_r A_r\in\mathfrak{A}_\sigma\subset\mathfrak{B}$ und $\bigcap_r A_r\in\mathfrak{A}_\delta\subset\mathfrak{B}$, so ist bei unserer Annahme zwangsläufig

(1) $$\bar{i}(\textstyle\bigcup_r A_r)=\lim_r \bar{i}(A_1\cup\ldots\cup A_r)=\lim_r i(A_1\cup\ldots\cup A_r),$$

$$\bar{i}(\textstyle\bigcap_r A_r)=\lim_r \bar{i}(A_1\cap\ldots\cap A_r)=\lim_r i(A_1\cap\ldots\cap A_r).$$

Die durch die „Analysis" gelieferten Formeln (1) enthalten bereits eine *bindende Anweisung zur Konstruktion* von Teilerweiterungen $i_\sigma|\mathfrak{A}_\sigma$ und $i_\delta|\mathfrak{A}_\delta$ von $i|\mathfrak{A}$ auf $\mathfrak{A}_\sigma$ bzw. auf $\mathfrak{A}_\delta$, nämlich gemäß der

**Definition.** $i_\sigma(G):=\lim_r i(A_1\cup\ldots\cup A_r)$ für $G:=\bigcup_r A_r$,

$i_\delta(F):=\lim_r i(A_1\cap\ldots\cap A_r)$ für $F:=\bigcap_r A_r$.

Über die Existenz (Widerspruchsfreiheit) und die Eigenschaften dieser Erweiterungen unterrichtet der

**Satz** (Existenz- und Eindeutigkeissatz).

Voraussetzung. *Es sei $i|\mathfrak{A}$ ein endliches Prämaß; dabei sei $E$ Einheit von $\mathfrak{A}$, also $i(E) < +\infty$.*

Behauptung. (1) *Es ist $i_\sigma|\mathfrak{A}_\sigma$ eindeutig bestimmt und Erweiterung von $i|\mathfrak{A}$ auf $\mathfrak{A}_\sigma$.*
(2) *Es ist $i_\delta|\mathfrak{A}_\delta$ eindeutig bestimmt und Erweiterung von $i|\mathfrak{A}$ auf $\mathfrak{A}_\delta$.*
(3) *Für alle $G \in \mathfrak{A}_\sigma$ und alle $F \in \mathfrak{A}_\delta$ gilt:*

$$i_\sigma(G) = i(E) - i_\delta(CG) \quad \text{und} \quad i_\delta(F) = i(E) - i_\sigma(CF);$$

*dabei hat man: $CG \in \mathfrak{A}_\delta$ und $CF \in \mathfrak{A}_\sigma$ sowie $G \cap CF = G \setminus F \in \mathfrak{A}_\sigma$ und $F \cap CG = F \setminus G \in \mathfrak{A}_\delta$.*
(4) *Es ist $i_\sigma|\mathfrak{A}_\sigma$ Erstens $\sigma$-additiv und Zweitens $\sigma$-überdeckungsbeschränkt sowie Drittens $\uparrow$-stetig.*
(5) *Es gilt $\mathfrak{A}_{\delta\sigma} = \mathfrak{A}_\delta$ (vgl. 1.1.2.2., Satz ); außerdem ist $i_\delta|\mathfrak{A}_\delta$ additiv.*
(6) *Aus $F \subset G$ folgt $i_\delta(F) \leqq i_\sigma(G)$ und $i_\sigma(G \setminus F) = i_\sigma(G) - i_\delta(F)$.*

Beweis. *Betr. Beh.* (1) Die Existenz von $i_\sigma(G)$ folgt aus der Isotonie von $i$ und daher der Existenz von $\lim_r i(A_1 \cup \ldots \cup A_r) \leqq i(E)$. Die „Eindeutigkeit" von $i_\sigma$ besagt: Aus $\bigcup_r A_r = \bigcup_r B_r$ mit $A_r, B_r \in \mathfrak{A}$ folgt $i_\sigma(\bigcup_r A_r) = i_\sigma(\bigcup_r B_r)$. – Dies gilt zunächst für $\bigcup_r A_r$ und die (zugehörige) $\sigma$-Zerlegung $\bigcup_r A'_r$ mit (disjunkten) $A'_r := A_r \cap C(A_1 \cup \ldots \cup A_{r-1}) \in \mathfrak{A}$; denn $A_1 \cup \ldots \cup A_r = A'_1 \cup \ldots \cup A'_r$, sodaß definitionsgemäß $i_\sigma(\bigcup_r A_r) = i_\sigma(\bigcup_r A'_r) = \sum_r i(A'_r)$. Wir können uns daher auf $\sigma$-Zerlegungen $\bigcup_r A'_r = \bigcup_s B'_s$ beschränken. Hier ist aber zunächst $A'_r = \bigcup_s A'_r \cap B'_s \in \mathfrak{A}$ und $B'_s = \bigcup_r A'_r \cap B'_s \in \mathfrak{A}$, wegen der $\sigma$-Additivität von $i$ also $i(A'_r) = \sum_s i(A'_r \cap B'_s)$ und $i(B'_s) = \sum_r i(A'_r \cap B'_s)$; und zufolge des Umordnungssatzes für absolut konvergente Reihen (I., 5.3.3.2.) gilt daher $i_\sigma(\bigcup_r A'_r) = \sum_r \sum_s i(A'_r \cap B'_s) = \sum_s \sum_r i(A'_r \cap B'_s) = i_\sigma(\bigcup_s B'_s)$

*Betr. Beh.* (2). Die Eindeutigkeit und Existenz von $i_\delta$ folgt gemäß Beh. (3) aus Beh. (1)., d.h. aus der von $i_\sigma$.

*Betr. Beh.* (3). Es folgen $G \setminus F \in \mathfrak{A}_\sigma$ usw. aus 1.1.2.2., Satz, Beh. (3), und daraus $i_\delta(F) = i(E) - i_\sigma(CF)$ usw.

*Betr. Beh.* (4). – (I) Es ist $i_\sigma|\mathfrak{A}_\sigma$ *$\sigma$-additiv.* – Es seien nämlich $G_r \in \mathfrak{A}_\sigma$ disjunkt mit $G_r := \bigcup_\sigma A'_{r\sigma}$, wobei die $A'_{rs} \in \mathfrak{A}$ und o.B.d.A. disjunkt; $r, s = 1, 2, \ldots$, Nun ist $G = \bigcup_r (\bigcup_s A'_{rs}) = \bigcup_{r,s} A'_{rs}$, also $i_\sigma(G) = \sum_{r,s} i(A'_{rs}) = \sum_r (\sum_s i(A'_{rs}) = \sum_r i_\sigma(G_r)$ (vgl. Bew. betr. Beh. (1)).
(II) Es ist $i_\sigma|\mathfrak{A}_\sigma$ ü-*beschränkt.* – Zunächst ist $i_\sigma$ isoton. Es seien nämlich $G', G \in \mathfrak{A}_\sigma$ mit den $\sigma$-Zerlegungen $G' := \bigcup_r A'_r$, $G := \bigcup_s A_s$, wobei $A'_r, A_s \in \mathfrak{A}$. Aus $G' \subset G$ folgt $G' = \bigcup_s (\bigcup_r A'_r \cap A_s) \subset \bigcup_s A_s$, also $i_\sigma(G') = \sum_s (\sum_r i(A'_r \cap A_s)) \leqq \sum_s i(A_s) = i_\sigma(G)$. – Die ü-be-

schränktheit ergibt sich nun so: Es sei $C := \bigcup_r A_{rs} \in \mathfrak{A}_\sigma$, mit $A_{rs} \in \mathfrak{A}$, und $G := \bigcup_r G_r = \bigcup_s B_s \in \mathfrak{A}_\sigma$ mit $B_s := \bigcup_{r,\tau=1}^{s} A_{r\tau} \in \mathfrak{A}$. Wegen der ü-Beschränktheit von $i|\mathfrak{A}$ gilt nun $i(B_s) \leqq \sum_{r,\tau=1}^{s} i(A_{r\tau}) \leqq \sum_{r=1}^{s} (\sum_\tau i(A_{r\tau})) \leqq \sum_{r=1}^{\infty} i_\tau(G_r)$, woraus für $s \rightsquigarrow +\infty$ folgt $i_\sigma(G) \leqq \sum_r i_\sigma(G_r)$. Ist $G' \subset \bigcup_r G_r = G$ mit $G' \in \mathfrak{A}_\sigma$ so folgt aus der Isotonie von $i_\sigma$ schließlich $i_\sigma(G') \leqq \sum_r i_\sigma(G_r)$.

(III) Es ist $i_\sigma|\mathfrak{A}_\sigma$ 0-stetig. – Zu zeigen ist also: Aus $G_r \in \mathfrak{A}_\sigma$ mit (o.B.d.A.) $G_r \subset G_{r+1}$ und $G = \bigcup_r G_r \in \mathfrak{A}_\sigma$ folgt $i_\sigma(G) = \lim_r i_\sigma(G_r)$. – Nun existiert jedenfalls $\alpha := \lim_r i_\sigma(G_r) \leqq i_\sigma(G) =: \beta$. Es ist aber auch $\beta \leqq \alpha$. In der Tat: Wie beim Bew. betr. Beh. (4), Ziff. (II), sei $G_r := \bigcup_s A_{rs}$ und $G = \bigcup_s B_s$ mit $B_s := \bigcup_{r,\tau=1}^{s} A_{r\tau}$. Gemäß der Definition von $i_\sigma$ ist also $i_\sigma(G) = \beta = \lim_s i(B_s)$. Wegen $B_s \subset G_1 \cup \ldots \cup G_s \subset G_s$ ist also $\beta \leqq \alpha = \lim_r i_\sigma(G_r)$.

*Betr. Beh.* (5). Es seien $F_\varrho \in \mathfrak{A}_\delta$, $\varrho = 1, \ldots, r$, also $F := F_1 \cup \ldots \cup F_r \in \mathfrak{A}_\delta$. Behauptet wird, daß $i_\delta(F) = i_\delta(F_1) + \ldots + i_\delta(F_r)$ bei disjunkten $F_\varrho$. Es genügt, den Fall $e = 2$ zu erledigen, da alsdann Induktion nach $r$ möglich ist. Es sei also $F_1 := F' := \bigcap_s A'_s$ und $F_2 := F'' := \bigcap_t A''_t$ mit $A'_s, A''_t \in \mathfrak{A}$, ferner $F' \cap F'' = \emptyset = \bigcap_{s,t}(A'_s \cap A''_t)$. Da o.B.d.A. $A'_{s+1} \subset A'_s$ und $A''_{t+1} \subset A''_t$ angenommen werden kann und dann $A'_s \cap A''_t \supset A'_s \cap A''_s$ für $s \geqq t$ bzw. $A'_s \cap A''_t \subset A'_t \cap A''_t$ für $t \geqq s$ ist, folgt $\emptyset = \bigcap_t (A'_t \cap A''_t)$. Wegen $A'_t \cap A''_t \in \mathfrak{A}$ und der $\emptyset$-Stetigkeit von $i$ (vgl. 2.2.2.1., Satz 1, Zusatz) ist $\lim_t i(A'_t \cap A''_t) = 0$. Beachtet man, daß $F' \cup F'' = (\bigcap_s A'_s) \cup (\bigcap_t A''_t) = \bigcap_{s,t}(A'_s \cup A''_t) = \bigcap_t (A'_t \cup A''_t)$ und daß $i(A'_t \cup A''_t) = i(A'_t) = i(A''_t) = i(A''_t) - i(A'_t \cap A''_t)$, so ergibt die Definition von $i_\delta$ für $t \rightsquigarrow +\infty$, daß $i_\delta(F' \cup F'') = i_\delta(F') + i_\delta(F'')$.

*Betr. Beh.* (6) Gemäß Beh. (5) ist $i(E) \geqq i_\delta(F \cup CG) = i_\delta(F) + i_\delta(CG) = i_\delta(F) + (i(E) - i_\delta(G))$, mithin $i_\delta(F) \leqq i_\sigma(G)$.

### 2.4.1.2. *Fortsetzung der Konstruktion bei endlichem* $i|\mathfrak{A}$.

Wieder mit Hilfe der „Analysis" (2.4.1.1.) können wir bei der Annahme, daß eine Erweiterung von $i|\mathfrak{A}$ zu einem Maß $\bar{i}|\mathbf{B}(\mathfrak{A})$ existiert, aus der $U$- und $\emptyset$-Stetigkeit des Maßes $\bar{i}$ für diejenigen $X \in \mathbf{B}(\mathfrak{A})$, welche (beliebig) $i(\sigma, \delta)$-*einschließbar* sind, d.h. für welche gilt

$$\bigwedge_{\varepsilon>0} \bigvee_{G \in \mathfrak{A}_\sigma} \bigvee_{F \in \mathfrak{A}_\delta} F \subset X \subset G \wedge i_\sigma(G) - i_\delta(F) < \varepsilon ,$$

den Wert $\bar{i}(X)$ unmittelbar angeben, nämlich als

$$(\bar{i}) \qquad \bar{i}(X) = \inf\{i_\sigma(G) : G \in \mathfrak{A}_\sigma \wedge X \subset G\} = \sup\{i_\delta(F) : F \in \mathfrak{A}_\delta \wedge F \subset X\}.$$

Mit $(\bar{i})$ ist schon vorgezeichnet eine Konstruktion eines Maßes, welches Erweiterung von $i_\sigma|\mathfrak{A}_\sigma$ und von $i_\delta|\mathfrak{A}_\delta$ (und damit von $i|\mathfrak{A}$) ist, insofern nämlich als sich bei Betrachtung des Systems $\mathfrak{L}(i|\mathfrak{A}) \subset \mathfrak{p}(E)$ *aller* $i(\sigma, \delta)$-*einschließbaren* $X \in \mathfrak{p}(E)$ herausstellt, daß $\mathfrak{L} := \mathfrak{L}(i|\mathfrak{A})$ schon eine $\sigma$-Algebra über $\mathfrak{A}$ (in $\mathfrak{p}(E)$) ist, (in welcher $\mathbf{B}(\mathfrak{A})$ i.a. echt enthalten ist und) auf welcher gemäß $(\bar{i})$ eine Erweiterung von $i|\mathfrak{A}$ zu einem Maß $\bar{i}|\mathfrak{L}$ existiert. Wir können nämlich zeigen:

**Satz.** Erweiterbarkeit eines jeden endlichen Prämaßes zu einem Maß.

Voraussetzung. *Es sei* $i|\mathfrak{A}$ *ein (endliches) Prämaß und* $E$ *die Einheit von* $\mathfrak{A}$, *ferner sei* $\mathbf{B}(\mathfrak{A}) = \mathfrak{A}_\sigma(\mathfrak{A})$ *die in* $\mathfrak{p}(E)$ *kleinste* $\sigma$*-Algebra über* $\mathfrak{A}$.

Behauptung. (1) *Das System* $\mathfrak{L} = \mathfrak{L}(i|\mathfrak{A})$ *aller* $i(\sigma, \delta)$*-einschließbaren* $X \in \mathfrak{p}(E)$ *ist eine* $\mathfrak{A}$ *enthaltende* $\sigma$*-Algebra, also* $\mathfrak{A} \subset \mathbf{B}(\mathfrak{A}) \subset \mathfrak{L}(i|\mathfrak{A})$, *wobei im allgemeinen* $\mathbf{B}(\mathfrak{A}) \neq \mathfrak{L}(i|\mathfrak{A})$.
(2) *Die Abbildung* $l = l(i|\mathfrak{A}) : \mathfrak{L} \longrightarrow \mathbb{R}^+ \cup \{0\}$ *mit* $L \longmapsto l(L) := \inf\{i_\sigma(G) : G \in \mathfrak{A}_\sigma \wedge L \subset G\}$, *wobei* $L \in \mathfrak{L}$, *ist ein* Maß und Erweiterung von $i|\mathfrak{A}$.
(3) *Das System* $\mathfrak{N} := \{N : N \in \mathfrak{L} \wedge l(N) = 0\}$ *der* $l$-Nullmengen *ist ein* $\sigma$-Ideal in $\mathfrak{p}(E)$, *sodaß das Maß* $l|\mathfrak{L}$ vollständig *in* $\mathfrak{p}(E)$ *ist.*
(4a) *Es ist* $\mathfrak{L} = \mathfrak{A}_{\sigma\delta}$ (mod $\mathfrak{N}$), *das soll heißen*

$$\bigwedge_{L \in \mathfrak{L}} \bigvee_{X \in \mathfrak{A}_{\sigma\delta}} \bigvee_{N \in \mathfrak{N}} L = X + N .$$

(4b) *Es gilt* $\mathbf{B}(\mathfrak{A}) = \mathfrak{A}_{\sigma\delta}$ (mod $\mathfrak{N} \cap \mathbf{B}(\mathfrak{A})$).
(5) *Es ist* $l|\mathbf{B}(\mathfrak{A})$ *die eindeutig bestimmte* kleinste *Erweiterung von* $i|\mathfrak{A}$ *zu einem Maß in* $\mathfrak{p}(E)$.

Anmerkung zu (4b). Nach Konstruktion hängt $\mathbf{B}$ nur von $\mathfrak{A}$, dagegen $\mathfrak{L}$ und $\mathfrak{N}$ von $i|\mathfrak{A}$ ab. Aber (4b) beschreibt eine von $i|\mathfrak{A}$ unabhängige Eigenschaft von $\mathfrak{N}$; denn (4b) ist offensichtlich äquivalent mit

$$\bigwedge_{B \in \mathbf{B}(\mathfrak{A})} (B + \mathfrak{A}_{\sigma\delta}) \cap \mathfrak{N} \neq \emptyset .$$

**Zusätze.** (I) Es gilt

$$\mathfrak{N} = \{X : X \in \mathfrak{p}(E) \wedge \bigwedge_{\varepsilon > 0} \bigwedge_{r \in N^+} \bigvee_{A_r \in \mathfrak{A}} X \subset \bigcup_r A_r \wedge \sum_r i(A_r) < \varepsilon\} .$$

(II) Es ist $L = X + N$ gleichbedeutend mit $L + X = N$, also mit $l(L \setminus X) = l(X \setminus L) = 0$.

(III) Es gelten auch $\mathfrak{L} = \mathfrak{A}_{\delta\sigma}$(mod $\mathfrak{N}$) und $\mathbf{B}(\mathfrak{A}) = \mathfrak{A}_{\delta\sigma}$ (mod $\mathfrak{N} \cap \mathbf{B}(\mathfrak{A})$).
(IV) Die Beh. (4a) besagt: Die bezüglich $i|\mathfrak{A}$ Lebesgueschen Mengen sind nach Konstruktion von $i_\sigma|\mathfrak{A}_\sigma$ und $i_\delta|\mathfrak{A}_\delta$ vermittelst des Einschlußprozesses „bis auf Nullmengen erreichbar", d. h. (mod $\mathfrak{N}$).

Beweis des Satzes.

*Betr. Beh.* (1). – (a) Es besitzt $\mathfrak{L}$ die „Komplementeigenschaft", d. h. $L \in \mathfrak{L} \rightarrow CL := C_E L \in \mathfrak{L}$. Denn $F \subset L \subset G \rightarrow \mathfrak{A}_\sigma \ni G' := CF \supset CL \supset CG =: F' \in \mathfrak{A}_\delta$ mit $i_\sigma(G \setminus F) = i_\sigma(G \cap CF) = i_\sigma(G' \setminus F')$. – (b) Es ist $\mathfrak{L} = \mathfrak{L}_\sigma$. In der Tat: Es sei $L_r \in \mathfrak{L}, r = 1, 2, \ldots$, also $\mathfrak{A}_\delta \ni F_r \subset L_r \subset G_r \in \mathfrak{A}_\sigma$ mit $i_\sigma(G_r \setminus F_r) < \varepsilon_r$ und $\varepsilon := \varepsilon_1 + \varepsilon_2 + \ldots + 0$. Man setze $F'_n := \bigcup_{r=1}^n F_r \in \mathfrak{A}_\delta$ und $G'_n := \bigcup_{r=1}^n G_r \in \mathfrak{A}_\sigma$, ferner $G' := \bigcup_n G'_n \in \mathfrak{A}_\sigma$, sowie $S_n := \bigcup_{r=1}^n L_r \in \mathfrak{L}$ und $S := \bigcup_n S_n \in \mathfrak{L}$. Dann ist $F'_n \subset S_n \subset G'_n \subset G'$. Wegen $G'_n \setminus F'_n \subset \bigcup_{r=1}^n (G_r \setminus F_r)$ (vgl. 1.4.) ist $i_\sigma(G'_n \setminus F'_n) \leqq$

$\sum_{r=1}^{n} i_\sigma(G_r \setminus F_r)$ (gemäß der ü-Beschränktheit von $i_\sigma$). Daneben gilt $i_\sigma(G') < i_\sigma(G'_n) + \varepsilon$ für $n \geqq n_0 := n_0(\varepsilon)$ (gemäß der $\emptyset$-Stetigkeit von $i_\sigma$). Daher $i_\sigma(G') - i_\sigma(F'_{n_0}) < 2\varepsilon$. Wegen $F'_{n_0} \subset S \subset G'$ folgt, weil $\varepsilon > 0$ beliebig, $S = \bigcup_r L_r \in \mathfrak{L}$. Da überdies $E \in \mathfrak{L}$, ist $\mathfrak{L}$ eine $\sigma$-Algebra über $\mathfrak{A}$.

*Betr. Beh.* (2). Da $l \geqq 0$ und endlich ist, genügt es, $l$ als $\sigma$-additiv nachzuweisen. Es sei also $L_r \in \mathfrak{L}$ mit $L_r \cap L_t = \emptyset$ für $r \neq t$; $r, t = 1, 2, \ldots$ Ferner sei $L := \bigcup_r L_r \in \mathfrak{L}$ (gemäß Beh. (1)). Mit Beibehaltung der oben (Bew. betr. Beh. (1), (b)) benutzten Bezeichnungen ist hier $F_r \cap F_t = \emptyset$, wegen $F_r \subset L_r$, $F_t \subset L_t$, für $r \neq t$, sodaß gilt: $i_\delta(F'_n) = \sum_{r=1}^{n} i_\delta(F_r)$ (Additivität von $i_\delta$). Aus $i_\delta(F_r) \leqq l(L_r) \leqq i_\delta(F_r) + \varepsilon_r$ folgt daher

$$(2') \qquad \sum_{r=1}^{n} i_\delta(F_r) = i_\delta(F'_n) \leqq \sum_{r=1}^{n} l(L_r) \leqq i_\delta(F'_n) + \varepsilon .$$

Ferner ergibt $F_r \subset L_r \subset L \subset G'$, daß

$$(2'') \qquad i_\delta(F'_n) \leqq l(L) \leqq i_\delta(F'_n) + 2\varepsilon ,$$

falls (wie in Bew. (1) (b)) $i_\sigma(G') \leqq i_\delta(F'_n) + 2\varepsilon$. Elimination von $i_\delta(F'_n)$ aus (2′) und (2″) liefert $-2\varepsilon \leqq l(L) - \sum_{r=1}^{n} l(L_r) \leqq 2\varepsilon$ für hinreichend großes $n$ und damit $l(L) = \sum_r l(L_r)$.

*Betr. Beh.* (3) *und* (4). Wegen $\mathfrak{A}_\delta = \mathfrak{A}_{\delta\sigma}$ und $\mathfrak{A}_\sigma = \mathfrak{A}_{\sigma\delta}$ gibt es zu jedem $L \in \mathfrak{L}$ solche $F_r \in \mathfrak{A}_\delta$ und $G_r \in \mathfrak{A}_\sigma$, daß $F_r \subset F_{r+1} \subset L \subset G_{r+1} \subset G_r$ und $i_\sigma(G_r \setminus F_r) = l(G_r) - l(F_r) < 2^{-r}$, $r = 1, 2, \ldots$ Da $l \mid \mathfrak{L}$ als Maß $\emptyset$- und $U$-stetig ist, folgt für $S := \bigcup_r F_r \in \mathfrak{A}_{\delta\sigma}$ und $D := \bigcap_r G_r \in \mathfrak{A}_{\sigma\delta}$, daß $l(D \setminus S) = 0 = l(D \setminus L) = l(L \setminus S)$, also $L = D + N' = S + N''$ mit $N', N'' \in \mathfrak{N}$. Daß $\mathfrak{N}$ $\sigma$-Ideal in $\mathfrak{p}(E)$ ist, folgt daraus, daß jedes $X \in \mathfrak{p}(E)$ mit $\emptyset \subset X \subset N$ und $N \in \mathfrak{N}$, zu $\mathfrak{N}$ gehört, weil $X$ zwischen $\emptyset \in \mathfrak{L}$ und $N \in \mathfrak{L}$ mit $l(N \setminus \emptyset) = 0$ eingeschlossen ist'

*Betr. Beh.* (5). Da die Erweiterung von $i \mid \mathfrak{A}$ auf das System $\mathfrak{L}$ aller einschließbaren Mengen auf keine andere, als die oben beschriebene Weise möglich ist und da $\mathbf{B}(\mathfrak{A}) \subset L(i \mid \mathfrak{A})$, so ist die Borelsche Erweiterung $\bar{i} \mid \mathbf{B}(\mathfrak{A})$ von $i \mid \mathfrak{A}$ eindeutig bestimmt.

*Betr. die Zusätze.* – (I) Folgt aus der Definition von $\mathfrak{N}$. – (II) Vgl. 1.2. – (III) Vgl. den Beweis betr. Beh. (3), (4).

**2.4.2.** Erweiterungssatz für $\sigma$-endliche Prämaße.

**Satz.** *Jedes $\sigma$-endliche Prämaß $i \mid \mathfrak{A}$ besitzt genau eine in $\mathfrak{p}(E)$ kleinste Erweiterung zu einem Maß, also Erweiterung auf $\mathbf{B}(\mathfrak{A}) = \mathfrak{A}_\sigma(\mathfrak{A})$, sowie genau eine in $\mathfrak{p}(E)$ vollständige Erweiterung (die Erweiterung der ersteren ist). Beide Erweiterungen sind $\sigma$-endlich ($E$ Einheit von $\mathfrak{A}$).*

Beweis. Es genügt, die mit $l \mid \mathfrak{A}_\sigma(\mathfrak{A})$ zu bezeichnende Erweiterung auf $\mathbf{B}(\mathfrak{A})$ zu behandeln. Zufolge der $\sigma$-Endlichkeit von $i \mid \mathfrak{A}$ existieren disjunkte $E_r \in \mathfrak{A}$ mit $\mathrm{i}(E_r) < +\infty$ und mit $E = \bigcup_r E_r$. Weil $i \mid \mathfrak{A}$ Prämaß ist, gilt $i(E) = \sum_r i(E_r)$ sowie $i(Q) = \sum_r i(Q \cap E_r)$ für jedes

$Q \in \mathfrak{A}$, wobei $i(Q \cap E_r) < +\infty$. Nun ist $(E, \mathfrak{A})$ Komposition (im Sinne von 1.7., (3) (b)) der Meßräume $(E_r, \mathfrak{A}_r)$, wobei $\mathfrak{A}_r := E_r \cap \mathfrak{A}$ Unteralgebra von $\mathfrak{A}$ ist und $i|\mathfrak{A}_r$, als Einengung von $i|\mathfrak{A}$ auf $\mathfrak{A}_r$, ein endliches Prämaß mit der Einheit $E_r$. Gemäß 2.4.1. besitzt also $i|\mathfrak{A}_r$ genau eine Erweiterung $l_r|\mathfrak{A}_\sigma(\mathfrak{A}_r)$ zu einem Maß. Durch Komposition der $\sigma$-Meßräume $(E_r, \mathfrak{A}_\sigma(\mathfrak{A}_r))$ erhält man den $\sigma$-Meßraum $(E, \mathfrak{A}_\sigma(\mathfrak{A}))$. Dementsprechend erhält man durch „Komposition" der $l_r|\mathfrak{A}_\sigma(\mathfrak{A}_r)$ genau ein Maß $l|\mathfrak{A}_\sigma(\mathfrak{A})$ als Erweiterung von $i|\mathfrak{A}$. Es ist $l(S) = \sum_t l(S_t)$ für $S \in \mathfrak{A}_\sigma(\mathfrak{A})$ und disjunkte $S_t \in \mathfrak{A}_\sigma(\mathfrak{A})$. Die Einzigkeit einer Erweiterung auf $\mathfrak{A}_\sigma(\mathfrak{A})$ folgt aus der Einzigkeit der $l_r|\mathfrak{A}_\sigma(\mathfrak{A}_r)$.

Anmerkung. Andere Existenzbeweise für Erweiterungen zu einem Maß (ohne die Einschließungskonstruktion) werden später erwähnt. Die Eindeutigkeit der Erweiterung wird aber durch diese Beweise nicht, wenigstens nicht im allgemeinen garantiert (vgl. 2.6.5.).

## 2.5. Der $\mathbb{R}^n$ als topologischer Maßraum: Borel- bzw. Lebesguemaß $\beta^n|\mathfrak{B}^n$ bzw. $\lambda^n|\mathfrak{L}^n$; Jordaninhalt $i^n|\mathfrak{J}^n$

**2.5.0.** Ein topologischer an $\mathfrak{o}\mathfrak{N}$-adaptierter $\sigma$-*Meß*raum $(E, \mathfrak{A})$ kann als topologischer an $\mathfrak{o}$ adaptierter *Maß*raum $(E, m|\mathfrak{A}, \mathfrak{o})$ bezeichnet werden, falls $\mathfrak{N}$ das $\sigma$-Ideal in $\mathfrak{P} := \mathfrak{p}(E)$ der Nullmengen des vorgegebenen (im Sinne von 2.3.3.) in $\mathfrak{P}$ vollständigen Maßes $m|\mathfrak{A}$ ist. Für solche topologische Maßräume gelten die früheren Ausführungen über topologische $\sigma$-Meßräume (1.9.).
Neue Fragestellungen ergeben sich für spezielle Maßräume, unter denen wir hier den $\mathbb{R}^n$ wählen, in welchem die Existenz von an die euklidische Topologie $\mathfrak{N}$-adaptierten Maßen gesichert ist, nämlich die (gemäß 2.4.) von Erweiterungen elementarer Inhalte (2.1.) zu im $\mathbb{R}^n$ vollständigen Maßen. Benützt wird dabei, daß, wie in 2.5.1. gezeigt wird, jeder elementare Inhalt $i_r|\mathfrak{R}(\mathfrak{M})$ ein Prämaß ist. Entsprechend der Konstruktion in 2.4. erhält man aus dem elementaren Inhalt zunächst die (gemäß 2.5.2. eindeutig bestimmte) Erweiterung auf die $\sigma$-Algebra $\mathbf{B}(\mathfrak{o})$ der Borelschen Mengen und durch Vervollständigung dieses Borelschen Maßes das Lebesguesche Maß. Man beachte dabei, daß die $\sigma$-Algebra $\mathfrak{B}^n = \mathbf{B}(\mathfrak{o})$ der Borelschen Mengen des $\mathbb{R}^n$ allein durch die Topologie bestimmt ist. – Anschließend wird (2.5.2.1.) die Spiegelungsinvarianz des Borel- und damit des Lebesgueschen Maßes gezeigt, aus der dessen Eindeutigkeit bis auf eine Normierung, etwa die des Maßes des Einheitswürfels, folgt. – Schließlich wird auf den klassischen Jordaninhalt (2.5.3.) kurz eingegangen und (2.5.4.) u.a. die Existenz von Mengen im $\mathbb{R}^n$ bewiesen, die nicht Lebesgue-meßbar sind.

**2.5.1.** Elementare Inhalte als Prämaße (im $\mathbb{R}^n$).

Für spätere Betrachtungen ist erforderlich der

**Satz.** (1) *Jeder elementare Inhalt* $i_\Gamma : \mathfrak{R}(\mathfrak{M}) \to \mathbb{R}_0^+$ *ist ein endliches Prämaß.* – (2) *Die gemäß 2.3.3. definierte Erweiterung* $\bar{i}_\Gamma : \bar{\mathfrak{R}} \to \bar{\mathbb{R}}_0^+$ *von* $i_\Gamma$ *auf die kleinste Algebra über* $\mathfrak{R}(\mathfrak{M}) \cup \{\mathbb{R}^n\}$ *ist ein σ-endliches Prämaß.*

Beweis. Wir benützen in 1.1.5. eingeführte Bezeichnungen und schreiben $i$ statt $i_\Gamma$.
(I) Betr. die σ-Additivität von $i|\mathfrak{R}(\mathfrak{M})$ und $\bar{i}|\bar{\mathfrak{R}}(\mathfrak{M})$. – Es sei $A = \bigcup_r A_r$ mit $A, A_r \in \mathfrak{R}(\mathfrak{M})$ und disjunkten $A_r$. Es gilt $\sum_r i(A_r) \leqq i(A)$ (σ-Oberadditivität von $i$ gemäß 2.2.2.1., Satz 1.). Zum Beweis der umgekehrten Ungleichung beachten wir, daß aus der Zerlegung $A = \bigcup_{\mu=1}^{p} M_{k_\mu q_\mu}$ in $\mathfrak{M}$ die Darstellung $M_{k_\mu q_\mu} = \bigcup_r M_{k_\mu q_\mu} A_r = \bigcup_t M_t$ mit disjunkten $M_t \in \mathfrak{M}$ folgt. Wegen der Additivität von $i$ genügt es daher, zu zeigen, daß $i(M_{k_\mu q_\mu}) \leqq \sum_t i(M_t)$. Zu diesem Zweck ersetzen wir *Erstens* bei vorgegebenen $\varepsilon > 0$ und $\varepsilon_t > 0$ mit $\varepsilon = \sum_t \varepsilon_t$ den $M_{k_\mu q_\mu}$ durch einen dazu konzentrischen, in $M_{k_\mu q_\mu}$ enthaltenen halboffenen Würfel $W \in \mathfrak{M}$ mit einer Kantenlänge $l$ so nahe bei der Kantenlänge $l'$ von $M_{k_\mu q_\mu}$, daß $l^n > l'^n - \varepsilon$, ferner *Zweitens* $M_t$ durch einen dazu konzentrischen, $M_t$ enthaltenden halboffenen Würfel $W_t \in \mathfrak{M}$ mit einer Kantenlänge $l_t$ so nahe bei der Kantenlänge $l'_t$ von $M_t$, daß $l_t^n < l_t'^n + \varepsilon_t$, $t = 1, 2, \ldots$ Bezeichnet man mit $\bar{W}$ bzw. $\underline{W}_t$ die abgeschlossene Hülle von $W$ bzw. den offenen Kern von $W_t$, so gilt $\bar{W} \subset \bigcup_t \underline{W}_t$, woraus nach dem HBL-Überdeckungssatz folgt $W \subset \bar{W} \subset \bigcup_{t=1}^m \underline{W}_t \subset \bigcup_{t=1}^m W_t$. Aus der ü-Beschränktheit von $i$ (vgl. 2.2.2.1., Satz 1.) folgt daher $i(W) \leqq \sum_{t=1}^m i(W_t)$ somit $l'^n - \varepsilon < l^n \leqq \sum_{t=1}^m l_t^n < \sum_t l_t'^n + \varepsilon$, und für $\varepsilon \rightsquigarrow 0$ hieraus $l'^n \leqq \sum_t l_t'^n$. Damit ist die σ-Additivität von $i_\Gamma$ bewiesen. Daß auch $\bar{i}$ ein Prämaß (und damit ein Maß) ist, folgt aus 2.3.3., Zusatz.
(II) Die σ-Endlichkeit von $\bar{i}$ folgt aus $\mathbb{R}^n = \bigcup_{p \in Z} M_{0p}$ mit disjunkten $M_{0p}$ und $\bar{i}(M_{0p}) = 1$.

### 2.5.2. Borelsches und Lebesguesches Maß im $\bar{\mathbb{R}}^n$, ihre Einzigkeit und Invarianz gegenüber Spiegelungen.

**2.5.2.0.** Festsetzung. Die Längeneinheit 1 im $\bar{\mathbb{R}}^n$ sei fest vorgegeben.

**Definition.** Es sei $\mathfrak{B}^n$ die σ-Algebra der Borelschen Mengen des $\mathbb{R}^n$ mit $\bar{\mathbb{R}}^n$ als Einheit. Wir bezeichnen ein Maß $\mu : \mathfrak{B}^n \to \bar{\mathbb{R}}_0^+$ als *Elementarmaß im* $\bar{\mathbb{R}}^n$, wenn $\mu$ translationsinvariant und für jede beschränkte Borelsche Menge endlich ist. Dabei besagt **Translationsinvarianz** (bzw. **Spiegelungs-** bzw. **Bewegungsinvarianz**) von $\mu$, daß $\mu(B) = \mu(t(B))$ für jedes $B \in \mathfrak{B}^n$ und jede Translation (bzw. Spiegelung bzw. Bewegung) $t : \mathbb{R}^n \to \mathbb{R}^n$.
Unser Ziel ist der Nachweis, daß es *„im wesentlichen"*, d.h. bei Hinzunahme einer Normierung (Fixierung der „Volumeneinheit") *genau ein Elementarmaß* gibt. Darüber hinaus wird sich jedes Elementarmaß als spiegelungsinvariant (also bewegungsinvariant) erweisen. Dasjenige Elementarmaß, welches einem (und damit jedem) abgeschlossenen Würfel der Kantenlänge 1 das Maß 1 zuordnet, werden wir als das (klassische) Borelsche Maß und mit $\beta^n|\mathfrak{B}^n$ bezeichnen. Hingegen verstehen wir unter dem (klassischen) Lebesgueschen Maß $\lambda^n|\mathfrak{L}^n$ im $\mathbb{R}^n$ diejenige vollständige Erweiterung des klassischen

Borelschen Maßes, welche aus $\beta^n|\mathfrak{B}^n$ durch Adjunktion aller Teilmengen aller $\beta^n$-Nullmengen gewonnen wird.

**2.5.2.1.** Wie schon erwähnt gilt der

**1. Satz.** *Jedes Elementarmaß $\mu|\mathfrak{B}^n$ ist spiegelungs- (und bewegungs-)invariant.*

Beweis. (**1**) Es genügt, die Spiegelungsinvarianz nachzuweisen, da jede Bewegung des $\mathbb{R}^n$ sich als Verkettung von endlich vielen Spiegelungen darstellen läßt (II., 1.3.2., Satz 4.).
(**2**) Ist $G$ eine offene Menge und $s$ eine Spiegelung (etwa an der Hyperebene $H$), so gilt $\mu(G) = \mu(s(G))$. Um dies einzusehen, wählen wir eine orthonormierte Basis $\mathfrak{b}$ im $\mathbb{R}^n$ derart. daß $H$ eine $(n-1)$-dimensionale Koordinatenebene ist. Die relativ-offenen $\mathfrak{b}$-Würfel $M_{kq,t}$ einer zu $\mathfrak{b}$ gehörigen 0-Würfelgitterfolge (1.1.5.1.) sind Borelsche Mengen (nämlich je darstellbar als Vereinigung von abzählbar vielen abgeschlossenen Mengen). Und $G$ ist darstellbar als Vereinigung von abzählbar vielen disjunkten relativ-offenen $\mathfrak{b}$-Würfeln $W_r$ (verschiedener Dimensionen): $G = \bigcup_r W_r$, sodaß $\mu(G) = \sum_r \mu(W_r)$. Weiter ist $s(G) = \bigcup_r s(W_r)$, also $\mu(s(G)) = \sum_r \mu(s(W_r))$. Nun ist aber $s(W_r) = t_r(W_r)$ mit einer geeigneten Translation $t_r$ (1.1.5.1.), sodaß $\mu(s(W_r)) = \mu(t_r(W_r)) = \mu(W_r)$, womit $\mu(G) = \mu(s(G))$ bewiesen ist.
(**3**) Wegen der $\uparrow$- und $\downarrow$-Stetigkeit von $\mu$ folgt aus Ziff. (**2**), daß $\mu(G') = \mu(s(G'))$ für jede Menge $G' \in \mathfrak{G}_{\delta\sigma}$, wobei $\mathfrak{G}$ das System der offenen Mengen bezeichnet. Da aber durch die Werte von $\mu$ auf $\mathfrak{G}_{\delta\sigma}$ schon alle $\mu$-Werte auf $\mathfrak{B}^n$ festgelegt sind (vgl. 2.4.1.2., Satz, (4b)), gilt $\mu(G') = \mu(s(G'))$ für alle Borelschen Mengen $G'$.

Hinweis. Der Beweis für die Spiegelungsinvarianz eines Elementarmaßes beruht auf dem Umstand, daß *aus der Translationsinvarianz* des Elementarmaßes *die Spiegelungsinvarianz der offenen Mengen* gefolgert werden kann.
Zu zeigen ist noch

**2. Satz** (Eindeutigkeit des Elementarmaßes). *Es gibt genau ein Elementarmaß $\mu|\mathfrak{B}^n$ mit $\mu(\overline{W}_1) = v$, worin $\overline{W}_1$ irgend einen abgeschlossenen Würfel der Kantenlänge 1 bezeichnet und $v$ eine beliebig vorgegebene reelle positive Zahl.*

Beweis. (**I**) Es sei $\mu$ ein Elementarmaß mit $\mu(\overline{W}_1) = v$. Wir wählen eine Basis $\mathfrak{b} = (b_1, \dots, b_n)$ im $\mathbb{R}^n$ derart, daß der zu $\overline{W}_1$ gehörige halboffene Würfel $W_1$ die Darstellung $W_1 = \{\xi_1 b_1 + \dots + \xi_n b_n : \bigwedge_\nu 0 \leqq \xi_\nu < 1\}$ besitzt. Es sei $\mu(W_1) =: v' (\leqq v)$. Wegen der Additivität von $\mu$ sind die $\mu$-Werte aller Maschen $M_{kq}$ der zugehörigen 0-Würfelgitterfolge eindeutig durch $v'$ bestimmt, nämlich $\mu(M_{kq}) = 2^{-kn} v'$, und damit auch die $\mu$-Werte aller offenen Mengen, also überhaupt aller $B \in \mathfrak{B}^n$. Da sich die Begrenzung $D_1$ von $\overline{W}_1$ (und damit zugleich die von $W_1$) mit (aus Gitterwürfeln gebildeten) Aggregaten beliebig kleinen Maßes überdecken läßt, ist $\mu(D_1) = 0$, wie aus der $\downarrow$-Stetigkeit von $\mu$ folgt. Somit ist $v = v'$ und das Elementarmaß $\mu$ durch den Wert $\mu(\overline{W}_1)$ eindeutig bestimmt.

(**II**) Daß es ein Elementarmaß von der im 2. Satz geforderten Art gibt, lehrt die Borelsche Erweiterung $\mu$ von $i_\Gamma | \mathfrak{R}(\mathfrak{M})$, (wobei $\bar{M}_{00}$ dem $\bar{W}_1$ entspricht). Denn für *jede beliebige* Translation $t$ gilt

(i) $$\mu(t(M_{kq})) = i_\Gamma(M_{kq}).$$

Beweis. Bei beliebig gegebenem $\varepsilon > 0$ läßt sich $M_{kq}$ zwischen Gitterwürfelaggregate $Q', Q''$ derart einschließen, daß $Q' \subset \bar{Q}' \subset M_{kq} \subset \underline{M}_{kq} \subset \bar{M}_{kq} \subset Q'' \subset Q''$ und $i_\Gamma(Q'' \setminus Q') < \varepsilon$ sowie $\overline{t(Q')} \subset \underline{tM_{kq}} \subset tM_{kq} \subset \overline{tM_{kq}} \subset t(Q'')$. Zur (beliebigen) Translation $t$ gibt es „Gittertranslationen" $t'$, für die immer noch $\overline{t'(Q')} \subset \underline{tM_{kq}} \subset tM_{kq} \subset \overline{tM_{kq}} \subset t'(Q'')$. Wegen der $t'$-Invarianz von $i_\Gamma$ folgt $i_\Gamma(Q') \leqq \mu(tM_{kq}) \leqq i_\Gamma(Q'')$, sodaß $|\mu(tM_{kq}) - i_\Gamma(M_{kq})| < \varepsilon$. Daraus folgt (i) für $\varepsilon \rightsquigarrow 0$.

Die Gitterfolge $\Gamma_t$, die aus $\Gamma$ durch die Translation $t$ hervorgeht, liefert mit $i_{\Gamma_t}$, festgelegt durch $i_{\Gamma_t}(tM_{kq}) = i_\Gamma(M_{kq})$, die gleiche Borelsche Erweiterung wie $i_\Gamma$.
Dies bestätigt die allgemeine Translationsinvarianz der Borelschen Erweiterung von $i_\Gamma$ und damit auch deren Spiegelungsinvarianz.

**1. Zusatz.** Es sei $a: \mathbb{R}^n \longrightarrow \mathbb{R}^n$ eine Ähnlichkeitstransformation mit der Maßstabänderung $(1 \longmapsto \varrho)$; das soll heißen: $((x'-x) \longmapsto a(x'-x) := \varrho(x'-x))$ mit $\varrho > 0$. Dann gilt $\lambda^n(a(L)) = \varrho^n \lambda^n(L)$ für alle $L \in \mathfrak{L}^n$. (Dies ist nämlich richtig für den Würfel und daher für jede offene Menge, also für jede Menge aus $\mathfrak{B}^n$ und damit für jedes $L \in \mathfrak{L}^n$.)

**2. Zusatz.** Aus dem Beweise des 2. Satzes folgt: Bei festgelegter Längeneinheit ist das Borelsche bzw. Lebesguesche Maß (im $\mathbb{R}^n$) die im $\mathbb{R}^n$ kleinste Erweiterung zu einem Maß bzw. vollständigen Maß eines *jeden* elementaren Inhaltes.

**3. Zusatz.** Zufolge des 2. Zusatzes ist jede (Lebesgue-meßbare) Menge (im $\mathbb{R}^n$) $L \in \mathfrak{L}^n$ darstellbar als $L = \bigcup_r A_r \pmod{\mathfrak{N}}$ sowie als $L = \bigcap_r G_r \pmod{\mathfrak{N}}$, wobei die $A_r$ bzw. $G_r$ abgeschlossene bzw. offene Mengen sind und $\mathfrak{N}$ das $\sigma$-Ideal der Lebesgueschen Nullmengen ist.

### 2.5.3. Der Jordaninhalt im $\mathbb{R}^n$.

**Definition.** Als den zu einem elementaren Inhalt $i_\Gamma | \mathfrak{R}(\mathfrak{M})$ (vgl. 2.1.) gehörigen (klassischen, $n$-dimensionalen) **Jordaninhalt** $i_\Gamma^n | \mathfrak{J}_\Gamma^n$ im $\mathbb{R}^n$ bezeichnen wir die bezüglich des $\sigma$-Ideals $\mathfrak{N}_L^n$ in $\mathfrak{P} := \mathfrak{p}(\mathbb{R}^n)$ der (Lebesgueschen) $\lambda^n$-Nullmengen als $i_\Gamma$-Nullmengen im $\mathbb{R}^n$ vollständige Erweiterung von $i_\Gamma | \mathfrak{R}(\mathfrak{M})$ (vgl. 2.3.3.).
Nun gehört aber die Begrenzung $M_g$ einer jeden Masche $M \in \mathfrak{M}$ und damit eines jeden Elementes von $\mathfrak{R}(\mathfrak{M})$ zu $\mathfrak{N}_L^n$. Aus 1.9.1. ergibt sich damit der

**Satz.** *Die zu den elementaren Inhalten gehörigen Jordaninhalte sind alle gleich, nämlich gleich der (eindeutig bestimmten) Einengung $i^n | \mathfrak{J}^n$ des Lebesgueschen Maßes $\lambda^n | \mathfrak{L}^n$ auf* *die Algebra $\mathfrak{J}^n$, gebildet von allen $Q \in \mathfrak{Q}^n$, deren Begrenzungen Lebesguesche Nullmengen sind ($Q_g \in \mathfrak{N}_L^n$). Es kann $i^n|\mathfrak{J}^n$ als* **der** *(klassische)* **Jordaninhalt im** $\mathbb{R}^n$ *bezeichnet werden; er ist spiegelungsinvariant.*

**Zusatz.** Der Jordaninhalt $i^n|\mathfrak{J}^n$ im $\mathbb{R}^n$ ist $\sigma$-additiv, also ein Prämaß, aber kein Maß.

Beweis. (1) Es ist $i^n|\mathfrak{J}^n$ Prämaß. Definitionsgemäß ist nämlich $\mathfrak{J}^n \subset \mathfrak{Q}^n$ und $i^n(M) = \lambda^n(M)$ für $M \in \mathfrak{J}^n$. Mit $\lambda^n|\mathfrak{Q}^n$ ist daher auch $i^n|\mathfrak{J}^n$ $\sigma$-additiv. – (2) Es ist $i^n|\mathfrak{J}^n$ kein Maß. Es genügt, zu zeigen: Es gibt abzählbar viele $J_r \in \mathfrak{J}^n$, $r = 1, 2, \ldots$, mit $\lambda^n(S_g) > 0$ für $S := \bigcup_r J_r$. Es genügt, die Beschränkung auf den Fall $n = 1$ (Für $n \geqq 2$ Produktbildung). Man gewinnt $J_r$ der gewünschten Art etwa durch folgende Modifikation der Konstruktion des Cantorschen Diskontinuums (I., 5.5.3.): Es sei $\gamma \in (0; 1)^+$. Die beim $k$-ten Konstruktionsschritt, $k = 1, 2, \ldots$, aus $[0; 1]$ wegzunehmenden $2^{k-1}$ kongruenten, disjunkten, offenen Intervalle sollen je die Länge $\gamma 2^{-2k+1}$ besitzen. Die Summe der Längen, d.h. der $\lambda^1$-Maße, aller dieser Intervalle $J_r$ ist dann gleich $\gamma$ und gleich $\lambda^1(S)$, wobei $S := \bigcup_r J_r$. Aber $S_g = [0; 1] \setminus S$ mit $\lambda^1(S_g) = 1 - \gamma$.

Beispiele Jordanmeßbarer Mengen im $\mathbb{R}^n$.

Neben den Polyedern (d.h., kurz gesagt, den Vereinigungen endlich vieler $n$-Simplizes) seien nur erwähnt (1) die konvexen Mengen $K$ und (2) die Graphen stetiger Funktionen $f: D \to \mathbb{R}$ mit etwa kompaktem $D \in \mathfrak{Q}^{n-1}$.

Beweis. *Betr.* (1) O.B.d.A. sei $\underline{K} \neq \emptyset$ und der Nullpunkt $\bar{0}$ des $\mathbb{R}^n$ in $\underline{K}$. – (a) Zunächst sei $K = \bar{K}$ kompakt. (a') Wegen der Konvexität von $\bar{K}$ ist $\bar{K}$ gleich der Menge der Häufungspunkte von $\underline{K}$. – (a'') Es sei $r: \mathbb{R}^n \to \mathbb{R}^n$ mit $(x \mapsto \varrho x)$, $x \in \mathbb{R}^n$, $\varrho > 0$, also $\varrho(\bar{0}) = \bar{0}$). Mit der Abkürzung: $\varrho M := \varrho(M)$ hat man, weil $K \in \mathfrak{Q}^n$, also auch $\varrho(K) \in \mathfrak{Q}^n$, $\lambda^n(\varrho K) = \varrho^n \lambda^n(K)$ und (vgl. (a')) $\underline{K} \subset K = \bar{K} \subset \varrho \underline{K}$ für $\varrho > 1$, woraus $\lambda^n(\underline{K}) \leqq \lambda^n(\bar{K}) \leqq \varrho \lambda^n(\underline{K})$. Für $\varrho \rightsquigarrow 1+$ folgt $\lambda^n(\bar{K}) = \lambda^n(\underline{K}) < +\infty$. Somit $\lambda^n(K_g) = 0$. – (b) Falls $K$ nicht kompakt ist betrachte man die Folge kompakter und konvexer $\bar{K} \cap C_t$, wobei $C_t$ die kompakte Vollkugel mit dem Zentrum $\bar{0}$ und dem Radius $t = 1, 2, \ldots$ Wegen $K_g \subset \bigcup_t (K \cap C_t)_g$ ergibt sich $\lambda^n(K_g) = 0$. – *Betr.* (2). Bew. analog wie für (1).

**2.5.3.1.** Verallgemeinerungen des Jordaninhaltes $i^n|\mathfrak{J}^n$ im $\mathbb{R}^n$ liegen nahe. Zum Beispiel: Der $\sigma$-Maßraum $\mu|\mathfrak{m}$ sei $\mathfrak{N}$-adaptiert an die Topologie $\mathfrak{o}$ in $E$, wobei $E$ Einheit der $\sigma$-Algebra $\mathfrak{m}$ sei. Ferner sei $i|\mathfrak{J}$ der Inhalt über der Verengung $\mathfrak{J}$ von $\mathfrak{m}$, wobei die Algebra $\mathfrak{J}$ das System der $M \in \mathfrak{m}$ mit $\mu(M_g) = \mu(\bar{M} - \underline{M}) = 0$ (vgl. auch 1.9.1.). Zu anderen Verallgemeinerungen wird man geführt gelegentlich der Versuche, das (klassische) Riemannintegral zu verallgemeinern (vgl. 3.6.2.1.).

**2.5.4.** Einige Beispiele.

Nachstehend soll gezeigt werden: Es gibt Teilmengen des $\mathbb{R}^n$, die nicht Lebesgue-meßbar sind; und es gibt im $\mathbb{R}^n$ Lebesgue-meßbare Mengen, die nicht Borel-meßbar sind. M.a.W. Es gilt: (I) $\mathfrak{L}^n \neq \mathfrak{p}(\mathbb{R}^n)$ und (II) $\mathfrak{B}^n \neq \mathfrak{L}^n$ (wobei $\mathfrak{B}^n \subset \mathfrak{L}^n \subset \mathfrak{p}(\mathbb{R}^n)$).

Beweis. *Betr.* (I) Es gibt $A \in \mathfrak{p}(\mathbb{R}^n)$, die nicht zu $\mathfrak{L}^n$ gehören. Vom Standpunkt der naiven Mengenlehre aus (Auswahlaxiom, vgl. I., 5.6.11.) argumentierend, lassen sich solche $A$ folgendermaßen gewinnen. Wir begnügen uns mit dem Bew. für $n = 1$; für $n \geqq 2$ läßt sich ähnlich schließen. Es sei $J := (0; b) \subset \mathbb{R}^1$. Ferner sei $U$ eine abzählbare, in $\mathbb{R}^1$ dichte (also unendliche) Untergruppe der topologischen Gruppe $(\mathbb{R}^1, +)$, z.B. $U = (\mathbb{Q}, +)$. Für $x, y \in \mathbb{R}^1$ sei $x \sim y :\leftrightarrow x - y \in U$ die durch $U$ in $\mathbb{R}^1$ induzierte Äquivalenz (vgl. I., 1.5.4., Beispiel 3); und es seien demgemäß $T(y) := y + U$ für $y \in \mathbb{R}^1$ die Äquivalenzklassen in $\mathbb{R}^1$ bezüglich $\sim$. Man wähle nun in jedem $T \cap J$ (genau) ein $a$ (Auswahlaxiom); die Menge aller dieser $a$ sei $A$. Dann ist $A$ enthalten in $J$ und jedes $x \in \mathbb{R}^1$ in genau einem $u + A$, $u \in A$, enthalten; denn es gibt genau ein $T$ mit $x \in T$ und genau ein $a' \in T \cap A$, sodaß $x = u' + a'$, wobei auch $u' \in U$ eindeutig bestimmt ist. Dabei ist $\mathbb{R}^1 = \bigcup_{u \in U}(u + A)$ eine Zerlegung in die abzählbar vielen (disjunkten) Mengen $u + A$. Insbesondere gilt

(1) $$\bigcup_{u' \in U \cap J}(u' + A) \subset (0; 2\mathrm{b}),$$

(2) $$\bigcup_{u'' \in U \cap (-b, b)}(u'' + A) \subset (0; \mathrm{b}).$$

In der Tat: Es gilt (1) wegen $A \subset J$ zusammen mit $u' \in J$. – Und (2) ergibt sich so: Ist $x \in J$, so gibt es ein $y \in U$ und ein $a \in J$ mit $x = y + a$, also $y = x - a \in (-b; b)$. – Wäre nun $A\,\mathfrak{L}^1$-meßbar, so wäre $\lambda^1(u + A) = \lambda^1(A)$ für beliebiges $u \in U$ (wegen der Translationsgleichheit von $A$ und $u + A$) und daher zufolge der $\sigma$-Additivität von $\lambda^1$ und gemäß (1) sogar $\lambda^1(A) = 0$ im Widerspruch mit (2), wobei $A \subset J$.

Anmerkung. In der euklidischen $x, y$-Ebene $\mathbb{R}^2$ gibt es Teilmengen $M$ des (Einheits-) Quadrates, die nicht $\mathfrak{L}^2$-meßbar sind, während sämtliche $x$- und $y$-Schnitte von $M$ endlich, also insbesondere $\mathfrak{L}^1$-Nullmengen sind (vgl. auch 2.3.2., Ziff. 4.).

*Betr.* (II) Es gibt $\mathfrak{L}^n$-meßbare Mengen $M \subset \mathbb{R}^n$, die nicht $\mathfrak{B}^n$-meßbar sind. Es genügt, die *Existenz von Jordan-*, also Lebesgue-meßbaren Mengen $M$ zu beweisen, die *nicht Borel-meßbar* sind. Dazu genügt der Nachweis, daß die Mächtigkeit des Systems der Jordan-meßbaren Mengen (also eines Teilsystems von $\mathfrak{L}^n$) gleich ist der Mächtigkeit $2^{\aleph}$ der Potenzmenge $\mathfrak{p}(\mathbb{R}^n)$, während das System der Borelschen Mengen $\mathfrak{B}^n$ nur die Mächtigkeit $\aleph$ von $\mathfrak{p}(N)$, also Kontinuumsmächtigkeit besitzt, wobei $\aleph < 2^{\aleph}$ (vgl. Lit.).

## 2.6. Maßfunktionen. Induzierte Maße. Äußeres und inneres Maß

In 2.4. waren Maße $m: \mathfrak{A} \rightarrow \bar{\mathbb{R}}_0^+$ durch Erweiterung gegebener Prämaße gewonnen worden. Hier soll gezeigt werden, daß jede $\sigma$-überdeckungsbeschränkte Abbildung $u: \bar{\mathfrak{A}} \rightarrow \bar{\mathbb{R}}_0^+$ sich zu einem Maß $\mathfrak{A} \rightarrow \bar{\mathbb{R}}_0^+$ verengen läßt, womit ein (neues) Verfahren zur Gewinnung von Maßen gegeben ist.

### 2.6.1. Maßfunktionen.

**1. Definition.** Es sei $\bar{\mathfrak{A}}$ eine $\sigma$-Algebra mit der Einheit $E$. Jede $\sigma$-überdeckungsbeschränkte Abbildung $u: \bar{\mathfrak{A}} \rightarrow \bar{\mathbb{R}}_0^+$ mit $u(\emptyset)=0$ wird als eine **Maßfunktion** (auf $\bar{\mathfrak{A}}$) bezeichnet; es soll also gelten

(ü) $$\bigwedge_{X, X_1, X_2, \ldots \in \bar{\mathfrak{A}}} X \subset \bigcup_r X_r \rightarrow u(X) \leqq \sum_r u(X_r).$$

Wegen $u(\emptyset)=0$ und (ü) gilt: *Jede Maßfunktion* ist nicht-negativ (abgekürzt auch „*positiv*") sowie *isoton*, d.h. $u(Y) \leqq u(Z)$ für $Y \subset Z$.
Zu Beispielen von Maßfunktionen führt (vgl. auch Satz 1.) die

**2. Definition.** Es sei $\mathfrak{D} \subset \bar{\mathfrak{A}}$ mit $\emptyset \in \mathfrak{D}$. Zu jedem $q: \mathfrak{D} \rightarrow \bar{\mathbb{R}}_0^+$ mit $q(\emptyset)=0$ existiert die Deckfunktion $d=d(q): \bar{\mathfrak{A}} \rightarrow \bar{\mathbb{R}}_0^+$, erklärt durch

$$d(q)(X) := \inf\{\sum_r q(D_r) : \bigwedge_r D_r \in \mathfrak{D} \wedge X \subset \bigcup_r D_r\},\ X \in \bar{\mathfrak{A}}.$$

Beispiel. Es sei $\mathfrak{D} := \mathfrak{A}$ eine $\sigma$-Unteralgebra von $\bar{\mathfrak{A}}$ und $m: \mathfrak{A} \rightarrow \bar{\mathbb{R}}_0^+$ ein Maß; dann heißt die Deckfunktion $d(m)$ von $m$ das **äußere Maß** $\bar{m}: \bar{\mathfrak{A}} \rightarrow \bar{\mathbb{R}}_0^+$ **von** $m$.

**1. Satz.** *Jede Deckfunktion, insbesondere also jedes äußere Maß, ist Maßfunktion. – Umgekehrt ist jede Maßfunktion u auch Deckfunktion, nämlich $u=d(u)$.*

Beweis. Wegen $\emptyset \subset \emptyset \in \mathfrak{D}$ gilt definitionsgemäß $d(q)(\emptyset)=0$. Es sei jetzt $X \subset \bigcup_r X_r$ mit $X, X_r \in \bar{\mathfrak{A}}$. Ist $d(q)(X_r)=+\infty$ für (mindestens) ein $r$, so gilt (ü) für $u := d(q)$. Falls aber $\bigwedge_r d(q)(X_r) < +\infty$, existiert (gemäß Definition 2.) $D_{rt} \in \mathfrak{D}$ mit $\sum_t q(D_{rt}) < d(q)(X_r) + \varepsilon 2^{-r}$ sowie $X_r \subset \bigcup_t D_{rt}$. Daher $X \subset \bigcup_{r,t} D_{rt}$, also $d(q)(X) \leqq \sum_{r,t} q(D_{rt}) \leqq \sum_r d(q)(X_r) + \varepsilon$. Da $\varepsilon > 0$ beliebig war, folgt wieder (ü). – Ist $u \mid \mathfrak{A}$ Maßfunktion, so gilt $\mathfrak{D} = \bar{\mathfrak{A}}$ und $d(u)(X) \leqq u(X)$ (wegen $X \subset X$), ferner $u(X) \leqq d(u)(X)$, wegen $u(X) \leqq \sum_r u(X_r)$.

Für das äußere Maß gilt überdies

**2. Satz.** *Das äußere Maß $\bar{m} \mid \bar{\mathfrak{A}}$ eines Maßes $m \mid \mathfrak{A}$ (mit $\mathfrak{A} \subset \bar{\mathfrak{A}}$) besitzt folgende Eigenschaften:*

($m_1$) $$\bigwedge_{X \in \bar{\mathfrak{A}}} \bigvee_{B \in \mathfrak{A}} X \subset B \wedge \bar{m}(X) = m(B);$$

($m_2$) $$\bar{m} \mid \mathfrak{A} = m \mid \mathfrak{A};$$

$(m_3)$ *es ist $\bar{m}|\bar{\mathfrak{A}}$ $\sigma$-additiv bezüglich der Spur in $\mathfrak{A}$, d.h.*

$$(\bar{m}_\sigma) \quad \bigwedge_{X\in\bar{\mathfrak{A}}} \bigwedge_{A_1, A_2, \ldots \in \mathfrak{A}} \bigwedge_{r \neq t} A_r \cap A_t = \emptyset \rightarrow \bar{m}(X \cap (\bigcup_r A_r)) = \sum_r \bar{m}(X \cap A_r).$$

**Zusätze.** (1) Es ist $\bar{m}|\bar{\mathfrak{A}}$ $\sigma$-endlich genau, wenn $m|\mathfrak{A}$ $\sigma$-endlich ist. – (2) Es ist $\bar{\mathfrak{N}} := \{N : N \in \bar{\mathfrak{A}} \wedge \bar{m}(N) = 0\}$ ein $\sigma$-Ideal in $\bar{\mathfrak{A}}$. Ist $m|\mathfrak{A}$ vollständig (in $\bar{\mathfrak{A}}$), so gilt $\bar{\mathfrak{N}} = \mathfrak{N} = \sigma$-Ideal der $m$-Nullmengen. – (3) Betr. $(m_1)$. Im Falle $\bar{m}(X) < +\infty$ ist $B (\operatorname{mod} \mathfrak{N})$ eindeutig bestimmt.

Beweis. *Betr.* $(m_1)$. Ist $\bar{m}(X) = +\infty$, so erst recht $m(E) = +\infty$ (Isotonie von $\bar{m}$), also $B := E$. Ist aber $\bar{m}(X) < +\infty$, so folgt aus der Definition von $\bar{m}$, daß (weil $\mathfrak{A}$ $\sigma$-Algebra ist) $\bigwedge_n \bigvee_{A_n \in \mathfrak{A}} X \subset A_n \wedge m(A_n) < \bar{m}(X) + n^{-1}$. Für $B := \bigcap_n A_n \in \mathfrak{A}$ gilt $X \subset B$ und $\bigwedge_n m(B) \leqq m(A_n) \leqq \bar{m}(X) + n^{-1}$, also $m(B) \leqq \bar{m}(X) \leqq m(B)$.

*Betr.* $(m_2)$ Gemäß $(m_1)$ gilt $\bigwedge_{A\in\mathfrak{A}} \bigvee_{B\in\mathfrak{A}} A \subset B \wedge \bar{m}(A) = m(B)$, wegen $B \supset A$ also $\bar{m}(A) = m(B) \geqq m(A)$. Wegen $A \subset A$ ist andererseits $\bar{m}(A) \leqq m(A)$.

*Betr.* $(m_3)$ Da (ü) für $\bar{m}$ gilt (Satz 1.) ist $(\bar{m}_\sigma)$ mit „$\leqq$“ statt mit „$=$“ erfüllt. Gemäß $(m_1)$ existiert andererseits zu $Y := X \cap (\bigcup_t A_t)$ ein $B \in \mathfrak{A}$ mit $Y \subset B$ und $\bar{m}(Y) = m(B)$. Wegen $m(B) \geqq m(B \cap (\bigcup_r A_r)) = \sum_r m(B \cap A_r) = \sum_r \bar{m}(B \cap A_r) \geqq \sum_r \bar{m}(X \cap (\bigcup_t A_t) \cap A_r) = \sum_r \bar{m}(X \cap A_r) \geqq \bar{m}(Y) = m(B)$, also $M(Y) = \sum_r \bar{m}(X \cap A_r)$.

*Betr. Zusätze.* (1) Ist $\bar{m}|\bar{\mathfrak{A}}$ endlich, so auch $m|\mathfrak{A}$, wegen $(m_2)$. Ist $m|\mathfrak{A}$ endlich, so auch $\bar{m}|\bar{\mathfrak{A}}$ wegen $(m_1)$. Daraus folgt die Beh. auch betr. die $\sigma$-Endlichkeit. – (2) Wegen der Isotonie und Positivität von $\bar{m}$ ist $\bar{m}(X) = 0$ für jedes $X \in \bar{\mathfrak{N}} \cap \bar{\mathfrak{A}}$. Andererseits folgt aus (ü), daß $0 \leqq \bar{m}(\bar{N}) \leqq \sum_r \bar{m}(\bar{N}_r) = 0$ für $\bar{N} = \bigcup_r \bar{N}_r$ und $\bar{N}_r \in \bar{\mathfrak{N}}$, also die $\sigma$-Eigenschaft von $\bar{\mathfrak{N}}$. – Wegen $(m_1)$ gilt $\bigwedge_{\bar{N}\in\bar{\mathfrak{N}}} \bigvee_{B\in\mathfrak{A}} \bar{N} \subset B \wedge \bar{m}(\bar{N}) = 0 = m(B)$, also $B \in \mathfrak{N}$. Ist daher $m|\mathfrak{A}$ vollständig, also $\mathfrak{N}$ $\sigma$-Ideal in $\bar{\mathfrak{A}}$, so $\bar{\mathfrak{N}} \subset \mathfrak{N}$. Wegen $\mathfrak{N} \subset \bar{\mathfrak{N}}$, folgt $\mathfrak{N} = \bar{\mathfrak{N}}$. – (3) Es sei $X \in B \cap B'$ mit $B, B' \in \mathfrak{A}$ und $\bar{m}(X) = m(B) = m(B')$. Dann gilt $\bar{m}(X) = m(B \cap B') = m(B) = m(B')$, wegen $\bar{m}(X) = m(B) < +\infty$ daher $m(B \backslash B \cap B') = m(B' \backslash B' \cap B) = 0$, also $m(B + B') = 0 (= m(B \backslash B') + m(B' \backslash B))$. Aus 1.3.2., Satz 1., folgt $B = B' \; (\operatorname{mod} \mathfrak{N})$.

Auf die Frage, inwieweit aus der Kenntnis von $\bar{m}|\bar{\mathfrak{A}}$ auf $\mathfrak{A}$ und damit auf $m|\mathfrak{A}$ zurückgeschlossen werden kann, lautet eine erste Antwort so:

**3. Satz.** Voraussetzung. *Es sei $\bar{m}; \bar{\mathfrak{A}} \longrightarrow \mathbb{R}_0^+$ das äußere Maß von $m : \mathfrak{A} \longrightarrow \mathbb{R}_0^+$.*

Behauptung. (1) *Für die $\sigma$-Unteralgebra $\mathfrak{A}$ von $\bar{\mathfrak{A}}$ gilt: Es ist $A \in \mathfrak{A}$ nur dann, wenn für alle $X \in \bar{\mathfrak{A}}$ erfüllt ist*

$$(\bar{m}) \qquad \bar{m}(X) = \bar{m}(X \cap A) + \bar{m}(X \backslash X \cap A);$$

(2) *Ist $m|\mathfrak{A}$ vollständig in $\bar{\mathfrak{A}}$ und ist $m|\mathfrak{A}$ zugleich $\sigma$-endlich, so sind gleichwertig:* (a) $A \in \mathfrak{A}$ *und* (b) *es gilt $(\bar{m})$ für alle $X \in \bar{\mathfrak{A}}$ mit $\bar{m}(X) < +\infty$.*

Beweis. *Betr.* (1) Folgt aus Satz 2., $(\bar{m}_\sigma)$, für $A_1 := A$, $A_2 := CA$, also $E = A_1 \cup A_2$.

*Betr.* (2) Setze $\mathfrak{F} := \bar{\mathfrak{A}} \setminus \mathfrak{A}$. Wegen Beh. (1) genügt es, daß gilt

$$(+) \qquad \bigwedge_{Y \in \mathfrak{F}} \bigvee_{B \in \mathfrak{A}} m(B) < \bar{m}(B \cap Y) + \bar{m}(B \cap CY).$$

Dies kann so gezeigt werden: (I) Es gilt zunächst

$$(\bar{M}) \qquad \bigwedge_{Y \in \mathfrak{F}} \bigvee_{B \in \mathfrak{A}} B \cap Y \in \mathfrak{F} \wedge m(B) < +\infty .$$

In der Tat: Wegen der $\sigma$-Endlichkeit von $m$ ist $E = \bigcup_r B_r$, $B_r \in \mathfrak{A}$ und $m(B_r) < +\infty$. Daher $Y = \bigcup_r B_r \cap Y$ und, falls $Y \in \mathfrak{F}$, für mindestens ein $r$ auch $B_r \cap Y \in \mathfrak{F}$, etwa für $B := B_1$. (II) Für $Y$ und $B$ in (I) gilt nun (+). In der Tat: Gemäß Satz 2., $(m_1)$, existieren $A, D \in \mathfrak{A}$ mit $B \cap CY \subset A = B \cap A$ und $\bar{m}(B \cap CY) = m(B \cap A) = m(A)$ bzw. mit $B \cap Y \subset D = B \cap D$ und $\bar{m}(B \cap Y) = m(B \cap D) = m(D)$. Wegen (i) $B \cap CA \subset B \cap C(B \cap CY) = B \cap Y \subset D$ gilt (ii) $m(B \cap CA) \leqq \bar{m}(B \cap Y) = m(D)$. In (ii) kann nun nur $<$ stehen; denn wegen $M(B) < +\infty$ wäre andernfalls $B \cap CA = D \,(\mathrm{mod}\, \mathfrak{N})$, sodaß wegen der Vollständigkeit von $m|\mathfrak{A}$ aus (i) folgt $B \cap Y = D \,(\mathrm{mod}\, \mathfrak{N})$, mithin $B \cap Y \in \mathfrak{A}$ im Widerspruch mit $(\bar{M})$. – Wegen $A, B \in \mathfrak{A}$ gilt aber $m(B) = M(B \cap CA) + m(B \cap A)$. Gemäß (ii) mit $<$ und $m(B \cap CY) = m(B \cap A)$ folgt (+).

Anmerkung. Der Beweis von (2) zeigt, daß bei vollständigem $m|\mathfrak{A}$ gleichwertig sind: $(\bar{m})$ und $(\bar{M})$.

### 2.6.2. Von Maßfunktionen induzierte Maße.

Im Falle einer speziellen Maßfunktion, nämlich des äußeren Maßes, erwies sich die Relation $(\bar{m})$ (vgl. 2.6.1., Satz 3.) als notwendig für $A \in \mathfrak{A}$, d.h. für die $m$-Meßbarkeit von $A$. Diese Bemerkung führt zu dem folgenden, auf *C. Carathéodory* zurückgehenden, neuen Meßbarkeitsbegriff:

**Definition.** Ist $u|\bar{\mathfrak{A}}$ eine Maßfunktion, so wird $U \in \bar{\mathfrak{A}}$ als **u – C-meßbar** bezeichnet, wenn

$$(\mathrm{u, C}) \qquad \bigwedge_{X \in \bar{\mathfrak{A}}} u(X) = u(X \cap U) + u(X \cap C_E U).$$

Die Menge aller $u - C$-meßbaren $U \in \bar{\mathfrak{A}}$ werde mit $\mathfrak{U}$ bezeichnet.

1. Bemerkung. Diese Definition der $u - C$-Meßbarkeit (kann und) soll im Folgenden auch auf *Funktionen* $u : \bar{\mathfrak{A}} \longrightarrow \mathbb{R} \setminus \{-\infty\}$ verallgemeinert werden (wenn also (ü) nicht gilt und $\bar{\mathfrak{A}}$ lediglich Algebra ist).
Es gilt nun zunächst

**1. Satz.** Voraussetzung. *Es sei $\bar{\mathfrak{A}}$ eine Mengenalgebra mit $E$ als Einheit. Außerdem sei $u : \bar{\mathfrak{A}} \longrightarrow \mathbb{R} \setminus \{-\infty\}$ mit $u(\emptyset) = 0$.*

Behauptung. *Das System* $\mathfrak{U}$ *der* $u - C$*-meßbaren* $U$ *aus* $\mathfrak{A}$ *ist eine Unteralgebra von* $\mathfrak{A}$ *derart, daß die Einengung* $u|\mathfrak{U}$ *von* $u|\mathfrak{A}$ *auf* $\mathfrak{U}$ *additiv ist. – Ist überdies* $u|\mathfrak{A}$ *additiv, so gilt* $\mathfrak{U} = \mathfrak{A}$.

2. Bemerkung. Der Satz liefert ein Verfahren zur Konstruktion aller additiven Funktionen, welche den Wert $-\infty$ nicht annehmen.

Beweis. (1) Es ist $\mathfrak{U}$ ein $(1, c, s)$-System. Wegen $u(\emptyset) = 0$ ist $\emptyset \in \mathfrak{U}$, ferner ist mit $U \in \mathfrak{U}$ auch $C_E U \in \mathfrak{U}$ wegen der Symmetrie von (u, C) in $U$ und $CU := C_E U$, insbesondere ist also $E \in \mathfrak{U}$. Schließlich ist mit $U, V \in \mathfrak{U}$ auch $U \cup V \in \mathfrak{U}$. In der Tat: Es sei $S := U \cup V$. Um von $U$ und $V$ zu $S$ zu kommen, setzen wir: $D := XU$, $F := XVCU$, $G := XCS = XCUCV$, wobei $X \in \mathfrak{A}$ beliebig und abgekürzt: $YZ := Y \cap Z$ geschrieben ist. Wegen $D \cup F = XS$ ist (i) $u(X) = u(D \cup F) + u(G)$ zu beweisen. Es gilt aber für alle $X \in \mathfrak{A}$): (I 1) $u(X) = u(D) + u(F \cup G)$ wegen $U \in \mathfrak{U}$, $D = XU$ und $F \cup G = XCU$; (I 2) $u(F \cup G) = u(F) + u(G)$ wegen $V \in \mathfrak{U}$, $F = YV$, $G = YCV$, wenn $Y := XCU \in \mathfrak{A}$; (I 3) $u(D \cup F) = u(D) + u(F)$ wegen $D \cup F = XS := Z \in \mathfrak{A}$, $D = ZU$, $F = ZCU$.
Da bei Addition von Werten von $u$ das assoziative Gesetz gilt (wegen $u > -\infty$), folgt (i) aus (I 1) nach Ersetzung des 2. Gliedes rechterhand durch (I 2) und Berücksichtigung von (I 3). Somit $U \cup V \in \mathfrak{U}$.
(2) Aus $(u, C)$ folgt für $Y := XS \in \mathfrak{A}$ und $UV = \emptyset$, daß

$$(++) \qquad u(X \cap S) = u(X \cap U) + u(X \cap V),$$

für $X = E$ also die Additivität von $u|\mathfrak{U}$.

**Zusatz.** Es ist $u|\mathfrak{A}$ additiv bezüglich der Spur in $\mathfrak{U}$ (gemäß $(++)$). Im Falle $u$ Maßfunktion ist, gilt der etwas schärfere

**2. Satz.** *Ist* $u|\mathfrak{A}$ *eine* Maßfunktion, *so ist die Unteralgebra* $\mathfrak{U}$ *von* $\mathfrak{A}$ *(im Sinne von Satz 1.) sogar* $\sigma$*-Algebra und* $u|\mathfrak{A}$ $\sigma$*-additiv bezüglich der Spur in* $\mathfrak{U}$*; also insbesondere ist* $u|\mathfrak{U}$ *ein Maß, das vollständig ist in* $\mathfrak{A}$ *und als* **das von** $u|\mathfrak{A}$ **induzierte Maß** *bezeichnet wird.*

Beweis. (1) Gemäß Satz 1. und Zusatz existiert die Unteralgebra $\mathfrak{U} \subset \mathfrak{A}$ und ist $u|\mathfrak{A}$ additiv bezüglich der Spur in $\mathfrak{U}$. Ist daher $S_k := \bigcup_{r=1}^{k} U_r$ mit disjunkten $U_r \in \mathfrak{U}$, so gilt $u(X \cap S_k) = \sum_{r=1}^{k} u(X \cap U_r)$, $k \geqq 1$. Da hier $u$ Maßfunktion, also auch isoton ist, gilt: Für $S := \bigcup_{r \geqq 1} U_r = \bigcup_{k=1}^{\infty} S_k$ ist $u(X \cap S_k) \leqq u(X \cap S) \leqq \sum_{r \geqq 1} u(X \cap U_r) =: s$, woraus für $k \rightsquigarrow +\infty$ folgt $s \leqq u(X \cap S) \leqq s$. Es ist also $u|\mathfrak{A}$ $\sigma$-additiv bezüglich der Spur in $\mathfrak{U}$. – (2) Zu zeigen ist noch, daß $\mathfrak{U} = \mathfrak{U}_\sigma$, woraus dann wegen Ziff. (1) auch die $\sigma$-Additivität von $u|\mathfrak{U}$ folgt und damit $u|\mathfrak{U}$ sich als Maß erweist. Zu zeigen ist also $u(X) = u(X \cap S) + u(X \cap CS)$. Da hier $u$ Maßfunktion ist, gilt (ü), sodaß nur noch $(+)$ $u(X) \geqq u(X \cap S) + u(X \cap CS)$ zu beweisen ist. Aber $u(X) = u(X \cap S_k) + u(X \cap CS_k) \geqq u(X \cap S_k) + u(X \cap CS)$ (wegen $S_k \in \mathfrak{U}$), woraus $(+)$ folgt, da $u(X \cap S) = \lim_k u(X \cap S_k)$ (gemäß Ziff. (1). – Betr.

Vollständigkeit von $u|\mathfrak{U}$. Es sei $\mathfrak{N}$ das $\sigma$-Ideal der Nullmengen von $u|\mathfrak{U}$ und $N \in \mathfrak{N} \subset \mathfrak{U}$. Wegen der Isotonie von $u|\tilde{\mathfrak{A}}$ gilt $u(X \cap Y) = u(Y) = 0$ für jedes $Y \in N \cap \tilde{\mathfrak{A}}$ und jedes $X \in \tilde{\mathfrak{A}}$. Daher $u(X \cap CY) \leqq u(X) \leqq u(X \cap Y) + u(X \cap CY) = u(X \cap CY)$; hier steht also beidemale das Gleichheitszeichen, woraus $Y \in N \cap \mathfrak{U} \subset \mathfrak{N}$ folgt. Mithin ist $\mathfrak{N}$ $\sigma$-Ideal in $\tilde{\mathfrak{A}}$.

**2.6.3.** Reguläre Maßfunktionen und Maße.

Ein Vergleich der Herleitung des äußeren Maßes aus einem Maß (vgl. 2.6.1.) und der Herleitung des induzierten Maßes aus einer Maßfunktion (vgl. 2.6.2.) führt zu folgender Betrachtung: Unter Zugrundelegung einer (festgehaltenen) $\sigma$-Algebra $\tilde{\mathfrak{A}}$ mit der Einheit $E$ bezeichnen wir mit $\tilde{\mathfrak{M}}$ das System aller Maßfunktionen $u|\tilde{\mathfrak{A}}$ und mit $\mathfrak{M}$ das System aller Maße $m|\mathfrak{A}$ auf allen möglichen $\sigma$-Unteralgebren $\mathfrak{A}$ von $\tilde{\mathfrak{A}}$. Die Bildung des äußeren Maßes entspricht dann einer Abbildung $A : \mathfrak{M} \longrightarrow \tilde{\mathfrak{M}}$ und die der induzierten Maße einem $I : \tilde{\mathfrak{M}} \longrightarrow \mathfrak{M}$. Damit erhebt sich die Frage, inwieweit $A$ und $I$ Umkehrungen von einander sind. Zum Zweck einer Beantwortung erklären wir:

**1. Definition.** Eine Maßfunktion $u = u|\tilde{\mathfrak{A}}$ heißt **regulär**, wenn $A \circ I(u) = u$. Die Menge aller regulären $u|\tilde{\mathfrak{A}}$ sei $\tilde{\mathfrak{M}}_r (\subset \tilde{\mathfrak{M}})$.

**2. Definition.** Ein Maß $m|\mathfrak{A}$ heißt **regulär** (in $\tilde{\mathfrak{A}} \subset \mathfrak{A}$), wenn $I \circ A(m|\mathfrak{A}) = m|\mathfrak{A}$. Die Menge aller (in $\tilde{\mathfrak{A}}$) regulären Masse sei $\mathfrak{M}_r \subset \mathfrak{M}$.

Beispiel einer regulären Maßfunktion $u|\tilde{\mathfrak{A}}$, die zugleich ein (in $\tilde{\mathfrak{A}}$) reguläres Maß ist. Es sei $J := (0; 1) \subset \mathbb{R}^+$ und $\tilde{\mathfrak{A}} := \mathfrak{p}(J)$. Weiter sei $u(X) := 0$, wenn $\bigcup_{\xi \in J} (\xi; 1) \cap X$ abzählbar, sonst $u(X) := +\infty$. In der Tat ist $u|\tilde{\mathfrak{A}}$ ein, sogar vollständiges (aber nicht $\sigma$-endliches) Maß. Daher gilt sowohl $A(u) = u$ als $I(u) = u$.

Eine Antwort auf die eingangs gestellte Frage ist enthalten in dem

**Satz.** (a) *Für jedes Maß $m|\mathfrak{A} \in \mathfrak{M}$ ist $I \circ A\ (m|\mathfrak{A}) \in \mathfrak{M}$ eine in $\tilde{\mathfrak{A}}$ vollständige Erweiterung von $m|\mathfrak{A}$.* – (b) *Es entsprechen einander bijektiv $I : A(\mathfrak{M}) \longrightarrow \mathfrak{M}$ und die Umkehrung $A : I \circ A(\mathfrak{M}) \longrightarrow A(\mathfrak{M})$; in Zeichen: $A \circ I \circ A = A$.* – (c) *Jedes äußere Maß ist regulär und umgekehrt; in Zeichen: $A(\mathfrak{M}) = \tilde{\mathfrak{M}}_r$.* – ($d_1$) *Ein Maß $m|\mathfrak{A} \in \mathfrak{M}$ ist regulär in $\tilde{\mathfrak{A}}$ genau, wenn für $m|\mathfrak{A}$ die $\bar{m} - C$-Meßbarkeit und die m-Meßbarkeit gleichbedeutend sind: in Zeichen: $I \circ A(\mathfrak{M}) = \mathfrak{M}_r$.* – ($d_2$) *Jedes in $\tilde{\mathfrak{A}}$ vollständige und $\sigma$-endliche Maß $m|\mathfrak{A}$ ist in $\tilde{\mathfrak{A}}$ regulär (aber nicht umgekehrt).*

Beweis. *Betr.* (a) Es sei $\bar{m}^1 := \bar{m}(m|\mathfrak{A}) = A(m|\mathfrak{A})$. Gemäß 2.6.1., Satz 3., $(\bar{m})$, gilt $\bigwedge_{X \in \tilde{\mathfrak{A}}} \bigwedge_{A \in \mathfrak{A}} \bar{m}^1(X) = \bar{m}^1(X \cap A) + \bar{m}^1(X \cap CA)$. Für das System $\mathfrak{A}^1$ der $\bar{m}^1 - C$-meßbaren Mengen gilt also $\mathfrak{A} \subset \mathfrak{A}^1$. Ferner $\bigwedge_{A \in \mathfrak{A}} m(A) = \bar{m}^1(A)$ (2.6.1., Satz 2., $(m_2)$); mithin ist $m^2 := \bar{m}^1 | \mathfrak{A}^1 = I(\bar{m}^1 | \tilde{\mathfrak{A}})$ Erweiterung von $m|\mathfrak{A}$. Die Vollständigkeit von $m^2|\mathfrak{A}^1$ folgt aus 2.6.2., Satz 2. – *Betr.* (b) Für $\bar{m}^3 := A(m^2|\mathfrak{A}^1)$ gilt $\bar{m}^3(Y) = \inf\{\bar{m}^1(X') : X' \in \mathfrak{A}^1 \wedge Y \subset X'\} \leqq \inf\{m(X'') : X'' \in \mathfrak{A} \wedge Y \subset X''\} = \bar{m}^1(Y)$. Wegen $Y \subset X'$, also $\bar{m}^1(Y) \leqq \bar{m}^1(X')$, gilt andererseits $\bar{m}^1(Y) \leqq \bar{m}^3(Y)$. Es ist also $\bar{m}^3(Y) = \bar{m}^1(Y)$ für alle $Y \in \bar{\mathfrak{A}}$; dies besagt aber, daß $A(m|\mathfrak{A}) = A \circ I \circ A(m|\mathfrak{A})$ für alle $m|\mathfrak{A}$ – *Betr.* (c) Ist $u \in \mathfrak{M}_r$, so gilt $u = A \circ I(u) \in A(\mathfrak{M})$, also $\mathfrak{M}_r \subset A(\mathfrak{M})$. Umgekehrt: Aus $u \in A(\mathfrak{M})$ folgt die Existenz eines $m|\mathfrak{A}$ mit $u = A(m|\mathfrak{A})$. Gemäß (b) ist aber $A \circ I(u) = u$, also $u \in \mathfrak{M}_r$ für alle $u \in A(\mathfrak{M}) \subset \mathfrak{M}_r$. *Betr.* ($d_1$) Der Definitionsbereich $\mathfrak{A}^1$ von $I \circ A(m|\mathfrak{A})$ (vgl. (a)) war erklärt als das System der $\bar{m}^1 - C$-meßbaren Teilmengen von $\mathfrak{A}$, wobei $\mathfrak{A} \subset \mathfrak{A}^1$ und $m^1 = \bar{m}$. Andererseits ist $m|\mathfrak{A} \in \mathfrak{M}_r$ genau, wenn $I \circ A(m|\mathfrak{A}) = m|\mathfrak{A}$, wenn also $\mathfrak{A} = \mathfrak{A}^1$. Da $\mathfrak{A}$ das System der $m$-meßbaren Mengen ist, folgt ($d_1$). – *Betr.* ($d_2$) Bei, wie wir annehmen, $\bar{m} - C$-meßbaren $Y \in \bar{\mathfrak{A}}$ gilt $\bigwedge_{X \in \bar{\mathfrak{A}}} \bar{m}(X) = \bar{m}(X \cap Y) + \bar{m}(X \cap CY)$. Gemäß 2.6.1., Satz 2., ($m_1$), existiert $Y' \in \mathfrak{A}$ mit $Y \subset Y'$ und $\bar{m}(Y) = m(Y')$. Für $Y' = X$ ergibt sich $\bar{m}(Y') = \bar{m}(Y' \cap Y) + \bar{m}(Y' \cap CY) = \bar{m}(Y) + \bar{m}(Y' \cap CY) = \bar{m}(Y)$. Wir setzen jetzt $Z := Y' \cap CY$ und haben zu unterscheiden: Erstens: $\bar{m}(Y) < +\infty$ und Zweitens: $\bar{m}(Y) = +\infty$. Betr. Erstens. Hier folgt aus der letzten Gleichung, daß $\bar{m}(Z) = 0$ und daraus zunächst, daß $Z \in \mathfrak{A}$; denn (vgl. 2.6.1., Satz 2.) es existiert $B \in \mathfrak{A}$ mit $Z \subset B$ und $\bar{m}(Z) = m(B) = 0$, woraus, wegen der Vollständigkeit von $m|\mathfrak{A}$, jetzt $Z \in \mathfrak{A}$ folgt. Wegen $CY = (Y' \cap CY) \cup (CY' \cap CY)$ und $CY' \subset CY$) gilt aber $CY = Z \cup CY' \in \mathfrak{A}$, also $Y \in \mathfrak{A}$. Jedes $m - C$-meßbare $Y$ gehört also zu $\mathfrak{A}$, d.h. $Y$ ist $m$-meßbar. Da umgekehrt jedes $m$-meßbare $Y$ auch $\bar{m} - C$-meßbar ist (vgl. 2.6.1., Satz 3.) folgt $m|\mathfrak{A} \in \mathfrak{M}_r$, wie in ($d_2$) behauptet. – Betr. Zweitens. Wird auf Erstens zurückgeführt mit Hilfe der vorausgesetzten $\sigma$-Endlichkeit von $m|\mathfrak{A}$. Dieser zufolge ist nämlich $E = \bigcup_r E_r$ mit disjunkten $E_r \in \mathfrak{A}$ und $m(E_r) < +\infty$; es ist also $Y = \bigcup_r Y_r$ mit disjunkten $Y_r = E_r \cap Y$ und $\bar{m}(Y_r) < +\infty$. Gemäß Erstens ist $Y_r \in \mathfrak{A}$, also $Y \in \mathfrak{A}$ und daher wieder $m|\mathfrak{A} \in \mathfrak{M}_r$. – Daß in ($d_2$) die Umkehrung nicht gilt, zeigt das Beispiel (nach Definition 2.).

Beispiel einer nicht regulären Maßfunktion.

Es sei $|Q|$ = Mächtigkeit der Menge $Q$, ferner $\bar{\mathfrak{A}} := \mathfrak{p}(M)$ mit $|M| > k$, $1 \leqq k \in \mathbb{N}$. Es ist $u : \bar{\mathfrak{A}} \to \mathbb{N}_0$ mit $u(Z) := \min\{k, |Z|\}$, $Z \in \bar{\mathfrak{A}}$, eine nicht reguläre Maßfunktion.

Beweis. (I) Es ist $\bar{\mathfrak{A}}$ eine $\sigma$-Algebra, ferner $u \geqq 0$ und $u(X) \leqq \bigcup_n u(X_n)$ für $X, X_n \in \bar{\mathfrak{A}}$; in der Tat: Wenn $u(X_n) = k$ für mindestens ein $n$, dann $u(X) \leqq k \leqq \sum_n u(X_n)$; andernfalls $\bigwedge_n u(X_n) = |X_n|$ und $u(X) \leqq |X| \leqq \sum_n |X_n| = \sum_n u(X_n)$. Es ist also $u$ Maßfunktion. – (II) Es ist $u$ nicht regulär. Das zu $u|\bar{\mathfrak{A}}$ gehörige Maß $u|\mathfrak{U}$ hat $\mathfrak{U} := \{\emptyset, M\}$ als Definitionsbereich. Es sei nämlich $s(X, Y) := u(X \cap Y) + u(X \cap CY)$. Jedenfalls ist $u(X) = s(X, Y)$ für $Y \in \mathfrak{U}$ und alle $X \in \bar{\mathfrak{A}}$. Aber $u(X) \neq s(X, Y)$ für $\emptyset \neq Y \neq M$ und $Y = M$. Denn beide Summanden in $s(M, Y)$ sind $\geqq 1$; ist also einer gleich $k$, so $s(M, Y) \geqq k + 1 > u(M)$, und andernfalls ist $s(M, Y) = |Y| + |CY| = |M| > k \geqq u(M)$. – (III) Es ist $\bar{u}(X) = u(M)$ für das äußere Maß $\bar{u}|\bar{\mathfrak{A}}$ von $u|\mathfrak{U}$ und $X \neq \emptyset$, also $u|\bar{\mathfrak{A}} \neq \bar{u}|\bar{\mathfrak{A}}$, also $u|\bar{\mathfrak{A}}$ nicht regulär.

### 2.6.4. Äusseres und inneres Mass. Messbare Hülle und messbarer Kern.

**Definition.** Neben dem zum Maße $m|\mathfrak{A}$ gehörigen äußeren Maß $\bar{m}(X) := \inf\{m(A) : A \in \mathfrak{A}$

$\cap X \subset A\}$ für $X \in \mathfrak{A}'$, wobei $\mathfrak{A}'$ eine $\sigma$-Oberalgebra von $\mathfrak{A}$ ist, erklärt man das zu $m|\mathfrak{A}$ gehörige **innere Maß** $\underline{m}(X)$ **von** $X \in \mathfrak{A}'$ als $\underline{m}(X) := \sup\{m(A) : A \in \mathfrak{A} \cap A \subset X\}$. Weiter bezeichnet man als **eine** $m$-**meßbare Hülle** $\tilde{M}$ bzw. als **einen** $m$-**meßbaren Kern** $\underset{\sim}{M}$ von $M \in \mathfrak{A}'$ jedes $A \in \mathfrak{A}$ mit $M = M \cap A$ bzw. mit $A = M \cap A$ derart, daß für jedes $B \in \mathfrak{A}$ gilt $\bar{m}(M \cup B) = m(A \cap B)$ bzw. $\underline{m}(M \cap B) = m(A \cap B)$. – $\bar{m}$ und $\underline{m}$ sind *isoton.*

Es gilt dann der

**Satz.** (1) *Es sei* $\mathfrak{N}$ *das* $\sigma$*-Ideal der* $m$*-Nullmengen. Falls ein* $\tilde{M}$ *bzw.* $\underset{\sim}{M}$ *existiert, ist es eindeutig* (mod $\mathfrak{N}$) *bestimmt.*

(2) *Es ist* $A' \in \mathfrak{A}$ *mit* $M \subset A'$ *ein* $\tilde{M}$ *genau dann, wenn* $m(A' \cap C_E M) = 0$*; dabei ist* $E$ *die Einheit von* $\mathfrak{A}$ *und* $\mathfrak{A}'$*. Entsprechend ist* $A'' \in \mathfrak{A}$ *mit* $A'' \subset M$ *ein* $\underset{\sim}{M}$ *genau dann, wenn* $\underline{m}(M \cap C_E A'') = 0$.

(3) *Für jedes* $A \in \mathfrak{A}$ *ist* $A \cap \tilde{M} = (\widetilde{A \cap M})$ *und* $A \cap \underset{\sim}{M} = (\underset{\sim}{A \cap M})$*, ferner* $A \cap C_E \tilde{M} = (\widetilde{A \cap C_E M})$ *und* $A \cap C_E \underset{\sim}{M} = (\underset{\sim}{A \cap C_E M})$.

(4) *Es gilt* $\bigcup_r \tilde{M}_r = (\widetilde{\bigcup_r M_r})$ *und – falls die* $\tilde{M}_r$ *disjunkt sind – auch* $\bigcup_r \underset{\sim}{M}_r = (\underset{\sim}{\bigcup_r M_r})$.

(5) *Falls* $\bar{m}(M) < +\infty$ *bzw.* $\underline{m}(M) < +\infty$ *ist, sind für* $A \in \mathfrak{A}$ *mit* $M \subset A$ *bzw. für* $B \in \mathfrak{A}$ *mit* $B \subset M$ *gleichzeitig:* $A = \tilde{M}$ *und* $\bar{m}(M) = m(A)$ *bzw.* $B = \underset{\sim}{M}$ *und* $\underline{m}(M) = m(B)$.

(6) *Es existieren* $\tilde{M}$ *und* $\underset{\sim}{M}$ *jedenfalls dann, wenn* $m|\mathfrak{A}$ $\sigma$*-endlich ist.*

Beweis. Es werde gesetzt $XY := X \cap Y$ und $C := C_E$.

*Betr.* (1) Es seien $A'$ und $A''$ beide $\tilde{M}$, also $\bar{m}(MB) = m(A'B) = m(A''B)$ für beliebige $B \in \mathfrak{A}$, also speziell für $B := B' := A'CA''$ und $B := B'' := A''CA'$. Daraus $m(A'CA') = 0 = m(A'CA'') = m(A''CA')$, also $A'CA'' + A''CA' = A' + A'' \in \mathfrak{N}$ (vgl. 1.2.). Entsprechend für $\underset{\sim}{M}$.

*Betr.* (2) *Nur dann.* Indirekt. Betr. $\tilde{M}$. Aus $A \in \mathfrak{A}$ und $M \subset A$ sowie $\underline{m}(ACM) > 0$ folgt die Existenz eines $B = BAC(M) = BA \in \mathfrak{A}$ mit $m(B) > 0$, woraus $MB = \emptyset$, also $0 = \bar{m}(MB) < m(B) = m(AB)$ folgt und damit $A \neq \tilde{M}$. – Betr. $\underset{\sim}{M}$. Aus $\underline{m}(MCA) > 0$ für $A = AM \in \mathfrak{A}$ folgt die Existenz eines $B = BMCA \in \mathfrak{A}$ mit $\underline{m}(MB) > m(AB) = 0$. – *Dann.* Betr. $\tilde{M}$. Ist $A \in \mathfrak{A}$ mit $M = MA$ und $A \neq \tilde{M}$ für jedes $\tilde{M}$, so ist $\bar{m}(MB) < m(AB)$ für mindestens ein $B \in \mathfrak{A}$. Daher gibt es $B' \in \mathfrak{A}$ mit $MB \subset B' \subset AB$ und $\bar{m}(MB) \leqq \underline{m}(B') < m(AB) \leqq +\infty$, woraus $m(ABCB') > 0$. Es ist aber $BCB' \subset BC(MB) = BCM$, also $0 < m(ABCB') \leqq m(ABCM) \leqq \underline{m}(ACM)$. – Betr. $\underset{\sim}{M}$. Ist $A \in \mathfrak{A}$ mit $A = AM$ und $A \neq \underset{\sim}{M}$ für jedes $\underset{\sim}{M}$, so ist $m(AB) < \underline{m}(MB)$ für mindestens ein $B \in \mathfrak{A}$, also $m(AB) < +\infty$. Daher existiert $B' \in \mathfrak{A}$ mit $AB \subset B' \subset MB$ und $\underline{m}(B'C(AB)) > 0$. Wegen $B'C(AB) \subset MBC(AB) = MBCA \subset MCA$ folgt $0 < \underline{m}(MCA)$.

*Betr.* (3) Gemäß (2) hat man $\underline{m}(\tilde{M}CM) = 0 \geqq \underline{m}(A\tilde{M}C(AM)) = 0$, woraus (gemäß (2)) $A\tilde{M} = AM$. – Entsprechend gilt $0 = \underline{m}(MC\underset{\sim}{M}) \geqq m(AMC(A\underset{\sim}{M})) = 0$. – Ferner hat man

$\underline{m}((ACM))(C(AC\tilde{M})) = \underline{m}(A\tilde{M}CM) \leqq \underline{m}(\tilde{M}CM) = 0$, also $AC\tilde{M} = \widetilde{(ACM)}$. Und entsprechend $\underline{m}(AMC(A\underset{\sim}{M})) = \underline{m}(AMC\underset{\sim}{M}) \leqq \underline{m}(MC\underset{\sim}{M}) = 0$.

*Betr.* (4). – Betr. $m$-Hülle. Es seien $S := \bigcup_r M_r$ und $S' := \bigcup_r \tilde{M}_r$ sowie $A \in \mathfrak{A}$ mit $A \subset S'CS$, sonst sei $A$ beliebig. Für $A_r := A\tilde{M}_r \in \mathfrak{A}$ gilt daher $A = \bigcup_r A_r$ und $A_r M_r = \emptyset$, also $A_r \subset \tilde{M}_r CM_r$. Wegen $\underline{m}(\tilde{M}_r CM_r) = 0$ ist $m(A_r) = 0 = m(A)$. Und da $A \in \mathfrak{A}$ mit $A \subset S'CS$ im übrigen beliebig war, ergibt sich $\underline{m}(S'CS) = 0$, also $S' = \tilde{S}$. – Betr. $m$-Kern. Analog wie für die $m$-Hülle sei $S := \bigcup_r M_r$ und $S' := \bigcup_r \underset{\sim}{M}_r$ sowie $A \in \mathfrak{A}$ mit $A \subset SCS'$ sonst beliebig, sowie $A_r := A\tilde{M}_r \in \mathfrak{A}$. Dann ist $A = \bigcup_r A_r$ mit disjunkten $A_r \subset M_r CM_r$, also $m(A_r) = 0 = m(A)$, woraus wieder $\underline{m}(SCS') = 0$.

*Betr.* (5) Aus $\bar{m}(MB) = m(\tilde{M}B)$ für alle $B \in \mathfrak{A}$ folgt, wenn $B := \tilde{M} \supset M$, daß $\bar{m}(M) = m(\tilde{M})$ und entsprechend für $\underset{\sim}{M}$. – Aus $\bar{m}(M) = m(A) < +\infty$ mit $A \in \mathfrak{A}$ und mit $A \neq \tilde{M}$ folgt: $\bar{m}(ACM) > 0$, sodaß $B \in \mathfrak{A}$ existiert mit $B \subset ACM \subset A$ und mit $m(B) > 0$; mithin $\underline{m}(M + B) = \bar{m}(M) + m(B)$, weil nämlich $MB = \emptyset$, und $\bar{m}(M) < \bar{m}(M + B) \leqq \underline{m}(A)$, wegen $M + B \subset A$. Widerspruch. – Analog für $\bar{m}(M) = m(A)$, $A \in \mathfrak{A}$ und $M \supset A$. Hier folgt aus $m(MCA) > 0$ die Existenz eines $B \in \mathfrak{A}$ mit $B \subset MCA$ und $m(B) > 0$. Daher $BA = \emptyset$ und, wenn $D := B + A \in \mathfrak{A}$ gesetzt, $D \subset M$ mit $m(A) < m(A + D) = m(A) + m(D) \leqq \underline{m}(M) < +\infty$. – Man beachte: Sowohl bei $\bar{m}(M) < \bar{m}(M) + m(B)$ als bei $m(A) < m(A) + m(D)$ ist $\bar{m}(M) < +\infty$ bzw. $\underline{m}(M) < +\infty$ benützt.

*Betr.* (6) Zunächst sei $\bar{m}(M) < +\infty$. Gemäß 3.6.1., 2. Satz, Beh. $(m_1)$, existiert $M \subset A \in \mathfrak{A}$ mit $\bar{m}(M) = m(A)$; entsprechend wie dort schließt man auf die Existenz von $A \in \mathfrak{A}$ mit $\underline{m}(M) = m(A)$ und $A \subset M$. Gemäß (5) ist daher $\tilde{M} = A$ bzw. $\underset{\sim}{M} = A$. – Ist nun $m|\mathfrak{A}$ $\sigma$-endlich, also $E = \bigcup_r B_r$ mit $B_r \in \mathfrak{A}$ und disjunkten $B_r$ sowie $m(B_r) < +\infty$, so gilt $M = \bigcup_r M_r$ mit disjunkten $M_r := B_r M$, also $\bar{m}(M_r) < +\infty$ bzw. $\underline{m}(M_r) < +\infty$. Gemäß (4) folgt die Beh.

A n m e r k u n g. Einem zügigen Aufbau der Maßtheorie mitelst des inneren Maßes stehen einige Hindernisse im Wege; diese rühren vornehmlich daher, daß z.B. im Falle des klassischen Lebesgueschen Maßes *die Mengen vom inneren Maß Null kein $\sigma$-Ideal bilden.*

B e i s p i e l. Es sei $m$ das Lebesguesche Maß auf $\mathbb{R}^1$ und $\mathbb{R}^1 = \bigcup_{u \in U}(u + A)$ die in 2.5.4. konstruierte Zerlegung in abzählbar viele Mengen $u + A$, die aus $A$ durch die Translationen $u$, $u \in U$ hervorgehen. Wir betrachten die Zerlegung $[0; 1] = \bigcup_{u \in U} B_u$, mit $B_u := [0; 1] \cap (u + A)$ und zeigen: Es ist $\underline{m}(B_u) = 0$ für jedes $u \in U$, aber $\underline{m}([0; 1]) > 0$. – In der Tat: Würde für ein $u' \in U$ die Menge $B_{u'}$ eine $m$-meßbare Menge $X'$ mit $\varrho := m(X') > 0$ enthalten, so würde jedes $B_{u'+v}$ mit $v \in V := \{q : q \in U \wedge |q| < 2^{-1}\varrho\}$ eine $m$-meßbare Menge von einem Maß $> 2^{-1}\varrho$ enthalten, sodaß für die in $[0; 1]$ enthaltene Menge $Y := \bigcup \{B_{u'+v} : v \in V\}$ gelten würde $m(Y) = +\infty$, im Widerspruch mit $m([0; 1]) = \underline{m}([0; 1]) = 1$.

**2.6.5.** Verschiedene Verfahren zur Erweiterung eines Prämaßes zu einem vollständigen Maß.

Neben dem auf W. H. Young zurückgehenden Einschließungsverfahren, das (vgl. 2.4.0. ff.) auf die – jetzt mit $i_Y|\mathfrak{M}_Y$ zu bezeichnende – Erweiterung $i_\lambda|\mathfrak{L}(i|\mathfrak{A})$ eines Prämaßes $i|\mathfrak{A}$ zu einem Maß führte, sind zu nennen die von H. Lebesgue bzw. von C. Carathéodory angegeben, welche Erweiterungen $i_L|\mathfrak{M}_L$ bzw. $i_C|\mathfrak{M}_C$ liefern. Es soll gezeigt werden, daß $i_Y|\mathfrak{M}_Y = i_L|\mathfrak{M}_L = i_C|\mathfrak{M}_C$ gilt.
Zum Beweis nehmen wir $\mathfrak{A}$ als Unteralgebra einer $\sigma$-Algebra $\mathfrak{G}$ an mit der Einheit $E$ von $\mathfrak{G}$ und von $\mathfrak{A}$. Sodann erklären wir mit Hilfe der Erweiterung $i_\sigma|\mathfrak{A}_\sigma$ von $i|\mathfrak{A}$ (vgl. 2.4.1.1.) zunächst $f: \mathfrak{G} \longrightarrow \mathbb{R}^+ \cup \{0\}$ mit $X \longmapsto f(X) := \inf\{i_\sigma(A): A \in \mathfrak{A}_\sigma \wedge X \subset A\}$. Es ist $f$ eine Maßfunktion im Sinne von 2.6.1. (Folgt aus der $\sigma$-ü-Beschränktheit von $i_\sigma$ (vgl. 2.4.1.1.))

**2.6.5.1.** In Verallgemeinerung der von Lebesgue für den Spezialfall $\mathfrak{G} \subset \mathfrak{p}(\mathbb{R}^n)$ gegebenen Definition wird erklärt: $\mathfrak{M}_L := \{M : M \in \mathfrak{G} \wedge f(E) = i(E) = f(M) + f(CM)\}$. Die Gleichwertigkeit mit der Einschließungsbedingung (in 2.4.2.) ergibt sich so: Nach Definition von $i_Y|\mathfrak{M}_Y$ gibt es zu jedem $X \in \mathfrak{G}$ ein $A = A(X) \in \mathfrak{A}_{\sigma\delta} \subset \mathfrak{M}_Y$ mit $X \in \mathfrak{A}$ und $f(X) = i_Y(A)$, ebenso zu $CX$ ein $J \in \mathfrak{A}_{\sigma\delta} \subset \mathfrak{M}_Y$, sodaß $CJ \in \mathfrak{A}_{\delta\sigma} \subset M_Y$, mit $CX \subset J$ und $f(CX) = i_Y(J)$. Wegen $CX \subset J$ ist $CJ \subset X \subset A \subset E$ und daher $i(E) - f(CX) = i_Y(CJ) \leqq f(X) = i_Y(A)$. Somit $X \in \mathfrak{M}_Y$ genau dann, wenn $i(E) - f(CX) = f(X)$, d.h. genau wenn $X \in \mathfrak{M}_L$, sodaß $\mathfrak{M}_Y = \mathfrak{M}_L$.

**2.6.5.2.** Demgegenüber ist bei Carathéodory erklärt (vgl. auch 2.6.2.) $\mathfrak{M}_C := \{M : M \in \mathfrak{G} \wedge \bigwedge_{Z \in \mathfrak{G}} f(Z) = f(Z \cap M) + f(Z \cap CM)\}$; dabei wird also von $M$ mehr gefordert, als bei Lebesgue, wo $Z = E$ genügt. Wegen $\mathfrak{A} \subset \mathfrak{M}_C$ (Bew. als Aufgabe) gilt $\mathbf{B}(\mathfrak{A}) \subset \mathfrak{M}_C \subset \mathfrak{M}_L = \mathfrak{M}_Y$. Weil aber $i_C|\mathfrak{M}_C$ vollständig und weil $i_Y|\mathfrak{M}_Y$ die kleinste vollständige Erweiterung von $i|\mathfrak{A}$ ist, gilt auch $\mathfrak{M}_Y \subset \mathfrak{M}_C$, also $\mathfrak{M}_Y = \mathfrak{M}_C$, woraus dann $i_Y|\mathfrak{M}_Y = i_L|\mathfrak{M}_L = i_C|\mathfrak{M}_C$ folgt (wegen z. B. $i_L(M) = f(M)$ usw.).

Anmerkung. Die im Vergleich zur $\mathfrak{M}_L$-Meßbarkeit wesentlich stärkere Forderung der $\mathfrak{M}_C$-Meßbarkeit (bezüglich $f$) kommt erst dann zur Geltung, wenn die zu Grunde liegende Maßfunktion $f|\mathfrak{G}$ nicht jene „Komplement-Eigenschaften" besitzt wie das obige, aus dem Prämaß $i|\mathfrak{A}$ abgeleitete $f$.

## 2.7. Auf ein Maß bezügliche Konvergenzbegriffe

**2.7.0.** Es sei $\mathfrak{A}$ eine $\sigma$-Algebra und $\mathfrak{N}$ ein $\sigma$-Ideal in $\mathfrak{A}$. Ferner sei $D \in \mathfrak{A}$, und $f: D \longrightarrow \mathbb{R}$ sowie $f_n: D \longrightarrow \mathbb{R}$, $n = 1, 2, \ldots$ Schon früher war (vgl. 1.8.) der Begriff der $(\mathfrak{A}, \mathfrak{L})$-Meßbarkeit der $f, f_n$ erklärt, wobei etwa $\mathfrak{L}$ die $\sigma$-Algebra der Lebesgueschen Mengen in $\mathbb{R}$ bedeutet. Außerdem war der Begriff der (punktweisen) Konvergenz (mod $\mathfrak{N}$), in Zeichen $f = \lim_n f_n$ (mod $\mathfrak{N}$), definiert. Auf ein Maß war dabei kein Bezug genommen. Demgegenüber gründen sich jetzt zu besprechende Konvergenzbegriffe wesentlich auf Maße $m|\mathfrak{A}$ mit $\mathfrak{N}$ als $\sigma$-Ideal der $m$-Nullmengen. Wir erinnern im Interesse des Lesers an die folgenden

**Definition.** Es sei $m : \mathfrak{A} \to \overline{\mathbb{R}}_0^+$ ein Maß, also $\mathfrak{A}$ eine $\sigma$-Algebra und $\mathfrak{N} := \{N : N \in \mathfrak{A} \wedge m(N) = 0\}$. Es heißt $f: D \to \mathbb{R}$ mit $D \in \mathfrak{A}$ $m$-**meßbar**, wenn $f(\mathfrak{A}, \mathfrak{L})$-meßbar ist. Die $m$-meßbaren $f$ bilden einen Vektorverband, der mit $\mathfrak{m}$ bezeichnet sei (vgl. auch 1.8.2., betr. $m$-fast überall vgl. 2.2.2.1., vor Satz 3.).

**2.7.1.** Nahezu gleichmässige Konvergenz bezüglich eines Maßes $m$.

Es sei $m : \mathfrak{A} \to \mathbb{R}_0^+$ ein *endliches* Maß und $D \in \mathfrak{A}$.

**1. Definition.** Ein $m$-meßbares $f: D \to \mathbb{R}$ werde als $m$-**nahezu beschränkt** in $D$ bezeichnet wenn zu jedem $\varepsilon > 0$ ein $Q = Q(\varepsilon) \in D \cap \mathfrak{A}$ existiert derart, daß $f$ in $Q$ beschränkt und daß $m(Q) < \varepsilon$ ist.

**1. Satz.** *Jedes $m$-meßbare $f: D \to \mathbb{R}$ ist $m$-nahezu beschränkt.*

Beweis. Es sei $Q_n := [|f| \leqq n] = \{x : |f(x)| \leqq n\}$, $n = 1, 2, \ldots$, wobei $Q_n \subset Q_{n+1}$ und $D = \bigcup_n Q_n$. Daher gilt $\bigwedge_{\varepsilon>0} \bigvee_{r\in\mathbb{N}^+} m(Q_r) < \varepsilon \wedge \bigwedge_{x\in Q_r} |f(x)| < r$.

**2. Definition.** Es sei $f_n : D \to \mathbb{R}$ $m$-meßbar, $n = 1, 2, \ldots$ Es heißt $(f_n)_n$ $m$-**nahezu gleichmäßig konvergent in** $D$, wenn zu jedem $\varepsilon > 0$ ein $M = M(\varepsilon) \in D \cap \mathfrak{A}$ existiert derart, daß $m(D \setminus M(\varepsilon)) < \varepsilon$ und daß $(f_n)_n$ in $M(\varepsilon)$ gleichmäßig konvergiert.

**2. Satz** (Egoroff) Voraussetzung. *Es sei $m|\mathfrak{A}$ ein endliches Maß und $D \in \mathfrak{A}$. Ferner sei $f_n : D \to \mathbb{R}$, $n = 1, 2, \ldots$, $m$-meßbar.*

Behauptung. *Folgende Aussagen sind gleichwertig:*

(1) *Es konvergiert $(f_n)_n$ (punktweise) eigentlich $m$-fast überall in $D$;*

(2) *Es konvergiert $(f_n)_n$ $m$-nahezu gleichmäßig in $D$;*

(3) *Es existiert $P_k \in D \cap \mathfrak{A}$, $k = 1, 2, \ldots$, mit $P_k \subset P_{k+1}$ und mit $m(D \setminus (\bigcup_k P_k)) = 0$ derart, daß $(f_n)_n$ gleichmäßig konvergiert in jedem $P_k$ für $n \rightsquigarrow +\infty$.*

*Beweis. Aus* (1) *folgt* (2). – Nach Vor. existiert $f = \lim_n f_n$ in $D' := D \setminus N$ mit $m(N) = 0$. Es sei $h_n := f - f_n$, also $h := \lim_n h_n = 0$ in $D'$. Setzt man $\underline{h}_n := \inf\{h_k : k \geqq n\}$ und $\overline{h}_n := \sup \{h_k : k \geqq n\}$, so gilt $\underline{h}_n \leqq \underline{h}_{n+1} \leqq \ldots \leqq 0 \leqq \ldots \leqq \overline{h}_{n+1} \leqq \overline{h}_n$ und $\sup\{h_n : n \geqq 1\} = \lim\inf_n h_n = \lim_n \underline{h}_n = 0 = \lim_n \overline{h}_n = \lim\sup_n h_n = \inf\{\overline{h}_n : n \geqq k\}$ in $D'$. – (II) Es genügt daher $(1) \to (2)$ zu beweisen unter den folgenden (schärferen) Annahmen: Bei $m$-meßbaren $g_n : D' \to \mathbb{R}$, $n = 1, 2, \ldots$, sei $(g_n)_n$ antiton mit $\lim_n g_n = 0$. – Gilt nämlich „$(1) \to (2)$“ unter dieser Annahme, so auch für isotones $(g_n)_n$ mit $\lim_n g_n = 0$, daher für $(\underline{h}_n)_n$ und

$(\bar{h}_n)_n$, also wegen $\underline{h}_n \leqq h_n \leqq \bar{h}_n$ auch für $(h_n)_n$ und damit für $(f_n)_n$. – (III) Es sei also $0 \leqq g_{n+1} \leqq g_n$ mit $0 = \lim_n g_n$ in $D'$. Für $Q_n(\alpha) := [g_n < \alpha]$ gilt $Q_n(\alpha) \subset Q_{n+1}(\alpha)$ und $Q_n(\alpha) \in D' \cap \mathfrak{A}$ sowie $D' = \bigcup_n Q_n(\alpha)$ für alle $\alpha > 0$. Daher hat man $\bigwedge_{\varepsilon, \eta \in \mathbb{R}^+} \bigvee_{K = K(\varepsilon, \eta) \in \mathbb{N}^+} m(D' \setminus Q_{K(\eta)} < \varepsilon \wedge \bigwedge_{x \in Q_K(\eta)} \bigwedge_{n \geqq K} 0 \leqq g_n(x) < \eta$. Bei beliebigem $\varepsilon > 0$ setze man $\varepsilon_k := 2^{-k}\varepsilon$, $\eta := 2^{-k}$, $K(k) := K(\varepsilon_k, \eta_k)$, ferner $R_k(\varepsilon) := Q_{K(k)}(\eta_k)$ und $R(\varepsilon) := \bigcap_k R_k(\varepsilon)$. Dann gilt $n(D' \setminus R(\varepsilon)) \leqq \sum_k m(D' \setminus R_k(\varepsilon)) \leqq \sum_k \varepsilon_k = \varepsilon$ und $\bigwedge_{k \in \mathbb{N}^+} \bigvee_{K := K(k)} \bigwedge_{x \in R(\varepsilon)} \bigwedge_{n \geqq K} 0 \leqq g_n(x) < 2^{-k}$. Wegen $m(N) = 0$ ist auch $m(D \setminus R(\varepsilon)) < \varepsilon$. Für $(g_n)_n$ gilt also (2).

*Aus* (2) *folgt* (3). Für jedes $r \in \mathbb{N}^+$ existiert $M_r \in D \cap \mathfrak{A}$ mit $m(D \setminus M_r) < 2^{-r}$ derart, daß $(f_n)_n$ auf $M_r$ gleichmäßig (eigentlich) konvergiert, also auch auf $P_k := M_1 \cup \ldots \cup M_k$, wobei $m(D \setminus P_k) < 2^{-k}$, also $m(D \setminus (\bigcup_k P_k)) = 0$ und $P_k \subset P_{k+1}$.

*Aus* (3) *folgt* (1). Denn $(f_n)_n$ konvergiert in $P := \bigcup_k P_k$ mit $m(D \setminus P) = 0$.

### 2.7.2. Stochastische Konvergenz

Es sei $m : \mathfrak{A} \longrightarrow \mathbb{R}$ ein endliches Maß und $\mathfrak{N}$ das $\sigma$-Ideal der $m$-Nullmengen in $\mathfrak{A}$; ferner seien $f, f_n \in \mathfrak{m}$, d.h. $m$-meßbar, $n = 1, 2, \ldots$, in $D \in \mathfrak{A}$.

**Definition.** Es heißt $(f_n)_n$ bez. $m|\mathfrak{A}$ **stochastisch konvergent** gegen $f$, auch dem Maße nach konvergent, in $D$, in Zeichen: $f = st - \lim_n f_n$, wenn

$$(+) \qquad \bigwedge_{\alpha \in \mathbb{R}^+} \lim_n m[|f - f_n| \geqq \alpha] = 0 .$$

Bemerkung. Die Definition (+) läßt sich so umformen, daß (vgl. 2.7.2.1.) die stochastische Konvergenz als Konvergenz bezüglich einer (Pseudo-)Norm erscheint bzw. (vgl. 2.7.2.2.) daß sie sich als gleichwertig erweist mit der Existenz einer Teilfolge, welche (mod $\mathfrak{N}$) punktweise (also maßfrei) gegen den gleichen Limes konvergiert wie die Gesamtfolge.

**2.7.2.1.** Die in der Bemerkung erwähnte Pseudometrik ergibt sich mit Hilfe der „normähnlichen" Funktion $p : \mathfrak{m} \longrightarrow \mathbb{R}_0^+$ erklärt durch $p(f) := \inf\{m(f, \alpha) + \alpha : \alpha \in \mathbb{R}^+\}$ mit $(f, \alpha) := [|f| \geqq \alpha]$, $f \in \mathfrak{m}$. Für dieses $p$ gilt nämlich der

**1. Satz.** (0) $\bigwedge_{\varepsilon > 0, \alpha > 0} p(f) < \min\{\alpha, \varepsilon\} \rightarrow (m(f, \alpha) < \varepsilon)$.
(I) $0 \leqq p(f) = p(|f|) < +\infty$.
(II) $p(f) = 0$ *genau für* $f = 0$ (mod $\mathfrak{N}$).
(III) *Aus* $|f| \leqq \sum_r |f_r|$ (mod $\mathfrak{N}$) *für beliebige* $f, f_r \in \mathfrak{m}$ *folgt* $p(f) \leqq \sum_r p(f_r)$, *insbesondere gilt also* $p(kf) \leqq kp(f)$ *für* $k \in \mathbb{N}^+$.

Beweis. *Betr.* (0) Es gibt $\alpha' > 0$ mit $m(f, \alpha') + \alpha' < \min\{\varepsilon, \alpha\}$, sodaß $m(f, \alpha') < \varepsilon$ und $\alpha' < \alpha$; wegen der Antitonie von $(\alpha \longmapsto m(f, \alpha))$ ist ferner $m(f, \alpha) \leqq m(f, \alpha') < \varepsilon$.

*Betr.* (I) Es ist $m(f, \alpha) \leqq m(D) + \alpha$ für jedes $\alpha \in \mathbb{R}^+$.

*Betr.* (II) Für $f = 0$ (mod $\mathfrak{N}$) und jedes $\alpha > 0$ gilt $m(f, \alpha) = 0$. Umgekehrt: Aus $p(f) = 0$

folgt gemäß (0), daß $m(f, \varepsilon) < \varepsilon$ für beliebiges $\varepsilon > 0$. Daher $\lim_k m(f, 2^{-k}) = 0$. Wegen $\lim_k (f, 2^{-k}) = \bigcup_k (f, 2^{-k}) = [|f| > 0]$ folgt $\lim_k m(f, 2^{-k}) = m[|f| > 0] = 0$.

*Betr.* (III) Es seien $\alpha$, $\alpha_r \in \mathbb{R}^+$ mit $\alpha = \sum_r \alpha_r$, sonst beliebig. Wegen $(f, \alpha) \subset \bigcup_r (f_r, \alpha_r)$ gilt $m(f, \alpha) \leqq \sum_r m(f, \alpha_r)$, also $p(f) \leqq m(f, \alpha) + \alpha \leqq \sum_r (m(f_r, \alpha_r) + \alpha_r)$; und da hierein linkerhand $\alpha$ nicht auftritt, kann man jedes $\alpha_r > 0$ so wählen, daß $(m(f_r, \alpha_r) + \alpha_r) < p(f_r) + \varepsilon_r$ mit $\varepsilon_r > 0$ und beliebig kleinem $\varepsilon = \sum_r \varepsilon_r$. Daher $p(f) \leqq \varepsilon + \sum_r p(f_r)$ bei beliebigem $\varepsilon > 0$.
Mit der Bezeichnung $p(f, g) := p(f - g)$ für alle $f, g \in \mathfrak{m}$, erhält man aus dem 1. Satz unmittelbar den

**2. Satz.** *Es ist* $p: \mathfrak{m} \times \mathfrak{m} \rightarrowtail \mathbb{R}_0^+$ *eine Pseudometrik (im Sinne von* II., 1.5.6.*) und zwar gilt* $p(f, g) = 0$ *genau für* $f = g$ (mod $\mathfrak{N}$) *(neben* $p(f, g) = p(g, f) \geqq 0$ *und* $p(f, g) \leqq p(f, h) + p(h, g)$*).*

Bezeichnung. Im Hinblick auf den 2. Satz nennen wir eine Folge $(f_r)_r$ mit $f_r \in \mathfrak{m}$, $r = 1, 2, \ldots$, $p$-konvergent gegen $f$ oder mit dem $p$-Limes $f$, in Zeichen $f = p\text{-}\lim_r f_r$, wenn $\lim_r p(f, f_r) = 0$. Entsprechend heiße $(f_r)_r$ $p$-konzentriert oder $p$-Cauchysch, wenn $p(f_r, f_k) < \varepsilon$ für schließlich alle $r, k$.

Anmerkung. Beim Übergang von der Äquivalenz (mod $\mathfrak{N}$) zur entsprechenden Gleichheit wird $p$ zu einer Metrik $d$ und der pseudometrische Raum $(\mathfrak{m}, p)$ zu einem metrischen $(\mathfrak{m} | \mathfrak{N}, d)$

**3. Satz.** *Es sind gleichwertig: (St) Es gilt* $f = st - \lim_r f_r$ *und (p)* $f = p - \lim_r f_r$ *(mit* $f_r \in \mathfrak{m}$*).*

Beweis. $(St) \rightarrow (p)$. Wegen $(St)$ gilt $\bigwedge_{\varepsilon > 0} \bigvee_{k(\varepsilon)} \bigwedge_{k > k(\varepsilon)} m(g_k) < \varepsilon$, also $p(g_k) < 2\varepsilon$ für $k > k(\varepsilon)$, wenn $g_r := f - f_r$. – $(p) \rightarrow (St)$. Für $0 < \varepsilon < \alpha$ folgt aus $p(g_k) < \varepsilon$ für $k > k(\varepsilon)$, daß $m(g_k, \alpha) < \varepsilon$ (vgl. 1. Satz, (0)) für $k > k(\varepsilon)$, also die Existenz von $0 = st - \lim_r g_r$.

**4. Satz.** *Der pseudometrische Raum* $(\mathfrak{m}, p)$ *ist vollständig, d.h. jede p-konzentrierte Folge Folge* $(f_r)_r$ *ist p-konvergent* $(f_r \in \mathfrak{m})$. *Dabei ist* $f_r: D \rightarrowtail \mathbb{R}$ *mit* $m(D) < +\infty$ *angenommen.*

Beweis. Dabei besteht ein wesentlicher Gedanke darin, die $p$-Konvergenz hinüberzuspielen auf die gewöhnliche („punktweise") einer Teilfolge von $(f_r)_r$.
(1) Es sei also $p(f_n, f_r) < \varepsilon$ für $\min\{n, r\} > q(\varepsilon)$. Gemäß Satz 1., (0), folgt daraus $m(f_n - f_r, \alpha) < \varepsilon$ für alle $\varepsilon, \alpha \in \mathbb{R}^+$ mit $0 < \varepsilon \leqq \alpha$ und mit $\min\{n, r\} > q(\varepsilon)$. – (2) Man setze $\varepsilon_t := 2^{-t}\varepsilon$ und $q_t := q(\varepsilon_t)$ $(\varepsilon < m(D))$. Gemäß (1) existiert eine Folge natürlicher Zahlen $n_t$, $t = 1, 2, \ldots$, mit $q_t < n_t < n_{t+1}$ von folgender Art: Für $f_t' := f_{n_t}$ und $Q_t := (f_t' - f_{t+1}', \varepsilon_t)$ gilt $m(f_k - f_t', \varepsilon_t) < \varepsilon_t$ für $k > n_t$, mithin $m(Q_t) < \varepsilon_t$, also $m(D \setminus Q_t) \geqq m(D) - \varepsilon_t$. Wegen $\bigcap_{t \geqq k} (D \setminus Q_t) = D \setminus \bigcup_{t \geqq k} Q_t =: P(t)$ folgt $|f_r(x) - f_t'(x)| < \varepsilon_t + \ldots + \varepsilon_{r-1} < \varepsilon_{t-1}$ für $t < r$ und jedes $x \in P(t)$, wobei $m(P(t)) \geqq m(D) - (\varepsilon_t + \ldots + \varepsilon_{r-1} + \ldots) = m(D) - \varepsilon_{t-1}$. Für jedes $s$ und jedes $x \in P(s)$ ist daher $(f_t'(x))_t$ konzentriert und folglich konvergent mit

einem $f \in \mathfrak{m}$ als Limes. Wegen $P(s) \subset P(s+1)$ und $D = \bigcup_s P(s)$ existiert $m(D) = \lim_s m(P(s))$ und es gilt $f = \lim_t f_t'$ (mod $\mathfrak{N}$) in $D$ mit $f \in \mathfrak{m}$. – (3) Zu zeigen bleibt, daß $p(f, f_r) < \varepsilon$ für schließlich alle $r$. Nun ist aber $|f - f_t'|(x) \leqq \varepsilon_{t-1}$ für $x \in P(t)$, also $(f - f_t', \varepsilon_{t-2}) \subset D \setminus P(t)$, wobei $m(D \setminus P(t)) < \varepsilon_{t-1}$. Daher $p(f, f_r') < \varepsilon_{t-1} + \varepsilon_{t-2} < \varepsilon_{t-3}$. Außerdem ist $m(f_r - f_t', \varepsilon_t) < \varepsilon_t$ für $r > n_t$, also $p(f_r, f_t') < 2\varepsilon_t = \varepsilon_{t-1}$. Aber $p(f, f_r) \leqq p(f, f_t') + p(f_r, f_t') < \varepsilon_{t-4}$ für $r > n_t$.

**2.7.2.2.** *Zusammenhang zwischen stochastischer Konvergenz und Konvergenz* (mod $\mathfrak{N}$).

Bezeichnung. Es bedeutet $f = p - \lim_n f_n$ soviel wie $\lim_n p(f, f_n) = 0$ und $f = \lim_n f_n$ (mod $\mathfrak{N}$) soviel wie $f(x) = \lim_n f_n(x)$ für jedes $x \in D \setminus \mathfrak{N}$, wobei $N \in \mathfrak{N}$.

**Satz.** Voraussetzung. *Es sei $D \in \mathfrak{A}$ mit $m(D) < +\infty$. Ferner sei $f: D \to \bar{\mathbb{R}}$ und $f_r: D \to \bar{\mathbb{R}}$ mit $f, f_r \in \mathfrak{m}$, $r = 1, 2, \ldots$*

Behauptung (I) *Jedes stochastisch gegen $f$ konvergente $(f_r)_r$ mit $f = st - \lim_r f_r$ enthält eine (punktweise)* (mod $\mathfrak{N}$) *gegen $f$ konvergente Teilfolge.*
(II) *Aus* $f = \lim_r f_r$ (mod $\mathfrak{N}$) *folgt* $f = p - \lim_r f_r$.
(III) „Maßfreie" Kennzeichnung der stochastischen Konvergenz: *Es sind gleichwertig:* (a) $f = p - \lim_r f_r$. – (b) *In jeder unendlichen Teilfolge von $(f_r)_r$ ist eine* (mod $\mathfrak{N}$) *gegen $f$ (punktweise) konvergente Teilfolge enthalten.*
(IV) *Es seien $f_r, g_r, f, g, \in \mathfrak{m}$, $r = 1, 2, \ldots$, mit $f = p - \lim_r f_r$ und $g = p - \lim_r g_r$. Ferner seien* (mod $\mathfrak{N}$) *sinnvoll (in $D$) $f_r + g_r$, $f + g$, $f_r g_r$, $fg$, $f_r^{[-1]}$, $f^{[-1]}$. Dann gelten $f + g = p - \lim_r (f_r + g_r)$, $fg = p - \lim_r f_r g_r$, speziell also $\beta f = p - \lim_r \beta f_r$ mit $\beta \in \mathbb{R}$, $f^{[-1]} = p - \lim_r f_r^{[-1]}$ sowie* $\max\{f, g\} = p - \lim \max\{f_r, g_r\}$ *und* $|f| = p - \lim_r |f_r|$.

**Zusatz.** Existiert $f = p - \lim_r f_r$ bezüglich *eines* endlichen Maßes $m|\mathfrak{A}$ mit $\mathfrak{N} := \{N: m(N) = 0\}$, so auch bezüglich eines *jeden* endlichen **Maßes** mit den **gleichen** $\mathfrak{A}$ und $\mathfrak{N}$.

Beweis. *Betr.* (I) Folgt aus 2.7.2.1., Satz 4., Bew. Betr. Eindeutigkeit vgl. 2.7.2.1., Satz 2.

*Betr.* (II). Für $S(k, \alpha) := \bigcup_{r \geqq k} (f_r - f, \alpha)$ gilt $S(k+1, \alpha) \subset S(k, \alpha)$, sodaß $S(\alpha) := \lim_k S(k, \alpha)$ für jedes $\alpha > 0$ existiert. Aber für jedes $\alpha > 0$ konvergiert $(f_r)_r$ in keinem $x \in S(\alpha)$. Mithin ist $m(S(\alpha) = 0$ für jedes $\alpha$, woraus, wegen $m(S(\alpha)) = \lim_k m(S(k, \alpha))$ und $m(S(k, \alpha)) \leqq m(D) < +\infty$ für alle $k, \alpha$, folgt: Zu jedem $\varepsilon > 0$ gibt es ein $\alpha' > 0$ mit $m(f_k - f, \alpha') + \alpha' < \varepsilon$ für $k > q(\varepsilon)$. Daher $p(f_k, f) < \varepsilon$ für $k > q(\varepsilon)$, w.z.z.w.
*Betr.* (III). *Aus* (a) *folgt* (b). Folgt aus (I). – *Aus* (b) *folgt* (a). Andernfalls gibt es ein $\varepsilon > 0$ und eine Folge von Indespaaren $(n(r), k(r))$, $r = 1, 2, \ldots$, mit $p(f_{n(r)} - f_{k(r)}) > \varepsilon$, wobei o.B.d.A. $(n(r))_r$ und $(k(r))_r$ isoton gegen $+\infty$ konvergieren mit $r \rightsquigarrow +\infty$. Als Teilfolge von $(f_r)_r$ enthält $(f_{n(r)})_r$ gemäß (b) eine Teilfolge $f_t' := f_{n(r_t)}$, $t = 1, 2, \ldots$, mit $f = \lim_t f_t'$ (mod $\mathfrak{N}$). Ebenso enthält die Teilfolge $(f_{k(r_t)})_t$ von $(f_n)_n$ eine Teilfolge mit $f_{t_n}'' := f_{k(r_{t_n})}$, $n = 1, 2, \ldots$, mit $f = \lim_m f_{t_m}''$ (mod $\mathfrak{N}$). Gemäß Beh. (II) gilt $f = p - \lim_m f_{t_m}' = p - \lim_m f_{t_m}''$;

also $p(f_{n(r_m)}, f_{k(r_m)}) = p(f'_{t_m}, f''_{t_m}) \leqq p(f, f'_{t_m}) + p(f, f''_{t_m}) < \varepsilon$ für hinreichend großes $m$. Andererseits gilt gemäß der Definition der $n(r'_m)$, $k(r'_m)$, daß $\varepsilon < p(f'_{t_m}, f''_{t_m})$. Widerspruch. *Betr.* (IV). Die behaupteten Relationen gelten für Konvergenz (mod $\mathfrak{N}$); gemäß (III) übertragen sie sich auf die stochastische Konvergenz.

**2.7.3.** Auswahlsatz für Doppelfolgen

Voraussetzung. *Es sei $m|\mathfrak{A}$ ein $\sigma$-endliches, in $\mathfrak{p}(E)$ vollständiges Maß, wobei $E$ Einheit von $\mathfrak{A}$. Ferner sei $D \in \mathfrak{A}$ und $f_{kn}: D \longrightarrow \mathbb{R}$ m-meßbar mit* $\sup\{|f_{kn}(x)| : x \in D \wedge k, n = 1, 2, \dots\} < +\infty$; *die $f_{kn}|D$ seien also gleichmäßig beschränkt. Außerdem existiere m-fast überall in $D$ der (iterierte) Limes $f := \lim_k(\lim_n f_{kn})$.*

Behauptung. *Es existiert eine Folge $(k_r, n_r)_r$ mit $\lim_r k_r = \lim_r n_r = +\infty$ derart, daß $f = \lim_r f_{k_r n_r}$ m-fast überall in $D$ existiert.*

Beweis. (1) O.B.d.A. kann man annehmen, daß $f_k = \lim_n f_{kn}$ und $f = \lim_k f_k$ überall in $D$ existieren. Nach Vor. gibt es $D_t \in D \cap \mathfrak{A}$ mit $m(D_t) < +\infty$ und $D = \bigcup_t D_t$, wobei $D_t \subset D_{t+1}$, also $m(D) = \lim_t m(D_t)$. – (2) Nach 2.7.1., Satz 2. (Egoroff), gibt es zu jedem $\varepsilon_t := 2^{-t}$ ein $B_t \in D_t \cap \mathfrak{A}$ mit $m(D_t \setminus B_t) < \varepsilon_t$ sowie ein $K(t) \in \mathbb{N}$ mit $|f - f_k| < \varepsilon_t$ für $k > K(t)$ in $B_t$. – (3) Außerdem gibt es $C_t \in B_t \cap \mathfrak{A}$ mit $m(B_t \setminus C_t) < \varepsilon_t$ und dazu ein $K(t) \in \mathbb{N}$ mit $|f_{K(t)n} - f_{K(t)}| < \varepsilon_t$ auf $C_t$ für $n > N(t)$. Setzt man daher $f'_t := f_{K(t)N(t)}$, so gilt $|f'_t - f| < 2\varepsilon_t = \varepsilon_{t-1}$ auf $C_t$ und $m(D_t \setminus C_t) < \varepsilon_{t-1}$. – (4) Mit $C'_p := \bigcap_{t \geqq p} C_t$ und $C' := \bigcup_{p \geqq 1} C'_p$ folgt wegen $D_t < D_{t+1}$, daß $D_t \setminus C'_p \subset \bigcup_{r \geqq 0}(D_{p+r} \setminus C_{p+r})$ für $t \leqq p$, also $m(D_t \setminus C') \leqq \varepsilon_{p-2} = \varepsilon_{p-1} + \dots$ für $p \geqq t$; daher ist $m(D \setminus C') = 0$. – (5) Nun ist $f = \lim_t f'_t$ auf $C'$. Weil $C' = \bigcup_{p \geqq 1} C'_p$, genügt es, den Beweis für die $C'_p$ zu führen. Definitionsgemäß ist aber $|f'_t - f| < \varepsilon_{p-1}$ auf $C'_p$ für $t \leqq p$, wobei $f'_t = f_{K(t)N(t)}$ und $\lim_t K(t) = \lim N(t) < +\infty$ angenommen werden darf. Da $(f'_t)_t$ Teilfolge von $(f_{kn})_{k,n}$, ist die Beh. bewiesen.

## 2.8. Haarsches Maß

Eine weitgehende Verallgemeinerung etwa des Borelschen Maßes im $\mathbb{R}^n$ als eines bewegungsinvarianten wird geliefert durch das Haarsche Maß auf einer topologischen Gruppe, welches invariant ist gegenüber den Operationen eben dieser Gruppe. Nach vorbereitenden maßtheoretischen, topologiefreien Bemerkungen in 2.8.1. wird in 2.8.2. die Existenz (mindestens) eines Haarschen Maßes auf einer (beliebigen) topologischen Gruppe bewiesen. Bezüglich des Beweises, daß nur *ein* derartiges Maß existiert, werde auf die Literatur verwiesen.

**2.8.1.** Rudimentäre und induzierte innere Inhalte.

(A) Mengenalgebraische Vorbemerkung.

**1. Definition.** Es sei $\mathfrak{K}(=\mathfrak{K}_\sigma)$ ein $\sigma$-System von Teilmengen einer Menge $X$ mit $\emptyset \in \mathfrak{K}$. Ein $E \subset X$ heißse $\mathfrak{K}_\sigma$-beschränkt, wenn $E$ von einem $S \in \mathfrak{K}_\sigma$ überdeckt wird.

Folgerung. Das System $\mathfrak{E} = \mathfrak{E}(\mathfrak{K})$ aller $\mathfrak{K}_\sigma$-beschränkten $E \subset X$ ist ein $\sigma$-Ring und sogar ein $\sigma$-Ideal in $\mathfrak{p}(X)$. Für das System $\mathbf{B}(\mathfrak{K})$ der Borelschen Mengen über $\mathfrak{K}$ (in $\mathfrak{p}(X)$) (vgl. 1.1.4., 2. Anm.) gilt $\mathbf{B}(\mathfrak{K}) \subset \mathfrak{E}(\mathfrak{K})$.

**2. Definition.** Im Folgenden bedeutet $\mathfrak{U} \subset \mathfrak{p}(X)$ ein $\sigma$-System mit $\emptyset \in \mathfrak{U}$, welches zusammen mit einem $\mathfrak{K}$ (vgl. 1. Definition) eine oder mehrere der nachstehend aufgeführten 4 Eigenschaften besitzt:

(A I) $\quad \bigwedge_{C \in \mathfrak{K},\, U_1, U_2 \in \mathfrak{U}} C \subset U_1 \cup U_2 \;\rightarrow\; \bigvee_{C_1, C_2 \in \mathfrak{K}} C = C_1 \cup C_2 \wedge C_\nu \subset U_\nu$;

(A II) $\quad \bigwedge_{C \in \mathfrak{K},\, U_r \in \mathfrak{U},\, r \geqq 1} C \subset \bigcup_r U_r \;\rightarrow\; \bigvee_{n \in \mathbb{N}} C \subset U_1 \cup \ldots \cup U_n$

(endliche Überdeckbarkeit von $C$ aus $\mathfrak{U}$);

(A III) $\quad$ Es soll $\mathfrak{U} \subset \mathbf{B}(\mathfrak{K})$ sein, also auch $\mathfrak{U} \subset \mathfrak{E}(\mathfrak{K})$;

(A IV) $\quad \bigwedge_{C \in \mathfrak{K},\, U \in \mathfrak{U}} U \backslash (U \cap C) \in \mathfrak{U}$.

Beispiel. Es sei $X$ ein lokal-kompakter Hausdorff-Raum; ferner sei $\mathfrak{K}$ das System aller kompakten Teile von $X$, einschließlich $\emptyset$, und $\mathbf{B}(\mathfrak{K})$ das System der Borelschen Mengen über $\mathfrak{K}$. Ist dann noch $\mathfrak{U}$ das System der in $\mathbf{B}(\mathfrak{K})$ enthaltenen offenen Mengen von $X$, also $\mathfrak{U} = \mathbf{B}(\mathfrak{K}) \cap \mathfrak{o}(X)$ und $\mathfrak{U} \subset \mathfrak{E}(\mathfrak{K})$, dann besitzen $\mathfrak{K}$ und $\mathfrak{U}$ die Eigenschaften (A I) – (A IV) (in der obigen 2. Definition) (Beweis als Aufgabe).

(**B**) Rudimentäre und induzierte innere Inhalte

**1. Definition.** Eine Funktion $i: \mathfrak{K} \rightarrow\!\!- \mathbb{R}_0^+$ wird als **rudimentärer Inhalt**, kurz als $r$-Inhalt, bezeichnet, wenn $i$ isoton, subadditiv sowie additiv ist; insbesondere sei $i(\emptyset) = 0$.

**2. Definition.** Es mögen $\mathfrak{K} = \mathfrak{K}_s$ und $\mathfrak{U} = \mathfrak{U}_\sigma$ mit $\emptyset \in \mathfrak{U}$ die in (A), 2. Definition, angeführten Eigenschaften (A I) und (A II) besitzen; außerdem sei $i|\mathfrak{K}$ ein $r$-Inhalt. Dann wird die Funktion $i_*: \mathfrak{U} \rightarrow\!\!- \mathbb{R}_0^+$ mit

$$(*) \qquad i_*(U) := \sup\{i(C): C \in \mathfrak{K} \wedge C \subset U\}, \quad U \in \mathfrak{U},$$

als **auf $\mathfrak{U}$ durch $i|\mathfrak{K}$ induzierter innerer Inhalt** bezeichnet.

Bemerkung. Die mit $(*)$ erklärte Konstruktion entspricht wesentlich der archimedischen Exhaustionsmethode.

Beispiel. Im $\mathbb{R}^n$ sei (bezüglich eines kartesischen, orthonormierten Koordinatensystems) $\mathfrak{K}$ das System der Vereinigungen aus je endlich vielen, achsenparallelen, *abgeschlossenen*

Würfeln und $\mathfrak{U}$ das $s$, $d$-System der *beschränkten* offenen Mengen des $\mathbb{R}^n$. – Hier sind (A I) – (A IV) erfüllt.

Beweis. *Betr.* (A I) Für ein $U \in \mathfrak{U}$ sei $x \in U$ und $\varrho(x, U)$ der Radius der größten, in $U$ enthaltenen offenen Kugel mit $x$ als Zentrum; ferner sei $C \in \mathfrak{K}$ mit $C \subset U' \cup U'' =: U$, wobei $U'$, $U''$, $U \in \mathfrak{U}$. Die Funktion $(x \mapsto \varphi(x) := \max\{\varrho(x, U'), \varrho(x, U'')\})$ ist stetig in $U$ mit $\varphi > 0$. Wegen der Kompaktheit von $C$ besitzt daher $\varphi | C$ ein positives Minimum $\mu$, also $\varrho(x, U') \geqq \mu$ oder $\varrho(X, U'') \geqq \mu$ für $x \in C$ und $C \subset \{x : x \in U' \cup U'' \wedge \varphi(x) \geqq \mu\}$. Daher gilt z. B. $C \cap U' \subset W' := \{x : x \in U' \wedge \varphi(x) \geqq \mu\} \subset U'$. Es ist $W'$ kompakt und daher überdeckbar mit einem in $U'$ enthaltenen $C' \in \mathfrak{K}$. Da entsprechend ein $C'' \in \mathfrak{K}$ mit $C \cap U'' \subset C'' \subset U''$ existiert, folgt $C \cap (U' \cup U'') = C \subset C' \cap C''$, wegen $C \cap C', C \cap C'' \in \mathfrak{K}$ und $C = (C \cap C') \cup (C \cap C'')$ daher (A I). – Wegen der Kompaktheit der $K \in \mathfrak{K}$ ist (A II) erfüllt. – Es folgt (A III) aus der Definition von $\mathfrak{U}$ und (A IV) aus der Abgeschlossenheit der $K \in \mathfrak{K}$. – Schließlich hat man in der Einengung etwa des Jordaninhaltes auf $\mathfrak{K}$ einen $r$-Inhalt zur Verfügung.

(C) Folgerung. Mit Benutzung der Definitionen in (A) und (B) läßt sich zeigen:

**Satz.** *Der durch den r-Inhalt $i|\mathfrak{K}$ induzierte (nicht negative) innere Inhalt $i_*|\mathfrak{U}$ ist isoton, σ-subadditiv und σ-additiv mit $i_*(\emptyset) = 0$. (Dabei sollen also $\mathfrak{K}$ und $\mathfrak{U}$ die Eigenschaften (A I) und (A II) besitzen).*

Beweis. Wegen $\{\emptyset\} \in \mathfrak{U}$ und der Additivität von $i$ ist $i_*(\emptyset) = 0$. – *Betr.* die *Isotonie von $i_*$*. In der Tat: Im Falle $U \subset U'$ sind bei der Bildung von $i_*(U')$ nicht weniger $C$ beteiligt als bei der von $i_*(U)$. – *Betr.* die *Subadditivität von $i_*$*. Ist $C \subset U' \cup U''$, so gibt es gemäß (A I) $C'$, $C'' \in \mathfrak{K}$ mit $C = C' \cup C''$ und $C' \subset U'$, $C'' \subset U''$. Zufolge der bei der Definition von $i_*$ geforderten Subadditivität von $i$ gilt aber $i(C) \leqq i(C') + i(C'')$ und daher auch $i_*(U' \cup U'') \leqq i_*(U') + i_*(U'')$, woraus durch Induktion folgt (sa) $i_*(U_1 \cup \ldots \cup U_k) \leqq i_*(U_1) + \ldots + i_*(U_k)$ für jedes $k \geqq 2$ und beliebige $U_k \in \mathfrak{U}$. – *Betr.* die *σ-Subadditivität von $i_*$*. Es seien $U_r \in \mathfrak{U}$, $r = 1, 2, \ldots$, und $U = \bigcup_r U_r \in \mathfrak{U}$. Wegen (A II) gibt es $n$ mit $C \subset U_1 \cup \ldots \cup U_n$ für $n \leqq k$, also, weil $i_*$ subadditiv ist, $i(C) \leqq i_*(U_1 \cup \ldots \cup U_k) \leqq i_*(U_1) + \ldots + i_*(U_k) \leqq \sum_{r \geqq 1} i_*(U_r)$, woraus die σ-Subadditivität von $i_*$ folgt. – *Betr.* die *σ-Additivität von $i_*$*. Nach Vor. ist $i$ additiv. Ist daher $U'$, $U'' \in \mathfrak{U}$ und $U' \cap U'' = \emptyset$, so gilt $i(C) = i(C') + i(C'')$, falls $C \subset U' \cup U''$ und $C'$, $C'' \in \mathfrak{K}$ gemäß (A I) gewählt sind. Folglich, weil $i(C' \cup C'') \leqq i_*(U' \cup U'')$, in Rücksicht auf (sa), auch $i_*(U') + i_*(U'') \leqq i_*(U' \cup U'') \leqq i_*(U') + i_*(U'')$. Es ist also $i_*$ additiv. Ist weiter $U_r \in \mathfrak{U}$ mit $U_r \cap U_t = \emptyset$ für $r \neq t$, so hat man $\sum_{r=1}^k i_*(U_r) = i_*(\bigcup_{r=1}^k U_r) \leqq i_*(\bigcup_{r \geqq 1} U_r) \leqq \sum_{r \geqq 1} i_*(U_r)$ (Letzteres, weil $i_*$ σ-subadditiv. Läßt man linkerhand $k$ gegen $+\infty$ gehen, ergibt sind die σ-Additvität von $i_*$.

(D) Konstruktion einer durch den inneren Inhalt $i_*|\mathfrak{A}$ bestimmten Maßfunktion $\mu^*|\mathfrak{C}$.

**Definition.** Es sei $\mu^* : \mathfrak{E} \longrightarrow \bar{\mathbb{R}}_0^+$ mit $\mu^*(E) := \inf\{i_*(U) : E \subset U \in \mathfrak{U}\}$. Ferner sei $d(i_*)$: $\mathfrak{E} \longrightarrow \bar{\mathbb{R}}_0^+$ die zu $i_*|\mathfrak{U}$ gehörige Deckfunktion (vgl. 2.6.1.), wobei also $d(i_*)(E) = \inf \{\sum_r i_*(U_r) : \bigwedge_r U_r \in \mathfrak{U} \wedge E \subset \bigcup_r U_r\}$ und $d(i_*)(\emptyset) = 0$.

**1. Satz.** Voraussetzung. *Es besitze* $\mathfrak{U}$ *und* $\mathfrak{K}$ *die Eigenschaften (A I) und (A II). Ferner sei* $\mu^*|\mathfrak{E}$ *und* $d(i_*)$ *wie vorstehend erklärt.*

Behauptung. (a) *Es gilt* $\mu^*|\mathfrak{E} = d(i_*)|\mathfrak{E}$.
(b) *Es ist* $\mu^*|\mathfrak{E}$ *eine* Maßfunktion auf $\mathfrak{E}$.

Beweis. Mit der Abkürzung $d := d(i_*)$ ist definitionsgemäß $d(\emptyset) = 0$. Für $U_1 := U$, $U_r = \emptyset$, $r \geqq 2$, ergibt sich $d(E) \leqq \mu^*(E)$. Zufolge der $\sigma$-Subadditivität von $i_*$ hat man andererseits $i_*(\bigcup_r U_r) \leqq \sum_r i_*(U_r)$, wobei $\bigcup_r U_r \in \mathfrak{U}$; daher $\mu^*(E) \leqq d(E)$. Schließlich ist $\mu^*(\emptyset) = 0$, weil $i_*(\emptyset) = 0$. Somit $d|\mathfrak{E} = \mu^*|\mathfrak{E}$ und daher $\mu^*$ Maßfunktion (vgl. 2.6.1.).

**2. Satz.** *Besitzt* $\mathfrak{U}$ *und* $\mathfrak{K}$ *die Eigenschaften (A I), (A II), (A III), so ist* $i_*(U) = \mu^*(U)$ *für alle* $U \in \mathfrak{U}$.

Beweis. Gemäß (A III) ist $\mathfrak{U} \subset \mathfrak{E}$.

(E) Das durch die Maßfunktion $\mu^*|\mathfrak{E}$ bestimmte Maß als Erweiterung des Inhaltes $i|\mathfrak{R}$.

Gemäß 2.6.2. ist das System $\mathfrak{M}$ der $\mu^*$-meßbaren Mengen, erklärt durch

(m) $$M \in \mathfrak{M} :\leftrightarrow \bigwedge_{E \in \mathfrak{E}} \mu^*(E) = \mu^*(E \cap M) + \mu^*(E \cap CM))$$

mit $\mathfrak{M} \subset \mathfrak{E}$, ein $\sigma$-Ring und $\mu^*|\mathfrak{M}$ ein Maß. Daher erhebt sich sogleich die

*Frage*, ob bzw. unter welchen Bedingungen $\mu^*|\mathfrak{M}$ Erweiterung von $i|\mathfrak{K}$ ist. Zur Beantwortung sei zunächst bemerkt:

**Hilfssatz.** Voraussetzung. Es besitzen $\mathfrak{U}$ und $\mathfrak{K}$ die Eigenschaften (A I) – (A III). Ferner sei $\mu^*|\mathfrak{E}$ die vom $r$-Inhalt $i|\mathfrak{K}$ bzw. von dem inneren Inhalt $i_*|\mathfrak{E}$ (gemäß ($D$), Satz 2.) gelieferte Maßfunktion.

Behauptung. Für jedes $E' \in \mathfrak{E}$ sind gleichwertig: (a) Es ist $E' \in \mathfrak{M}$. – (b) Es gilt

(m′) $$\bigwedge_{U \in \mathfrak{U}} \mu^*(U) \geqq \mu^*(E' \cap U) + \mu^*(U \setminus (E' \cap U)).$$

Beweis. (a) $\rightarrow$ (b). Denn $\mathfrak{U} \subset \mathfrak{E}$. – (b) $\rightarrow$ (a). Es seien $E, E' \in \mathfrak{E}$ und $E \subset U \in \mathfrak{U}$. Gemäß (b) gilt $i_*(U) = \mu^*(U) \geqq \mu^*(E' \cap U) + \mu^*(U \setminus (E' \cap U)) \geqq \mu^*(E' \cap E) + \mu^*(E \setminus (E' \cap E))$, also $\mu^*(E) = \inf\{i_*(U) : U \in \mathfrak{U} \wedge E \subset U\} \geqq \mu^*(E' \cap E) + \mu^*(E \setminus (E' \cap E))$. Wegen der Subadditivität von $\mu^*$ gilt aber auch die umgekehrte Ungleichung, also (m) mit $M = E'$.
Nun ergibt sich der

**Satz.** *Besitzen $\mathfrak{K}$ und $\mathfrak{U}$ die Eigenschaften (A I) – (A IV), dann gilt:*
(1) *Es ist $\mathfrak{K} \subset \mathfrak{M}$ und damit $\mathfrak{U} \subset \mathbf{B}(\mathfrak{K}) \subset \mathfrak{M}$, speziell also $\mathfrak{K} \subset \mathfrak{M}$.*
(2) *Es ist $\mu : \mathbf{B}(\mathfrak{K}) \longrightarrow \mathbb{R}_0^+$ mit $\mu(B) := \mu^*(B)$, $B \in \mathbf{B}(\mathfrak{K})$, ein (Borelsches)* Maß *auf der (Borelschen) Erweiterung $\mathbf{B}(\mathfrak{K})$ von $\mathfrak{K}$ (in $\mathfrak{M}$).*

**Zusatz.** Bezüglich $\mathfrak{U}$ ist $\mu|\mathbf{B}(\mathfrak{K})$ regulär von oben her, d.h.

$$\mu(B) = \inf\{\mu(U) : B \subset U \in \mathfrak{U}\}.$$

Beweis. *Betr.* (1) Es sei $C \in \mathfrak{K}$ und $U \in \mathfrak{U}$. Gemäß (A IV) ist $U_1 := U \setminus (U \cap C) \in \mathfrak{U}$. Weiter sei $C_1 \in \mathfrak{K}$ mit $C_1 \subset U_1 \subset U$ und $C_2 \in \mathfrak{K} \cap U$ mit $C_2 \subset U_2 := U \setminus (U \cap C_1) \in \mathfrak{U}$, sodaß $C_1 \cap C_2 = \emptyset$ mit $U \supset C_1 \cup C_2 \in \mathfrak{K}$. Daher $\mu^*(U) = i_*(U) \geqq i(C_1 \cup C_2) = i(C_1) + i(C_2)$. Wegen $i_*(U_\nu) = \sup\{i(C_\nu) : C_\nu \subset U_\nu\}$, $\nu = 1, 2$, kann in der rechten Seite dieser Ungleichung $C_\nu$ ersetzt werden durch $U_\nu$, also $U_2$ durch $U \setminus (U \cap U_1) = U \cap C$. Somit $\mu^*(U) \geqq \mu^*(U \setminus U \cap C) + \mu^*(U \cap C)$, also (m′) für $C \in \mathfrak{K}$. Gemäß des Hilfssatzes ist daher $\mathfrak{K} \subset \mathfrak{M}$. (Daß $C_\nu \subset U_\nu$ existiert, folgt aus $\emptyset \in \mathfrak{K}$.) Wegen (A III) ergibt sich die Beh. (1). – *Betr.* (2). Folgt aus (1). – *Betr. Zusatz.* Wegen $\mathfrak{U} \subset \mathbf{B}(\mathfrak{K}) \subset \mathfrak{E}$ ist $i_*(U) = \mu^*(U) = \mu(U)$ für $U \in \mathfrak{U}$. Für $B \in \mathbf{B}(\mathfrak{K})$ gilt daher $\mu(B) = \mu^*(B) = \inf\{\mu(U) : B \subset U \in \mathfrak{U}\}$ (vgl. Hilfssatz, Bew.).

**(F)** Hinreichende Bedingung dafür, dass $\mu|\mathbf{B}(\mathfrak{K})$ Erweiterung von $i|\mathfrak{K}$ ist.

Im Folgenden werde zu den bisherigen Annahmen ((A I) usw.) hinzugenommen die Forderung

(A V) Es sei $\mathfrak{U}$ ein $S$-System in $\mathfrak{p}(X)$.

Bei Gültigkeit von (A V) wird erklärt:

**1. Definition.** Für $M \subset X$ werde

$$\underset{\sim}{M}(\mathfrak{U}) := \bigcup\{U : U \in \mathfrak{U} \wedge U \subset M\}$$

als **$\mathfrak{U}$-Kern von $M$** bezeichnet.

**2. Definition.** Ein $r$-Inhalt $i|\mathfrak{K}$ heißt **regulär (von oben her) bezüglich** $\mathfrak{U}$, kurz $\mathfrak{U}$-regulär, wenn

(r) $$i(C) = \inf\{i(C') : C' \in \mathfrak{K} \wedge C \subset \underset{\sim}{C}'(\mathfrak{U})\}.$$

Beispiel. In dem in der „Bemerkung" nach Definition 2. in (B) betrachteten Fall, sind (A I) – (A V) erfü lt. Außerdem ist der Jordaninhalt regulär bezüglich $\mathfrak{U}$; denn die $C \in \mathfrak{K}$ sind Jordanmeßbar (als Vereinigungen endlich vieler abgeschlossener Würfel), für die der $\mathfrak{U}$-Kern gleich ihrem offenen Kern im üblichen Sinne ist, welcher beliebig genau zwischen $C$ und in $C$ enthaltene $C' \in \mathfrak{K}$ einschließbar, also selbst Jordanmeßbar ist.

Nunmehr läßt sich beweisen der

**Satz.** Voraussetzung. *Es seien (A I) – (A V) erfüllt und* $i|\mathfrak{K}$ *sei* $\mathfrak{U}$*-regulär.*

Behauptung. *Es gilt* $\mu^*(C) = i(C)$ *für alle* $C \in \mathfrak{K}$. *Somit ist* $\mu|\mathbf{B}(\mathfrak{K})$ *Erweiterung von* $i|\mathfrak{K}$.

Beweis. (1) Es ist $i(C) \leqq i_*(U)$ für $C \subset U$, mithin

$$i(C) \leqq \inf\{i_*(U) : U \in \mathfrak{U} \wedge C \subset U\} = \mu^*(C) \quad \text{für alle} \quad C \in \mathfrak{K}.$$

(2) Wegen (A V) ist $\underset{\sim}{C}(\mathfrak{U}) \in \mathfrak{U}$, also ((*D*), 2. Satz) $\mu^*(\underset{\sim}{C}(\mathfrak{U})) = i_*(\underset{\sim}{C}(\mathfrak{U})) \leqq \sup\{i(K) : K \in \mathfrak{K} \wedge K \subset C\} = i(C)$ für alle $C \in \mathfrak{K}$ (weil $\sup\{i(K); K \subset C\}$ für $K = C$ erreicht wird. – (3) Wegen der $\mathfrak{U}$-Regularität von $i|\mathfrak{K}$ gibt es zu jedem $C \in \mathfrak{K}$ und jedem $\varepsilon > 0$ ein $K \in \mathfrak{K}$ mit $C \subset \underset{\sim}{K}(\mathfrak{U})$ und mit $i(K) < i(C) + \varepsilon$. Daher $i(C) \leqq \mu^*(C) \leqslant \mu^*(\underset{\sim}{K}(\mathfrak{A})) \leqq i(K) < i(C) + \varepsilon$. Und da $\varepsilon > 0$ beliebig ist, folgt die Beh.

### 2.8.2. Haarsches Maß auf lokal kompakten topologischen Gruppen.

**Definition.** Unter einem **Haarschen Maß** $\mu|\mathbf{b}(\mathfrak{K})$ auf einer lokal kompakten Gruppe $(X, .)$ versteht man ein Maß auf dem Borelschen System $\mathbf{b}(\mathfrak{K})$ über dem System $\mathfrak{K}$ der kompakten Teilmengen $C$ von $X$, welches linksinvariant ist, d. h. $\mu(x \,.\, A) = \mu(A)$ für alle $x \in X$ und $A \in \mathbf{b}(\mathfrak{K})$ erfüllt, und auf einer (und damit auf jeder) nicht-leeren offenen Menge aus $\mathbf{b}(\mathfrak{K})$ positiv ist.

**Satz.** *Auf jeder lokal kompakten topologischen Gruppe* $(X, .)$ *gibt es (mindestens) ein von oben her reguläres Haarsches Maß.*

Beweis. Wegen 2.8.1., (E), genügt es, einen linksinvarianten $r$-Inhalt auf $\mathfrak{K}$ zu definieren; das daraus abgeleitete Maß erweist sich dann ebenfalls als linksinvariant.

**1.** Für den „Maßvergleich" einer kompakten Menge $C \in \mathfrak{K}$ mit einer, innere Punkte enthaltenen Menge $F$ dient die relative Maßzahl $n_F(C)$ von $C$ bez. $F$: Es ist $n_F(C)$ die kleinste nicht-negative ganze Zahl $n$, so daß $C$ von $n$ „Linkstranlaten" $x \,.\, F$ von $F$ überdeckt wird, d. h. es gibt $x_1, \ldots, x_n \in X$ mit $C \subset \bigcup_{\nu=1}^{n} x_\nu \,.\, F$ und $n$ die kleinste solche Zahl ist. Es gilt:

*Es ist* $n_F(C) \geqq 0$ *und endlich, in* $C$ *isoton, subadditiv und linksinvariant.*

Beweis. (1) $n_F(C) \geqq 0$ ist klar (dem Fall $n_F(C) = 0$ entspricht $C = \emptyset$). Ist $x_0$ innerer Punkt von $F$ und $U$ offen mit $x_0 \in U \subset F$, so gilt $\bigcup_{x \in C} x \,.\, x_0^{-1} \,.\, U \subset C$, also auch $C \subset \bigcup_{\nu=1}^{m} x_\nu \,.\, x_0^{-1} \,.\, U \subset \bigcup_{\nu=1}^{m} x_\nu \,.\, x_0^{-1} \,.\, F$ mit passenden $x_1, \ldots, x_m \in X$, also $n_F(C) \leqq m$. – (2) Die Isotonie von $n_F$ ist evident, ebenso $n_F(C_1 \cup C_2) \leqq n_F(C_1) + n_F(C_2)$. – (3) Wenn $C \subset \bigcup_{\nu=1}^{m} x_\nu \,.\, F$, so auch $x \,.\, C \subset \bigcup_{\nu=1}^{m} (x \,.\, x_\nu) \,.\, F$, und umgekehrt, also $n_F(C) = n_F(x \,.\, C)$ für alle $x$ und $C$.

Bemerkung. $n_F$ ist additiv in folgendem eingeschränkten Sinn: Wenn $(C_1 . F^{-1}) \cap (C_2 . F^{-1}) = \emptyset$ für ein $F$ mit inneren Punkten, so gilt

$$n_F(C_1 \cup C_2) = n_F(C_1) + n_F(C_2).$$

**2.** Zwecks Normierung wählen wir ein $A \in \mathfrak{K}$ mit inneren Punkten und betrachten statt $n_F$ den *Quotienten* $q_F$ erklärt durch

(1) $$q_F(C) := n_F(C)/n_F(A), \quad C \in \mathfrak{K};$$

dann ist $q_F(A) = 1$ für jedes $F$, ferner ist

(2) $$0 \leqq q_F(C) \leqq n_A(C)$$

wegen $n_F(C) \leqq n_A(C) n_F(A)$. Es hat $q_F$ bereits einige Eigenschaften eines $r$-Inhalts, ist aber im allgemeinen nicht additiv. Indem man die $F$ auf die offenen Umgebungen $U \in \mathfrak{u}(e)$ der *Gruppeneins e* beschränkt, liefert ein geeigneter Grenzübergang (vgl. **3.**)

$$q_U(C) \rightsquigarrow i(C) \quad \text{für} \quad U \rightsquigarrow e, \quad C \in \mathfrak{K},$$

einen $r$-Inhalt der gewünschten Art.

**3.** Zur Beschreibung dieses Grenzüberganges betrachten wir $q_U$ mit Benutzung von (2) als Punkt des (unendlichen) topologischen Produktraumes

(3) $$P := \times_{C \in \mathfrak{K}} [0; n_A(C)],$$

welcher kompakt ist, da die Intervalle $[0; n_A(C)]$ kompakt sind (2.8.3.3.). Wir können die Punkte $p$ von $P$ auch auffassen als reelle Funktionen $p|\mathfrak{K}$ mit der Besonderheit, daß $0 \leqq p(C) \leqq n_A(C)$ für $C \in \mathfrak{K}$. Bei festem $U \in \mathfrak{u}(e)$ bezeichnen wir mit $Q(U)$ die Menge aller Funktionen $q_V$ mit $V \in \mathfrak{u}(e)$ und $V \subset U$. Es ist $Q(U) \neq \emptyset$, weil $q_U \in Q(U)$. Die Mengen $Q(U)$, $U \in \mathfrak{u}(e)$, bilden ein zentriertes System in $P$ (2.8.3.1.); denn wenn $U_1, \ldots, U_n \in \mathfrak{u}(e)$, so ist auch $\bigcap_\nu U_\nu \in \mathfrak{u}(e)$ und wegen $\bigcap_\nu U_\nu \subset U_\iota$ gilt $Q(\bigcap_\nu U_\nu) \subset Q(U_\iota)$, also $\emptyset \neq Q(\bigcap_\nu U_\nu) \subset \bigcap_\nu Q(U_\nu)$. Wegen der Kompaktheit von $P$ gibt es somit ein

(4) $$i \in \bigcap \{\overline{Q(U)} : U \in \mathfrak{u}(e)\}.$$

**4.** Wir behaupten nun, daß *jedes* $i|\mathfrak{K}$ *der Art* (4) *ein linksinvarianter r-Inhalt ist.*

Beweis. (a) $0 \leqq i(C) \leqq n_A(C)$, also ist $i : \mathfrak{K} \longrightarrow \mathbb{R}_0^+$.
(b) (Isotonie). Zu festem $C \in \mathfrak{K}$ bilden wir die Projektion $\chi_C$, d.h. die reelle Funktion

(5) $$\chi_C : P \longrightarrow \mathbb{R}_0^+ \quad \text{mit} \quad \chi_C(p) := p(C) \quad \text{für} \quad p \in P.$$

Wegen der Stetigkeit von $\chi_C$ ist für $C, D \in \mathfrak{K}$ die Menge $\Delta_1 := \Delta_1(C, D) := \{p : p \in P \wedge \chi_C(p) \leqq \chi_D(p)\} = \{p : p \in P \wedge p(C) \leqq p(D)\}$ abgeschlossen in $P$. Wenn nun $C \subset D$, $U \in \mathfrak{u}(e)$, so ist $q_U \in \Delta_1$ (wegen der Isotonie von $q_U$), also auch $Q(U) \subset \Delta_1$, also auch $\overline{Q(U)} \subset \Delta_1$ und somit $i \in \Delta_1(C, D)$ für $C, D \in \mathfrak{K}$ mit $C \subset D$, d.h. $i$ ist isoton.

(c) (Subadditivität). Hier betrachtet man die in $P$ abgeschlossene Menge $\Delta_2(C, D) := \{p : p \in P \wedge p(C \cup D) \leqq p(C) + p(D)\}$ für beliebige aber feste $C, D \in \mathfrak{K}$. Wieder folgt aus der Subadditivität von $q_U$, daß $i \in \Delta_2(C, D)$.

(d) (Additivität) Es seien $C, D \in \mathfrak{K}$ und disjunkt. Wegen der Trennbarkeit von disjunkten kompakten Teilmengen in einem lokal kompakten Hausdorffraum gibt es ein $U \in \mathfrak{u}(e)$ mit $(C.U^{-1}) \cap (D.U^{-1}) = \emptyset$. Dann ist auch $(C.V^{-1}) \cap (D.V^{-1}) = \emptyset$ für $V \in \mathfrak{u}(e)$ und $V \subset U$, so daß gemäß der Bemerkung in 1.

(6) $$q_V(C \cup D) = q_V(C) + q_V(D).$$

Nun betrachten wir $\Delta_3(C, D) := \{p : p \in P \wedge p(C \cup D) = p(C) + p(D)\}$. Es ist $\Delta_3$ abgeschlossen in $P$ und $q_V \in \Delta_3(C, D)$ für $V \subset U$, also $Q(U) \subset \Delta_3$. Wiederum folgt $i \in \Delta_3(C, D)$ für alle disjunkten $C, D \in \mathfrak{K}$. In ähnlicher Weise ergeben sich:

(e) $i$ ist linksinvariant, d.h. $i(C) = i(x \,.\, C)$ für alle $x$ und alle $C$;

(f) $i(A) = 1$.

Für (e) bzw. (f) verwendet man die Mengen

$\Delta_4 := \Delta_4(C, x) := \{p : p \in P \wedge p(C) = p(x \,.\, C)\}$ bzw. $\Delta_5 := \{p : p \in P \wedge p(A) = 1\}$.

Die Erste ist abgeschlossen, weil $\chi_C$ und $\chi_{(x.C)}$ stetige Funktionen sind, und $\Delta_5 = [\chi_A = 1]$ mit stetigem $\chi_A$. Im Übrigen verfährt man wie oben.

### 2.8.3. Satz von Tychonoff.

Im Folgenden handelt es sich um eine von Tychonoff herrührende Verallgemeinerung des Satzes von der Kompaktheit des Produktes von endlich vielen kompakten Räumen auf den Fall beliebig vieler Faktoren. Der Vorbereitung des Beweises dienen die beiden nachstehenden Nummern.

**2.8.3.1. Definition.** Es sei $X$ eine Menge. Ein System $\mathfrak{S} \subset \mathfrak{p}(X)$ heißt **zentriert,** wenn je endlich viele $S \in \mathfrak{S}$ einen nicht leeren Durchschnitt (in $X$) besitzen. Und ein zentriertes $\mathfrak{S}$ heißt **maximal** (in $\mathfrak{p}(X)$), wenn es kein $\mathfrak{S}$ echt umfassendes zentriertes System in $\mathfrak{p}(X)$ gibt.

**1. Hilfssatz.** Jedes zentrierte $\mathfrak{S} \in \mathfrak{p}(X)$ ist (auf mindestens eine Weise) erweiterbar zu einem maximalen zentrierten $\mathfrak{S}' \in \mathfrak{p}(X)$.

Bemerkung. Jedes maximale zentrierte System $\mathfrak{S}$ enthält sowohl alle Durchschnitte von je endlich vielen $S \in \mathfrak{S}$ als alle Obermengen von Mengen aus $\mathfrak{S}$. – Daher ist ein maximales zentriertes System ein Filter und zwar ein **Ultrafilter** (in $\mathfrak{p}(X)$), d. h. ein Filter, zu dem es keinen echt feineren Filter (in $\mathfrak{p}(X)$) gibt.

Beweis. Transfinite Induktion: Es sei schon ein, von zentrierten Systemen gebildetes, echt aufsteigendes, durch $\subset$ linear geordnetes System (eine sogen. Kette) $\mathfrak{k}$ gegeben, wobei $\mathfrak{S}$ erstes (ev. einziges) Glied von $\mathfrak{k}$ ist. – 1. Fall. Es besitzt $\mathfrak{k}$ ein letztes Glied $\mathfrak{S}'$. Ist $\mathfrak{S}'$ maximal, so ist nichts zu beweisen; wenn nicht, existiert definitionsgemäß ein, $S'$ echt umfassendes zentriertes $S'' \in \mathfrak{p}(X)$, sodaß $\mathfrak{k}$ durch Hinzunahme von $\mathfrak{S}''$ fortsetzbar ist. – 2. Fall. Es besitzt $\mathfrak{k}$ kein letztes Glied; dann ist $\mathfrak{k}$ durch Hinzunahme des (zentrierten) $\bigcup \mathfrak{S}$ fortsetzbar. – Das Verfahren bricht im Transfiniten mit einem maximalen zentrierten Glied ab, weil eine Kette (in $\mathfrak{p}(X)$) aus höchstens $2^{2^{\mathfrak{m}}}$ Gliedern bestehen kann, wenn $\mathfrak{m}$ die Mächtigkeit von $X$ ist.

**2. Hilfssatz.** Es sei $X$ Träger eines topologischen Raumes mit $\mathfrak{o}$ bzw. $\mathfrak{a}$ als System der offenen bzw. der abgeschlossenen Mengen. Dann sind folgende Aussagen gleichwertig: (1) Es ist $X$ kompakt. – (2) Jedes zentrierte System $\mathfrak{A} \subset \mathfrak{a}$ besitzt einen nicht leeren Durchschnitt. – (3) Die Mengen eines jeden zentrierten Systems $\mathfrak{S} \subset \mathfrak{p}(X)$ besitzen einen gemeinsamen Berührpunkt.

Beweis. *Betr.* (1) $\leftrightarrow$ (2). Folgt aus II., 1.5.8., Satz 4. – *Betr.* (2) $\leftrightarrow$ (3). Mit $\mathfrak{S}$ ist auch $\bar{\mathfrak{S}} := \{\bar{S} : S \in \mathfrak{S}\}$ zentriert. Und es gilt (3) für $\mathfrak{S}$ genau, wenn (2) für $\bar{\mathfrak{S}}$ gilt.

**2.8.3.2.** *Produkte von beliebig vielen topologischen Räumen.*

Es sei $J \neq \emptyset$ eine (beliebige) Indexmenge. Ferner seien $(T_i, \mathfrak{o}_i)$, $i \in J$, topologische Räume und $P := \times_{i \in J} T_i$. Als **topologisches Produkt** $(P, \mathfrak{o})$ (topologischer Produktraum) der $(T_i, \mathfrak{o}_i)$ wird erklärt: Es sei $\mathfrak{o}$ das kleinste $(S, d)$-System über dem System der primär-offenen Mengen $U_j(G), j \in J$; dabei erhält man $U_j(G)$, indem man in $P$ alle Faktoren $T_i$ für $i \neq j$ beibehält und $T_j$ durch $G \in \mathfrak{o}_j$ ersetzt. Bezeichnet man als elementar-offen die Durchschnitte je endlich vieler primär-offener Mengen, so bilden die elementar-offenen eine Basis von $\mathfrak{o}$ d. h. jedes $H \in \mathfrak{o}$ ist als Vereinigung (beliebig vieler) elementar-offener Mengen darstellbar.

**2.8.3.3.** *Satz von Tychonoff. Das topologische Produkt* $(P, \mathfrak{o})$, *mit* $P := \times_{i \in J} T_i$, *der kompakten topologischen Räume* $(T_i, \mathfrak{o}_i)$, $i \in J$, *ist kompakt.*

Beweis. Zufolge 2.8.3.1., Hilfssatz 2., genügt der Nachweis, daß für jedes zentrierte System $\mathfrak{S}$, alle $S \in \mathfrak{S}$ einen gemeinsamen Berührpunkt besitzen. Gemäß 2.8.3.1., Hilfssatz 1., kann dabei $\mathfrak{S}$ o.B.d.A. als maximal angenommen werden, weil $\mathfrak{S}$ die zu beweisende Eigenschaft besitzt, wenn diese einer maximalen, zentrierten Erweiterung von $\mathfrak{S}$ zukommt. Für $S \in \mathfrak{S}$ und $i \in J$ bezeichnen wir mit $S_i$ die „Projektion" von $S$ nach $T_i$, d. h. die Menge aller $x_i \in T_i$, zu welchen $s = (s_j)_{j \in J} \in S$ mit $s_i = x_i$ existieren. Da $(T_i, \mathfrak{o}_i)$ kompakt und

$\mathfrak{S}_i := \{S_i : S \in \mathfrak{S}\}$ in $T_i$ zentriert ist, besitzen alle Mengen $S_i \in \mathfrak{S}_i$ einen gemeinsamen Berührpunkt $y_i \in T_i$. Wir zeigen, daß $y := (y_i)_{i \in J} \in P$ gemeinsamer Berührpunkte aller $S \in \mathfrak{S}$ ist. Und das Letztere ist richtig, wenn jede offene Umgebung von $y$ in $P$ jedes $S \in \mathfrak{S}$ trifft. Für die primär-offene Umgebung $U_i(G)$ mit $y_i \in G \in \mathfrak{o}_i$ ist dies der Fall; denn wegen $S_i \cap G \neq \emptyset$ für die $S_i$ ist auch $S \cap U_i(G) \neq \emptyset$ für alle $S \in \mathfrak{S}$. Das letztere aber bedeutet, daß $U_i(G) \in \mathfrak{S}$. Denn wegen der Maximalität von $\mathfrak{S}$ und der Bemerkung zu 2.8.3.1., Hilfssatz 1., gehören auch alle elementar-offenen Umgebungen von $y$ (als Durchschnitte endlich vieler primär-offener Umgebungen) und damit überhaupt alle Umgebungen von $y$ in $P$, zu $\mathfrak{S}$, sodaß jede Umgebung von $y$ mit jedem $S \in \mathfrak{S}$ Punkte gemeinsam hat.

Anmerkung. Jeder Punkt $x \in P$ kann gedeutet werden als Abbildung $x : J \longrightarrow \bigcup_{i \in J} T_i$ mit $x(i) := x_i \in T_i$, $i \in J$. Dies erlaubt, daneben eine Schar von Abbildungen von $P$ zu betrachten, nämlich die jedem $i$ zugehörige Abbildung $\pi_i : P \longrightarrow T_i$ mit $\pi_i(x) = x(i)$, $x \in P$, die Projektion von $P$ auf $T_i$.

**Satz.** *Jede Projektion $\pi_i : P \longrightarrow T_i$ ist stetig.*

Beweis. Es seien $x' \in P$ und $j \in J$ fest gewählt. Zu $\pi_j(x') \in T_j$ wählen wir eine in $T_j$ offene, $\pi_j(x')$ enthaltende Umgebung $G$, sodaß $U_j(G)$ eine primär-offene Umgebung von $x'$ in $P$ ist. Es gilt dann: $x \in U_j(G)$ zieht $\pi_j(x) \in G$ nach sich, sodaß für jede Umgebung $U$ von $x'$, welche in $U_j(G)$ enthalten ist, erst recht $x \in U \rightarrow \pi_j(x) \in G$ folgt, was mit der Stetigkeit von $\pi_j$ an der Stelle $x'$ gleichbedeutend ist.

## 2.9. Strikt positive Maße. Normalform bei abzählbarer Borelerzeugender

**Definition.** Es sei $i|\mathfrak{A}$ ein Inhalt. Es heißt $i$ **strikt positiv**, wenn aus $i(A) = 0$ folgt $A = \emptyset$ ($A \in \mathfrak{A}$). Zwei Inhalte $i|\mathfrak{A}$ und $i'|\mathfrak{A}'$ mit den Einheiten $E$ von $\mathfrak{A}$ bzw. $E'$ von $\mathfrak{A}'$, heißen **isometrisch**, wenn eine Bijektion $f: E \longrightarrow E'$ existiert, für deren zugehörige Mengenabbildung $\bar{f}: \mathfrak{p}(E) \longrightarrow \mathfrak{p}(E')$ (Betr. $\bar{f}$ vgl. I., 1.6.6.) gilt: Durch $\bar{f}$ wird $\mathfrak{A}$ auf $\mathfrak{A}'$ derart abgebildet, daß $i'(\bar{f}(A)) = i(A)$ für alle $A \in \mathfrak{A}$.

Folgerungen. (**1**) Es sei $i|\mathfrak{A}$ ein (endliches) Prämaß und $i|\mathbf{B}(\mathfrak{A})$ die kleinste Erweiterung (in $E$) von $i|\mathfrak{A}$ zu einem Maß (Borelsche Erweiterung). Ist $i|\mathbf{B}(\mathfrak{A})$ strikt positiv, so gilt $\mathbf{B}(\mathfrak{A}) = \mathfrak{A}_{\sigma\delta} = \mathfrak{A}_{\sigma\delta}$. (Denn zu jedem $B \in \mathbf{B}(\mathfrak{A})$ existieren $D \in \mathfrak{A}_{\delta\sigma}$ und $S \in \mathfrak{A}_{\sigma\delta}$ mit $D \subset B \subset S$ und $i(S \setminus D) = 0$, sodaß $D = B = S \in \mathfrak{A}_{\delta\sigma} \cap \mathfrak{A}_{\sigma\delta}$, mithin $\mathbf{B}(\mathfrak{A}) \subset \mathfrak{A}_{\delta\sigma} \cap \mathfrak{A}_{\sigma\delta}$. Anderseits ist aber $\mathfrak{A}_{\delta\sigma} \cup \mathfrak{A}_{\sigma\delta} \subset \mathbf{B}(\mathfrak{A})$).

(**2**) Es sei $\mathfrak{N}$ das $\sigma$-Nullideal eines Maßes $i|\mathfrak{A}$ und $\mathfrak{A}(\mathfrak{N})$ die (mod $\mathfrak{N}$) zu $\mathfrak{A}$ $\sigma$-homomorphe $\sigma$-Algebra. Definiert man $j: \mathfrak{A}(\mathfrak{N}) \longrightarrow \bar{\mathbb{R}}_0^+$ vermöge ($R \longmapsto j(R) := i(A)$) für alle Repräsentanten $A$ der Restklasse $R$ (mod $\mathfrak{N}$) in $\mathfrak{A}$, so ist $j|\mathfrak{A}(\mathfrak{N})$ ein strikt positives Maß.

(3) Es sei $i|\mathfrak{A}$ bzw. $i'|\mathfrak{A}'$ ein (etwa endliches) Prämaß, $E$ bzw. $E'$ die Einheit von $\mathfrak{A}$ bzw. $\mathfrak{A}'$ und $m|\mathbf{B}$ bzw. $m'|\mathbf{B}'$ die (in $E$ bzw. in $E'$) kleinste (also Borelsche) Erweiterung von $i|\mathfrak{A}$ bzw. $i'|\mathfrak{A}'$ zu einem Maß. Dann läßt sich jede Isometrie zwischen $i|\mathfrak{A}$ und $i'|\mathfrak{A}'$ erweitern zu einer Isometrie zwischen $m|\mathbf{B}$ und $m'|\mathbf{B}'$.
Notiert sei noch der

**Satz.** *Die $\sigma$-Algebra $\mathfrak{A}$ mit der Einheit $E$ besitze eine* abzählbare Borel-Erzeugende $\mathfrak{S} := \{S_k : k = 1, 2, \dots\}$, *also* $\mathfrak{A} = \mathbf{B}(\mathfrak{S})$. *Außerdem sei $m|\mathfrak{A}$ ein strikt positives Maß mit $m(E) = 1$. Dann ist $m|\mathfrak{A}$ isometrisch zu einer Restriktion des, zum 1-dimensionalen Lebesgueschen Maß $\lambda^1|\mathfrak{L}^1$ in $J := {}^+(0; 1)$ (mod $\mathfrak{N}$) äquivalenten strikt positiven Maßes $\lambda^1|\mathfrak{L}^1(\mathfrak{N})$, wobei $\mathfrak{N}$ das $\sigma$-Nullideal von $\lambda^1|\mathfrak{L}^1$ (Normalform von $m|\mathfrak{A}$).*

Beweis. (1) Es sei $\mathfrak{A}'$ die kleinste, $\mathfrak{S}$ enthaltende Algebra ($\mathfrak{S} \subset \mathfrak{A}' \subset \mathfrak{A}$), sodaß $m|\mathfrak{A}'$ ein Prämaß ist. Zum Beweis des Satzes genügt die Konstruktion einer Isometrie $f$ von $m|\mathfrak{A}'$ mit einer Restriktion von $\lambda^1|\mathfrak{L}^1(\mathfrak{N})$. Denn gemäß Folgerung (3) läßt sich $f$ zu einer Isometrie der gewünschten Art erweitern. – (2) Für $\mathfrak{A}'$ und $\mathfrak{S}$ gilt 1.1.5.2., dessen Bezeichnungen wir hierher übernehmen. Da jedes $A \in \mathfrak{A}'$ als Vereinigung von endlich vielen (disjunkten) $B_{kr}$ für ein genügend großes $k$ darstellbar ist, genügt es, eine Isometrie für die einzelnen $B_{kr}$ zu konstruieren. Hierzu setzen wir $C_{kr} := B_{k1} \cup \dots \cup B_{kr}$ und erklären $\mathfrak{f}(B_{kr})$ als diejenige Äquivalenzklasse $B^1_{kr} \in \mathfrak{L}^1(\mathfrak{N})$, welche als einen Repräsentanten das Intervall ${}^+(m(C_{k,r-1}); m(C_{k,r})) \subset J$ enthält. Erklärt man noch $\mathfrak{f}(\bigcup_\varrho B_{k\varrho}) := \bigcup_\varrho B^1_{k\varrho}$, so gilt in der Tat neben $m(B_{kr}) = m(C_{kr} \setminus C_{k,r-1}) = m_1(B^1_{kr})$ allgemein $m(\bigcup_\varrho B_{k\varrho}) = m_1(\bigcup_\varrho B^1_{k\varrho})$, wobei die $B_{k\varrho}$ bzw. $B^1_{k\varrho}$ disjunkt sind.

Dritter Teil

# Integral reeller Funktionen bezüglich eines Maßes

## 3.0. Einleitung

**I.** In I., 9.5., wurden wir bei der Frage nach einer Definition des Flächeninhaltes ebener (also 2-dimensionaler) Ordinatenmengen reeller Funktionen *einer* reellen Variablen $f: J \rightarrowtail \mathbb{R}$ mit $J := [a; b] \subset \mathbb{R}$ zum Riemannintegral solcher $f$ geführt. Jetzt werden wir uns von den gleichen Vorstellungen wie damals leiten lassen, wenn wir im Folgenden das Lebesgueintegral reeller nicht negativer Funktionen $f$ von $n$ reellen Variablen, also von $f: D \rightarrowtail \mathbb{R}_0^+$ mit $D \subset \mathbb{R}^n$, gründen auf das Lebesguemaß der $(n+1)$-dimensionalen Ordinatenmengen $0(f)$ im $\mathbb{R}^{n+1}$, wobei $0(f) := \{(x, y) : x \in D \wedge 0 \leqq y \leqq f(x)\}$.

Einfachste Beispiele. Es sei $\lambda^q | \mathfrak{L}^q$ das (klassische) Lebesguemaß im $\mathbb{R}^q$, $q \geqq 1$. Ferner sei $f: D \rightarrowtail \mathbb{R}_0^+$ mit $D \in \mathfrak{L}^n$ und $0 < \lambda^n(D) < \infty$, also $0(f) \subset \mathbb{R}^{n+1}$.
(1) Ist $f :=$ konst. $= c > 0$, so ist $0(f)$ der Zylinder der Höhe $c$ mit der Basis $D$ und mit $\lambda^{n+1}(0(f)) = c\lambda^n(D)$. – (2) Es sei $f$ eine $\lambda^n$-meßbare Treppenfunktion (vgl. 1.7.); es ist also $D = \bigcup_r D_r$ mit disjunkten $D_r \in \mathfrak{L}^n$ und es ist $f$ konstant auf $D_r$, etwa $f: D_r \rightarrowtail \{c_r\}$. Wir haben hier $\lambda^{n+1}(0(f)) = \sum_r c_r \lambda^n(D_r)$.
**II.** Zwecks Berechnung von $\lambda^{n+1}(0(f))$ werden wir dieses (analog zu I., 9.5.,) durch $\lambda^n$-Integrale von Treppenfunktionen (und damit $0(f)$ durch Zylindersummen) approximieren, die nicht größer bzw. nicht kleiner sind als $f$, nämlich durch Unter- und Obersummen von $f$. Und wir werden zeigen, daß $0(f)$ genau dann $\mathfrak{L}^{n+1}$-meßbar ist, wenn das Supremum der Untersummen gleich ist dem Infimum der Untersummen. Die Beweisüberlegungen sind im wesentlichen die gleichen wie beim Riemannintegral (I., 9.5.). Zum Unterschied von Letzterem haben wir jetzt aber Zerlegungen (Einteilungen) von $D$ in abzählbar (unendlich) viele Teile zuzulassen (vgl. Beispiel (2) oben), während in I., 9.5., nur solche in endlich viele Teile auftraten.
**III.** Den in Ziff. II. skizzierten Gedankengang werden wir allerdings nicht speziell für das Lebesguemaß $\lambda^n | \mathfrak{L}^n$ im $\mathbb{R}^n$ durchführen sondern sogleich allgemeiner für irgend ein Maß $m | \mathfrak{A}$ über einer $\sigma$-Algebra $\mathfrak{A}$. Diese Verallgemeinerung bedingt nämlich gegenüber dem Fall des $\lambda^n | \mathfrak{L}^n$ keinerlei Komplikationen, läßt hingegen die algebraische Seite der Integraltheorie deutlicher hervortreten. Etwaiäe Besonderheiten für den Fall $m = \lambda^n$ werden an geeigneter Stelle zur Sprache gebracht.

Bemerkung. Neben die schon in der Meßtheorie wichtige Mengenäquivalenz $A = B$ (mod $\mathfrak{N}$) (vgl. 1.3.2., Satz 2.) tritt in der Integraltheorie deren Erweiterung zur Funktionenäquivalenz $f = g$ (mod $\mathfrak{N}$) (vgl. 1.3.4.). Allgemein zu reden werden wir es mit Beziehungen zwischen Mengen und Funktionen im Sinne von „(mod $\mathfrak{N}$)" zu tun haben, d.h. mit Aussagen, die erst nach Einengung auf das Komplement einer jeweils geeignet zu wählenden $m$-Nullmenge richtig sind. Falls der Zusatz „mod ($\mathfrak{N}$)" fehlt, ist bei derartigen Beziehungen „Gleichheit" allemal als Identität zu verstehen.

**IV.** Im *gegenwärtigen 3. Teil* ist $m : \mathfrak{A} \longrightarrow \bar{\mathbb{R}}_0^+$ mit der Einheit $E$ von $\mathfrak{A}$ ein (in $\mathfrak{p}(E)$) vollständiges (im übrigen beliebiges) Maß; das System $\mathfrak{N}$ der $m$-Nullmengen ist also $\sigma$-Ideal in $\mathfrak{p}(E)$, d.h. $\bigwedge_{N \in \mathfrak{N}} \bigwedge_{X \subset N} X \in \mathfrak{N}$.

## 3.1. Raster der m-Einteilungen

**1. Definition.** Unter einer ($\mathfrak{A}$- oder $m$-)Einteilung $\mathfrak{t} := (D_r)_r$ *von* $D \in \mathfrak{A}$ verstehen wir ein abzählbares System *disjunkter* $D_r \in \mathfrak{A}$ mit $D = \bigcup_r D_r$. Das System aller $\mathfrak{t}$ von $D$ sei $\mathfrak{T} := \mathfrak{T}(D) = \mathfrak{T}(D; m)$. Es wird nun $\mathfrak{T}$ zu einem Raster (einer Filterbasis; vgl. auch I., 5.6.8.2.) vermöge folgender *Ordnungs*definition: Ist $\mathfrak{t}' := (D_k')_k \in \mathfrak{T}$ und $\mathfrak{t}'' := (D_r'')_r \in \mathfrak{T}$, so heiße $\mathfrak{t}'$ feiner als $\mathfrak{t}''$ und $\mathfrak{t}''$ gröber als $\mathfrak{t}'$, in *Zeichen* $\mathfrak{t}'' \leqq \mathfrak{t}'$, wenn $\bigwedge_\iota \bigvee_k D_k' \subset D_\iota''$. Ist $\mathfrak{t}'' \leqq \mathfrak{t}'$, so sagen wir auch, $\mathfrak{t}'$ sei **Verfeinerung** oder **Unterteilung** von $\mathfrak{t}''$. Statt $\mathfrak{t}'' \leqq \mathfrak{t}'$ schreiben wir auch $\mathfrak{t}' \in \mathfrak{T}(\mathfrak{t}'') = \mathfrak{T}(D, \mathfrak{t}'')$. Es ist $\mathfrak{T}$ nicht leer; denn z.B. ist $(D_r)_r$ mit $D_r = D$ für alle $r$ ein $\mathfrak{t}$.

Es gilt: (1) $\mathfrak{t}' \leqq \mathfrak{t}'' \wedge \mathfrak{t}'' \leqq \mathfrak{t}' \longrightarrow \mathfrak{t}' = \mathfrak{t}''$ ($\mathfrak{t}'$ und $\mathfrak{t}''$ sind gleichwertig (vgl. I., 5.6.8.2.)). – (2) Für $\mathfrak{t} := (D_r)_r \in \mathfrak{T}$, $\mathfrak{t}' := (D_k')_k \in \mathfrak{T}$ ist $\mathfrak{t}'' := \mathfrak{t}' \cap \mathfrak{t} := (D_r \cap D_k')_{r,k} \in \mathfrak{T}$ und dann $\mathfrak{t} \leqq \mathfrak{t}'' \wedge \mathfrak{t}' \leqq \mathfrak{t}''$ (Bew.!). – (3) Aus (2) folgt, daß $(\mathfrak{T}, \leqq)$ ein Raster ist. – (4) Für jedes $\mathfrak{t}_1 \in \mathfrak{T}$ ist $\mathfrak{T}(\mathfrak{t}_1) := \{\mathfrak{t} : \mathfrak{t} \in \mathfrak{T} \wedge \mathfrak{t}_1 \leqq \mathfrak{t}\}$ ein mit $\mathfrak{T}$ gleichwertiger Raster (also $\mathfrak{T} = \mathfrak{T}(\mathfrak{t}_1)$ im Sinne von I., 5.6.8.2.).

**2. Definition.** Von einer Aussage $A$ über Einteilungen $\mathfrak{t}$ (von $D$) sagen wir „es gilt $A$ **für schließlich alle** $\mathfrak{t}$", wenn $A$ für alle $\mathfrak{t} \in \mathfrak{T}(\mathfrak{t}_0)$ gilt bei geeignet gewähltem $\mathfrak{t}_0 \in T$.

### 3.1.1. $m$-Unter- und Obersummen von Funktionen $f : D \longrightarrow \bar{\mathbb{R}}$.

Ist $\mathfrak{t} := (D_r) \in \mathfrak{T}$ und wird für irgend ein $M \subset D$ gesetzt: $g(f; M) := \inf\{f(x) : x \in M\}$ sowie $G(f; M) := \sup\{f(x) : x \in M\}$, so bilden wir – zunächst rein formal – die Reihen $\sum_r g(f; D_r) m(D_r)$ und $\sum_r G(f; D_r) m(D_r)$. Um zu vermeiden, daß, im Falle z.B. $g(f; D_r) = \pm\infty$ und zugleich $m(D_r) = 0$ oder umgekehrt, das Reihenglied $g(f; D_r) m(D_r)$ sinnlos wird, treffen wir allgemein die

**0. ∞-Festsetzung:** $0 \,.\, \pm\infty := \pm\infty \,.\, 0 := 0 \,.\, (\pm\infty) := (\pm\infty) \,.\, 0 := 0$, und stützen darauf die

**Definition.** Konvergiert die unter Einhaltung der $0 \cdot \infty$-Festsetzung gebildete Reihe $\sum_r g(f; D_r) m(D_r)$ bzw. $\sum_r G(f; D_r) m(D_r)$ unbedingt und zugleich eigentlich, so wird die Reihensumme mit $\underline{S}(f; \mathrm{t})$ bzw. mit $\bar{S}(f; \mathrm{t})$ und als $m$-**Untersumme** bzw. als $m$-**Obersumme** von $f$ bezüglich oder *für* t bezeichnet, ferner $f$ als $\underline{S}(\mathrm{t})$-*endlich* bzw. als $\bar{S}(\mathrm{t})$-*endlich*. Ist $f$ zugleich $\underline{S}(\mathrm{t})$- und $\bar{S}(\mathrm{t}$ -endlich, so heißt $f$ $S(\mathrm{t})$-**endlich**; ist $f$ ferner $S(\mathrm{t})$-endlich für schließlich alle t, so werde $f$ als $S$-**endlich** (schlechthin) bezeichnet und das System der $S$-endlichen $f$ mit $\mathfrak{E} := \mathfrak{E}(D) := \mathfrak{E}(D; m)$.

Beispiel: Ein nicht negatives, in $D$ beschränktes $f$ ist $S$-endlich, wenn $m(D) < \infty$.

1. Anmerkung. Daß nur unbedingt konvergente Reihen zugelassen werden, kennzeichnet in einem gewissen Sinne die hier entwickelte Integrationstheorie gegenüber anderen, wie etwa der von Denjoy.

2. Anmerkung. Daß schon die $\underline{S}(\mathrm{t})$- oder $\bar{S}(\mathrm{t})$-Endlichkeit eine wesentliche Forderung an $f$ enthält, zeigt das folgende Beispiel eines (endlichen) $f: D \longrightarrow \mathbb{R}$ mit $0 < m(D) < +\infty$, welches weder $\underline{S}(\mathrm{t})$- noch $\bar{S}(\mathrm{t})$-endlich ist für schließlich alle t. – Es sei $m := \lambda^1$, ferner $D := (0; 1) \subset \mathbb{R}$, also $\lambda^1(D) = 1$, und z. B. $\mathrm{t}' := (D_r)_r$ mit $D_r := {}^+((r+1)^{-1}; r^{-1})$, also $\lambda^1(D_r) = (r(r+1))^{-1}$, ferner $f := (x \longmapsto f(x) := (-1)^r r)$ für $x \in D_r$. Es gilt nun der

**Satz.** Voraussetzung. *Für ein bestimmtes* $\mathrm{t}' \in \mathfrak{T} = \mathfrak{T}(D; m)$ *seien* $f: D \longrightarrow \bar{\mathbb{R}}$ *und* $h: D \longrightarrow \bar{\mathbb{R}}$ *beide* $S(\mathrm{t}')$-*endlich.*

Behauptung. (I) *Es ist $f$ sogar $S$-endlich, genauer $S(\mathrm{t})$-endlich für jedes* $\mathrm{t} \in \mathfrak{T}(\mathrm{t}')$.

(II) Unterteilung (oder Verfeinerungs-)monotonie der Unter- und Obersummen; *es gilt nämlich*

$$\underline{S}(f; \mathrm{t}') \leqq \underline{S}(f; \mathrm{t}) \leqq \bar{S}(f; \mathrm{t}) \leqq \bar{S}(f; \mathrm{t}') \quad \textit{für jedes} \quad \mathrm{t} \in \mathfrak{T}(\mathrm{t}').$$

(III) Isotonie der Unter- und Obersummen bezüglich $f$ (Vergleichskriterium). *Genauer: Aus* $f \leqq h$ (mod $\mathfrak{N}$) *folgt für schließlich alle* t *(nämlich* $\mathrm{t}' \leqq \mathrm{t}$*)* $\underline{S}(f; \mathrm{t}) \leqq \underline{S}(h; \mathrm{t})$ *und* $\bar{S}(f; \mathrm{t}) \leqq \bar{S}(h; \mathrm{t})$.

(IV) *Es ist $f + h$ $S$-endlich und es gilt:*

$$\underline{S}(f; \mathrm{t}) + \underline{S}(h; \mathrm{t}) \leqq \underline{S}(f+h; \mathrm{t}) \leqq \bar{S}(f+h; \mathrm{t}) \leqq \bar{S}(f; \mathrm{t}) + \bar{S}(h; \mathrm{t})$$

*sowie* $\underline{S}(\alpha f; \mathrm{t}) = \alpha \underline{S}(f; \mathrm{t})$ *und* $\bar{S}(\alpha f; \mathrm{t}) = \alpha \bar{S}(f; \mathrm{t})$ *für* $\alpha > 0$, *aber* $\underline{S}(\alpha f; \mathrm{t}) = \alpha \bar{S}(f; \mathrm{t})$ *für* $\alpha \leqq 0$ $(\alpha \in \mathbb{R})$.

**Zusaätze.** (1) Mit $f$ ist auch $S$-endlich jedes $h$ mit $h = f$ (mod $\mathfrak{N}$). Genauer: Ist $f$ z. B. $\underline{S}(\mathrm{t})$-endlich, so auch $h$ und zwar mit dem gleichen Wert der $m$-Untersumme $\underline{S}(f; \mathrm{t}) = \underline{S}(h; \mathrm{t})$. Entsprechend für $\bar{S}(\mathrm{t})$- und $S$-endliches $f$. Bei beliebigen Änderungen der Werte von $f$ auf einer $m$-Nullmenge bleiben also auch die Werte der $m$-Ober- und Untersummen von $f$ ungeändert.

(1a) Bei unseren Betrachtungen betr. Unter- und Obersummen sind nur solche Aussagen über $f$ und $\mathfrak{t}$ „wesentlich“, die für schließlich alle $\mathfrak{t}$ gelten.

(2) Jedes $S$-endliche $f$ ist $m$-fast überall endlich, kann also als (überall) endlich in $D$ angenommen werden (vgl. Zusatz 1). Dagegen kann umgekehrt aus der Endlichkeit von $f$ nicht auf $S$-Endlichkeit von $f$ geschlossen werden (vgl. die 2. Anmerkung oben (vor dem Satz)).

(3) Ist $\underline{S}(f;\mathfrak{t})=\bar{S}(f;\mathfrak{t})\in\mathbb{R}$ (also endlich für ein $\mathfrak{t}\in\mathfrak{T}$), so ist $f$ (mod $\mathfrak{N}$) eine $S$-endliche $m$-Treppenfunktion; und umgekehrt.

Beweis. *Betr. Beh.* (I). Es sei $\mathfrak{t}:=(D_r)_r$ und $\mathfrak{t}':=(D'_{rt})_{rt}$ mit $D=\bigcup_r D_r$ und $D_r=\bigcup_t D'_{rt}$. Zu zeigen ist die absolute und eigentliche Konvergenz von $\sum_{r,t} g(f;D'_{rt})\,m(D'_{rt})$ und von $\sum_{r,t} G(f;D'_{rt})\,m(D'_{rt})$. Dazu genügt der Nachweis, daß die aus den nicht-negativen bzw. aus den nicht-positiven Gliedern gebildeten Teilreihen $\sum^+$ bzw. $\sum^-$ nach oben bzw. nach unten beschränkte Summen besitzen (vgl. I., 5.3.2.2.). – (**a**) Zunächst ist $g(f;D'')$ $m(D'')\leqq\sum_s g(f;D''_s)\,m(D''_s)\leqq\sum_s G(f;D''_s)\,m(D''_s)\leqq G(f;D'')\,m(D'')$, wenn $(D''_s)_s$ eine Einteilung von $D''(=\bigcup_s D''_s)$ ist ($\sigma$-Unter- bzw. $\sigma$-Oberadditivität von $g(f;D'')\,m(D'')$ bzw. $G(f;D'')\,m(D'')$); dies folgt aus $m(D'')=\sum_s m(D''_s)$ und $g(f;D'')\leqq\inf\{g(f;D''_s);\ s=1,2,\dots\}\leqq\sup\{G(f;D''_s):s=1,2,\dots\}\leqq G(f;D'')$. – (**b**) Aus $g(f;D'_{rt})\geqq 0$ folgt $G(f;D'_{rt})\geqq 0$ wegen (a) daher $0\leqq\sum^+_{r,t} g(f;D'_{rt})\,m(D'_{rt})\leqq\sum^+_{r,t} G(f;D'_{tr})\,m(D'_{rt})\leqq\sum^+_r G(f;D_r))\,m(D_r)<+\infty$, letzteres weil die Reihe rechterhand (absolut und) eigentlich konvergiert. Entsprechend ergibt sich $-\infty<\sum^-_{rt} g(f;D'_{rt})\,m(D'_{rt})\leqq 0$ und damit zugleich die Behauptung betr. $\sum^\pm_{r,t} G(f;D'_{rt})\,m(D'_{rt})$.

*Betr. Beh.* (II) Folgt unmittelbar aus dem Beweis betr. Beh. (I).

*Betr. Beh.* (III) Es sei $N:=[f>h]\in\mathfrak{N}$. Als $\mathfrak{t}'$ kommt in Betracht eine Zerlegung $(D'_r)_r$ von $D$, welche gleichzeitig eine Zerlegung von $N$ liefert, sodaß etwa $N=\bigcup_s D''_s$ mit $D''_s=D'_{r_s}$ und daher $g(f;D''_s)\,m(D''_s)=G(f;D''_s)\,m(D''_s)=0$ (vgl. $0.\ \infty=0$).

*Betr. Beh.* (IV) Es gilt z. B. $g(f;D_r)\,m(D_r)+g(h;D_r)\,m(D_r)\leqq g(f+h;D_r)\,m(D_r)$. Man beweist dies entsprechend wie in I., 5.1.4.1., für Folgen. Entsprechend für $G(f+h;D_r)$ $m(D_r)$. Daraus folgt auch die $S$-Endlichkeit von $f+h$.

*Betr. Zusätze.* (1) Folgt aus Beh. (III). – (2) Es sei $\mathfrak{t}:=(D_r)_r$. Ist $M:=[f=-\infty]\cup[f=+\infty]\notin\mathfrak{N}$, so gibt es $D_r$ mit $m(D_r)>0$ und $M\cap D_r\neq\emptyset$. Daher $|g(f;D_r)|+|G(f;D_r)|=+\infty$ im Widerspruch zur $\underline{S}(\mathfrak{t})$- oder $\bar{S}(\mathfrak{t})$-Endlichkeit von $f$. – (3) Man setze $g_r:=g(f;D_r)$, $G_r:=G(f;D_r)$ und $m_r:=m(D_r)$, sodaß $\sum_r g_r m_r=\sum_r G_r m_r\in\mathbb{R}$. Ist $m_r=+\infty$, so $g_r=G_r=0$, also $f\,|\,D_r=0$. Ist $m_\mu=0$, so auch $m(N)=0$, wobei $N:=\bigcup\{D_\mu:m_\mu=0\}$. Daher $\sum_{0<m_r<+\infty}(G_r-g_r)\,m_r=0$, woraus $f=\text{konst.}$ auf $D_r$ mit $0<m(D_r)<+\infty$. Somit ist $f\,|\,(D\setminus N)$ Treppenfunktion. Analog folgt die Umkehrung.

## 3.2. m-summierbare Funktionen. m-Integral

**3.2.1.** *m*-Unter- und *m*-Oberintegral von *S*-endlichen Funktionen.

**Definition.** Gemäß der Verfeinerungsmonotonie von $\underline{S}(f; \mathfrak{t})$ und $\bar{S}(f; \mathfrak{t})$ (3.1.1., Satz, Beh. (II)) existieren für jedes $f \in \mathfrak{E}$ der obere und untere Rasterlimes $\bar{J}(f; D)$ bzw. $\underline{J}(f; D)$, nämlich

$$-\infty < \underline{\int}_D f dm := \underline{J}(f; D) = \sup\{\underline{S}(f; \mathfrak{t}') : \mathfrak{t}' \in \mathfrak{T}\} \leqq \inf\{\bar{S}(f; \mathfrak{t}') : \mathfrak{t}' \in \mathfrak{T}\} =$$

$$\bar{J}(f; D) =: \bar{\int}_D f dm < +\infty .$$

Dabei wird $\underline{J}(f; D)$ als *m*-**Unterintegral** und $\bar{J}(f; D)$ als *m*-**Oberintegral** *von f über D* bezeichnet, ferner *D* als Integrationsbereich und *f* als Integrand. (Daß $\underline{J}(f; D) \leqq \bar{J}(f; D)$ ist, folgt in bekannter Weise aus $\underline{S}(f; \mathfrak{t}) \leqq \underline{S}(f; \mathfrak{t}') \leqq \bar{S}(f; \mathfrak{t}') \leqq \bar{J}(f; \mathfrak{t})$ für $\mathfrak{t} \leqq \mathfrak{t}'$ (vgl. 3.1.1., Satz)).

**Zusatz.** Für beliebiges $A \subset D$ gilt $\bar{\int} 1_A dm = \bar{m}(A)$.

**1. Satz.** Mittelwertsatz bei $m(D) < +\infty$ für *m*-fast beschränkte $f: D \to \bar{\mathbb{R}}$.

*Ist* $-\infty < a \leqq f(x) \leqq b < +\infty$ *für* $x \in D \setminus N$ *mit* $N \in \mathfrak{N}$, *so gilt* $f \in \mathfrak{E}$ *mit* $am(D) \leqq \underline{J}(f; D) \leqq \bar{J}(f; D) \leqq bm(D)$.

Beweis. Es ist $f \in \mathfrak{E}$. Man setze nämlich etwa $h(x) := f(x)$ für $x \in D \setminus N$ und $h(x) := a$ für $x \in N$, sodaß $h = f \pmod{\mathfrak{N}}$ und daher $\underline{S}(f; \mathfrak{t}) = \underline{S}(h; \mathfrak{t})$ sowie $\bar{S}(f; \mathfrak{t}) = \bar{S}(h; \mathfrak{t})$ für alle $\mathfrak{t} \in \mathfrak{T}(D)$ (gemäß 3.1.1., Satz, Zusatz (1)). Daher $am(D) \leqq \underline{S}(f; \mathfrak{t}) \leqq \bar{S}(f; \mathfrak{t}) \leqq bm(D)$ für alle $\mathfrak{t} \in \mathfrak{T}(D)$, woraus $f \in \mathfrak{E}$ und die behauptete Ungleichung für $\underline{J}$ und $\bar{J}$ folgt.

**2. Satz.** Es sind *m*-Unter- und *m*-Oberintegral $\sigma$-additiv bezüglich des Integrationsbereiches.

Voraussetzung. *Es sei* $f: D \to \bar{\mathbb{R}}$ *S-endlich und* $\mathfrak{t} := (D_r)_r$ *eine m-Einteilung von D.*

Behauptung. $\underline{\int}_D f dm = \sum_r \underline{\int}_{D_r} f dm \leqq \bar{\int}_D f dm = \sum_r \bar{\int}_{D_r} f dm$.

Beweis. *Betr.* $\bar{J}(f; D)$. Wir setzen $\bar{J}_r := \bar{J}(f; D_r)$ und $\bar{S}(\mathfrak{t}_r) := \bar{S}(f; \mathfrak{t}_r)$, $\bar{S}(\mathfrak{t}) := \bar{S}(f; \mathfrak{t})$ usw. Definitionsgemäß gibt es zu jedem $\varepsilon > 0$ und jedem $r$ ein $\mathfrak{t}_r := (D_{rt})_t \in \mathfrak{T}(D_r)$ mit

(Ur) $\quad 0 \leqq \bar{S}(\mathfrak{t}_r) - \bar{J}_r < 2^{-r}\varepsilon, \quad$ d.h. $\quad \bar{S}(\mathfrak{t}_r) - 2^{-r}\varepsilon < \bar{J}_r \leqq \bar{S}(\mathfrak{t}_r), \quad r = 1, 2, \ldots$

Wegen der Antitonie von $\bar{S}$ gilt (Ur) erst recht für *jede* Verfeinerung $\mathfrak{t}'_r := (D'_{rs})_s$ von $\mathfrak{t}_r$, also $\mathfrak{t}'_r \in \mathfrak{T}(\mathfrak{t}_r)$. Nun gilt aber $\mathfrak{t} := (D_{rt})_{rt} \in \mathfrak{T}(\mathfrak{t}_0)$ und $\mathfrak{t}' := (D'_{rs})_{rs} \in \mathfrak{T}(\mathfrak{t})$ und zwar ist *jedes* $\mathfrak{t}'' \in \mathfrak{T}(\mathfrak{t})$ ein $\mathfrak{t}'$. Durch Summation der (Ur) von 1 bis p ergibt sich

$$\sum_{r=1}^{p} \bar{S}(\mathfrak{t}'_r) - \varepsilon < \sum_{r=1}^{p} \bar{J}_r \leqq \sum_{r=1}^{p} \bar{S}(\mathfrak{t}'_r).$$

Es ist aber $\bar{S}(t') = \sum_{r \geqq 1} \bar{S}(t'_r) = \lim_p \sum_{r=1}^{p} \bar{S}(t'_r)$, woraus $S(t') - \varepsilon \leqq \liminf_p \sum_{r=1}^{p} \bar{J}_r \leqq \limsup_p \sum_{r=1}^{p} \bar{J}_r \leqq \bar{S}(t')$. Da $\varepsilon > 0$ beliebig, folgt die Beh. betr. $\bar{J}$. – Die Beh. betr. $\underline{J}$ ergibt sich durch ganz entsprechende Schlüsse.

**3. Satz.** Linearitäts- und Monotonieverhalten von Ober- und Unterintegral

*Für $f, h \in \mathfrak{E}(D)$ gilt, wenn in $\bar{\int}_D f dm$ usw. das $D$ weggelassen wird,*
(1) $\underline{\int} \alpha f dm = \alpha \underline{\int} f dm$, $\bar{\int} \alpha f dm = \alpha \bar{\int} f dm$, *falls* $\alpha \in \mathbb{R}_0^+$ ;
(2) $\underline{\int} (-f) dm = - \bar{\int} f dm$ ;
(3) $\underline{\int} f dm + \underline{\int} h dm \leqq \underline{\int} (f+h) dm \leqq \bar{\int} (f+h) dm \leqq \bar{\int} f dm + \bar{\int} h dm$ ;
(4) $\max\{|\underline{\int} f dm|, |\bar{\int} f dm|\} \leqq \bar{\int} |f| dm$, *falls* $|f| \in \mathfrak{E}(D)$ ;
(5) *Für $f, h \in \mathfrak{E}(D)$ mit $f \leqq h \pmod{\mathfrak{N}}$ gilt $\underline{\int} f dm \leqq \underline{\int} h dm$ und $\bar{\int} f dm \leqq \bar{\int} h dm$; insbesondere steht „$=$" an Stelle von „$\leqq$", wenn $f = h \pmod{\mathfrak{N}}$.*
(6) *Für alle $\alpha$, $p \in \mathbb{R}^+$ gilt (Tschebyscheff-Markoff)*

$$\bar{\int} |f|^p dm \geqq \alpha^p \bar{m}([|f| \geqq \alpha]).$$

**Zusatz.** Gemäß (1) – (3) ist $\mathfrak{E}(D)$ ein reeller Vektorraum.

Beweis. Es folgen (1) – (3) aus 3.1.1., Satz, insbesondere aus Beh. (IV). – Und (4) ergibt sich aus $\max\{|g(f; D_r)|, |G(f; D_r)|\} \leqq G(|f|; D_r)$ sowie aus der absoluten Konvergenz von $\underline{S}(f; t)$ und $\bar{S}(f; t)$. – Weiter folgt (5) aus 3.1.1., Satz, Beh. (IV). – Schließlich erhält man (6) so: Mit $(f; \alpha) := [|f| \geqq \alpha]$ ist $\bar{J}(|f|^p; D) \geqq \bar{J}(|f|^p 1_{(f,\alpha)}; D) \geqq \alpha^p \bar{m}((f; \alpha))$.

**3.2.1.1.** *Zur Integraldefinition.*

(**A**) Während in 3.1.ff. das $m$-Integral mit Hilfe des Rasters $\mathfrak{T}$ *aller* $m$-Einteilungen von $D$ definiert wurde, benutzte die Lebesguesche Integraltheorie (im Falle $m|\mathfrak{A} = \lambda^1|\mathfrak{L}^1$) nur den Raster der („Lebesgueschen") $m$-Einteilungen von $D$ in je *endlich viele* $D_r := [\alpha_r \leqq f < \alpha_{r+1}] \in \mathfrak{A}$ (oder analoge), welche einen Raster $\mathfrak{T}_L$ bilden.
(**B**) Nachstehend soll gezeigt werden:

Voraussetzung. *Es sei $m|\mathfrak{A}$ ein Maß, ferner $D \in \mathfrak{A}$ mit $m(D) < +\infty$. Weiter sei $f$: $D \longrightarrow \mathbb{R}$ beschränkt, etwa $f(D) \subset (a; b)$.* – Behauptung. *Die auf $\mathfrak{T}$ gegründete Integraldefinition ist gleichwertig mit der auf $\mathfrak{T}_L$ gegründeten. (Es ist nicht vorausgesetzt, daß $f$ $m$-meßbar sei.)*

Beweis. Es sei etwa $\underline{J}$ bzw. $\underline{J}_L$ das zu $\mathfrak{T}$ bzw. $\mathfrak{T}_L$ gehörige Unterintegral (von $f$). Da $\mathfrak{T}$ feiner als $\mathfrak{T}_L$ ist, gilt $\underline{J}_L \leqq \underline{J}$ (beide sind endlich). Mit Benutzung der in 3.1.ff. eingeführten Bezeichnungen ist daher noch zu zeigen: Zu jedem $t := (D_r)_r \in \mathfrak{T}$ bzw. $\underline{S}(t) := \sum_r g_r m(D_r)$ mit $g_r := \inf\{f(x) : x \in D_r\}$ und jedem $\varepsilon > 0$ existiert ein $t_L := ([\alpha_\nu \leqq f < \alpha_{\nu+1}]$, $\nu = 1, 2, \ldots, n$, und $\alpha_1 = a$, $\alpha_{n+1} = b) \in \mathfrak{T}_L$ bzw. $\underline{S}(t_L) := \sum_{\nu=1}^{n} \alpha_\nu m([\alpha_\nu \leqq f < \alpha_{\nu+1}])$ derart, daß $\underline{S}(t) - \varepsilon < \underline{S}(t_L)$. Ein solches $t_L$ ergibt sich etwa so: Wegen der absoluten Konvergenz von $\underline{S}(t)$ existiert ein $q \in \mathbb{N}$ mit $|\sum_{r \geqq q} g_r m(D_r)| < \varepsilon$. Man setze $D'_r := D_r$ für $1 \leqq r < q$ und $D'_q := D_q \cup D_{q+1} \cup \ldots$, sodaß $g(D'_q) \leqq \inf\{g(D_r) : r \geqq q\}$ und daher $\underline{S}(t) - \varepsilon < \underline{S}(t')$ mit $t' := (D'_1, \ldots, D'_{q-1}, D'_q)$. Mittels etwaiger Umnumerierung und Zusammenfassung von Summanden in $\underline{S}(t')$ kann erreicht werden, daß $g(D'_1) < g(D'_2) < \ldots < g(D'_q)$. Für $L_q := [g(D'_q) \leqq f < b]$, $D''_r := D'_r \backslash D'_r \cap L_q$, $r = 1, \ldots, q-1$, sowie $D''_q := L_q$ erhält man ein (endliches) $t''$ mit dem „Lebesgueschen" $D''_q = L_q$ und mit $\underline{S}(t') \leqq \underline{S}(t'')$ (dabei ist $g(D'_r) = g(D''_r)$ für $r = 1, \ldots, q$). Fortsetzung des Verfahrens für die $D''_1, \ldots, D''_{q-1}$ bei festem $D''_q$ usw. führt (nach endlich vielen Schritten) zu einem $t_L$ der gewünschten Art.

**Zusatz.** (I) Falls $f$ zwar $m$-summierbar aber nicht beschränkt (also $m$-fast überall endlich) ist oder (und) $m(D) = +\infty$, benutzt auch die Lebesguesche Theorie unendliche Einteilungen (der Wertmenge von $f$) (Vgl. Lit.).
(II) Aus der obigen Konstruktion Lebesguescher $m$-Einteilungen läßt sich entnehmen, daß auch das Riemannintegral und seine Verallgemeinerung (vgl. 3.5.,) nach Lebesgue definierbar ist.

**3.2.1.2.** *Monotonie von Ober- und Unterintegral bei Erweiterung von m.*

Voraussetzung. (1) *Es sei* $f: D \longrightarrow \overline{\mathbb{R}}$ *und das Maß* $m'|\mathfrak{A}'$ *sei Erweiterung des Maßes* $m|\mathfrak{A}$, *wobei* $D \in \mathfrak{A}'$. – (2) *Es seien* $\underline{J}(f; D)$ *und* $\overline{J}(f; D)$ *bzw.* $\underline{J}'(f; D)$ *und* $\overline{J}'(f; D)$ *das m- bzw. m'-Ober- und -Unterintegral von f.* – Behauptung. (A) *Es ist* $\underline{J}(f; D) \leqq \underline{J}'(f; D) \leqq \overline{J}'(f; D) \leqq \overline{J}(f; D)$. – (B) *Aus der Existenz und ev. Endlichkeit des m-Integrals folgt die des m'-Integrals.*

Beweis. Es ergibt sich (A) aus 3.1.1., Satz, Beh. (1) (weil der Raster der $m'$-Einteilungen feiner ist als der $m$-Einteilungen), auch bei nicht endlichen $\underline{J}$ oder $\overline{J}$. – Und (B) folgt aus (A).

**3.2.2.** Das $m$-Integral $m$-summierbarer Funktionen (endliche Integralwerte).

**Definition.** Ein $f \in \mathfrak{E}(D)$ heißt **$m$-summierbar über** $D$, auch $m$-integrierbar i.e.S. (im engeren Sinne), wenn $\underline{\int}_D f dm = \overline{\int}_D f dm \in \mathbb{R}$ (d.h. $\neq \pm\infty$). Dieser gemeinsame Wert von $\underline{J}(f; D)$ und $\overline{J}(f; d)$ wird als das **$m$-Integral** von $f$ über $D$ und mit $\int_D f dm$ oder auch mit $J(f; D)$ bezeichnet, ferner das System der über $D$ $m$-summierbaren $f: D \longrightarrow \overline{\mathbb{R}}$ mit $\mathfrak{S}(D) = \mathfrak{S}(D; m)$.

Anmerkung. Es existiert $\underline{J}(f; D)$ und $\overline{J}(f; D)$ mit $\underline{J}(f; D) = \overline{J}(f; D) = 0$, z.B. wenn entweder $m(D) = 0$ und $f$ beliebig oder wenn $f = 0 \pmod{\mathfrak{N}}$ und $m(D) \leqq +\infty$ beliebig.

Beispiele. (1) Es ist $f: D \longrightarrow \overline{\mathbb{R}}$ $m$-summierbar über $D$ mit $J(f; D) = J$, (a) mit $J = 0$, wenn z.B. $m(D) = 0$; (b) mit $J = cm(D)$, wobei $c, m((D) \in \mathbb{R}$, wenn z.B. $f = \text{konst.} = c \pmod{\mathfrak{N}}$ in $D$. – (2) Die Unter- und Obersummen einer $S$-endlichen Funktion $f$ sind $m$-Integrale

$J(h_n; D)$ von Treppenfunktionen $h_n$ mit $J(f; D) = \lim_n J(h_n; D)$; z. B. ist $\underline{S}(f; \mathfrak{t}) = J(h; D)$ mit $h := \sum_r g(f; D_r) 1_{D_r}$.

**3.2.2.1.** *Eigenschaften des m-Integrals.*

**1. Satz (I).** *Die Einengung eines über $D \in \mathfrak{A}$ m-summierbaren $f: D \to \bar{\mathbb{R}}$ auf jedes $D' \in D \cap \mathfrak{A}$ ist m-summierbar über $D'$. – Umgekehrt: Ist $D = D' \cup D''$ mit $D' \cap D'' = \emptyset$ und $D', D'' \in \mathfrak{A}$ und sind $f|D'$ sowie $f|D''$ m-summierbar über $D'$ bzw. $D''$, so ist auch $f|D$ m-summierbar über $D$.*

**(II)** *Jede über $D \in \mathfrak{A}$ m-summierbare Funktion $f|D$ ist m-fast überall endlich.*

**(III)** *Das System $\mathfrak{S}(D) = \mathfrak{S}(D; m)$ der über $D \in \mathfrak{A}$ m-summierbaren Funktionen ist ein* reeller Vektorraum *(vgl. auch 3.2.1., Satz 3., Zusatz).*

**(IIIa)** *Das m-Integral über $D$ ist ein* lineares Funktional *auf $\mathfrak{S}(D; m)$ (bei festem $D$). Es gilt also $\bigwedge_{f, h \in \mathfrak{S}(D)} \bigwedge_{\alpha, \beta \in \mathbb{R}} \int_D (\alpha f + \beta h) dm = \alpha \int_D f dm + \beta \int_D h dm$.*

**(IV)** *Das m-Integral ist (bei festem $f|D \in \mathfrak{S}(D)$) $\sigma$-*additiv *(bezüglich des Integrationsbereiches) über $D \cap \mathfrak{A}$; also: Für jedes $\mathfrak{t} := (D_r)_r \in \mathfrak{T}(D)$ gilt $\int_D f dm = \sum_r \int_{D_r} f dm$.*

**(V)** *Aus $f, h \in \mathfrak{S}(D)$ mit $f \leqq h$ (mod $\mathfrak{N}$) folgt $\int_D f dm \leqq \int_D h dm$. Aus $f = h$ (mod $\mathfrak{N}$) folgt $\int_D f dm = \int_D h dm$.*

**(VI)** *Aus $f, |f| \in \mathfrak{S}(D)$ folgt $0 \leqq |\int_D f dm| \leqq \int_D |f| dm$. (Daß mit $f$ auch $|f|$ m-summierbar ist, wird später gezeigt (Satz 4)).*

Beweis. *Betr.* (I). Es sei $D'' := D \setminus D'$. Wegen $f \in \mathfrak{S}(D)$ gilt $\bigwedge_{\varepsilon > 0} \bigvee_{\mathfrak{t} \in \mathfrak{T}(D)} 0 \leqq \bar{S}(f; \mathfrak{t}) - \underline{S}(f; \mathfrak{t}) < \varepsilon$. Weiter gibt es $\mathfrak{t}' := (D'_r)_r \in \mathfrak{T}(D')$ und $\mathfrak{t}'' := (D''_t)_t \in \mathfrak{T}(D'')$ derart, daß $\mathfrak{t} \leqq \mathfrak{t}' := ((D'_r)_r, (D''_t)_t) \in \mathfrak{T}(D)$. Wegen $D' \cap D'' = \emptyset$ gilt aber

$$(*) \qquad \bar{S}(f; \mathfrak{t}') + \bar{S}(f; \mathfrak{t}'') = \bar{S}(f; \mathfrak{t}^*) \leqq \bar{S}(f; \mathfrak{t}) \quad \text{und}$$

$$\underline{S}(f; \mathfrak{t}') + \underline{S}(f; \mathfrak{t}'') = \underline{S}(f; \mathfrak{t}^*) \geqq \underline{S}(f; \mathfrak{t}).$$

Somit $0 \leqq (\bar{S}(f; \mathfrak{t}') - \underline{S}(f; \mathfrak{t}')) + (\bar{S}(f; \mathfrak{t}'') - \underline{S}(f; \mathfrak{t}'')) < \varepsilon$. Da aber die Differenzen innerhalb der beiden runden Klammern in der letzten Ungleichung nicht negativ sind und da $\varepsilon > 0$ beliebig klein war, folgt die Beh. – Die Umkehrung ergibt sich wieder aus $(*)$.

*Betr.* (II). Folgt aus 3.1.1., Satz, Zusatz (2).

*Betr.* (III) und (IIIa). Folgt aus 3.2.1., Satz 3., Zusatz.

*Betr.* (IV). Folgt aus 3.2.1., Satz 2.

*Betr.* (V). Folgt aus 3.1.1., Satz, Beh. (III).

*Betr.* (VI). Ergibt sich aus $-|f| \leqq f \leqq |f|$ und (V).

**Definition.** Es wird $f: D \to \bar{\mathbb{R}}$ mit $D \in \mathfrak{A}$ als *m*-**meßbar über** $D$ bezeichnet, wenn $f: D \to \bar{\mathbb{R}}$ $(\mathfrak{A}, \mathfrak{B}^1)$-meßbar ist (vgl. 1.8.).

Die $m$-Meßbarkeit ist Folge der $m$-Summierbarkeit. Es gilt nämlich

**2. Satz.** *Jedes m-summierbare* $f\colon D \longrightarrow \overline{\mathbb{R}}$ *ist m-meßbar.*

Beweis. (I) Hilfssatz. Ist $f \in \mathfrak{S}(D)$, so existiert zu beliebigen $\varepsilon, \delta \in \mathbb{R}^+$ ein $\mathfrak{t} \in \mathfrak{T}(D)$, etwa $\mathfrak{t} := (D_r)_r$, mit endlichen $\bar{S}(f; \mathfrak{t})$, $\underline{S}(f; \mathfrak{t})$ derart, daß $m(V) < \varepsilon$, wobei $V := V(\mathfrak{t}; \delta) = \bigcup_{r'} D_{r'}$, die Vereinigung gebildet über alle $D_{r'}$ unter den $D_r$, für welche $\sigma(f; D_{r'}) := G(f; D_{r'}) - g(f; D_{r'}) \geqq \delta$. In der Tat: Indirekt schließend nehmen wir an, es existieren $\varepsilon'$, $\delta' \in \mathbb{R}^+$ derart, daß $m(V(\mathfrak{t}; \delta') \geqq \varepsilon'$ für *jedes* $\mathfrak{t} := (D_r)_r \in \mathfrak{T}(D)$ mit endlichen $\bar{S}(f; \mathfrak{t})$ und $S(f; \mathfrak{t})$. Man setze $\varphi(M) := \sigma(f; M)\, m(M)$ für $M \in \mathfrak{A}$ mit $m(M) \geqq 0$; wegen $\sigma(f; M) \geqq 0$ ist dann auch $\varphi(M) \geqq 0$ und es gilt $\sum_{r'} \varphi(D_{r'}) \geqq \varepsilon' \delta'$. Wegen $f \in \mathfrak{S}(D)$ gibt es aber unter den $\mathfrak{t} = (D_r)_r$ solche, für die $0 \leqq \sum_r \varphi(D_r) < \varepsilon' \delta'$, also, weil $\varphi(D_r) \geqq 0$, erst recht $0 \leqq \sum_{r'} \varphi(D_{r'}) < \varepsilon' \delta'$ Widerspruch.

(II) *Beweisgedanke.* Für $n = 1, 2, \ldots$ konstruieren wir $m$-meßbare $h_n, k_n \in \mathfrak{S}(D)$ mit $h_n \leqq f \leqq k_n$ derart, daß $m$-fast überall $f = \lim_n h_n = \lim_n k_n$, also etwa in $D \backslash N$ mit $N \in \mathfrak{N}$, existiert. Alsdann ist $f | D \backslash N$ $m$-meßbar und auch $f | D$, wegen der Vollständigkeit von $m$ (vgl. 3.0.) (IV)).

(III) *Konstruktion der* $h_n$, $k_n$. Zunächst sei $\mathfrak{t}_n := (D_{nr})_r \in \mathfrak{T}(D)$ beliebig. Wir erklären $h_n := h(\mathfrak{t}_n)\colon D \longrightarrow \mathbb{R}$ gemäß $(x \longmapsto g(f; D_{nr}))$ für $x \in D_{nr}$ und alle $r$; entsprechend sei $k_n = k(\mathfrak{t}_n) = (x \longmapsto G(f; D_{nr}))$, $x \in D_{nr}$, $r = 1, 2, \ldots$ Demgemäß sind $h_n$ und $k_n$ $m$-meßbar mit $h_n \leqq f \leqq k_n$ in $D$. Jetzt wählen wir $(\mathfrak{t}_n)_n$ des näheren so: Es sei $\varepsilon > 0$ beliebig und $\varepsilon_n := 2^{-n}\varepsilon$. Ferner sei $\delta_n := n^{-1}$. Gemäß des Hilfssatzes (Ziff. (I)) existiert zu $\varepsilon_n$, $\delta_n$ ein $\mathfrak{t}_n := (D_{nr})_r \in \mathfrak{T}(D)$ derart, daß für $V_n := V(\mathfrak{t}_n; \delta_n)$ gilt $m(V_n) < \varepsilon_n$, also $m(W(\varepsilon)) < \varepsilon$, wenn $W(\varepsilon) := \bigcup_n V_n$. Nach Definition von $V_n$ gibt es zu jedem $x \in D \backslash W(\varepsilon)$ und zu jedem $n$ ein $r''$ mit $x \in D_{r''}$ und mit $\sigma(f; D_{r''}) < \delta_n$. Für $x \in D \backslash W(\varepsilon)$ ist daher $0 \leqq k_n(x) - h_n(x) < \delta_n$, woraus $f(x) = \lim_n k_n(x) = \lim_n h_n(x)$ auf $D \backslash W(\varepsilon)$, also, weil $\varepsilon$ beliebig, für $\varepsilon = t^{-1}$. Es gilt also $f = \lim_n h_n = \lim_n k_n$ auch auf $\bigcup_t (D \backslash W(t^{-1})) = D \backslash N$, wobei $N = \bigcap_t W(t^{-1})$. Aber $m(N) = \inf m(W(t^{-1})) \leqq \inf t^{-1} = 0$.

Gemäß Satz 2. ist die $m$-Meßbarkeit von $f$ notwendig für die $m$-Summierbarkeit von $f$. Daß die Umkehrung hiervon nicht richtig ist, zeigt das Beispiel einer $m$-meßbaren, endlichen, aber nicht $m$-summierbaren Funktion bei $m := \lambda^1$ in 3.1.1., Anmerk. 2. Um die $m$-Summierbarkeit eines $m$-meßbaren $f$ zu garantieren bedarf es daher zusätzlicher Forderungen an $f$. Derartige hinreichende (überdies zugleich notwendige) Zusatzforderungen liefert der

**3. Satz.** Voraussetzung. *Es seien* $D$ *und* $f\colon D \longrightarrow \overline{\mathbb{R}}$ *beide m-meßbar.*

Behauptung. *Folgende Aussagen sind gleichwertig:* (*A*) *Es ist f m-summierbar.* – (B) *Es ist f S-endlich.* – (C) *Es existieren* $\underline{\int}_D f dm$ *und* $\overline{\int}_D f dm$ *und beide sind endlich.*

**Zusatz.** Lediglich hinreichend für $m$-Summierbarkeit von $f | D$ ist (neben der $m$-Meßbarkeit von $f$), daß $m(D) < +\infty$ und daß $f | D$ beschränkt sei.

Beweis. *Betr.* (A) → (C) → (B). Klar. – *Betr.* (B) → (A). – (I) Für ein $t := (D_r)_r \in \mathfrak{T}(D)$ sei $f$ $S$(t)-endlich, es konvergiere also sowohl $\sum_r g(f; D_r) m(D_r)$ als $\sum_r G(f; D_r) m(D_r)$ eigentlich und absolut. Dabei gilt: Erstens $g(f; D_q) = G(f; D_q) = 0$ für alle $q$ mit $m(D_q) = +\infty$, also ist $f | D_q = 0$; ferner $g(f; D_s) m(D_s) = 0 = G(f; D_s) m(D_s)$ für alle $s$ mit $m(D_s) = 0$. Zweitens ist $|g(f; D_t)| + |G(f; D_t)| < +\infty$ für jedes $t$ mit $0 < m(D_t) < +\infty$, also etwa $|f(x)| < \alpha_t$ für $x \in D_t$. – (II) Da die zu Ziff. (I), Erstens, gehörigen $q$ und $s$ nur Nullglieder in $\underline{S}(f; t')$ und $\bar{S}(f; t')$ liefern, wobei $t' \in \mathfrak{T}(t)$ beliebig, brauchen nur die unter Ziff. (I), Zweitens, fallenden $t$ in Betracht gezogen zu werden. Setzen wir also $d(f; D_t) := G(f; D_t) - g(f; D_t) \geqq 0$, so genügt es, daß zu jedem $\varepsilon > 0$ ein $t' := (D'_{t\nu})_{t\nu} \in \mathfrak{T}(t)$ existiert, wobei $(D'_{t\nu})_\nu \in \mathfrak{T}(D_t)$, derart daß $\sum_t d(f; D_t) m(D_t) < \varepsilon$. Dies wiederum ist aber erreichbar, wenn $t'$ so gewählt werden kann, daß $\sum_\nu d(f; D'_{t\nu}) m(D'_{t\nu}) < 2^{-t}\varepsilon =: \eta$. Derartige $t'$ ergeben sich so: Setze $D' := D_t$, $D'_\nu := D_{t\nu}$ und $\alpha := \alpha_t$. Ist nun $(-\alpha; \alpha)^+$ in (endlich viele) $(\beta_\mu; \beta_{\mu+1})^+$ zerlegt mit $0 < \beta_{\mu+1} - \beta_\mu < \eta(m(D'))^{-1} =: \eta'$ für alle $\mu$, so wähle man $\nu := \mu$ und $D'_\nu := [\beta_\nu < f \leqq \beta_{\nu+1}]$. Dann gilt $d(f; D'_\nu) < \eta'$ und $\sum_\nu d(f; D'_\nu) m(D'_\nu) < \eta' (\sum_\nu m(D'_\nu)) = \eta' m(D') = \eta = 2^{-t}\varepsilon$. – *Betr. Zusatz.* Folgt unmittelbar aus dem Beweis betr. (B) → (A), Ziff. (II), wenn dort $D$ an Stelle von $D_t$ tritt.

**4. Satz.** Voraussetzung. *Es sei $f: D \rightarrowtail \bar{\mathbb{R}}$ m-meßbar (ebenso wie $D$).*

Behauptung. *Gleichwertig sind folgende Aussagen:* (1) *Es ist $f$ m-summierbar.* – (2) *Es sind $f^+$ und $f^-$ m-summierbar.* – (3) *Es ist $|f|$ m-summierbar.* – (4) *Es existiert eine m-summierbare Majorante $h$ von $|f|$, d.h. ein $h: D \rightarrowtail \mathbb{R}_0^+$ mit $h \in \mathfrak{S}(D)$ und $|f| \leqq h$.*

Beweis. (1) → (2). Es sei $D' := [f \geqq 0]$, $D'' := [f \leqq 0]$, $D_0 := [f = 0]$, also $f^+ | D' = f | D'$ und $-f^- | D'' = f | D''$ (vgl. I., 6.2.3.1.), außerdem $f^+ | D'' = 0 = f^- | D'$. Wegen $D' \in \mathfrak{A}$ usw. und $D = D' \cup (D'' \setminus D_0)$ usw. ist $f^+ \in \mathfrak{S}(D)$, $f^- \in \mathfrak{S}(D)$ (Satz 1., (I)). – (2) → (3) Es ist $|f| = f^+ + f^-$ (Satz 1., (III)). – (3) → (4) Setze $h := |f|$. – (4) → (1) Wegen $-h \leqq f \leqq h$ und der $m$-Summierbarkeit von $h$ gilt: $-\infty < -\int_D h dm \leqq \underline{\int}_D f dm \leqq \bar{\int}_D f dm \leqq \int_D h dm < +\infty$, sodaß $f$ $S$-endlich ist. Gemäß Satz 3. folgt (1).

**5. Satz.** Voraussetzung. *Es sei $D \in \mathfrak{A}$, ferner $f: D \rightarrowtail \bar{\mathbb{R}}$ m-summierbar, außerdem $k: D \rightarrowtail \mathbb{R}$ m-meßbar und beschränkt.*

Behauptung. *(Produkt m-summierbarer Funktionen). Es ist $f \cdot k$ ebenfalls m-summierbar.*

Beweis. Nach Vor. ist $|k| < a < +\infty$. Wegen der $m$-Meßbarkeit von $k$ und der von $f$ (Satz 2.) gilt dies auch für $f \cdot k$ (1.8.2., Satz 1., (II)). Weiter ist $|f \cdot k| \leqq a \cdot |f|$ mit $f \in \mathfrak{S}(D)$, sodaß $f \cdot k \in \mathfrak{S}(D)$ (Satz 4.).

**Definition.** Ein $m$-summierbares $f: D \rightarrowtail \bar{\mathbb{R}}$ werde als $m$-**Nullfunktion** bezeichnet, wenn $f = 0 \pmod{\mathfrak{N}}$.

**6. Satz.** *Für m-summierbare $f: D \rightarrowtail \bar{\mathbb{R}}$ und $h: D \rightarrowtail \bar{\mathbb{R}}$ gilt:*

(Ia) *Ist* $f \geqq 0 \pmod{\mathfrak{N}}$, *so ist* $f$ *genau dann m-Nullfunktion, wenn* $\int_D f dm = 0$. – (Ib) *Es ist* $f$ *genau dann m-Nullfunktion, wenn* $\int_{D'} f dm = 0$ *für alle* $D' \in D \cap \mathfrak{A}$. – (IIa) *Ist* $f \leqq h \pmod{\mathfrak{N}}$, *so gilt* $\int_D f dm = {}_D h dm$ *genau dann, wenn* $f = h \pmod{\mathfrak{N}}$. – (IIb) *Ist* $f$ *beschränkt und* $0 < m(D) < +\infty$, *so steht in* $g(f; D) m(D) \leqq \int_D f dm \leqq G(f; D) m(D)$ *links bzw. rechts das Gleichheitszeichen genau dann, wenn* $f = \text{konst.} = g(f; D) \pmod{\mathfrak{N}}$ *bzw. wenn* $f = \text{konst.} = G(f; D) \pmod{\mathfrak{N}}$.

**Zusatz.** (1) Ist $f_\nu$, $\nu = 1, 2, \ldots$, $m$-Nullfunktion, so auch $f = \sum_\nu c_\nu f_\nu$ mit $c_\nu \in \mathbb{R}$. – (2) Ist $f \geqq 0 \pmod{\mathfrak{N}}$, so gilt $\int_D f dm = 0$ genau dann, wenn $f$ $m$-Nullfunktion.

Beweis. *Betr.* (Ia) und Zusatz (2). *Nur dann.* Trivial. – *Dann.* Indirekt. Ist $\int_D f dm > 0$, so gibt es ein $\mathfrak{t} := (D_r)_r \in \mathfrak{T}(D)$ mit $\underline{S}(f; \mathfrak{t}) > 0$, also ein $D_r$ mit $g(f; D_r) m(D_r) > 0$. Daher $0 < m(D_r) < +\infty$, also $g(f; D_r) > 0$, woraus $f(x) > 0$ für $x \in D_r$ mit $m(D_r) > 0$. Es ist also $f$ nicht $m$-Nullfunktion. – *Betr.* (Ib) *Nur dann.* Trivial. – *Dann.* Für $D' := [f \geqq 0]$ bzw. $D' := [f \leqq 0]$ ist nach Vor. $\int_{D'} f dm = 0$. Gemäß (Ia) sind $f^+$ und $f^-$ $m$-Nullfunktionen, also auch $f = f^+ - f^-$ (vgl. Zusatz (1)). – *Betr.* (IIa) Folgt aus (Ia). – *Betr.* (IIb) Für $a := g(f; D)$, $b := G(f; D)$ gilt nach Vor. $-\infty < a \leqq b < +\infty$. Ist daher $h := \text{konst.} = a$ und $k := \text{konst.} = b$ in $D$, so $h \leqq f \leqq k$ mit $-\infty < am(D) = \int_D h dm \leqq \int_D f dm \leqq \int_D k dm = bm(D)$. Nun folgt (IIb) aus (IIa). – *Betr. Zusatz* (1) Nach Vor. existieren $N_\nu \in \mathfrak{N}$ mit $f_\nu | (D \setminus N_\nu) = 0$, sodaß $f | (D \setminus N) = 0$ für $N := \bigcup_\nu N_\nu$.

**7. Satz.** (Quasibeschränktheit der $m$-summierbaren Funktionen).

Voraussetzung. *Es sei* $m: \mathfrak{A} \longrightarrow \overline{\mathbb{R}}_0^+$ *ein Maß und* $f: D \longrightarrow \overline{\mathbb{R}}$ *m-summierbar (mit* $D \in \mathfrak{A}$*).*

Behauptung (1) *Zu beliebigem* $\varepsilon > 0$ *existiert ein* $Y = Y(\varepsilon) \in D \cap \mathfrak{A}$ *mit* $m(Y) < +\infty$ *derart, daß die Restriktion* $f | Y$ *von* $f$ *auf* $Y$ *beschränkt und daß* $|\int_{D \setminus Y} f dm| < \varepsilon$ *ist.* – (2) *Es ist* $m([|f| \geqq c]) < +\infty$ *für jedes* $c \in \mathbb{R}^+$.

Beweis. *Betr.* (1) Es genügt, die Beh. für $|f|$ zu beweisen, da sie, wenn richtig für $|f|$, dann auch richtig für $f$ ist. O.B.d.A. sei daher $f \geqq 0$ angenommen. Wird $J(X) := \int_X f dm$ gesetzt, so ist $J(X) \geqq 0$, $X \in D \cap \mathfrak{A}$, also $J: \mathfrak{A} \longrightarrow \overline{\mathbb{R}}_0^+$ ein Maß (denn $J$ ist $\sigma$-additiv (3.2.2.1., Satz 1., (IV)). Abkürzungen: $A_0 := [f = 0]$, $A_\infty := [f = +\infty]$, $A_n := [n \leqq f < n+1] \cup [(n+1)^{-1} \leqq f < n^{-1}] \in \mathfrak{A}$, $n \geqq 1$, und $B_k := \bigcup_{n=1}^k A_n \subset B_{k+1} \in \mathfrak{A}$, $k \geqq 1$. Es gilt dann $D = A_0 \cup A_\infty \cup (\bigcup_{k \geqq 1} B_k)$ und stellt eine Zerlegung von $D$ dar, sodaß (weil $J$ als Maß additiv und $\emptyset$-stetig ist, ferner $m(A_0) = m(A_\infty) = 0$) $J(D) = J(\bigcup_k B_k) = \lim_k J(B_k) < +\infty$. Daher gibt es zu jedem $\varepsilon > 0$ ein $K = K(\varepsilon) \in \mathbb{N}^+$ mit $0 \leqq J(D) - J(B_k) = J(D \setminus B_k) < \varepsilon$ für $k \geqq K$. Dabei ist $B_k \subset [(k+1)^{-1} \leqq f < k+1] \subset D$, also $(k+1)^{-1} m(B_k) \leqq J(B_k) \leqq J(D) \leqq +\infty$, woraus für $Y(\varepsilon) := B_k$ die Beh. folgt. – *Betr.* (2) Für $D' := [|f| \geqq c] \in D \cap \mathfrak{A}$ gilt $cm(D') \leqq \int_{D'} |f| dm \leqq \int_D |f| dm$.

### 3.2.2.2. *Beschränkte, m-summierbare Funktionen*

**1. Satz.** Darstellung des $m$-Integrals als Riemannintegral (bei $m(D) < +\infty$)

Voraussetzung. *Es sei* $m: \mathfrak{A} \rightarrowtail \mathbb{R}_0^+$, *also* $m(D) < +\infty$, *und* $f: D \rightarrowtail \bar{\mathbb{R}}$ *m-summierbar sowie beschränkt, etwa* $|f| < a$.

Behauptung. *Es gilt* $\int_D f dm = \int_{-a}^{+a} m([z \leqq f]) dz - am(D)$, *wobei das Riemannintegral rechterhand existiert.*

Bemerkung (a) Die zur Definition des $R$-Integrals beim Beweis (unten) verwendeten Unter- und Obersummen $\sum_r z_r m(D_r)$ usw. entsprechen einer Zerlegung der Ordinatenmenge $\{(x, z): x \in D \wedge z \in [-a; f(x)]\}$ von $(f-a)|D$ in „(horizontale) Schichten", die Darstellung ist also in gewissem Sinne Ausdruck des sogenannten „Cavalierischen Prinzips". Demgegenüber entspricht die Definition des $m$-Integrals vermittelst der Untersummen $\sum_r g(f; D_r) m(D_r)$ usw. einer Zerlegung der Ordinatenmenge in „(vertikale) Säulen". (Vgl. auch 3.2.1.1.).
(b) Wie die im Satz behauptete Darstellung des $m$-Integrals von $f$ zeigt, kann dieses berechnet werden direkt mit Hilfe (lediglich) des Maßes der „Spektralschar" ($c \mapsto [c < f]$) des Integranden $f$, also ohne Bezugnahme auf die Werte von $f$ an den einzelnen Stellen des Definitionsbereiches, womit die zweite Aussage in (V), Satz 1., Nr. 3.2.2.1., aufs Neue bestätigt wird.

Beweis. Es sei $n \in \mathbb{N}^+$ beliebig und $z_{r+1} := z_r + (n+1)^{-1} 2a$, $r = 0, 1, \ldots, n$ mit $z_0 := -a$, also $z_{n+1} = a$. Ferner sei $D_r := [z_r \leqq f < z_{r+1}] \in \mathfrak{A}$, sodaß $D = \bigcup_{r=0}^n D_r$ mit disjunkten $D_r$; es ist also $\mathfrak{t}_n := (D_r)_r \in \mathfrak{T}(D)$. Dann hat man $-am(D) \leqq \underline{T}_n(f) := \sum_{r=0}^n z_r m(D_r)$ $\leqq \underline{S}(f; \mathfrak{t}_n) \leqq \underline{\int}_D f dm \leqq \bar{\int}_D f dm \leqq \bar{S}(f; \mathfrak{t}_n) \leqq \bar{T}_n(f) := \sum_{r=0}^n z_{r+1} m(D_r) \leqq am(D)$. Wegen $0 \leqq \bar{T}_n(f) - \underline{T}_n(f) \leqq 2a(n+1)^{-1}(\sum_{r=0}^n m(D_r)) = 2a(n+1)^{-1} m(D)$ konvergieren $(\bar{T}_n(f))_n$ und $(\underline{T}_n(f))_n$ gegen $\int_D f dm$. Es ist aber $\underline{T}_n(f) - z_0 m([f \geqq z_0]) = \sum_{r=0}^n m([z_{r+1} \leqq f])(z_{r+1} - z_r)$ eine Untersumme des in der Beh. angegebenen Riemannintegrals der antitonen Funktion ($z \mapsto m([z \leqq f])$) der reellen Variablen $z$, die mit $n \rightsquigarrow +\infty$ gegen dieses Integral konvergiert. Wegen $z_0 = -a$ und $[z_0 \leqq f] = D$ folgt die Beh.

**2. Satz.** Lipschitzeigenschaft des $m$-Integrals beschränkter Funktionen.

Voraussetzung. *Es sei* $m(D) < +\infty$, *ferner sei* $f: D \rightarrowtail \mathbb{R}$ *beschränkt, etwa* $|f| \leqq b < +\infty$, *und m-meßbar (also m-summierbar (vgl. 3.2.2.1., Satz 3., Zusatz)).*

Behauptung *Es gilt (betr.* $X + Y$ *vgl. 1.2.):*

$$\left|\int_X f dm - \int_Y f dm\right| \leqq bm(X + Y) \quad \text{für beliebige} \quad X, Y \in D \cap \mathfrak{A}.$$

*Speziell gilt also* $|\int_X f dm| \leqq bm(X) \in D \cap \mathfrak{A}$, *was als* Lipschitzeigenschaft *von* $F := (X \mapsto F(X) := \int_X f dm)$, $X \in D \cap \mathfrak{A}$, *bezeichnet werden kann und soll.*

Anmerkung. Zur Deutung der Ungleichung als Lipschitzbedingung: Es sei $\mathfrak{a}$ das System der Äquivalenzklassen (mod $\mathfrak{N}$) in $\mathfrak{A}$, wobei $\mathfrak{N}$ wieder das $\sigma$-Ideal der $m$-Nullmengen ist. Es liefert dann $d: \mathfrak{a} \times \mathfrak{a} \rightarrow \mathbb{R}$ mit $((\mathfrak{x}, \mathfrak{y}) \mapsto d(\mathfrak{x}, \mathfrak{y}) := m(X + Y))$ für $X \in \mathfrak{x}, Y \in \mathfrak{y}, \mathfrak{x}, \mathfrak{y} \in \mathfrak{a}$, eine Metrik in $\mathfrak{a}$ (Beweis!). Nun besitzt $\int_X f dm =: J(X)$ für alle $X \in \mathfrak{x}$ den gleichen Wert (3.2.2.1., Satz 1., (V)) $J(\mathfrak{x}) := J(X)$. Die Behauptung des Satzes läßt sich daher so aussprechen: $|J(\mathfrak{x}) - J(\mathfrak{y})| \leqq b d(\mathfrak{x}, \mathfrak{y})$ in Worten: Es ist $J: \mathfrak{a} \rightarrow \mathbb{R}$ mit $(\mathfrak{x} \mapsto J(\mathfrak{x}))$ eine Lipschitzabbildung bezüglich des metrischen Raumes $(\mathfrak{a}, d)$.

Beweis. Man setze $J(X) = J(f; X) := \int_X f dm$. – (I) $|J(f; X)| \leqq b m(X)$. In der Tat: Wegen $m(D) < +\infty$ ist $h: D \rightarrow \{b\}$ $m$-summierbar mit $J(h; X) = b m(X)$ (3.2.2., Beispiel (1) (b)). Wegen $|f| \leqq h$ folgt daher die Beh. aus 3.2.2.1., Satz 1., (VI)). – (II) Betr. $|J(X) - J(Y)| \leqq b\, m(X + Y)$. – Wegen $X \setminus Y = X \setminus X \cap Y$ und $X = (X \setminus Y) \cup X \cap Y$ usw. gilt $F(X, Y) := J(f; X) - J(f; Y) = J(f; X \setminus Y) + J(f; X \cap Y) - J(f; Y \setminus X) - J(f; Y \cap X) = J(f: X \setminus Y) - J(f; Y \setminus X)$. Gemäß (I) folgt $|F(X, Y)| \leqq b(m(X \setminus Y) + m(Y \setminus X)) = b m(X + Y)$, letzteres weil $(X \setminus Y) \cap (Y \setminus X) = \emptyset$ und $(X \setminus Y) \cup (Y \setminus X) = X + Y$.

## 3.3. Bildmaße. Transformationssatz für m-Integrale

**1. Satz.** Voraussetzung. *Es sei $(D', \mathfrak{A}')$ ein Meßraum und $(D, \mathfrak{A}, m)$ ein* Maßraum *mit vollständigem $m|\mathfrak{A}$ (und mit $m(D) < +\infty$). Weiter sei $f: D \rightarrow D'$ $(\mathfrak{A}, \mathfrak{A}')$-meßbar (vgl. 1.6.) und mit $D' = f(D)$.*

Behauptung. *Es ist $m \circ f^{[-1]}: \mathfrak{A}' \rightarrow \mathbb{R}$, also $(X' \mapsto m'(X') := m(f^{[-1]}(X')))$, $X' \in \mathfrak{A}'$, ein Maß $m'$ in $D'$ (mit $m'(D') < +\infty$), welches mit $m_f$ und als das $(f-)$ Bild(maß) von $m(= m|\mathfrak{A})$ bezeichnet wird, also $m_f := m \circ f^{[-1]}$.*

Beweis. Da definitionsgemäß $m_f \geqq 0$ und $m_f(D') < +\infty$ ist, muß nur noch die $\sigma$-Additivität von $m_f$ bewiesen werden. Ist nun $\mathfrak{t}' := (D'_r)_r \in \mathfrak{T}(D')$ und $D_r := f^{[-1]}(D'_r)$, also $D_r \in \mathfrak{A}$, so gilt (gemäß I., 1.6.6., Aufgabe 1 (a)) $\mathfrak{t} := (D_r)_r \in \mathfrak{T}(D)$ und daher $m_f(\bigcup_r D'_r) = \sum_r m_f(D'_r)$.

Das Bildmaß tritt auf in dem

**2. Satz.** Transformationssatz für $m$-Integrale (Übergang zu einem Bildmaß.

Voraussetzung. *Es sei $(D', \mathfrak{A}')$ein Meßraum und $(D, \mathfrak{A}, m)$ ein Maßraum, $m(D) < +\infty$. Ferner sei $f: (D, \mathfrak{A}) \rightarrow (D', \mathfrak{A}')$ und $h: D' \rightarrow \mathbb{R}_0^+$ $\mathfrak{A}'$-meßbar sowie beschränkt.*

Behauptung. *Es gilt $\int_{D'} h dm_f = \int_D h \circ f dm$.*

Beweis. Zufolge Voraussetzung ist $h \circ f: D \rightarrow \mathbb{R}_0^+$ $\mathfrak{A}$-meßbar, also $m$-meßbar, sowie beschränkt in $D$, mithin $m$-summierbar (weil $m(D) < +\infty$); ebenso ist $h$ $m_f$-summierbar. Die beiden Integrale in der Beh. existieren also. Daß sie gleich sind, kann so eingesehen werden: Gleichheit besteht jedenfalls, wenn $h$ eine $m_f$-meßbare Treppenfunktion ist. In der Tat: Es sei $\mathfrak{t}' := (D'_1, \ldots, D'_n) \in \mathfrak{T}(D')$ und $h := h(\mathfrak{t}') := \sum_{\nu=1}^{n} \alpha_\nu 1_{D'_\nu}$. Für $D_\nu := f^{[-1]}(D'_\nu)$ ist $(D_\nu)_\nu \in \mathfrak{T}(D)$, wobei $m_f(D'_\nu) = m(D_\nu)$ und $h \circ f = \sum_{\nu=1}^{n} \alpha_\nu 1_{D_\nu}$. Daher $\int_{D'} h dm_f = \int_D h \circ f dm$. – Bei beschränktem, $m_f$-meßbarem, sonst beliebigem $h$ gehen wir aus von einer (unendlichen) Folge $(h_r)_r$ beschränkter, $m_f$-meßbarer Treppenfunktionen mit $h = \lim_r f_r$ (vgl. 1.8.3.). Dann ist auch $h \circ f = \lim_r h_r \circ f$. Wie oben gezeigt, gilt $\int_{D'} h_r dm_f = \int_D h_r \circ f dm$. Gemäß 3.4., Satz 2., folgt $\int_{D'} h dm_f = \lim_r \int_{D'} h_r dm_f = \lim_r \int_D h_r \circ f dm = \int_D h \circ f dm$.

## 3.4. Limessätze

Das $m$-Integral $J := J(f; m, X) = \int_X f dm$, $X \in D \cap \mathfrak{A}$, hängt von $f$, $X$ und $m$ ab. An Limeseigenschaften von $J$ *bezüglich* $X$ bei *festen* $f$ *und* $m$ haben wir die $\sigma$-Additivität kennen gelernt (3.2.2.1., 1. Satz, (IV)). Ferner sind uns Limeseigenschaften von $J$ bezüglich $f$ bei festen $X = D$ und $m$ begegnet anläßlich der Definition von $J(f; m; D)$ als Limes von Ober- und Untersummen, welche ja Integrale von Treppenfunktionen darstellen (vgl. 3.2.2., Beisp. (2)). Jetzt sollen Limeseigenschaften von $J$ bezüglich $f$ bei festen $X = D$ und $m$ allgemein behandelt werden. Die allgemeine Sachlage wird beherrscht vom

**1. Satz** (Lemma von Fatou).

Voraussetzung. (1) *Es sei* $m : \mathfrak{A} \longrightarrow \bar{\mathbb{R}}$ *ein vollständiges Maß (über der* $\sigma$*-Algebra* $\mathfrak{A}$*) und* $D \in \mathfrak{A}$. *Ferner sei* $f_r : D \longrightarrow \bar{\mathbb{R}}$, $r = 1, 2, \ldots$, *m-summierbar (also insbesondere m-meßbar).* – (2) *Ist* $h_q := (x \longmapsto \inf\{f_r(x); r \geqq q\})$ *und* $k_q := (x \longmapsto \sup\{f_r(x) : r \geqq q\})$, $x \in D$, *so seien* $h_1$ *und* $k_1$ *m-summierbar.*

Behauptung. (I) *Es sind* $h := \liminf_r f_r$ *und* $k := \limsup_r f_r$ beide $m$-summierbar. – (II) *Es gilt* $\int_D (\liminf_r f_r) dm \leqq \liminf_r (\int_D f_r dm) \leqq \limsup_r (\int_D f_r dm) \leqq \int_D (\limsup_r f_r) dm$.

Beweis. *Betr. Beh.* (I) Es ist $h_1 \leqq h_q \leqq h \leqq k \leqq k_q \leqq k_1$. Ferner sind $|h_1|$ und $|k_1|$ $m$-summierbar (3.2.2.1., Satz 4.), sodaß $|h_1| + |k_1|$ $m$-summierbare Majorante der meßbaren $h_q$, $h$, $k$, $k_q$ ist und diese daher sämtlich $m$-summierbar sind. – Die abzählbar vielen Funktionen $f_r$, $h_q$, $k_q$, $h$, $k$, können o.B.d.A. als in $D$ endlich angenommen werden; denn jedes von ihnen ist, weil $m$-summierbar, $m$-fast überall endlich (3.2.2.1., Satz 1., (II)), also endlich in $D$ nach Abänderung in je einer $m$-Nullmenge und zwar ohne Änderung des Integralwertes, und die Vereinigung von abzählbar vielen $m$-Nullmengen ist wieder $m$-Nullmenge.

*Betr. Beh.* (II). – **(A)** O.B.d.A. kann $f_r \geqq 0$ angenommen werden. Denn $f'_r := f_r - h_1 \geqq 0$

für alle $r \geqq 1$ und $f_r'$ ist ebenfalls $m$-summierbar (mit $f_r$ und $h_1$) gemäß 3.2.2.1., Satz 1., (III). Ebenso ist $m$-summierbar $h_q' := (x \mapsto \inf\{f'(x) : r \geqq q\} = h_q - h_1 \geqq 0$. Und umgekehrt ist $f_r = f_r' + h_1' \in \mathfrak{S}(D)$, wenn $f_r'$, $h_1' = h_1 \in \mathfrak{S}(D)$. Entsprechendes gilt für $k_q' := k_q - h_1 \geqq 0$. Außerdem genügt es, etwa die linke Ungleichung in der Beh. (II), und zwar für die $f_r'$ (statt der $f_r$), zu beweisen. Zu dem Zwecke setzen wir $J_q := J(h_q; D) := \int_D h_q\, dm$ und $\tilde{J} := \sup\{J_q : q = 1, 2, \ldots\}$ sowie $H := J(h; D) := \int_D h dm$. Dann gilt zunächst $0 \leqq J_q \leqq J_{q+1} \leqq \tilde{J} \leqq H$ (wegen $h_q \leqq h_{q+1}$) sowie $0 \leqq \tilde{J} \leqq L := \liminf_r J(f_r; D)$ (mit $J(f_r; D) = \int_D f_r dm$); die letzte Ungleichung folgt aus $J_q \leqq J(f_r; D)$ für alle $r$ mit $q \leqq r$, also $J_q \leqq \inf\{J(f_r; D) : q \leqq r\}$. Demzufolge lautet die Beh. nun $H \leqq L$. Wegen $\tilde{J} \leqq \min\{H, L\}$ *genügt es* aber (statt der linken Ungleichung), zu beweisen, *daß* $H \leqq \tilde{J}$.

**(B)** *Beweis, daß* $H \leqq \tilde{J}$.

**(B1)** Wir brauchen nur zu zeigen: Für jedes $\mathfrak{t} := (D_n)_n \in \mathfrak{T}(D)$ gilt

$$(+) \qquad 0 \leqq \underline{S}(h; \mathfrak{t}) = \sum_n c_n m(D_n) \leqq \tilde{J} \quad \text{mit} \quad 0 \leqq c_n := \inf\{h(x) : x \in D_n\} < +\infty .$$

Denn $H = \sup\{\underline{S}(h; \mathfrak{t}) : \mathfrak{t} \in \mathfrak{T}(D)\}$ und $c_n < +\infty$ wegen der $m$-Summierbarkeit von $h$, sofern $m(D_n) > 0$.

**(B2)** Für die Gültigkeit von $(+)$ in (B1) ist hinreichend dafür, daß

$$(++) \qquad \bigwedge_n c_n m(D_n) \leqq \lim_q J(h_q; D_n) .$$

In der Tat folgt aus $(++)$, daß

$$\sum_n c_n m(D_n) \leqq \sum_n \lim_q J(h_q; D_n) = \lim_q \Big(\sum_n J(h_q; D_n)\Big) = \lim_q J(h_q; D) = \sup\{J_q : q = 1, 2, \ldots\} = \tilde{J} ;$$

die hierbei vorgenommene Vertauschung von $\sum_n$ und $\lim_q$ ist wegen der Isotonie bezüglich $q$ und wegen der eigentlichen sowie unbedingten Konvergenz der Reihen (deren Glieder nicht-negativ sind) gestattet.

**(B3)** Beweis von $(++)$ in (B2). O.B.d.A. sei $\bigwedge_n c_n, m(D_n) \in \mathbb{R}^+$. Abkürzend werde gesetzt: $D' := D_n$ und $c' := c_n := \inf\{h(x); x \in D'\}$. Für beliebiges $c'' \in (0; c') \subset \mathbb{R}^+$ sei $D_q'' := [c'' < h_q] \cap D'$. Wegen $0 < c'' < c' \leqq h(x)$ für alle $x \in D'$ und $h_q \leqq h_{q+1}$ gilt $D_q'' \subset D_{q+1}''$. Und aus $h = \lim_q h_q$ folgt $D' = \bigcup_q D_q''$. Ferner gilt $c'' m(D_q'') \leqq J(h_q; D_q'') \leqq J(h_q; D') \leqq \lim_r J(h_r; D')$. Für $q \rightsquigarrow +\infty$ und $c'' \rightsquigarrow c'$ ergibt sich unter Rücksicht auf $\lim_q m(D_q'') = m(D')$, daß $c' m(D') = c_n m(D_n) \leqq \lim_r J(h_r; D_n)$. Es gilt also $(++)$.

Eine unmittelbare Folgerung aus Satz 1 ist der

**2. Satz.** Gliedweise Integrierbarkeit konvergenter Folgen von $m$-summierbaren Funktionen.

Voraussetzung. (1) *Es seien* $f_r : D \rightarrow \mathbb{R}$, $r = 1, 2, \ldots$, *sämtlich* $m$-*meßbar; und alle*

$|f_r|$ *sollen eine gemeinsame m-summierbare Majorante besitzen.* – (2) *Es sei* $(f_r)_r$ *konvergent (m-fast überall) in D mit* $f := \lim_r f_r$ *in* $D \setminus N$, $N \in \mathfrak{N}$.

Behauptung. *Es ist f m-summierbar über D mit* $\int_D f dm = \int_D (\lim_r f_r) dm = \lim_r (\int_D f_r dm)$.

**Zusatz** (I) Ist unter der Vor. (1) die Folge $(f_r)_r$ *isoton* (oder antiton) in $D$, so gilt das „Monotonieprinzip":

$$\int_D (\sup_r f_r) dm = \sup_r (\int_D f_r dm) = \int_D (\lim_r f_r) dm = \lim_r (\int_D f_r dm).$$

(II) Jede konvergente Reihe von $m$-meßbaren Funktionen $f_q$ mit beschränkter Summe ist, wenn $m(D) < +\infty$, gliedweise integrierbar (mit $m$-summierbarer Summe), also $\int_D (\sum_q f_q)\, dm = \sum_q \int_D f_q dm$.

Beweis. *Betr. den 2. Satz.* Die $f_r$ und $f$ sind, weil $m$-meßbar mit $m$-summierbarer Majorante, $m$-summierbar (3.2.2.1., Satz 4.). Wegen $\lim_r f_r = \limsup_r f_r$ usw. folgt die Beh. aus Satz 1. – *Betr. Zusatz* (I). Es ist $(f_r)_r$, weil monoton, konvergent, also Vor. (2) des 2. Satzes erfüllt. – *Betr. Zusatz* (II). Es ist $f_1 + \ldots + f_q$ $m$-meßbar und beschränkt, also (wegen $m(D) < +\infty$) $m$-summierbar (3.2.2.2., Satz 3., Zusatz). Da gleiches für die Reihensumme gilt, ist der 2. Satz anwendbar.

## 3.5. m-integrierbare Funktionen (Unendliche Integralwerte)

Bisher wurden nur $m$-summierbare Funktionen, also nur endliche Integralwerte in Betracht gezogen. Die nachstehende Ausdehnung des Integralbegriffes auf eine größere Klasse $m$-meßbarer, aber nicht $m$-summierbarer Integranden $f$ beruht auf der Zerlegung $f = f^+ - f^-$ (I., 6.2.3.1.). Wir beweisen daher zunächst für nicht-negative $f$ den

**1. Satz.** Voraussetzung. *Es sei* $f: D \to \overline{\mathbb{R}}_0^+$ *m-meßbar.*

Behauptung. *Für* $\underline{J}(f; D) := \sup\{\underline{S}(f; \mathfrak{t}') : \mathfrak{t}' \in \mathfrak{T}(D; m)\}$ *und* $\bar{J}(f; D) := \inf\{\bar{S}(f; \mathfrak{t}') : \mathfrak{t}' \in \mathfrak{T}(D; m)\}$ *gilt* $\underline{J}(f; D) = \bar{J}(f; D) \geqq 0$.

Beweis (a) Ist $\bar{J}(f; D) < +\infty$, also $0 \leqq \underline{J}(f; D) \leqq \bar{J}(f; D) < +\infty$, so folgt die Beh. aus 3.2.2.1., Satz 3. (es ist $f$ $m$-summierbar). (Die Existenz der $\underline{S}(f; \mathfrak{t}')$ und $\bar{S}(f; \mathfrak{t}')$ folgt aus $f \geqq 0$). – Somit bleibt zu zeigen: Aus $\underline{J}(f; D) < +\infty$ folgt $\bar{J}(f; D) < +\infty$. – (b) Wir gehen aus von einer Zerlegung von $\mathbb{R}^+$ in abzählbar viele, halboffene Intervalle $^+(a_n; b_n)$ und der dadurch bestimmten $m$-Einteilung $\mathfrak{t} := (D_0, D_\infty, D_n, n = 1, 2, \ldots)$ von $D$, wobei $D_0 := [f = 0]$, $D_\infty := [f = +\infty]$, $D_n := [a_n \leqq f < b_n]$; weil $f$ $m$-meßbar ist, gilt nämlich $D_0, D_\infty, D_n \in \mathfrak{A}$. Wegen $f \geqq 0$ und $\underline{J}(f; D) < +\infty$ konvergiert $\underline{S}(f; \mathfrak{t}) = g(f; D_0) m(D_0) + g(f; D_\infty) + \sum_n g(f; D_n) m(D_n)$ eigentlich (und unbedingt); dabei ist $g(f; D_0) m(D_0) = 0 =$

$g(f; D_\infty)m(D_\infty)$, also $m(D_\infty)=0$ (wegen $g(f; D_\infty)< +\infty$). Weiter ist $0 \leqq a_n m(D_n) \leqq g(f; D_n)m(D_n) < +\infty$, wegen $a_n \in \mathbb{R}^+$ also $m(D_n) < +\infty$ für jedes $n$. Weil $a_n \leqq f < b_n$ in $D_n$, ist $f$ beschränkt in $D_n$, also, weil $m$-meßbar, sogar $m$-summierbar über $D_n$ (3.2.2.1., Satz 3., Zusatz). Daher gibt es eine $m$-Einteilung $\mathfrak{t}_n$ von $D_n$ mit $0 \leqq \bar{S}(f; \mathfrak{t}_n) - \underline{J}(f; D_n) \leqq \bar{S}(f; \mathfrak{t}_n) - \underline{S}(f; \mathfrak{t}_n) < 2^{-n}\varepsilon$. Folglich liefert $\{D_0, D_\infty, \mathfrak{t}_1, \mathfrak{t}_2, \ldots\}$ eine $m$-Einteilung $\mathfrak{t}'$ von $D$ mit $0 \leqq \bar{S}(f; \mathfrak{t}') - \underline{J}(f; D) < \varepsilon$; dabei ist die $\sigma$-Additivität von $\underline{J}$ benutzt (3.2.1., Satz2., Bew.) sowie $m(D_\infty) = 0 = G(f; D_\infty)m(D_\infty)$. Weil $\varepsilon > 0$ beliebig ist, folgt $\bar{J}(f; D) = \inf \{\bar{S}(f: \mathfrak{t}''): \mathfrak{t}'' \in \mathfrak{T}(\mathfrak{t}')\} = \underline{J}(f: D) < +\infty$.

Angesichts des vorstehenden Satzes ist es sinnvoll, für $m$-meßbare $f \geqq 0$ bzw. $f \leqq 0$ einzuführen die

Bezeichnung: $\int_D f dm := \bar{J}(f; D) = J(f; D) \geqq 0$ bzw. $\leqq 0$, und anschließend die

**Definition.** Es sei $f: D \longrightarrow \bar{\mathbb{R}}$ $m$-meßbar und $f = f^+ - f^-$, wobei $f^+ \geqq 0$, $f^- \geqq 0$. Ist dann $\int_D f^+ dm < +\infty$ oder (und) $\int_D f^- dm < +\infty$, so werde $f$ als ***m*-integrierbar über** $D$ bezeichnet, ferner

$$J(f; D) := \int_D f dm := \int_D f^+ dm - \int_D f^- dm \in \bar{\mathbb{R}}$$

als ***m*-Integral von $f$ über** $D$ sowie $f$ als Integrand und $D$ als Integrationsbereich.

Bemerkungen. (1) Es ist $f$ $m$-integrierbar über $D$ genau dann, wenn $f^+$ oder $f^-$ $m$-summierbar ist. – (2) Für ein $m$-integrierbares $f$ ist zwar $[f = +\infty]$ oder $[f = -\infty]$ eine $m$-Nullmenge, aber im allgemeinen ist nicht $f$ endlich (mod $\mathfrak{N}$).

**2. Satz.** Voraussetzung. *Es seien $f: D \longrightarrow \bar{\mathbb{R}}$ und $g: D \longrightarrow \bar{\mathbb{R}}$ beide m-integrierbar, also insbesondere m-meßbar. Mit $\mathfrak{N}$ wird das $\sigma$-Ideal der Nullmengen (des vollständigen Maßes $m|\mathfrak{A}$) bezeichnet.*

Behauptung. (1) *Für jedes $\alpha \in \mathbb{R}$ ist mit $f$ auch $\alpha f$ m-integrierbar über D, wobei $\int_D \alpha f dm = \alpha \int_D f dm$.*

(2) *Sind $J(f; D)$ und $J(g; D)$ nicht gleichzeitig unendlich mit verschiedenen Vorzeichen, so ist $f+g$* (mod $\mathfrak{N}$) *sinnvoll und m-integrierbar, wobei $J(f+g; D) = J(f: D) + J(g; D)$.*

(3) *Ist $f$ über D m-integrierbar, so über jedes $D' \in D \cap \mathfrak{A}$.*

(4) *Es ist $J(f; D)$ $\sigma$-additiv, d.h. für jede m-Einteilung $\mathfrak{t} := (D_n)_n$, $n \geqq 1$, von D gilt $J(f; D) = \sum_n J(f; D_n)$.*

(5) *Ist $f$ m-integrierbar über D mit $-\infty < J(f; D)$ und ist $f \leqq g$* (mod $\mathfrak{N}$), *so ist g ebenfalls m-integrierbar über D mit $J(f; D) \leqq J(g; D)$. Entsprechend folgt aus $f \leqq g$* (mod $\mathfrak{N}$) *und der m-Integrierbarkeit von g über D mit $J(g; D) < +\infty$ die m-Integrierbarkeit von f über D. Ist also $f = g$*(mod $\mathfrak{N}$), *dann ist, wenn f, auch g m-integrierbar über D mit $J(f; D) = J(g; D)$.*

(6) Mittelwertsatz für das $m$-Integral. *Es sei f m-integrierbar über D. Wird $i := \inf\{f(x): x \in D\}$ und $s := \sup\{f(x): x \in D\}$ gesetzt, so gilt:* (A) $im(D) \leqq J(f; D) \leqq sm(D)$. –

(B) *Ist f m-summierbar, so steht in der Ungleichung* (A) *linker- bzw. rechterhand das Gleichheitszeichen genau dann, wenn* $f = i$ (= konst.) (mod $\mathfrak{N}$) *bzw.* $f = s$ (mod $\mathfrak{N}$).

Zusatz. (1) Ein $m$-integrierbares $f \geqq 0$ ist gleich Null (mod $\mathfrak{N}$) genau dann, wenn $J(f; D) = 0$. – (2) Ist $f$ $m$-summierbar und $g$ $m$-integrierbar über $D$, ist ferner $f \leqq g$ (mod $\mathfrak{N}$), so sind gleichwertig: $f = g$ (mod $\mathfrak{N}$) und $J(f; D) = J(g; D)$.

Beweis. *Betr.* (1) Die Beh. gilt für die Unter- und Obersummen.
*Betr.* (2) Nach Vor. ist etwa $-\infty < \min\{J(f; D), J(g; D)\}$, also $[f = -\infty] \cup [g = -\infty] \in \mathfrak{N}$ und somit $f + g$ sinnvoll $m$-fast überall in $D$. Außerdem gibt es eine $m$-Einteilung $\mathfrak{t}$ von $D$ mit $-\infty < \underline{S}(f; \mathfrak{t}) \leqq J(f; D) \leqq \bar{S}(f; \mathfrak{t})$ und $-\infty < \underline{S}(g; \mathfrak{t}) \leqq J(g; \mathfrak{t}) \leqq \bar{S}(g; \mathfrak{t})$, woraus (vgl. 3.1.1., Satz, (IV)) folgt $-\infty \leqq \underline{S}(f; \mathfrak{t}) + \underline{S}(g; \mathfrak{t}) \leqq \underline{S}(f + g; \mathfrak{t}) \leqq \bar{S}(f + g; \mathfrak{t}) \leqq \bar{S}(f; \mathfrak{t}) + \bar{S}(g; \mathfrak{t})$ usw. –

*Betr.* (3). Ist z. B. $f^-$ $m$-summierbar, so auch $f^- | D'$ (vgl. 3.2.2.1., Satz 1.); ferner ist $f^+ | D'$ $m$-meßbar also auch $m$-integrierbar über $D'$. In Rücksicht auf Beh. (2) folgt die Existenz von $J(f; D') = J(f^+; D') - J(f^-; D')$. –
*Betr.* (4). Ist etwa $f^-$ $m$-summierbar, so gilt $J(-f^-; D) = \sum_n J(-f^-; D_n)$ gemäß 3.2.2.1., Satz 1. Wie dort beweist man ferner $J(f^+; D) = \sum_n J(f^+; D_n)$. Wegen $-\infty < J(-f^-; D)$ und der unbedingten Konvergenz der Reihen folgt $J(f; D) = J(f^+ - f^-; D) = \sum_n J(f; D_n)$, wobei Beh. (2) benutzt wird.
*Betr.* (5). Wegen $-\infty < J(f; D)$, konvergiert $\underline{S}(f; \mathfrak{t})$ für passendes $\mathfrak{t}$ unbedingt mit $-\infty < \underline{S}(f; \mathfrak{t})$. Wegen $f \leqq g$ (mod $\mathfrak{N}$) gilt dann $\underline{S}(f; \mathfrak{t}) \leqq \underline{S}(g; \mathfrak{t})$, woraus die $m$-Integrierbarkeit von $g$ über $D$ und die Beh. folgt.
*Betr.* (6). Die Ungleichung (A) folgt aus der für die Untersummen geltenden $gm(D) \leqq \underline{S}(f; \mathfrak{t})$ usw. – Betr. (B). *Dann.* Klar. – *Nur dann.* Es sei z. B. $sm(D) = J(f; D)$, also $s$ und $m(D)$ beide endlich oder eines von ihnen Null. Wird vom Trivialfall $m(D) = 0$ abgesehen, so folgt für $D_n := [f \leqq s - n^{-1}]$ die Abschätzung $J(f; D) \leqq sm(D \setminus D_n) + (s - n^{-1})\, m(D_n) < sm(D)$, sofern $m(D_n) > 0$. Daher $m(D_n) = 0$ für alle $n$, d. h. $m([f < s]) = 0$.

*Betr. Zusatz* (1). Dann. Man setze $C := (f \geqq c]$ für beliebiges $c > 0$. Dann gilt $0 = J(f; D) = J(f; C) + J(f; D \setminus C) \geqq J(f; C) \geqq cm(C) \geqq 0$. Daher $m(C) = 0$, also $[f > 0] = \bigcup_n [f \geqq 2^{-n}] \in \mathfrak{N}$, mithin $f = 0$ (mod $\mathfrak{N}$). – Nur dann. Klar.

*Betr. Zusatz* (2) Anwendung von Zusatz (1), indem man $h := g - f \geqq 0$ an Stelle von $f$ treten läßt.

Erwähnt sei noch, daß die Limessätze in 3.4. auch für $m$-integrierbare Integranden gelten. Nämlich

**3. Satz.** (Lemma von Fatou). Voraussetzung. (0) *Gegeben seien die m-meßbaren* $f_r : D \to \bar{\mathbb{R}}$, $r = 1, 2, \ldots$ *Es werde gesetzt: Erstens* $h_q := (x \mapsto \inf\{f_r(x) : r \geqq q\})$ *und* $h := \liminf_r f_r (= \sup\{h_q : q \geqq 1\})$; *hierbei sei* $h_1$ *m-integrierbar über D mit* $-\infty < J(h_1; D)$.

*Zweitens* $k_q := (x \mapsto \sup\{f_r : r \geqq q\})$ *und* $k := \limsup_r f_r (= \inf\{k_q : q \geqq 1\})$; *hierbei sei* $k_1$ *m-integrierbar über D mit* $J(k; D) < +\infty$.

Behauptung. (I) *Aus Voraussetzung* (0) *und Erstens folgt: Es sind m-integrierbar über D alle* $f_r$ *und* $h_q$ *sowie h. Und es gilt* $\int_D (\liminf_r f_r)\, dm \leqq \liminf_r (\int_D f_r\, dm)$.

(II) *Aus Voraussetzung* (0) *und Zweitens folgt: Es sind m-integrierbar über D alle* $f_r$ *und* $k_q$ *sowie k. Und es gilt* $\int_D (\limsup_r f_r)\, dm \geqq \limsup_r (\int_D f_r\, dm)$.

Beweis. Die Beh. betr. $m$-Integrierbarkeit von $f_r$, $h_q$, $h$ usw. folgt aus Satz 2., Beh. (5). Nun zeigt man wie im Beweis des Lemmas in 3.4., daß es etwa beim Beweis von Beh. (I) genügt, $f_r \geqq 0$ anzunehmen, und daß man sodann wie dort schließen kann, wenn man jeweils „$m$-summierbar" durch „$m$-integrierbar" ersetzt. Die Nachprüfung im einzelnen kann dem Leser überlassen bleiben.

Aus dem 3. Satz folgt wie in 3.4. der

**4. Satz.** Gliedweise $m$-Integrierbarkeit konvergenter Folgen $m$-integrierbarer Funktionen mit $m$-integrierbarer Minorante oder Majorante.

Voraussetzung. *Die* $f_r : D \to \overline{\mathbb{R}}$ *seien m-meßbar und es existiere* $f := \lim_r f_r$ *m-fast überall. Außerdem existiere ein m-integrierbares* $h : D \to \overline{\mathbb{R}}$ *bzw. ein m-integrierbares* $k : D \to \overline{\mathbb{R}}$ *mit* $h \leqq \inf\{f_r; r \geqq 1\}$ *und* $J(h : D) > -\infty$ *bzw. mit* $k \geqq \sup\{f_r : r \geqq 1\}$ *und* $J(k; D) < +\infty$.

Behauptung. *Es ist* $f = \lim_r f_r$ *m-integrierbar mit* $\int_D \lim_r f_r\, dm = \lim_r \int_D f_r\, dm$.

Folgerung. (1) Monotonieprinzip. Ist $f_r \leqq f_{r+1}$ mit $m$-integrierbarem $f_1$ und mit $-\infty < \int_D f_1\, dm$, so gilt: Es ist $\lim_r f_r$ $m$-integrierbar mit $\int_D (\lim_r f_r)\, dm = \lim_r \int_D f_r\, dm$. – (2) Es sei $m$ $\sigma$-endlich, $f : D \to \overline{\mathbb{R}}$ $m$-fast überall endlich und $m$-integrierbar. Dann gibt es über $D$ $m$-summierbare $f_r : D \to \mathbb{R}$ mit $\int_D f\, dm = \lim_r \int_D f_r\, dm$.

Beweis *betr. Folgerung* (2). Es gibt $D_r \in \mathfrak{A}$, $r = 1, 2, \ldots$, mit $D_r \subset D_{r+1} \subset D$ und $D = \bigcup_r D_r$ sowie $m(D_r) < +\infty$ für alle $r$. Setzt man $f_r := \operatorname{med}\{-r, f, +r\}\, 1_{D_r}$, so ist $f = \lim_r f_r$ $m$-fast überall in $D$ mit $-f^- \leqq f \leqq f^+$ und jedes $f_r$ ist $m$-summierbar über $D$ (betr. med vgl. I., 3.4.3.).

## 3.6. Zu einem Inhalt gehöriges Integral. Riemannintegral im $\mathbb{R}^n$

**3.6.1.** Zu einem Inhalt $i|J$ gehöriges Integral.

Es sei $i|\mathfrak{J}$ ein Inhalt, wobei o.B.d.A. $D$ Einheit von $\mathfrak{J}$ mit $i(D) < +\infty$ und $f : D \to [a; b] \subset \mathbb{R}$ angenommen wird. Die Definition des zu $i|\mathfrak{J}$ gehörigen $i$-Integrals $J(f; i) = \int_D f di$

von $f$ über $D$ ergibt sich ganz analog wie für das $m$-Integral (6.1. ff.) mit Hilfe des Rasters $\mathfrak{T}$ der $i$-Einteilungen von $D$ (in endlich viele $i$-meßbare $D_r$); genauer gesagt: Man bildet zunächst das $i$-Unter- und $i$-Oberintegral von $f$ und spricht im Falle ihrer Gleichheit von der $i$-Integrierbarkeit von $f$ usw. Ohne weiteres ergibt sich wieder die Linearität von $J(f; i)$ bezüglich $f$ und die Additivität bezüglich $D$ sowie der Mittelwertsatz (3.5., Satz 2., (6)).

Bemerkung. (1) Auf eine Topologie (in $D$) wird nicht Bezug genommen ebensowenig wir beim $m$-Integral in 3.1. ff. (vgl. (im Fall $D \subset \mathbb{R}^1$) I., 9.5.4.1., Zeile 1 ff.). – (2) Gemäß 3.2.1.1. läßt sich $J(f; i)$ auch mit Hilfe des Rasters der „Lebegueschen" $i$-Einteilungen von $D$ gewinnen. – (3) Jedes $i$-meßbare $f$ ist $i$-integrierbar. – (4) Dem Lebesguemaß im $\mathbb{R}^n$ entspricht das (klassische) Lebesgueintegral.

### 3.6.2. Riemannintegral im $\mathbb{R}^n$

Dem in 2.5.3. erklärten Jordaninhalt $i^n | \mathfrak{J}^n$ entspricht gemäß 3.6.1. eine Verallgemeinerung des Riemannintegrals für den $\mathbb{R}^n$, $n \geqq 2$; dabei kommt dann die Topologie im $\mathbb{R}^n$ ins Spiel, bezüglich deren die Riemann (d. h. die $i^n$-)integrierbaren Funktionen stetig sind auf dem Definitionsbereich $D$ in $\lambda^n$-fast allen Punkten von $D$. Der Beweis für die Kennzeichnung der $i^n$-integrierbaren Funktionen durch diese Stetigkeitsbedingung läßt sich ganz entsprechend wie für den Fall $n = 1$ führen (I., 9.5.6.).

**3.6.2.1.** *Zu Verallgemeinerungen des Riemannintegrals in topologischen Räumen* gelangt man mittels geeigneter Verallgemeinerungen des Jordaninhaltes. Zwei Möglichkeiten seien hier angedeutet, bezüglich deren Präzisierung und bezüglich der Beweise auf die Literatur verwiesen sei.

Mit Benutzung der in 2.5.3.1. eingeführten Bezeichnungen sei $D \in \mathfrak{J}$ und $\mathfrak{t}(D)$ der Raster der $i$-Einteilungen $\mathfrak{t}_j$ von $D$; es sei also $\mathfrak{t}_j := (D_{j1}, \ldots, D_{jk_j})$ mit $D = D_{j1} \cup \ldots \cup D_{jk_j}$ und disjunkten $D_{j\kappa_j}$. Weiter sei $\bar{S}(D; \mathfrak{t}_j) = \sum_{\kappa_j} G(f; D_{j\kappa_j})\, i(D_{j\kappa_j})$ die zu $\mathfrak{t}_j$ und einem $f: D \rightarrowtail [a; b]$ gehörige Obersumme, wobei also $G(f; D_{j\kappa_j}) := \sup(f; D_{j\kappa_j})$; entsprechend erhält man die zu $\mathfrak{t}_j$ gehörige Untersumme bei Ersetzung von $G(f; D_{j\kappa_j})$ durch $g(f; D_{j\kappa_j}) := \inf(f; D_{j\kappa_j})$. Es liefert dann $\bar{\int}_D f di := \limsup_j \bar{S}(D; \mathfrak{t}_j)$ das sogenannte $i$-Oberintegral von $f$ über $D$; entsprechend ist das $i$-Unterintegral $\underline{\int}_D f di$ von $f$ über $D$ erklärt als lim inf der $\underline{S}(f; \mathfrak{t}_j)$ und $\int_D g di := \bar{\int}_D f di = \underline{\int}_D f di$.

*Fall* (I). Unter den obigen Annahmen (vgl. auch 2.5.3.1.) existiert $\int_D f di$ genau dann, wenn $f$ für $\mathfrak{N}$-fast jedes $x \in D$ stetig ist auf $D$.

*Fall* (II). Man nehme als Voraussetzung noch hinzu: Es sei $\mu | \mathfrak{m}$ stark $\mathfrak{N}$-adaptiert an $\mathfrak{o}$ und es enthalte $\mathfrak{J}$ eine abzählbare Basis für $\mathfrak{o}$. Dann gilt unter anderem: Es ist $\bar{\int}_D f di = \int_D \bar{f} dm$, wobei $\bar{f}$ die obere Limesfunktion (I., 7.5.2.1.) des beliebigen $f: D \rightarrowtail [a; b]$, ferner ist $f$ $i$-integrierbar genau, wenn $[f \geqq \zeta]$ bis auf abzählbar viele $\zeta$ stetig ist ($\zeta \in [a; b]$).

### 3.6.3. Vertauschbarkeit von Integration und Grenzübergang beim Riemannintegral(im $\mathbb{R}^1$)*)

#### 3.6.3.1. *Gliedweise Integration von Folgen integrierbarer Funktionen.*

**Satz** (von Arzelà). Voraussetzung. (1) *Es sei* $D := [a; b] \subset \mathbb{R}$ *und* $f_r : D \rightarrowtail \mathbb{R}$, $r = 1, 2, \ldots,$ *mit* $\sup\{|f_r(x)| : x \in D \wedge r \in \mathbb{N}\} < +\infty$. – (2) *Es existiere* $f := \lim_r f_r$ *(punktweise) in* $D$.

Behauptung. *Falls* $f$ *und alle* $f_r$ *Riemannintegrierbar sind in* $D$, *gilt*

$$^{(R)}\int_D f dx = \lim_r {}^{(R)}\int_D f_r dx.$$

**Zusatz.** Sind, unter den Vor., (1), (2), alle $f_r$ R(iemann)-integrierbar in $D$ und konvergiert $(f_r)_r$ lokal-gleichmäßig in jedem, allen $f_r$ gemeinsamen Stetigkeitspunkt der $f_r$, so ist auch $f$ $R$-integrierbar.

Beweis. Die $f_r$ sind, weil $R$-, so auch $L$(ebesgue)-Integrierbar. Wegen der Beschränktheitsvoraussetzung (1) folgt aus 3.4., Satz 2., die $L$-Summierbarkeit von $f$ mit $^{(L)}\int_D f dx = \lim_r {}^{(R)}\int f_r dx = {}^{(R)}\int_D f dy$, letzteres wegen der vorausgesetzten $R$-Integrierbarkeit von $f$.
*Betr. Zusatz.* Weil $R$-integrierbar, ist $f_r$ stetig auf $D$ in jedem $x \in D \backslash N_r$, wobei $N_r$ $L$-Nullmenge ist (I., 9.5.6., Satz 1.). Wegen der vorausgesetzten lokal-gleichmäßigen Konvergenz (vgl. II., 2.3.4.2.) ist $f$ stetig in jedem $x \in D \backslash N$, wobei $N := \bigcup_r N_r$ ebenfalls $L$-Nullmenge ist. Gemäß I., 9.5.6., Satz 1., ist daher $f$ $R$-integrierbar.

Anmerkung. Der vorstehende Zusatz ist in I., 9.5.6., Satz 3., unter der stärkeren Vor. der gleichmäßigen Konvergenz in $D$ bewiesen.

#### 3.6.3.2. *Differenzierbarkeit eines Riemannintegrals nach einem Parameter im Integranden*

Im Folgenden bezeichnet $[t\, t'](f)$ den Differenzenquotienten von $f$ nach $t$.

**Satz.** Voraussetzung. (1) *Es sei* $D := [a; b] \subset \mathbb{R}$ *und* $T := [0; t] \subset \mathbb{R}_0^+$, *ferner* $f := ((x, t) \mapsto f(x, t)), (x, t) \in D \times T$. – (2) *Es gibt* $M \in \mathbb{R}^+$ *mit* $|f(x, 0)| + |[0\, t]\, (f(x, t)| < M$ *für alle* $(x, t) \in D \times (T \setminus \{0\})$. – (3) *Es existiere* $f|_t(x) := \lim_{t \searrow 0} [0\, t]\, (f)$ *für alle* $x \in D$.

Behauptung. *Im Falle der R-Integrierbarkeit bezüglich x in D von* $f|_t$ *und von* $f$ *für alle* $t \in T$ *ist* $F(t) := {}^{(R)}\int_D f(x, t) dx$ *differenzierbar nach t in* $t = 0$ *und es gilt* $F'(0) = \frac{d}{dt}({}^{(R)}\int_D f(x, t) dx)_{t=0} = {}^{(R)}\int_D f_t(x) dx$.

*) Eine Nachprüfung, ob bzw. inwieweit diese Vertauschungssätze auch für das verallgemeinerte Riemannintegral gelten, bleibe dem Leser überlassen. – $^{(R)}\int_D f dx$ bzw. $^{(L)}\int_D f dx$ bedeutet: Riemann- bzw. Lebesgueintegral.

Beweis. Für jede Nullfolge $(t_r)_r$ mit $t_r > 0$ ist $f|_t(x) = \lim_r [0\ t_r]\ (f(x, t_r))$, $x \in D$. Nach Annahme sind $f|_t(x)$ und alle $f_r(x) := f(x, t_r)$ $R$-integrierbar und damit auch alle $[0\ t_r]$ $f(x, t_r) =: g_r(x)$. Angesichts der Beschränktheitsvoraussetzung (2) ist 3.4., 2. Satz, anwendbar. Daher $\int f|_t(x)dx = \lim_r(\int g_r(x)\,dx) = \lim_r\ [0\ t_r] \int f(x, t_r)\,dx)$. Hier ist $\int f|_t(x)dx$ unabhängig von $(t_r)_r$, also auch der letzte Limes rechterhand; dieser liefert daher $F'(0)$.

Anmerkung. Der vorstehende Satz setzt wesentlich weniger voraus als die entsprechenden Sätze in I., 9.2.5. und 9.7.8.2.

**3.6.4.** Lebesgueintegral und Uneigentliches Riemannintegral.

Definitionsgemäß spricht man von einem uneigentlichen Riemannintegral, wenn für $f|D$ entweder $D := [a; b]$ nicht beschränkt ist oder(und) $f$ nicht beschränkt, wenn aber $\lim_n \int_{D_n} f_n di$ mit $D = \bigcup_n D_n$ oder(und) $f = \lim_n f_n$ bei beschränkten $D_n$ und $f_n$ existiert (und endlich ist); dagegen wird die Existenz und Endlichkeit von $\lim_n \int_{D_n} |f_n|\,di$ nicht gefordert (vgl. I., 9.6.1.).

Beisp.: $D := [0; +\infty]$ und $f := x^{-1} \sin x$ in $^+(0; +\infty)$ (vgl. I., 9.7.11.3., (IV), (8)); für $D_n := {}^+(0; (2n+1)\pi)$ gilt nämlich $\int_{D_n} |f|\,di \geqq \sum_{k=0}^{n} 2(2k+1)^{-1}$, wobei die rechte Seite für $n \rightsquigarrow +\infty$ gegen $+\infty$ konvergiert (vgl. I., 5.3.3.1., Beisp. 3a.). Die Menge der uneigentlich Riemann-integrierbaren Funktionen ist also nicht enthalten in der Menge der Lebesgue-summierbaren Funktionen; sie sind Spezialfälle in der Integraltheorie von Denjoy, in welcher der Lebesguesche Integralbegriff durch Hinzunahme von Grenzübergängen verschiedener Art (vgl. oben) erweitert wird. (Vgl. z. B. HAP III, wo eine derartige (erweiterte) Integraltheorie auch für allgemeinere Räume als den $\mathbb{R}^n$ besprochen wird.)

Vierter Teil

# $\sigma$-additive Funktionen

## 4.0. Einleitung

Gemäß 3.2.2.1., Satz 1., Beh. (IV), ist das $m$-Integral $J(X) = J(X; f; m) = \int_X f dm$ mit $X \in \mathfrak{A}$ bei festem, in $E$ $m$-summierbarem $f$ eine $\sigma$-additive Funktion von $X$. Andererseits ist bei gegebenem $m|\mathfrak{A}$ nicht jede $\sigma$-additive Funktion $F|\mathfrak{A}$ durch ein solches $m$-Integral $J(X)$ darstellbar, da $J(X)$ die zusätzliche Eigenschaft besitzt, daß $J(N) = 0$ für jede $m$-Nullmenge $N$. In der Tat gibt es $\sigma$-additive $F: \mathfrak{A} \rightarrowtail \mathbb{R}$ mit $F(N_0) \neq 0$ für ein $N_0 \neq \emptyset$ mit $m(N_0) = 0$; ist nämlich z.B. $x_0 \in N_0$ und $F(X) := 1$ bzw. $=0$, je nachdem $x_0 \in X \in \mathfrak{A}$ bzw. $x_0 \notin X$, so ist $F$ $\sigma$-additiv (Bew.!) und $1 = F(N_0) \neq \int_{N_0} f dm = 0$ für jedes $m$-summierbare $f$. Das soeben erklärt $F$ ist Beispiel einer sogenannten $m$-singulären Funktion $S$, d.h. eines $\sigma$-additiven $S: \mathfrak{A} \rightarrowtail \bar{\mathbb{R}}$ mit $S|(E \setminus N_0) \cap \mathfrak{A} = 0$; solche $S$ sind ebenfalls nicht durch $m$-Integrale darstellbar. Der in 4.4. zu beweisende Darstellungs- und Zerlegungssatz für $\sigma$-additive $F: \mathfrak{A} \rightarrowtail \bar{\mathbb{R}}$ bezüglich eines vorgegebenen Maßes $m|\mathfrak{A}$ besagt nun gerade, daß jedes $F$ nach Abzug eines $m$-singulären Teils als $m$-Integral darstellbar ist. Die Darstellungsfrage beantwortet sich einfacher, wenn $F|\mathfrak{A} = m|\mathfrak{A}$, also $F$ selbst ein Maß ist, weil dann trivialerweise $F = \int dF$. Beim Beweis des Darstellungssatzes ist daher die Heranziehung etwa der Totalvariation von $F$ nützlich, weil diese selbst ein Maß ist und damit direkt zu einer Integraldarstellung führt. Für den Nachweis der Darstellungsmöglichkeit ist die Kenntnis einiger Eigenschaften additiver bzw. $\sigma$-additiver Funktionen erforderlich, die zunächst zusammengestellt werden. Dabei soll gelten die

**Verabredung.** Mit $\mathfrak{A}$ wird, soweit nicht anderes bemerkt, stets eine $\sigma$-Algebra mit der Einheit $E$ bezeichnet.

## 4.1. Additive und $\sigma$-additive Funktionen. Positive, negative und totale Variation

**Definition I.** Es sei $g: \mathfrak{A} \rightarrowtail \bar{\mathbb{R}}$ als **additiv** bzw. als **$\sigma$-additiv** bezeichnet, wenn nicht $g = \text{konst.} = \pm\infty$ ist und wenn $\bigwedge_{A', A'' \in \mathfrak{A}} A' \cap A'' = \emptyset \rightarrow g(A' \cup A'') = g(A') + g(A'')$ bzw. wenn $\bigwedge_{r \neq t} A_r \cap A_t = \emptyset \rightarrow g(\bigcup_r A_r) = \sum_r g(A_r)$; dabei soll in diesen Gleichungen die rechte Seite stets sinnvoll sein, die unendliche Reihe also stets unbedingt konvergieren. –

Es heißt $g$ **isoton** bzw. **antiton**, wenn $g(X) \leqq g(Y)$ für $X \subset Y$ bzw. für $Y \subset X$.

Anmerkung. Ein additives bzw. $\sigma$-additives $f: \mathfrak{A} \to \mathbb{R}_0^+$ ist ein Inhalt bzw. ein Maß im Sinne von 2.2.; dabei folgt aus $0 \leqq f(X) \leqq f(E) < +\infty$ und der Isotonie von $f$ die Beschränktheit von $f$, während bei beliebigem ($\sigma$-)additivem $f: \mathfrak{A} \to \mathbb{R}$ die Beschränktheit, soweit nötig, ausdrücklich zu fordern ist. – Die in Definition I. erwähnten Summen bzw. Reihen sind für $f: \mathfrak{A} \to \mathbb{R}_0^+$ stets sinnvoll. – Es wird sich zeigen (Satz 3., (3)), daß jedes $f: \mathfrak{A} \to \mathbb{R}$ Differenz eines $g: \mathfrak{A} \to \mathbb{R}_0^+$ und eines $h: \mathfrak{A} \to \mathbb{R}_0^+$ ist ($f, g, h$ als ($\sigma$-)additiv angenommen).
In Verallgemeinerung von 2.2.2.1 gilt hier der

**1. Satz.** Limessatz für monotone Mengenfolgen.

Voraussetzung. *Es sei* $f: \mathfrak{A} \to \mathbb{R}$ *additiv (also $f$ endlich).*

Behauptung: *Gleichwertig sind:* (1) *Es ist $f$ $\sigma$-additiv.* – (2) *für jede isotone Folge* $(A_r)_r$, $A_r \in \mathfrak{A}$, *gilt* $\lim_r f(A_r) = f(\bigcup_r A_r)$ *(↑-Stetigkeit).* – (3) *Für jede antitone Folge* $(B_r)_r$, $B_r \in \mathfrak{A}$, *gilt* $\lim_r f(B_r) = f(\bigcap_r B_r)$ *(↓-Stetigkeit).* – (4) *Für jede antitone Folge* $(D_r)_r$, $D_r \in \mathfrak{A}$, *mit* $D := \bigcap_r D_r = \emptyset$ *gilt* $\lim_r f(D_r) = 0$ *($\emptyset$-Stetigkeit).*

Beweis. Vgl. 2.2.2.1.

**2. Satz.** *Es sei* $f: \mathfrak{A} \to \mathbb{R}$ *additiv (also $f$ endlich). Dann gilt:* (1) $f(\emptyset) = 0$. – (2) $f(X \setminus X \cap Y) = f(X) - f(X \cap Y)$. – (3) $f(\bigcup_{\varrho=1}^r X_r) = \sum_{\varrho=1}^r f(X_r)$ *für disjunkte* $X_r \in \mathfrak{A}$. – (4) *Das System aller additiven bzw. aller $\sigma$-additiven (endlichen)* $f: \mathfrak{A} \to \mathbb{R}$ *ist ein reeller Vektorraum.* – (5) *Es ist $f$ isoton genau dann, wenn $f$ nicht negativ (also ein Inhalt) ist.*

Beweis. *Betr.* (1). Es ist $f(\emptyset)$ endlich und $f(\emptyset) = f(\emptyset) + f(\emptyset)$. – *Betr.* (2)–(4). Aufgabe. – *Betr.* (5). Ist $f$ isoton, so $f(\emptyset) = 0 \leqq f(X)$ für alle $X \in \mathfrak{A}$ wegen $\emptyset \subset X$. Umgekehrt folgt aus $0 \leqq f(X)$ für alle $X \in \mathfrak{A}$ die Isotonie wegen Beh. (2), also $0 \leqq f(X \setminus Y) = f(X) - f(Y)$ für $Y \subset X$.

**Definition II.** Für (endliches) $f: \mathfrak{A} \to \mathbb{R}$ und $M \in \mathfrak{A}$ werde bezeichnet: $f^+(M) := \sup\{f(X): X \in M \cap \mathfrak{A}\}$ bzw. $f^-(M) := -\inf\{f(X): X \in M \cap \mathfrak{A}\}$ als die postive bzw. negative Variation von $f$ in $M$, ferner $\bar{f} := f^+ + f^-$ als die totale **Variation** (Totalvariation) von $f$ in $M$.

Hinweis. Man beachte den Zusammenhang zwischen $f^+, f^-$ und den in I., 7.3.2., eingeführten Funktionen $P(f; a, b)$ und $N(f; a, b)$.

**3. Satz.** *Es sei* $f: \mathfrak{A} \to \mathbb{R}$ *additiv bzw. $\sigma$-additiv, ferner* $f^+, f^-: \mathfrak{A} \to \mathbb{R}_0^+$.

Behauptung. *(1) Es gilt* $-f^- \leqq f \leqq f^+$ *und* $|f| \leqq f^+ + f^- (= \bar{f})$. *Es sind* $f^+, f^-$ und $\bar{f}$ *isoton.* – (2). *Es sind* $f^+$ *und* $f^-$ *additiv bzw. $\sigma$-additiv, also auch* $\bar{f}$. – (3) *Es gilt*

*$f(X) = f^+(X) - f^-(X)$, falls $f^+(X)$ und $f^-(X)$ nicht beide unendlich sind.* – (4) *Es sind $f^+(X)$ und $f^-(X)$ entweder beide endlich oder beide unendlich.* – (5) *Es sei $f := p - n$, wobei $p : \mathfrak{A} \longrightarrow \bar{\mathbb{R}}_0$ und $n : \mathfrak{A} \longrightarrow \bar{\mathbb{R}}_0^+$, ferner für kein $X \in \mathfrak{A}$ gleichzeitig $p(X) = +\infty$ und $n(X) = +\infty$; $f$ und $n$ seien additiv bzw. $\sigma$-additiv. Dann gilt $f^+ \leqq p$ und $f^- \leqq n$.*

**Zusatz.** Es ist $f$ beschränkt genau dann, wenn $\bar{f}$ beschränkt ist.

Beweis. *Betr.* (1). Der erste Teil folgt aus der Definition: $-f^-(A) \leqq f(X) \leqq f^+(A)$ für alle $A \in \mathfrak{A}$, $X \in \mathfrak{A}$, also $-f^-(A) \leqq f(A) \leqq f^+(A)$; der zweite folgt aus $f(\emptyset) = 0$ (Satz 2., (1). – *Betr.* (2). Für $X, Y \in \mathfrak{A}$ und $X' \in X \cap \mathfrak{A}$, $Y' \in Y \cap \mathfrak{A}$ mit $X \cap Y = \emptyset$ gilt $f(X' \cup Y') = f(X') + f(Y')$. Folglich $f^+(X \cup Y) \geqq f(X') + f(Y')$ und daraus $f^+(X \cup Y) \geqq f^+(X) + f^+(Y) \geqq f^+(X \cup Y)$. Entsprechend ergibt sich die Beh. betr. $f^-$ sowie betr. $\bar{f}$ und für den Fall, daß $f$ $\sigma$-additiv ist. – *Betr.* (3). Es sei $X \in \mathfrak{A}, T \in X \cap \mathfrak{A}$, also $f(T) = f(X) - f(X \setminus T)$. Wegen der Isotonie von $f^+$ und $f^-$ (Beh. (2)) folgt $f(T) \leqq f(X) + f^-(X)$, also $f^+(X) \leqq$ $\leqq f(X) + f^-(X)$. Analog erhält man $f^+(X) \geqq f(X) + f^-(X)$. Ist z.B. $f^-(X) < +\infty$, so folgt $f^+(X) < +\infty$ und dann die Beh. – *Betr.* (4) Folgt aus (3). – *Betr.* (5). Für $p(X) = +\infty$ ist nichts zu beweisen. Ist aber $0 \leqq p(X) < +\infty$, so folgt für $Y \in X \cap \mathfrak{A}$ aus $f(Y) = p(Y) - n(Y)$ und aus der Isotonie von $p$ zusammen mit $n \geqq 0$, daß $f(Y) \leqq p(Y) \leqq p(X)$, also $f^+(X) \leqq p(X)$. Entsprechend ergibt sich $f^-(X) \leqq n(X)$. – *Betr. Zusatz.* Folgt aus $|f| \leqq \bar{f}$.

Beispiel eines endlichen, additiven $f|\mathfrak{A}$ mit $f^+(E) = f^-(E) = +\infty$. Es sei $E = N = \{1, 2, \ldots\}$. Die Algebra $\mathfrak{A}$ in $\mathfrak{p}(E)$ bestehe Erstens aus allen endlichen $M \in \mathfrak{p}(E)$ sowie Zweitens aus allen $C := E \setminus M$ für alle endlichen $M$. Weiter sei $f|\mathfrak{A}$ so erklärt: $f(\{2m\}) = m^{-1}$, $f(\{2m-1\}) = -m^{-1}$ für alle $m \in N$ und $f(M) = \sum_{\varrho=1}^{r} f(t_\varrho)$, wenn $M = \bigcup_{\varrho=1}^{r} t_\varrho$ mit $t_\varrho \neq t_\mu$ für $\varrho \neq \mu (t_\varrho \in \mathfrak{A})$; außerdem sei $f(C) = f(E) - f(M)$ für $C = E \setminus M$ und etwa $f(E) = 0$. Beweise, daß $f$ endlich und additiv ist, aber $f^+(E) = f^-(E) = +\infty$.

## 4.2. Extrema $\sigma$-additiver, beschränkter Funktionen

**Definition.** Ist $f : \mathfrak{A} \longrightarrow \mathbb{R}$, so werde $A \in \mathfrak{A}$ als **$f$-Null** bzw. als **$f$-positiv** bzw. als **$f$-negativ**, kurz $f$-pos. bzw. $f$-neg., bezeichnet, wenn für *jedes* $X \in A \cap \mathfrak{A}$ gilt: $f(X) = 0$ bzw. $f(X) \geqq 0$ bzw. $f(X \leqq 0$. Es werde gesetzt:

$$\mathfrak{A}^0(f) := \{A : A \in \mathfrak{A} \wedge A\ f\text{-Null.}\}, \quad \mathfrak{A}^+(f) := \{A : A \in \mathfrak{A} \wedge A\ f\text{-pos.}\},$$
$$\mathfrak{A}^-(f) := \{A : A \in \mathfrak{A} \wedge A\ f\text{-neg.}\}.$$

**1. Satz.** *Für $f : \mathfrak{A} \longrightarrow \mathbb{R}$ gilt*

(I) $\mathfrak{A}^0(f) = \mathfrak{A}^+(f) \cap \mathfrak{A}^-(f) = \mathfrak{A}^0(\bar{f})$.

(II) *Wenn $f \geqq 0$, dann $\mathfrak{A}^+(f) = \mathfrak{A}$ und $\mathfrak{A}^-(f) = \mathfrak{A}^0(f)$.*

(III) $\mathfrak{A}^+(f) = \mathfrak{A}^0(f^-)$ *und* $\mathfrak{A}^-(f) = \mathfrak{A}^0(f^+)$.

(IV) *Aus* $X \subset Y \in \mathfrak{A}^0(f)$ *und* $X \in \mathfrak{A}$ *folgt* $X \in \mathfrak{A}^0(f)$. *Analog für* $\mathfrak{A}^+, \mathfrak{A}^-$.

Beweis. *Betr.* (I), (II) Klar. – *Betr.* (III) Definitionsgemäß ist $f^-(X) = 0$ für $X \in \mathfrak{A}^+(f)$. – *Betr.* (IV). Es ist $X \subset Y \cap \mathfrak{A}$ und $Y \in \mathfrak{A}^+(f)$.

**2. Satz.** *Voraussetzung*. Es sei $f: \mathfrak{A} \rightarrowtail \mathbb{R}$ additiv.

Behauptung (1) *Es sind* $A^0(f)$, $\mathfrak{A}^+(f)$ *und* $\mathfrak{A}^-(f)$ *Ideale in* $\mathfrak{A}$;

(2) $\bigwedge_{A \in \mathfrak{A}^+(f), N \in \mathfrak{A}^0(f)} A \setminus A \cap N \in \mathfrak{A}^+(f) \wedge A \cup N \in \mathfrak{A}^+(f)$;

(3) $\bigwedge_{A \in \mathfrak{A}, Y \in \mathfrak{A}^0(f)} f(A \setminus N) = f(A) = f(A \vee N)$;

(4) $\bigwedge_{X \in \mathfrak{A}, Y \in \mathfrak{A}^+(f)} X \subset Y \rightarrow f(X) \leqq f(Y)$, *d.h.* $Y$ *ist Maximumstelle von* $f|Y \cap \mathfrak{A}$, *wenn* $Y \in \mathfrak{A}^+(f)$.

Anmerkung. Gemäß Beh. (2) ist $\mathfrak{A}^\pm(f)$ „abgeschlossen (mod $\mathfrak{A}^0(f)$)". Es wird $\mathfrak{A}^0(f)$ auch als $f$-Nullideal bezeichnet.

Beweis. *Betr.* (1). Gemäß Satz 1., Beh. (III), genügt es, die Beh. (1) für $\mathfrak{A}^0(f)$ zu beweisen. – (a) Daß $X \cap \mathfrak{A}^0(f) \subset \mathfrak{A}^0(f)$ für alle $X \in \mathfrak{A}$, folgt aus dem 1. Satz, (IV), und aus der Definition von $\mathfrak{A}^0(f)$. – (b) Für alle $A_1, A_2 \in \mathfrak{A}^0(f)$ und $X \in \mathfrak{A}$ gilt $f(X \cap (A_1 \cup A_2)) = 0 = f(X \cap A_1) + f(X \cap A_2) - f((X \cap A_1) \cap A_2)$. – *Betr.* (2). $f(X \cap (A \setminus A \cap N)) = f(X \cap A) - f(X \cap A \cap N) = f(X \cap A)$. Analog betr. $A \cup N$. – *Betr.* (3). Folgt aus $f(A) = f(A \setminus N) + f(A \cap N) = f(A \cup N) - f(N \setminus A)$ wegen $A = (A \setminus N) \cup (A \cap N) = A \cup (A \cap N) = A \cup (N \setminus N \cap CA)$ und $f(A \cap N) = f(N \setminus A) = 0$. – *Betr.* (4). $f(Y) = f(X) + f(Y \setminus X) \geqq f(X) + 0$.

Gemäß Satz 2., Beh. (1), ist z.B. $\mathfrak{A}^+(f)$ ein $s$-System. Dadurch sowie durch Beh. (2) wird die Frage nahegelegt nach (mod $\mathfrak{A}^0(f)$) „ möglichst großen" $f$-positiven bzw. $f$-negativen Elementen von $\mathfrak{A}$. Daher die

**Definition.** Ein $G \in \mathfrak{A}^+(f)$ bzw. $G \in \mathfrak{A}^-(f)$ werde als ein **größtes** $f$-positives bzw. größtes $f$-negatives Element von $\mathfrak{A}$ bezeichnet, wenn *jedes* $f$-positive bzw. $f$-negative $B$ Teilmenge (mod $\mathfrak{A}^0(f)$) von $G$ ist, also $\bigwedge_{B \in \mathfrak{A}^+(f)} \bigvee_{N \in \mathfrak{A}^0(f)} B \subset G \cup N$.

Die Existenz von im Sinne dieser Definition größten $f$-positiven bzw. $f$-negativen $G$ wird jetzt bewiesen unter Annahme, daß $f$ σ-additiv und beschränkt ist.

**3. Satz** Voraussetzung. Es sei $f: \mathfrak{A} \rightarrowtail \mathbb{R}$ beschränkt und σ-additiv.

Behauptung. (1) $\mathfrak{A}^0(f)$, $\mathfrak{A}^+(f)$ *und* $\mathfrak{A}^-(f)$ *sind σ-Ideale in* $\mathfrak{A}$.

(2) *Zu jedem* $A \in \mathfrak{A}$ *gibt es* $A^+, A^- \in A \cap \mathfrak{A}$ *derart, daß* $f(A^+) = \sup\{f(X) : X \in A \cap \mathfrak{A}\}$ *und* $f(A^-) = \inf\{f(Y) : Y \in A \cap \mathfrak{A}\}$; *mithin ist*

$$f(A^+) = f^+(A) \text{ und } f(A^-) = -f^-(A).$$

(3) *Es ist* $A^+$ *ein größtes f-positives und* $A^-$ *ein größtes f-negatives Element in* $A \cap \mathfrak{A}$.
(4) *Es sind* $A^+$ *und* $A^-$ *je (mod* $\mathfrak{A}^0(f)$*) eindeutig bestimmt und es gilt*

$$A^+ \cap A^- = \emptyset \,(mod\, \mathfrak{A}^0(f)) \text{ sowie } A = A^+ \cup A^- \,(mod\, \mathfrak{A}^0(f)).$$

Beweis. *Betr.* (1). Es seinen $A_r \in \mathfrak{A}^0(f)\, r = 1, 2 \ldots$. Da $\mathfrak{A}^0(f)$ Ideal in $\mathfrak{A}$ ist, kann $\bigcup_r A_r \in \mathfrak{A}$ dargestellt werden als $\bigcup_r A'_r$ mit disjunkten $A'_r \in \mathfrak{A}^0(f)$. Wegen der $\sigma$-Additivität von $f$ ist dann $f(X \cap (\bigcup_r A_r)) = \sum_r f(X \cap A'_r) = 0$ für alle $X \in \mathfrak{A}$.

*Betr.* (2). Es gibt $B_r \in A \cap \mathfrak{A}$, $r = 1, 2, \ldots$, mit $\lim_r f(B_r) = \sup\{f(X) : X \in A \cap \mathfrak{A}\} =: \alpha \in \mathbb{R}_0^+$ (weil $f$ beschränkt). Wir ersetzen diese „Extremalfolge" $(B_r)_r$ durch eine absteigende Extremalfolge $(C_r)_r$ vermöge folgender Konstruktion: Es sei $B_r^1 := B_r$, $B_r^2 := A \setminus B_r^1$. Dann gilt $A = \bigcap_{r=1}^n (B_r^1 \cup B_r^2) = \bigcup_{(k_1,\ldots,k_n)} B_{(k_1,\ldots,k_n)}$ mit disjunkten $B_{(k_1,\ldots,k_n)} := B_1^{k_1} \cap \ldots \cap B_n^{k_n}$ und $k_\nu \in \{1, 2\}$, $\nu = 1, \ldots, n$.; wir haben also eine Zerlegung aller $B_r^1, B_r^2$, $r = 1, \ldots, n$. Für $B_n^* := \bigcup \{B_{(k_1,\ldots,k_n)} : f(B_{(k_1,\ldots,k_n)}) \geqq 0\}$ folgt daher
$f(B_r) \leqq \sum\{f(B_{(k_1,\ldots,k_n)}) : B_{(k_1,\ldots,k_n)} \subset B_r \cap \mathfrak{A} \wedge f(B_{(k_1,\ldots,k_n)}) \geqq 0\} \leqq f(B_n^*)$, $1 \leqq r \leqq n$.

Und für $C_n := \bigcup_{\nu \leqq n} B_\nu^*$ gilt $C_n = B_n^* \cup \tilde{C}_n$, wobei $\tilde{C}_n$ Vereinigung gewisser, zu $B_n^*$ und untereinander fremder $B_{(k_1\ldots,k_\mu)}$ mit nicht negativen $f$-Werten sowie mit $\mu \geqq n+1$ ist. Daher $f(C_n) \geqq f(B_n^*)$. Wegen der $U$-Stetigkeit von $f$, wegen $C_{n+1} \subset C_n$ und $f(C_n) \geqq f(B_n^*) \geqq f(B_n)$ gilt $f(\bigcap_n C_n) \geqq \alpha$, worin zufolge der Definition von $\alpha$ das Gleichheitszeichen stehen muß. Für $G := \bigcap_n C_n \in A \cap \mathfrak{A}$ gilt daher $f(G) = \alpha$. Außerdem hat man $G \in \mathfrak{A}^+(f)$; denn andernfalls existiert ein $G' = G \cap G' \in G \cap \mathfrak{A} \subset A \cap \mathfrak{A}$ mit $f(G \cap G') = f(G') = \beta < 0$, sodaß $f(G \setminus G \cap G') = \alpha - \beta > \alpha$ für $G \setminus G \cap G' \in A \cap \mathfrak{A}$ im Widerspruch zur Definition von $\alpha$. Es ist also $G$ ein $A^+$ im Sinne der Beh. (2). Entsprechend ergibt sich die Existenz eines $A^- \in \mathfrak{A}^-(f)$. Daß $f(A^+) = f^+(A)$ usw., folgt aus der Definition von $f^+$ bzw. $f^-$.

*Betr.* (3). Es ist $A^+$ größtes $f$-positives Element von $A \cap \mathfrak{A}$. Denn andernfalls gibt es $A' \in A \cap \mathfrak{A}^+(f) \subset A \cap \mathfrak{A}$ mit $A^+ \subset A' \cup N$ und $A' \setminus A^+ \notin \mathfrak{A}^0(f)$, so daß $f(A' \setminus A^+) > 0$, also $f(A') > f(A^+)$ im Widerspruch zu $A' \in A \cap \mathfrak{A}$ und zur Definition von $A^+$. Entsprechend für $A^-$.

*Betr.* (4). Es seinen $A_1^+, A_2^+ \in A \cap \mathfrak{A}$ größte $f$-positive Elemente. Definitionsgemäß gilt $A_1^+ \subset A_2^+ \cup N_2$ und $A_2^+ \subset A_1^+ \cup N_1$ mit $N_1, N_2 \in \mathfrak{A}^0(f)$. Gemäß 1.3.2. folgt $A_1^+ = A_2^+$ (mod $\mathfrak{A}^0(f)$). Entsprechend für $A^-$. Daß $A^+ \cap A^- = \emptyset$ (mod $\mathfrak{A}^0(f)$) ergibt sich aus $A^+ \in \mathfrak{A}^+(f)$, $A^- \in \mathfrak{A}^-(f)$ und Satz 1, (I). Schließlich ergibt sich $A = A^+ \cup A^-$ (mod $\mathfrak{A}^0(f)$). Es sei nämlich $A = A^+ \cup (A^- \setminus A^- \cap A^+) \cup Z$, so daß $Z \in A \cap \mathfrak{A}$, so folgt aus $|f(A^\pm)| < +\infty$, aus $f^\pm(A) = \pm f(A^\pm)$ (Beh. (2)), aus $f(A) = f^+(A) - f^-(A)$ (4.1.1., Satz 3., (3)), und aus $f(A^- \setminus A^- \cap A^+) = f(A^-)$ (wegen $A^- \cap A^+ = N \in \mathfrak{A}^0(f)$) und Satz 2., (3), daß $f(A) = f^+(A) - f^-(A) + f(Z) = f(A) + f(Z)$, also $f(Z) = 0$. Somit ist auch $f(Z) = f(Z^+) +$

$f(Z^-)$. Wäre nun z. B. $f(Z^+) > 0$, so würde wegen $A \cap Z = \emptyset = A^+ \cap Z^+$ und $Z^+ \in Z \cap \mathfrak{A} \subset A \cap \mathfrak{A}$ sowie aus $f(A^+ \cup Z^+) = f(A^+) + f(Z^+) > f(A^+)$ sich ein Widerspruch ergeben. Somit $Z^+ \in \mathfrak{A}^0(f)$ und $Z^- \in \mathfrak{A}^0(f)$, also $Z \in \mathfrak{A}^0(f)$.

**4. Satz.** Voraussetzung. *Es sei* $f: \mathfrak{A} \to \mathbb{R}$ *beschränkt und* $\sigma$*-additiv.*

Behauptung. (1) *Es besitzt f in* $\mathfrak{A}$ *ein Maximum und ein Minimum. Und zwar wird das Maximum bzw. Minimum angenommen auf dem* (*mod* $\mathfrak{A}^0(f)$) *eindeutig bestimmten größten* $E^+ \in \mathfrak{A}^+(f)$ *bzw.* $E^- \in \mathfrak{A}^-(f)$. *Dabei können (und sollen)* $E^+, E^-$ *so gewählt werden, daß* $E^+$ *und* $E^-$ *eine Zerlegung von E liefern (daß also* $E^+ \cap E' = \emptyset$ *und* $E = E^+ \cup E^-$*).*
(2) *Die Werte der positiven bzw. negativen Variation* $f^+$ *bzw.* $f^-$ *von f in A sind gleich den „Spurenwerten" von f in* $E^+$ *bzw. in* $E^-$ *d.h.* $\bigwedge_{A \in \mathfrak{A}} f^{\pm}(A) = f(E^{\pm} \cap A)$.
(3) *Bezeichnet* $\bar{f}$ *die Totalvariation von f, so gilt für f die Darstellung* $f(X) = \int_X s d\bar{f}$ *für* $X \in \mathfrak{A}$, *wobei* $s(x) = +1$ *bzw.* $= -1$ *je nachdem* $x \in E^+$ *bzw.* $x \in E^-$.

Beweis. *Betr.* (1). Nach Satz 3., (2), gibt es zu $E \in \mathfrak{A}$ ein (mod $\mathfrak{A}^0(f)$) eindeutig bestimmtes $E' \in \mathfrak{A}^+ f)$ und $E'' \in \mathfrak{A}^-(f)$, sodaß $f(E') = \sup\{f(\mathrm{A}) : A \in \mathfrak{A}\} \geqq 0 \geqq \inf\{f(A) : A \in \mathfrak{A}\} = f(E'')$. Nach Satz 3., (4), ist dabei $E' \cap E'' = N \in \mathfrak{A}^0(f)$ und $E = E' \cup (E'' \setminus E') \cup Z$ mit $Z \in \mathfrak{A}^0(f))$. Daraus folgt die Existenz von $E^+$, $E^-$ im Sinne der Beh. (1). – *Betr.* (2). Für jedes $Y \in \mathfrak{A}$ und $X \in Y \cap \mathfrak{A}$ gilt $f(X \cap E^+) + f(X \cap E^-) = f(X) \leqq f(X \cap E^+) \leqq f(Y \cap E^+)$, daher $f^+(Y) = \sup\{f(X) : X \in Y \cap \mathfrak{A}\} \leqq f(Y \cap E^+)$. Nach Definition von $f^+$ ist andererseits $f^+(Y) \geqq f(Y \cap E^+)$ und damit $f^+(Y) = f(Y \cap E^+)$. Ynalog ergibt sich $f^-(Y) = f(Y \cap E^-)$. – *Betr.* (3). Für die beschränkten Maße $f^+, f^-$ und $\bar{f}$ gilt gemäß ihrer Definition $f(X) = f^+(X) - f^-(X) = \int_X sdf^+ + \int_X sdf^- = \int_X sd\bar{f}$.

Anmerkung. Auf die Frage nach allen Maßen $h|\mathfrak{A}$, für welche $f$ als $\int_X tdh$ mit $h$-summierbarem $t$ darstellbar ist, gehen wir hier nicht ein.

## 4.3. Ein Lemma

Als letzte Vorbereitung zur Gewinnung der in 4.0. angekündigten Darstellung eines $\sigma$-additiven $f|\mathfrak{A}$ als $m$-Integral plus $m$-singulärem Teil bei *vorgegebenem Maß* $m|\mathfrak{A}$ betrachten wir den Spezialfall, daß $f \geqq 0$, also $f$ selbst ein Maß ist. Dazu schicken wir voraus das folgende, die gegenseitige Beziehung zweier auf der gleichen $\sigma$-Algebra $\mathfrak{A}$ erklärter, beschränkter Maße behandelnde

**Lemma.** Voraussetzung. Es seien $f: \mathfrak{A} \to \mathbb{R}_0^+$ und $m: \mathfrak{A} \to \mathbb{R}_0^+$ (beschränkt und) $\sigma$-additiv.

Behauptung. Es existiert ein $m$-meßbares $m$-fast überall endliches $\varphi: E \to \bar{\mathbb{R}}_0^+$ mit folgender Eigenschaft: Für (beliebige) reelle $z, z'$ mit $0 \leqq z < z' < +\infty$ und jedes $Y \subset [z \leqq \varphi < z'] \in \mathfrak{A}$ gilt $zm(Y) \leqq f(Y) \leqq z'm(Y)$.

Beweis. (1). Die Beh. betr. $\varphi$ legt es nahe, die Schar der σ-additiven $f_z := f - zm$ mit $0 < z < +\infty$ zu betrachten. Gemäß 4.2., Satz 4., existieren zu jedem $z$ ein größtes $E^+(z) \in \mathfrak{A}^+(f_z)$ und $E^-(z) \in \mathfrak{A}^-(f_z)$ mit $E = E^+(z) \cup E^-(z)$ sowie $E^+(z) \cap E^-(z) = \emptyset$; dabei ist $E = E^+(0)$ und $\emptyset = E^-(0)$ (wegen $f \geqq 0$). Es ist also $f_z(E^-(z)) \leqq 0$, also $f(E^-(z)) \leqq zm(E^-(z))$.

(2) Es sei nun $D$ eine in $\mathbb{R}^+$ dichte abzählbare Menge (etwa $D := \mathbb{Q} \cap \mathbb{R}^+$). Es sollen $x, x', \ldots$ bzw. $y, y', y'', \ldots$ Elemente von $D$ bzw. von $\mathbb{R}^+$ bezeichnen. Wir setzen $B(y) := \bigcup_{x<y} E^-(x)$ für $y > 0$ und $B(y) := \emptyset$ für $y \leqq 0$, ferner $B'(y) := \bigcup_{y'<y} B(y)$, also $B'(y) = \emptyset$ für $y \leqq 0$. Dann gilt: (I) $B(y) \in \mathfrak{A}$; denn $D$ ist abzählbar. – (II) $B(y) \subset B(y'')$ für $y < y''$. – (III) $B(y) = B'(y)$. In der Tat: Für $y \leqq 0$ ist dies richtig. Ist aber $y > 0$, so gilt einerseits $B'(y) \subset B(y)$, weil $B(y') \subset B(y)$ und andererseits $B(y) \subset B'(y)$, weil $\bigwedge_{x<y} \bigvee_{y_1} x < y_1 < y \wedge E^-(x) \subset B(y_1) \subset B'(y_1)$. – (IV) Für $N := E \setminus B(+\infty)$ gilt $m(B) = 0$. Denn $E \setminus B(+\infty) = \bigcap_{x<+\infty} (E \setminus E^-(x)) = \bigcap_{x<+\infty} E^+(x)$, also $\bigwedge_{x<+\infty} f(N) - xm(N) \geqq 0$; daraus folgt $m(N) \leqq x^{-1} f(N)$ für alle $x > 0$, also $m(N) \leqq 0$, d.h. $m(N) = 0$.

(3) Es ist $f(Y) \leqq ym(Y)$ für jedes $Y \in B(y) \cap \mathfrak{A}$. Ist nämlich $\{x_1, x_2, \ldots\} := \{x : x \in D \wedge x < y\}$, ferner $Y_r := Y \cap E^-(x_r)$ und $Y_1' := Y_1, Y_r' := Y_r \setminus (\bigcup_{\varrho=1}^{r-1} Y_\varrho')$, $r \geqq 2$, so sind die $Y_r'$ disjunkt und es gilt $Y = Y \cap (\bigcup_{x_r<y} E^-(x_r)) = \bigcup_r Y_r'$, also $f(Y) = \sum_r f(Y_r') \leqq (\sum_r m(Y_r'))y = ym(Y)$. – Entsprechend folgt $f(Y) \geqq ym(Y)$ für jedes $Y \in \mathfrak{A}$ mit $Y \subset A(y) := \bigcup_{x<y} E^+(x) \in \mathfrak{A}$. – Außerdem hat man $E = A(y) \cup B(y) = \bigcup_{x<y} (E^+(x) \cup E^+(x))$.

(4) Gemäß Ziff. (2), (II) und (III), sowie $B(-\infty) = \emptyset$ ist durch $B(y)$ genau ein $\varphi : E \longrightarrow \overline{\mathbb{R}}$ bestimmt mit $[\varphi < y] = B(y)$ (vgl. 1.8.3.2.); dabei ist noch $m([\varphi = +\infty]) = 0$ (wegen Ziff. (2), (IV)). Außerdem ist $\varphi \geqq 0$ (wegen $B(y) = \emptyset$ für $y \leqq 0$). Zufolge $B(y) \in \mathfrak{A}$ (Ziff. (2), (I)) ist mithin das nicht-negative, $m$-fast überall endliche $\varphi$ auch $m$-meßbar. Schließlich ergibt Ziff. (3), daß für $Y \subset B(y') \setminus B(y) = B(y') \cap A(y) = [y \leqq 0 < y']$ gilt $ym(Y) \leqq f(Y) \leqq y'm(Y)$.

## 4.4. Darstellung σ-additiver Funktionen bezüglich eines Maßes

Mit Hilfe des Lemmas in 4.3. ergibt sich jetzt der angekündigte

**1. Satz.** Darstellungs- und Zerlegungssatz von Radon-Nikodym.

Voraussetzung. (1) Es sei $m : \mathfrak{A} \longrightarrow \mathbb{R}_0^+$ ein Maß mit dem σ-Nullideal $\mathfrak{A}^0(m) := \{X : X \in \mathfrak{A} \wedge m(X) = 0\}$. – (2) Es sei $f : \mathfrak{A} \longrightarrow \mathbb{R}$ beschränkt und σ-additiv mit dem (σ-)Nullideal $\mathfrak{A}^0(f) = \{X : X \in \mathfrak{A}^+(f) \cap \mathfrak{A}^-(f)\}$.

Behauptung. (I) Existenzsatz (Darstellungssatz). Es gibt $N_+, N_- \in \mathfrak{A}^0(m)$ mit $N_+ \cap N_- = \emptyset$ *und ein m-summierbares* $\varphi_+ : E \longrightarrow \mathbb{R}_0^+$ *bzw.* $\varphi_- : E \longrightarrow \mathbb{R}_0^+$ *mit folgender Eigenschaft: Es ist* $\varphi_+ \cdot \varphi_- = 0$, *ferner existiert für die positive bzw. negative Varia-*

*tion* $f^+$ *bzw.* $f^-$ *von* $f$ *die Darstellung* $\bigwedge_{X \in \mathfrak{A}} f^+(X) = f(X \cap N_+) + \int_X \varphi_+ dm$ *bzw.* $f^-(X) = f(X \cap N_-) + \int_X \varphi_- dm$, *wobei also* $f^+(X \cap (N_+ \cup N_-)) = f(X \cap N_+)$ *und* $f^-(X \cap (N_+ \cup N_-)) = f(X \cap N_-)$.

(II) Eindeutigkeitssatz. *Es sind (relativ) eindeutig bestimmt* $N_+$ *und* $H_-$ *(mod*$(\mathfrak{A}^0(f) \cap \mathfrak{A}^0(m))$*), ferner* $\varphi_+$ *und* $\varphi_-$ *(mod* $\mathfrak{A}^0(m)$*), woraus die Eindeutigkeit von* $f(X \cap N_+)$ *und von* $f(X \cap N_-)$ *sowie die der beiden Integrale in* (I) *folgt.*

(III) *Durch m sind für jedes f bestimmt: Eindeutig ein σ-additives (beschränktes)* $s : \mathfrak{A} \longrightarrow \mathbb{R}$, *ferner eindeutig mod*$(\mathfrak{A}^0(f) \cap \mathfrak{A}^0(m))$ *ein* $N \in \mathfrak{A}^0(m)$ *sowie eindeutig (mod* $\mathfrak{A}^0(m)$*) ein m-meßbares, m-summierbares* $\varphi : E \longrightarrow \mathbb{R}$ derart, daß

$$f(X) = s(X) + \int_X \varphi \, dm \quad \textit{mit} \quad s(X) = f(X \cap N) \quad \textit{für alle} \quad X \in \mathfrak{A}.$$

**Zusatz.** (1) Es ist $\varphi = \varphi_+ - \varphi_-$ (mod $\mathfrak{A}^0(m)$) und $t^\pm = \int \varphi_\pm dm$, wenn $i := \int \varphi \, dm$. – (2) Es ist $N = N_+ \cup N$ (mod$(\mathfrak{A}^0(f) \cap \mathfrak{A}^0(m))$), ferner $s(X) = f(X \cap N_+) - f(X \cap N_-)$ und $s^\pm(X) = f(X \cap N_\pm)$.

Bemerkung. Man bezeichnet $s$ (vgl. (III)) als den $m$-**singulären Teil von** $f$.

Beweis. *Betr. Beh.* (I) *und* (III).

(A) *Zunächst sei* $f \geqq 0$ (mit $f(E) < +\infty$, d. h. beschränkt) und $\varphi : E \longrightarrow \mathbb{R}_0^+$ gemäß 4.3., Lemma, gewählt. Für alle $z, z' \in \mathbb{R}$ mit $z < z'$ gilt dann $zm(Y) \leqq f(Y) \leqq z'm(Y)$, wenn $Y \in [z \leqq \varphi < z'] \cap \mathfrak{A}$. Mit $N := [\varphi = +\infty] \in \mathfrak{A}^0(m)$ sei $E' := E \setminus N \in \mathfrak{A}$. Man hat ferner $\varphi = \lim_t \varphi_t$, wenn $\varphi_t : E' \longrightarrow \mathbb{R}^+$ so erklärt ist: $\varphi_t := 2^{-t}k$ in $E_{tk} := [2^{-t}k \leqq \varphi < 2^{-t}(k+1)] \in \mathfrak{A}$ für $k = 0, 1, \ldots, t' := 2^t t - 1$; ferner $\varphi_t := t$ in $E_t' := E' \setminus (\bigcup_{k=0}^{t'} E_{tk}) = [t \leqq \varphi < +\infty]$. Dabei ist $\varphi_t$ $m$-meßbar mit $0 \leqq \varphi_t \leqq t$, also $\varphi_t$ $m$-summierbar über $E'$ mit $m(E') < +\infty$. Zufolge der Definition von $\varphi$ gilt aber $2^{-t}km(X \cap E_{tk}) \leqq f(X \cap E_{tk}) \leqq 2^{-t}(k+1)m(X \cap E_{tk})$, $X \in \mathfrak{A}$, und (wegen der Fremdheit der $E_{tk}$) auch $J(\varphi_t; X \cap E') := \int_{X \cap E'} \varphi_t dm = tm(X \cap E_t') + \sum_{k=0}^{t'} 2^{-t}km(X \cap E_{tk}) \leqq f(X \cap E_t') + \sum_{k=0}^{t'} f(X \cap E_{tk}) = f(X \cap E') \leqq tm(X \cap E_t') + \sum_{k=0}^{t'} 2^{-t}(k+1)m(X \cap E_{tk}) =: R_t(X) < +\infty$. Daraus folgt

$$(+) \qquad \begin{aligned} 0 \leqq f(X \cap E') - J(\varphi_t;\, X \cap E') \leqq R_t(X) - J(\varphi_t;\, X \cap E') = \\ 2^{-t}\Big(\sum_{k=0}^{t'} m(X \cap E_{tk})\Big) \leqq 2^{-t} m(E). \end{aligned}$$

Andererseits ist $(\varphi_t)_t$ isoton in $E'$ und $J(\varphi_t; X) \leqq f(X) \leqq f(E)$ für $X \in E' \cap \mathfrak{A}$. Daher existiert (vgl. 3.4.) $J(\varphi; X) = \int_X \varphi \, dm = \lim_t J(\varphi_t; X) < +\infty$ mit $J(\varphi_t; X) \leqq J(\varphi;) \leqq f(X)$, $X \in E' \cap \mathfrak{A}$. Aus (+) ergibt sich daher $0 \leqq f(X) = J(\varphi; X) \leqq 2^{-t}m(X)$, $X \in E' \cap \mathfrak{A}$ für alle $t \in \mathbb{R}^+$. Mithin $f(X \cap E') = J(\varphi; X \cap E')$ für $X \in \mathfrak{A}$. Aber $X = (X \cap N) \cup (X \cap E')$ mit $N \in \mathfrak{A}^0(m)$. Mithin $f(X) = f(X \cap N) + J(\varphi; X)$ (wegen $J(\varphi; X \cap N) = 0$).

(B) *Ist nicht* $f \geqq 0$, so greifen wir zurück auf 4.2., Satz 4. Diesem zufolge existiert eine Zerlegung $E = E^+ \cup E^-$ mit $E^+ \in \mathfrak{A}^+(f)$, $E^- \in \mathfrak{A}^-(f)$, sodaß $f = f^+ - f^-$ mit $f^+(X) = f(X \cap E^+) \geqq 0$, $f^-(X) = -f(X \cap E^-) \geqq 0$ für alle $X \in \mathfrak{A}$. Gemäß (A) ist (bei gleichzeitiger

Behandlung der Fälle + und −) $f^{\pm}(Y) = f^{\pm}(Y \cap N_{\pm}) + \int_Y \varphi_{\pm}\, dm$ für alle $Y \in E^{\pm} \cap \mathfrak{A}$; dabei ist $\varphi_{\pm} : E^{\pm} \rightarrow \mathbb{R}_0^+$ sowie $N_{\pm} \in E^{\pm} \cap \mathfrak{A}^0(m)$, also $N_+ \cap N_- = \emptyset$.
(C) Um (III) zu erhalten, erweitern wir $\varphi_{\pm}$ auf $E$ vermöge der Festsetzung: $\varphi_{\pm}(Y) = 0$ für $Y \in E^{\pm} \cap \mathfrak{A}$, sodaß $\varphi_{\pm} \geqq 0$ und $\varphi_+ \cdot \varphi_- = 0$ auf $E$; und, da $X = (X \cap E^+) \cup (X \cap E^-)$, gilt auch $\int_X \varphi_{\pm}\, dm = \int_Y \varphi_{\pm}\, dm$ für $Y \in X \cap E^{\pm} \cap \mathfrak{A}$. Gemäß 4.2., Satz 4., ist $f^{\pm}(X) = f(X \cap E^{\pm})$ für $X \in \mathfrak{A}$. Wegen $N_{\pm} \in E^{\pm} \cap \mathfrak{A}^0(m)$ gilt also, wenn $N := N_+ \cup N_-$ gesetzt und $N_+ \cap N_- = \emptyset$ sowie $f = f^+ - f^-$ beachtet wird: $f(X \cap N) = f^+(X \cap N) - f^-(X \cap N) = f(X \cap N_+ \cap E^+) - f(X \cap N_- \cap E^-) = f(X \cap N_+) - f(X \cap N_-)$. Daher ist, wenn $\varphi := \varphi_+ - \varphi_-$ gesetzt wird, die in (III) behauptete Darstellung bewiesen.

*Betr. Beh.* (II). Es sei $f(X) = f(X \cap N') + J(\varphi'; X) = f(X \cap N'') + J(\varphi''; X), X \in \mathfrak{A}$, mit festen $N', N'' \in \mathfrak{A}^0(m)$ und $\varphi', \varphi''$. Dann gilt $f(X \cap N') - f(X \cap N'') = J(\varphi'' - \varphi'; X)$. Hier ist die linke Seite gleich Null für $X \in (E \setminus (N' \cup N'')) \cap \mathfrak{A}$ und die rechte Seite Null für $X \in (N' \cup N'') \cap \mathfrak{A}$. Daher $f(Y \cap N') = f(Y \cap N'')$, also $J(\varphi'' - \varphi'; Y) = 0$ für alle $Y \in \mathfrak{A}$. Gemäß 3.2.2.1., Satz 6., gilt $\varphi' = \varphi''$ $m$-fast überall. Zu beweisen ist noch, daß $N' = N''$ (mod $\mathfrak{N}$), wobei $\mathfrak{N}$ das $\sigma$-Ideal $\mathfrak{A}^0(m) \cap \mathfrak{A}^0(f)$ bedeutet. Dies folgt daraus, daß $A^0(m)$ und $\mathfrak{A}^0(f)$ $\sigma$-Ideale sind und mithin aus $A \in \mathfrak{A}^0(m)$ sowie $B \in \mathfrak{A}^0(f)$ auf $A \cap B \in \mathfrak{A}^0(m) \cap \mathfrak{A}^0(f)$ geschlossen werden kann. Anwendung auf z. B. $N' \in \mathfrak{A}^0(m)$, $N' \setminus N' \cap N'' \in \mathfrak{A}^0(f)$ usw. führt zur Behauptung.

*Betr. Zusatz.* Folgt aus dem Beweis betr. (I).

**Definition.** Das $\sigma$-additive $f$ heißt m-**nulltreu** oder m-**regulär**, wenn $\mathfrak{A}^0(m) \subset \mathfrak{A}^0(f)$; demgegenüber heißt $f$ m-**singulär**, wenn $\bigvee_{N \in \mathfrak{A}^0(m)} f | ((E \setminus N) \cap N) \cap \mathfrak{A}) = \text{konst.} = 0$.

**2. Satz.** Voraussetzung. *Es seien* $m : \mathfrak{A} \rightarrow \mathbb{R}_0^+$ *und* $f : \mathfrak{A} \rightarrow \mathbb{R}$, *beide beschränkt und $\sigma$-additiv.*

Behauptung. *Gleichwertig sind die Aussagen:* (I) *Es ist f m-nulltreu.* – (II) *Der m-singuläre Teil von f ist Null in* $\mathfrak{A}$. – (III) *Es ist f darstellbar als (unbestimmtes) m-Integral.* – (IV) *Sowohl* $f^+$ *als* $f^-$ *ist m-nulltreu.*

**Zusatz.** Das System der $m$-nulltreuen bzw. $m$-singulären $f$ bildet je einen reellen Vektorraum.

Beweis. (I) $\leftrightarrow$ (II) $\longleftrightarrow$ (III) ist klar. Aus (III) folgt $f^{\pm} = \int \varphi_{\pm}\, dm$, also (IV); und umgekehrt folgt aus (IV), daß $f = f^+ + f^-$ $m$-nulltreu ist.

**4.4.1. Definition.** Ist $m : \mathfrak{A} \rightarrow \mathbb{R}_0^+$ ein Maß, so wird $f : \mathfrak{A} \rightarrow \mathbb{R}$ als m-**totalstetig** bezeichnet, wenn $\bigwedge_{\varepsilon > 0} \bigvee_{\delta(\varepsilon) > 0} \bigwedge_{X \in \mathfrak{A}} m(X) < \delta(\varepsilon) \rightarrow |f(X)| < \varepsilon$.

**Satz.** (1) *Ist f beschränkt sowie $\sigma$-additiv, so sind gleichwertig:*
(a) *Es ist f m-totalstetig.* – (b) *Es ist f m-nulltreu.*
(2) *Ist f additiv sowie m-totalstetig, so ist f auch $\sigma$-additiv.*

Beweis. *Betr.* (1). *Aus* (a) *folgt* (b). Denn aus $m(X)=0<\delta(\varepsilon)$ folgt $|f(X)|<\varepsilon$ für jedes $\varepsilon$, also $f(X)=0$. – *Aus* (b) *folgt* (a). Gemäß 4.4., Satz 2., (II), ist $f(X)=\int_X \varphi\, dm$, wobei $\varphi$ $m$-summierbar, also (gemäß 3.2.2.1., Satz 4.) auch $|\varphi|$ $m$-summierbar ist mit $|f(X)| \leqq \int_X |\varphi|\, dm \leqq \int_E |\varphi|\, dm < +\infty$. Gemäß 3.2.2.1., Satz 6., gilt aber

$$\bigwedge_{\varepsilon>0} \bigvee_{Q\in\mathfrak{A}} \bigvee_{\alpha>0} \left(\bigwedge_{z\in Q} |\varphi(z)| \leqq \alpha\right) \wedge \left(\bigwedge_{X\in(E\setminus Q)\cap\mathfrak{A}} \int_X |\varphi|\, dm < \varepsilon\right).$$

Daher $0 \leqq \int_X |\varphi|\, dm < \varepsilon$ für $X \in Q\cap\mathfrak{A}$ mit $m(X)<\alpha^{-1}\varepsilon$. Für $Y\in\mathfrak{A}$ mit $m(Y)<\alpha^{-1}\varepsilon$ folgt daher $|f(Y)| \leqq \int_{Y\cap Q} |\varphi|\, dm + \int_{Y\cap(E\setminus Q)} |\varphi|\, dm < 2\varepsilon$.

*Betr.* (2). Es sei $A, A_r \in \mathfrak{A}$ mit $A=\bigcup_r A_r$ und $A_r < A_{r+1}$. Zufolge der $\uparrow$-Stetigkeit von $m$ ist $0 \leqq m(A\setminus A_r) = m(A)-m(A_r) < \eta$ für $r > S(\eta)$. Wegen der Additivität von $f$ ist $f(A) = f(A_r)+f(A\setminus A_r)$. Wegen der $m$-Totalstetigkeit von $f$ ist $|f(A\setminus A_r)|<\varepsilon$ falls $m(A\setminus A_r) < \delta(\varepsilon)$. Für $\eta := \delta(\varepsilon)$ und $r > S(\delta(\varepsilon))$ ist also $|f(A)-f(A_r)|<\varepsilon$, d.h. $f$ ist $\uparrow$-stetig, also $\sigma$-additiv (vgl. 2.2.2.1., Satz 1.).

Anmerkung. Eine streng isotone (reelle), stetige, aber nicht totalstetige Funktion (einer reellen Variablen) findet sich in 6.6.2.1.

## 4.5. Transformation von Integralen bei Wechsel des Maßes

Mit Hilfe des Satzes von Radon-Nikodym (4.4., Satz 1.) läßt sich ein $m'$-Integral umrechnen in ein $m$-Integral. Es gilt dabei der

**Satz.** Voraussetzung. *Es seien* $m: A \longrightarrow \mathbb{R}_0^+$ *und* $m': A \longrightarrow \mathbb{R}_0^+$ *beide* $\sigma$*-additiv (und beschränkt).*

Behauptung. (1) *Es existiert ein m-summierbares, also (3.2.2.1., Satz 2.) m-meßbares* $\varphi: E \longrightarrow \mathbb{R}_0^+$ *sowie ein* $N \in \mathfrak{A}^0(m)$ *derart, daß*

$$m'(X) = m'(X\cap N) + \int_X \varphi\, dm \quad \text{für } X\in\mathfrak{A}; \tag{1*}$$

*dabei ist* $s(X) := m'(X\cap N) \geqq 0$ *m-singulär und* $\sigma$*-additiv, also ein Maß.*
(2) *Für jedes m'-meßbare, m'-summierbare* $\psi: E \longrightarrow \mathbb{R}$ *ist das Produkt* $\psi\cdot\varphi$ *m-summierbar und* $\psi$ *ist* $\sigma$*-summierbar; dabei gilt*

$$\int_X \psi\, dm' = \int_X \psi\, ds + \int \psi\cdot\varphi\, dm. \tag{2*}$$

Anmerkung. Ist $m'$ zusätzlich $m$-nulltreu, so vereinfacht sich (2*) zu

$$\int_X \psi\, dm' = \int_X \psi\cdot\varphi\, dm. \tag{2**}$$

Beweis. *Betr.* (1). Folgt aus 4.4., Satz 1., wenn dort $f := m' \geqq 0$ gesetzt wird. – *Betr.* (2). O.B.d.A. kann $\psi \geqq 0$ angenommen werden; denn $\psi$ ist, weil $m'$-summierbar, $m'$-fast überall, also o.B.d.A. überall endlich in $E$, sodaß $\psi = p - q$ mit $p := 2^{-1}(|\psi| + \psi) \geqq 0$ und $q := 2^{-1}(|\psi| - \psi) \geqq 0$ und mit $m'$-summierbaren $p$ und $q$. Aus (1*) folgt für beliebige $X, A \in \mathfrak{A}$, daß $\int_X 1_A dm' = \int_X 1_A ds + \int_X 1_A \cdot \varphi dm$, wobei $1_A$ $m'$-summierbar und $\geqq 0$ ist. Daraus folgt (2*) allgemeiner für jedes $\psi := t := \sum_r c_r 1_{A_r}$ mit disjunkten $A_r \in \mathfrak{A}$ und $\bigwedge_r c_r \geqq 0$. Es ist aber jedes $\psi$ bzw. $\psi \cdot \varphi$ darstellbar als $\lim_n t_n$ bzw. $\lim_n t_n \cdot \varphi$. Gemäß des Limessatzes in 3.4., Satz 2., folgt die Beh., da mit $t_n$ und $\varphi$ auch $t_n \cdot \varphi$ $m$-summierbar ist (vgl. 3.2.2.1., Satz 5.).

### 4.5.1. Anwendung auf nulltreue Abbildungen

**Satz.** Voraussetzung. (1). *Es seien $m : \mathfrak{A} \to \mathbb{R}_0^+$ und $m' : \mathfrak{A}' \to \mathbb{R}_0^+$ (beschränkte) Maße, wobei $E$ bzw. $E'$ Einheit von $\mathfrak{A}$ bzw. von $\mathfrak{A}'$ ist.* – (2). *Es sei $h : E \to E'$ eine Bijektion, bei welcher $\mathfrak{A}$ auf $\mathfrak{A}'$ und $\mathfrak{A}^0(m)$ auf $\mathfrak{A}^0(m')$ abgebildet wird; die zu $h$ gehörige Mengenabbildung $\tilde{h}$ ist nullmengentreu.* – (3). *Es sei $\psi' : E' \to \mathbb{R}$ $m'$-meßbar und $m'$-summierbar über $E'$.*

Behauptung. *Es existiert ein nicht-negatives, $m$-meßbares und $m$-summierbares $\psi : E \to \mathbb{R}_0^+$ mit folgenden Eigenschaften: Für $X \in \mathfrak{A}$ gilt*

$$(4) \qquad m'(\tilde{h}(X)) = \int_X \varphi dm$$

$$(5) \qquad \int_{X'} \psi' dm' = \int_X \psi' \cdot \varphi dm, \text{ wobei } X' := h(X).$$

Beweis. Folgt aus 4.5.

### 4.5.2. Nulltreue Abbildungen im Falle des Lebesgueschen Maßes im $\mathbb{R}^n$.

Mit $\lambda^n | \mathfrak{L}^n$ sei das (klassische) Lebesguesche Maß im $\mathbb{R}^n$ bezeichnet; ferner sei $\mathfrak{A}^0(\lambda^n)$ das $\sigma$-Ideal der $\lambda^n$-Nullmengen.

**1. Satz.** *Es seien $\mathfrak{A} := A \cap \mathfrak{L}^n$ bzw. $\mathfrak{A}' := A' \cap \mathfrak{L}^n$, wobei $A, A' \in \mathfrak{L}^n$ und $\mathfrak{N} := A \cap \mathfrak{A}^0(\lambda^n)$ bzw. $\mathfrak{N}' := A' \cap \mathfrak{A}^0(\lambda^n)$. Es sei $f : A \to A'$ eine* stetige *Surjektion.* – *Es gilt $\bar{f}(\mathfrak{A}) \subset \mathfrak{A}'$ genau dann, wenn $\bar{f}(\mathfrak{N}) \subset \mathfrak{N}'$.*

Beweis. *Dann.* Es gilt $M \in \mathfrak{A}$ genau, wenn $M = N \cup \bigcup_r A_r$ mit $N \in \mathfrak{N}$ und abgeschlossenen $A_r$ (Vgl. 2.5.2.1., Zusatz 3). Dabei kann $A_r$ o.B.d.A. als beschränkt, d.h. als kompakt angenommen werden, weil $\mathbb{R}^n$ Vereinigung abzählbar vieler Kompakta, z.B. Würfel, ist. Es ist dann auch $f(A_r)$ kompakt (vgl. II., 1.5.8., Satz 5.). Es gilt aber $f(M) = f(N) \cup \bigcup_r f(A_r)$ (vgl. I., 1.6.6., Aufgabe 1, (b)). Daraus folgt „Dann". – *Nur dann.* Wegen $f(\mathfrak{A}) \subset \mathfrak{A}'$ ist auch $f(N) =: M' \in \mathfrak{A}'$ für jedes $N \in \mathfrak{N}$. Ist aber $f(\mathfrak{N}) \not\subset \mathfrak{N}'$, so gibt es $N$ mit $M' := f(N) \in \mathfrak{A}' \setminus \mathfrak{N}'$, also mit $\lambda^n(M') > 0$. Ein solches $M'$ enthält aber ein nicht-$\lambda^n$-meßbares $T'$, also $T' \notin \mathfrak{A}'$ (Lit.). Andererseits ist aber $M := f^{[-1]}(T') \subset N$, also $M \in \mathfrak{A}$ und damit $T' = f(M) \in \mathfrak{A}'$. Widerspruch.

Spezialfall. Unter den Voraussetzungen des Satzes ist die Bedingung $f(\mathfrak{N}) \subset \mathfrak{N}'$ dann erfüllt, wenn $A$ offen und $f$ lokal dehnungsbeschränkt ist.

Beweis. (I). Der Beweis beruht auf der Zurückführung auf den Fall eines beschränkten, offenen $A$, auf welchem $f$ dehnungsbeschränkt ist und auf der Anwendung eines Satzes, betr. dehnungsbeschränkte Funktionen. – (II) Zufolge Vor. existiert zu jedem $x \in A$ eine beschränkte offene Umgebung $U(x) \subset A$, in der $f$ dehnungsbeschränkt ist. Weil $A$ offen und Teilmenge von $\mathbb{R}^n$ ist, wird $A$ schon von abzählbar vielen der $U(x)$ überdeckt, etwa von $U_r, \cdot r = 1, 2, \ldots$, sodaß $A = \bigcup_r U_r$ und dann $f(A) = \bigcup_r f(U_r)$ ist. Es genügt also, die Beh. einzeln für die $U_r$ nachzuweisen. Der Beweis beruht auf dem nachstehenden allgemeinen

**2. Satz.** Voraussetzung. *Es sei $A \subset \mathbb{R}^n$ und $g: \mathfrak{A} \longrightarrow \mathbb{R}^n$ dehnungsbeschränkt mit der Dehnungsschranke $\beta > 0$. Ferner sei $\bar{L}$ das zu $\lambda^n | \mathfrak{L}^n$ gehörige äußere Maß im $\mathbb{R}^n$.*

Behauptung. *Für jedes $M \subset A$ gilt $\bar{L}(g(M)) \leqq c\beta^n \bar{L}(M)$ mit $c := n^n$.*

Beweis. O.B.d.A. kann $\bar{L}(M) < +\infty$ angenommen werden, da sonst nicht zu beweisen wäre. – (1) Die Beh. gilt zunächst für jeden achsenparallelen Würfel $W$. Ist nämlich $k$ die Kantenlänge von $W$, so sind die Durchmesser der Projektionen von $g(W)$ auf die Koordinatenachsen nicht größer als $n^{1/2}\beta k$, sodaß $\bar{L}(g(W)) \leqq (n^{1/2}\beta)^n k^n = \sqrt{n^n}\,\beta^n \lambda^n(W)$. – (2) Für beliebiges $M \subset A$ (mit $\bar{L}(M) < +\infty$) ersetzen wir $g$ durch eine dehnungsbeschränkte Erweiterung $f: \mathbb{R}^n \longrightarrow \mathbb{R}^n$ von $g: A \longrightarrow \mathbb{R}^n$ auf $\mathbb{R}^n$ mit der Dehnungsschranke $\alpha := n^{1/2}\beta$ (gemäß II., 2.1.4., Satz 2.). Gemäß der Definition von $\bar{L}$ gibt es zu jedem $\varepsilon > 0$ abzählbar viele (achsenparallele) Würfel $W_r, r = 1, 2, \ldots$, für die $M \subset \bigcup_r W_r$ und $\sum_r \lambda^n(W_r) < \bar{L}(M) + \varepsilon$ gilt. Anwendung von (1) auf $f$ ergibt $\bar{L}(f(M)) = \bar{L}(g(M)) \leqq \sum_r \bar{L}(f(W_r)) \leqq n^n \beta^n (\sum_r \lambda^n(W_r)) \leqq n^n \beta^n (\bar{L}(M) + \varepsilon)$. Für $\varepsilon \rightsquigarrow 0$ folgt die Beh.
Für sogar umkehrbar dehnungsbeschränkte Abbildungen gilt der

**3. Satz.** Voraussetzung. (1). *Im $\mathbb{R}^n$ der $x := (\xi_1, \ldots, \xi_n)$ sei $D$ offen, ferner sei $f := (f_1, \ldots, f_n): D \longrightarrow \mathbb{R}^n$ injektiv und lokal umkehrbar dehnungsbeschränkt, sodaß $\lambda^n$-fast überall in $D$ die $\lambda^n$-meßbare Funktionaldeterminante $\Delta$ von $f$ bezüglich der $\xi_\nu$ vorhanden ist (gemäß 6.4.) und beschränkt ist. Hierbei ist mit $\lambda^n | \mathfrak{L}^n$ das (klassische, n-dimensionale) Lebesguesche Maß im $\mathbb{R}^n$ bezeichnet.* – (2) *Es sei $M \in D \cap \mathfrak{L}^n$ und $M' := \vec{f}(M)$.*

Behauptung. (I) *Es gilt $\lambda^n(M') = \int_M |\Delta| \, d\lambda^n$.*
(II) *Für $\lambda^n$-integrierbares $h: D \longrightarrow \mathbb{R}$ gilt $\int_{M'} h \circ f^{[-1]} d\lambda^n = \int_M h \cdot |\Delta| \, d\lambda^n$.*

Beweis. Aus $|f(x') - f(x)| \leqq \alpha |x' - x|$ für alle $x, x'$ im Würfel $W$ folgt $\lambda^n(f(W)) \leqq \alpha^n \lambda^n(W)$. Daher ist $f$ $\lambda^n$-nullmengentreu und 4.5.1. anwendbar; es gilt dort also (4) und (5).

Daß dabei $\varphi = |\Delta|$, d. h. daß $|\Delta|\lambda^n$-fast überall gleich ist der Ableitung von $(M \longmapsto \lambda^n(f(M))$ nach dem System der $n$-dimensionalen Würfel oder Kugeln, folgt aus 5.9.2. und aus der Eigenschaft von $\Delta$ als Volumenverzerrung (II, 3.11.5.).

**Zusatz.** Die Voraussetzungen des Satzes sind erfüllt, wenn $f$ topologisch und umkehrbar stetig differenzierbar ist. Falls überdies $M$ kompakt, abgeschlossen und Jordanmaßbar im $\mathbb{R}^n$, d. h. $j$-meßbar, ist, so ist auch $M'$ $j$-meßbar. Daher ist dann das Integral in Beh. (I) Riemansch und, falls $h$ Riemannintegrierbar ist, auch das Integral in Beh. (II).

## 4.6. Limessätze

### 4.6.1. Konvergente Folgen $\sigma$-additiver Funktionen

**Definition.** Es seien $\mathfrak{A}$ eine $\sigma$-Algebra mit der Einheit $E$ und die $f_r : \mathfrak{A} \longrightarrow \bar{\mathbb{R}}$, $r = 1, 2, \ldots$, $\sigma$-additiv. Die Folge $(f_r)_r$ heißt **konvergent**, wenn $\lim_r f_r(X)$ existiert für jedes $X \in \mathfrak{A}$. Ferner heißt $(f_r)_r$ monoton, genauer iso- bzw. antiton, wenn $f_r(A) \leqq f_{r+1}(A)$ für jedes $A \in \mathfrak{A}$ und alle $r$.

**1. Satz** (Monotoniesatz). *Jede monotone Folge $\sigma$-additiver Funktionen konvergiert und der Limes ist $\sigma$-additiv (Bew.!).*

**2. Satz.** *Es seien $f_r : \mathfrak{A} \longrightarrow \mathbb{R}_0^+$ (endliche) Maße (im Sinne von 2.2.); außerdem existiere $\lim_r f_r =: f$ und sei endlich auf $\mathfrak{A}$. – Dann ist $f|\mathfrak{A}$ ein Maß (also $\sigma$-additiv und beschränkt).*

Beweis. (1) Jedenfalls ist $f: \mathfrak{A} \longrightarrow \mathbb{R}_0^+$ und additiv. – Zum Beweis der $\sigma$-Additivität genügt es also (2.2.2.2., Satz), daß $f$ $\emptyset$-stetig ist.
(2) In der Tat: Andernfalls existiert eine antitone Folge $(A_k)_k$, $A_k \in \mathfrak{A}$, mit $\bigcap_k A_k = \emptyset$ und ein $\alpha > 0$ mit $f(A_k) \geqq \lim_k f(A_k) = \inf_k f(A_k) \geqq 2\alpha > 0$. Abkürzend setzen wir: $A_t' := A_{k_t}$, $f_n' := f_{r_n}$. Da jedes $f_r$ ein endliches Maß, also $\emptyset$-stetig ist, gilt $\lim_k f_r(A_k) = 0$ für jedes $r$. Zu jedem $\varepsilon$ mit $0 < \varepsilon < 3^{-1}\alpha$ existiert ein $k_1$ mit $0 < f(A_1') - f(A_k) < \varepsilon$ für alle $k > k_1$; denn $\lim_k f(A_k)$ existiert (weil $f$ additiv, $(A_k)_k$ antiton und $f \geqq 0$ endlich ist). Weil $\lim_r f_r(A_1') = f(A_1') \geqq 2\alpha$, gibt es zu $A_1'$ ein $r_1$ mit $f_1'(A_1') \geqq \alpha$. Und wegen $\lim_k f_r(A_k) = 0$ existiert zu $f_1'$ ein $k_2 > k_1$ mit $f_1'(A_2') < \varepsilon$, wobei $A_1' \supset A_2'$. Weil schließlich (vgl. oben) $0 < f(A_1') - f(A_k) = f(A_1' \setminus A_k) < \varepsilon$, gibt es zu $A_1'$, $A_2'$ ein $r_2 > r_1$ mit $f_2'(A_1' \setminus A_2') < \varepsilon$.
(3) Durch Wiederholung der Schlüsse in (2) erhält man eine Folge $(r_t, k_t)_t$ mit $A_t' \supset A_{t+1}'$ derart, daß $f_t'(A_t') \geqq \alpha$, $f_t'(A_{t+1}') < \varepsilon$ und $f_t'(A_1' \setminus A_t' < \varepsilon$ für jedes $t$ sowie $f = \lim_t f_t'$. Mit $D_t := A_t' \setminus A_{t+1}'$, $t \geqq 1$, hat man $D_{2t} \cap D_{2q+1} = \emptyset$ für alle $t, q$ und daher $D_{2t} \subset D := \bigcup_t D_{2t} \subset A_1' \setminus D_{2q+1}$ für alle $q$.
(4) Aus den in (3) gewonnenen Ungleichungen folgt: $f_t'(D_t) > \alpha - \varepsilon$, ferner (wegen $A_1' \setminus D_t = (A_1' \setminus A_t) \cup A_{t+1}'$) $f_t'(A_1' \setminus D_t) < 2\varepsilon$, mithin $f_{2t}'(D) > f_{2t}'(D_{2t}) > \alpha - \varepsilon$ und $f_{2q+1}'(D) \leqq f_{2q+1}'(A_1' \setminus$

$D_{2q+1}) < 2\varepsilon$. Wegen $\lim_t f_t'(D) = f(D)$ folgt $\alpha - \varepsilon \leqq f(D) < 2\varepsilon$ im Widerspruch zu $2\varepsilon < \alpha - \varepsilon$ (gemäß (2)).

**4.6.2.** Normierte Integranden $\sigma$-additiver Funktionen

Es seien $f: \mathfrak{A} \rightarrowtail \mathbb{R}$ und $m: \mathfrak{A} \rightarrowtail \mathbb{R}_0^+$ beide $\sigma$-additiv (und endlich, speziell $m$ ein Maß). Mit den in 4.4., Satz 1., benutzten Bezeichnungen sowie den Abkürzungen: $\mathfrak{f} := \mathfrak{A}^0(f)$, $\mathfrak{m} := \mathfrak{A}^0(m)$ werde erklärt:

**Definition.** Der (mod $\mathfrak{m}$) eindeutig bestimmte $m$-Integrand $\varphi$ von $f$ heiße **normiert**, wenn $N_+ = [\varphi = +\infty]$ (mod $\mathfrak{f} \cap \mathfrak{m}$) und $N_- = [\varphi = -\infty]$ (mod $\mathfrak{f} \cap \mathfrak{m}$).

**1. Satz.** Voraussetzung. *Wie oben (der Definition vorausgehend) angegeben.*

Behauptung. (A) Existenzsatz. *Es existiert eindeutig* (mod $\mathfrak{f} \cap \mathfrak{m}$) *ein normierter $m$-Integrand von $f$.*

(B) Kennzeichnungssatz. *Für jedes $m$-meßbare, $m$-fast überall* endliche $\psi: E \rightarrowtail \overline{\mathbb{R}}$ *sind gleichwertig:* (B1) *Es ist $\psi$ normierter $m$-Integrand von $f$.* – (B2) *Für jedes $\zeta \in \mathbb{R}$ sowie für jedes $X \in [\psi \leqq \zeta] \cap \mathfrak{A}$ und jedes $Y \in [\psi \geqq \zeta] \cap \mathfrak{A}$ gilt $f(X) \leqq \zeta m(X)$ und $f(Y) \geqq \zeta m(Y)$.*

**Zusatz.** Speziell für jedes $m$-nulltreue $f$, also für $f = \int \chi dm$, ist jeder $m$-Integrand normiert.

Beweis. *Betr.* (A) Es sei $\varphi$ irgend ein $m$-Integrand von $f$; jedes $\varphi'$ mit $\varphi' = \varphi$ (mod $\mathfrak{m}$) ist ebenfalls $m$-Integrand von $f$. Wegen der vorausgesetzten Endlichkeit von $f$ ist z. B. $U_+ := [\varphi = +\infty] \in \mathfrak{m}$. Außerdem ist $N_+ \in \mathfrak{f} \cap \mathfrak{m} \subset \mathfrak{m}$. Wir gelangen daher zu einem $\varphi' = \varphi$ (mod $\mathfrak{m}$) mit $[\varphi' = +\infty] = N_+$, wenn wir $\varphi$ in $S_+ := U_+ \cup N_+ \in \mathfrak{m}$ so abändern, daß (für das abgeänderte $\varphi'$) $\varphi' = +\infty$ in genau $N_+$ und etwa $S_+ \setminus N_+ \subset [\varphi' = 0]$. Wegen $(U_+ \cup N_+) \cap (U_- \cup N_-) = \emptyset$ gibt es $\varphi'' = \varphi'$ (mod $\mathfrak{m}$) mit $[\varphi'' = -\infty] = N_-$ und $[\varphi'' = +\infty] = N_+$. Die Eindeutigkeit (mod $\mathfrak{f} \cap \mathfrak{m}$) des normierten $f$-Integranden folgt aus der Definition.
*Betr.* (B). – (B1) $\rightarrow$ (B2). Es sei $\psi$ normiert. Für jedes $\zeta \in \mathbb{R}$ ist $[\psi \leqq \zeta] \cap [\psi = +\infty] = \emptyset$. Daher $f(X) = f([\psi = -\infty] \cap X) + \int_X \psi dm = f(N_- \cap X) + \int_X \psi dm$ für jedes $X \in [\psi \leqq \zeta] \cap \mathfrak{A}$. Wegen $f(N_- \cap X) \leqq 0$ für $X \in [\psi \leqq \zeta] \cap \mathfrak{A}$ folgt $f(X) \leqq \zeta m(X)$. Entsprechend ergibt sich die Beh. betr. $Y$. – (B2) $\rightarrow$ (B1). Es sei $f(X) \leqq \zeta m(X)$ für $x \in [\psi \leqq \zeta] \cap \mathfrak{A}$ usw. Analog wie in 4.4., Satz 1., Bew. betr. (I) und (III), erweist sich $\psi$ als $m$-Integrand von $f$ mit $f(X \setminus N^0) = \int_{X \setminus N^0} \psi dm$, wobei $N^0 = [\psi = -\infty] \cup [\psi = +\infty] \in \mathfrak{m}$, mithin $f(X) = f(N^0 \cap X) + \int_X \psi dm$. Gemäß 4.4., Satz 1., Beh. (III), sind aber $f(N^0 \cap X)$ und $N^0$ mod ($\mathfrak{f} \cap \mathfrak{m}$) eindeutig, sodaß $N = N^0$ (mod $\mathfrak{f} \cap \mathfrak{m}$) (betr. $N$ vgl. 4.4., Satz 1., (III)).

*Betr. Zusatz.* Es ist $\mathfrak{m} \subset \mathfrak{f}$ und jeder $m$-Integrand $m$-fast überall endlich.

**2. Satz.** Voraussetzung. (1) *Wie in Satz* 1. – (2) *Es sei $\mathfrak{A}' \subset \mathfrak{A}$ eine $\sigma$-Unteralgebra von $\mathfrak{A}$ mit der gleichen Einheit $E$ wie $\mathfrak{A}$, ferner $f' := f | \mathfrak{A}'$ und $m' := m | \mathfrak{A}'$.* – (3) *Jedes $Z \in \mathfrak{A}$ sei* *zwischen $V, W \in \mathfrak{A}'$ beliebig genau einschließbar, d.h. zu $Z$ und jedem $\varepsilon > 0$ gibt es $V, W \in \mathfrak{A}'$ mit $V \subset Z \subset W$ und $m'(W \setminus V) < \varepsilon$.*

Behauptung. *Jeder normierte $m'$-Integrand $\varphi'$ von $f'$ ist zugleich $m$-Integrand von $f$. – Speziell im Falle $f \geqq 0$ ist $\varphi'$ sogar normierter $m$-Integrand von $f$.*

Beweis. (I) Zufolge Vor. ist das $m'$-meßbare, $m'$-fast überall endliche $\varphi'$ auch $m$-meßbar und $m$-fast überall endlich, also $G := G(\zeta) := [\varphi' \leqq \zeta] \in \mathfrak{A}' \subset \mathfrak{A}$. Weil $\mathfrak{A}'$ $\sigma$-Algebra, ist jedes $A \in \mathfrak{A}$ sogar „0-einschließbar" aus $\mathfrak{A}'$, d.h. zu $A$ gibt es $A', A'' \in \mathfrak{A}'$ mit $A' \subset A \subset A''$ und $m'(A'' \setminus A') = 0 = m(A'' \setminus A')$. – (II) Zunächst sei $f \geqq 0$. Dann gilt $f(G \cap A) \leqq f(G \cap A'') = f'(G \cap A'') \leqq \zeta m'(G \cap A'') = \zeta m(G \cap A)$ (weil $\varphi'$ $m'$-Integrand von $f'$ (vgl. Satz 1., (B) und $m'(A'' \setminus A') = 0$) und zwar für beliebiges $z \in \mathbb{R}_0^+$ und beliebiges $A \in \mathfrak{A}$. Somit ist die eine Bedingung in Satz 1., (B), erfüllt. Und da entsprechend $f(H \cap A) \geqq \zeta\, m(H \cap A)$ mit $H := [\varphi' \geqq \zeta]$, erweist sich $\varphi'$ als $m$-Integrand von $f$. Gleiches gilt für $f \leqq 0$.
(II) Ist weder $f \geqq 0$ noch $f \leqq 0$, so wendet man (I) auf $f^+$ und $f^-$ an und benutzt $f = f^+ - f^-$ usw. Daß in diesem Falle $\varphi'$ nicht notwendig normierter $m$-Integrand von $f$ ist zeigen Beispiele (Lit.).

**4.6.3.** Mit Hilfe von 4.6.1. und 4.6.2. läßt sich jetzt zeigen

Grenzwertsatz für normierte Integranden.

Voraussetzung. (1) *Es seien $f: \mathfrak{A}^+ \to \mathbb{R}$ und $m: \mathfrak{A}^+ \to \mathbb{R}_0^+$ $\sigma$-additiv (und endlich) mit $E$ als Einheit der $\sigma$-Algebra $\mathfrak{A}^+$.* – (2) *Es seien $\mathfrak{A}_r \subset \mathfrak{A}^+$, $r = 1, 2, \ldots$, $\sigma$-Unteralgebra von $\mathfrak{A}^+$ mit der gleichen Einheit $E$ wie $\mathfrak{A}^+$. Zur Abkürzung sei $f_r := f \mid \mathfrak{A}_r$ sowie $m_r := m \mid \mathfrak{A}_r$; und $\varphi_r$ sei normierter $m_r$-Integrand von $f_r$. Schließlich sei $\mathfrak{f}_r := \mathfrak{A}^0(f_r)$ und $\mathfrak{m}_r := \mathfrak{A}^0(m_r)$.* – (3') *Es sei $\mathfrak{A}' \subset \mathfrak{A}^+$ die kleinste $\sigma$-Algebra über den $\mathfrak{A}_r$ ($\mathfrak{A}_r \subset \mathfrak{A}' \subset \mathfrak{A}^+$). Es wird gesetzt: $f' := f \mid \mathfrak{A}'$, $m' := m \mid \mathfrak{A}'$ und $\mathfrak{f}' := \mathfrak{A}^0(f')$, $\mathfrak{m}' := \mathfrak{A}^0(m')$. (Es ist $E \in \mathfrak{A}'$).* – (3'') *Es sei $\mathfrak{A}'' \subset \mathfrak{A}^+$ die grösste, in allen $\mathfrak{A}_r$ enthaltene $\sigma$-Algebra ($\mathfrak{A}'' \subset \mathfrak{A}_r$). Es sei gesetzt: $f'' := f \mid \mathfrak{A}''$, $m'' := m \mid \mathfrak{A}''$ und $\mathfrak{f}'' := \mathfrak{A}^0(f'')$, $\mathfrak{m}'' := \mathfrak{A}^0(m'')$ (Es ist $E \in \mathfrak{A}''$).*

Behauptung. (B') *Ist $(\mathfrak{A}_r)_r$ isoton und $\underline{\varphi}' := \liminf_r \varphi_r$, $\bar{\varphi}' := \limsup_r \varphi_r$, so gilt $\varphi' := \underline{\varphi}' = \bar{\varphi}'$ (mod $\mathfrak{f}' \cap \mathfrak{m}'$); und es ist $\varphi'$ normierter $m'$-Integrand von $f'$.*
(B'') *Ist $(\mathfrak{A}_r)_r$ antiton und $\underline{\varphi}'' := \liminf_r \varphi_r$, $\bar{\varphi}'' = \limsup_r \varphi_r$, so gilt $\varphi'' := \underline{\varphi}'' = \bar{\varphi}''$ (mod $\mathfrak{f}'' \cap \mathfrak{m}''$) und es ist $\varphi''$ normierter $m''$-Integrand von $f''$.*

**Zusatz zu** (B'). Es existiert $\varphi'$ und ist $m'$-Integrand von $f'$ (aber nicht notwendig normiert) auch dann, wenn die $\varphi_r$ nicht normiert sind.

Beweis. *Betr.* (B'). – (I') Wegen $\mathfrak{A}_r \subset \mathfrak{A}'$ sind die $\varphi_r$ $m'$-meßbar und damit auch $\underline{\varphi}'$ und $\bar{\varphi}'$. Ferner ist $\varphi_r$ eindeutig (mod $\mathfrak{m}_r$) bestimmt, also auch (mod $\mathfrak{m}'$), ferner ist $\varphi_r$ $\mathfrak{m}_r$-fast überall endlich, also auch $\mathfrak{m}'$-fast überall endlich. Für $t < r$ ist $\varphi_t$ zugleich $m_r$-Integrand von $f_r$ (gemäß 3.2.1.2.). Daher gibt es zu jedem $t \geqq 1$ ein $A_t' \in \mathfrak{m}'$ mit $-\infty < \varphi_1(x) =$

$\varphi_t(x) < +\infty$ für $x \in E \setminus A_t'$. Wegen $A' := \bigcup_t A_t' \in \mathfrak{m}'$ folgt $-\infty < \varphi_r(x) = \varphi_t(x) < +\infty$ $m'$-fast überall in $E$ (nämlich für $x \in E \setminus A'$) und daraus $\varphi' = \bar{\varphi}' := \varphi'$ $m'$-fast überall.

(II′) Daß $\bar{\varphi}'$ *normierter* $m'$-Integrand von $f'$ ist, ergibt sich aus dem Nachweis, daß $\varphi'$ die Kennzeichnung in 4.6.2., Satz 1., Beh. (B2), erfüllt. Demgemäß ist zu zeigen: $f'(\bar{G} \cap X) - \zeta m'(\bar{G} \cap X) \leqq 0$ mit $\bar{G} := [\bar{\varphi}' \leqq \zeta]$ und $f'(H \cap X) - \zeta m'(H \cap X) \geqq 0$ mit $\underline{H} := [\underline{\varphi}' \geqq \zeta]$. Dazu genügt aber, daß die vorstehenden Ungleichungen gelten (statt für $\bar{G}$, $\underline{H}$) für (a) $G := [\underline{\varphi}' \leqq \zeta]$ bzw. (b) $H := [\bar{\varphi}' \geqq \zeta]$.

In der Tat: Es ist $\bar{G}, G \in \mathfrak{A}'$ und $\bar{G} \subset G$, also $\bar{G} \cap X \in G \cap \mathfrak{A}'$ für $X \in \mathfrak{A}'$; es ist also $\bar{G} \cap X$ ein $G \cap X$. Entsprechend für $H$, $H$.

(III′) *Beweis für* (II′) (a), also für $g(X, \zeta) := f'(G \cap X) - \zeta m'(G \cap X) \leqq 0$, $X \in \mathfrak{A}'$.

Wir betrachten eine Folge $(\zeta_r)_r$ reeller Zahlen $\zeta_r$ und dazu die Mengen $G(r) := [\inf\{\varphi_t : t > r\} < \zeta_r]$, $r = 1, 2, \ldots$, ferner $G(r, 1) := [\varphi_{r+1} < \zeta_r]$ und $G(r, t) := [\varphi_{r+1} \geqq \zeta_r] \cap \ldots \cap [\varphi_{r+t-1} \geqq \zeta_r] \cap [\varphi_{r+t} < \zeta_r]$ für $t \geqq 2$. Es ist $G(r, t) \in \mathfrak{A}_{r+t}$, $t \geqq 1$, und $G(r, t) \cap G(r, t') = \emptyset$ für $t \neq t'$, sowie $G(r) = \bigcup_{t \geqq 1} G(r, t) \in \mathfrak{A}'$. – Es sei nun $(\zeta_r)_r$ streng antiton mit $\zeta := \inf_r \zeta_r = \lim_r \zeta_r \in \mathbb{R}$. Dann ist auch $(G(r))_r$ antiton und $[\underline{\varphi}' \leqq \zeta] = \lim_r G(r) = G$. Mit $\mathfrak{S} := \bigcup_r \mathfrak{A}_r$ gilt: Zu jedem $X \in \mathfrak{S}$ gibt es ein $r' := r(X)$ derart, daß $X \in \mathfrak{A}_r$ für $r \geqq r'$ und folglich $G(r, t) \cap X \in \mathfrak{A}_{r+t}$ für jedes $t$ und jedes $r \geqq r'$. Aus 4.6.2., Satz 1., Beh. (B), angewandt auf $\varphi_r$ in $\mathfrak{A}_r$, folgt $f(G(r) \cap X) = \sum_{t \geqq 1} f(G(r, t) \cap X) = \sum_{t \geqq 1} f_{r+t}(G(r, t) \cap X) \leqq \sum_{t \geqq 1} \zeta_r m_{r+t}(G(r, t) \cap X) = \zeta_r m'(G(r) \cap X)$ für $r \geqq r' = r(X)$ und $X \in \mathfrak{S}$. Nun ist aber $G(r) \cap X \supset G(r+1) \cap X$ und $G \cap X = \lim_r G(r) \cap X$; außerdem sind die $g(X, \zeta_r)$ endlich und $\sigma$-additiv. Gemäß 2.2.2.1., Satz 1., folgt daher $g(X, \zeta) = \lim_r g(X, \zeta_r) \leqq 0$ für $X \in \mathfrak{S}$. Da $\mathfrak{A}'$ die kleinste $\sigma$-Algebra über $\mathfrak{S}$ ist, gilt $g(X, \zeta) \leqq 0$ für $X \in \mathfrak{A}$. Damit ist (a) bewiesen. Analog ergibt sich (b) $h(X, \zeta) = f'(H \cap X) - \zeta m'(H \cap X) \geqq 0$.

*Betr. Zusatz zu* (B′). Man ersetze den nicht normierten $m_r$-Integranden durch einen normierten (mod $\mathfrak{m}_r$) und wende (B′) an. Sodann gehe man zu $\varphi' = \lim_r \varphi_r$ zurück.

Beweis. *Betr.* (B″). – (I″) Es sind $\underline{\varphi}''$ und $\bar{\varphi}''$ $m''$-meßbar. Denn mit $G(\zeta, r) := \bigcup_{t \geqq r} [\varphi_t \leqq 2^{-r} + \zeta]$ gilt $G(\zeta) := \bigcap_{r \geqq 1} G(\zeta, r) = [\underline{\varphi}'' \leqq \zeta]$; und wegen $G(\zeta, r) \in \mathfrak{A}_r$ folgt $G(\zeta) \in \mathfrak{A}'' = \bigcap_r \mathfrak{A}_r$. Entsprechend ergibt sich $[\bar{\varphi}'' \geqq \zeta] \in \mathfrak{A}''$.

(II″) Es ist $m''$-fast überall $\underline{\varphi}'' = \bar{\varphi}'' =: \varphi''$ und endlich. In der Tat: Es ist $\varphi_r$ auch $m_t$-Integrand von $f_t$ für jedes $t < r$ und $m_t$-fast überall endlich. Daher gibt es zu $r, t$ mit $r < t$ ein $A(r, t) \in \mathfrak{m}_r$, so daß $-\infty < \varphi_t(x) = \varphi_r(x) < +\infty$ für $x \in E \setminus A(r, t)$ also auch für $x \in E \setminus \mathfrak{A}''(r)$, wenn $A''(r) := \bigcap_{r < t} A(r, t) \in \mathfrak{m}''$. Für $A'' := \bigcup_r A''(r)$ gilt $A'' \in \mathfrak{m}''$ und $-\infty < \varphi_r(x) = \varphi_t(x) < +\infty$ mit $x \in E \setminus A''$ und für beliebige $r, t$.

(III″) Wie beim Beweis betr. (B′) ergibt sich, daß es genügt, zu zeigen: $g(X, \zeta) := f''(G \cap X) - \zeta m''(G \cap X) \leqq 0$ und $h(X, \zeta) := f''(H \cap X) - \zeta m''(G \cap X) \geqq 0$ für $X \in \mathfrak{A}''$.

(IV″) Es genügt sogar, zu zeigen: $g''(X, \zeta) := f''(G'' \cap X) - \zeta m''(G'' \cap X) \leqq 0$ und $h''(X, \zeta) := f''(H'' \cap X) - \zeta m''(H'' \cap X) \geqq 0$ für $X \in \mathfrak{A}''$ und $G'' := G''(\zeta) := [\inf\{\varphi_r : r \geqq 1\} <$

$\zeta] \in \mathfrak{A}''$ bzw. $H'' := H''(\zeta) := [\sup\{\varphi_r : r \geqq 1\} > \zeta] \in \mathfrak{A}''$. In der Tat: Es sei schon z.B. $g''(X, \zeta) \leqq 0$ bewiesen. Wegen $G(\zeta) = [\varphi'' \leqq \zeta] \in \mathfrak{A}''$ (vgl. (I'')) und $G(\zeta) \subset G''(\zeta')$ für $\zeta \leqq \zeta'$ ist $Y := G(\zeta) \cap X \in \mathfrak{A}''$ für $X \in \mathfrak{A}''$ und $G''(\zeta') \cap Y = Y$, sodaß $g''(Y'', \zeta') = f''(G(\zeta) \cap X) - \zeta' m''(G(\zeta) \cap X) = g(X, \zeta') \leqq 0$ für $X \in \mathfrak{A}''$ und für $\zeta'$ mit $\zeta < \zeta'$, also auch $g(X, \zeta) \leqq 0$. Entsprechend folgt $h(X, \zeta) \geqq 0$ aus $h''(X, \zeta) \geqq 0$.

(V'') Beweis für z.B. $g''(X, \zeta) \leqq 0$. Es sei $G''(r, r) := [\varphi_r < \zeta]$ und $G''(r, t) := [\varphi_t < \zeta] \cap [\varphi_{t+1} \geqq \zeta] \cap \ldots \cap [\varphi_r \geqq \zeta]$ für $1 \leqq t < r$, $2 \leqq r$. Dann ist $G''(\zeta, r) := [\min\{\varphi_t : t \leqq r\} < \zeta] = G''(r, 1) \cup \ldots \cup G''(r, r)$ und $G''(\zeta, r) \subset G''(\zeta, r+1)$ für $r \geqq 1$. Ferner ist $G''(\zeta) = \lim_r G''(\zeta, r)$. Daher braucht nur z.B. $g''(X, r) := f''((G''(\zeta, r) \cap X) - \zeta m''(G''(\zeta, r) \cap X) \leqq 0$ bewiesen zu werden, weil dann $\lim_r g''(X, r) = g''(X, \zeta) \leqq 0$. Nun ist aber $G''(r, t) \in [\varphi_r < \zeta] \cap \mathfrak{A}''(t)$. Und da $\varphi_r$ normierter $m_r$-Integrand von $f_r$ ist, gilt $f''(G''(\zeta, r) \cap X) = \sum_{t<r} f''(G''((r, t) \cap X) = \sum_t f_t(G''(r, t) \cap X) \leqq \zeta(\sum_t m(G''(r, t) \cap X)) = \zeta m(G''(\zeta, r) \cap X)$.

Fünfter Teil

# Ableitungsbasen. Derivierte von Mengenfunktionen.

## 5.0. Einleitung

Wir nehmen jetzt die Frage in Angriff nach der Differentiation des „unbestimmten" $m$-Integrals, allgemeiner die Frage nach ($\sigma$-additiven) Stammfunktionen der $m$-summierbaren (reellen) Funktionen. Hierzu sei bemerkt: Die bisher betrachteten Differenzierbarkeitsbegriffe betreffen (reelle) *Punkt*funktionen im $\mathbb{R}^n$ (vgl. II., 3.1.). Demgegenüber handelt sich jetzt um (reelle) *Mengen*funktionen $f|\mathfrak{A}$ bzw. um deren Differenzierbarkeit bezüglich eines Maßes $m|\mathfrak{A}$, wobei wir auch hier das Ergebnis der Differentation als „Ableitung" von $f|\mathfrak{A}$, genauer bezüglich $m|\mathfrak{A}$, bezeichnen werden.

B e i s p i e l e solcher Ableitungen liefert die Physik; man denke an die verschiedenen Dichtebegriffe, die auf das Volumen als Maß im $\mathbb{R}^n$ bezogen sind (Materiedichte, Energiedichte) oder an die Divergenz als „punktale Strömungsbilanz" (betr. „punktal" vgl. I., 7.5.10.). Die Prozedur ist dabei im wesentlichen die gleiche wie bei den reellen Funktionen einer reellen Variablen (vgl. I., 8.1.1.); man definiert nämlich die Ableitung als Limes eines Q u o t i e n t e n  a d d i t i v e r  F u n k t i o n e n. In der Tat ist im Falle $h:\mathbb{R} \longrightarrow \mathbb{R}$ z.B. die rechtsseitige Ableitung $h_r'(x_0)$ erklärt als Limes der Quotienten $(h(x)-h(x_0)):(x-x_0) = f(X):m(X)$, wobei $X := [x_0; x]$, $f(X) := h(x)-h(x_0)$ und $m(X) := x - x_0$ (für $x_0 < x$), wobei ferner $f$ und $m$ intervalladditiv sind. Das System der, hiermit der Definition des Quotienten und folglich der Ableitung zu Grunde gelegten, Intervalle $X$ bezeichnet man als „Ableitungsbasis".
Auch im Falle ($\sigma$-additiver) Mengenfunktionen hat man die Ableitungsbasis besonderen Bedingungen zu unterwerfen, um sachgemäße Ergebnisse zu erhalten, z.B. die Differentiation als Umkehrung der Integration (Problem der Stammfunktion). Dem tragen wir im Folgenden Rechnung dadurch, daß wir ausschließlich sogenannte Vitali-Ableitungsbasen verwenden werden.

A n m e r k u n g. In gewissem Sinn werden schon durch den Radon-Nikodymschen Satz (4.1.4.) Stammfunktionen zu vorgegebenen (Punkt-)Funktionen geliefert (und zwar ohne Zuhilfenahme von Ableitungsbasen).
Ehe wir an das Problem der Stammfunktion herangehen, haben wir uns mit dem Begriff

der Ableitungsbasis auseinanderzusetzen und die Existenz speziell von Vitalibasen (im $\mathbb{R}^n$) nachzuweisen. Zuvor ist die der Limesbildung zu Grunde gelegte Moore-Smith-Konvergenz zu erläutern.

## 5.1. Gerichtete (filtrierende) Systeme

Die Erklärung des Begriffes der Ableitungsbasis stützt sich auf die

**1. Definition.** Als eine **Ausrichtung** „$<$" auf einer Menge $I$ bezeichnen wir jede, den folgenden Axiomen (I)–(III) genügende Relation $<$ („vor") nämlich: (I) Antireflexivität, d.h. $a<b:\rightarrow a\neq b$; ferner (II) Transitivität; und (III) Filtrierung: $\bigwedge_{i,j\in I}\bigvee_{r\in I} i<r \wedge j<r$. Das Paar $(I, <)$, kürzer $I$ selbst, heißt dann (aus-)**gerichtetes System.** Statt „gerichtet" sagt man auch **„filtrierend"**.

Bemerkung. Durch die Antireflexivität zusammen mit (II) und (III) werden „triviale" Strukturen ausgeschlossen. Jedes im Sinne der 1. Definition gerichtete $I$ ist (wie aus (III) durch Induktion folgt) unendlich und besitzt kein maximales Element. (Vgl. auch Satz 1., Bew.)

Beispiele. **(1)**. Jedes $(I, <)$ mit linearer Ordnung $<$ und ohne letztes Element in $I$, z. B. **(a)** $(\mathbb{N}, <)$ oder **(b)** $(\mathfrak{u}_0, <)$, wobei $\mathfrak{u}_0$ das System der punktierten Umgebungen eines nicht isolierten Punktes $x_0$ in einem topologischen Raum und $<$ gleichbedeutend ist mit „$\supset$ und $\neq$" oder **(c)** allgemein jeder Mengen-Raster im Sinne von I., 5.6.8.3., wobei „$<$" die gleiche Bedeutung hat wie im Beispiel (b). – **(2)** Nicht gerichtet ist etwa das System der unendlichen Teilmengen von $\mathbb{N}$ mit „$\supset$ und $\neq$".
Als Verallgemeinerung der in I., 4.1.2., für $(\mathbb{N}, <)$ eingeführten Begriffe „schließlich alle" bzw. „unendlich viele" definiert man in gerichteten Systemen die Begriffe „terminal" bzw. konfinal.

**2. Definition.** Die Teilmenge $I'$ von $I$ heiße bezüglich $(I, <)$ **terminal**, auch ein **$I$-Terminal** oder kurz Terminal bzw. **konfinal**, auch ein **$I$-Konfinal** oder kurz Konfinal (in $I$), wenn

$$\bigvee_{i'\in I'}\bigwedge_{i\in I} i'<i \rightarrow i\in I' \quad \text{bzw.} \quad \bigwedge_{i\in I}\bigvee_{i'\in I'} i<i'.$$

Jedes $I$-Terminal und jedes $I$-Konfinal ist als Restriktion von $<$ in $(I, <)$ (auf $I'$) wieder gerichtet (Bew.!). Spezielle $I$-Terminals sind die sogenannten ($I$-)**Enden** $E(j)$ in $(I, <)$, erklärt durch

$$E(j) := \{i : i\in I \wedge j<i\}, \quad j\in I.$$

Definitionsgemäß enthält jedes Terminal Enden.

Bezeichnungen. Bei gegebenem $(I, <)$ werde das System aller $I$-Terminals bzw. aller $I$-Konfinals bzw. aller $I$-Enden mit $\mathfrak{T}(I)$ bzw. $\mathfrak{K}(I)$ bzw. $\mathfrak{E}(I)$ bezeichnet.

Zunächst erwähnt sei der

**Satz.** *Ist $(I, <)$ ein gerichtetes System, so gilt:*
(1) *Jedes Terminal $T$ ist ein Konfinal $K$, aber nicht umgekehrt.*
(2) *Eine Teilmenge $M$ von $I$ ist ein Terminal bzw. ein Konfinal genau dann, wenn $M$ ein Ende von $I$ enthält bzw. wenn $M$ zu keinem Ende von $I$ fremd ist. – Der Durchschnitt zweier Terminals enthält ein Ende, ist also wieder ein Terminal.*
(3) *In der gemäß „$\supset$ und $\neq$" geordneten Potenzmenge $\mathfrak{p}(I)$ von $I$ ist $\mathfrak{E}(I)$ ein Raster und $\mathfrak{T}(I)$ ein Filter, nämlich der $\mathfrak{E}(I)$ enthaltende Filter $\mathfrak{f}(\mathfrak{E}(I))$ (vgl. I., 5.6.8.5.).*

Beweis. *Betr.* (1). Aus den Definitionen folgt unmittelbar $\bigvee_{i' \in T} \bigwedge_{i \in I} i' < i \rightarrow i \in T$ bzw. $\bigwedge_{j \in I} \bigvee_{i \in K} j < i$. – Im linear geordneten $(\mathbb{N}, <)$ ist $(2, 4, 6, \ldots, 2n, \ldots)$ konfinal, aber nicht terminal.
*Betr.* (2). Die Beh. besagt betr. $M$, daß $M \in \mathfrak{T}(I) \leftrightarrow \bigvee_{i' \in M} E(i') \subset M$ bzw. $M \in \mathfrak{K}(I) \leftrightarrow \bigwedge_{i \in I} E(i) \cap M \neq \emptyset$. Dies folgt aber aus der Definition von $\mathfrak{T}(I)$ bzw. von $\mathfrak{K}(I)$. – Zu $T', T'' \in \mathfrak{T}(I)$ gibt es $E(j'), E(j'') \in \mathfrak{E}(I)$ mit $E(j') \subset T'$ und $E(j'') \subset T''$. Ist $i \in I$ mit $j' < i \wedge j'' < i$, so gilt $E(i) \subset E(j') \cap E(j'') \subset T' \cap T''$, also $T' \cap T'' \in \mathfrak{T}(I)$.
*Betr.* (3). Gemäß (2) ist $\mathfrak{T}(I)$ das System aller Obermengen aller $E \in \mathfrak{E}(I)$ und gemäß (3) ist $\mathfrak{E}(I)$ ein Raster.

### 5.1.1. Äquivalente gerichtete Systeme.

Bei Anwendung der gerichteten Systeme auf die Limestheorie stößt man auf eine jetzt noch einzuführende Äquivalenz zwischen gerichteten Systemen. Vorausgeschickt sei der

**Hilfssatz.** Es seien $\mathfrak{F}_\mu := (I_\mu, <_\mu)$, $\mu = 1, 2, 3$, gerichtete Systeme und $\mathfrak{T}_\mu := \mathfrak{T}(I_\mu)$ der vom Raster $\mathfrak{E}(I_\mu)$ in $\mathfrak{p}(I_\mu)$ bestimmte (erzeugte) Filter. Ferner sei $\mathfrak{p}_{\mu\nu} := \mathfrak{p}(I_\mu \cup I_\nu) = \mathfrak{p}_{\nu\mu}$ und $\mathfrak{T}_{\mu\nu} := \{T \cup V : T \in \mathfrak{T}_\mu \wedge V \subset I_\nu \setminus I_\mu\}$, also $\mathfrak{T}_{\mu\nu} \subset \mathfrak{p}_{\mu\nu}$. – Gilt dann $\mathfrak{T}_{12} = \mathfrak{T}_{21}$ und $\mathfrak{T}_{23} = \mathfrak{T}_{32}$, so auch $\mathfrak{T}_{31} = \mathfrak{T}_{13}$.

Beweis. Es ist $\mathfrak{T}_{\mu\nu}$ derjenige Filter in $\mathfrak{p}_{\mu\nu}$, welcher durch den zu ihm in $\mathfrak{p}_{\mu\nu}$ gleichwertigen Raster $\mathfrak{T}_\mu$ erzeugt wird (vgl. I., 5.6.8.5.). Daher ist $\mathfrak{T}_{\mu\nu} = \mathfrak{T}_{\nu\mu}$ genau dann, wenn $\mathfrak{T}_\mu$ und $\mathfrak{T}_\nu$ gleichwertig sind als Raster in $\mathfrak{p}_{\mu\nu} = \mathfrak{p}_{\nu\mu}$, also auch in $\mathfrak{p}' := \mathfrak{p}(I_1 \cup I_2 \cup I_3)$. Aus $\mathfrak{T}_{12} = \mathfrak{T}_{21}$ und $\mathfrak{T}_{23} = \mathfrak{T}_{32}$ folgt daher die Gleichwertigkeit von $\mathfrak{T}_1$ und $\mathfrak{T}_3$ in $\mathfrak{p}'$, also auch in $\mathfrak{p}_{12}$.

**Definition.** Die gerichteten Systeme $\mathfrak{F}_1 := (I_1, <_1)$ und $\mathfrak{F}_2 := (I_2, <_2)$ heißen **gleichwertig**, auch **äquivalent**, in Zeichen $\mathfrak{F}_1 \sim \mathfrak{F}_2$, oder $I_1 \sim I_2$, wenn die von den Rastern $\mathfrak{E}(I_1)$ und $\mathfrak{E}(I_2)$ in $\mathfrak{p}(I_1 \cup I_2)$ erzeugten Filter $\mathfrak{T}_1$ und $\mathfrak{T}_2$ gleich sind.

**Satz.** *Die Relation $\sim$ in der Menge aller gerichteten Systeme ist eine Äquivalenz (I., 1.1.2.).*

**Zusatz.** Es ist $I_1 \sim I_2$ genau dann, wenn zu jedem $E_1 \in \mathfrak{E}(I_1)$ bzw. zu jedem $E_2 \in \mathfrak{E}(I_2)$ ein $E_{12} \in \mathfrak{E}(I_2)$ bzw. $E_{21} \in \mathfrak{E}(I_1)$ existiert mit $E_{12} \subset E_1$ und $E_{21} \subset E_2$.

Beweis. Die Reflexivität und Symmetrie von $\sim$ sind klar. Die Transitivität folgt aus dem Hilfssatz; denn $\mathfrak{E}(I_\mu)$ ist ein, den Filter $\mathfrak{T}_\mu$ erzeugender, also mit $\mathfrak{T}_\mu$ gleichwertiger Raster. – *Betr. Zusatz.* Die im Zusatz genannte Bedingung ist notwendig und hinreichend für die Gleichwertigkeit der Raster $\mathfrak{E}(I_1)$ und $\mathfrak{E}(I_2)$ in $\mathfrak{p}_{12}$, was wiederum genau $\mathfrak{T}_{12} = \mathfrak{T}_{21}$, d.h. $I_1 \sim I_2$ entspricht.

**5.1.2.** Separable gerichtete Systeme.

Bei (abzählbaren) Folgen reeller Zahlen $(a_r)_r$, $r = 1, 2, \ldots$, ist bekanntlich z.B. der $\limsup_r a_r$ gleich dem Maximum der Limiten (konvergenter) konfinaler Teilfolgen, es existieren also konvergente konfinale Teilfolgen, deren Limes gleich lim sup der ganzen Folge ist. Dies ist im allgemeinen nicht mehr richtig für Moore-Smith-Folgen $f: I \rightarrowtail \mathbb{R}$ bei beliebigem $(I, <)$, wie nachstehendes Beispiel zeigt.

Beispiel. Es sei $w_1$ die kleinste nicht-abzählbare Ordnungszahl und $I := \{i : i < w_1 \wedge i$ Ordnungszahl$\}$, wobei $I$ geordnet sei gemäß $<$ im System der Ordnungszahlen. – (a) Konstruktion von $f: I \rightarrowtail \mathbb{R}$. Zu jedem $i \in I \setminus \mathbb{N}^+$ gibt es genau eine Limeszahl $l(i)$ und eine Zahl $m(i) = m \in \mathbb{N}$ mit $i = l(i) + m(i)$, wobei $l(i) < w_1$. Nun sei die (reelle) *MS*-Folge $f: I \rightarrowtail \mathbb{R}$ definiert, wie folgt: $f(i) := 0$ für $i \in \mathbb{N}^+$, sonst $f(i) := q(i) := m(i) : (m(i) + 1)$. Daher ist $f < 1$ und $s := I - \limsup f = 1$, denn $\sup\{f(i) : i \in E(j)\} = 1$ für alle $E(j) \in \mathfrak{E}(I)$. – (b) Es existiert kein Konfinal $K_s \in \mathfrak{R}(I)$, für welches $K_s = \lim f$ existiert und gleich $s$ ist. In der Tat würde für ein solches $K_s$ gelten

$$(+) \qquad \bigwedge_{m \in \mathbb{N}} \bigvee_{i(m) \in K_s} \bigwedge_{j \in K_s} i(m) < j \;\rightarrow\; 1 - m^{-1} < f(j).$$

Da aber $\bar{i} := \sup\{i(m);\ m \in \mathbb{N}\} \in I$ (weil $w_1$ nicht abzählbar) und $K_s \in \mathfrak{R}(I)$, so gibt es ein $j' \in K_s$ mit $\bar{i} < j'$, woraus wegen $(+)$ folgen würde, daß $f(j') = 1$. Widerspruch.

Im vorstehenden Beispiel besitzt $(I, <)$ mit $I := \{i : i < w_1\}$ kein abzählbares Konfinal $K := \{i_n : n \in \mathbb{N}^+\}$; denn $w_1$ ist nicht abzählbar, also $\bar{j} := \sup\{i_n : n \in \mathbb{N}^+\} \in I$, sodaß kein $i_n > \bar{j}$ und mithin $K$ kein Konfinal von $I$ ist (vgl. den Schluß beim Beispiel, in (b) am Ende). – Demgegenüber erweist sich, wie gezeigt werden wird, die Existenz mindestens eines abzählbaren Konfinals in $I$ als hinreichend dafür, daß für jedes reelle $f: I \rightarrowtail \mathbb{R}$ mit einem solchen $I$ der $I - \limsup f$ gleich dem Maximum der Limiten konvergenter konfinaler Teilfolgen (von $f$) ist. Demgemäß führen wir ein die

**Definition.** Ein gerichtetes System $(I, <)$ heißt **separabel**, wenn in $(I, <)$ (mindestens) ein abzählbares Konfinal existiert.

**Satz.** Voraussetzung. *Es sei* $(I, <)$ *gerichtet sowie separabel.*

Behauptung. *Zu jeder (reellen) Moore-Smith-Folge $f: I \longrightarrow \bar{\mathbb{R}}$ über diesem $I$ gibt es (mindestens) ein Konfinal $K \in \mathfrak{R}(I)$ derart, daß $K - \lim f$ existiert und gleich $I - \limsup f$ ist.*

**Zusatz.** Es gibt nicht-separable $(I, <)$, für welche die Behauptung des Satzes nicht gilt (vgl. obiges Beispiel).

Beweis. Es sei $K^* := (i_n^*)_n$ ein abzählbares Konfinal in $I$. Ist $s := I - \limsup f$, so existiert definitionsgemäß eine Folge $(E(j_n))_n$ mit $E(j_n) \in \mathfrak{E}(I)$ derart, daß für $s_n := \sup\{f(i): i \in E(j_n)\}$ gilt $s = \lim_n s_n$. Zu $(j_n)_n$ wählen wir $(j'_n)_n$ mit $j'_n \in I$ so, daß $i_n^* \leqq j'_n$ und $j_n \leqq j'_n$ für alle $n$. Dann ist $s'_n := \sup\{f(i): i \in E(j'_n)\} \leqq s_n$ und $s = \lim_n s'_n$. Weiter wählen wir zu $(s'_n)_n$ eine Zahlenfolge $(t_n)_n$ mit $t_n < s'_n$ für alle $n$ und mit $s = \lim_n t_n$. Zu jedem $t_n$ existiert ein $j''_n \in E(j'_n) \in \mathfrak{E}(I)$ mit $t_n < f(j''_n) \leqq s'_n$ sodaß $s = \lim_n f(j''_n)$. Wegen $i_n^* \leqq j'_n \leqq j''_n$ ist aber $(j''_n)_n \in \mathfrak{R}(I)$.

1. Anmerkung. Für Separabilität von $I$ ist notwendig die Existenz von $E_n \in \mathfrak{E}(I)$ mit $E_{n+1} \subset E_n$ und $\bigcap_n E_n = \emptyset$. (Denn in einem separablen $(I, <)$ existiert $(j_n)_n \in \mathfrak{K}(I)$ mit $j_n < j_{n+1}$, sodaß $E_n := E(j_n) \supset E_{n+1}$ und $\bigcap E_n = \emptyset$).

2. Anmerkung. Ohne Beweis sei bemerkt: In jedem gerichteten System $(I, <)$ existieren Konfinale, die nicht zugleich Terminale sind.

## 5.2. Moore-Smith-Folgen

**Definition.** Ist $(I, <)$ gerichtet, so wird jede Abbildung $w: I \longrightarrow W$ mit $(i \longmapsto w_i := w(i))$, $i \in I$, als **Moore-Smithsche Folge**, kurz **MS-Folge**, über $(I, <)$ bezeichnet, geschrieben $w := (w_i)_i := (w_i)_{i \in I}$.
Ist $\mathfrak{w}$ ein Raster (ev. Filter) in $W$, so spricht man von **MS-Konvergenz**, oder von **$I$-Konvergenz**, der $MS$-Folge $(w_i)_i$ **gegen** $\mathfrak{w}$ ($\subset \mathfrak{p}(W)$), wenn $(w_i)_i$ für den Raster $\mathfrak{E}(I)$, also für den gleichwertigen Filter $\mathfrak{T}(I)$, gegen den Raster $\mathfrak{w}$ konvergiert (vgl. I., 5.6.8.4.). Ist speziell $\mathfrak{w}$ Umgebungsraster des Punktes $\bar{w} \in W$, so spricht man kürzer von der $I$-Konvergenz der $MS$-Folge $(w_i)_i$ gegen $\bar{w}$, in *Zeichen*: $\bar{w} = I - \lim w = \lim_I w = \lim_{i \in I} w_i$.

**5.2.1.** Reelle $MS$-Folgen.

Im Falle $w: I \longrightarrow \bar{\mathbb{R}}$ spricht man von einer **reellen** *MS-Folge*. Bei $I$-Konvergenz gegen ein $x_0 \in \bar{\mathbb{R}}$ ist der Umgebungsraster bzw. -Filter $u(x_0)$ von $x_0$ in $\bar{\mathbb{R}}$ als Raster bzw. Filter $\mathfrak{w}$ zu verwenden.
Unter Bezugnahme auf die Ordnungstopologie in $\bar{\mathbb{R}}$ wird (entsprechend wie in I., 7.5.2.) als der **obere** bzw. der **untere** **$I$-Limes** von $w := (w_i)_{i \in I}$ erklärt bzw. bezeichnet

$$I - \limsup w = \limsup_{i \in I} w_i = \inf\{\sup\{w_i : i \in T\} : T \in \mathfrak{T}(I)\} =$$

$$\inf\{\sup\{w_i : i \in E\} : E \in \mathfrak{E}(I)\} ;$$

$$I - \liminf w = \liminf_{i \in I} w_i = \sup\{\inf\{w_i : i \in T\} : T \in \mathfrak{T}(I)\} =$$

$$\sup\{\inf\{w_i : i \in E\} : E \in \mathfrak{E}(I)\} .$$

Dabei ist die Gleichwertigkeit von $\mathfrak{T}(I)$ und $\mathfrak{E}(I)$ benutzt. Es existiert $I - \lim w$ genau dann, wenn $I - \limsup w = I - \liminf w$ $(= I - \lim w)$ ist. Für $I - \limsup w$ und $I - \liminf w$ gelten die in I., 7.5.2., Aufgabe 3., II., angegebenen und wie dort zu beweisenden Ungleichungen, beispielsweise für $v : I \rightarrowtail \bar{\mathbb{R}}$ und $w : I \rightarrowtail \bar{\mathbb{R}}$ $\inf\{v_i : i \in I\} \leqq I - \liminf v \leqq I - \limsup v \leqq \sup\{v_i : i \in I\}$;

$$I - \liminf v + I - \liminf w \leqq I - \liminf(v + w) \leqq I - \limsup(v + w) \leqq$$

$$I - \limsup v + I - \limsup w$$

$$I - \liminf \alpha v = \alpha\, I - \liminf v, \quad \alpha \in \mathbb{R}_0^+ \quad \text{usw.}$$

Die auftretenden Summen $v + w$ usw. sind dabei stets als sinnvoll vorausgesetzt.
Oberer und unterer Limes bleiben ungeändert, wenn man $w$ durch eine Einengung $w|T$ auf ein Terminal (oder Ende) $T$ von $I$ ersetzt.

Bemerkungen. 1. Die obigen Definitionen sind in Übereinstimmung mit den entsprechenden Definitionen für lim sup usw. für gewöhnliche Folgen reeller Zahlen (I., 5.1.4.1.). – 2. Die aus der klassischen Limestheorie der reellen Zahlenfolgen bekannte Gleichheit z. B. vom oberen Limes und dem Maximum der Limiten konvergenter Teilfolgen geht bei reellen *MS*-Folgen i. a. verloren (s. Ergänzungen).

## 5.3. Ableitungsbasen. Derivierte nach einer Basis

Es sei $\mathfrak{A}$ eine Algebra mit Einheit $E$ und $m|\mathfrak{A}$ ein vollständiges Maß; die Menge aller $S \in \mathfrak{A}$ mit $0 < m(S) < +\infty$ werde mit $\mathfrak{A}_e$ bezeichnet.

**1. Definition.** Unter einer **Ableitungsbasis (Derivationsbasis**, $D$-**Basis)** $b = \mathbf{b}(M, I, s)$, für $M \subset E$ (relativ $m|\mathfrak{A}$) verstehen wir ein Paar von Abbildungen $x \mapsto I(x)$, $x \mapsto s(x)$, $x \in M$, wobei $I(x)$ eine gerichtete Menge $(I(x), <)$ und $s(x)$ eine *MS*-Folge über $(I(x), <)$ mit Werten aus $\mathfrak{A}_e$, $s(x) := \{S_i(x) : i \in I(x)\}$, bezeichnen; die Menge $K(b) := \{S_i(x) : i \in I(x) \wedge x \in M\}$ heißt das **Konstituentensystem** von $b$.
Eine $D$-Basis $b' = \mathbf{b}(M', I', s')$ heißt **Teilbasis** von $b = \mathbf{b}(M, I, s)$, kurz $b' \subset b$, wenn $M' \subset M$, $I'(x') \in T(I(x'))$ und $s'(x') = s(x')|I'$ für $x' \in M'$.

Zwei $D$-Basen $\mathbf{b}(M, I, s)$ und $\mathbf{b}(M, I', s')$ für $M$ werden als **äquivalent** bezeichnet, wenn für alle $x \in M$ *erstens* $I(x) \sim I'(x)$ und *zweitens* $E, E'$ existieren mit $E(I(x)) \in E \supset E' \in E(I'(x))$, so daß auf $E'$ $s(x)$ und $s'(x)$ übereinstimmen: $s(x)|E' = s'(x)|E'$. (Nachweis, daß damit eine Äquivalenz erklärt ist, als Aufgabe.)
Es sei jetzt $f: \mathfrak{A} \longrightarrow \bar{\mathbb{R}}$ und $b := \mathbf{b}(M, I, s)$ eine $D$-Basis bezüglich $M$. Jedem $x$ bzw. $b(x)$ entspricht die $MS$-Folge der Quotienten $q_i(x) := f(S_i(x)) : m(S_i(x))$, $i \in I(x)$; wegen $0 < m(S_i(x)) < +\infty$ sind die Quotienten sinnvoll.

**2. Definition.** Als **obere** bzw. **untere (b-)Derivierte** $\bar{D}f(x) = \bar{D}(f; x, b)$ bzw. $\underline{D}f(x) = \underline{D}(f; x, b)$ von $f$ in $x$ (bezüglich $b$) bezeichnen wir den $\limsup_{i \in I(x)} q_i(x)$ bzw. den $\liminf_{i \in I(x)} q_i(x)$.

Äquivalente Basen $\mathbf{b}(M, I', s')$ und $\mathbf{b}(M, I'', s'')$ liefern gleiche $\bar{D}f(x)$ und $\underline{D}f(x)$. Gemeinsamer Name für obere und untere Derivierte sei **extreme Derivierte**.
Aus der Definition der extremen Derivierten ergeben sich (bei fester Basis $b$) die Beziehungen

(1) $\underline{D}f \leqq \bar{D}f$;
(2) Aus $0 \leqq f$ folgt $0 \leqq \underline{D}f \leqq \bar{D}f$;
(3) $\bar{D}(\alpha f) = \alpha \bar{D}f$, falls $\alpha \geqq 0$, und $\underline{D}(-f) = -\bar{D}f$;
(4) $\underline{D}f' + \underline{D}f'' \leqq \underline{D}(f' + f'') \leqq \bar{D}(f' + f'') \leqq \bar{D}f' + \bar{D}f''$ und
$\underline{D}(f' + f'') \leqq \underline{D}f' + \bar{D}f'' \leqq \bar{D}(f' + f'')$ (bei sinnvollem $f' + f''$).
(5) Für (endliches) $\beta_1, \beta_2 \in \mathbb{R}$ gilt: Zu $Q_1 \subset [\bar{D}f > \beta_1]$ bzw. $Q_2 \subset [\underline{D}f < \beta_2]$ existieren Teilbasen $b_1 := \mathbf{b}(Q_1, I_1, s_1)$ bzw. $b_2 := \mathbf{b}(Q_2, I_2, s_2)$ von $b$ derart, daß $f(V) > \beta_1 m(V)$ bzw. $f(V) < \beta_2 m(V)$ für alle $V \in K(b_1)$ bzw. $V \in K(b_2)$ (Betr. $K(b)$ vgl. die 1. Definition).
(6) Die auf eine Teilbasis $b' := \mathbf{b}(S, I', s')$ von $b$ bezogenen extremen Derivierten von $f$ stimmen überein mit den auf $b$ bezogenen.

Zu (5). Ist z. B. $x \subset Q_1$, also $\bar{D}f(x) > \beta_1$, so gilt $\bigvee_{I_1(x) \in \mathfrak{T}\mathfrak{A}(x)} \bigwedge_{i \in I_1(x)} q_i(x) > \beta_1$, was die erste Beh. aus (5) ergibt. – Zu (6) Für jedes $x \in S$ hat man schließlich die gleichen Terminals zu betrachten, womit man die gleichen Grenzen für die $q_i$ erhält.

**3. Definition.** Es heißt $f: \mathfrak{A} \longrightarrow \bar{\mathbb{R}}$ differenzierbar in $x_0 \in M$ bzw. in $M$ **bezüglich** der $D$-Basis $b = \mathbf{b}(M, I, s)$, kürzer $b$-differenzierbar, wenn $\underline{D}(f; x, b) = \bar{D}(f; x, b)$ für $x = x_0$ bzw. für jedes $x \in M$. Man setzt dann den gemeinsamen Wert der extremen $b$-Derivierten gleich $Df(x_0) = D(f; x_0, b)$ bzw. gleich $Df$ und bezeichnet ihn als die $b$-**Ableitung**, kürzer Ableitung, von $f$ für $b$ in $x_0$ bzw. in $M$.

## 5.4. Vitalisysteme

**1. Definition.** Es sei $m|\mathfrak{A}$ ein (endliches, vollständiges) Maß mit dem $\sigma$-Ideal $\mathfrak{N}$ der $m$-Nullmengen sowie mit der Einheit $E$ von $\mathfrak{A}$, also $A \subset \mathfrak{p}(E)$. Ferner sei $M \subset E$ mit $\bar{m}(M) > 0$; es ist also $M \in \mathfrak{p}(E) \setminus \mathfrak{A}$ zugelassen. Ein Teilsystem $\mathfrak{v}$ von $\mathfrak{A}$ mit $m(V) > 0$ für alle $V \in \mathfrak{v}$

wird als (starkes) Vitalisches Überdeckungssystem, kürzer als **Vitalisystem**, relativ $m|\mathfrak{A}$ bezüglich $M$ (in $E$) bezeichnet, wenn zu jedem $\varepsilon \in \mathbb{R}^+$ eine Folge $(V_r)_r$ von *paarweise fremden* $V_r \in \mathfrak{v}$, $r = 1, 2, \ldots,$ existiert derart, daß für $S := \bigcup_r V_r \in \mathfrak{A}$ gilt: „Erstens" ist $\bar{m}(M \setminus S \cap M) = 0$ (Überdeckungseigenschaft) und „Zweitens" gilt $m(S \setminus \tilde{M} \cap S) < \varepsilon$, wobei $\tilde{M}$ irgend eine $m$-Hülle von $M$ bezeichnet (Approximationseigenschaft).
Ist $\mathfrak{v}$ Vitalisch bezüglich aller $M$ aus einem System $\mathfrak{B} \subset \mathfrak{p}(E)$, so heißt $\mathfrak{v}$ Vitalisystem bezüglich $\mathfrak{B}$ (relativ $m|\mathfrak{A}$).

1. Anmerkung. Die Überdeckungseigenschaft (Erstens) ist gleichwertig mit $M \subset S \cup N'$, wobei $N' \in \mathfrak{N}$. (Denn aus $\bar{m}(M \setminus S \cap M) = 0$ folgt $M \subset (S \cap M) \cup N' \subset S \cup N'$ mit $N' \in \mathfrak{N}$; und umgekehrt folgt aus $M \subset S \cup N$ wieder $\bar{m}(M \setminus S \cap M) = 0$, weil dann $M \setminus S \cap M \subset N' \in \mathfrak{N}$).

2. Anmerkung. Ist $\mathfrak{v}$ Vitalisch bezüglich $\mathfrak{A}$, so auch bezüglich $\mathfrak{p}(E)$. (Denn $M \subset \tilde{M} \in \mathfrak{A}$, sodaß aus $m(\tilde{M} \setminus \tilde{M} \cap S) = 0$ folgt $\bar{m}(M \setminus M \cap S) = 0$).

3. Anmerkung. Wird ein Vitalisystem $\mathfrak{v}$ bezüglich $M$ abgeändert dadurch, daß man von jedem $V \in \mathfrak{v}$ je eine $m$-Nullmenge wegnimmt, so ist das von den abgeänderten $V$ gebildete System wieder Vitalisch bezüglich $M$.

Beispiele von Vitalisystemen (bezüglich $\mathfrak{p}(\mathbb{R}^n)$) relativ des Borelschen Maßes $\beta^n|\mathfrak{B}^n$ werden in 5.4.1. angegeben.
An Eigenschaften Vitalischer Systeme $\mathfrak{v}$ seien erwähnt

**1. Satz.** Voraussetzung. *Es sei* $\mathfrak{v} \subset \mathfrak{A}$. *Bei gegebenen* $M \in \mathfrak{p}(E)$ *existiere zu jedem* $\varepsilon > 0$ *ein* $X := X(\varepsilon) \in \mathfrak{A}$ *mit* $M \subset X$ *und mit* $\bar{m}(X \setminus M) < \varepsilon$. *Außerdem besitze das Teilsystem* $\mathfrak{v}(X) := \{V' : V' \in \mathfrak{v} \wedge V' \subset X\}$ *die Überdeckungseigenschaft „Erstens" bezüglich M.*

Behauptung. *Es ist* $\mathfrak{v}$ *Vitalisystem bezüglich M (relativ* $m|\mathfrak{A}$*), d.h. für* $\mathfrak{v}$ *und M ist auch die Approximationseigenschaft „Zweitens" erfüllt.*

Beweis. Nach Voraussetzung existiert $S' := \bigcup_r V_r' \subset X$ mit $\bar{m}(M \setminus M \cap S') = 0$. Wegen $S' \subset X$ und $\bar{m}(X \setminus M) < \varepsilon$ folgt $m(S' \setminus S' \cap \tilde{M}) \leqq \bar{m}(X \setminus M) < \varepsilon$.

**2. Satz.** Voraussetzung. *Es sei E Einheit von* $\mathfrak{A}$ *und* $M \subset H \subset E$ *und* $H = N \cup (\bigcup_{k \geq 1} H_k)$ *eine Zerlegung von H, wobei* $N \in \mathfrak{N}$. *Ferner existiere zu jedem* $H_k$ *ein Vitalisystem* $\mathfrak{v}_k \subset \{A : A \in \mathfrak{A} \wedge A \subset H_k\}$ *bezüglich* $M \cap H_k$.

Behauptung. *Es ist* $\mathfrak{v} := \bigcup_k \mathfrak{v}_k$ *Vitalisystem bezüglich M (relativ* $m|\mathfrak{A}$*).*

Beweis. Wegen $M \subset H$ ist $M = (M \cap N) \cup (\bigcup_k M_k)$, wobei $M_k := M \cap H_k$. Nach Voraussetzung existiert für jedes $k$ ein $S_k := \bigcup_r V_{kr}$ mit $V_{kr} \in \mathfrak{v}_k$ derart, daß $\bar{m}(M_k \setminus M_k \cap S_k) = 0$ und $m(S_k \setminus S_k \cap \tilde{M}_k) < 2^{-k}\varepsilon$. Setzt man $S := \bigcup_k S_k = \bigcup_k (\bigcup_r V_{kr})$, so sind die $V_{kr}$ disjunkt und es gilt $\bar{m}(M\backslash M\cap S)\leqq \sum_k \bar{m}(M_k\backslash M_k\cap S_k)=0$ sowie $m(S\backslash S\cap\tilde{M})\leqq \sum_k m(S_k\backslash S_k\cap \tilde{M}_k)<\varepsilon$.

**2. Definition.** Eine *Ableitungsbasis* $b=\mathbf{b}(M,I,s)$ heißt Vitalisch oder **Vitalibasis** (bezüglich $M$), wenn für *jedes* $M'\subset M$ mit $\bar{m}(M')>0$ das Konstituentensystem $K(b')$ einer jeden Teilbasis $b'=\mathbf{b}(M',I',s')\subset b$ ein Vitalisystem bezüglich $M'$ (relativ $m|\mathfrak{A}$) ist.

**5.4.1.** Existenz von Vitalibasen im $\mathbb{R}^n$.

Es werden nun allgemeine Bedingungen angegeben dafür, daß ein Mengensystem im (euklidischen) $\mathbb{R}^n$ eine Vitalibasis liefert.
Zur Beschreibung von Gestalt und Ausrichtung des Systems werden topologische, d.h. metrische Eigenschaften des $\mathbb{R}^n$ benötigt.

Als Bezeichnungen verwenden wir dabei: $|x\,x'|$ für den Abstand zweier Punkte $x, x'$, ferner $K(x,\varrho)$ für die abgeschlossene Vollkugel (im $\mathbb{R}^n$) mit $x$ als Zentrum und $\varrho$ als Radius. Als Maß $m|\mathfrak{A}$ wird das (klassische) Borelsche $\beta^n|\mathfrak{B}^n$ bzw., soweit von der Vollständigkeit von $m|\mathfrak{A}$ Gebrauch gemacht wird, das Lebesguesche $\lambda^n|\mathfrak{L}^n$, zu Grunde gelegt; zu $\mathfrak{A}$ gehören demgemäß die abgeschlossenen und die offenen Mengen.
Die zu konstruierenden Vitalibasen werden nun erklärt wie folgt.

**1. Definition.** Es sei $P=\bar{P}\subset\mathbb{R}^n$ abgeschlossen, beschränkt und mehrpunktig. Ist $x\in P$, so bezeichne $K(x|P)$ die kleinste, $P$ enthaltende Vollkugel $K(x,\varrho)$, also mit $P\subset K(x|P)$ und mit kleinstem $\varrho:=\varrho(x|P)$. Der Quotient $\gamma(x,P)=m(P):m(K(x|P))$ heiße **Flachheit**(skoeffizient) von $P$ bezüglich $x$ oder des Paares $(x, P)$.

**2. Definition.** Es sei $W\subset\mathbb{R}^n$. (I) Eine Menge $\mathfrak{Q}$ von Paaren $(x,P)$ (gemäß Def. 1) wird als **gleichmäßig flachheitsbeschränkt bez.** $W$ bezeichnet, wenn

(a) $$\bigwedge_{x\in W}\inf\{\varrho(x,P):(x,P)\in\mathfrak{Q}\}=0,\quad\text{und}$$

(b) $$\bigvee_{\gamma_0>0}\bigwedge_{x\in W}\bigwedge_{(x,P)\in\mathfrak{Q}}\gamma(x,P)\geqq\gamma_0 .$$

(II) Es heißt (allgemeiner) eine Menge $\mathfrak{Q}$ von Paaren $(x,P)$ $m$-**flachheitsbeschränkt bez.** $W\subset\mathbb{R}^n$ (*relativ* $m|\mathfrak{A}$), wenn $W\in\mathfrak{A}$ und es eine Folge von $m$-meßbaren Teilmengen $W_n$ von $W$ gibt, so daß $W\backslash\bigcup_n W_n$ eine Nullmenge und $Q_n:=\{(x,P):x\in W_n\wedge(x,P)\in Q\}$ gleichmäßig flachheitsbeschränkt bez. $W_n$ ist, $n=1,2,\ldots$

Beispielsweise ist $\mathfrak{Q}$ $m$-flachheitsbeschränkt bez. $W$, wenn $W\in\mathfrak{A}$, weiter (a) erfüllt und die Funktion $(x\mapsto\mathfrak{G}(x):=\inf\{\gamma(x,P):(x,P)\in\mathfrak{Q}\})$ $m$-meßbar ist, und es eine $m$-Nullmenge $N$ gibt mit $[\mathfrak{G}>0]\cap N\supset W$, oder, wenn $\mathfrak{G}$ überall nach oben halbstetig und positiv ist.

Es gilt nun der

**Satz.** Voraussetzung. *Es sei $\mathfrak{Q}$ flachheitsbeschränkt (relativ $\beta^n|\mathfrak{B}^n$) bezüglich $\mathbb{R}^n =: E$.*

Behauptung. *Es ist $\mathfrak{Q}$ eine Vitalibasis (relativ $\beta^n|\mathfrak{B}^n$) bezüglich $\mathbb{R}^n = E$.*

Beweis. Vorbemerkung: (**a**) Daß $\mathfrak{Q}$ eine $D$-Basis ist (im Sinne von 5.3.), bedarf keines Beweises. Da jede Teilbasis von $\mathfrak{Q}$ ebenfalls flachheitsbeschränkt ist, genügt es, $\mathfrak{Q}$ als Vitalisystem bezüglich eines beliebigen $M \subset \mathbb{R}^n$ nachzuweisen. – (**b**) Weiter genügt es, an Stelle von $\mathbb{R}^n$ beschränkte offene Mengen $G$ zu Grunde zu legen. Denn zu jedem solchen $G$ existieren $X$ im Sinne von 5.4., Satz 1., und die offenen Kerne der Maschen einer Gitterfolge (vgl. 1.1.5.) sind $H_k$ im Sinne von 5.4., Satz 2. Daher genügt es bezüglich $G$ zu zeigen, daß $\mathfrak{Q}$ die Überdeckungseigenschaft Erstens besitzt. – (**c**) Demgemäß werden im Folgenden nur $M \subset G$ in Betracht gezogen.

Bezeichnungen. $G \subset \mathbb{R}^n$ offen und beschränkt; $A := M \subset G$ und $P = \bar{P} \subset \mathbb{R}^n$; $\mathfrak{P}(x, A, G) := \{(x, P) : (x, P) \in \mathfrak{Q} \wedge P \subset G\}$ für $x \in A$ und $\mathfrak{P}(A, G) := \{(x, P) : (x, P) \in \mathfrak{P}(x, A, G) \wedge x \in A\}$.
Dabei kann und soll (O.B.d.A.) vorausgesetzt werden, daß $x \in P$ für jedes $(x, P) \in \mathfrak{Q}$. – In 4.6.1.–4.6.2. schreiben wir $\mu|\mathfrak{B}^n$ statt $\beta^n|\mathfrak{B}^n$ und bezeichnen mit $\bar{\mu}|\mathfrak{p}(\mathbb{R}^n)$ das durch $\mu|\mathfrak{B}^n$ erzeugte äußere Maß.

**5.4.1.1.** Zum Beweis der gemäß 5.4.1., Satz, Bew., Vorbemerk., vereinfachten Behauptung nehmen wir zunächst an, daß $\mathfrak{Q}$ bezüglich $A \subset G$ gleichmäßig flachheitsbeschränkt ist, d. h.

(0) $$\bigwedge\nolimits_{x \in A} \gamma(x) \geqq \gamma_0 > 0 .$$

(I) Wir konstruieren induktiv eine, ev. abbrechende, Folge $((x_r, P_r))_r$ mit $(x_r, P_r) \in \mathfrak{Q}$ und paarweise disjunkten $P_r$ derart, daß $(P_r)_r$ die Überdeckungseigenschaft Erstens (5.4., Definition 1.) mit $M := A$ und $V_r := P_r$ besitzt. Begonnen wird mit einem beliebigen $x \in A$ und $(x_1, P_1) \in \mathfrak{P}(x_1, A, G)$. – Es sei nun schon $(x_\tau, P_\tau) \in \mathfrak{P}(A, G)$, $\tau = 1, \ldots, t$; $t \geqq 1$; bestimmt mit (falls $t \geqq 2$) disjunkten $P_\tau$. Man setze $P^t := D_1 \cup \ldots \cup P_t$, sodaß $P^t \in G \cap \mathfrak{B}^n$, und

$$\mathfrak{P}^t := \mathfrak{P}^t(A, G) := \{(x, P) : (x, P) \in \mathfrak{P}(A, G) \wedge P \cap P^t = \emptyset\} .$$

Im Fall $\mathfrak{P}^t = \emptyset$ gilt die Konstruktion als abgeschlossen,
Im Fall $\mathfrak{P}^t \neq \emptyset$ ist

(+) $$s_t := \sup\{\varrho(x|P) : (x, P) \in \mathfrak{P}^t\} > 0 .$$

Daher existiert dann $(x_{t+1}, P_{t+1}) \in \mathfrak{P}(x_{t+1}, A, G)$ mit $P_{t+1} \in \mathfrak{P}^t$ und

(++) $$\varrho_{t+1} := \varrho(x_{t+1}|P_{t+1}) > 2^{-1} s_t \text{ (mit } x_{t+1} \in P_{t+1}) \text{ usw.}$$

Die hiermit beschriebene Konstruktion liefert (wie in Ziff. (II)ff. gezeigt wird) eine endliche oder unendliche Folge $((x_t, P_t))_t$ der gewünschten Art; dabei sind die $P_t$ nach Konstruktion disjunkt.

(II) Nun wird gezeigt: Es gilt $\bar{\mu}(N) = 0$ für

$$N := A \setminus A \cap P^* = A \cap CP^*,$$

wobei $P^* := \bigcup_t P_t \in G \cap \mathfrak{B}^n$ und $C$ das Komplement bezüglich $\mathbb{R}^n$ bezeichnet. Gemäß 5.4.1., Vorbemerkung, ist dann der Satz mit $((x_t, P_t))_t$ bewiesen.

(III) Der Beweis für $\bar{\mu}(N) = 0$ wird indirekt geführt. Setzt man $K_t := K(x_t | P_t) := K(x_t, \varrho_t)$ (vgl. 5.4.1., 1. Definition), ferner

$$\varrho_t' := 3\varrho_t \text{ und } K_t' := K(x_t, \varrho_t'),$$

so folgt, wie unten gezeigt wird: Unter der Annahme $\bar{\mu}(N) > 0$ existiert ein $(x_0, P_0) \in \mathfrak{P}(x_0, A, G)$ und ein $T_0 \in \mathbb{N}^+$ derart, daß $P_0 \cap K_{T_0} \neq \emptyset$ sowie daß $P_0 \cap CK_{T_0}' \neq \emptyset$ und daß gleichzeitig der Durchmesser von $P_0$ kleiner ist als $2\varrho_{T_0}$. Da dies einen Widerspruch liefert, ist $\bar{\mu}(N) = 0$. – Die Existenz von $P_0$ und $T_0$, wenn $\bar{\mu}(N) > 0$, ergibt sich so:

(III 1) Es konvergiert $\sum_t \mu(K_t')$. – Beweis: $\sum_t \mu(K_t') = 3^n(\sum_t \mu(K_t)) \leqq 3\gamma_0^{-1}(\sum_t \mu(P_t)) = 3^n\gamma_0^{-1}\mu(P^*) \leqq 3^n\gamma_0^{-1}\mu(G) < +\infty$; dabei ist $\gamma(x) \geqq \gamma_0 > 0$ und $P_q \cap P_t = \emptyset$ für $q \neq t$ benutzt.

(III 2) Es existiert $T \in \mathbb{N}^+$ und $x_0 \in A \cap CP^*$, ferner $(x_0, P_0) \in \mathfrak{P}(x_0, A, G)$ derart, daß $P_0 \cap P^T = \emptyset$ und $x_0 \in CK_t'$ für alle $t > T$. – Beweis: Gemäß (III 1) gibt es $T \in \mathbb{N}^+$ mit $\sum_{t>T} \mu(K_t') < \bar{\mu}(N)$. Setzt man $S_T := \bigcup_{t>T} K_t'$, so ist $\emptyset \neq S_T \in G \cap \mathfrak{B}^n$. Für $N_T := N \cap CS_T$ folgt nun, daß $N_T \neq \emptyset$ (wenn $\bar{\mu}(N) > 0$); denn andernfalls wäre $S_T \supset N$, also $0 < \bar{\mu}(N) \leqq \mu(S_T) \leqq \sum_{t>T}\mu(K_t') < \bar{\mu}(N)$; Widerspruch. Jetzt folgt weiter: Wegen $N_T \neq \emptyset$ existiert $x_0 \in N_T \subset N = A \cap CP^* \subset A \cap CP^T$. Daher ist $x_0 \in CP^*$; und weil $P^T$ abgeschlossen ist (vgl. 2. Definition) gibt es $(x_0, P_0) \in \mathfrak{P}(x_0, A, G)$ mit $P_0 \cap P^T = \emptyset$.

(III 3) Es gibt ein erstes $T_0 \in \mathbb{N}^+$ mit $T < T_0$ und mit $P_0 \cap P_{T_0} \neq \emptyset$. – Beweis: Andernfalls ist $P_0 \cap P_t = \emptyset$ für alle $t \in \mathbb{N}^+$. Gemäß Ziff. (I), (+) und (+ +), gilt daher $0 < \varrho(x_0 | P_0) \leqq s_t \leqq 2\varrho_{t+1}$ für alle $t$. Dem widerspricht aber $\lim_t \varrho_{t+1} = 0$, weil $c_n(\sum_t \varrho_t^n) = \sum_t \mu(K_t) \leqq \sum \mu(K_t') < +\infty$.

(III 4) Es ist $\varrho_0 := \varrho(x_0 | P_0) \leqq s_{T_0 - 1}$. – Beweis: Gemäß Definition von $T_0$ (Ziff. (III 3) ist $P_0 \cap P_t = \emptyset$ für $t < T_0$. Gemäß Ziff. (I), (+), folgt die Beh. für $t = T_0 - 1$.

(III 5) Es gilt $x_0 \in CK_{T_0}'$. – Beweis: Folgt aus $T \subset T_0$ und Ziff. (III 2) sowie (III 3).

(III 6) Es existiert $x' \in K_{T_0} \cap K(x_0 | P_0)$. – Beweis: Gemäß Ziff. (III 3) ist $\emptyset \neq P_{T_0} \cap P_0 \subset K_{T_0} \cap K(x_0 | P_0)$.

(III 7) Gemäß (III 5) ist $x_0 \in K(x_0 | P_0) \cap CK_{T_0}'$. Gemäß (III 6) ist daher $x', x_0 \in K(x_0 | P_0)$, sodaß $|x_0 x'| \leqq \varrho_0$. Wegen $x' \in K_{T_0}$ (gemäß (III 6)) ist $|x' x_{T_0}| \leqq \varrho_{T_0}$, also $|x_0 x_{T_0}| \leqq \varrho_0 + \varrho_{T_0}$. Demgegenüber ist aber $|x_0 x_{T_0}| \geqq 3\varrho_{T_0}$ (vgl. (III 5)), sodaß $2\varrho_{T_0} \leqq \varrho_0$. Und da $\varrho_0 \leqq s_{T_0 - 1}$ (gemäß (III 4)), folgt $2\varrho_{T_0} \leqq s_{T_0 - 1}$ im Widerspruch zu Ziff. (I), (+ +).

**5.4.1.2.** Daß auch nicht-gleichmäßig flachheitsbeschränkte $\mathfrak{Q}$ die Überdeckungseigenschaft Erstens besitzen, wird jetzt gezeigt, indem $\mathfrak{Q}$ als Folge von gleichmäßig flachheitsbeschränkten $\mathfrak{P}_k$ dargestellt wird.

Es sei also $\gamma : A \rightarrowtail \mathbb{R}^+$ gegeben mit $\inf\{\gamma(x); x \in A\} = 0$. Man setze $A_k := \{x : \gamma(x) > (k+1)^{-1}\}$, $k = 1, 2, \ldots$, sodaß $A = \bigcup_k A_k$. Ferner sei $\mathfrak{P}_k := \{(x, P) : x \in A_k \wedge P \subset G\}$. Es ist dann $\mathfrak{P}_k \subset \mathfrak{P}_{k+1}$ und jedes $\mathfrak{P}_k$, weil gleichmäßig flachheitsbeschränkt, Vitalisch bezüglich $A_k$ (gemäß 5.4.1.1.).

Daher gibt es für $k = 1$ eine Folge $((x_{1t}, P_{1t}))_t$ mit $(x_{1t}, P_{1t}) \in \mathfrak{P}_1$ und mit $\bar{\mu}(A_1 \setminus A_1 \cap \bigcup_{t=1}^{t_1} P_{1t}) < 2^{-1}$. Für $\kappa = 1, \ldots, k$; $k \geqq 1$; seien schon $(x_{\kappa t}, P_{\kappa t}) \in \mathfrak{P}_\kappa$ bestimmt, wobei $t = 1, \ldots, t_\kappa$, derart, daß gilt: $P_{\kappa t} \cap P_{\kappa q} = \emptyset$ für $t \neq q$ und $\kappa = 1, \ldots, k$, sowie $P^\kappa \cap P^\lambda = \emptyset$ für $\kappa \neq \lambda$, wenn $P^\kappa := \bigcup_{t=1}^{t_\kappa} P_{\kappa t}$, sowie $\bar{\mu}(A \cap \mathbf{C} Q_k) < (1+k)^{-1}$, wenn $Q_k := \bigcup_{\kappa=1}^{k} P^\kappa \in \mathfrak{B}^n$. Wird noch $Q := \bigcup_{k=1}^{\infty} Q_k$ gesetzt und wird mit $\tilde{A}_k$ eine $\mu$-Hülle von $A_k$ bezeichnet, also $\tilde{A}_k \in \mathfrak{B}^n$, so folgt

$$\bar{\mu}(A_k \cap \mathbf{C}Q) = \mu(\tilde{A}_k \cap \mathbf{C}Q) \leqq \bar{\mu}(A_k \cap \mathbf{C}Q_k) < (k+1)^{-1}.$$

Zwecks Induktion setzen wir: $A'_{k+1} := A_{k+1} \cap \mathbf{C}(\bigcup_{\kappa=1}^{k} P^\kappa)$ und finden dazu (gemäß 5.4.1.1.) $(x_{k+1,t}, P_{k+1,t})$, $t = 1, \ldots, t_{k+1}$, mit $x_{k+1,t} \in A'_{k+1}$ und disjunkten $P_{k+1,t} \in G$, wobei die $P_{k+1,t}$ abgeschlossen sind und derart, daß $P^{k+1} \cap P^\kappa = \emptyset$ mit $P^{k+1} := \bigcup_{t=1}^{t_{k+1}} P_{k+1,t}$ und $\kappa = 1, \ldots, k$, sowie daß $\bar{\mu}(A'_{k+1} \cap \mathbf{C}P^{k+1}) < (k+2)^{-1}$. Wegen $A'_{k+1} \cap \mathbf{C}P^{k+1} = A_{k+1} \cap \mathbf{C}(\bigcup_{\kappa=1}^{k+1} P^\kappa)$ ist der Induktionsschluß von $k$ auf $k+1$ geleistet. Man erhält so $\lim_{k \to +\infty} \bar{\mu}(A_k \cap \mathbf{C}(\bigcup_{\kappa=1}^{k} P^k)) = 0$. Nun ist $A_k \subset \tilde{A}_k \subset \tilde{A}_{k+1}$, sodaß für $A' := \bigcup_k \tilde{A}_k \in \mathfrak{B}^n$ gilt: $A = \bigcup_k A_k \subset A'$ sowie $\bar{\mu}(A \cap \mathbf{C}Q) \leqq \mu(A' \cap \mathbf{C}Q) = \lim_k \mu(\tilde{A}_k \cap \mathbf{C}Q) = \lim_k \bar{\mu}(A_k \cap \mathbf{C}Q) \leqq \lim_k \bar{\mu}(A_k \cap \mathbf{C}Q_k) = 0$.

**5.4.1.3.** Spezialfälle. Die, $x$ enthaltenden, abgeschlossenen $P$ (in 5.4.1.) können Kugeln oder (und) Würfel oder (und) rechtwinklige Parallelotope (Quader) mit nach unten beschränkten Quotienten aus der kleinsten und größten Kantenlänge sein. Als $P$ sind auch z. B. wählbar konvexe Körper mit nach unten beschränkten Quotienten aus den Radien von größten ein- und kleinsten umgeschriebenen Kugeln usw.

## 5.5. Ableitung des „unbestimmten" m-Integrals nach einer (starken) Vitalibasis

Zunächst wird gezeigt: Bezüglich einer (starken) Vitalibasis besitzt das unbestimmte $m$-Integral den $m$-Integranden $m$-fast überall als Ableitung. Vorauszuschicken ist das

**5.5.1. Lemma.** Voraussetzung. (1) Es sei $m : \mathfrak{A} \rightarrowtail \mathbb{R}_0^+$ ein Maß und $E$ die Einheit von $\mathfrak{A}$. – (2) Es seien $g, h : H \rightarrowtail \mathbb{R}$ mit $H \subset E$; dabei sei $[h > g] \notin \mathfrak{N}$.

Behauptung. Es gibt $\alpha, \beta \in \mathbb{R}$ mit $\alpha < \beta$ und dazu $A := A(\alpha, \beta) \subset [g < \alpha]$ sowie $B := B(\alpha, \beta) \subset [h > \beta]$ derart, daß $\tilde{A} = \tilde{B}$ und daß $\bar{m}(A) = m(\tilde{A}) = \bar{m}(B) = m(\tilde{B}) > 0$, wobei $\tilde{A}$ und $\tilde{B}$ $m$-Hüllen vom $A$ bzw. $B$ bezeichnen.

Beweis. Da nach Vor. $\bar{m}([h > g]) > 0$ ist, gibt es $\alpha, \beta \in \mathbb{Q}$ mit $\alpha < \beta$ und mit $\bar{m}([g < \alpha < \beta < h]) > 0$. Denn $[h > g] = \bigcup_t [g < \alpha_t < \beta_t < h]$, wobei $\bigcup_t$ erstreckt wird über alle (abzählbar vielen) $\alpha_t, \beta_t$ mit rationalen $\alpha_t, \beta_t$ und $\alpha_t < \beta_t$; für mindestens ein $t$ ist dann $\bar{m}([g < \alpha_t < \beta_t < h]) > 0$ und für $A = B := [g < \alpha_t < \beta_t < h]$ die Beh. erfüllt.

**5.5.2.** Mit Hilfe von 5.5.1. ergibt sich jetzt der

**Satz.** Das unbestimmte $m$-Integral besitzt $m$-fast überall den Integranden als Ableitung nach einer starken Vitalibasis. Genauer:

Voraussetzung (1). *Es sei $m : \mathfrak{A} \longrightarrow \mathbb{R}_0^+$ ein Maß und E die Einheit der σ-Algebra* $\mathfrak{A}$. – (2) *Es sei $b := \mathbf{b}(E, I, s)$ eine (starke) Vitalibasis bezüglich E und relativ $m|\mathfrak{A}$.* – (3) *Es sei $f : E \longrightarrow \mathbb{R}$ m-summierbar über E und $F(X) := \int_X f dm$ für $X \in \mathfrak{A}$.*

Behauptung. *Es existiert m-fast überall in E die Ableitung DF von F nach b. Und zwar ist m-fast überall $DF = f$ (in E), m.a.W.: F ist m-Stammfunktion von f.*

Beweis. (I) Es gilt $f \leqslant \underline{D}F$ $m$-fast überall in $E$. – Indirekt schließend nehmen wir $\bar{m}([\underline{D}F < f]) > 0$ an. – (1) Wird $g := \underline{D}F$ und $h := f$, also $H = E$, gesetzt, so folgt aus 5.5.1. die Existenz rationaler $\alpha, \beta$ mit $\alpha < \beta$ sowie die Existenz von $A \subset [\underline{D}F < \alpha]$ und von $B \subset [f > \beta]$ mit $\tilde{A} = \tilde{B}$ und mit $\bar{m}(A) = \bar{m}(B) > 0$. Es ist aber $f$, weil $m$-summierbar, auch $m$-meßbar (vgl. 3.2.2.1., Satz 2.), also $B' := [f > \beta] \in \mathfrak{A}$. Wegen $B' \supset B$ und $m(B') \geqq \bar{m}(B) = m(\tilde{B}) \geqq m(B')$, also $m(B') = m(\tilde{B})$, gilt daher $F(\tilde{B}) > \beta m(\tilde{B})$ und $m(\tilde{B}) = m(\tilde{A})$. – (2) Zu $A$ existiert (gemäß 5.3., (5)) eine Teilbasis $b' := \mathbf{b}(A, I', s')$ von $b$ derart, daß $F(S) < \alpha m(S)$ für jedes $S \in K(b')$. Da $b$ Vitalisch bezüglich $E$ ist, so auch $b'$ bezüglich $A$. Mithin existieren zu $\varepsilon_t := 2^{-t}$ für jedes $t \in \mathbb{N}^+$ disjunkte $S_{tr} \in K(b')$, $r = 1, 2, \ldots$, derart, daß für $S_t' := \bigcup_r S_{tr}$ gilt: Es ist $m(S_t' \setminus S_t' \cap \tilde{A}) < \varepsilon_t$ und $\bar{m}(A \setminus A \cap S_t') = 0$, wegen $\tilde{A} \setminus A \in \mathfrak{N}$ also $A \subset \tilde{A} = S_t' + N_t$ mit $N_t \in \mathfrak{N}$. Somit $m(\tilde{A}) = m(S_t' \cap \tilde{A})$ und folglich $F(\tilde{A}) = F(S_t' \cap \tilde{A})$ sowie $0 \leqq m(S_t' \setminus S_t' \cap \tilde{A}) = m(S_t') - m(S_t' \cap \tilde{A}) = m(S_t') - m(\tilde{A}) < \varepsilon_t$. Wegen $|F| < +\infty$ und wegen der $m$-Nulltreue von $F$, also der $m$-Totalstetigkeit von $F$, folgt $|F(S_t' \setminus S_t' \cap \tilde{A})| = |F(S_t') - F(\tilde{A})| < \varepsilon$ bei beliebigem $\varepsilon > 0$ für hinreichend großes $t$, d.h. für $t \geqq T(\varepsilon)$. Somit existieren $F(\tilde{A}) = \lim_t F(S_t')$ und $m(\tilde{A}) = \lim_t m(S_t')$. Weil die $S_{tr}$ bei festem $t$ disjunkt sind und weil $F(S_{tr}) < \alpha m(S_{tr})$, folgt $F(S_t') < \alpha m(S_t')$ und daraus $F(\tilde{A}) \leqq \alpha m(\tilde{A})$. – (3) Gemäß Ziff. (1) ist $\tilde{A} = \tilde{B}$, also $F(\tilde{A}) > \beta m(\tilde{A})$. Dies widerspricht dem Ergebnis der Ziff. (2), daß $F(\tilde{A}) \leqq \alpha m(\tilde{A})$, wobei $\alpha < \beta$. (II) Die in (I) bewiesene Beh. gilt, statt für $f$ und $F$, auch für $-f$ und $-F = \int_X (-f) dm$. Daher $-f \leqq \underline{D}(-F)$, also $f \geqq \bar{D}F$ $m$-fast überall in $E$. Mithin $f \leqq \underline{D}F \leqq \bar{D}F \leqq f$, woraus $f = \underline{D}F = \bar{D}F = DF$ folgt $m$-fast überall in $E$.

## 5.6. Ableitung der $\sigma$-additiven Funktionen nach einer Vitali-Lebesguebasis

Allgemeiner als für unbestimmte $m$-Integrale gilt ein Ableitungssatz für $\sigma$-additive Funktionen $F: \mathfrak{A} \rightarrow \mathbb{R}$ in Bezug auf ein beliebiges Maß $m|\mathfrak{A}$ wenigstens für spezielle Vitalische Ableitungsbasen; diese Basen sollen zunächst erklärt werden.

**5.6.1.** Vorbemerkung. Es sei $\mathfrak{A}$ eine $\sigma$-Algebra mit der Einheit $E$. Ferner sei $\mathfrak{o} \subset \mathfrak{A}$ ein $\sigma, d$-System mit $\mathfrak{A} = \mathbf{B}(\mathfrak{o})$ (vgl. 1.1.2.2.) Für jedes Maß $k : \mathfrak{A} \rightarrow \mathbb{R}_0^+$ ist dann (vgl. 2.4.1.2.) $\mathfrak{o}$ eine „Einschließungserzeugende" von $\mathfrak{A}$, d.h zu jedem $A \in \mathfrak{A}$ und jedem $\varepsilon > 0$ existieren $0', 0'' \in \mathfrak{o}$ derart, daß $\mathbf{C}_E 0'' := C'' \subset A \subset 0'$ mit $k(0' \setminus C'') < \varepsilon$; gleichwertig damit ist: Zu jedem $A \in \mathfrak{A}$ gibt es $0', 0'' \in \mathfrak{o}_\delta$ mit $\mathbf{C} 0'' \subset 0'$ und $k(0' \cap 0'') = 0$.

Anmerkung. Aus 2.4.2. kann man entnehmen, daß die Bedingung $\mathfrak{A} = \mathbf{B}(\mathfrak{o})$ entbehrlich ist; denn $\mathfrak{o}$ ist Einschließungserzeugende z.B. auch für in $E$ vollständige Maße $k|\mathfrak{A}$ (mit $\mathfrak{o} \subset \mathfrak{A}$)

**Definition.** Es sei $m : \mathfrak{A} \rightarrow \mathbb{R}_0^+$ ein Maß mit $\mathfrak{N}$ als $\sigma$-Ideal der $m$-Nullmengen sowie mit $E$ als Einheit von $\mathfrak{A}$. Ferner sei $\mathfrak{o} \subset \mathfrak{A}$ ein $\sigma, d$-System und $b := \mathbf{b}(E, I, s)$ eine (starke) Vitali(sche Ableitungs-)Basis bezüglich $E$ relativ $m|\mathfrak{A}$. Wir bezeichnen dann $b$ als **Vitali-Lebesguesche** Basis, kurz als **VL-Basis,** wenn $b$ der folgenden Forderung genügt:
(L) Für beliebiges $0 \in \mathfrak{o}$ und für $m$-fast alle $x \in 0$ sind schließlich alle $V \in b(x)$ in $0$ enthalten. Anders gesagt: Zu jedem $0$ gibt es $N' := N'(0) \in \mathfrak{N}$ und eine Teilbasis $b' := \mathbf{b}(0 \setminus N', I', s')$ von $b$ derart, daß $V \subset 0$ für jedes $V \in K(b')$.

Beispiel einer VL-Basis. Es sei $E \subset \mathbb{R}^n$ ein offener Würfel, ferner sei $m$ das klassische ($n$-dimensionale) Lebesguemaß in $E$ und $K(b)$ das System aller in $E$ enthaltenen abgeschlossenen Kugeln, ferner $\mathfrak{o}$ das $\sigma, d$-System aller in $E$ enthaltenen offenen Mengen. Die gerichteten Systeme $s(x)$ in $b$ bestehen aus den abgeschlossenen Kugeln mit $x$ als Zentrum, wobei $s(x)$ vermöge der Festsetzung in 5.1., Beispiel (1) (b), gerichtet ist.
Dem in Aussicht genommenen Ableitungssatz sei vorausgeschickt das

**Lemma.** Voraussetzung. (1). Es sei $m : \mathfrak{A} \rightarrow \mathbb{R}_0^+$ ein Maß mit $E$ als Einheit von $\mathfrak{A}$; es sei $m$ vollständig in $E$. Ferner sei $\mathfrak{o} \subset \mathfrak{A}$ ein $\sigma, d$-System in $\mathfrak{A}$, also Einschließungserzeugende von $\mathfrak{A}$. – (2) Es sei $b$ eine VL-Basis bezüglich $E$ relativ $m|\mathfrak{A}$. – (3) Es seien $F: \mathfrak{A} \rightarrow \mathbb{R}_0^+$ irgend ein Maß und $\bar{D}F$, $\underline{D}F$ die bezüglich $b$ gebildeten Derivierten von $F$. – (4) Sei $\alpha \in \mathbb{R}$ beliebig.

Behauptung. (I) Ist $T := [\bar{D}F > \alpha]$, so gilt $F(Y) \geqq \alpha \bar{m}(Q)$ für jedes $Q \subset T \cup N$ mit $m(N) = 0$ und für jedes $Y \in \mathfrak{A}$ mit $Q \subset Y$.
(II) Ist $T := [\underline{D}F < \alpha]$, so gilt $F(C) \leqq \alpha \bar{m}(Q)$ für jedes $Q \subset T \cup N$ mit $m(N) = 0$ sowie für jedes $C \in \mathfrak{A}$, wenn $Q \subset C \cup N'$ mit $m(N') = 0$ und $\bar{m}(Q) = m(C)$.

Beweis. Es sei $\mathfrak{N}$ das $\sigma$-Ideal der $m$-Nullmengen.

*Betr. Beh.* (I) Da (wegen $F \geqq 0$) für $\alpha < 0$ nichts zu beweisen ist, werde $\alpha \geqq 0$ angenommen. (**1**) Weil $F|\mathfrak{A}$ ein Maß mit $\mathfrak{o}$ als Einschließungserzeugender ist, existiert zu jedem $\varepsilon > 0$ und zu jedem $Y \in \mathfrak{A}$ mit $Q \subset Y$ ein $0 \in \mathfrak{o}$ mit $Y \subset 0$ und $F(0) < F(Y) + \varepsilon$. Zu 0 gibt es, weil $b$ eine VL-Basis ist und $Q \subset 0 \in \mathfrak{o}$, ein $N' \in \mathfrak{N}$ und eine Teilbasis $b' := \mathbf{b}(0 \setminus N', I', s')$ mit $N' > N$, $V \subset 0$ für alle $V \in K(b')$. – (**2**) Wegen $Q \cap (0 \setminus N') =: Q' \subset T = [\bar{D}F > \alpha]$ kann man (vgl. 5.3., (5)) von $b'$ zu einer Teilbasis $b'' := \mathbf{b}(Q', I'', s'')$ von $b'$ (und damit von $b$) übergehen derart, daß $F(V) \geqq \alpha m(V)$ für alle $V \in K(b'') \subset K(b')$. – (**3**) Weil $b$ Vitalibasis, ist $K(b'')$ ein Vitalisystem bzgl. $Q'$. Daher gibt es disjunkte $V_r \in K(b'')$, $r = 1, 2, \ldots$, derart, daß für $S := \bigcup_r V_r \subset 0$ gilt: $Q' \subset S \cup N''$ mit $N'' \in \mathfrak{N}$, also $\bar{m}(Q') \leqq m(S)$ (sowie $m(S) \leqq \bar{m}(Q) + \varepsilon$). – (**4**) Summation über alle $F(V_r)$ liefert, wegen der Disjunktheit der $V_r$ sowie wegen $F(S) \leqq F(0) < F(Y) + \varepsilon$ (vgl. (1)) und sodann wegen (2) die Beziehung $\alpha m(S) \leqq F(S) < F(Y) + \varepsilon$. Wegen $Q' = Q \setminus N'$, also $\tilde{Q}' \subset \tilde{Q} \setminus N' \subset \tilde{Q}$ und $\bar{m}(Q') = \bar{m}(Q)$ sowie der Unabhängigkeit der $Q$ und $Y$ von $\varepsilon$ folgt $\alpha \bar{m}(Q) \leqq F(Y)$, also Beh. (I).

*Betr. Beh.* (II). Wegen $F \geqq 0$ werde o.B.d.A. $\alpha > 0$ angenommen. Es sei $\varepsilon_k := 2^{-k}$ und $\alpha_k := \alpha + \varepsilon_k$, $k = 1, 2, \ldots$. Wie beim Beweis betr. Beh. (I) (Ziff. (1) – (3)) für $\varepsilon_k$ statt für $\varepsilon$ und wieder für $Q' := Q \setminus N' \subset T$, also mit $\bar{m}(Q') = \bar{m}(Q)$, erhält man $S_k := \bigcup_r V_{kr}$ mit disjunkten $V_{k1}, V_{k2}, \ldots \in K(b'')$ und $\bar{m}(Q') \leqq m(S_k) < \bar{m}(Q) + \varepsilon_k$. Außerdem ergibt sich $F(S_k) \leqq \alpha_k m(S_k) < \alpha_k \bar{m}(Q) + \alpha_k \varepsilon_k$. Für $C := \bigcap_k S_k \in \mathfrak{A}$ folgt $F(C) \leqq \alpha_k \bar{m}(Q) + \alpha_k \varepsilon_k$ für alle $k$ sowie (wegen $Q' \subset S_k \cup N_k''$ mit $N_k'' \in \mathfrak{N}$) $\bar{m}(Q) \leqq m(C) < \bar{m}(Q) + \varepsilon_k$. Für $k \rightsquigarrow +\infty$ gilt $\varepsilon_k \rightsquigarrow 0$ und $\alpha_k \rightsquigarrow \alpha$. Weil $C$ und $Q$ von $k$ nicht abhängen, ergibt sich $\bar{m}(Q) = m(C)$ und $F(C) \leqq \alpha \bar{m}(Q)$.

**5.6.2.** Mit Hilfe des Lemmas in 5.6.1. erhält man den

**Satz.** Differenzierbarkeit $m$-fast überall der $\sigma$-additiven Funktionen. Voraussetzung. (1) *Es sei E Einheit der $\sigma$-Algebra $\mathfrak{A}$ und $m: \mathfrak{A} \longrightarrow \mathbb{R}_0^+$ ein Maß, ferner $\mathfrak{N}$ das $\sigma$-Ideal der m-Nullmengen.* – (2) *Es sei $\mathfrak{o} \subset \mathfrak{A}$ eine Einschließungserzeugende von $\mathfrak{A}$ und b eine VL-Basis bezüglich E und relativ $m|\mathfrak{A}$.* – (3) *Es sei $F: \mathfrak{A} \longrightarrow \mathbb{R}$ $\sigma$-additiv, beschränkt und $F = s + \int f dm$ im Sinne von 4.4. (dort steht f statt F und $\varphi$ statt f).*

Behauptung. (1). *Es besitzt F m-fast überall eine b-Ableitung DF, welche gleich ist einem m-Integranden f von F.* – (2) *Es ist $DF = 0$ (m-fast überall) genau dann, wenn $F = s$, wenn also F m-singulär d.h. wenn m-fast überall $f = 0$ ist.*

**Zusatz.** (1). Es ist $DF$ $m$-summierbar. – (2) Bei festem $m|\mathfrak{A}$ liefert jede VL-Basis $b$ (unabhängig von der gewählten Einschließungserzeugenden $\mathfrak{o}$) den (mod $\mathfrak{N}$) eindeutig bestimmten Radon-Nikodym-Integranden $f$ von $F$ als Ableitung $DF$ von $F$. Dieser Integrand kann also als *die* $m$-Ableitung schlechthin von $F$ (bei gegebenem $m|\mathfrak{A}$) bezeichnet werden.

Beweis. Gemäß 5.5.2. existiert $m$-fast überall die $b$-Ableitung von $fdm$ und ist gleich $f$ für jede Vitalische, erst recht also für jede VL-Basis $b$. Daher genügt es, die Beh. (2) zu beweisen. Dabei kann $s \geqq 0$ angenommen werden (gemäß 6.1.4.) Dann ist $0 \leqq \underline{D}s \leqq \bar{D}s$, sodaß zu zeigen bleibt: $\bar{D}s = 0$ $m$-fast überall. – Definitionsgemäß (vgl. 4.4.) gibt es zu $s$ ein $N \in \mathfrak{N}$ derart, daß $s(X) = 0$ für jedes $X \in E' \cap \mathfrak{A}$, wobei $E' := E \setminus N$. Somit genügt der Nachweis, daß $\bar{m}(Q_t) = 0$ für jedes $Q_t := [\bar{D}s > t^{-1}] \cap E'$, $t = 1, 2, \ldots$; denn $Q = [\bar{D}s > 0] \cap E' = \bigcup_t Q_t$ und $Q_{t+1} \subset Q_t$, sodaß dann $\bar{m}(Q) = \lim_t \bar{m}(Q_t) = 0$. Aber zufolge 5.6.1., Lemma, Beh. (I), angewandt auf $\alpha := t^{-1}$ und auf $T := [\bar{D}s > t^{-1}]$ gilt: $t^{-1}\bar{m}(Q_t) \leqq s(Y)$ für jedes $Y \in E' \cap \mathfrak{A}$ mit $Q_t \subset Y$ (und solche $Y$ gibt es). Folglich ist $0 \leqq t^{-1}\bar{m}(Q_t) \leqq s(Y) = 0$, mithin $\bar{m}(Q_t) = 0$ für jedes $t$.

## 5.7. Bestimmung der σ-additiven Stammfunktionen einer m-summierbaren (Punkt-)Funktion bezüglich einer Vitali-Lebesguebasis

Wieder sei gegeben ein Maß $m : \mathfrak{A} \to \mathbb{R}_0^+$ und dazu eine VL-Basis $b$.

**Definition.** Als eine $b$-**Stammfunktion** $F : \mathfrak{A} \to \mathbb{R}$ des $m$-summierbaren $f : E \to \mathbb{R}$, wobei $E$ Einheit von $\mathfrak{A}$, sei bezeichnet jedes $\sigma$-additive beschränkte $F : \mathfrak{A} \to \mathbb{R}$, welches bezüglich $b$ $m$-fast überall als $b$-Ableitung dieses $f$ besitzt.
Aus 5.6.2. ergibt sich unmittelbar der

**Satz.** Voraussetzung. (1). *Es sei $m : \mathfrak{A} \to \mathbb{R}_0^+$ ein Maß mit $\mathfrak{N}$ als $\sigma$-Ideal der m-Nullmengen. Ferner sei b eine VL-Basis bezüglich der Einheit E von $\mathfrak{A}$ relativ $m|\mathfrak{A}$.* – (2) *Es sei $f : E \to \mathbb{R}$ m-summierbar und beschränkt in E.*

Behauptung. (I) *Es existiert genau eine (beschränkte) σ-additive und m-nullmengentreue b-Stammfunktion von f, nämlich $\int fdm$.* – (II) *Jede beschränkte σ-additive (b-)Stammfunktion von f ist Summe aus $\int fdm$ und aus einer beliebigen (beschränkten) σ-additiven, m-singulären Funktion $s : \mathfrak{A} \to \mathbb{R}$.* – (III) *Die Gesamtheit der (b-)Stammfunktionen von f ist nur abhängig von $m|\mathfrak{A}$ und unabhängig von b.*

## 5.8. Gliedweise Differenzierbarkeit monotoner Folgen σ-additiver Funktionen nach einer Vitali-Lebesguebasis

**Satz.** Voraussetzung. (1) *Wie Vor. (1) in 5.7., Satz.* – (2) *Es sei $F_r : \mathfrak{A} \to \mathbb{R}$, $r = 1, 2, \ldots$, und $(F_r)_r$ isoton oder antiton, sodaß $F := \lim_r F_r$ existiert; und zwar soll $F : \mathfrak{A} \to \mathbb{R}$ ebenso wie alle $F_r$ beschränkt sowie σ-additiv sein.*

Behauptung. *Es existiert* $\lim_r DF_r$ *m-faßt überall in E und dabei ist* $DF = D(\lim_r F_r) = \lim_r DF_r$ *m-fast überall in E.*

Beweis. Es sei etwa $F_r \leqq F_{r+1} \leqq F$, also $(H_r)_r$ mit $H_r := F - F_r$ antiton und $H := \lim_r H_r = 0$. Es existiert $DH = 0$ (in Bezug auf b); daher ist die Beh. bewiesen mit dem Nachweis, daß $L := \lim_r DH_r$ $m$-fast überall existiert mit $L = 0$. Gemäß 5.6.2. existiert $h_r := DH_r$ in $E \setminus N_r$, wobei $N_r \in \mathfrak{N}$, also jedes $h_r$ in $E' := E \setminus (\bigcup_r N_r) =: E \setminus N'$ mit $N' \in \mathfrak{N}$. Dabei ist $h_r \geqq h_{r+1} \geqq 0$, sodaß $h := \lim h_r$ existiert mit $h \geqq 0$ in $E'$. Es genügt also, daß $h = 0$ $m$-fast überall in $E'$. Zum Nachweis hierfür betrachten wir $Q_t := [h > t^{-1}]$, $t = 1, 2, \ldots$. Wegen $h \leqq h_r$ für alle $r$ gilt $Q_t \subset [h_r > t^{-1}]$ für alle $r$. Anwendung von 5.6.1., Lemma, ergibt $H_r(\tilde{Q}_t) \geqq t^{-1}\bar{m}(Q_t)$ bei festem $t$ für alle $r$. Wegen $\lim_r H_r(\tilde{Q}_t) = 0$ folgt $\bar{m}(Q_t) = 0$ für jedes $t = 1,2,\ldots$, also $\bar{m}([h > 0]) = \lim_t \bar{m}(Q_t) = 0$.

## 5.9. Schwache Vitalische Ableitungsbasen und m-Lipschitzfunktionen

Will man Ableitungssätze nur für ($\sigma$-additive) Lipschitzfunktionen gewinnen, nicht für beliebige ($\sigma$-additive) beschränkte Funktionen (wie in 5.6.2.), so lassen sich die Forderungen an die Ableitungsbasis abschwächen und zwar in folgender Art:

**Definition.** Es sei $\mathfrak{A}$ eine $\sigma$-Algebra mit der Einheit $E$; ferner sei $m : \mathfrak{A} \longrightarrow \mathbb{R}_0^+$ ein Maß. Ein Teilsystem $\mathfrak{v} := \mathfrak{v}(M, \mathfrak{A}, m)$ von $\mathfrak{A}$ mit $M \subset E$ und mit $m(V) > 0$ für alle $V \in \mathfrak{v}$ wird als **schwaches Vitalisches** (Überdeckungs-)**System**, kürzer schw. V.-System, bezüglich $M$ relativ $m|\mathfrak{A}$ bezeichnet, wenn zu jedem $\varepsilon > 0$ und jedem $Q \subset M$ eine (ev. endliche) Folge $(V_r)_r$, $r = 1, 2, \ldots$, mit $V_r \in \mathfrak{v}$ existiert, sodaß für $S := \bigcup_r V_r$ gilt

$$(V') \quad \bar{m}(Q \setminus Q \cap S) = 0 \quad \text{und} \quad (V'') \quad m(S \setminus S \cap \tilde{Q}) < \varepsilon \quad \text{sowie}$$
$$(V schw) \quad \textstyle\sum_{r \geqq 1} m(V_r) - m(S) < \varepsilon .$$

Man bezeichnet $(V_r)_r$ auch als eine schwache Vitalische $\varepsilon$-Überdeckung von $Q$, kurz (schw) $\varepsilon$-$V$ Überdeck.

1. Anmerkung. Die bei starken Vitalisystemen geforderte Disjunktheit der $V_r$ einer „$\varepsilon$-Überdeckung" ist bei schw. $V$-Systemen abgeschwächt zur „$\varepsilon$-Überlappungsbeschränktheit" ($V$ schw).

Vereinbarung. Ist $(V_r)_r$ eine schw. $\varepsilon$-$V$ Überdeck. von $\tilde{Q} \in \mathfrak{A}$, so erst recht von $Q$. Wir werden daher o. B. d. A. im Folgenden nur den Fall $M \in \mathfrak{A}$ und $Q \in \mathfrak{A}$ in Betracht ziehen. Entsprechend wie von einer starken Vitali-Basis (vgl. 5.4.) spricht man von einer **schwachen Vitalibasis***) $b = \mathbf{b}(M, I, s)$ relativ $m|\mathfrak{A}$ für oder bezüglich $M$, wenn $b$ eine Ab-

*) kurz schw. $V$-Basis.

leitungsbasis für $M$ ist mit der Eigenschaft, daß für jedes $M' \subset M$ das Konstituentensystem $K(b')$ einer jeden Teilbasis $b' = \mathbf{b}(M', I', s')$ von $b$ ein schw. $V$-System für $M'$ ist.

2. Anmerkung. Betr. die Existenz von schw. $V$-Basen. Jede starke $V$-Basis ist zugleich schw. $V$-Basis. – Im $\mathbb{R}^n$ ist das System $\mathfrak{q}$ aller z. B. offenen, achsenparallelen Quader (Intervalle) $J$ relativ zum klassischen Lebesgueschen Maß $\lambda^n | \mathfrak{L}^n$ ein schw. $V$-System und liefert eine schw. $V$-Basis für $\mathbb{R}^n$. In der Tat: Zu $M \in \mathfrak{L}^n$ existiert eine offene Obermenge $0$, sodaß also $\lambda^n(M \setminus M \cap 0) = 0 (V')$, mit $\lambda^n(0 \setminus 0 \cap M) < \varepsilon (V'')$, wobei $0$ Vereinigung abzählbar vieler $J \in \mathfrak{q}$ ist. Das letzte Postulat ($V$ schw) läßt sich durch Induktion nach $n$ verifizieren (Lit.).

3. Anmerkung. Gleichwertig sind: (a) Zu beliebigem $\varepsilon > 0$ existiert eine schw. $V$ Überdeck. von $Q$. – (b) Zu beliebigem $\varepsilon > 0$ existieren $V_r \in \mathfrak{v}$ derart, daß

($V^+$ schw) $$\textstyle\sum_{r \geqq 1} m(V_r) - m(Q) < \varepsilon$$

neben ($V'$).

Beweis. (a) $\to$ (b). Wegen ($V''$) ist $m(S) < m(Q \cap S) + \varepsilon \leqq m(Q) + \varepsilon$, sodaß aus ($V$ schw) folgt ($V^+$ schw) mit $2\varepsilon$ statt $\varepsilon$ – (b) $\to$ (a). Wegen ($V'$) ist $m(Q) = m(Q \cap S) \leqq m(S)$, sodaß ($V$ schw) aus ($V^+$ schw) folgt. Ferner folgt aus ($V^+$ schw) und $m(S) \leqq \sum_{r \geqq 1} m(V_r)$, daß $m(S) < m(Q) + \varepsilon = m(Q \cap S) + \varepsilon$ (wegen ($V'$)) und mithin $m(S \setminus S \cap Q) < \varepsilon$, also ($V''$).

Für den Beweis späterer Sätze werden zwei Hilfssätze benötigt; dabei sollen $\mathfrak{A}$, $m$, $\mathfrak{v}$ usw. die im Vorstehenden gebrauchten Bedeutungen behalten.

**1. Hilfssatz.** Es sind gleichwertig: (1) Es ist $\mathfrak{v} := \mathfrak{v}(M, \mathfrak{A}, m) \subset \mathfrak{A}$ ein schw. $V$-System bezüglich $M \in \mathfrak{A}$. – (2) Für $\mathfrak{v} \subset \mathfrak{A}$ gilt: Zu jedem $\alpha \in (0; 1)$ und jedem $Q \in M \cap \mathfrak{A}$ mit $m(Q) > 0$ existiert ein $V \in \mathfrak{v}$ mit $\alpha m(V) < m(Q \cap V)$.

Beweis. *Aus* (1) *folgt* (2). Wir setzen $\varepsilon := (\alpha^{-1} - 1) m(Q)$, sodaß $\alpha \in (0; 1)$ für $m(Q) + \varepsilon = \alpha^{-1} m(Q)$, wobei $\varepsilon > 0$ beliebig klein wird für zu 1 hinreichend benachbartes $\alpha$. Wegen ($V'$) existiert $S = \bigcup_r V_r$ mit $m(Q) = m(Q \cap S)$ und, wegen ($V^+$ schw) (vgl. 3. Anmerkung), $\sum_{r \geqq 1} m(V_r) < m(Q) + \varepsilon = \alpha^{-1} m(Q)$. Daher $\sum_r \alpha m(V_r) < m(Q \cap S) \leqq \sum_r m(Q \cap V_r)$. Wegen $\alpha m(V_r) > 0$ ist mithin $\alpha m(V_r) < m(Q \cap V_r)$ für mindestens ein $V_r =: V \in \mathfrak{v}$. – *Aus* (2) *folgt* (1). Es seien $\varepsilon > 0$ und $Q \in M \cap \mathfrak{A}$ mit $m(Q) > 0$ beliebig gewählt. – (I) Nach Annahme existiert $V \in \mathfrak{v}$ mit $\alpha m(V) < m(Q \cap V)$, wobei $m(V) > 0$. Es sei $t(Q) := \sup\{m(V) : V \in \mathfrak{v} \wedge m(Q \cap V)\}$; es ist $0 < t(Q) < +\infty$ und es gilt: $Q' \subset Q \to t(Q') \leqq t(Q)$, sofern $m(Q') > 0$. – (II) Bei beliebig gewähltem, aber im Folgenden festgehaltenem $\beta \in (0; 1)$ existiert nach Definition von $t(Q)$ ein $V_1 \in \mathfrak{v}$ mit $\beta t(Q) < m(V_1)$ und $\alpha m(V_1)$ und $\alpha m(V_1) < m(Q \cap V_1)$. Wir setzen $Q_1 := Q$ und $Q_2 := Q_1 \setminus Q_1 \cap V_1$. – Entweder $m(Q_2) = 0$.; dann gilt $m(Q_1) =$

$m(Q_1 \cap V_1)$, also $(V')$, und daher $\alpha m(V_1) < m(Q_1)$, woraus gemäß der Definition von $\alpha$ und aus $Q_1 = Q$ folgt $m(V_1) - m(Q_1) < \varepsilon$. Es liefert also $(V_r)$ eine schw. $\varepsilon$-Überdeck. von $Q$ gemäß der Beh. (1). – Oder es ist $m(Q_2) > 0$. – (III) In dem noch zu betrachtenden Fall $m(Q_2) > 0$ schließt man induktiv weiter: Für $n \geqq 1$ seien schon $V_1, \ldots, V_n \in \mathfrak{v}$ konstruiert derart, daß für $Q_1 := Q$ und $Q_{r+1} := Q \setminus Q \cap S_r$ mit $S_r := V_1 \cup \ldots \cup V_r$ gilt $\alpha m(V_r) < m(Q_r \cap V_r) \leqq m(Q)$ und $\beta t(Q_r) < m(V_r)$, $r = 1, \ldots, n$. Es folgt $\alpha(\sum_{r=1}^n m(V_r)) < \sum_{r=1}^n m(Q_r \cap V_r) \leqq m(Q)$; denn definitionsgemäß sind die $Q_r \cap V_r$ disjunkt, also $\sum_{r=1}^n m(Q_r \cap V_r) = m(\bigcup_r Q_r \cap V_r) \leqq m(Q \cap S_n) \leqq m(Q)$. Und wegen $\varepsilon = (\alpha^{-1} - 1) m(Q)$ folgt jetzt $(V_n^+ \text{ schw})$ $\sum_{r=1}^n m(V_r) - m(Q) < \varepsilon$. – Entweder ist $m(Q_{n+1}) = m(Q \setminus Q \cap S_n) = 0$, also $(V')$ für $S := S_n$ erfüllt. Da außerdem $(V \text{ schw})$ für $S = S_n$ gilt, bildet $(V_r)_{r=1,\ldots,n}$ eine schw. $\varepsilon$-Überdeck. von $Q$. – Oder $m(Q_{n+1}) > 0$, in welchem Falle die Konstruktion fortsetzbar ist. – Somit ist noch zu erledigen der Fall, daß $m(Q_n) > 0$ für alle $n \in \mathbb{N}^+$. Für $S := \bigcup_{r=1}^\infty V_r$ gilt dann $(V^+ \text{ schw})$ mit $2\varepsilon$ statt $\varepsilon$; denn wegen $m(V_n) > 0$ und $(V_n^+ \text{ schw})$ konvergiert $\sum_r m(V_r)$ eigentlich, so daß $\lim_r m(V_r) = 0 = \lim_r \beta t(Q_r)$. Wegen $Q' := Q \setminus Q \cap S \subset Q_{r+1} \subset Q_r$ ist somit $t(Q') = 0$, was nur für $m(Q') = 0$ möglich ist. Daher $0 = m(Q \setminus Q \cap S)$, neben $(V^+ \text{schw})$ auch $(V')$ erfüllt ist. Gemäß der 3. Anmerkung gilt also die Beh. (1) des 1. Hilfssatzes.

**2. Hilfssatz.** Voraussetzung. (1). Es sei $m : \mathfrak{A} \longrightarrow \mathbb{R}_0^+$ ein Maß, $E$ Einheit von $\mathfrak{A}$ und $\mathfrak{N}$ das $\sigma$-Ideal der $m$-Nullmengen. (2). Es sei $f : \mathfrak{A} \longrightarrow \mathbb{R}$ $\sigma$-additiv und ($m$-)Lipschitzfunktion, d.h. es gibt $\alpha \in \mathbb{R}^+$ derart, daß $|f(X)| \leqq \alpha m(X)$ für jedes $X \in \mathfrak{A}$. – (3). Es sei $\mathfrak{v} \subset \mathfrak{A}$ ein schwaches Vitalisystem bezüglich eines jeden $X \in \mathfrak{A} = E \cap \mathfrak{A}$.

Behauptung. Aus $f(V) > \beta \mathrm{m}(V)$ bzw. $f(V) < \beta m(V)$ für alle $V \in \mathfrak{v}$ bei festem $\beta \in \mathbb{R}$ folgt $f(X) \geqq \beta m(X)$ bzw. $f(X) \leqq \beta m(X)$ für alle $X \in \mathfrak{A}$.

Beweis. Gemäß Vor. (2) gilt $m(X) = 0 \Rightarrow f(X) = 0$; für $m(X) = 0$ ist die Beh. also richtig. Demgemäß sei von jetzt ab $m(X) > 0$ angenommen.

(I). Weil $\mathfrak{v}$ ein schw. $V$-System bezüglich aller $X \in \mathfrak{A}$ mit $m(X) > 0$ ist, gibt es zu beliebigem $X$ und $\varepsilon > 0$ solche $V_r \in \mathfrak{v}$, daß für $S := \bigcup_r V_r$ gilt: $(V')$ $m(X \setminus X \cap S) = 0$, also $m(X) \leqq m(S)$, sowie $(V'')$ $m(S \setminus S \cap X) < \varepsilon$, mithin $m(X) \leqq m(S) \leqq m(X) + \varepsilon$.

(II). Aus (schw $V$) folgt überdies: Es ist $s := \sum_r m(V_r) \leqq m(S) + \varepsilon$. Setzt man $V_r' := V_r \setminus (\bigcup_{\varrho=1}^{r-1} V_\varrho)$ und $V_r'' := V_r \setminus V_r'$, beachtet man ferner, daß die $V_r'$ disjunkt sind, wegen $S = \bigcup_r V_r'$ also $m(S) = \sum_r m(V_r')$, und setzt man $s'' := \sum_r m(V_r'')$, so ergibt sich $s = m(S) + s'' < m(S) + \varepsilon$. Folglich ist $0 \leqq s'' < \varepsilon$.

(III) Wegen der $\sigma$-Additivität von $f$ folgt aus (II), daß $\sum_r f(V_r) = f(S) + \sum_r f(V_r'')$ und daraus $|f(X) - \sum_r f(V_r)| \leqq |f(X \setminus X \cap S)| + |f(S \setminus S \cap X)| + \sum_r |f(V_r'')| \leqq \alpha(m(X \setminus X \cap S) + m(S \setminus S \cap X) + s'') < 2\alpha\varepsilon$ oder $\sum_r f(V_r) - 2\alpha\varepsilon \leqq f(X) \leqq \sum_r f(V_r) + 2\alpha\varepsilon$.

(IV) Wenn (gemäß der Annahme in der Beh.) $f(V_r) > \beta m(V_r)$ für alle $r$, so gilt (vgl. (III)) $f(X) + 2\alpha\varepsilon > \beta s$. Gemäß (I) und (II) ist aber $m(X) \leqq m(S) \leqq s \leqq m(S) + \varepsilon \leqq m(X) + 2\varepsilon$. – Je nachdem $\beta \geqq 0$ oder $\beta < 0$ erhält man daher $f(X) + 2\alpha\varepsilon > \beta m(X)$ oder $f(X) + 2\alpha\varepsilon >$

$\beta m(X) + 2\beta\varepsilon$. Da $\varepsilon > 0$ beliebig ist, folgt $f(X) \geqq \beta m(X)$ für jedes $\beta$. – Entsprechend schließt man im Fall $f(V_r) < \beta m(V_r)$.

**5.9.1.** Der (Maß-)Dichtesatz für schwache Vitalibasen.

Es sei wieder $m|\mathfrak{A}$ ein (vollständiges) Maß. Wir betrachten zu $A \in \mathfrak{A}$ die $\sigma$-additive Funktion $e_A : \mathfrak{A} \longrightarrow \mathbb{R}$ mit $(X \longmapsto e_A(X) := m(X \cap A))$ für $X \in \mathfrak{A}$. Es gilt $0 \leqq e_A(X) = \int_X 1_A dm \leqq 1 . m(X)$; es ist also $e_A$ eine $m$-Lipschitzfunktion mit der Lipschitzkonstanten $\alpha = 1$. Gemäß 5.5.2. existiert beispielsweise bezüglich einer starken Vitalibasis $b$ die Ableitung $De_A$ von $e_A$ mit $De_A = 1$ $m$-fast überall in $M$.
Ziel der nachstehenden Betrachtungen ist der Nachweis, daß die Derivierte $DF$ schon bezüglich einer schwachen Vitalibasis $m$-fast überall existiert und (allgemeiner) für $\sigma$-additive Lipschitzfunktionen $F$ gleich dem Radon-Nikodym-Integranden von $F$ ist und daß dies kennzeichnend für schwache Vitalibasen ist.

Wir beginnen mit den nachstehenden Erklärungen.

**Definition.** Es sei $m : \mathfrak{A} \longrightarrow \mathbb{R}_0^+$ ein Maß, ferner $E$ die Einheit von $\mathfrak{A}$. Für ein beliebiges $Z \in \mathfrak{p}(E)$ sei $z(X) := m(\tilde{Z} \cap X) = \int_X 1_{\tilde{Z}} dm$. Ist $b$ eine (beliebige) Ableitungsbasis relativ $m|\mathfrak{A}$, so heiße $\bar{d}(x, Z) := \bar{d}(x, Z, z) := \bar{D}(z, x, b)$ bzw. $\underline{d}(x, Z) := \underline{d}(x, Z, z) := \underline{D}(z, x, b)$ die **obere** bzw. **untere** ($b$-)Dichte von $Z$ in $x$. Punkte $x$, für die $\bar{d}(x, Z) = \underline{d}(x, Z) = 1$ bzw. $= 0$ ist, sollen als ($b$-)**Konzentrations**- bzw. ($b$-)**Dispersionspunkte** von $Z (\subset E)$ bezeichnet werden. Man sagt ferner, es gelte der ($b$-)**Dichtesatz** (relativ $m|\mathfrak{A}$ und bezüglich b), wenn für *jedes* $Z \subset E$ mit $\bar{m}(Z) > 0$ und jede Teilbasis $b' = \mathbf{b}(E, I', s)$ von $b$ $m$-fast jeder Punkt von $Z$ ein Konzentrationspunkt ist. – Gibt es (für jedes $b'$) in jedem $Z$ mit $\bar{m}(Z) > 0$ mindestens einen Konzentrationspunkt, so sagt man, es gelte der **punktale** ($b$-)**Dichtesatz**; hingegen spricht man vom **lokalen** ($b$-)Dichtesatz, wenn zu jedem $\alpha \in (0; 1)$, für jedes $Z \subset E$ und jede Teilbasis $b'$ von $b$ ein $V \in K(b')$ existiert mit $m(\tilde{Z} \cap V) > \alpha m(V)$.

Bemerkungen. (1). Es ist $1 \leqq \underline{d}(x, X) + \bar{d}(x, E \setminus X)$; das Gleichheitszeichen steht jedenfalls dann, wenn $X \in \mathfrak{A}$. – Jeder $b$-Dispersionspunkt von $X$ ist $b$-Konzentrationspunkt des Komplementes $E \setminus X$; das Umgekehrte gilt jedenfalls, wenn $X \in \mathfrak{A}$.
(2). Ein $b$-Konzentrationspunkt bzw. $b$-Dispersionspunkt von $Z$ ist auch $b'$-Konzentrations- bzw. $b'$-Dispersionspunkt von $Z$ bezüglich jeder Teilbasis $b'$ von $b$ für $Z$.
(3). Ist $x$ ein $b$-Konzentrations- bzw. $b$-Dispersionspunkt von $X$, so auch von jeder Ober- bzw. Teil-Menge von $X$. Ist daher z.B. $m$-fast jedes $x$ ein $b$-Konzentrationspunkt von jedem $X_r$, so auch $m$-fast jedes $x$ von $\bigcup_r X_r$.
(4). Ist $x$ ein $b$-Konzentrations- bzw. $b$-Dispersions-Punkt von $X', X'' \in \mathfrak{A}$, so auch von $X' \cap X''$ bzw. von $X' \cup X''$ (wobei $m(X' \cap X'') > 0$ vorausgesetzt).

Bew. *Betr.* (1). (A) Es sei $Y := E \setminus X$, also $E \setminus \tilde{X} \subset Y \subset \tilde{Y}$, mithin (A1) $m(V) \leqq m(\tilde{X} \cap V) + m(\tilde{Y} \cap V)$, woraus (A2) $1 \leqq \underline{d}(x, X) + \bar{d}(x, Y)$ im Hinblick auf die Definition von $\underline{d}(x, X)$

usw. als lim inf usw. (vgl. 5.3.). Da bei $X \in \mathfrak{A}$, also $Y \in \mathfrak{A}$, in (A1) das Gleichheitszeichen für alle $V \in K(b)$ gilt, steht das Gleichheitszeichen auch in (A2). – (B) Es ist $x$ Konzentrations- bzw. Dispersions-Punkt von $X$ genau dann, wenn $\underline{d}(x, X) = 1$ bzw. $\bar{d}(x, X) = 0$. Vermöge der Ungleichung (A2) folgt, in Rücksicht auf $\bar{d}(x, Y) \leqq 1$, aus $\bar{d}(x, X) = 0$, daß $\underline{d}(x, Y) = 1$. Für $X \in \mathfrak{A}$ folgt das Umgekehrte, weil dann in (A1) das Gleichheitszeichen steht.

*Betr.* (2). Die oberen und unteren Limiten bezüglich $b = \mathbf{b}(Z, I, s)$ und $b' = \mathbf{b}(Z, I', s')$ sind die gleichen.

*Betr.* (3). Bei Übergang zu Ober- bzw. Teilmengen von $X$ nehmen $\underline{d}(x, X)$ bzw. $\bar{d}(x, X)$ höchstens zu bzw. höchstens ab.

*Betr.* (4). Genau für Dispersionspunkte ist $\bar{d}(x, X) = \bar{d}(x, X'') = 0$ Gemäß 5.3. gibt es zu beliebigem $\varepsilon > 0$ solche $T'(x), T''(x) \in \underline{T}(I(x))$, daß $m(\tilde{X}' \cap V_j') < \varepsilon m(V_j')$ für $j \in T'(x)$ usw. Daher gibt es $T(x) \subset T'(x) \cap T''(x)$ mit $m(\tilde{X}' \cap V_j) < \varepsilon m(V_j)$ und gleichzeitig $m(\tilde{X}'' \cap V_j) < \varepsilon m(V_j)$ für $j \in T(x)$. Daher $m((\tilde{X}' \cup \tilde{X}'') \cap V_j) \leqq m(\tilde{X}' \cap V_j) + m(\tilde{X}'' \cap V_j) < 2\varepsilon m(V_j)$, woraus $\bar{d}(x, X' \cup X'') = 0$ folgt. Daraus folgt die Beh. betr. Konzentrationspunkte mit Hilfe von (1).

Anmerkung. Von „Dichte" spricht man allgemeiner auch bei folgendem Sachverhalt: Ist $f: E \rightarrow \mathbb{R}_0^+$ $m$-summierbar, also $z := \int f dm$ ein Maß (über $\mathfrak{A}$), so heißt $f$ die Dichte von $z$ bezüglich $m$.

**5.9.2.** Die angekündigte Kennzeichnung der schwachen Vitalibasen lautet nun:

**Satz** (R. de Possel). *Ist $m: \mathfrak{A} \rightarrow \mathbb{R}_0^+$ ein Maß und E Einheit von $\mathfrak{A}$, so sind gleichwertig die folgenden 5 Aussagen:* (1) *Es ist b eine schwache Vitalibasis bezüglich E relativ $m|\mathfrak{A}$.* – (2) *Jede σ-additive Lipschitzfunktion $F: \mathfrak{A} \rightarrow \mathbb{R}$ ist m-fast überall b-differenzierbar in E; und zwar ist $DF = f$, wenn f ein m-Integrand von F im Sinne des Satzes von Radon Nikodym (vgl. 4.4.) ist.* – (3) *Es gilt der b-Dichtesatz.* – (4) *Es gilt der punktale b-Dichtesatz.* – (5) *Es gilt der lokale b-Dichtesatz.*

Beweis. *Betr.* (1) → (2). – (I) Es sei $B := [\bar{D}F > \beta]$ und zunächst $\bar{m}(B) > 0$. Gemäß 5.3., (5), existiert eine Teilbasis $b' = \mathbf{b}(B, I', s')$ von $b = \mathbf{b}(E, I, s)$ derart, daß $F(V) > \beta m(V)$ für $V \in K(b')$; dabei ist $K(b')$ ein schw. $V$-System bezüglich $B$. – (II) Zufolge der Lipschitzeigenschaft von $F$ ergibt sich aus dem 2. Hilfssatz in 5.9., daß $F(X) \geqq \beta m(X)$ für jedes $X \in \tilde{B} \cap \mathfrak{A}$. Daraus folgt: Ist $f: E \rightarrow \mathbb{R}$ ein $m$-Integrand von $F$ (gemäß 4.4.), so gilt $f \geqq \beta$ $m$-fast überall in $\tilde{B}$, Und dies Letztere gilt erst recht, wenn $\bar{m}(B) = 0$. – Ebenso folgt, daß $f \leqq \gamma$ $m$-fast überall in $\tilde{G}$, wobei $G := [\underline{D}F < \gamma]$, und zwar auch für $\bar{m}(G) = 0$. – (IIIa). Nun ergibt sich sogar $\bar{D}F \leqq f$ $m$-fast überall in $E$. In der Tat: Andernfalls existiert ein $C \subset E$ mit $\bar{m}(C) > 0$ und mit $f < \bar{D}F$ ind $C$. Mithin existieren rationale Zahlen $\varrho$, $\sigma$, und

$C' \subset C$ mit $\bar{m}(C') > 0$ und derart, daß $f < \varrho < \sigma < \bar{D}F$ ind $C'$. – (IIIb). Aus (I)–(IIIa) folgt andererseits, für $\sigma = \beta$, daß $C' \subset B$ und $\sigma \leqq f$ in $C'' := C' \setminus N \subset B$, wobei $m(N) = 0$ und $\bar{m}(C'') = \bar{m}(C') > 0$. Zugleich ist aber $f < \sigma$ in $C''$. Widerspruch. – (IV) Entsprechend schließt man, daß $f \leqq \underline{D}F$ $m$-fast überall in $E$. Daraus $f = DF$ $m$-fast überall in $E$.

*Betr.* (2) ⟶ (3) ⟶ (4) ⟶ (5) ⟶ (1). In der Tat: (2) ⟶ (3): Für $Z \subset E$ mit $\bar{m}(Z) > 0$ und $F(X) = \int_{X \cap \tilde{Z}} f dm$, wobei $f := 1_{\tilde{Z}}$, gilt $DF(x) = 1$ für $m$-fast alle $x \in \tilde{Z}$ (gemäß (2)) und zwar für jede schw. $V$-Basis $b$. – (3) ⟶ (4): Gemäß (3) ist für jede schw. $V$-Bais $b$ bezüglich jedes $Z \subset E$ $m$-fast jedes $x \in Z$ $b$-Konzentrationspunkt, also bei $\bar{m}(Z) > 0$ mindestens ein $x \in Z$. – (4) ⟶ (5): Gemäß (4) existiert in jedem $Z \subset E$ mit $\bar{m}(Z) > 0$ ein $x$ mit $\underline{d}(x, Z) = 1$, also bei gegebenem $\alpha \in (0; 1)$ für jede Teilbasis $b' = \mathbf{b}(Z, I', s')$ von $b$ ein $V \in K(b')$ mit $m(\tilde{Z} \cap V) > \alpha m(V)$. – (5) ⟶ (1) ergibt sich aus dem 1. Hilfssatz (in 5.9.).

### 5.9.3. Eine andere Kennzeichnung der schwachen Vitalibasen.

Es sei $m|\mathfrak{A}$ ein $\sigma$-endliches in $E \in \mathfrak{A}$ vollständiges Maß und $\mathbf{a}$ eine Ableitungsbasis bezüglich $m$ mit der Einheit $E$ von $\mathfrak{A}$. Für jedes $Y \subset E$ erklärt man als **a**-inneren Punkt von $Y$ jedes $y \in Y$, für das die innere **a**-Dichte (existiert und) gleich 1 ist; es soll also für $y$ gelten: Zu jedem $\varepsilon > 0$ und zu jeder gegen $y$ konvergierenden $MS$-Folge $(V_i)_i$ aus **a** existiert ein Index $j = j(\varepsilon)$ mit $m(Y \cap V_i) > (1 - \varepsilon) m(V_i)$ für $i > j$; dabei ist $Y$ ein $m$-meßbarer Kern von $Y$.
Für *das System* $\mathbf{k}(Y) = \mathbf{k}_{\mathbf{a}}(Y)$ *der* **a**-*inneren Punkte* von $Y$ hat man: $\mathbf{k}(\emptyset) = \emptyset$ und $\mathbf{k}(Y) \subset Y$, sowie $\mathbf{k}(X) \subset \mathbf{k}(Y)$ für $X \subset Y \subset E$ und $\mathbf{k}(X \cap Y) = \mathbf{k}(X) \cap \mathbf{k}(Y)$ (vgl. II., 1.5.2.2., Satz 2.). Es gilt nun der

**1. Satz** (Kennzeichnung der schwachen Vitalibasen).

*Bei Zugrundelegung der vorstehenden Annahmen und Definitionen sind gleichwertig:* (1). *Es ist* **a** *eine schwache Vitalische Ableitungsbasis.* – (2) *Für alle* $X \subset E$ *ist* $\mathbf{k}(X)$ *ein m-meßbarer Kern von X, d.h. also: Es ist* $\mathbf{k}(X) \in \mathfrak{A}$ *und es gilt* $m(X \cap A) = m(\mathbf{k}(X) \cap A)$ *für alle* $A \in \mathfrak{A}$.

Als Folgerung aus Satz 1 bzw. Beh. (2) sei hinzugefügt der

**2. Satz.** Voraussetzung. *Es sei* **a** *eine schwache Vitalische Ableitungsbasis bezüglich* $m|\mathfrak{A}$.

Behauptung. (A) *Es ist* $\mathbf{k}^2 = \mathbf{k}$ *und* $\mathbf{k}(X)$ *ist der offene Kern von X bezüglich einer durch* **a** *in E induzierten Topologie* $\delta = \delta(\mathbf{a}; m|\mathfrak{A})$ *(vgl. II., 1.5.3.).* – (B) *Die δ-offenen und (daher) die δ-abgeschlossenen Mengen sind m-meßbar; dabei ist die δ-abgeschlossene Hülle eines* $X \subset E$ *eine m-meßbare Hülle von X.* – (C) *Die m-meßbaren Mengen sind genau die m-Jordanmeßbaren Mengen M bezüglich δ, d.h. die δ-Begrenzung von M ist m-Nullmenge.*

Bezüglich weiterer einschlägiger Sätze und deren Beweis, einschließlich Satz 1. und 2., sei auf die Literatur verwiesen (Lit.).

### 5.9.4. Vitalische Ableitungsbasen und Liftings von Massen

**5.9.4.1.** Es bezeichne $E$ eine Menge, $\mathfrak{m}$ eine $\sigma$-Algebra aus Teilmengen von $E$ mit $E$ als Einheit; ferner sei

$$\mathfrak{x} = \{S : S \in \mathfrak{m} \wedge m(S) < \infty\} \quad \text{und} \quad \mathfrak{n} = \{N : N \in \mathfrak{m} \wedge m(N \cap S) = 0 \quad \text{für alle} \quad S \in \mathfrak{x}\}.$$

**Definition.** Ein **Lifting** für $m|\mathfrak{m}$ ist eine Abbildung $L : \mathfrak{m} \rightarrowtail \mathfrak{m}$, wofür gilt:

(0) $L(\emptyset) = \emptyset \wedge L(E) = E$, sowie für alle $A, B \in \mathfrak{m}$:
(1) $A + L(A) \in \mathfrak{n}$ (2) $A + B \in \mathfrak{n} \rightarrow L(A) = L(B)$
(3) $L(A \cap B) = L(A) \cap L(B)$ (4) $L(A \cup B) = L(A) \cup L(B)$.

**Existenzsätze**
1. Das eindimensionale Lebesguesche Maß besitzt ein Lifting.
2. Jedes $\sigma$-endliche vollständige Maß besitzt ein Lifting.

**5.9.4.2. Definition.** Das Maß $m|\mathfrak{m}$ heißt **C-vollständig**, wenn es vollständig ist (2.3.3.) und der Meßbarkeitsbedingung $(\bar{M})$ genügt (2.5.1.), d.h.: $\mathfrak{m} = \{A : A \subset E \wedge A \cap S \in \mathfrak{m}$ für alle $S \in \mathfrak{x}\}$ gilt.

Anmerkungen. Ein Maß $m|\mathfrak{m}$ ist $C$-vollständig genau dann, wenn es gleich seiner Carathéodoryschen Erweiterung durch sein äußeres Maß $\bar{m}|G$ ist, wobei $G$ das System aller Teilmengen der Grundmenge $E$ bezeichnet (2.6.3.). – 2. Für ein $\sigma$-endliches Maß ist die $C$-Vollständigkeit mit der Vollständigkeit äquivalent.

**5.9.4.3. Definition.** Sei $\mathfrak{x}^+ = \{S : S \in \mathfrak{x} \wedge m(S) > 0\}$. Eine **Zerlegung** für $m|\mathfrak{m}$ ist ein (nicht notwendig abzählbares) System $\mathfrak{z} \subset \mathfrak{x}^+$, wofür gilt:

(1) $Z \neq Z' \rightarrow Z \cap Z' = \emptyset$ für alle $Z, Z' \in \mathfrak{z}$
(2) Zu jedem $S \subset \mathfrak{x}^+$ existiert ein $Z \subset \mathfrak{z}$ mit $S \cap Z \subset \mathfrak{x}^+$.

Beispiele. Ein Maß besitzt eine Zerlegung, (a) wenn es $\sigma$-endlich oder (b) wenn es ein positives Radonsches Maß ist (9.7.2.).

Es gilt nun der

**Äquivalenzsatz.** *Für ein C-vollständiges Maß $m|\mathfrak{m}$ sind folgende Aussagen äquivalent:*
(I) $m|\mathfrak{m}$ *besitzt eine Zerlegung*
(II) $m|\mathfrak{m}$ *besitzt ein Lifting*
(III) $m|\mathfrak{m}$ *besitzt eine starke Vitalische Ableitungsbasis*
(IV) $m|\mathfrak{m}$ *besitzt eine schwache Vitalische Ableitungsbasis.*

*Korollare.* 1. Jedes $\sigma$-endliche vollständige Maß sowie jedes positive Radonsche Maß besitzt eine starke Vitalische Ableitungsbasis. – 2. Jedes $C$-vollständige Maß, welches eine schwache Vitalische Ableitungsbasis besitzt, hat auch eine starke Vitalische Ableitungsbasis.

**5.9.4.4. Definition.** Eine Teilmenge $K$ eines $t$-Raumes $E$ heißt *von erster Kategorie*, wenn $K$ Vereinigung abzählbar vieler nirgends dichter Teilmengen von $E$ ist; vergl. Hausdorff S. 142. – Eine Teilmenge $B$ eines $t$-Raumes $E$ hat die **Bairesche Eigenschaft**, wenn eine offene Teilmenge $G$ von $E$ und eine Menge erster Kategorie $K \subseteq E$ existieren, so daß $B = G + K$ gilt.

**Satz.** *Für ein C-vollständiges Maß* $m|\mathfrak{m}$ *auf einer Grundmenge E ist mit den Aussagen* (I) – (IV) *des Äquivalenzsatzes in 5.9.4.3. gleichwertig:*

(V) *Es existiert eine Topologie auf E, bezüglich derer* $\mathfrak{m}$ *das System der Mengen mit der Baireschen Eigenschaft und* $\mathfrak{n}$ *das System der Mengen erster Kategorie ist.*

**5.9.4.5.** Anmerkungen. Der Äquivalenzsatz in 5.9.4.3. und die Ergänzung hierzu in 5.9.4.4. bleiben gültig, wenn der Begriff des Liftings durch Fortlassen der Bedingung (3) oder der Bedingung (4) zum Begriff der unteren bzw. oberen Dichte oder durch Ersetzung von (3) und (4) durch die Monotoniebedingung

$$A \subset B \rightarrow L(A) \subset L(B) \quad \text{für alle} \quad A, B \in \mathfrak{m}$$

abgeschwächt wird. – Die zu einer schwachen Vitalischen Ableitungsbasis $\mathbf{a}$ gemäß 5.9.3. gehörige Topologie stimmt überein mit der Oxtoby-Topologie für die untere Dichte, welche zu $\mathbf{a}$ gehört.

Sechster Teil

# Ergänzungen

## 6.1. Meßbarkeit des lim sup und lim inf von Scharen stetiger Funktionen

**Satz.** Voraussetzung. (1). *Es sei* $A \subset \mathbb{R}^n$, $n \geqq 1$, *kompakt und* $J := (0; 1)^+$. *Weiter sei* $\lambda^n | \mathfrak{L}^n$ *das Lebesguesche Maß im* $\mathbb{R}^n$. – (2). *Es sei* $g : A \times J \rightarrowtail \mathbb{R}$ *stetig.*

Behauptung. (1). *Es existiert eine antiotone Nullfolge* $(t_q)_q$, $t_q \in J$, *derart, daß für alle* $x \in A$ *gilt:*

$$\limsup_{q \rightsquigarrow +\infty} g(x, t_q) = \limsup_{t \rightsquigarrow 0} g(x, t) =: \bar{g}(x) ;$$

$$\liminf_{q \rightsquigarrow +\infty} g(x, t_q) = \liminf_{t \rightsquigarrow 0} g(x, t) =: \underline{g}(x) .$$

(2) *Es ist* $\bar{g}$ *und* $\underline{g}$ $\lambda^n$*-meßbar in* $A$.

Beweis. *Betr.* (1). Es sei $a_r := (1+r)^{-1}$; $r = 1, 2, \dots$, und $J_r := (a_{r+1}; a_r)^+$. Wegen der Kompaktheit von $A$ ist $g$ gleichmäßig stetig in $A \times \bar{J}_r$, also auch in $A \times J_r$. Daher ist $J_r$ Vereinigung von (endlich vielen) paarweise fremden, nach links offenen Intervallen $J_{r\sigma} := (b_{r\sigma}; b_{r,\sigma+1})^+$, wobei $\sigma = 1, \dots, s_r$; $b_{r0} := a_r > b_{r1} > \dots > b_{rs_r} =: a_{r+1}$, derart, daß

(1′) $$\bigwedge_{r,\sigma} \bigwedge_{x \in A} \bigwedge_{t \in J_{r\sigma}} |g(x, t) - g(x, b_{r,\sigma-1})| < r^{-1}.$$

Die $b_{10} = a_1, b_{11}, \dots, b_{1s_1} = a_2 = b_{20}, b_{21}, \dots$, liefern eine Folge $(t_q)_q$ im Sinne der Beh. (1). In der Tat: Zu jedem $x \in A$ gibt es eine antitone Nullfolge $(c_p)_p$ mit $c_p := c_p(x)$ derart, daß $g(x, c_p) \rightsquigarrow \bar{g}(x)$ für $p \rightsquigarrow +\infty$. Jedes $c_p$ ist aber in genau einem $J_{r'\sigma'}$ enthalten, wodurch $(c_p \mapsto (r(p), \sigma(p))$ bestimmt ist mit $r(p) := r'$ und $\sigma(p) := \sigma'$ sowie mit $r(p) \rightsquigarrow +\infty$ für $p \rightsquigarrow +\infty$. Gemäß (1′) ist daher $g(x, c_p) - (r(p))^{-1} < g(x; b_{\sigma(p)-1})$. Daraus folgt $\bar{g}(x) \leqq \limsup_{p \rightsquigarrow +\infty} g(x, b_{r(p), \sigma(p)-1}) \leqq \limsup_{t \rightsquigarrow 0} g(x, t) = \bar{g}(x)$. Entsprechend ergibt sich die Beh. betr. $\underline{g}$.

*Betr.* (2). Es ist $g$ (weil stetig in $x$ bei festem $t$) $\lambda^n$-meßbar in $A$ und daher auch $\bar{g} = \limsup_{p \rightsquigarrow +\alpha} g(\cdot, c_p)$.

## 6.2. Meßbarkeit der partiellen Ableitungen reeller Funktionen

**Definition.** Es sei $J := \times_{\nu=1}^{n} (a_\nu; b_\nu)$ ein offenes Intervall im $\mathbb{R}^n$, $n \geqq 1$, der $x := (x_1, \ldots, x_n)$. Weiter sei $f: J \longrightarrow \mathbb{R}$. Als (partielle) **vordere obere Derivierte** $v\bar{D}_\nu f(y)$ **von** $f$ **bezüglich** $x_\nu$ in $y := (y_1, \ldots, y_n) \in J$, kürzer vordere obere $v$-Derivierte, wird erklärt der obere Limes des partiellen Differenzenquotienten $q_\nu(y; d; f) := d^{-1}(f(y_1, \ldots, y_{\nu-1}, y_\nu + d, y_{\nu+1}, \ldots, y_n) - f(y_1, \ldots, y_n))$, wobei $d > 0$ und $(y_1, \ldots, y_\nu + d, \ldots, y_n) \in J$, also

$$v\bar{D}_\nu f(y) = \limsup_{d \rightsquigarrow 0} q_\nu(y; d; f);\ d > 0;\ \nu = 1, \ldots, n, n \geqq 1\,.$$

Entsprechend wird die (partielle) **vordere untere Derivierte von** $f$ bezüglich $x_\nu$ in $y$ erklärt als

$$v\underline{D}_\nu f(y) := \liminf_{d \rightsquigarrow 0} q_\nu(y; d; f);\ d > 0;\ \nu = 1, \ldots, n\,.$$

sowie die **hintere** obere bzw. untere (partielle) Derivierte von $f$ nach $x_\nu$ in $y$, wobei $d < 0$:

$$h\bar{D}_\nu f(y) := \limsup_{d \rightsquigarrow 0} q_\nu(y; d; f) \quad \text{bzw.} \quad h\underline{D}_\nu f(y) := \liminf_{d \rightsquigarrow 0} q_\nu(y; d; f)\,.$$

Gemeinsame Bezeichnung für die vier partiellen Derivierten sei partielle **extreme** Derivierte. Es gilt nun der

**Meßbarkeitssatz.** Voraussetzung. *Es sei* $G \subset \mathbb{R}^n$ *offen und beschränkt, ferner* $\bar{J} := \times_{\nu=1}^{n} [a_\nu; b_\nu] \subset G$. *Außerdem sei* $f: G \longrightarrow \mathbb{R}$ stetig *und* $\lambda^n | \mathfrak{L}^n$ *das Lebesguesche Maß im* $\mathbb{R}^n$; $n \geqq 1$. *Es sei* $s, t \in \{1, \ldots, n\}$.

Behauptung. (**1**). *Die Menge* $P_t$ *aller* $x \in \bar{J}$, *in denen die* $\nu$*-ten partiellen* Ableitungen $f_{|\nu}$, $\nu = 1, \ldots, t$, *gleichzeitig* existieren *und endlich sind, ist* $\lambda^n$*-meßbar. Ferner sind die* $f_{|1} | P_t, \ldots, f_{|t} | P_t$ *sämtlich* $\lambda^n$*-meßbar, also* $\lambda^n$*-stetig.* – (**2**) *Ebenfalls* $\lambda^n$*-meßbar ist die Menge* $E_s$ *aller* $x \in \bar{J}$, *in denen* $f$ *bei jeweils festen* $x_{s+1}, \ldots, x_n$ *differenzierbar ist als Funktion der* $x_1, \ldots, x_s$.

**Zusatz.** (1). Es existiert in $y$ die partielle Ableitung von $f$ nach $x_\nu$ genau dann, wenn die vier extremen Derivierten gleiche Werte haben. – (2). Die extremen partiellen Derivierten von $f$ sind sämtlich $\lambda^n$-meßbar in $J$.

Beweis. *Betr.* (**1**). Die $q_\nu(y; d; f)$ genügen den Vor. des Satzes in 6.1., wenn man $(y, d)$ ersetzt durch $(x, t)$ und $q_\nu$ durch $g$. Daher sind die extremen partiellen Derivierten von $f$ sämtlich $\lambda^n$-meßbar in $\bar{J}$ (vgl. Zusatz (2)) und mithin ist auch $\lambda^n$-meßbar z. B. $[v\bar{D}_\nu f - h\underline{D}_\nu f = 0] \cap [-\infty < v\bar{D}_\nu f < +\infty] \cap \bar{J}$. Ist $P'_\nu$ die Menge aller $x \in \bar{J}$, in denen $-\infty < v\underline{D}_\nu f(x) = v\bar{D}_\nu f(x) = h\underline{D}_\nu f(x) = h\bar{D}_\nu f(x) < +\infty$, so ist auch $P'_\nu$ und damit $P_t := P'_1 \cap \ldots \cap P'_t$ $\lambda^n$-meßbar. Wegen der $\lambda^n$-Meßbarkeit von z. B. $v\bar{D}_\nu f$ in $\bar{J}$ und $f_{|\nu} | P'_\nu = v\bar{D}_\nu f | P'_\nu$ *ist* auch $f_{|\nu}$ $\lambda^n$-meßbar in $P'_\nu$, erst recht also in $P_t$ (wobei $1 \leqq \nu \leqq t$).
*Betr.* (**2**). Gemäß der Definition der Differenzierbarkeit von $f$ bezüglich $x_1, \ldots, x_s$ im Punkt

$y := (y_1, \ldots, y_s, y_{s+1}, \ldots, y_n)$ gilt neben $E_s \subset P_s$ folgendes: Es sei $\eta \in \mathbb{R}^+$ und $e := (e_1, \ldots, e_s, 0, \ldots, 0)$ mit $|e| = 1$, ferner $\Delta x := \eta e$. Dann gibt es zu beliebigem $\varepsilon > 0$ ein von $e$ unabhängiges $\delta(y; \varepsilon) > 0$ derart, daß für

$$w(y; \eta; e) := (f(y + \Delta x) - f(y) - \Delta x \operatorname{grad} f(y))\eta^{-1}$$

gilt $|w(y; \eta; e)| < \varepsilon$, falls $0 < \eta < \delta(y; \varepsilon)$, also $|w| < \varepsilon$ gleichmäßig bezüglich $e$ bei festen $y$ und $\eta$. Dabei soll $y + \Delta x \in G$ sein.

Wir betrachten jetzt die $f_{|1}, \ldots, f_{|s}$; sie sind, weil $\lambda^n$-meßbar in $P_s$, stetig auf (geeigneten) abgeschlossenen Teilmengen $A$ von $P_s$, wobei $\lambda^n(P_s \backslash A)$ beliebig klein gewählt werden kann (vgl. 1.9.2.1.). Bei festem $z \in A$ und festem $\eta$ ist $w(z; \eta; e)$ stetig auf der kompakten $(s-1)$-Sphäre $S_{s-1} := \{e : e_1^2 + \ldots + e_s^2 = 1\}$. Daher existiert $u(z, \eta) := \max\{w(z; \eta; e); e \in S_{s-1}\}$. Wegen der Kompaktheit von $A$ in $G = \underline{G}$ existiert ein $\gamma > 0$ derart, daß $z + \Delta x \in G$ für jedes $z \in A$ und jedes $|\Delta x| = \eta \in (0; \gamma)^+$. Für $[\alpha; \gamma] \subset (0; \gamma)^+$ ist $Q := A \times [\alpha; \gamma] \times S_{s-1}$ kompakt also $w : Q \longrightarrow \mathbb{R}$ mit $((z; \eta; e) \longmapsto w(z; \eta; e))$ gleichmäßig stetig in $Q$. Daher ist $u : A \times (0; \gamma)^+ \longrightarrow \mathbb{R}$ mit $((z; \eta) \longmapsto u(z; \eta))$ stetig. Mithin genügt $u | A \times (0; \gamma)^+$ den Vor. des Satzes in 6.1., wenn man $u$ bzw. $(0; \gamma)^+$ bzw. $(z; \eta)$ ersetzt durch $g$ bzw. $(0; 1)^+$ bzw. $(x, t)$. Daraus folgt die $\lambda^n$-Meßbarkeit von $(z \longmapsto \bar{u}(z) := \limsup_{\eta \searrow 0} u(z; \eta))$ in $A$, also auch die von $[\bar{u} = 0]$. Es ist aber $0 = \bar{u}(z)$ für $z \in A \cap P_s$ gleichwertig mit $z \in A \cap E_s$. Wegen $A \cap P_s \in \mathfrak{L}^n$ ist daher $A \cap E_s \in \mathfrak{L}^n$. Wegen der $\lambda^n$-Stetigkeit der $f_{|1}, \ldots, f_{|s}$ in $P_s$ gibt es eine Folge $(A_p)_p$, $p = 1, 2, \ldots$, von abgeschlossenen Mengen $A_p \subset P_s$ mit $\lambda^n(P_s \backslash (\bigcup_{p \geq 1} A_p)) = 0$, also mit $P_s = N \cup (\bigcup_{p \geq 1} A_p)$, wobei $\lambda^n(N) = 0$. Wegen $E_s \subset P_s$ ist $E_s \backslash E_s \cap (\bigcup_{p \geq 1} A_p) =: N' \subset N$, also mit $\lambda^n(N') = 0$. Wie oben gezeigt, ist $A_p \cap E_s \in \mathfrak{L}^n$ für jedes $p$. Somit $E_s \in \mathfrak{L}^n$.

## 6.3. Eine Anwendung des (Maß-)Dichtesatzes bezüglich $\lambda^n | \mathfrak{L}^n$

Unter Heranziehung der Metrik im $\mathbb{R}^n$ werde gezeigt:

**Lemma.** Voraussetzung. Es sei $G \subset \mathbb{R}^n$ offen und beschränkt. Ferner sei $\lambda^n | \mathfrak{L}^n$ das Lebesguesche Maß im $\mathbb{R}^n$; weiter sei $\mathfrak{d} := \mathfrak{d}^n$ diejenige Derivationsbasis in $G$, für die $\mathfrak{d}(x)$ der Raster (im Sinne des mengentheoretischen Enthaltenseins) aller in $G$ enthaltenen abgeschlossenen ($n$-dimensionalen) Kugeln $K(x, \varrho)$ mit $x$ als Zentrum und $\varrho > 0$ als Radius ist. – Schließlich sei $M \in G \cap \mathfrak{L}^n$ mit $\lambda^n(M) > 0$ und $M_{\mathfrak{d}}$ die Menge der $\mathfrak{d}^n$-Konzentrationspunkte von $M$. Es sei noch $J_0 := (0; 2^{-1})^+$ und $p \in M_{\mathfrak{d}}$.

Behauptung. Es existiert eine Funktion $r : J_0 \longrightarrow J_0$ mit folgenden Eigenschaften: Erstens. Es ist $r$ streng isoton sowie stetig mit $0 < r(\eta) \leq \eta$ für jedes $\eta \in J_0$. – Zweitens. Zu jedem $x \in G$ und jedem $\eta \in J_0$ mit $0 < |x - p| < 2^{-1} r(\eta)$ (wobei $p \in M_{\mathfrak{d}}$ fest) existiert ein $x' \in M_{\mathfrak{d}}$ mit $|x' - x| < 2\eta |x - p|$ und $|x' - p| < 2|x - p|$.

Beweis. *Betr. Erstens.* Bezeichnet $c_n$ das Volumen der $n$-dimensionalen Kugel vom Radius 1, so gilt $\lambda^n(K(x, \varrho)) = c_n \varrho^n$. Wegen $p \in M_\mathfrak{d}$ existieren zu jedem $\eta \in J_0$ positive $r' := r'(\eta)$ von folgender Art: Für jedes $K := K(p; \varrho)$ mit $0 < \varrho < r'$ gilt $\lambda^n(M \cap K) > (1 - \eta^n)\lambda^n(K)$. Wegen $\lambda^n((M \setminus M_\mathfrak{d}) \cap K) = 0$ (Dichtesatz) folgt:

$$\lambda^n(K \setminus K \cap M_\mathfrak{d}) = \lambda^n(K \setminus M \cap K) + \lambda^n(M \cap K \setminus M_\mathfrak{d} \cap K) = \lambda^n(K \setminus M \cap K) =$$

$$(1) \qquad \lambda^n(K) - \lambda^n(M \cap K) < \eta^n c_n \varrho^n \quad \text{für} \quad 0 < \varrho < r'.$$

Ist $\mathfrak{r}'(\eta)$ das System aller solcher $r'$, so sei

$$r''(\eta) := \sup\{\min\{\eta, r'\} : r' \in \mathfrak{r}'(\eta)\} \quad \text{für} \quad \eta \in J_0,$$

womit offensichtlich ein isotones $r'' : J_0 \longrightarrow J_0$ erklärt ist mit $0 < r''(\eta) \leqq \eta$. Aus $r''$ erhält man nun ein $r$ im Sinne der Beh. Erstens auf folgende Weise: Ist $R := \{(\eta, r''(\eta)) : \eta \in J_0\}$ der Graph von $r''$ in einer $(\eta, \zeta)$-Ebene $\mathbb{R}^2$, so sei $h(R)$ die konvexe Hülle von $R$ und $(\eta \longmapsto r(\eta) := \min\{\zeta : (\eta, \zeta) \in h(R)\}$ für $\eta \in J_0$. – In der Tat: Es ist $r : J_0 \longrightarrow J_0$ positiv und streng isoton (sogar konvex) mit $0 < r(\eta) \leqq r''(\eta) \leqq \eta$ und mit $r(\eta) \rightsquigarrow 0$ für $\eta \rightsquigarrow 0$. Außerdem gilt

$$(1') \qquad r(\eta) \in \mathfrak{r}'(\eta) \quad \text{für} \quad \eta \in J_0.$$

*Betr. Zweitens.* Es besitzt $r$ auch die Eigenschaft Zweitens. Es sei nämlich $x \in G$ derart, daß $\alpha := |x - p| < 2^{-1} r$ mit $r := r(\eta)$ (falls es solche $x$ gibt). Für $\beta := \alpha(1 - \eta)^{-1}$ mit $\eta \in J_0$ also $2^{-1} \leqq 1 - \eta < 1$, ist

(2) $\qquad 0 < \beta \leqq 2\alpha$ und (2') $0 < \beta < r$ sowie (2'') $\alpha + \eta\beta = \beta$.

Für $K(p; \beta)$ gilt $K(x; \eta\beta) \subset K(p; \beta)$ (gemäß (2'')). Es ist daher $\lambda^n(K(x; \eta\beta) \setminus M_\mathfrak{d}) \leqq \lambda^n(K(p; \beta) \setminus M_\mathfrak{d})$. Zufolge (2') und (1') ergibt (1), daß $\lambda^n(K(p; \beta) \setminus M_\mathfrak{d}) < c_n \eta^n \beta^n$. Und da $\lambda^n(K; \eta\beta) = c_n \eta^n \beta^n$ ist, folgt $\lambda^n(K(x; \eta\beta) \cap M_\mathfrak{d}) > 0$. Daher liegen unendlich viele Punkte von $M_\mathfrak{d}$ im Innern von $K(x; \eta\beta)$; denn der Rand von $K(x; \eta\beta)$ ist eine $\lambda^n$-Nullmenge. Folglich gibt es $x' \in M_\mathfrak{d}$ mit $|x' - x| < \eta\beta \leqq 2\alpha\eta = 2\eta|x - p|$. Weiter ist $|x' - p| \leqq |x' - x| + |x - p| < \eta\beta + \alpha = \beta \leqq 2\alpha = 2|x - p|$.

## 6.4. Differenzierbarkeit der Lipschitzabbildungen $f : D \longrightarrow \mathbb{R}^k$, $D \subset \mathbb{R}^n$

**6.4.0. Definition.** Es sei $D \subset \mathbb{R}^n$, $n \geqq 1$ und $f : D \longrightarrow \mathbb{R}^k$, $k \geqq 1$. Es heißt $f$ **lokal-dehnungsbeschränkt** oder **lokal-Lipschitz(isch)**, wenn zu jedem $p \in D$ eine Umgebung $U(p)$ im $\mathbb{R}^n$ existiert sowie ein $q := q(p) \in \mathbb{R}^+$ mit $|f(x) - f(y)| \leqq q(p)|x - y|$ für alle $x, y \in U(p) \cap D$. Es soll gezeigt werden, daß $f$ $\lambda^n$-fast überall in $D$ differenzierbar ist. Dabei genügt es also, daß dies für jede der $k$ Komponenten von $f$ (im $\mathbb{R}^k$) richtig ist. O.B.d.A. wird also im Folgenden $k = 1$ angenommen (vgl. dazu II., 2.1.2., Satz, sowie II., 3.1.1.2., Satz 3.).

Folgerung. Bei (im $\mathbb{R}^n$) offenem $D$ ist $f$ lokal dehnungsbeschränkt in $D$ genau dann, wenn die partiellen extremen Derivierten von $f$ lokal beschränkt sind.

Beweis. (**a**). Die Beh. gilt für $n = 1$. In der Tat: Es ist „$f$ lokal dehnungsbeschränkt" gleichwertig mit Beschränktheit von $[x' x''](f)$ für $x', x'' \in U(p), x' \neq x''$. Wegen $v\bar{D}f(p) = \limsup_{x' \rightsquigarrow p}[x' p](f)$ mit $p < x'$ usw. ist die Beschränktheit von $v\bar{D}f(p)$ usw. notwendig. Dies ist aber auch hinreichend. Denn $[x' x''](f) = \alpha[x' p](f) + \beta[x'' p](f)$, $0 < \alpha, \beta < 1$ mit $\alpha + \beta = 1$, also $\min\{[x' p](f), [x'' p](f)\} \leqq [x' x''](f) \leqq \max\{[x' p](f), [x'' p](f)\}$, sodaß die Betrachtung von z. B. $[x' p](f)$ genügt. Aber $[x' p](f) \leqq v\bar{D}f(p) + 1$ usw. für zu $p$ hinreichend benachbartes $x' \neq p$. – (**b**) Falls $n \geqq 2$ setze man $\varphi_i(x) := f(x'_1, \ldots, x'_{1-1}, x, x''_{i+1}, \ldots, x''_n)$, $i = 1, \ldots, n$, $\varphi_1(x'') := f(x''_1, \ldots, x''_n)$, $\varphi_n(x') := f(x'_1, \ldots, x'_n)$, hat also $\varphi_i(x'_i) = \varphi_{i+1}(x''_{i+1})$, sodaß $f(x''_1, \ldots, x''_n) - f(x'_1, \ldots, x'_n) = \sum_{i=1}^n (\varphi_i(x''_i) - \varphi_i(x'_i))$, wobei die $\varphi_i$ jeweils Funktionen *einer* Variablen $x$ sind. Es ist also $\varphi_1(x'') - \varphi_n(x')$ in $U(p)$ beschränkt genau dann, wenn die $\varphi_i(x'') - \varphi_i(x'_i)$ sämtlich beschränkt sind in $U(p)$. Damit ist der Fall $n \geqq 2$ auf $n = 1$ zurückgeführt.

Anmerkung. (1). Jede lokal-dehnungsbeschränkte Funktion ist stetig. – (2) Für lokale Dehnungsbeschränktheit von $f$ ist nicht hinreichend daß

$$(+) \qquad \bigwedge_{p \in D} \bigvee_{q(p) > 0} \bigwedge_{U(p)} \bigwedge_{x \in U(p) \geqq D} |f(x) - f(p)| \leqq q(p)|x - p|.$$

Beweis. zur Anmerkung. (2). Beispiel eines (+) genügenden, aber nicht lokal dehnungsbeschränkten $f$ wird geliefert durch $D := [0; 1]$ mit $f(0) = 0$ und $f(x) := x^{1+\alpha} \sin x^{-1}$ für $x \in D \setminus \{0\}$, $0 < \alpha < 1$. – In der Tat. Zunächst ist $f$ in $D \setminus \{0\}$ stetig differenzierbar, also dort lokal dehn.-beschr. Außerdem ist $f$ in $x = 0$ differenzierbar mit $f'(0) = 0$. Mithin genügt $f$ in $D$ dem Mittelwertsatz der Diff.-Rechn., demzufolge $f(x') - f(x'') = (x' - x'')$ $f'(\chi)$ mit $f'(\chi) = (1 + \alpha)\chi^\alpha \sin \chi^{-1} - \chi^{\alpha-1} \cos \chi^{-1}$, also $f'((k\pi)^{-1} = \pm (k\pi)^{1-\alpha}$

**Satz.** Differenzierbarkeit $\lambda^n$-fast überall der lokal-dehnungsbeschränkten Funktionen.

Voraussetzung. *Es sei $G \subset \mathbb{R}^n$, $n \geqq 1$, offen und $f: G \longrightarrow \mathbb{R}$ lokal-dehnungsbeschränkt.*

Behauptung. *Es ist $f|G$ differenzierbar $\lambda^n$-fast überall in $G$.*

**Zusatz.** In $G$ existieren $\lambda^n$-fast überall (und sind lokal beschränkt) alle partiellen Ableitungen 1. Ordnung von $f$.

**6.4.1.1.** O.B.d.A. ziehen wir nur die Punkte eines offenen, achsenparallelen Intervalls $J' = \mathring{J}' \subset G$ in Betracht und setzen Dehnungsbeschränktheit (nicht nur lokale) in $J'$ voraus. Es sei $J = \bar{J} \subset J'$ ein zu $J'$ konzentrisches (achsenparalleles) abgeschlossenes Intervall. Mit $x := (x_1, \ldots, x_n) \in J$ ist für festes $\nu \in \{1, \ldots, n\}$ und feste $x_1, \ldots, x_{\nu-1}, x_{\nu+1}, \ldots, x_n$ das $f$ als Funktion $g$ von $\chi := x_\nu$ von endlicher Variation (vgl. I., 7.3.); denn $\sum_{\varrho=1}^r |g$

$(\chi_{\varrho+1}) - g(\chi_\varrho)| \leqq q \cdot (\sum_\varrho |\chi_{\varrho+1} - \chi_\varrho| = q(\chi_{\varrho+1} - \chi_1)$, falls $\chi_\varrho < \chi_{\varrho+1}$. Gemäß I., 9.7.15.5., existiert daher $f_{|\nu} := f_{|x_\nu}$ und ist endlich $\lambda^1$-fast überall im Durchschnitt von $J$ mit der zur $x_\nu$-Achse parallelen Geraden durch $(x_1, \ldots, x_{\nu-1}, 0, x_{\nu+1}, \ldots, x_n)$. Es sei nun $P_\nu$ die Menge aller $x \in J$, in denen $f_{|\nu}$ existiert und endlich ist, ferner $P'_\nu := J \setminus P_\nu$. Wegen der Stetigkeit von $f|J$ ist $P_\nu \in \mathfrak{L}^n$ (gemäß 6.3.) und damit auch $P'_\nu \in \mathfrak{L}^n$, Da aber, wie oben gezeigt, jeder (1-dimensionale) $(x_1, \ldots, x_{\nu-1}, 0, x_{\nu+1}, \ldots, x_n)$-Schnitt von $P'_\nu$ eine $\lambda^1$-Nullmenge ist, folgt $\lambda^n(P'_\nu) = 0$ (vgl. z. B. 7.2.2.). Mithin ist $\lambda^n(\bigcup_{\nu=1}^n P'_\nu) = 0$, also $\lambda^n(\bigcap_{\nu=1}^n P_\nu) = \lambda^n(J)$.

Z u s a m m e n f a s s u n g. (A'). Die Menge $P$ aller $x \in J$ in denen alle $f_{|1}, \ldots, f_{|n}$ existieren und endlich sind, ist $\mathfrak{L}^n$-meßbar mit $\lambda^n(P) = \lambda^n(J)$ und damit $\lambda^n(P') = 0$ für $P' := J \setminus P$. – (A''). Die 1-dimensionalen $(x_1, \ldots, x_{\nu-1}, 0, x_{\nu+1}, \ldots, x_n)$-Schnitte von $J$ und $P$ besitzen das gleiche $\lambda^1$-Maß.

**6.4.1.2.** Der Beweis, daß für die $\lambda^n$-meßbare Menge $E$ aller $x \in J$, in denen $f$ differenzierbar ist, gilt $\lambda^n(J) = \lambda^n(E)$, kann jetzt induktiv geführt werden. Zu diesem Zweck wird zunächst bewiesen das

**Lemma.** V o r a u s s e t z u n g. (I). Es seien $J' = J'$ konzentrische achsenparallele Intervalle mit $J \subset J' \subset G$, wobei $G \subset \mathbb{R}^n$ offen. Ferner sei $f: J' \longrightarrow \mathbb{R}$ dehnungsbeschränkt. – (II). Es besitze $f$ die in 6.4.1.1., Zusammenfassung, angegebenen Eigenschaften (A') und (A''). – (III). In jeder, zur $x_n$-Achse orthogonalen Hyperebene $H$, die nicht fremd ist zu $J$, sei $f$ in $\lambda^{n-1}$-fast allen Punkten von $J \cap H$ differenzierbar bezüglich $z := (x_1, \ldots, x_{n-1})$. (Genauer: Ist $H(c) := \{x : x \in J \wedge x_n = c (= \text{konst.})\}$ und $f^{(c)} := (z \longmapsto f(x_1, \ldots, x_{n-1}, c))$, so ist $f^{(c)}$ für $\lambda^{n-1}$-fast alle $z$, mit $(z, c) \in J \cap H(c) \neq \emptyset$, differenzierbar nach $z$).

B e h a u p t u n g. Es ist $f$ differenzierbar bezüglich $x := (x_1, \ldots, x_n)$ $\lambda^n$-fast überall in $J$.

B e w e i s. O.B.d.A. sei $\bar{0} = (0, \ldots, 0)$ das Zentrum von $J'$ und $J$.
(a). Es sei $E'$ die Menge aller $x := (x_1, \ldots, x_n) \in J$, in denen $f^{(x_n)}$ nicht differenzierbar ist bezüglich $z$. Gemäß 6.2. ist $E' \in \mathfrak{L}^n$. Und nach Vor. (III) ist $\lambda^{n-1}(E' \cap H) = 0$, gemäß 7.2. also $\lambda^n(E') = 0$ (weil (III) für alle $H$). Daher ist $\lambda^n$-meßbar auch $E'' := J \setminus E'$, d. h. die Menge aller $x \in J$, in denen $f^{(x_n)}$ nach $z$ differenzierbar ist. Für $P$ (vgl. Vor. (II) und 6.4.1.1. Zusammenfassung $(A')$) ist somit $E = E'' \cap P \in J \cap \mathfrak{L}^n$ mit $\lambda^n(J) = \lambda^n(E)$.
(b) Wegen $E \subset P$ existieren in jedem $x \in E$ alle $f_{|1}, \ldots, f_{|n}$ und sind endlich sowie $\lambda^n$-meßbar. Daher gibt es zu jedem $\varepsilon > 0$ abgeschlossene Mengen $A \subset E$ mit $\lambda^n(E \setminus A) < \varepsilon$ derart, daß die Einengungen $f_{|1}|A, \ldots, f_{|n}|A$ endlich und stetig sind. Wegen der Kompaktheit von $A$ sind also die $f_{|\nu}|A$, $\nu = 1, \ldots, n$, beschränkt in $A$.
(c) Nunmehr genügt es, zu beweisen:

(+) Es ist $f|J$ für $\lambda^n$-fast alle $p \in A$ differenzierbar nach $x$.

In der Tat: Zu jedem $\varepsilon := 2^{-k}$ gibt es gemäß (b) abgeschlossene $A_k \subset E$ mit $\lambda^n(E \setminus A_k) < 2^{-k}$, also erst recht mit $\lambda^n(E \setminus (\bigcup_{\kappa \geq 1} A_\kappa)) < 2^{-k}$ für alle $k$, d.h. $\lambda^n(E \setminus (\bigcup_{\kappa \geq 1} A_\kappa)) = 0$. Ist daher $f$ differenzierbar nach $x$ in $A_\kappa \setminus N_\kappa$ mit $\lambda^n(N_\kappa) = 0$, so auch in $(\bigcup_{\kappa \geq 1} A_\kappa) \setminus (\bigcup_{\kappa \geq 1} N_\kappa) = (\bigcup_\kappa A_\kappa) \setminus N'$ mit $\lambda^n(N') = 0$ und mithin in $E \setminus N$ mit $\lambda^n(N) = 0$.

(d) Beweis der Beh. (c) (+) für ein $A$ im Sinne von (a).

(d1) Es sei $A_\mathfrak{d}$ die Menge der $\mathfrak{d}^n$-Konzentrationspunkte von $A$, wobei $\mathfrak{d}^n$ die auf $\lambda^n | \mathfrak{L}^n$ bezogene Vitalische Derivationsbasis bezeichnet, deren Konstituenten die in $J'$ enthaltenen, abgeschlossenen Kugeln sind (vgl. 5.4.1.3.). Es ist dann $A_\mathfrak{d} \subset A$ und (weil $A \in \mathfrak{L}^n$) $A_\mathfrak{d} = A_{\mathfrak{d}\mathfrak{d}} \in \mathfrak{L}^n$.

(d2) Gemäß (d1) ist (c) (+) bewiesen, wenn gezeigt ist:

(+ +) Es ist $f|J$ differenzierbar nach $x$ in jedem Punkt $p \in A_\mathfrak{d}$.

Zum Beweis dieses (+ +) sei $p := (p_1, \ldots, p_n) \in A_\mathfrak{d}$ fest gewählt und $\alpha := |x - p|$ gesetzt für $x \in J'$. Zu untersuchen ist das Wachstumsverhalten von $f(x) - f(p)$ für $\alpha \rightsquigarrow 0$. Das Hilfsmittel dazu wird geliefert durch eine Beziehung zwischen $p$, den $x \in J'$ und den $x' \in A_\mathfrak{d}$, vermittelt durch die in 6.3., Lemma, auftretende streng isotone, stetige Funktion $(\eta \mapsto r(\eta))$ mit $0 < r(\eta) \leqq \eta$ und $0 < \eta \leqq 2^{-1}$. Für $0 < 3\alpha < r(2^{-1})$ besitzt demgemäß die Gleichung $r(\eta') = 3\alpha$ genau eine Lösung $(\alpha \mapsto \eta'(\alpha))$, die isoton und stetig ist mit $\lim_{\alpha \rightsquigarrow 0} \eta'(\alpha) = 0$ und $2^{-1} r(\eta') = 2^{-1} 3\alpha > |x - p|$.

(d3) Gemäß der Beh. „Zweitens" des in (d2) zitierten Lemmas existiert zu beliebigem $x \in J'$ ein $x' := (x'_1, \ldots, x'_n) \in A_\mathfrak{d}$ mit $|x' - p| < 2\alpha$ und $|x - x'| < 2\eta'\alpha$. Wegen $\eta' \rightsquigarrow 0$ für $\alpha \rightsquigarrow 0$ gilt

(d3, 1) $|x' - p| \in O(\alpha)$, $|x' - x| \in o(\alpha)$, wobei $a = |x - p|$, $x' \in A_\mathfrak{d}$. Aus (d3, 1) und der Dehnungsbeschränktheit von $f$ folgt

(d3, 2) $|f(x') - f(x)| \in o(\alpha)$.

(d4) Die Projektion $x''$ von $(x'_1, \ldots, x'_n) \in A$ parallel zur $x_n$-Achse orthogonale Hyperebene $H(p)$ durch $p$ (wobei $p = (p_1, \ldots, p_n) \in A_\mathfrak{d} \cap H(p)$) ist $x'' = (x'_1, \ldots, x'_{n-1}, p_n)$. Es existiert $f_{|n}|A_\mathfrak{d}$ und ist beschränkt, sodaß (wegen $|x' - x| \in o(\alpha)$) $f(x') - f(x'') - f_{|n}(x')(x_n - p_n) \in o(\alpha)$. Außerdem ist $f_{|n}|A_\mathfrak{d}$ stetig, sodaß $f_{|n}(x') - f_{|n}(p) \rightsquigarrow 0$ für $x' \rightsquigarrow p$, also für $\alpha \rightsquigarrow 0$. Somit gilt

(d4, 1) $f(x') - f(x'') - f_{|n}(p)(x_n - p_n) \in o(\alpha)$.

(d5) Es ist $f(x) - f(p) = (f(x) - f(x')) + (f(x') - f(x'')) + (f(x'') - f(p))$. Wegen $p, x \in A_\mathfrak{d}$ und gemäß der Vor. (III) des Lemmas in 6.4.1.2. gilt $f(x'') - f(p) = f(x'_1, \ldots, x'_{n-1}, p_n) - f(p_1, \ldots, p_{n-1}, p_n) - \sum_{\nu=1}^{n-1} f_{|\nu}(p)(x'_\nu - p_\nu) \in o(|x'' - p|)$. Aber $|x'' - p| \leqq |x'' - x| + |x - p|$ und $|x'' - p| \leqq |x' - p| \in O(\alpha)$, sodaß

(d5, 1) $f(x'') - f(p) \in o(\alpha)$.

Aus (d5) ergibt sich unter Berücksichtigung von (d3, 1), (d4, 1) und (d5, 1) $f(x) - f(p) - f_{|n}(p)(x_n - p_n) - f_{|1}(p)(x' - p) - \ldots - f_{|n-1}(p)(x'_{n-1} - p_{n-1}) \in o(\alpha)$.

Aus (d5) ergibt sich unter Berücksichtigung von (d3, 1) und (d5, 1) $f(x) - f(p) - f_{|n}(p)$ $(x_n - p_n) - f_{|1}(p)(x' - p) - \ldots - f_{|n-1}(p)(x'_{n-1} - p_{n-1}) \in o(\alpha)$.

**6.4.1.3.** Mit Hilfe des Lemmas in 6.4.1.2. gestaltet sich jetzt der Induktionsschluß so: Für $n = 1$ ist die Beh. des Satzes richtig (vgl. I., 9.7.15.5. Satz 2.). Ist diese Beh. schon für alle dehnungsbeschränkten $f: \mathbb{R}^{n-1} \rightarrowtail \mathbb{R}$ und für alle $n$ mit $1 \leqq n < k$, $k \geqq 2$, bewiesen, so sind die Vor. des Lemmas für $n - 1 = k - 1$ erfüllt. Daher gilt die Beh. des Satzes auch für $n = k$.

## 6.5. Maß k-dimensionaler dehnungsbeschränkter Flächenstücke im $\mathbb{R}^n$, wobei $1 < k < n$

**6.5.0.** Vorbemerkung. Im $\mathbb{R}^n$ wurde bisher neben dem „$n$-dimensionalen" Lebesgueschen Maß nur ein „1-dimensionaler" Inhalt, nämlich die Bogenlänge bei rektifizierbaren Bogen (vgl. I., 7.3.1.2.) betrachtet; Bogen sind dabei eindeutige stetige Bilder des Intervalls $[0; 1] \subset \mathbb{R}^1$. Betrachtet man allgemein eindeutige stetige Bilder z. B. des $k$-dimensionalen Würfels im $\mathbb{R}^k$ $(2 \leqq k \leqq n)$, so stellen sich der Definition eines Maßes auf einem solchen Bild neuartige Schwierigkeiten entgegen. Wir erläutern dies am Beispiel des geraden Kreiszylinders ($k = 2, n = 3$), genauer an dem durch $x \in [0; 2]$, $y \in [-1; 1]$ und $z = (4 - y^2)^{1/2} > 0$ definierten Flächenstück $F$ im $\mathbb{R}^3$ der Punkte $(x, y, z)$; der Flächeninhalt von $F$ im Sinne der Elementargeometrie ist bekanntlich $3^{-1} 4\pi$. Der Versuch, analog wie im Falle der Bogenlänge, den „Flächeninhalt" von $F$ als Limes der Inhalte von dem $F$ eingeschriebenen Dreiecksnetzen zu erklären unter der Bedingung, daß der maximale Durchmesser der (endlich vielen) Dreiecke eines Netzes gegen Null strebt, scheitert an folgendem Umstand: Die Inhalte solcher Netze brauchen mit gegen Null abnehmendem maximalen Dreiecksdurchmesser nicht zu konvergieren. In der Tat können die Netzinhalte z. B. beliebig groß werden: Man schreibe nur, was stets möglich ist, bei beliebig klein vorgegebener oberer Schranke für die Durchmesser der Netzdreiecke, diese Dreiecke dem Flächenstück $F$ derart ein, daß die Ebenen aller dieser Dreiecke nahezu senkrecht auf den Zylindererzeugenden (d. h. hier auf der $x$-Achse) stehen. Damit die Netzinhalte konvergieren und zwar gegen den „richtigen" Wert $3^{-1} 4\pi$, muß man daher den (dem $F$ eingeschriebenen) Dreiecksnetzen zusätzliche Bedingungen auferlegen und zwar – wie unsere Betrachtung lehrt – derart, daß die Projektionen der Netzdreiecke auf die $x, y$-Ebene nicht zu „flach" ausfallen. Im Folgenden werden wir, und zwar allgemein im Falle beliebiger $k$, $n$ (mit $k \leqq n$), mit einer entsprechenden Flachheitsbeschränkung arbeiten und, zwecks Vermeidung topologischer Komplikationen nur dehnungsbeschränkte Bilder von $k$-dimensionalen Simplizes, allgemeiner Hyperpolyedern (vgl. 6.5.2.) betrachten.

### 6.5.1. Hilfsmittel aus der Geometrie des $\mathbb{R}^n$.

**6.5.1.1.** Im $\mathbb{R}^n$ der Punkte $x = (\xi_1, \ldots, \xi_n)$ verstehen wir, wenn $k \leqq n$, unter einem **$k$-Simplex** $S = S(x_0, \ldots, x_k)$ die abgeschlossene konvexe Hülle der Punktmenge $\{x_0, \ldots, x_k\}$; die $x_0, \ldots, x_k$ heißen die Ecken von $S$ (in I., 1.2.4. war der Begriff des Simplex nur für linear unabhängige $x_0, \ldots, x_k$ erklärt). $S$ wird als **ausgeartet** bzw. als **nichtausgeartet** bezeichnet, je nachdem die Ecken affin abhängig bzw. unabhängig sind, d.h. je nachdem die Gramsche Determinante $G$ der Differenzvektoren $x_1 - x_0, \ldots, x_k - x_0$ verschwindet oder nicht (II., 1.4.2.).

**6.5.1.2.** Im Falle $k = n$ ist $G = (\det(x_1 - x_0, \ldots, x_n - x_0))^2$; es heißt dann $J(S) := (n!)^{-1} \det(x_1 - x_0, \ldots, x_n - x_0)$ der orientierte ($n$-dimensionale) Inhalt oder $n$-Volumen des $n$-Simplex $S$ (II., 1.4.7.), ferner heißt $|J(S)|$ der Inhalt (schlechthin) von $S$, auch absolutes $n$-Volumen; $|J(S)|$ ist unabhängig von der Reihenfolge der $x_0, \ldots, x_n$, d.h. von der Orientierung des $S$. Bezeichnet $h_S$ die kleinste Höhe und $d_S$ den Durchmesser von $S$, so ergibt sich durch Induktion $|J(S)| \leqq (n!)^{-1} d_S^{n-1} h_S$. Wir nennen nun $Q := |n! J(S)|^{-1} d_S^n$ das **Flachheitsmaß** von $S$; denn $Q \leqq Q_0$ besagt, daß $Q_0^{-1} \leqq h_S d_S^{-1}$.

**6.5.1.3.** Für $k$-Simplizes $S$ im $\mathbb{R}^n$ gilt (vgl. II., 1.4.7.) mit $1 \leqq k \leqq n$

**1. Satz.** Von den Projektionsinhalten im euklidischen $\mathbb{R}^n$.

Voraussetzung. *Es sei $S = S(x_0, \ldots, x_k)$ ein $k$-Simplex im $\mathbb{R}^n$ mit den Ecken $x_\kappa = (\xi_{\kappa 1}, \ldots, \xi_{\kappa n})$, $\kappa = 0, 1, \ldots, k$. Ferner bezeichne $p(S; j_1, \ldots, j_k)$ mit $1 \leqq j_1 < \ldots < j_k \leqq n$ die (orthogonale) Projektion von $S$ auf diejenige $k$-dimensionale Koordinatenebene, welche von den Achsen $e_{j_1}, \ldots, e_{j_k}$ im $\mathbb{R}^n$ aufgespannt wird; es ist $p(S; j_1, \ldots, j_k)$ ein $k$-Simplex.*

Behauptung. $(J(S))^2 - \sum_{j_1 < \ldots < j_k} (J(p(S; j_1, \ldots, k_k)))^2 = (k!)^{-2} G$, *wobei die Summation zu erstrecken ist über alle $\binom{n}{k}$ Kombinationen der $j_1, \ldots, j_k$, wobei $G$ die Gramsche Determinante der $x_1 - x_0, \ldots, x_k - x_0$ und $S(p(S; j_1, \ldots, j_k)) = (k!)^{-1} \det(\xi_{\varrho j_1} - \xi_{0 j_1}, \ldots, \xi_{\varrho j_k} - \xi_{0 j_k})_k^{\varrho = 1}$ den orientierten $k$-Inhalt des Projektionssimplexes $p(S; j_1, \ldots, k_k)$ bezeichnet.*

Anmerkung. Im Fall $J(S) \neq 0$ bedeutet die Festlegung des Vorzeichens von $J(S)$, etwa auf $J(S) > 0$, daß der von $S$ aufgespannten $k$-Ebene $E_k \subset \mathbb{R}^n$ eine Orientierung aufgeprägt wird, welche mit der von $S$ verträglich ist (mit ihr übereinstimmt). Die Quotienten $J(p(S; j_1, \ldots, j_k)) : J(S)$ können dann als die (Richtungs- oder) Stellungskosinus der orientierten $E_k$ gegenüber den betreffenden orientierten $k$-dimensionalen Koordinatenebenen des $\mathbb{R}^n$ geometrisch gedeutet werden; tatsächlich hat jeder dieser Quotienten den gleichen Wert für jedes mit $S$ gleich orientierte $k$-Simplex $S' \subset E_k$.
Mit den vorstehend gebrauchten Bezeichnungen gilt weiter der

**2. Satz.** Von der affinen Volumverzerrung (vgl. II., 3.11. und 1.4.2.).

Voraussetzung. *Es sei $h: \mathbb{R}^k \longrightarrow \mathbb{R}^n$ eine affine Abbildung des $\mathbb{R}^k$ der $y = (\eta_1, \ldots, \eta_k)$*

*in den* $\mathbb{R}^n$ *der* $x=(\xi_1,\dots,\xi_n)$; *ferner sei* $S:=S(y_0,\dots,y_k)$ *ein k-Simplex im* $\mathbb{R}^k$ *und* $h(S):=S(h(y_1),\dots,h(y_k))$ *das Bild-k-Simplex bei h von S im* $\mathbb{R}^n$.

Behauptung. (I). $J(p(h(S);j_1,\dots,j_k))=\dfrac{\partial(h_{j_1},\dots,h_{j_k})}{\partial(\eta_1,\dots,\eta_k)}\,J(S)$, *wobei* $J(S)=(n!)^{-1}\det(y_1-y_0,\dots,y_k-y_0)$.

(II). *Das Quadrat der affinen Volumverzerrung* $J(h(S)):J(S)$ *ist gleich der Summe der Quadrate der Volumverzerrungen* $J(p(h(S);j_1,\dots,j_k)):J(S)$.

**6.5.2. Definition.** Unter einem (*n*-)**Hyperpolyeder** $P\subset\mathbb{R}^n$, $n\geqq 2$, werde verstanden jede Vereinigung von endlich vielen *n*-Simplizes, etwa $S'_1,\dots,S'_k$, derart, daß $S'_\kappa\cap S'_\tau$ für $\kappa\neq\tau$, $1\leqq\kappa,\tau\leqq k$, ein $\mu$-Randsimplex sowohl von $S'_\kappa$ als von $S'_\tau$ ist, $0\leqq\mu\leqq n-1$. Jedes solche *k*-tupel $(S'_1,\dots,S'_k)=:\mathfrak{Z}$ werde als eine **Triangulation** oder **Triangulierung** (auch als simpliziale Zerlegung) von *P* bezeichnet. Jede 0-Seite, auch Ecke oder Eckpunkt, eines Simplex aus einer Triangulation $\mathfrak{Z}$ heißt auch **Ecke** von $\mathfrak{Z}$. Eine Folge $(\mathfrak{Z}_r)_r$ von Triangulationen wird als eine **Approximationsfolge**, kürzer *A*-Folge **für** oder **von** *P* bezeichnet, wenn das Maximum der Durchmesser der (endlich vielen) Simplizes aus $\mathfrak{Z}_r$ für $r\rightsquigarrow+\infty$ gegen Null geht. Die *A*-Folge heißt **ordentlich**, wenn die Menge der Flachheitsmaße aller Simplexe *S* aus allen $Z_r$ der Folge beschränkt ist, wenn also ein $C>0$ existiert mit $Cd_S^n<|J(S)|$ für alle diese *S*.

Bemerkung. (1). Von einer *A*-Folge wird *nicht* gefordert, daß $\mathfrak{Z}_{r+1}$ für jedes *r* Verfeinerung von $\mathfrak{Z}_r$ ist. – (2). Einfachste Beispiele von Hyperpolyedern: Der Würfel, allgemeiner jeder Durchschnitt von endlich vielen Halbräumen des $\mathbb{R}^n$ (der nicht leer ist (konvexes Hyperpolyeder)).

**6.5.2.1. Satz.** *Zu jedem Hyperpolyeder (im* $\mathbb{R}^n$*) existieren ordentliche Approximationsfolgen* $(n\geqq 2)$.

Beweis. Es genügt, den Satz für das einzelne Simplex zu beweisen, also zum *n*-Simplex *S* eine ordentliche *A*-Folge von Triangulationen des *S* zu konstruieren. Eine solche Konstruktion ist die folgende: Vorausgesetzt wird, daß alle auftretenden Simplizes abgeschlossen sind.

(I). Vorbemerkung. Sind $x_1,\dots,x_{n+1}$ die $(n+1)$ Ecken (0-Seiten) von *S*, so ist der Durchmesser $d(S)$ von *S* kleiner als das doppelte Maximum der (Maßzahlen der) Längen der 1-Seiten von *S*, d.h. etwa der Strecken $(x_1,x_\mu)$, $1\neq\mu$, mit den Endpunkten $x_1,x_\mu$. (Ist nämlich die Länge $s_1$ von (o.B.d.A.) $(x_1,x_2)$ maximal, so ist *S* enthalten in der Kugel mit $x_1$ als Zentrum und $s_1$ als Radius. Es genügt also, daß bei unserer Konstruktion (neben der Beschränktheit der Flachheitsmaße) die maximale Seitenlänge der Simplizes aus $\mathfrak{Z}_r$ mit $r\rightsquigarrow+\infty$ gegen Null geht.

(II) Nun sei $H_\nu$ diejenige $(n-1)$-Ebene, welche aufgespannt wird durch die Mittelpunkte

der $n$ Kanten (1-Seiten) von $S$, welche die Ecke $x_\nu$ gemeinsam haben ($1 \leqq \nu \leqq n+1$). Weiter sei $H_\nu^+$ bzw. $H_\nu^-$ derjenige, von $H_\nu$ begrenzte, $n$-dimensionale, abgeschlossene ($n$-dimensionale) Halbraum des $\mathbb{R}^n$, in dessen Innerem $x_\upsilon$ liegt bzw. nicht liegt. Dann ist $S \cap H_\upsilon^+$ ein (abgeschlossenes) zu $S$ ähnliches Simplex $S_\upsilon$ mit $d(S_\upsilon) = 2^{-1} d(S)$ und $|J(S_\upsilon)| = 2^{-n}|J(S)|$. Außer diesen $S_1, \ldots, S_{n+1}$, haben wir noch ein Simplex $S_{n+2} = \bigcap_{\nu=1}^{\upsilon+1} H_\nu^- = S \backslash (S_1 \cup \ldots \cup S_{n+1})$ mit $d(S_{n+2}) = 2^{-1} d(S)$ und $|J(S_{n+2})| = \alpha |J(S)|$, wobei $\alpha = 1 - (n+1)2^{-n} \geqq 2^{-n}$ (Gleichheitszeichen nur für $n = 2$; dies folgt aus $2^n = (1+1)^n = 1 + n + \ldots + 1 \geqq n+2$). Somit ist $\mathfrak{Z}_1 = (S_1, \ldots, S_{n+2})$ eine Triangulation von $S$ mit $\bar{Q}(\mathfrak{Z}_1) := \min\{|J(S_\nu)|(d(S_\nu))^{-n};\ \nu = 1, \ldots, n+2\} = |J(S)|(d(S))^{-n}$.
(III). Fortsetzung, d. h. entsprechende Triangulation der $S_1, \ldots, S_{n+2}$, liefert eine Triangulation von $S$ mit den entsprechenden Eigenschaften wie $\mathfrak{Z}_1$, usw.

### 6.5.3. Simpliziale Approximation reeller Funktionen.

Es sei $P$ ein Hyperpolyeder im $\mathbb{R}^n$ und $\mathfrak{Z}$ eine simpeiziale Zerlegung von $P$; ferner sei $f: P \longrightarrow \mathbb{R}$. Wir erklären als die zu $\mathfrak{Z}$ gehörige simpliziale Approximation $f(.\,; \mathfrak{Z})$ die reelle, „stückweise lineare“ Funktion ($x \longmapsto f(x; \mathfrak{Z}) \in \mathbb{R}$), $x \in P$, gemäß der Definition: Ist $S = S(x_0, \ldots, x_n)$ ein Simplex aus $\mathfrak{Z}$ und $x \in S$, also $x = \sum_{\nu=0}^{n} \alpha_\nu \xi_\nu$ mit $\alpha_\nu \geqq 0$ und $\sum_\nu \alpha_\nu = 1$, so sei $f(x; \mathfrak{Z}) := \sum_\nu \alpha_\nu f(x_\nu)$; speziell ist also $f(x_\nu; \mathfrak{Z}) = f(x_\nu)$. Durch $\mathfrak{Z}$ und $f$ ist $f(.\,; \mathfrak{Z})$ eindeutig bestimmt. Ist $(\mathfrak{Z}_j)_j$ eine ordentliche $A$-Folge für $P$, so heißt die Folge der zugehörigen Approximationen $f(.\,; \mathfrak{Z}_j)$ ebenfalls ordentlich. Es gilt der

**Approximationssatz.** Voraussetzung. *Es sei $f: P \longrightarrow \mathbb{R}$, ferner $(\mathfrak{Z}_j)_j$ eine $A$-Folge simplizialer Zerlegungen des konvexen Hyperpolyeders $P$ im $\mathbb{R}^n$.*

Behauptung. (1). *Ist $f$ stetig in $y \in P$, so ist $f(y) = \lim_j f(y; \mathfrak{Z}_j)$. Ist $f$ stetig in $P$, so ist die Konvergenz von $f(.\,; \mathfrak{Z}_j)$ gegen $f$ gleichmäßig in $P$.* – (2) *Ist $(\mathfrak{Z}_j)_j$ ordentlich und ist $f$ differenzierbar im inneren Punkt $z$ von $P$, so konvergiert die Ableitung $(\partial f(.\,; \mathfrak{Z}_j)/\partial \mathfrak{s})_z$ von $f(.\,; \mathfrak{Z}_j)$ in $z$ in der (beliebigen) Richtung $\mathfrak{s}$ mit $j \rightsquigarrow +\infty$ gegen $(\partial f/\partial \mathfrak{s})_z$.* – (3). *Ist $(\mathfrak{Z}_j)_j$ ordentlich und ist $f$ dehnungsbeschränkt auf $P$, so sind die $f(.\,; \mathfrak{Z}_j)$* gleichgradig dehnungsbeschränkt *auf $P$, d. h. alle $f(.\,; \mathfrak{Z}_j)$ sind dehnungsbeschränkt auf $P$ und besitzen eine gemeinsame Dehnungsschranke.*

Beweis. *Betr.* (1). Zu jedem $y \in P$ gibt es für jedes $j$ (mindestens) ein $S = S(x_0, \ldots, x_n) \in \mathfrak{Z}_j$ mit $y \in S$; dabei ist $m := \min\{f(x_\nu) : \nu = 0, \ldots, n\} \leqq f(y; \mathfrak{Z}_j) \leqq \max\{f(x_\nu) : \nu = 0, \ldots, n\} =: M$. Wegen der Stetigkeit von $f$ in $y$ existiert zu vorgegebenem $\varepsilon > 0$ ein $\delta > 0$ derart, daß $|f(x) - f(y)| < \varepsilon$ für alle $x \in P$ mit $|x - y| < \delta$. Sobald daher das Maximum der Durchmesser aller Simplizes von $\mathfrak{Z}_j$ kleiner ist als $\delta$, gilt $|f(y; \mathfrak{Z}_j) - f(y)| \varepsilon$ wegen $|f(y) - m| < \varepsilon$ und $|f(y) - M| \varepsilon$. Und im Falle der Stetigkeit von $f$ in $P$ haben wir wegen der Kompaktheit von $P$ sogar gleichmäßige Stetigkeit von $f$ in $P$, sodaß das obige $\delta$ von $y$ unabhängig wählbar ist.

*Betr.* (2). – (**A**). Es sei $e = e(\mathfrak{s})$ der Einheitsvektor der Richtung $\mathfrak{s}$. Nach Annahme gibt es zu jedem $j$ ein Simplex $S_j = S(x_{j0}, \ldots, x_{jn}) \in \mathfrak{Z}_j$ sowie ein $\gamma_j > 0$ derart, daß $z \in S_j$ und $x' = z + \gamma_j e \in S_j$, wobei $\gamma_j \rightsquigarrow 0$ für $j \rightsquigarrow +\infty$. – Zur Vereinfachung lassen wir von jetzt ab in $S_j, x_{j\nu}, \gamma_j$ den Index $j$ weg. Dann ist $z = \alpha_0 x_0 + \ldots + \alpha_n x_n$ mit $\alpha_\nu \geqq 0$ und $\sum_\nu \alpha_\nu = 1$, ferner $x' = \sum_\nu \alpha'_\nu x_\nu$, $\alpha'_\nu \geqq 0$ und $\sum_\nu \alpha'_\nu = 1$; daher ist $\gamma e = x' - z = \sum_\nu \beta'_\nu x_\nu$ mit $\sum_\nu \beta'_\nu = 0$. Weil $|\gamma| = |x' - z| \neq 0$, gilt für $\beta_\nu := \beta'_\nu \gamma^{-1}$

$$e = \beta_0 x_0 + \ldots + \beta_n x_n \quad \text{mit} \quad \sum_\nu \beta_\nu = 0.$$

Aus diesen $(n+1)$ Gleichungen, linear in den reellen $\beta_\nu$, ergibt sich für $\nu \neq 0$ nach der Cramerschen Regel das $\beta_\nu$ als Quotient von $\det(x_1 - x_0, \ldots, x_{\nu-1} - x_0, e, x_{\nu+1} - x_0, \ldots, x_n - x_0)$ und $\det(x_1 - x_0, \ldots, x_n - x_0)$. Die erste Determinante, der Zähler, ist absolut nicht größer als das $n!$-fache des Produktes der Beträge der einzelnen Vektoren (weil die Determinante Summe ist von $n!$ Produkten aus je $n$ Komponenten der Vektoren), also $\leqq n!\, d^{n-1}$ (wegen $|e| = 1$), wobei $d$ zu $\mathfrak{Z}_j$ gehört (vgl. die Def. d. $A$-Folge); die zweite Determinante ist $n!\, J(S)$, also absolut $\geqq n!\, C d^n$ wegen der Flachheitsbeschränkung. Mithin $|\beta_\nu| \leqq C^{-1} d^{-1}$, zunächst für $1 \leqq \nu \leqq n$; die Abschätzung gilt aber auch für $\beta_0$, wie eine entsprechende Betrachtung der Zählerdeterminante für $\nu = 0$ lehrt.
(**B**) Weil $f$ in $z$ differenzierbar ist, gilt $\gamma^{-1}(f(x') - f(z)) = e.\operatorname{grad} f(z) + \eta$ mit $\eta \rightsquigarrow 0$ für $\gamma \rightsquigarrow 0$, also für $j \rightsquigarrow +\infty$; dabei ist $e.\operatorname{grad} f(z) = \partial f/\partial \mathfrak{s})_z$. Wegen der stückweisen Linearität von $f(\,.\,; \mathfrak{Z}_j)$ bzw. wegen $\sum_\nu \beta_\nu = 0$ ist andererseits $e.\operatorname{grad} f(z; \mathfrak{Z}_j) = (f(x'; \mathfrak{Z}_j) - f(z; \mathfrak{Z}_j))\gamma^{-1} = \sum_\nu \beta_\nu f(x_\nu) = \sum_\nu \beta_\nu (f(x_\nu) - f(z)) = \sum_\nu \beta_\nu ((x_\nu - z).\operatorname{grad} f(z) + |x_\nu - z| \eta_\nu)$ $= e.\operatorname{grad} f(z) + \theta$ mit $\theta = \sum_\nu \beta_\nu |x_\nu - z| \eta_\nu$, wobei $\eta_\nu \rightsquigarrow 0$ für $j \rightsquigarrow +\infty$. Wegen $|x_\nu - z| \leqq d$ und $|\beta_\nu| \leqq C^{-1} d^{-1}$ folgt $|\theta| \leqq C^{-1}(\sum_\nu |\eta_\nu|)$, also $\theta \rightsquigarrow 0$ für $j \rightsquigarrow +\infty$, d.h. $e.\operatorname{grad} f(z; \mathfrak{Z}_j) \sim e.\operatorname{grad} f(z)$ für $j \rightsquigarrow +\infty$.
*Betr.* (3). Es sei $Q$ Dehnungsschranke von $f: P \rightarrowtail \mathbb{R}$, also $|f(x') - f(x'')| \leqq Q.|x' - x''|$ für $x', x'' \in P$, wobei o.B.d.A. $x' \neq x''$.

B e h a u p t u n g. Für jedes $j$ gilt $|f(x'; \mathfrak{Z}_j) - f(x''; \mathfrak{Z}_j)| \leqq Q'.|x' - x''|$, wobei $Q' = Q(n+1)C^{-1}$ (betr. $C$ vgl. Betr. (2), (A)).

B e w e i s. Zunächst mögen $x', x''$ im gleichen Simplex $S = S(x_0, \ldots, x_n) \in \mathfrak{Z}_j$ liegen. Dann ist $x' = \sum_\nu \alpha'_\nu x_\nu$, $x'' = \sum_\nu \alpha''_\nu x_\nu$, also $x' - x'' = \sum_\nu \beta''_\nu x_\nu$ mit $\sum_\nu \beta''_\nu = 0$. Für $\beta_\nu := \beta''_\nu : |x' - x''|$, $\nu = 0, \ldots, n$, gilt dann $|\beta_\nu| \leqslant C^{-1} d^{-1}$, wenn $d$ der Durchmesser von $S$ ist. Folglich $|f(x'; \mathfrak{Z}_j) - f(x''; \mathfrak{Z}_j)| \leqq |\sum_\nu \beta_\nu (f(x_\nu) - f(x''))| \cdot |x' - x''| \leqq Q. \ (\sum_\nu |\beta_\nu| \cdot |x_\nu - x''|) \cdot |x' - x''| \leqq Q' |x' - x''|$, weil $|x_\nu - x''| \leqq d$. – Liegen aber $x', x''$ in verschiedenen Simplizes von $\mathfrak{Z}_j$, so ist $S(x', x'')$ Vereinigung von endlich vielen Strecken $S(x'_{\tau-1}, x'_\tau)$, $\tau = 1, \ldots, t$, mit $x'_0 = x'$, $x'_t = x''$, deren jede in einem Simplex von $\mathfrak{Z}_j$ liegt. Nach obigem ist somit $|f(x'; \mathfrak{Z}_j) - f(x''; \mathfrak{Z}_j)| = |\sum_\tau (f(x'_{\tau-1}; \mathfrak{Z}_j) - f(x'_\tau; \mathfrak{Z}_j))| \leqq Q' \cdot (\sum_\tau |x'_{\tau-1} - x'_\tau|) = Q' \cdot |x' - x''|$.

A n m e r k u n g. Der vorstehende Approximationssatz gilt auch für *nichtkonvexe Hyper-*

*polyeder.* – Um dies einzusehen, hat man den Beweisteil Betr. (3), in welchem für alle $f(.\,;\mathfrak{Z}_j)$ eine gemeinsame, für ganz $P$ gültige Dehnungsschranke zu bestimmen ist, geeignet zu ergänzen. Da für unsere Zwecke der Fall konvexer $P$ allein in Betracht kommt, können besagte Ergänzungen hier unerwähnt bleiben.

### 6.5.4. Approximationssatz für Abbildungen $F: P \longrightarrow \mathbb{R}^m$, $P \subset \mathbb{R}^k$, $1 \leqq k \leqq m$.

Die *Definition der simplizialen Approximation sowie der Approximationssatz* übertragen sich ohne weiteres auf Abbildungen bzw. dehnungsbeschränkte Abbildungen $F := (x \longmapsto F(x) := (f_1(x), \ldots, f_m(x)) \in \mathbb{R}^m)$, $x \in P$, von $k$-dimensionalen Hyperpolyedern $P \subset \mathbb{R}^k$ in einen $\mathbb{R}^m$ der $y = (\eta_1, \ldots, \eta_m)$, $k \leqq m$. Man braucht als simpliziale Approximation von $F$ nur zu erklären: Ist $x = \sum_{\kappa=0}^{k} \alpha_\kappa x_\kappa \in S(x_0, \ldots, x_k) \in \mathfrak{Z}$, so sei $F(.\,;\mathfrak{Z}) := (x \longmapsto F(x;\mathfrak{Z}) := \sum_\kappa \alpha_\kappa F(x_\kappa))$, ferner die Differenzierbarkeit in $z$ bzw. die Dehnungsbeschränktheit von $F$ als gleichbedeutend zu definieren mit der Differenzierbarkeit in $z$ aller Komponenten von $F$ bzw. der Dehnungsbeschränktheit aller Komponenten, schließlich die (ev. gleichmäßige) Konvergenz einer Folge $(F_r)_r$ als gleichbedeutend mit der (ev. gleichmäßigen) Konvergenz der Folgen der einzelnen Komponenten der $F_r$.

Zwei Standpunkte können bei der Approximation einer Abbildung $F = (f_1, \ldots, f_m)$ eingenommen werden: I. der *analytische*: Man betrachtet die gleichzeitige simpliziale Approximation des Funktionensystems $(f_1, \ldots, f_m)$ durch das System $(f_1(.\,;\mathfrak{Z}), \ldots, f_m(.\,;\mathfrak{Z}))$; oder II. der *geometrische*: Man betrachtet $F: P \longrightarrow \mathbb{R}^m$ als Parameterdarstellung der Bildmenge $F(P)$ und dementsprechend $\{F(.\,;\mathfrak{Z})|S : S \in \mathfrak{Z}\}$ als die Darstellung einer „simplizialen Approximation" der Punktmenge $F(P)$ durch das „Netz der einbeschriebenen Simplizes" $(S;\mathfrak{Z})$, $S \in \mathfrak{Z}$.

#### 6.5.4.1. *Dehnungsbeschränkte Abbildungen, k-dimensionales Oberflächenmaß.*

Die dehnungsbeschränkte Abbildung $F := (y \longmapsto x = F(y) = (f_1(y), \ldots, f_n(y)) \in \mathbb{R}^n$, $y \in P$, des Hyperpolyeders $P \subset \mathbb{R}^k$ in den $\mathbb{R}^n$ der $x = (\xi_1, \ldots, \xi_n)$ werde betrachtet als eine Parameterdarstellung des Bildes $F_k := F(P)$, der „Fläche $F_k$" (vgl. die Bemerkung am Schluß von 6.5.4.). Da die $f_\nu$ $\lambda^k$-fast überall differenzierbar sind (6.4.0.), hat man für $\lambda^k$-fast alle $y_0 = (\eta_{01}, \ldots, \eta_{0k})$ in leicht verständlicher Zusammenfassung der Formeln für die einzelnen Komponenten $\xi_\nu$ bzw. $f_\nu$

$$(1) \qquad x - x_0 = (y - y_0) \operatorname{grad} F(y_0) + r \quad \text{mit} \quad r \in o(|y - y_0|)\,;$$

dabei ist grad $F(y_0)$ vektorielle Schreibweise für die Funktionalmatrix von $F$. Die zu $y_0$ gehörige affine Abbildung ist demgemäß

$$(\bar{1}) \qquad \bar{x} - x_0 = (y - y_0) \operatorname{grad} F(y_0)\,.$$

Die Volumverzerrung von (1) wird durch 6.5.1.3., Satz 2., geliefert; wir bezeichnen sie auch als die (punktale) Volumverzerrung von (1) in $y_0$. Da die partiellen Ableitungen der Komponenten $f_\nu$ von $F$ $\lambda^k$-fast überall existieren, sowie beschränkt und $\lambda^k$-meßbar sind, da ferner $\lambda^k(P) < +\infty$, so existiert für jedes $\lambda^k$-meßbare $Q^* \subset P$

$$(O_k^*) \qquad O_k^*(Q^*) = \int_{Q^*} \Omega(y)\,d\lambda^k\,,$$

wobei

$$\Omega(y) := \left(\sum_{j_1 < \ldots < j_k} \left(\frac{\partial(f_{j_1}, \ldots, f_{j_k})}{\partial(\eta_1, \ldots, \eta_k)}\right)^2\right)^{1/2} \geqq 0$$

für jedes $y$, in welchem die fraglichen partiellen Ableitungen existieren, und sonst $= 0$ (vgl. auch II., 1.4.2.).

Für sogar injektives $F$ ist (Bew.!) das $F$-Bild der $\sigma$-Algebra der $\lambda^k$-meßbaren Mengen $Q^* \subset P$ selbst eine $\sigma$-Algebra in $F_k$. Setzt man

$$O_k(Q) = O_k^*(Q^*)\,, \quad \text{wobei} \quad Q := F(Q^*)\,,$$

so liefert $O_k$ ein Maß auf $F_k$. Wir bezeichnen $O_k$ als ein $k$-**dimensionales (Oberflächen)Maß** auf $F_k$.
Ist $F$ injektiv, so folgt aus 4.5.2., daß für jede $O_k$-integrierbare Funktion $g|F_k$ die Funktion $g(F)\Omega$ $\lambda^k$-integrierbar ist mit

$$(\mathrm{J}) \qquad \int_{F_k} g\,dO_k = \int_P g(F(y))\,\Omega(y)\,d\lambda^k\,.$$

Aber auch dann, wenn $F$ nicht injektiv ist, halten wir an den eben eingeführten Bezeichnungen fest, nennen $g|F_k$ $O_k$-integrierbar, falls $g(F)\Omega$ $\lambda^k$-integrierbar ist, und definieren $\int_{F_k} g\,dO_k$ gemäß (J). Hierzu berechtigt die Tatsache, daß das Maß $O_k$ invariant ist gegenüber injektiven, dehnungsbeschränkten Transformationen des „Parameters" $y$ (vgl. 4.5.1.).

Anmerkung. Ist $F$ z.B. stetig differenzierbar und $Q^*$ Jordan-meßbar, so wird das Integral in $(O_k^*)$ ein Riemannsches.

**6.5.4.2.** Die soeben festgestellte Parameterinvarianz von $O_k$ ergibt sich auch aus einer geometrischen Kennzeichnung mittels der dem $F_k$ eingeschriebenen Simplexnetze, genauer aus dem

**Satz.** Voraussetzung. (1) *Es sei $P$ irgendein Hyperpolyeder im $\mathbb{R}^k$ der $y = (\eta_1, \ldots, \eta_k)$. Ferner sei $(\mathfrak{Z}_j)_j$ eine ordentliche Folge simplizialer Zerlegungen $\mathfrak{Z}_j$ von $P$.* – (2) *Sei $F$: $P \longrightarrow \mathbb{R}^n$ mit $F := (y \longmapsto F(y) = (f_1(y), \ldots, f_n(y)) \in \mathbb{R}^n)$ dehnungsbeschränkt.*

Behauptung. *Das Oberflächenmaß $O_k(F_k)$ von $F_k := F(P)$ ist Limes der Summe der Inhalte der Simplizes des dem $F_k$ eingeschriebenen Simplexnetzes $\mathfrak{Z}'_j$ mit $\mathfrak{Z}'_j = \mathfrak{Z}_j(F_k)$ für $j \rightsquigarrow +\infty$.*

Beweis. Aus Additivitätsgründen genügt es, den Satz für die einzelnen Simplizes von $\mathfrak{Z}'_j$ zu beweisen, o.B.d.A. sei also $P$ selbst ein Simplex. Gemäß dem Approximationssatz, Beh. (3), (vgl. 6.5.3.) sind die $f_\nu(\,.\,;\mathfrak{Z}_j)$ dehnungsbeschränkt auf $P$ und zwar gleichgradig bezüglich $j$; daher sind die $\lambda^k$-fast überall in $P$ vorhandenen partiellen Ableitungen von $f_\nu(\,.\,;\mathfrak{Z}_j)$ beschränkt und zwar gleichgradig bezüglich $j$. Außerdem sind diese Ableitungen $\lambda^k$-meßbar und es ist $\lambda^k(P) < +\infty$. Daraus folgt: Erstens. Für die Summe der Inhalte der Simplizes von $\mathfrak{Z}'_j$ gilt eine Integraldarstellung, welche aus $(O^*_k)$ hervorgeht, indem man $Q^*$ durch $P$ ersetzt und die $f_\nu$ durch die $f_\nu(\,.\,;\mathfrak{Z})$. – Zweitens. Diese dem $F(\,.\,;\mathfrak{Z}_j) = (f_1(\,.\,;\mathfrak{Z}_j), \ldots, f_n(\,.\,;\mathfrak{Z}_j))$ entsprechenden Integranden sind gleichgradig beschränkt bezüglich $j$. – Drittens. In $P$ konvergieren $\lambda^k$-fast überall die partiellen Ableitungen der $f_\nu(\,.\,;\mathfrak{Z}_j)$ und damit auch die zugehörigen Integranden in $(O^*_k)$ gegen die entsprechenden Ableitungen der $f_\nu$ bzw. gegen den zu $F$ gehörigen Integranden in $(O^*_k)$. Gemäß 3.4., Satz 2., folgt die Beh. 3.2.2.4.

### 6.5.5. Elementarflächenstücke.

Zwecks späterer Anwendung führen wir ein die

**Definition.** Unter einem $k$-dimensionalen Elementarflächenstück $F_k$ im $\mathbb{R}^n$, $1 \leqq k \leqq n$, werde verstanden ein im $\mathbb{R}^n$ gelegenes, injektives, umkehrbar dehnungsbeschränktes Bild eines (abgeschlossenen) Hyperpolyeders $P$ im $\mathbb{R}^k$. – Die im 8.3.3. betrachteten $n$-Flächen sind Spezialfälle (mit $n$ statt $k$ und $m$ statt $n$).
In Ergänzung zu 4.5.2., Satz 3., sei bemerkt:

**1. Satz.** Voraussetzung. *Es sei das k-dimensionale Elementarflächenstück $F_k$ vermöge $f := (y \longmapsto x := f(y) := (f_1(y), \ldots, f_n(y)))$, $y \in P$, $x \in \mathbb{R}^n$, umkehrbar dehnungsbeschränktes Bild des (abgeschlossenen) Hyperpolyeders $P \subset \mathbb{R}^k$ der $y = (\eta_1, \ldots, \eta_k)$ in den $\mathbb{R}^n$ der $x = (\xi_1, \ldots, \xi_n)$.*

Behauptung. (1). *In jedem inneren Punkt von P, in welchem alle $f_1, \ldots, f_n$ differenzierbar sind, also $\lambda^k$-fast überall, gilt*

$$\Omega > 0, \quad wobei \quad \Omega := \left(\sum\nolimits_{j_1 < \ldots < j_k} \left(\frac{\partial(f_{j_1}, \ldots, f_{j_k})}{\partial(\eta_1, \ldots, \eta_k)}\right)^2\right)^{1/2}$$

(2) *Die Abbildung f ist umkehrbar nullmengentreu, d.h. f bzw. ihre Umkehrung $f^{[-1]}$ bildet $\lambda^k$-Nullmengen auf $\mathcal{O}_k$-Nullmengen ab bzw. umgekehrt.*

Beweis. *Betr.* (1). Indirekt. Es sei $y_0$ innerer Punkt von $P$, in welchem die $f_\nu$ differenzierbar sind und $\Omega = 0$ ist; o.B.d.A. darf für $y_0$ bzw. für $x_0 := f(y_0)$ je der Koordinatenursprung gewählt werden. Wegen $\Omega(0) = 0$ ist in $y = 0$ der Rang der Funktionalmatrix der $f_\nu$ nach den $\eta_\kappa$ kleiner als $k$; man kann daher im $\mathbb{R}^k$ zu neuen orthogonalen Koordinaten $(\zeta_1, \ldots, \zeta_k)$ mit dem gleichen Ursprung übergehen durch eine Transformation $g := (z \longmapsto y = g(z) = (g_1(z), \ldots, g_k(z)))$, wobei $z = (\zeta_1, \ldots, \zeta_k)$ und $g_\kappa(z) := \sum_{j=1}^{k} \alpha_{\kappa j}\zeta_j$ mit $\det(\alpha_{\kappa j}) \neq 0$ von folgender Art: Für $h_\nu := f_\nu \circ g$ gilt im Ursprung $z = 0$

$$\text{(A)} \qquad h_{\nu|\zeta_k}(0) = 0,\ \nu = 1, \ldots, n.$$

Wir setzen $h := (h_1, \ldots, h_n)$. Mit $f$ ist auch $h$ injektiv und umkehrbar dehnungsbeschränkt. Gemäß (A) gibt es $\beta_{\nu j}$ mit $h_\nu(z) = \sum_{j=1}^{k-1} \beta_{\nu j}\zeta_j + R$, wobei $R \in o(|z|)$. Für $z' := (0, \ldots, 0, \zeta'_k)$ mit $\zeta'_k \neq 0$, wird $|h(z')| \in o(|z'|)$ mit $|h(z')| > 0$ (Injektivität von $h$) und $|z'| \rightsquigarrow 0$ für $|h(z')| \rightsquigarrow 0$ (Stetigkeit von $h^{[-1]}$). Daher $|z' : h(z')| \rightsquigarrow +\infty$ für $|h(z')| \rightsquigarrow 0$ im Widerspruch zur Dehnungsbeschränktheit von $h^{[-1]}$.

*Betr.* (2). Da $\Omega$ $\lambda^k$-fast überall in $P$ beschränkt und positiv ist (vgl. Beh. (1)), da ferner $O_k(M) = \int_{M^*} \Omega\, d\lambda^k$ für jedes $\lambda^k$-meßbare $M^* \subset P$ und für $M := f(M^*)$, so sind $\lambda^k(M^*) = 0$ und $O_k(M) = 0$ gleichwertig; d. h. $f$ ist umkehrbar nullmengentreu.

Als Anwendung ergibt sich der

**2. Satz. Allgemeine Kettenregel.**

Voraussetzung. (1) *Wie im 1. Satz. –* (2) *Es sei V eine Umgebung von $F_k$ im $\mathbb{R}^n$ und $q := (q_1, \ldots, q_m) : V \longrightarrow \mathbb{R}^m$ mit $1 \leqq m \leqq k$ sei in $0_k$-fast allen Punkten $x = (\xi_1, \ldots, \xi_n) \in F_k$ differenzierbar nach x. Ferner sei $h := (h_1, \ldots, h_m)$ mit $h_\mu := q_\mu \circ f$, $\mu = 1, \ldots, m$.*

Behauptung. *Für alle $(i_1, \ldots, i_m)$ mit $1 \leqq i < \ldots < i_m \leqq k$ und $\lambda^k$-fast überall in P gilt*

$$\frac{\partial(h_1, \ldots, h_m)}{\partial(\eta_{i_1}, \ldots, \eta_{i_m})} = \sum \frac{\partial(q_1, \ldots, q_m)}{\partial(f_{j_1}, \ldots, f_{j_m})} \cdot \frac{\partial(\xi_{j_1}, \ldots, \xi_{jm})}{\partial(\eta_{i_1}, \ldots, \eta_{i_m})},$$

*die Summation rechterhand erstreckt über alle $(j_1, \ldots, j_m)$ mit $1 \leqq j_1 < \ldots < j_m \leqq n$.*

Beweis. Die Beh. ist richtig, wenn differenzierbar sind: in $y = (\eta_1, \ldots, \eta_k)$ alle $f_\nu$ nach den $\eta_\kappa$ und gleichzeitig in $x = f(y)$ alle $q_\mu$ nach den $\xi_\nu$; denn als dann gilt $h_{\mu|\kappa} = \sum_{\nu=1}^{n} q_{\mu|\xi_\nu} \cdot f_{\nu|\eta_\kappa}$, sodaß die Beh. aus der sogen. Lagrangeschen Identität der Determinantentheorie folgt. Die erwähnten Differenzierbarkeitsbedingungen sind aber wegen der umkehrbaren Nullmengentreue von $f$ $\lambda^k$-fast überall erfüllt.

## 6.6. Rektifizierbare Wege

In Ergänzung von I., 7.3.1.ff. und 9.7.15.5., sei noch einiges über rektifizierbare Wege gebracht. Vorausgeschickt werde

**6.6.1.** Gliedweise Differenzierbarkeit konvergenter Reihen (reeller) monotoner Funktionen.

**Hilfssatz.** Voraussetzung. In der Folge $(f_n)_n$ seien die Funktionen $f_n|J$ mit $J := [a; b]$ endlich und sämtlich isoton (bzw. sämtlich antiton). Außerdem sei $f_n(b) - f_n(a) \rightsquigarrow 0$ für $n \rightsquigarrow +\infty$.

Behauptung. Es existiert eine Teilfolge $(f_{n_r})_r$ von $(f_n)_n$ derart, daß $\lambda^1$-fast überall $\lim_r f_{n_r}'$ in $J$ existiert und gleich Null ist ($\lambda^1 \mid \mathfrak{L}^1$ das Lebesguesche Maß im $\mathbb{R}^1$).

Beweis (für den Fall isotoner $f_n$). Nach einer an $(f_n)_n$ vollzogenen Teilfolgenauswahl dürfen wir (ohne die Bezeichnung zu ändern) annehmen, daß die Folge der $\delta_n := f_n(b) - f_n(a) \geqq 0$ monoton nach Null strebt und zugleich $\sum_n \delta_n < +\infty$. Wegen $0 \leqq f_n(x) - f_n(a) \leqq \delta_n$ für alle $n$ und $x$ ist somit $F(x) := \sum_n (f_n(x) - f_n(a))$ gleichmäßig konvergent für $x \in J$ und $F$ stellt eine isotone Funktion dar. Da die $f_n$ und $F$ je bis auf eine $\lambda^1$-Nullmenge in $J$ eigentlich differenzierbar sind (I., 9.7.15.4.) so gibt es eine $\lambda^1$-Nullmenge $N$, so daß alle $f_n$ und $F$ in $J \setminus N$ eigentlich differenzierbar sind. Aus Monotoniegründen ist

$$\sum_{\nu=1}^{k} [xx'](f_\nu) \leqq [xx'](F)$$

für jedes $k$ und alle $x \in J$, somit für $x' \in J \setminus N$ (mit $x \rightsquigarrow x'$) $\sum_{\nu=1}^{k} f_\nu'(x') \leqq F'(x') < +\infty$, und damit für $k \rightsquigarrow +\infty$ schließlich $\sum_n f_n'(x') < +\infty$. Wegen $f_n'(x') \geqq 0$ folgt daraus $f_n'(x') \rightsquigarrow 0$ für $n \rightsquigarrow +\infty$ für $x' \in J \setminus N$.
Nun lautet der in der Überschrift von 6.6.1. angedeutete

**Satz.** Voraussetzung. (1) *Es sei* $J := [a; b]$ *und* $g_n|J$ *endlich und isoton,* $n = 1, 2, \ldots$ – (2). *Es konvergiere* $\sum_{n=1}^{\infty} g_n(x)$ *eigentlich für* $x = a$ *und* $x = b$. –

Behauptung. *Es konvergiert* $\sum_{n=1}^{\infty} g_n(x)$ *eigentlich und gleichmäßig in* $J$. – *Weiter gilt* $\lambda^1$-*fast überall in* $J$: *Es ist* $G := \sum_{n=1}^{\infty} g_n$ *eigentlich differenzierbar mit* $G' = \sum_{n=1}^{\infty} g_n'$.

**Zusatz.** Entsprechendes gilt bei Antitonie aller $g_n$.

Beweis. Aus (1) folgt

$$\sum_{\nu=n}^{m} g_\nu(a) \leqq \sum_{\nu=n}^{m} g_\nu(x) \leqq \sum_{\nu=n}^{m} g_\nu(b) \quad \text{für} \quad m \geqq n \quad \text{und} \quad x \in J$$

und hieraus mit (2) die gleichmäßige Konvergenz von $G := \sum_\nu g_\nu$ für alle $x \in J$. Insbesondere folgt daraus, daß $f_n := \sum_{\nu \geqq n} g_\nu$ endlich und isoton in $J$ und $f_n(b) - f_n(a) \rightsquigarrow 0$ für $n \rightsquigarrow +\infty$. Nach dem vorausgehenden Hilfssatz gibt es eine Teilfolge $(n_r)_r$ und eine $\lambda^1$-Nullmenge $N$, so daß für $x' \in J \setminus N$ jedes $f_{n_r}$, und bei geeigneter Wahl von $N$ auch jedes $g_\nu$ eigentlich differenzierbar ist, wobei $f_{n_r}'(x') \rightsquigarrow 0$ für $r \rightsquigarrow +\infty$. Aus $G = (\sum_{\nu=1}^{n-1} g_\nu) + f_n$ folgt zunächst $G'(x') = \sum_{\nu=1}^{n_r-1} g_\nu'(x') + f_{n_r}'(x')$, d.h. die Differenzierbarkeit von $G$ und somit auch die von allen $f_n$ mit

$$(+) \qquad G'(x') = \left(\sum_{\nu=1}^{n-1} g'_\nu(x')\right) + f_n{}'(x').$$

Wegen $g'_\nu(x') \geqq 0$ ist $(f_n{}'(x'))_n$ antiton, womit auch $f_n{}'(x') \rightsquigarrow 0$ für $n \rightsquigarrow +\infty$ und für alle $x' \in J \setminus N$. Aus $(+)$ folgt nun die Beh.

**6.6.2.** Differenzierbarket der Weglängenfunktion rektifizierbarer Wege im $\mathbb{R}^n$.

Betr. Bezeichnung. Man beachte den Unterschied zwischen der Weglängenfunktion $\lambda_w$ und dem Lebesgueschen Maß $\lambda^n$ (im $\mathbb{R}^n$).

**Definition** (a). Unter einem **Weg** $w$ im $\mathbb{R}^n$ verstehen wir jede stetige Abbildung $w: J \longrightarrow \mathbb{R}^n$ mit $(t \longmapsto w(t))$, wobei $t \in J := [a; b] \subset \mathbb{R}$. – (b) Der Weg $w$ heißt **rektifizierbar**, wenn die Längen der dem Wege $w$ „eingeschriebenen" Streckenzüge $S^+$ nach oben beschränkt sind, genauer: Ist $a := t_0 < t_1 \ldots < t_k := b$ eine „Einteilung" von $J$, so entspricht dieser der (orientierte) Streckenzug $S^+$ mit den aufeinander folgenden „Eckpunkten" $x_0 := w(t_0), x_1 := w(t_1), \ldots, x_k := w(t_k)$ und von der Länge $l(S^+) = |x_1 - x_0| + \ldots + |x_k - x_{k-1}|$. Als *rektifizierbar* wird $w$ bezeichnet, wenn $L(w|J) := \sup\{l(S^+): S^+$ dem $w$ eingeschr. Streckenzug$\} < +\infty$ gilt; es wird dann $L(w|J)$ als die (Weg-)**Länge** des Weges $w$ bezeichnet. – (c) Unter einem **Teilweg** $w_1$ von $w$ verstehen wir eine Restriktion $w|J_1$ von $w|J$ auf ein Teilintervall $J_1 := [a_1; b_1]$ von $J$. Mit $w$ ist auch jeder Teilweg $w_1$ rektifizierbar. Wir bezeichnen seine Länge mit $L(w|J_1)$ und dann speziell $(t \longmapsto \lambda_w(t) := L(w|[a; t])$ als die **Weglängenfunktion** $\lambda_w$ von $w$.
In Verallgemeinerung und Ergänzung von I., 7.3.1.–7.3.1.2. hat man den

**1. Satz.** (1). *Ist der Weg $w$ bezüglich eines kartesischen orthonormierten Koordinatensystems dargestellt durch $w = (\xi_1, \ldots, \xi_n)$ mit $\xi_\nu := (t \longmapsto \xi_\nu(t))$, $t \in J$, so ist $w$ rektifizierbar genau dann, wenn jedes der $\xi_\nu|J$ von endlicher Variation ist, $\nu = 1, \ldots, n$.* – (2) *Ist $w$ rektifizierbar, so ist jedes der $\xi_\nu|J$, also auch $w|J$ $\lambda^1$-fast überall eigentlich differenzierbar.* – (3) *Die Weglängenfunktion $\lambda_w: J \longrightarrow \mathbb{R}_0^+$ eines rektifizierbaren Weges $w$ ist stetig und isoton sowie $\lambda^1$-fast überall eigentlich differenzierbar.*

Anmerkung. Es ist $\lambda_w$ streng isoton genau dann, wenn $(t \longmapsto w(t))$ in keinem (Teil-) Intervall (von $J$) konstant ist.

Beweis. *Betr. Beh.* (1). Folgt aus $\sum_{\kappa=1}^k |\xi_\nu(t_\kappa) - \xi_\nu(t_{\kappa-1})| \leqq l(S^*) \leqq \sum_{\nu=1}^n (\sum_{\kappa=1}^k |\xi_\nu(t_\kappa) - \xi_\nu(t_{\kappa-1})|$ zusammen mit I., 7.3.1. – *Betr. Beh.* (2). Folgt aus I., 9.7.15.5., Satz 1., und aus Beh. (1). – *Betr. Beh.* (3). Folgt analog wie in I., 7.3.1.2.

Bemerkung. Die Weglängenfunktion $\lambda_w$ ist (a) unabhängig von der Wahl des (orthonormierten) Koordinatensystems im $\mathbb{R}^n$ und (b) invariant bei Transformation des Parameters $t$ im folgenden Sinne: Ist $t: J^+ \longrightarrow J$ eine stetige (nicht notwendig streng) isotone Abbildung des Intervalls $J^+$ auf $J$, so stellt $w^+ := w \circ t$ geometrisch den gleichen Weg dar

wie $w$ und $\lambda_w^+(t^+) := \lambda_w(t(t^+))$ für $f^+ \in J^+$. (Man beachte, daß die Konstanzintervalle von $t$ zwar kinematisch, nicht aber geometrisch von Bedeutung sind.)
Mit $i|\mathfrak{A}$ bezeichnen wir die Einengung des Borelschen Maßes $\beta^1|\mathfrak{B}^1$ im $\mathbb{R}^1$ auf die Algebra $\mathfrak{A}$, welche im $\mathbb{R}^1$ erzeugt ist vom System der offenen Intervalle und der einpunktigen Mengen. Gemäß Definition (c) ist durch die (isotone) Weglängenfunktion $\lambda_w|J$ eindeutig eine nicht-negative, additive Funktion $j|\mathfrak{A}$, also ein Inhalt, bestimmt, falls man etwa $j(J^+) := \lambda_w(t'') - \lambda_w(t')$ für $J^+ := (t'; t'')^+$ setzt und $j(A_1 \cup A_2) = j(A_2)$ für $A_1 \cap A_2 = \emptyset$.
Der *Weg* $w$ wird als ***i*-totalstetig** bezeichnet, wenn $j|\mathfrak{A}$ $i$-totalstetig ist, d.h. wenn zu jedem $\varepsilon > 0$ ein $\delta(\varepsilon) > 0$ existiert derart, daß für jedes $A \in \mathfrak{A}$ mit $i(A) < \delta(\varepsilon)$ gilt: $j(A) < \varepsilon$.

Folgerungen. (1). Es ist $j|\mathfrak{A}$, wenn $i$-totalstetig, dann $\sigma$-additiv. – (2) Bei $i$-totalstetigem $j|\mathfrak{A}$ sei $j|\mathfrak{B}$ kleinste (d.h. Borelsche) Erweiterung des Prämaßes $j|\mathfrak{A}$ zu einem Maß (in $\mathfrak{p}(\mathbb{R})$). Dann ist $j|\mathfrak{B}$ auch $\lambda^1$-totalstetig.

Beweis. *Betr.* (1). Folgt aus 4.4.1. – *Betr.* (2). Es sei $\varepsilon > 0$ und $\delta(\varepsilon)$ im Sinne der $i$-Totalstetigkeit von $j|\mathfrak{A}$ gewählt (s.o.). Zu einem $T \in \mathfrak{B}^1$ mit $\lambda^1(T) < \delta(\varepsilon)$ gibt es ein offenes $G \in (\mathfrak{B}^1)$ mit $T \subset G$ und $\lambda^1(T) \leqq \lambda^1(G) \leqq \delta(\varepsilon)$; dabei folgt die Existenz von $G$ aus 2.4.1.2. (erste Zeilen vor (*i*)), weil hier $\mathfrak{A}_\sigma \ni G$. Daher ist $G = \bigcup_r A_r$ mit disjunkten $A_r \in \mathfrak{A}$, sodaß $\lambda^1(T) \leqq \lambda^1(G) = \sum_r i(A_r) < \delta(\varepsilon)$, erst recht also $\sum_{\mu=1}^m i(A_\mu) = i(\bigcup_\mu A_\mu) < \delta(\varepsilon)$ und damit, wegen der $i$-Totalstetigkeit von $j$, weiter $\sum_{\kappa=1}^k j(A_\kappa) = j(\bigcup_\kappa A_\kappa) < \varepsilon$. Es folgt $j(T) \leqq j(G) = \sum_r j(A_r) \leqq \varepsilon$. Die $\lambda^1$-Totalstetigkeit von $j$ ist also im wesentlichen mit dem gleichen $\delta(\varepsilon)$ gesichert wie für die $i$-Totalstetigkeit.
Nun läßt sich zeigen

**2. Satz.** Voraussetzung. *Es sei* $J := [a; b]$. *Und es sei* $\lambda_w : J \rightarrowtail \mathbb{R}_0^+$ *die Weglängenfunktion f des rektifizierbaren Weges* $w : J \rightarrowtail \mathbb{R}^n$.

Behauptung. (1). *In J existiert* $\lambda^1$*-fast überall sowohl* $w' := dw/dt$, *als auch* $\lambda_w' := d\lambda_w/dt$, *wobei* $\lambda_w' = |w'|$ ($\lambda^1$*-fast überall in J*). – (2) *Es ist w* $\lambda^1$*-totalstetig genau dann, wenn für jedes* $t \in J$ *gilt:* $\lambda_w(t) = \int_a^t |w'|\,dt$.

**Zusatz.** Bei einem rektifizierbaren Weg $w$ konvergiert der Quotient = Länge eines Teilbogens durch Länge der Sehne gegen 1 mit gegen Null gehender Länge der Sehne; genauer: Ist $w$ im Punkt $x_0 := w(t_0)$ von $w$ (eigentlich) differenzierbar mit $|w'(t_0)| > 0$ und ist $\tilde{w} : \tilde{J} \rightarrowtail \mathbb{R}^n$ mit $\tilde{J} := [t'; t'']$, $t' \leqq t_0 \leqq t''$, ein $x_0$ enthaltender Teilbogen von $w$, so gilt

$$L(\tilde{w}) : |w(t'') - w(t')| \rightsquigarrow 1 \quad \text{für} \quad t', t'' \rightsquigarrow t_0 .$$

Anmerkung. Es gibt rektifizierbare Wege, die nicht $i$-totalstetig sind.

Beweis *des Zusatzes.* Gemäß Beh. (1) ergibt sich $L(\tilde{w}) : (t'' - t') \rightsquigarrow \lambda_w'(t_0)$, für $L(\tilde{w}) = \lambda_w(t'') - \lambda_w(t')$, und $|w(t'') - w(t')| : (t'' - t') \rightsquigarrow |w'(t_0)|$, woraus der Zusatz folgt.

Beweis *betr. Beh.* (1). – (I) Es sei $t_\kappa \in J$, $\kappa = 0, 1, \ldots, k$; $t_0 := a$, $t_k := b$ und $t_\kappa < t_{\kappa+1}$. Durch die Punkte $x_\kappa := w(t_\kappa)$ ist dann eindeutig bestimmt, der, aus den $k$ orientierten, abgeschlossenen Strecken $S_\kappa^*$, $\kappa = 0, 1, \ldots, k-1$, mit $x_\kappa$ als Anfangs- und mit $x_{\kappa+1}$ als Endpunkt, gebildete, dem $w$ einbeschriebene orientierte Streckenzug $S^* := \bigcup_\kappa S_\kappa^*$ der Länge $l(S^*)$. Neben $S^*$ betrachten wir jetzt einen, stückweise gradlinigen Weg $v := (t \mapsto v(t))$, $t \in J$, (also bezüglich des gleichen Parameters $t$ wie bei $w$), wobei $v$ folgendermaßen erklärt ist: Die Orientierung von $S^*$ bzw. von $S_\kappa^*$ ist gegeben durch den Einheitsvektor $e_\kappa := |x_{\kappa+1} - x_\kappa|^{-1}(x_{\kappa+1} - x_\kappa)$, $x_{\kappa+1} \neq x_\kappa$; und dem $e_\kappa$ entspricht eine Orientierung der Verbindungsgeraden $G_\kappa$ von $x_\kappa$ und $x_{\kappa+1}$. Die Orthogonalprojektionen der Teilwege $(t \mapsto w(t) - x_\kappa)$, $t \in [t_\kappa; t_{\kappa+1}] =: J_\kappa$ auf die (orientierte) $G_\kappa$ haben die Parameterdarstellungen $(t \mapsto v(t) := x_\kappa + (e_\kappa(w(t) - x_\kappa))e_\kappa)$, $t \in (t_\kappa; t_{\kappa+1})$ und $v(t_\kappa) := x_\kappa$. Diese Darstellungen zusammen liefern einen Weg $v : J \to \mathbb{R}^n$ (auf dem „Träger" $S^*$), wobei noch $v(t_k) := w(b)$ sein soll. Und diesem $v$ entspreche dann die „algebraische" Weglängenfunktion $a : J \to \mathbb{R}$ erklärt durch $(t \mapsto \alpha(t) := \alpha(t_\kappa) + (e_\kappa(w(t) - x_\kappa))$, $t \in (t_\kappa; t_{\kappa+1})^+$, $\alpha(t_0) := 0$. (Es sind $\lambda_w$ und $\alpha$ auf den gleichen Parameter $t$ bezogen.) Außerdem gilt $\alpha(t_\kappa) = l(t_\kappa)$ mit $l(t_\kappa) := \sum_{\varrho=1}^{\kappa} |x_\varrho - x_{\varrho-1}|$ (= der „*absoluten*" Weglänge auf $S^*$ zwischen $x_0$ und $x_\kappa$).

(II) Mit der (absoluten) Weglängenfunktion $\lambda_w$ von $w$ und der (algebraischen) Weglängenfunktion $\alpha_w$ von $w$ (vgl. Ziff. (I)) ergibt $d(S^*) := \lambda_w - \alpha_w$ eine nicht negative, isotone, stetige Funktion $d(S^*) : J \to \mathbb{R}_0^+$. In der Tat: Es ist $\lambda_w$ stetig (1. Satz, Beh. (3)) und ebenso $\alpha$ (wegen der Stetigkeit von $w$). Weiter ist $d(S^*)(t'') - d(S^*)(t') < \lambda_w(t'') - \lambda_w(t')$ gemäß der Definition von $\alpha_w$ für $t' < t''$. Wegen $\lambda_w(a) = \alpha(a) = 0$ ergibt sich (vgl. Ziff. (I))

$$d(S^*)(b) = d(S^*)(b) - d(S^*)(a) = L(w) - l(S^*). \tag{1}$$

Wegen der Differenzierbarkeit $\lambda^1$-fast überall von $w$ nach $t$ gilt dies auch für das Skalarprodukt $e_\kappa w(t)$ und damit für $\alpha$, letzteres, weil die endlich vielen „Eckpunkte" $x_\kappa$ von $S^*$ einer $\lambda^1$-Nullmenge in $J$ entsprechen. Somit erhält man

$$0 \leqq d'(S^*)(t) = \lambda_w'(t) - \alpha'(t) \quad \lambda^1\text{-fast überall in } J. \tag{2}$$

Wegen $|e_\kappa| = 1$, ergibt die Cauchy-Schwarzsche Ungleichung (vgl. II., 2.2.1.)

$$|e_\kappa w'| \leqq |w'| \quad \lambda^1\text{-fast überall}. \tag{3}$$

Und außerdem gilt

$$0 \leqq |w'| \leqq \lambda_w' \quad \lambda^1\text{-fast überall}. \tag{4}$$

In der Tat: Sind $\lambda_w$ und $w$ beide in $t'$ eigentlich differenzierbar, so folgt aus $|w(t) - w(t')| \leqq \lambda_w(t) - \lambda_w(t')$ für $t' < t$, daß $|[t\,t'](w)| \leqq [t\,t'](\lambda_w)$; und für $t \rightsquigarrow t'$ ergibt sich daraus (4). Aus (2) und (4) entnimmt man nun (weil die Vereinigung abzählbar vielen $\lambda^1$-Nullmengen wieder $\lambda^1$-Nullmenge ist)

(5) $$0 \leqq \lambda'_w - |w'| \leqq d'(S^*) \quad \lambda^1\text{-fast überall in } J.$$

Gemäß der Definition von $L(w)$ gibt es eine Folge $(S_r^*)_r$ von dem $w$ eingeschriebenen Streckenzügen $S_r^*$ mit $L(w) = \lim_r l(S_r^*)$. Gemäß (1) gilt also $\lim_r d(S_r^*)(b) = 0$ und (wegen der Isotonie von $d(S) \geqq 0$ auch $d(S_r^*) \rightsquigarrow 0$ in $J$ für $r \rightsquigarrow +\infty$. Zufolge 6.6.1. gilt daher $\lim_r d'(S_r^*) = 0$ $\lambda^1$-fast überall in $J$. Aus (5) folgt nun die Beh. (1) des 2. Satzes.

Beweis *betr. Beh.* (2). – (A) Gemäß den Folgerungen (vor Satz 2.) ist $j|\mathfrak{B}$ ein $j$-totalstetiges Maß (wenn $i$-totalstetig), also $j$-nulltreu. Somit gibt es (Satz von Radon-Nikodym, 4.4.) ein $\lambda^1$-summierbares $\varphi: J \longrightarrow \mathbb{R}$ mit $\lambda_w(t) = \int_a^t \varphi \, d\lambda^1$. Weiter existiert bezüglich der in 5.6.1. definierten $VL$-Ableitungsbasis in $\mathbb{R}$ $\lambda^1$-fast überall die Ableitung $\lambda'_w$ (gemäß 5.6.2., Satz) und ist $\lambda^1$-fast überall gleich $\varphi$. Andererseits gilt (gemäß Beh. (1)) $\lambda^1$-fast überall $\lambda'_w = |w'|$. (B) Gilt umgekehrt $\lambda_w(t) = \int_a^t |w'| \, d\lambda^1$, wobei also $|w'|$ als $\lambda^1$-summierbar anzunehmen ist, so ist $\lambda_w$ $\lambda^1$-totalstetig, also erst recht $i$-totalstetig, was definitionsgemäß mit der $i$-Totalstetigkeit von $w$ gleichbedeutend ist.

*Betr. Anmerkung.* Ein Beispiel folgt in 6.6.2.1.

**6.6.2.1.** *Beispiel eines rektifizierbaren, aber nicht i-totalstetigen Weges.* Es genügt die Betrachtung des Falles von Wegen im $\mathbb{R}^1$, also von $w: J \longrightarrow \mathbb{R}$, d. h. von streng isotonen, stetigen, nicht $i$-totalstetigen Funktionen $f: J \longrightarrow \mathbb{R}$. Ein solches $f$, welches etwa $X := [0; 1] \subset \mathbb{R}$ auf $Y = f(X) := [0; 1]$ abbildet, liegt vor, wenn z. B. ein Diskontinuum $X' \subset X$ mit $\lambda^1(X') = 0$ auf ein Diskontinuum $Y' := f(X')$ mit $\lambda^1(Y') > 0$ abgebildet wird (Diskontinuum = nirgends dichte abgeschlossene Menge (vgl. I., 5.5.3.)). Solche Diskontinua erhält man etwa durch fortgesetzte „triadische" Zerlegungen $Z$ von abgeschlossenen Intervallen. Ist nämlich $E := [a; b]$, so sei $Z := Z(E; \varepsilon_0) := \{E_0 := [a; a'],\ E_1 := (a'; b'),\ E_2 := [b'; b]\}$ mit zu $E$ konzentrischem $E_1$ und mit $0 < \varepsilon_0 < b - a$ sowie $\lambda^1(E_1) = \varepsilon_0$. Unter Ausscheidung von $E_1$ bildet man $Z(E_i; \varepsilon_i) := \{E_{i0}, E_{i1}, E_{i2}\}$, $i = 0, 2$. Fortsetzung dieser Konstruktion liefert abzählbar viele offene, disjunkte (triadisch numerierte) Intervalle $E_{m_1 \ldots m_k 1}$, wobei $k = 0, 1, 2, \ldots$, und $m_\kappa = 0, 2$, für $\kappa = 1, \ldots, k$, ferner $\lambda^1(E'_k) = \varepsilon'_k > 0$ für $E'_k := \bigcup_{m_1, \ldots, m_k} E_{m_1 \ldots m_k 1}$; es sei $\varepsilon'_0 := \varepsilon_0$ sowie $E'_0 := E_1$. Es ist dann $E' := E \setminus (\bigcup_{k \geqq 0} E'_k)$ ein Diskontinuum mit $\lambda^1(E') = \lambda^1(E) - s'(E)$, wobei $s'(E) = \sum_{k \geqq 0} \varepsilon'_k$ mit $s'(E) \in (0; 1)^+$ je nach Wahl der $\varepsilon'_k$. – Speziell für $E := X$ bzw. $E := Y$ schreibe man $X'_k$ bzw. $Y'_k$ an Stelle von $E'_k$ und wähle $\varepsilon'_k := 2^{-(k+1)}$ bzw. $\varepsilon'_k := 3^{-(k+1)}$, sodaß $s'(X) = 1$ bzw. $s'(Y) = 2^{-1}$ und $\lambda^1(X') = 0$ bzw. $\lambda^1(Y') = 2^{-1}$, wenn $X' := X \setminus \bigcup_k X'_k$ bzw. $Y' := Y \setminus \bigcup_k Y'_k$. Sodann bestimmt man $f$ zunächst auf der Intervallsumme $X \setminus X'$ derart, daß $f(X_{m_1 \ldots m_k 1}) = Y_{m_1 \ldots m_k 1}$ und $f$ in $X \setminus X'$ surjektiv, streng isoton und linear ist; man beachte dabei, daß die Anordnung der Intervalle $X_{m_1 \ldots m_k 1}$ auf $X$ die gleiche ist wie die der $Y_{m_1 \ldots m_k 1}$ auf $Y$. Das so definierte $f|X \setminus X'$ läßt sich nun stetig (und isoton) auf $X'$ und damit auf $X$ fortsetzen.

Man bildet so die $\lambda^1$-Nullmenge $X'$ stetig und streng isoton auf die Menge $Y'$ vom positiven Maße $2^{-1}$ ab. Unser $f$ ist also nicht $\lambda^1$-nulltreu.

**Zusatz.** Ist der Weg $w: J \longrightarrow \mathbb{R}^n$ $i$-totalstetig, so liefert unser $f$ in $w \circ f$ einen Weg, der nicht $i$-totalstetig ist und der im $\mathbb{R}^n$ den gleichen „Träger" besitzt wie $w$.

### 6.6.3. Weitere Bemerkungen

**6.6.3.1.** *Jeder rektifizierbare Weg w in* $\mathbb{R}^n$ *besitzt den n-dimensionalen Jordaninhalt* $i(w)=0$ $(n \geqq 2)$.

Beweis. Es sei $k(x, r)$ die abgeschlossene, $n$-dimensionale Vollkugel im $\mathbb{R}^n$ mit $x$ als Zentrum und $r$ als Radius. Ferner sei $w := (t \longmapsto w(t))$, $t \in J := [a; b]$ und $L < +\infty$ die Länge von $w$. Bei beliebig gewähltem $r > 0$ sei $t_0 := a$ und $t_1$ das größte $t' \in (t_0; b)^+$ mit $w(t') \in k(w(t_0), r)$. Weiter sei $t_2$ das größte $t'' \in (t_1; b)^+$ mit $w(t'') \in k(w(t_1), r)$. Die Fortsetzung dieser Konstruktion bricht nach (höchstens) $m \leqq r^{-1}(L+1)$ Schritten ab. Gemäß der Definition der $t_1, \ldots, t_m$ gilt $w \subset \bigcup_{\mu=1}^{m} k(t_\mu; r) =: Q$, wobei $Q$ Jordanmeßbar ist mit $i(Q) \leqq c_n(L+1) r^{n-1}$, wenn $c_n := i(k(x, 1))$. Weil $n \geqq 2$ und $r > 0$ beliebig, folgt $i(Q) = 0 = i(w)$.

**6.6.3.2.** Es gibt (einfache) Bogen $B$ im $\mathbb{R}^n$, welche *positives n-dimensionales Lebesguesches* Maß $\lambda^n(B)$ besitzen (also keinesfalls Jordansche Nullmengen sind).
Wir geben eine Konstruktion an für den Fall $n = 2$, welche sich ohne weiteres auf die Fälle $n \geqq 3$ überträgt.

Ausgagsposition. Gegeben sei ein Quadrat $Q_0 \subset \mathbb{R}^2$ der Seitenlänge 1. Die Ecken des etwa achsenparallelen $Q_0$ seien der Reihe nach entsprechend dem Schema $\begin{pmatrix} d & c \\ a & b \end{pmatrix}$, also die Seite $(a, b)$ parallel zur $x$-Achse „unterhalb" $(c, d)$. Die Diagonale $(a, c)$ sei mit $S_0$ bezeichnet.

(A) Grundoperation. Ersatz von $S_0$ durch einen in $Q_0$ liegenden, einfachen, $a$ mit $c$ verbindenden Streckenzug $S_1$, welcher definiert ist, wie folgt:
(I) Es wird $Q_0$ durch je zwei, zu den Seiten von $Q_0$ parallele Strecken eingeteilt in $3^2$ kongruente, abgeschlossene Quadrate $Q'_1, \ldots, Q'_9$ mit fremden offenen Kernen), deren Anordnung in $Q_0$ dem Schema

$$(\textstyle\sum_1) := \begin{pmatrix} 3 & 4 & 9 \\ 2 & 5 & 8 \\ 1 & 6 & 7 \end{pmatrix}$$

entspricht, worin $\nu$ an Stelle von $Q'_\nu$ steht und $a$ Ecke von $Q'_1$, ferner $c$ Ecke von $Q'_9$ ist. Sodann wird $S_0$ ersetzt zunächst durch einen, $a$ mit $c$ verbindenden Streckenzug $S'_0$ bestehend aus je einer Diagonale $d_i'$ von $Q_i'$, die (vgl. $(\sum_1)$) für $i = 1, 2, 3, 7, 8, 9$ „aufwärts" und für $i = 4, 5, 6$ „abwärts" gerichtet sind.

**(II)** Abänderung von $S_0'$ in einen (ebenfalls einfachen) Streckenzug $S_1 \subset Q_0$ gemäß der folgenden Konstruktion: Es bezeichne $Q_i''$ das achsenparallele, zu $Q_i'$ konzentrische Quadrat mit Seiten der Länge $(1 - \varepsilon)$mal der Seitenlänge von $Q_i'$, wobei $\varepsilon \in (0; 1)$. Von $S_0'$ wird jetzt beibehalten „was in $A_1 := \bigcup_i Q_i''$ liegt", also je eine, in $d_i'$ enthaltene Diagonale $d_i''$ von $Q_i''$. Die Verbindungen zwischen $a, d_1'', \ldots, d_9'', c$ werden geliefert durch die Verbindungsstrecken $V_j'', j = 1, \ldots, 10$, zwischen dem Endpunkt von $d_i''$ und dem Anfangspunkt von $d_{i+1}''$, wobei noch $a$ Anfangspunkt von $V_1''$ und $c$ Endpunkt von $V_{10}''$ ist. Alsdann sei $S_1 := (\bigcup_i d_i'') \cup (\bigcup_j V_j'')$.

(B) Fortsetzung. Von $S_2$ geht man nun zu einem $S_2$ über in der Weise, daß man die Strecken $V_j''$ von $S_1$ beibehält und auf jedes $Q_i''$ zusammen mit seiner Diagonale $d_i''$ als Ausgangsposition die Grundoperation (I), (II) anwendet mit einem $\varepsilon_2 \in (0; 1)$. Fortsetzung führt zu einer Folge von Streckenzügen $S_k, k = 1, 2, \ldots$, die gegen einen einfachen, $a$ mit $c$ verbindenden Bogen $B \subset Q_0$ konvergieren. Und zwar besteht $B$ aus allen, abzählbar vielen Verbindungsstrecken $V$ und aus dem Durchschnitt $D := \bigcap_{k=1}^{\infty} A_k$, wobei $A_1 \supset A_2 \supset \ldots$ und $A_k$ Vereinigung von $9^k$ kongruenten Quadraten der Seitenlängen $3^{-k}(1 - \varepsilon_1) \ldots (1 - \varepsilon_k)$ ist. Weil $B$ Lebesguemeßbar und weil die Vereinigung der abzählbar vielen Strecken $V$ eine Lebesguesche (2-dimensionale) Nullmenge ist, gilt $\lambda^1(B) = \lambda^1(D) = \prod_{k=1}^{\infty}(1 - \varepsilon_k)^2$; für $\varepsilon_k := (k+1)^{-2}$ ist $\lambda^1(B) = 4^{-1} > 0$.

## 6.7. Das Bild $f(S)$ der Menge $S$ der kritischen Punkte eines (entsprechend oft differenzierbaren) $f\colon D \to \mathbb{R}^t$ ist $\lambda^t$-Nullmenge, wobei $D \subset \mathbb{R}^n$

**6.7.0.** In II., 3.11.5., wurde gezeigt: Besitzt die Funktionalmatrix $f_{YX}'$ eines differenzierbaren $f\colon D \to \mathbb{R}^n$ mit offenem $D \subset \mathbb{R}^n$ maximalen Rang $r$ $(= n)$, so besitzt das Bild $\bar{f}(D)$ positives $r$-dimensionales Lebesguesches Maß $\lambda^r(\bar{f}(D))$, sofern $\lambda^n(D) > 0$. Mit Hilfe von II., 3.5.4., ergibt sich daraus eine entsprechende Aussage für den Fall $f\colon D \to \mathbb{R}^t$ auch bei $t < n$.

In Ergänzung dazu soll jetzt gezeigt werden: Für ein entsprechend oft differenzierbares $f\colon D \to \mathbb{R}^t$ mit offenem $D \subset \mathbb{R}^n$, bei beliebigen $n, t$ $(\geqq 1)$, ist das $f$-Bild $f(S)$ der Menge $S$ der Punkte von $D$ mit *nicht* rangmaximalem $f_{YX}'$ eine $\lambda^t$-Nullmenge (unter $\lambda^t | \mathfrak{L}^t$ das $t$-dimensionale Lebesguesche Maß im $\mathbb{R}^t$ verstanden).

**6.7.1.** Der soeben angekündigte Satz lautet:

**Satz.** Voraussetzung. *Es sei $D = \underline{D} \subset \mathbb{R}^n$ mit $D \neq \emptyset$; ferner sei $f\colon D \to \mathbb{R}^t$ differenzierbar bei beliebigen $n, t \in \mathbb{N}$.*

Behauptung. *Das f-Bild $f(S)$ der Menge $S$ der sogenannten* kritischen Punkte *von $f$, d.h. der $x \in D$ mit Rang $f'_{YX} < \min\{n, t\}$, ist eine $\lambda^t$-Nullmenge. Und zwar:*

(i) *im Falle $n \leqq t$ bei (einmal)* stetig differenzierbarem $f|D$;

(ii) *im Falle $n > t$ bei (mindestens)* $m$-mal stetig differenzierbarem $f|D$, *wobei* $m := n - t + 1$.

Anmerkung. Die Beh. (ii) braucht (wie hier nicht bewiesen wird) nicht zu gelten, wenn $f$ nicht (mindestens) $m$-mal stetig differenzierbar ist.

**6.7.2.** Beweis des Satzes in 6.7.1.

**6.7.2.0.** Bezeichnungen. Es sei $X$ bzw. $Y$ eine Basis des $\mathbb{R}^n$ bzw. $\mathbb{R}^t$, wobei $x = (\xi_1, \ldots, \xi_n) \in \mathbb{R}^n$ bzw. $y = (\eta_1, \ldots, \eta_t) \in \mathbb{R}^t$. Außerdem sei $\ulcorner = (\ulcorner_k)_k$ eine 0-Würfelgitterfolge (1.1.5.) im $\mathbb{R}^n$; dabei sei $\mathfrak{M}(k)$ bzw. $\mathfrak{M} := \mathfrak{M}(\ulcorner)$ das System der Würfel $W_{k\varrho}$, aus denen $\ulcorner_k$ bzw. $\ulcorner$ besteht; $k = 1, 2, \ldots$

Bei den nachfolgenden Beweisen werden u.a. folgende Feststellungen benutzt.

1. Bemerkung. (a) Jedes offene $G \subset \mathbb{R}^n$ ist darstellbar als $G = \bigcup_r W_r$, wobei die $W_r \in \mathfrak{M}(\ulcorner)$ und $\bar{W}_r \subset G$. (Die $W_r$ sind definitionsgemäß disjunkt). – (b) Für jedes System $\mathfrak{g} := \{G_i : i \in I\}$ offener $G_i \subset \mathbb{R}^n$ ist (das offene) $G := \bigcup_i G_i$ darstellbar als Vereinigung $G = \bigcup_r G_{i_r}$ von abzählbar vielen $G_{i_r} \in \mathfrak{g}$. – Beweis: *Betr.* (a) Vgl. 1.1.5. – *Betr.* (b). Es ist $G$ offen. Gemäß (a) gilt $G = \bigcup_r \bar{W}_r$. Es ist $\mathfrak{g}$ eine offene Überdeckung eines jeden der kompakten $\bar{W}_r$. Zufolge des HBL-Satzes wird daher $\bar{W}_r$ überdeckt von endlich vielen der $G_i$. Da die $G_r$ abzählbar sind, folgt (b).

2. Bemerkung. *Voraussetzung*. Es sei $M \in \mathfrak{L}^n$ mit $\lambda^n(M) < +\infty$. Ferner sei $\beta > 0$ beliebig vorgegeben. – *Behauptung*. Es gibt (abzählbar viele) $W_r \in \mathfrak{M}(\ulcorner)$, $r = 1, 2, \ldots$, mit Durchmessern $d(W_r) < \beta$ derart, daß $M \subset \bigcup_r W_r$ und $\sum_r \lambda^n(W_r) < \lambda^n(M) + 1$ (es könnte auch $< \lambda^n(M) + \varepsilon$ mit beliebig kleinem $\varepsilon > 0$ erreicht werden). – Beweis: Es gibt offene $G \subset \mathbb{R}^n$ mit $M \subset G$ und $\lambda^n(G) < \lambda^n(M) + 1$ (vgl. 2.5.2.). Andererseits gibt es $W_r \in \mathfrak{M}(\ulcorner)$ mit $\delta W_r < \beta$ und mit $G = \bigcup_r W_r$. Da die $W_r$ disjunkt sind, folgt $\lambda^n(G) = \sum_r \lambda^n(W_r) < \lambda^n(M) + 1$.

**6.7.2.1.** *Betr. Beweis der Beh.* (i) *im Fall $n = t$.*

Es sei $f|D$ stetig differenzierbar. Gemäß 6.7.2.0., Bemerkung 1., (a), kann zum Beweis $\underline{D} = D$ durch einen Würfel $W \in \mathfrak{M}(\ulcorner)$ mit $\bar{W} \subset D$ ersetzt werden. Wegen der stetigen Differenzierbarkeit von $f|\bar{W}$ existiert (vgl. II., 3.11.5.) die Volumenverzerrung $v(f, x) = \det f'_{YX}$ von $f$ in jedem $x \in W$ d.h., die Ableitung von $\lambda^n(f(x))$ in $x \in W$ nach der Vitali-Lebesgue-Ableitungsbasis, welche aus den in $D$ enthaltenen abgeschlossenen Kugeln besteht (vgl. 5.6.1. bzw. 5.6.2., Satz); und zwar gilt $\lambda^n(f(S)) = \int_S \det f'_{YX} d\lambda^n$. Gemäß der Definition von $S$ ist daher die Beh. (i) für $n = t$ richtig.

*Betr. Beweis der Beh.* (i) *im Fall $n < t$.*
An Stelle von $f$ betrachte man $h: D' \longrightarrow \mathbb{R}^t$, wobei $D' := D \times \mathbb{R}^{t-n}$ und $((x, z) \longmapsto h(x, z) := f(x))$ für $x \in D$, $z \in \mathbb{R}^{t-n}$. Da mit $f$ auch $h$ stetig differenzierbar ist (in $D'$), liegt für $h$ der „Fall $n = t$" vor; es ist also $\lambda^t(S(h)) = 0$. Wegen $S(f) \subset S(h)$ folgt (i).

**6.7.2.2.** *Betr. Beweis der Beh.* (ii). Es soll Induktion nach $n$ angewandt werden.
(**A**) Wir betrachten etwas allgemeiner die Fälle $t \leqq n$ mit $1 \leqq t$, wobei gemäß (i) die Beh. für $t = n$ richtig ist. Es sei also $1 \leqq t < n$ und (Induktionsannahme) der Satz schon für $t = n-1$ bzw. $t < n-1$ bewiesen.

*Spezialfall.* Der für den allgemeinen Induktionsschritt wesentliche

*Grundgedanke* sei zunächst für die folgenden speziellen $f$ erläutert: Für $f = (f_1, \ldots, f_n)$, genauer für $f_1$, gelte $(D := \mathbb{R}^n)$

(Sp.) $$f_1(\xi_1, \ldots, \xi_n) = \xi_1 \quad \text{für alle} \quad x = (\xi_1, \ldots, \xi_n) \in \mathbb{R}^n.$$

*Folgerung aus* (Sp). Sei $\alpha \in \mathbb{R}$ beliebig und fest; ferner sei $E_{n-1}(\alpha)$ bzw. $E'_{t-1}(\alpha)$ die Hyperebene der $(\alpha, \xi_2, \ldots, \xi_n)$ im $\mathbb{R}^n$ bzw. der $(\alpha, \eta_2, \ldots, \eta_t)$ im $\mathbb{R}^t$. Weiter sei

(Sp.) $$g(\alpha): E_{n-1}(\alpha) \longrightarrow E'_{t-1}(\alpha) \quad \text{mit} \quad g(\alpha)(\xi_2, \ldots, \xi_n) := f(\alpha; \xi_2, \ldots, \xi_n),$$

also $g(\alpha) = (f_1, \ldots, f_t) | E_{n-1}(\alpha)$ und

(Sp.') $$f'_{YX} = \left(\begin{array}{c|c} 1 & 0 \ldots 0 \\ \hline & g'(\alpha)_{Y_1 X_1} \end{array}\right) \text{ für } x \in E_{n-1}(\alpha),$$

wobei $X_1$ und $Y_1$ die auf $(\xi_2, \ldots, \xi_n)$ bzw. $(\eta_2, \ldots, \eta_t)$ bezüglichen Basen in $E_{n-1}(\alpha)$ bzw. in $E'_{t-1}(\alpha)$ bezeichnen.
Aus (Sp.') entnimmt man, daß Rang $f'_{YX} = 1 + \operatorname{Rang} g'(\alpha)_{Y_1 X_1}$, also $S(g(\alpha)) = E_{n-1}(\alpha) \cap S(f)$ und mithin $g(\alpha)(S(g(\alpha))) = f(E_{n-1}(\alpha) \cap S(f)) = E'_{t-1}(\alpha) \cap f(S(f))$ (die letzte Gleichheit wegen (Sp.)).
Wegen der Stetigkeit der partiellen Ableitungen $f_{\nu|\varrho}$ von $f$ und damit auch von $g(\alpha)$ sind $S(f)$ und $S(g(\alpha))$ $\lambda^n$- bzw. $\lambda^{n-1}$-meßbar. Und da $f$ stetig ist, gilt auch $f(S(f)) \in \mathfrak{L}^t$ und $E'_{t-1}(\alpha) \cap f(S(f)) \in \mathfrak{L}^{t-1}$.
Zu beweisen ist $\lambda^t(f(S(f))) = 0$. In der Tat: Zufolge der eben festgestellten Meßbarkeiten ist der Satz von Fubini (7.3.2.) anwendbar, d.h. es gilt

$$\lambda^t(f(S(f))) = \int_R \lambda^{t-1}(E'_{t-1}(\alpha) \cap f(S(f)))\, d\alpha = \int_{\mathbb{R}} \lambda^{t-1}(g(\alpha)(S(g(\sigma)))\, d\alpha$$

Nach Induktionsannahme gilt (ii) für $n-1$, also für jedes $g(\alpha)$ und damit für $n$.

(**B**) Der *allgemeine Fall* eines beliebigen $m$-mal stetig differenzierbaren $f: D \longrightarrow \mathbb{R}^t$ kann nun durch Verkettung $f \circ h^{[-1]}$ von $f$ mit einer entsprechend oft stetig differenzierbaren, lokal bijektiven, nicht singulären*) Transformation $h^{[-1]}$ von $x$ auf den Spezialfall in (A) reduziert werden oder aber (vgl. unten (B3)) in einem Fall mit $t = 1$, also $m = n$, durch Abschätzung mit Hilfe der Taylorformel erledigt werden. Um dabei verschiedene Vorkommnisse zweckmäßig zu erfassen, betrachten wir die

$$\text{Teilmengen } S_1, \ldots, S_m \quad \text{von} \quad S = S(f),$$

wobei mit $S_\mu$, $\mu = 1, \ldots, m$, die Menge aller Punkte $x \in D$ bezeichnet wird, in welchen alle partiellen Ableitungen von $f$ aller Ordnungen $\leqq \mu$ verschwinden.

Behauptung. Aus der Gültigkeit von (ii) für $n - 1$ folgt die Gültigkeit für $n$ von

(B1) $$\lambda^t(f(S(f)\backslash S_1)) = 0;$$

(B2) $$\lambda^t(f(S_\mu \backslash S_{\mu+1})) = 0 \quad \text{für} \quad \mu = 1, \ldots, m-1;$$

(B3) $$\lambda^t(f(S_m)) = 0.$$

Wegen $S(f) = (S(f)\backslash S_1) \cup (S_1 \backslash S_2) \cup \ldots \cup S_m$ folgt dann $\lambda^t(f(S(f))) = 0$ auch für $n$.

Gemäß der 1. Bemerkung in 6.7.2.0., genügt es, zu jedem $x \in S(f)\backslash S_1$ bzw. $x \in S_\mu \backslash S_{\mu+1}$ bzw. $x \in S_m$ eine Umgebung $W$ in $D$ mit $W \in \mathfrak{M}_R(\ulcorner)$ zu bestimmen, so daß (B1), (B2) und (B3) für $f|\underline{W}$ (statt für $f|D$) gelten (sowie für $n$).

*Betr.* (B1). Falls $S(f)\backslash S_1 = \emptyset$, wie z. B. für $t = 1$, ist nichts zu beweisen. Es existiere also $x' \in S(f)\backslash S_1$ mit o.B.d.A. $f_{1|1}(x') \neq 0$ (denn $x' \notin S_1$). Dann ist $h: D \longrightarrow \mathbb{R}^n$ mit $h(x) := (f_1(x), \xi_2, \ldots, \xi_n)$ in $x'$ nicht singulär. Es gibt daher eine offene Umgebung $U(=W)$ von $x'$ mit $\bar{U} \subset D$, auf welcher $h|U$ bijektiv und samt seiner Umkehrung $h^{[-1]}: h(U) \longrightarrow U$ stetig differenzierbar und nicht singulär ist (Vgl. II., 3.5.2.; auch Zusatz; sowie II., 3.11.2). Die „mit $h$ transformierte" Abbildung $f$, d. h. $g := f \circ h^{[-1]}$, hat dann in der Umgebung $h(U)$ von $h(x')$ die Gestalt (Sp.), nämlich

$$g := ((\zeta_1, \ldots, \zeta_n) \longmapsto (\zeta_1, g_2(z), \ldots, g_t(z))), \; z := (\zeta_1, \ldots, \zeta_n),$$

wobei $g(S(g)) = f(S(f) \cap U) > f((S(f)\backslash S_1) \cap U)$. Zufolge (A) ist aber $\lambda^t(\tilde{g}(S(g))) = 0$.

*Betr.* (B2). Es sei jetzt $x' \in S_\mu \backslash S_{\mu+1}$ mit $1 \leqq \mu \leqq m-1$, also o.B.d. A. $f_{1|12\ldots\mu+1}(x') \neq 0$. Für $w: D \longrightarrow \mathbb{R}$ mit $w := f_{1|23\ldots\mu+1}$ gilt dann $w(x) = 0$ für $x \in S_\mu$ und $w_{|1}(x') \neq 0$. Daher vermittelt die Einengung von $h: D \longrightarrow \mathbb{R}^n$ mit $h(x) := (w(x), \xi_2, \ldots, \xi_n)$ auf eine Umgebung $U'(=W')$ von $x'$(in $D$) eine bijektive, nebst ihrer Umkehrung $h^{[-1]}: U \longrightarrow U'$ wobei $U := \bar{h}(U')$, stetig differenzierbare, nicht singuläre Abbildung. Gemäß der Definition von $w$ und $S_\mu$ gilt dabei

*) Es heißen $h$ und (damit auch) $h^{[-1]}$ nicht singulär, wenn $\det h' \neq 0$.

(1) $$h(S_\mu) \subset E \quad \text{mit} \quad E := E_{n-1}(0) \, (\subset \mathbb{R}^n).$$

Für die Einengung $g_U : E \cap U \rightarrow \mathbb{R}^t$ von $g := f \circ h^{[-1]}$ auf $E \cap U$ ist daher (wegen $\dim E = n - 1$) die Induktionsvoraussetzung erfüllt, also $\lambda^t(g_U(S(g_U))) = 0$. Nun gilt aber

(2) $$h(S_\mu \cap U') \subset S(g_U).$$

Denn für $g = f \circ h^{[-1]}$ liefert die Kettenregel (klassisch geschrieben, vgl. II., 3.1.3.3.)

$$\frac{\partial g_\tau}{\partial y_\nu} = \sum_{\varrho=1}^{n} \frac{\partial f_\tau}{\partial x_\varrho} \cdot \frac{\partial h_\varrho^{[-1]}}{\partial y_\nu}, \quad \tau = 1, \ldots, t; \; \nu = 1, \ldots, n.$$

Für $(\xi'_1, \ldots, \xi'_n) \in S_\mu \cap U'$ und $\mu \geqq 1$ ist aber $f_{\tau | x_\varrho}(\xi'_1, \ldots, \xi'_n) = 0$ und damit auch $g_{\tau | y_\nu} = 0$, was dann auch für die Einengung $g_U$ gilt. Damit ist (2) bewiesen.
Nun folgt $f((S_\mu \backslash S_{\mu+1}) \cap U') \subset f(S_\mu \cap U') = g \circ h(S_\mu \cap U') \subset g_U(S(g_U))$; mithin ist $f((S_\mu \backslash S_{\mu+1}) \cap U')$ eine $\lambda^t$-Nullmenge.

*Betr.* (B3) Beim Nachweis, daß $\lambda^t(f(S_m)) = 0$, unterscheiden wir:

*Fall* $t = 1$, also $m = n$. Es ist $f$ *reelle* Funktion (von $n$ Variablen). Wir zeigen:
Ist $W$ ein offener Würfel im $\mathbb{R}^n$ mit $\overline{W} \subset D$, so ist $\lambda^1(f(S_m \cap W)) = 0$.
In der Tat: Für $x' \in S_m \cap W$, $x'' \in W$ gilt gemäß der Taylorformel (II., 3.2.3.)

(3) $$f(x'') = f(x') + P(x'' - x');$$

dabei ist $P$ ein in den $(\xi''_\nu - \xi'_\nu)$ homogenes Polynom vom Grade $n$, dessen Koeffizienten stetige Funktionen der $\xi'_\nu$, $\xi''_\nu$ sind. Daher gilt die Abschätzung $|P(x'' - x')| \leqq c(x'', x') d^n$ mit $c > 0$ und mit $d := \sup\{|\xi''_\varrho - \xi'_\varrho| : \varrho = 1, \ldots, n\}$. Wegen der gleichmäßigen Stetigkeit der partiellen Ableitungen $n$-ter Ordnung von $f$ gilt

(4) $$\gamma(\alpha) \rightsquigarrow 0 \quad \text{für} \quad \alpha \rightsquigarrow 0+,$$

wenn $\gamma(\alpha) := \sup\{c(x'', x') : x' \in S_m \cap W \wedge x'' \in W \wedge d < \alpha\}$, $\alpha > 0$.
Ist nun $W'$ ein Würfel aus $\mathfrak{M}(\ulcorner)$ der Seitenlänge $s(W') := r$ mit $S_m \cap W' \neq 0$, so folgt

(5) $$d(f(W \cap W')) \leqq 2\gamma(\alpha) r^n = 2\gamma(\alpha) \lambda^n(W').$$

Zufolge (5) und (4) gibt es zu jedem $\varepsilon > 0$ ein $\beta = \beta(\varepsilon) > 0$ derart, daß

(6) $$(S_m \cap W' \neq \emptyset \wedge s(W') < \beta) \to (d(f(W \cap W')) \leqq \varepsilon(\lambda^n(W')) \cdot (\lambda^n(W) + 1)^{-1}).$$

Gemäß 6.7.2.0., Bemerkung 2., gibt es zu $M := W \cap S_m$ solche $W'_\kappa \in \mathfrak{M}(\ulcorner)$, $\kappa = 1, 2, \ldots$, mit $s(W'_\kappa) < \beta$, daß $W \cap S_m \subset \bigcup_\kappa W'_\kappa$ und $\sum_\kappa \lambda^n(W'_\kappa) < \lambda^n(W \cap S_m) + 1 \leqq \lambda^n(W) + 1$.

Weil dann auch $f(W \cap S_m) \subset \bigcup_\kappa f(W \cap W'_\kappa)$ ist, gilt $d(f(W \cap S_m)) \leqq \sum_\kappa d(f(W \cap W'_\kappa))$, woraus wegen (6) folgt $d(f(W \cap S_m)) \leqq \varepsilon(\sum_\kappa \lambda^n(W_\kappa')) (\lambda^n(W)+1)^{-1} < \varepsilon$. Da $\varepsilon > 0$ beliebig ist, folgt $\lambda^1(f(W \cap S_m)) = 0$.

*Fall* $t \geqq 2$, also $m = n - t + 1 \geqq 2$, sodaß $n - mt = -(m-1)(t-1) \leqq -1$. Wir zeigen, daß $\lambda^t(f(S_m \cap \bar{W})) = 0$ für jeden (fest vorgegebenen) abgeschlossenen Würfel $\bar{W} \subset D$. Für $x' \in S_m \cap \bar{W}$ und $x'' \in \bar{W}$ gilt jetzt (vgl. (3) oben)

$$(1') \qquad f(x'') = f(x') + R$$

mit $R := (R_1, \ldots, R_t) \in \mathbb{R}^t$ und $\sup\{|R_1|, \ldots, |R_t|\} \leqq c_0(x', x'') \cdot d^m$.

Für die folgenden Betrachtungen genügt hier die Feststellung, daß (wegen der gleichmäßigen Stetigkeit, also gleichmäßigen Beschränktheit der partiellen Ableitungen $m$-ter Ordnung von $f$ auf dem Kompaktum $\bar{W}$) gilt: $c_0(x', x'') \leqq c_1$ mit einer Konstanten $c_1 > 0$. Bezeichnet $s$ die Kantenlänge von $\bar{W}$, so ist $d \leqq s$, also $f(\bar{W})$ enthalten in einem $t$-dimensionalen Würfel der Kantenlänge $2c_1 s^m$. Daher gilt $\lambda^t(f(\bar{W})) \leqq (2c_1 s^m)^t = c_2 s^{mt}$. Teilt man $\bar{W}$ in $p^n \geqq 2^n$ kongruente (abgeschlossene) Teilwürfel der Kantenlänge $sp^{-1}$ und wendet das oben für $\bar{W}$ gewonnene Ergebnis auf diese Teilwürfel an, sofern sie Punkte von $S_m$ enthalten, so folgt mit der gleichen Konstanten $c_1$ und nach additiver Zusammenfassung:
$\lambda^t(f(S_m \cap \bar{W})) \leqq p^n c_2 (sp^{-1})^{mt} = c_3 p^{n-mt}$, sodaß die rechte Seite mit $p \rightsquigarrow +\infty$ gegen Null geht.

A n m e r k u n g. Mit dem vorstehenden Beweis ist die Wahl von $m$ mit $n - mt \leqq -1$ gerechtfertigt. Daß $m$ nicht kleiner gewählt werden kann, ist durch (komplizierte) Gegenbeispiele gezeigt worden, bei welchen nicht-rektifizierbare Jordankurven eine Rolle spielen.

Siebenter Teil

# Produktmaße. Der Satz von Fubini

## 7.0. Einleitung

In I., 9.5., wurde gezeigt, daß der Inhalt einer positiven stetigen Funktion $f|[a;b]$ im $\mathbb{R}^2 = \mathbb{R} \times \mathbb{R}$ ($x$, $y$-Ebene) gleich ist dem $R$-Integral $\int_a^b f(x)dx$; dabei deutet man den Integranden $f(x)$ in anschaulicher Weise als das eindimensionale Maß (hier Länge) des Schnittes von $F$ mit der Geraden $\{x\} \times \mathbb{R}$, d.h. als eine „Schnittmaßfunktion" von $F$, womit sich der 2-dimensionale Inhalt als (1-dimensionales) Integral über eine Schnittmaßfunktion darstellt. Von dieser Vorstellung gehen wir im Folgenden aus, wenn wir das Produktmaß zweier (und dann auch endlich vieler) Maßräume definieren werden. Die Betrachtungen enthalten damit auch einen neuen Zugang zum Lebesgueschen Maß im $\mathbb{R}^n$ (als Produktraum).

Bezeichnungen. Beim Umgang mit Funktionen mehrerer Veränderlichen ist es gelegentlich zur Deutlichkeit erforderlich, im $m$-Integral $\int_X f dm$ einer Funktion $f$ mit $x \mapsto f(x)$, $x \in X$, die „Operationsvariable" sichtbar zu machen; wir schreiben dann dafür ausführlicher

$$\int_X f(x)dm(x).$$

In diesem Sinne ist dann z.B. bei einer Funktion $f$ von zwei Veränderlichen ($(x, y) \mapsto f(x, y)$) in $\int_A f(x, y)dm(x)$ die Variable $y$ beim Vollzug der „Integration nach $x$ über $A$" als fest zu betrachten. Ein „iteriertes" Integral schreibt sich dann in der Form

$$\int_B(\int_A f(x, y)dm_1(x))dm_2(y), \quad \text{usw.}$$

## 7.1. Produktmeßraum

Es seien $(X, \mathfrak{X})$ und $(Y, \mathfrak{Y})$ zwei Meßräume. Dazu bilden wir $P := X \times Y$ und $\mathfrak{J} := \mathfrak{X} \times \mathfrak{Y} := \{A \times B : A \in \mathfrak{X} \wedge B \in \mathfrak{Y}\}$; die Elemente von $\mathfrak{J}$ sind also Teilmengen von $P$ und heißen „Intervalle" (speziell ist $\emptyset \in \mathfrak{J}$). Für $\mathfrak{J}$ gilt (vgl. 1.1.1.2., Beispiel ($d$)):

$$P \in \mathfrak{J} = \mathfrak{J}_d \quad \text{und} \quad \mathfrak{J} \quad \text{ist quasikomplementär}.$$

In der Tat: $(A\times B)\cap(A'\times B')=(A\cap A')\times(B\cap B')$, ferner folgt für $J:=A\times B$ aus $P=(A\cup C_X A)\times(B\cup C_Y B)$ durch distributives Ausmultiplizieren $P=J\cup K$ mit $K\in\mathfrak{J}_s$ und $J\cap K=\emptyset$.
Daher ist $\mathfrak{A}:=\mathfrak{J}_s$ eine Algebra mit Einheit $P$; der Meßraum $(P,\mathfrak{A})$ heißt der **Produktmeßraum** zu $(X,\mathfrak{X})$ und $(Y,\mathfrak{Y})$.

**7.1.1.** Sind $(X,\mathfrak{X})$ und $(Y,\mathfrak{Y})$ $\sigma$-Meßräume, so ist $(P,\mathfrak{A})$ im allgemeinen kein $\sigma$-Meßraum; wir erweitern daher $\mathfrak{A}$ zur in $P$ kleinsten $\sigma$-Algebra $\mathfrak{A}_\sigma(\mathfrak{A})=\mathfrak{A}_\sigma(\mathfrak{X}\times\mathfrak{Y})$ und erhalten in

$$(X\times Y,\ \mathfrak{A}_\sigma(\mathfrak{X}\times\mathfrak{Y}))$$

den **Produkt-$\sigma$-Meßraum** der beiden $\sigma$-Meßräume $(X,\mathfrak{X})$ und $(Y,\mathfrak{Y})$.

**7.1.2.** Die Meßbarkeit der Schnitte.

**Bezeichnungen und Definitionen.** Es seien jetzt $(X,\mathfrak{X})$ und $(Y,\mathfrak{Y})$ $\sigma$-Meßräume; den gemäß 7.1.1 dazu gehörigen Produkt-$\sigma$-Meßraum bezeichnen wir kurz mit $(P,\mathfrak{M})$, so daß also $P:=X\times Y$ und $\mathfrak{M}:=\mathfrak{A}_\sigma(\mathfrak{X}\times\mathfrak{Y})$. Ist $Q\subset P$ und $x\in X$, so verstehen wir unter dem $X$-**Schnitt** von $Q$ über $x$ die Menge $Q^1(x):=\{y: y\in Y\wedge(x,y)\in Q\}$, so daß also $(\{x\}\times Y)\cap Q=\{x\}\times Q^1(x)$. Entsprechend sind die $Y$-Schnitte $Q^2(y)$ von $Q$ über $y(\in Y)$ zu verstehen. Es gilt der

**Satz.** *Alle $X$- bzw. $Y$-Schnitte einer jeden $\mathfrak{M}$-meßbaren Teilmenge $Q$ von $P$ sind $\mathfrak{Y}$- bzw. $\mathfrak{X}$-meßbar.*

Beweis. Etwa für die $X$-Schnitte. Es bezeichne $\mathfrak{T}$ das System aller Teilmengen $T$ von $P$ mit lauter $\mathfrak{Y}$-meßbaren $X$-Schnitten. Dann gilt:
(1). $\mathfrak{J}:=\mathfrak{X}\times\mathfrak{Y}\subset\mathfrak{T}$; denn die $X$-Schnitte von einem $A\times B$ sind entweder $\emptyset$ oder gleich $B$ (also stets $\in\mathfrak{Y}$). – (2). $T\in\mathfrak{T}\to C_P T\in\mathfrak{T}$; denn $C_Y T^1(x)=(C_P T)^1(x)$. – (3) $\mathfrak{T}_\sigma=\mathfrak{T}$; denn wenn $\bigwedge_\nu T_\nu\in\mathfrak{T}$, so gilt wegen $(\bigcup_\nu T_\nu)^1(x)=\bigcup_\nu(T_\nu)^1(x)$ auch $\bigcup_\nu T_\nu\in\mathfrak{T}$. Als $(c,\sigma,1)$-System ist daher $\mathfrak{T}$ eine $\sigma$-Algebra über $\mathfrak{J}$ und wegen der Kleinsteigenschaft von $\mathfrak{M}$ somit $\mathfrak{M}\subset\mathfrak{T}$.

## 7.2. Produktmaßraum

**1. Satz.** Voraussetzung. *Es seien $(X,\mathfrak{X},m_X)$, $(Y,\mathfrak{Y},m_Y)$ Maßräume und $(P,\mathfrak{M})$ der zugehörige Produkt-$\sigma$-Meßraum; ferner sei $Q$ irgend eine $\mathfrak{M}$-meßbare Teilmenge von $P$.* – Behauptung. *Für die gemäß 7.1.2. definierbaren „Schnittmaßfunktionen" (von $Q$*

$$f_X:=f_X(Q): x\longmapsto m_Y(Q^1(x)),\quad x\in X,$$

$$f_Y:=f_Y(Q): y\longmapsto m_X(Q^2(y)),\quad y\in Y\quad \textit{gilt:}$$

(a) $\qquad f_X$ *bzw.* $f_Y$ *ist* $m_X$- *bzw.* $m_Y$-*meßbar und beschränkt;*

(b) $$\int_X f_X dm_X = \int_Y f_Y dm_Y.$$

Beweis. Es bezeichne $\mathfrak{Q}$ das System aller $\mathfrak{M}$-meßbaren Teilmengen $Q$ von $P$, welche (a) und (b) erfüllen. Dann gilt (mit $\mathfrak{J} := \mathfrak{X} \times \mathfrak{Y}$):

(1). $\mathfrak{J} \subset \mathfrak{Q}$. – Beweis. Für $A \times B =: Q \in \mathfrak{J}$ ist $f_X = m_Y(B) \cdot 1_A \leqq m_Y(Y)$ beschränkt und $\mathfrak{X}$-meßbar, weil $A \in X$; ferner ist $\int_X f_X dm_X = m_Y(B) m_X(A)$. Da Analoges auch für $f_Y$ gilt, so folgt die Behauptung.

(2). $\mathfrak{Q}$ ist komplementär, d.h. aus $Q, Q' \in \mathfrak{Q}$ mit $Q \subset Q'$ folgt $Q' \setminus Q \in \mathfrak{Q}$. – Beweis. $f_X(Q' \setminus Q) = f_X(Q') - f_X(Q)$ ist meßbar zugleich mit $f_X(Q')$ und $f_X(Q)$. Analoges gilt für $f_Y$. Alsdann erhalten wir

$$\int f_X(Q' \setminus Q) dm_X = \int f_X(Q') dm_X - \int f_X(Q) dm_X = \int f_Y(Q') dm_Y - \int f_Y(Q) dm_Y = \int f_Y(Q' \setminus Q) dm_Y.$$

(3). $\mathfrak{Q}$ ist ein $\sigma'$-System. – Beweis. Wenn $\bigwedge_\nu Q_\nu \in \mathfrak{Q}$ und die $Q_\nu$ paarweise fremd sind, so gilt (wegen der $\sigma$-Additivität von $m_X$) $f_X(\bigcup_\nu Q_\nu) = \sum_\nu f_X(Q_\nu)$, so daß mit den $f_X(Q_\nu)$ zugleich auch $f_X(\bigcup_\nu Q_\nu)$ meßbar ist. Integration der letzten Gleichung und der entsprechenden für $f_Y$ liefert mittels der Beziehungen (b) für die $Q_\nu$ bei gliedweiser Integration (nach dem Monotonieprinzip) $\int f_X(\bigcup_\nu Q_\nu) dm_X = \int f_Y(\bigcup_\nu Q_\nu) dm_Y$, so daß also $\bigcup_\nu Q_\nu \in \mathfrak{Q}$ (Betr. $\sigma'$ vgl. 1.1.3.).

(3a). Über (1) hinaus gilt $\mathfrak{J}_s \subset \mathfrak{Q}$. – Beweis. Jede Vereinigung von endlich vielen Intervallen ist darstellbar als solche von disjunkten Intervallen, woraus mit (1) und (3) die Behauptung folgt.

Nach dem Vorausgehenden ist $\mathfrak{Q}$ ein $\sigma'$, $\delta'$-System, so daß (gemäß Satz 1.1.3.) $\mathfrak{Q}$ eine $\sigma$-Algebra über $\mathfrak{J}$ darstellt. Aus der Kleinsteigenschaft von $\mathfrak{M} = \mathfrak{A}_\sigma(\mathfrak{J})$ folgt nun $\mathfrak{M} \subset \mathfrak{Q} \subset \mathfrak{M}$ und somit $\mathfrak{M} = \mathfrak{Q}$.

**Definition.** Der gemäß Satz 1. jedem $Q \in \mathfrak{M}$ eindeutig zugeordnete Wert

$$m_P(Q) := \int_X f_X(Q) dm_X = \int_Y f_Y(Q) dm_Y$$

liefert ein Maß auf $P$, speziell mit

$$m_P(A \times B) = m_X(A) m_Y(B) \quad \text{für} \quad A \in \mathfrak{X}, \quad B \in \mathfrak{Y},$$

und heißt das **Produktmaß** von $m_X$ und $m_Y$, in Zeichen $m_P =: m_X \otimes m_Y$. (Die $\sigma$-Additivität von $m_P$ beweist man wie in (3) des Beweises für den 1. Satz).

Für das Produktmaß $m_X \otimes m_Y | \mathfrak{M}$ gibt es noch eine zweite Beschreibung (ohne Bezugnahme auf den Integralbegriff):

**2. Satz.** *Auf der Algebra* $\mathfrak{J}_s$ *liefert die Definition*

$$i(S) := \sum_\nu m_X(A_\nu) m_Y(B_\nu) \quad mit \quad S := \bigcup_\nu (A_\nu \times B_\nu)$$

*für je endlich viele disjunkte Intervalle* $A_\nu \times B_\nu \in \mathfrak{X} \times \mathfrak{Y} = \mathfrak{J}$ *ein Prämaß* $i|\mathfrak{J}_s$, *dessen kleinste Erweiterung zu einem Maß mit* $m_X \otimes m_Y$ *übereinstimmt.*

Beweis. Zunächst stellt man fest, daß die Definition von $i$ eindeutig ist (Aufgabe!), weiter, daß $i$ die Einengung von $m_X \otimes m_Y$ auf $\mathfrak{J}_s$, also $\sigma$-additiv und damit Prämaß ist. Nach dem Satz von der Eindeutigkeit der kleinsten Erweiterung eines Prämaßes zu einem Maß muß die Erweiterung von $i$ mit $m_X \otimes m_Y$ übereinstimmen.

Bemerkung. Im Sinne der üblichen Identifikationen bei Cartesischen Produktbildungen (z. B. $((a, b), c) = (a, (b, c))$ usw.) ist die **Produktmaßbildung assoziativ**, d. h.

$$(m_X \otimes m_Y) \otimes m_Z = m_X \otimes (m_Y \otimes m_Z) ;$$

dies ermöglicht etwa, das Borelsche Maß im $\mathbb{R}^n$ auf verschiedene Weise als Produktmaß von Borelschen Maßen niedrigerer Dimension zu erklären.

Beweis der Bemerkung. Es ist z. B. $\mathfrak{L} := \mathfrak{A}_\sigma(X \times \mathfrak{A}_\sigma(\mathfrak{Y} \times \mathfrak{Z})) = \mathfrak{A}_\sigma(\mathfrak{X} \times \mathfrak{Y} \times \mathfrak{Z}) =: \mathfrak{R}$. Denn $\mathfrak{L} \supset \mathfrak{R}$ ist evident, und andererseits ist $\mathfrak{R} \supset \mathfrak{X} \times \mathfrak{A}_\sigma(\mathfrak{Y} \times \mathfrak{Z})$, also $\mathfrak{R} = \mathfrak{A}_\sigma(\mathfrak{R}) \supset \mathfrak{A}_\sigma(\mathfrak{X} \times \mathfrak{A}_\sigma(\mathfrak{Y} \times \mathfrak{Z})) = \mathfrak{L}$. Hieraus folgt, daß die mit der Bildung der Produktmaße $m_X \otimes (m_Y \otimes m_Z)$ und $(m_X \otimes m_Y) \otimes m_Z$ verbundenen Mengensystem – Erweiterungen auf dieselbe Algebra $\mathfrak{A}_\sigma(\mathfrak{X} \times \mathfrak{Y} \times \mathfrak{Z})$, die kleinste über $\mathfrak{X} \times \mathfrak{Y} \times \mathfrak{Z}$, führen. Andererseits stimmen die beiden Produktmaße auf $\mathfrak{X} \times \mathfrak{Y} \times \mathfrak{Z}$ überein, so daß sie nach dem Eindeutigkeitssatz überhaupt gleich sind.

## 7.3. Vollständiges Produktmaß. Integraldarstellung

Das in 7.2. gewonnene Produktmaß $m_P|\mathfrak{M} := m_X \otimes m_Y|\mathfrak{A}_\sigma(\mathfrak{X} \times \mathfrak{Y})$ ist im allgemeinen nicht vollständig, auch wenn $m_X$ und $m_Y$ es sind; Vollständigkeit muß man daher nachträglich durch Erweiterung gemäß 2.4.2. herbeiführen.

**7.3.1. – 1. Satz.** Voraussetzung. (1) *Es seien* $(X, \mathfrak{X}, m_X)$ *und* $(Y, \mathfrak{Y}, m_Y)$ *Maßräume mit beschränkten Maßen; ferner sei* $\tilde{m}_X|\tilde{\mathfrak{X}}$ *bzw.* $\tilde{m}_Y|\tilde{\mathfrak{Y}}$ *die kleinste Frweiterung von* $m_X|\mathfrak{X}$ *bzw.* $m_Y|\mathfrak{Y}$ *zu einem in* $\mathfrak{p}(X)$ *bzw.* $\mathfrak{p}(Y)$ *vollständigen Maß. Das* $\sigma$*-Ideal der* $m_X$ *bzw.* $\tilde{m}_X$*-Nullmengen sei* $\mathfrak{N}_X$ *bzw.* $\tilde{\mathfrak{N}}_X$ *(entsprechend ist* $\mathfrak{N}_Y$ *bzw.* $\tilde{\mathfrak{N}}_Y$ *erklärt).* – (2) *Es sei* $\mathfrak{M} := \mathfrak{A}_\sigma(\mathfrak{X} \times \mathfrak{Y})$ *und* $m|\mathfrak{M}$ *das Produktmaß* $m_X \otimes m_Y$, *ferner sei* $\tilde{m}|\tilde{\mathfrak{M}}$ *die kleinste Erweiterung von* $m|\mathfrak{M}$ *zu einem in* $\mathfrak{p}(X \times Y)$ *vollständigen Maß. Das* $\sigma$*-Ideal der* $m$*- bzw.* $\tilde{m}$*-Nullmengen sei* $\mathfrak{N}$ *bzw.* $\tilde{\mathfrak{N}}$.

Behauptung. (1) *Zu jedem* $\tilde{N} \in \tilde{\mathfrak{N}}$ *existiert ein* $N \in \mathfrak{N}$ *mit* $\tilde{N} \subset N$. – (2) *Für jedes* $\tilde{N} \in \tilde{\mathfrak{N}}$

*und $\tilde{m}_X$-fast jeden X-Schnitt $\tilde{N}^1(x)$ von $\tilde{N}$ gilt $\tilde{N}^1(x) \in \tilde{\mathfrak{N}}_Y$; und entsprechend ist $\tilde{N}^2(y) \in \tilde{\mathfrak{N}}_X$ für $\tilde{m}_Y$-fast alle y.*

Beweis. *Betr.* (1). Folgt aus der Konstruktion von $\tilde{m}|\tilde{\mathfrak{M}}$ aus $m|\mathfrak{M}$.
*Betr.* (2). Für jedes $N \in \mathfrak{N}$ gilt $0 = m(N) = \int_X m_Y(N^1(x))\,dm_X(x)$ (gemäß 7.2.); weil $m_Y \geqq 0$ folgt $m_Y(N^1(x)) = 0$ für $m_X$-fast alle $x$ (6. Satz, 3.2.2.1.). Für $\tilde{N} \in \tilde{\mathfrak{N}}$ und $\tilde{N} \subset N$ (gemäß Behauptung (1)), hat man $0 \leqq \tilde{m}_Y(\tilde{N}^1(x)) \leqq \tilde{m}_Y(N^1(x)) = m_Y(N^1(x)) = 0$ $m_X$-fast überall, erst recht also $\tilde{m}_X$-fast überall.

**2. Satz.** Integraldarstellung von $\tilde{m}|\tilde{\mathfrak{M}}$. Meßbarkeit der $X$- und $Y$-Schnitte.

Voraussetzung. *Wie im 1. Satz; ferner sei $Q \in \tilde{\mathfrak{M}}$.*

Behauptung. (1) *Die X- bzw. Y-Schnitte $Q^1(x)$ bzw. $Q^2(y)$ sind $\tilde{m}_Y$- bzw. $\tilde{m}_X$-meßbar für $\tilde{m}_X$- bzw. $\tilde{m}_Y$-fast alle $x \in X$ bzw. $y \in Y$.* – (2) *Es ist für $\tilde{m}_X$-fast alle $x \in X$ durch $(x \mapsto m_Y(Q^1(x)))$ eine reelle, nicht negative, beschränkte, $\tilde{m}_X$-meßbare (also $\tilde{m}_X$-summierbare) „Schnittmaßfunktion" erklärt; entsprechend ist $(y \mapsto m_X(Q^2(y)))$, $y \in Y$, $\tilde{m}_Y$-summierbar.* – (3) *Es gilt*

$$\tilde{m}(Q) = \int_X \tilde{m}_Y(Q^1(x))\,d\tilde{m}_X(x) = \int_Y \tilde{m}_X(Q^2(y))\,d\tilde{m}_Y(y).$$

**Zusatz.** Ist $Q \in \tilde{\mathfrak{M}}$ und $Q^1(x) \in \tilde{\mathfrak{N}}_Y$ für $\tilde{m}_X$-fast alle $x$, so ist $Q \in \tilde{\mathfrak{N}}$.

Anmerkung. Zwecks Bildung der Integrale in Behauptung (3) kann der Integrand in der $\tilde{m}_X$- bzw. $\tilde{m}_Y$-Nullmenge, in welcher er zunächst nicht erklärt ist, z. B. gleich Null gesetzt werden.

Beweis. Gemäß der Definition von $\tilde{m}|\tilde{\mathfrak{M}}$ existiert zu jedem $\tilde{Q} \in \tilde{\mathfrak{M}}$ ein $Q \in \mathfrak{M}$ und $\tilde{N} \subset \tilde{\mathfrak{N}}$ mit $Q \cap \tilde{N} = \emptyset$ und $\tilde{Q} = Q \cup \tilde{N}$. Daher ist $\tilde{m}(\tilde{Q}) = \tilde{m}(Q) = m(Q) = \int_X m_Y(Q^1(x))\,dm_X(x)$ (gemäß 7.2.). Weiter ist $\tilde{Q}^1(x) = Q^1(x) \cup \tilde{N}^1(x)$, also $\tilde{m}_Y(\tilde{Q}^1(x)) = \tilde{m}_Y(Q^1(x)) = m_Y(Q^1(x))$ $m_X$-fast überall. Damit ist $\tilde{m}_Y(\tilde{Q}^1(x))$ $\tilde{m}_X$-meßbar $\tilde{m}_X$-fast überall, weil $m_Y(Q^1(x))$ $\tilde{m}_X$-meßbar $\tilde{m}_X$-fast überall. Mithin folgt $\tilde{m}(\tilde{Q}) = \int_X m_Y(Q^1(x))\,dm_X(x) = \int_X \tilde{m}_Y(\tilde{Q}^1(x))\,d\tilde{m}_X(x)$ und ebenso $\tilde{m}(\tilde{Q}) = \int_Y \tilde{m}_X(\tilde{Q}^2(y))\,d\tilde{m}_Y(y)$.

**7.3.2.** Darstellung des $m$-Integrals als iteriertes $\tilde{m}_X, \tilde{m}_Y$-Integral. Vertauschbarkeit der Reihenfolge der Integrationen.

**Satz von Fubini.** Voraussetzung. (1) *Wie im 1. Satz von 7.2. Ferner sei $P := X \times Y$.* – (2) *Es sei $f: P \mapsto \mathbb{R}$ beschränkt und $\tilde{m}$-meßbar.*

Behauptung. (I) *Es ist $f(.,y): X \to \mathbb{R}$ mit $(x \mapsto f(.,y)(x) := f(x,y))$ $\tilde{m}_X$-meßbar für $\tilde{m}_Y$-fast alle $y \in Y$, so daß $g(y) := \int_X f(.,y)\,d\tilde{m}_X$ $\tilde{m}_Y$-fast überall existiert; ebenso existiert $h(x) := \int f(x,.)\,d\tilde{m}_Y$ $\tilde{m}_X$-fast überall.* – (II) *Es ist g $\tilde{m}_Y$-summierbar über Y und h $\tilde{m}_X$-summierbar über X, und es gilt:*

$$\int_{X\times Y} f(x,y)\,d\tilde{m}(x,y) = \int_Y(\int_X f(x,y)\,d\tilde{m}_X(x))\,d\tilde{m}_Y(y) = \int_X(\int_Y f(x,y)\,d\tilde{m}_Y(y))\,d\tilde{m}_X(x).$$

Beweis. (A) Ist der Satz richtig für jedes $f \geqq 0$, so auch für jedes $f \leqq 0$ und damit auch für jedes $f$ wegen $f = f^+ - f^-$ und wegen der Beschränktheit und $m$-Meßbarkeit von $f^{\pm}$. – (B) Es sei also $f \geqq 0$. Speziell für $f := 1_Q$ mit $Q \in \mathfrak{M}$ folgt der Satz aus 7.2. Daher gilt der Satz auch für jede beschränkte, $\tilde{m}$-meßbare (gewöhnliche) Treppenfunktion $t \geqq 0$. Gemäß 1.8.3. ist aber $f$ darstellbar als isotoner Limes solcher Treppenfunktionen $t_n \geqq 0$. – (C) Es sei demgemäß $f = \lim_n t_n$. Weil der Satz für $t_n$ gilt, existiert $N_n \in \mathfrak{N}_X$, so daß $t_n(x,.)$ für $x \in X \setminus N_n$ $\tilde{m}_Y$-summierbar ist. Zufolge 3.4., 2. Satz, gilt Gleiches für $f(x,.) = \lim_n t_n(x,.)$ für $x \in X \setminus N$ mit $N := \bigcup_n N_n \in \mathfrak{N}_X$. Nach dem Limessatz ist außerdem $\int_Y f(x,.)\,d\tilde{m}_Y = \lim_n \int_Y t_n(x,.)\,d\tilde{m}_Y$ $\tilde{m}_X$-fast überall erklärt und $\tilde{m}_X$-meßbar, sowie beschränkt. Daher existiert $\int_X(\int_Y f(x,y)\,d\tilde{m}_Y(y))\,d\tilde{m}_X(x) = \int_X(\lim_n \int_Y t_n(x,y)\,d\tilde{m}_Y(y))\,d\tilde{m}_X(x) = \lim_n \int_P t_n\,d\tilde{m} = \int_P f\,d\tilde{m}$. Entsprechend für $f(.,y)$.

**7.3.3.** Schichtenintegration.

**Satz.** Voraussetzung. *Es sei $D \subset X \times Y$ und $D \in \mathfrak{M}$, ferner sei $f: D \rightarrowtail \mathbb{R}$ $\tilde{m}$-meßbar und beschränkt.*

Behauptung.

$$\int_D f\,d\tilde{m} = \int_{D_X}(\int_D 1_{(x)} f(x,y)\,d\tilde{m}_Y(y))\,d\tilde{m}_X(x),$$

*worin $D_X := \{x : x \in X \wedge \bigvee_{y\in Y} (x,y) \in D\}$ die sogenannte „Projektion von D auf X" bedeutet.*

Beweis. Man erweitere $f|D$ zu einer Funktion $f'|X \times Y$ mit $f'|D = f$ und $f' = 0$ sonst; $f'$ ist $m$-meßbar und beschränkt. Die Anwendung von 7.3.2. auf $f'$ liefert die behauptete Gleichung.

Bemerkung. Die im Satz auftretenden Integrale $\int_D 1_{(x)} f(x,y)\,d\tilde{m}_Y(y)$ heißen „Schichtenintegrale" und die Berechnung von $\int_D f\,d\tilde{m}$ mit ihrer Hilfe „Schichtenintegration". Das damit in Zusammenhang stehende „Cavalierische Prinzip" (ursprünglich nur formuliert für die Berechnung von Volumina, d. h. für charakteristische Funktionen $f$) besagt im Grunde nur, daß der Wert von $\int_D f\,d\tilde{m}$ bereits durch die Werte der Schichtenintegrale eindeutig bestimmt ist.

**7.3.3.1.** Meßbarkeit und Maß von Ordinatenmenge und Graph einer reellen Funktion.

**1. Satz.** Voraussetzung. (1) *Es sei $f: D \rightarrowtail J := [0; a] \subset \mathbb{R}$, also $f$ beschränkt, und $O(f; D) := \{(x,y) : x \in D \wedge y \in [0; f(x)]\}$ die „Ordinatenmenge" von f über D (in $D \times J =: P$).* – (2) *Es sei $(D, \mathfrak{X}, m_X)$ ein Maßraum mit in $\mathfrak{p}(D)$ vollständigem $m_X$; außerdem sei $(J, \mathfrak{L}^1, \lambda^1)$ das eindimensionale klassische Lebesguesche Maß in J.* – (3) *Die kleinste in $\mathfrak{p}(D \times J)$ vollständige Erweiterung von $m_X \lambda^1$ sei mit $m|\mathfrak{M}$ bezeichnet.*

Behauptung. *Die Ordinatenmenge $O(f; D)$ ist m-meßbar genau dann, wenn f $m_X$-meßbar (also $m_X$-summierbar) ist. Und zwar gilt*

$$m(O(f; D)) = \int_D f dm .$$

Beweis. *Dann.* Die Summanden $G(f; D_r) m_X(D_r)$ bzw. $g(f; D_r) m_X(D_r)$ in den (zur gleichen Einteilung $(D_r)_r$ von $D$ gehörigen) Ober- bzw. Untersummen für das $m_X$-summierbare $f$ lassen sich deuten als die $m$-Maße von Intervallen $D_r \times [0; G(f; D_r)]$ bzw. $D_r \times [0; g(f; D_r)]$ aus $D \times J$, deren Vereinigungen $\bar{S}$ bzw. $\underline{S}$ dem $O(f, D)$ um- bzw. einbeschrieben sind: $\underline{S} \subset O(f; D) \subset \bar{S}$. Zu beliebigem $\varepsilon > 0$ gibt es aber $\underline{S}$ und $\bar{S}$ mit $0 \leqq m(\bar{S}) - m(\underline{S}) < \varepsilon$. Da $m$ vollständig ist, muß das zwischen $m$-meßbaren Mengen beliebig kleiner Maßdifferenz einschließbare $O(f; D)$ selbst $m$-meßbar sein und zwar ist $m(0(f; D)) = \lim m(S) = \int_X f dm_X$. – *Nur dann.* Ist $Q := O(f; D)$ $m$-meßbar, so ist der $Y$-Schnitt $Q^2(y)$ von $Q$ $m_X$-meßbar für $\lambda^1$-fast alle $y \in J$, also jedenfalls für alle $y$ aus einer in $J$ dichten Menge. Wegen $Q^2(y) = [y \leqq f]$ folgt nun die $m_X$-Meßbarkeit von $f$.

Als Graph von $f|D$, oder $(x, y)$-Bild von $f|D$ bezeichne man die Menge $B(f; D) := \{(x, y) : x \in D \wedge y = f(x)\}$. Es gilt:

**2. Satz.** Voraussetzung. (I) *wie Voraussetzung* (2) *und* (3) *in 1. Satz.* – (II) *Es sei* $f: D \rightarrowtail \mathbb{R}$ *$m_X$-meßbar und beschränkt.* – Behauptung. $m(B(f, D)) = 0$.

Beweis. Ist etwa $a \leqq f(x) \leqq b$ für alle $x \in D$, so ist nach (II) und 1. Satz die Menge aller $(x, y)$ mit $a \leqq y \leqq f(x)$ als Ordinatenmenge von $f - a$ $m$-meßbar, ebenso die Menge aller $(x, y)$ mit $f(x) \leqq y \leqq b$, und daher auch ihr Durchschnitt $B(f; D)$. Wegen $\lambda^1(B(f; D)^1(x)) = \lambda^1(\{f(x)\}) = 0$ hat somit nach 7.3.3. das $m$-Integral über die charakteristische Funktion von $B(f; D)$ den Wert $m(B(f; D)) = \int_D \lambda^1(B(f; D)^1(x)) dm_X(x) = 0$.

## 7.4. Volumen und Oberflächenmaß einiger elementarer Körper im $\mathbb{R}^n$

**7.4.1.** Der Fubinische Satz (Cavalierisches Prinzip) ermöglicht in zahlreichen Fällen eine einfache Volumen- oder Oberflächenberechnung. Nachdem wir durch die Betrachtungen von 6.5.4.1. (Maß $k$-dimensionaler Flächen) eine wohlbegründete Berechnungsvorschrift für Volumina von Flächenstücken im $\mathbb{R}^n$ haben, sind wir auch in der Lage, die mehr auf Anschauung begründeten Betrachtungsweisen bei der Berechnung von Inhalten durch Integrale (als Grenzwerte von Summen) zu verifizieren, was hier durch mehrere Beispiele geschehen soll. Zunächst sei an die allgemeine Formel erinnert:
Es sei $F \subset \mathbb{R}^n$ *injektives* und *dehnungsbeschränktes* Bild, $F = f(D)$, einer offenen Punktmenge $D \subset \mathbb{R}^k$ der Punkte $(y_1, \ldots, y_k)$, vermittelt durch die Abbildung

(1) $$f\colon D \rightarrowtail \mathbb{R}^n.$$

Dann sind die partiellen Ableitungen der Komponenten $f_1, \ldots, f_n$ von $f$ $\lambda^k$-fast überall vorhanden, $\lambda^k$-meßbar und beschränkt, so daß die Gramsche Determinante

$$G(f_{|1}, \ldots, f_{|n}) = \det(f_{|i}{}^T f_{|j})$$

$\lambda^k$-fast überall existiert und beschränkt ist. Es ist

(2) $$V(F) := \int_D G^{1/2} d\lambda^k$$

definitionsgemäß das $k$-Volumen des Flächenstücks $F$.

**7.4.2.** Beispiele.

(i) Die $n$-dimensionale (Voll-)Kugel $K_n(r)$ vom Radius $r$ im $\mathbb{R}^n$ der Punkte $(y_1, \ldots, y_n)$; ihr offener Kern wird beschrieben durch

$$y_1^2 + \ldots + y_n^2 < r^2.$$

Als Darstellung im Sinne von (1) nehmen wir die Identität, so daß $G = 1$ und

(3) $$V(K_n(r)) = \int_{K_n(r)} dy_1 \ldots dy_n.$$

Eine Ähnlichkeitsbetrachtung ergibt sofort $V(K_n(r)) = \gamma_n r^n$ mit $\gamma_n := V(K_n(1))$. Anwendung des Fubinischen Satzes auf (3) bei Auszeichnung von $y_n =: \eta$ ergibt

$$\begin{aligned} \gamma_n r^n &= \int_{\eta=-r}^{r} \left(\int_{y_1^2 + \ldots + y_{n-1}^2 < r^2 - \eta^2} dy_1 \ldots dy_{n-1}\right) d\eta \\ &= \int_{\eta=-r}^{r} (\gamma_{n-1}(r^2 - \eta^2)^{(n-1)/2} d\eta, \text{ also} \end{aligned}$$

(3) $$\gamma_n = \gamma_{n-1} \int_{-1}^{1} (1 - \xi^2)^{(n-1)/2} d\eta = \gamma_{n-1} \int_{-\pi/2}^{\pi/2} \cos^n \varphi \, d\varphi = 2K(n, 0)\gamma_{n-1} \quad \text{mit}$$

$$2K(n,0) = \begin{cases} (n-1)!!\,(n!!)^{-1}\pi & \text{für gerades } n, \\ (n-1)!!\,(n!!)^{-1}2 & \text{für ungerades } n \qquad (\text{I}, 9.7.3.). \end{cases}$$

Damit ergibt sich für die Volumina der (Voll-)Kugeln vom Radius 1:

(4) $$\gamma_{2m+1} = 2^{m+1}\pi^m((2m+1)!!)^{-1}, \quad \gamma_{2m} = \pi^m (m!)^{-1}, \quad m = 0, 1, 2, \ldots$$

(ii) Die $(n-1)$-dimensionale Sphäre $S_{n-1}(r)$ im $\mathbb{R}^n$ vom Radius $r$. Wir betrachten die Halbsphäre definiert durch Abbildung $f\colon K_{n-1}(r) \rightarrowtail \mathbb{R}^n$ gemäß

$$x_n = (r^2 - y_1^2 - \ldots - y_{n-1}^2)^{1/2} \quad \text{für} \quad y_1^2 + \ldots + y_{n-1}^2 < r^2$$

ergänzt durch $x_\nu = y_\nu$, $\nu = 1, \ldots, n-1$.

Hier ist es vorteilhafter, $G$ als Summe der Quadrate der $(n-1)$-reihigen Unterdeterminanten der Matrix der $f_{|y_1}, \ldots, f_{|y_{n-1}}$,

$$\begin{pmatrix} 1 & 0 & \ldots & 0 \\ 0 & 1 & \ldots & 0 \\ \cdots & \cdots & \cdots & \cdots \\ 0 & 0 & & 1 \\ \frac{-y_1}{\varrho} & \frac{-y_2}{\varrho} & \ldots & \frac{-y_{n-1}}{\varrho} \end{pmatrix} \text{mit } \varrho := (r^2 - y_1^2 - \ldots - y_{n-1}^2)^{1/2}$$

darzustellen, also

$$G = 1 + y_1^2 \varrho^{-2} + \ldots + y_{n-1}^2 \varrho^{-2} = r^2 \varrho^{-2}.$$

Für das Volumen der Halbsphäre erhalten wir, wieder mit Benutzung einer Ähnlichkeitstransformation,

$$2^{-1} \sigma_{n-1} r^{n-1} = \int_{y_1^2 + \ldots + y_{n-1}^2 < r^2} r \varrho^{-1} dy_1 \ldots dy_{n-1}.$$

Die Auszeichnung von $y_{n-1} =: \eta$ ergibt mit $r^2 - \eta^2 = q^2$

$$2^{-1} \sigma_{n-1} r^{n-1} = \int_{\eta=-r}^{r} r q^{-1} \left( \int_{y_1^2 + \ldots + y_{n-2}^2 < q^2} q (q^2 - y_1^2 - \ldots - y_{n-2}^2)^{-1/2} dy_1 \ldots dy_{n-2} \right) d\eta$$

$$= \int_{-r}^{r} r q^{-1} 2^{-1} \sigma_{n-2} q^{n-2} d\eta = 2^{-1} r \sigma_{n-2} \int_{-r}^{r} (r^2 - \eta^2)^{(n-3)/2} d\eta,$$

also

$$\sigma_{n-1} = \sigma_{n-2} \int_{-1}^{1} (1 - \xi^2)^{(n-3)/2} d\xi = \sigma_{n-2} 2K(n-2, 0).$$

Man erhält schließlich als Volumina der (ganzen) Sphären mit $r = 1: \sigma_1 = 2\pi$, $\sigma_2 = 4\pi$ und für $m \geqq 2$

$$\sigma_{2m-1} = 2^m \pi^m ((2m-2)!!)^{-1} \quad \text{und} \quad \sigma_{2m} = 2^{m+1} \pi^m ((2m-1)!!)^{-1}.$$

Aufgaben. (a) Man zeige $\gamma_{n+1} = (n+1)^{-1} \sigma_n$, $n \geqq 1$.

(b) Im $\mathbb{R}^n$ sei $p := ((r, \alpha_1, \ldots, \alpha_{n-1}) \mapsto (x_1, \ldots, x_n))$ die Transformation von Polarkoordinaten auf kartesische. Mit der in II., 3.20.12., berechneten Funktionaldeterminante $\det(p_n)$ verifiziere man die in (i) und (ii) gewonnenen Resultate für $\gamma_n$ und $\sigma_n$.

**(iii)** Streckenkörper im $\mathbb{R}^n$.

Ein $(k+1)$-dimensionaler Streckenkörper $Z$ im $\mathbb{R}^n$, $k+1 \leqq n$, ist folgendermaßen definiert: Es seien $F_0$ und $F_1$ dehnungsbeschränkte Bilder eines (abgeschlossenen) $k$-dimensionalen Würfels $W \subset \mathbb{R}^k$, dargestellt durch

$$x = f_i(y) \quad \text{mit} \quad y = (y_1, \ldots, y_k) \in W, \quad i = 0, 1$$

wobei insbesondere $F_0$ ein Elementarflächenstück (6.5.5.) ist. Ferner sei die Abbildung

(1) $$g := ((y, t) \longmapsto (1 - t) f_0(y) + t f_1(y), (y, t) \in W \times [0; 1])$$

im Bereich $W \times {}^+(0; 1)$ injektiv. Dann heißt das $g$-Bild von $W \times [0; 1]$ ein $(k + 1)$-dimensionaler Streckenkörper $Z$ mit dem „Boden" $F_0$ und der „Decke" $F_1$.

Beispiele von Streckenkörpern.

(I) Der $(k + 1)$-dimensionale Kegel. Dabei ist $F_1$ ein Punkt. Und zur Berechnung des $(k + 1)$-Volumens $V(Z)$ des Kegels $Z$ dient die allgemeine Formel

(2) $$V(Z) = \int_{t=0}^{1} (G(g_{|t}, g_{|y_1}, \ldots, g_{|y_k}))^{1/2} \, dt dy_1 \ldots dy_k,$$

die in speziellen Fällen, wie etwa den folgenden, vereinfacht werden kann, nämlich:
(I) (a) Es ist $f_1(y)$ konst. $= s$ die Spitze und die Gramsche Determinante

$$G(s - f_0(y), -t f_{0|y_1}, \ldots, -t f_{0|y_k}) = G(f_0(y) - s, f_{0|y_1}, \ldots, f_{0|y_k}) t^k,$$

so daß man in (2) die Integration über $t$ vorwegnehmen kann:

$$V = (k + 1)^{-1} \int_W (G(f_0 - s, f_{0|y_1}, \ldots, f_{0|y_k})^{1/2} dy_1 \ldots dy_k,$$

oder

(3) $$V = (k + 1)^{-1} \int_{F_0} h dm_k;$$

dabei ist

$$h := \left( \frac{G(f_0 - s, f_{0|y_1}, \ldots, f_{0|y_k})}{G(f_{0|y_1}, \ldots, f_{0|y_k})} \right)^{1/2}$$

der senkrechte Abstand der Spitze $s$ vom Tangentialraum an $F_0$ im Punkt $f_0(y)$ und

$$dm_k := (G(f_{0|y_1}, \ldots, f_{0|y_k}))^{1/2} dy_1 \ldots dy_k$$

das $k$-dimensionale „Volumelement" auf $F_0$. Es ist (3) in Übereinstimmung mit der bekannten Formel $(dm_k)h : (k + 1)$ für das Volumen einer $(k + 1)$-dimensionalen Pyramide mit einem ($k$-dimensionalen „ebenen") Boden des Inhaltes $dm_k$ und der zugehörigen Höhe $h$.
(II) Der Säulenstumpf. Mit einer kleinen Abänderung gegenüber (1) lautet dessen Darstellung (mit festem $a \in \mathbb{R}^n$ und $|a| = 1$):

(4) $$x = g(y, \tau) := f_0(y) + \tau a \quad \text{mit} \quad y \in W \quad \text{und} \quad 0 \leqq \tau \leqq r(y)$$

($r: W \rightarrow \mathbb{R}_0^+$ beschränkt und meßbar), wobei wir durchgehend Injektivität der Abbildung $g$ verlangen. Wir gehen zur „Querschnittsdarstellung" über:

$$x = h(y, \sigma) := f_0(y) - a(a^T f_0(y)) + a\sigma, \tag{4'}$$

wobei jetzt $\sigma$ gemäß $a^T f_0(y) \leqq \sigma \leqq a^T f_0(y) + r(y)$ variiert. Für die Gramsche Determinate von (4') erhalten wir

$$G(h_{|s}, h_{|y_1}, \dots, h_{|y_k}) = \begin{vmatrix} 1 & 0 & \dots & 0 \\ 0 & z_1{}^T z_1 & \dots & z_1{}^T z_k \\ \dots & \dots & \dots & \dots \\ 0 & z_k{}^T z_1 & \dots & z_k{}^T z_k \end{vmatrix}$$

mit $z_\kappa := f_{0|y_\kappa} - a(a^T f_{0|y_\kappa})$, $\kappa = 1, \dots, k$. Für das $(k+1)$-Volumen des Säulenstumpfes ergibt sich somit

$$V = \int G^{1/2} ds y_1 \dots dy_k = \int_W r(y) G(z_1, \dots, z_k)^{1/2} dy_1 \dots dy_k$$

$$V = \int_Q r\, dm_k, \tag{5}$$

worin $Q$ die „Querschnittfläche", dargestellt durch $x = h(y, 0)$, $y \in W$, und $dm_k$ das $k$-dimensionale Volumelement auf $Q$ bezeichnen. (5) entspricht der üblichen Berechnung von „Ordinatenmengen".

*Aufgabe.* Im $\mathbb{R}^3$ der Punkte $(x, y, z)$ berechne man das Volumen des Hyperboloidabschnittes $Z$, gekennzeichnet durch

$$x^2 + y^2 - z^2 \leqq 1 \wedge -1 \leqq z \leqq 1,$$

einmal als Rotationskörper und ein 2. und 3. Mal als Streckenkörper mit der Darstellung

$$\begin{cases} x = \varrho z \sin\varphi + \varrho \cos\varphi \\ y = -\varrho z \cos\varphi + \varrho \sin\varphi \end{cases} \tag{6}$$

mit $0 \leqq \varrho \leqq 1$, $0 \leqq \varphi < 2\pi$, $-1 \leqq z \leqq 1$.
(Da (6) in $z$ und in $\varrho$ linear ist, hat man in (6) zwei Darstellungen von $Z$ als Streckenkörper).

## 7.5. Schichtenprinzip bei äquidistanten Flächenscharen

**Satz.** Voraussetzung. (1) *Es sei $f = s$ die Normaldarstellung einer Schar $\mathfrak{F}$ äquidistanter Flächen $F(s) := \{x : x \in G \wedge f(x) = s\}$, welche die offene, zusammenhängende Menge $G \subset \mathbb{R}^n$ überdecken; dabei ist also $G = \bigcup_s G(s)$ mit $G(s) := G \cap F(s)$.* – (2) *Es bezeichne $\lambda^n$ bzw. $m_s$*

*das n-dimensionale Lebesguemaß im* $\mathbb{R}^n$ *bzw. das* $(n-1)$*-dimensionale Oberflächenmaß auf* $F(s)$ *im Sinne von 6.5.4.1.; die dort bezüglich der Flächen gemachten Voraussetzungen sollen jetzt auch für unsere* $F(s)$ *gelten.*

Behauptung. *Für ein m-summierbares* $h: G \rightarrowtail \mathbb{R}$ *gilt* $\int_G h d\lambda^n = \int_0^1 (\int_{G(s)} h dm_s) ds$ *(Schichtenprinzip bei Integration).*

Beweis. (I) Es existiert, etwa für $F(0)$, eine Parameterdarstellung $x(y) := (\xi_1(y), \ldots, \xi_n(y))$ mit $y := (\eta_1, \ldots, \eta_{n-1}) \subset P \subset \mathbb{R}^{n-1}$, wobei $P$ die „Karte" von $F(0)$. Die Gesamtheit der $F(s)$ läßt sich dann (mittels der Orthogonaltrajektorien darstellen als $((s, y) \mapsto \tilde{x}(s, x(y))$; dabei ist $G = \{\tilde{x}(s, x(y)) : s \in J \wedge y \in P\}$. Wir fassen nun $((s, y) \mapsto \tilde{x}(s, x(y))$ als Variablentransformation auf und benützen diese zur Transformation des Integrals $\int_G h d\lambda^n$ (gemäß der Transformationsregel in 4.5.).

(II) Die Funktionalmatrix $M$ der Transformation lautet:

$$M := (\tilde{\xi}_{\nu|s}, \textstyle\sum_\varrho \tilde{\xi}_{\nu|\xi_\varrho} \xi_{\varrho|\eta_1}, \ldots, \sum_\varrho \tilde{\xi}_{\nu|\xi_\varrho} \xi_{\varrho|\eta_{n-1}})_n^{\nu=1}.$$

Wegen $\sum_\nu (\tilde{\xi}_{\nu|s})^2 = 1$ und $\sum_{\nu,\varrho} \tilde{\xi}_{\nu|s} \tilde{\xi}_{\nu|\xi_\varrho} \xi_{\varrho|\eta_\mu} = \alpha \sum_\varrho g_\varrho \xi_{\varrho|\eta_\mu} = 0$ (letzteres weil die Normale $(g_\varrho)$ und der Tangentenvektor $(\xi_{\varrho|\eta_\mu})$, $\mu = 1, \ldots, n-1$, an die Fläche orthogonal sind) ergibt sich $(\det M)^2 = \det A$ (Gramsche Determinante). Für die Matrix

$$N := (\textstyle\sum_\varrho \tilde{\xi}_{\nu|\xi_\varrho} \xi_{\varrho|\eta_1}, \ldots, \sum_\varrho \tilde{\xi}_{\nu|\xi_\varrho} \xi_{\varrho|\eta_{n-1}})_n^{\nu=1}$$

ist also $\det A$ gleich der Summe der Quadrate der $(n-1)$-reihigen Unterdeterminanten von $N$ (vgl. II., 1.4.2.). Somit gilt $d\lambda^n = dx_1 \ldots dx_n = (\det A)^{1/2} d\eta_1 \ldots d\eta_{n-1} ds = dm_s ds$.

## 7.6. Produkte aus abzählbar vielen Maßen. Limiten zugehöriger Integrale

In Ergänzung von 7.1.–7.2. soll noch für den Fall der Produkte von abzählbar unendlich vielen Maßen folgendes nachgetragen werden.

Es sei $\mathfrak{A}_\nu$, $\nu = 1, 2, \ldots$, eine $\sigma$-Algebra mit der Einheit $E_\nu$, ferner sei $m_\nu | \mathfrak{A}_\nu$ ein Maß mit $m_\nu(E_\nu) = 1$ (also $0 \leqq m_\nu(A_\nu) \leqq 1$ für $A_\nu \in \mathfrak{A}_\nu$). Wir setzen $E := \times_\nu E_\nu$ und bezeichnen als Intervalle $J := \times_\nu J_\nu$ mit $J_\nu \in \mathfrak{A}_\nu$ die folgendermaßen erklärten Produkte: $J := \emptyset$, falls $J_\nu = \emptyset$ für (mindestens) ein $\nu$; anderenfalls soll $J_\nu := E_\nu$ sein für alle $\nu$ bis auf (höchstens) *endlich viele Ausnahmen*. Das System aller Intervalle $J$ sei $\mathfrak{J}$. Es ist dann $\mathfrak{J}_s$ eine Algebra $\mathfrak{A}$ mit der Einheit $E$ (ergibt sich wie in 7.1.). Mit der Definition $m(\emptyset) := 0$ bzw. $m(J) := m_{\nu_1}(J_{\nu_1}) \ldots m_{\nu_t}(J_{\nu_t})$ für $J = J_{\nu_1} \times \ldots \times J_{\nu_t}$*) erhält man den „Produktinhalt

*) Abkürzung für $J = J_{\nu_1} \times \ldots \times J_{\nu_t} \times E'$ mit $E' := \times_{\nu'} E_{\nu'}$ und $\nu' \in \mathbb{N} \setminus \{\nu_1, \ldots, \nu_t\}$.

$m|\mathfrak{A}$ aus den $m_\nu|\mathfrak{A}_\nu$", der sich als Prämaß erweist. Gemäß 2.4. existiert die als „Produktmaß der $m_\nu|\mathfrak{A}_\nu$" bezeichnete Erweiterung $m|\mathfrak{B}(\mathfrak{A})$ dieses Prämaßes $m|\mathfrak{A}$ (für den Beweis, daß $m|\mathfrak{A}$ Prämaß ist, vgl. Lit.).

Im Folgenden wird uns $m|\mathbf{B}(\mathfrak{A})$ nur als Produktmaß (in $E$) der beiden Produktmaße $m_r'|\mathfrak{A}_r'$ und $m_r''|\mathfrak{A}_r''$ beschäftigen; dabei bezeichnet $m_r'|\mathfrak{A}_r'$ bzw. $m_r''|\mathfrak{A}_r''$ das Produktmaß (in $E_r' := E_1 \times \ldots \times E_r$ bzw. in $E_r'' := E_{r+1} \times E_{r+2} \times \ldots$) der $m_1|\mathfrak{A}_1, \ldots, m_r|\mathfrak{A}_r$ bzw. aller $m_{r+t}|\mathfrak{A}_{r+t}$, $t \geqq 1$.

Es sei nun $f: E \rightarrow\!\!- \mathbb{R}$ mit $(x \mapsto\!\!- f(x))$, $x \in E$ ($m$-meßbar und) $m$-summierbar über $E$. Weiter sei $x := (x_r', x_r'')$ mit $x_r' \in E_r'$, $x_r'' \in E_r''$, $r = 1, 2, \ldots$ Es gibt dann eine $m_r'$-Nullmenge $N_r'$ derart, daß $f_r'$: $(E_r' \setminus N_r') \times E_r'' \rightarrow\!\!- \mathbb{R}$ existiert und endlich ist, wenn $f_r'(x_r', x_r'') := \int_{E_r''} f(x_r', x_r'') dm_r''$. O.B.d.A. kann $N_r' = \emptyset$ angenommen werden. Es ist $f_r'$ als konstant bei konstantem $x_r'$ anzunehmen; und $f_r'$ ist $m_r'$-summierbar. Entsprechendes gilt für $f_r''(x_r', x_r'') := \int_{E_r'} f(x_r', x_r'') dm_r'$.

Gefragt wird nach dem Verhalten von $f_r'$ und $f_r''$ bei $r \sim +\infty$. Eine Antwort gibt der

**Satz.** (i') $f = \lim_r \int_{E_r''} f dm_r''$ *und* (i'') $\int_E f dm = \lim_r \int_{E_r'} f dm_r'$.

Beweis *betr.* (i'). – (**I**') Es sei $X_r' \in \mathfrak{A}_r'$, $X_r'' \in \mathfrak{A}_r''$, also $(X_r', X_r'') \in \mathfrak{A}$, und $F(X_r', E_r'') := \int_{X_r'} f_r' dm_r'$. Wir betrachten das System $\mathfrak{Z}_r'$ aller „$\mathfrak{A}_r'$-Zylinder" $Z_r' := S_r' \times E_r'' \in E$, wobei $S_r' \in \mathfrak{A}_r'$ und $m(Z_r') = m_r'(S_r')$. Es ist $\mathfrak{Z}_r'$ eine zu $\mathfrak{A}_r'$ isomorphe $\sigma$-Algebra (denn die Operationen $\cup$, $C$, usw. mit den $Z_r'$ wirken sich lediglich auf die $S_r'$ aus). Es gilt $\mathfrak{Z}_r' \subset \mathfrak{Z}_{r+1}'$, sodaß $\mathfrak{Z}' := \bigcup_r \mathfrak{Z}_r' \subset \mathfrak{A}$ und $m|\mathfrak{A}$ die kleinste Erweiterung von $m|\mathfrak{Z}'$ zu einem Maß in $E$ ist.
(**II**') Zum Beweis von (i') genügt der Beweis von

$$\text{(i' 1)} \qquad F(Z_r') = \int_{Z_r'} f dm = \int_{Z_r'} f_r' dm = \int_{S_r'} f_r' dm_r'$$

für jedes

$$Z_r' = S_r' \times E_r'' \in \mathfrak{Z}_r' \subset \mathfrak{Z}'$$

und alle $r = 1, 2, \ldots$

In der Tat: Es gelte (i' 1). Dann ist $f_r'$ ein $m$-Integrand von $F|\mathfrak{Z}'$ und ein $m_r'$-Integrand von $F|\mathfrak{Z}_r'$. Gemäß 4.6.2., Satz 1., Zusatz, ist $f$ bzw. $f_r'$ sogar normierter $m$- bzw. $m_r'$-Integrand. Daher sind für $\mathfrak{Z}_r'$, $\mathfrak{A}$, $f_r'$ und $F$ die in 4.6.3. über $\mathfrak{A}_r$, $\mathfrak{A}'$, $\varphi_r$ und $f$ gemachten Voraussetzungen erfüllt, woraus $f = \limsup_r f_r' = \liminf_r f_r'$ (mod $\mathfrak{m}$) für $\mathfrak{m} := \mathfrak{A}^0(m)$ folgt.
(**III**') Beweis *von* (i' 1). Wegen $m_r''(E_r'') = 1$ und $f_r'(x_r', x_r'') = \text{konst.}$ bei konstantem $x_r'$ gilt $\int_{E_r''} f dm_r'' = f_r' = \int_{E_r''} f_r' dm_r''$, also $F(Z_r') = \int_{S_r'} (\int_{E_r''} f dm_r'') dm_r' = \int_{S_r'} (\int_{E_r''} f_r' dm_r'') dm_r' = \int_{Z_r'} f_r' dm$.

Beweis *betr.* (i''). – (**I**'') Entsprechend zu (i') (I') hat man: Es ist $f_r''$ $m_r''$-summierbar über $E_r''$ und o.B.d.A. endlich mit $F(E) = \int_{E_r''} f_r'' dm_r''$. Analog zu (i') (I') sei $\mathfrak{Z}_r''$ die $\sigma$-Algebra der „$\mathfrak{A}_r''$-Zylinder" $Z_r'' := E_r' \times S_r'' \subset E$ mit $S_r'' \in \mathfrak{A}_r''$; es ist $m(Z_r'') = m_r''(S_r'')$. Hier hat man $\mathfrak{Z}_{r+1}'' \subset \mathfrak{Z}_r''$; und $\mathfrak{Z}'' := \lim_r \mathfrak{Z}_r''$ ist die größte in allen $\mathfrak{Z}_r''$ enthaltene $\sigma$-Algebra (in $\mathfrak{A}$).

(**II**$''$). Zum Beweis von (i$''$) genügt es, zu zeigen, daß

(**i**$''$ 1) $F(Z_r'') = \int_{Z_r''} f dm = \int_{Z_r''} f_r'' dm = \int_{S_r''} f_r'' dm_r''$ für alle $Z_r''$ und alle $r$, sowie daß

(**i**$''$ 2) $f'' := \lim_r f_r''$ existiert und daß $m([F(E) = f'']) = 1$.

In der Tat: Es gelte (i$''$ 1). Wie in (II$'$) ergeben sich für $\mathfrak{Z}_r'', \mathfrak{Z}'', f''$ und $F$ die in 4.6.3. über $\mathfrak{A}_r$, $\mathfrak{A}''$, $\varphi_r$ und $f$ gemachten Annahmen, sodaß für die letzteren die dortige Beh. (B$''$) gilt, also $f'' = \lim_r f_r''$ (mod $\mathfrak{m}$) existiert (in $E$) und normierter $m''$-Integrand von $F$ ist, wobei $m'': \mathfrak{Z}'' \longrightarrow \mathbb{R}_0^+$ mit $m''(Z'') := m(Z'')$ für $Z'' \in \mathfrak{Z}''$. Für $r \rightsquigarrow +\infty$ folgt dann (i$''$) aus (i$''$ 1), falls $m([F(E) = f'']) = 1$.

(**III**$''$) Zum Beweis für $m([F(E) = f'']) = 1$ genügt es aber, daß $m(Z'') = 0$ oder $= 1$ für $Z'' \in \mathfrak{Z}''$, welche letzteres zunächst gezeigt werden soll. Zunächst ist $Z'' \in \mathfrak{Z}_r''$ für jedes $r$, wenn $Z'' \in \mathfrak{Z}''$, wenn also $Z'' = E_r' \times Z_r''$ mit von $r$ und von $Z''$ abhängigem $Z_r''$. Für $Z_r' = S_r' \times E_r'' \subset \mathfrak{Z}_r'$ ist $Z'' \cap Z_r' = S_r' \times Z_r''$, also $m(Z'' \cap Z_r') = m_r'(S_r')m_r''(Z_r'')$. Zufolge $m_r'(E_r') = m_r''(E_r'') = 1$ gilt daher

(**i**$''$ 3) $m(Z'' \cap Z_r') = m(Z'')m(Z_r')$ für $Z'' \in \mathfrak{Z}''$ und $Z_r' \in \mathfrak{Z}'$ sowie für jedes $r$ (wobei $Z_r' \in \mathfrak{Z}'$ aus $\mathfrak{Z}_r' \subset \mathfrak{Z}'$ folgt).

Weiter betrachten wir die kleinste Algebra $\mathfrak{J}$ über dem System der Intervalle $\bigtimes_t A_t$ mit $A_t \in \mathfrak{A}_t$. Es gilt $\mathfrak{J} \subset \mathfrak{Z}' \subset \mathfrak{A}$; und $m|\mathfrak{A}$ ist die (in $\mathfrak{p}(E)$) kleinste Erweiterung von $m|\mathfrak{J}$ und damit von $m|\mathfrak{Z}'$ zu einem endlichen Maß. Zu jedem $A \in \mathfrak{A}$ und jedem $\varepsilon > 0$ gibt es daher (vgl. 2.4.1.) $Z' = Z_r' \in \mathfrak{Z}'$ mit $m(A + Z_r') < \varepsilon$, woraus mit Benutzung von $m(Z'') \leqq 1$ folgt, daß $|m(Z'')m(A) - m(Z'')m(Z_r')| < \varepsilon$. Wegen $Z_r' \in \mathfrak{Z}'$ und (i$''$ 3) gilt für $Z'' \in \mathfrak{Z}''$ aber $m(Z'' \cap Z_r') = m(Z'')m(Z_r')$ und folglich $|m(Z'')m(A) - m(Z'' \cap Z_r')| < \varepsilon$. Da $A \in \mathfrak{A}$ beliebig ist, kann $Z'' = A$ gesetzt werden. Und da $\varepsilon > 0$ beliebig ist, folgt mit $Z_r' \subset A = Z''$, daß $\lim_r m(Z'' \cap Z_r') = 0$. Man erhält so aus der zuletzt bewiesenen Ungleichung, daß $|m(Z'')m(Z'') - m(Z'')| = m(z'')|m(Z'') - 1| = 0$, und damit die eingangs von (III$''$) aufgestellte Behauptung.

(**IV**$''$) Aus $m(Z'') = 0$ oder $= 1$ folgt nun $m([F(E) = f'']) = 1$. Zunächst ist $f''$ $m''$-summierbar, also $m''$-meßbar; es existieren also $[F(E) > f''] \in \mathfrak{Z}''$, $[f(E) < f''] \in \mathfrak{Z}''$ usw. Wäre nun $m([f(E) = f'']) \neq 1$, so etwa $m([F(E) > f'']) > 0$ und daher wegen (III$''$) $m([F(E) > f'']) = 1$. Daraus folgt aber $F(E) > \int_E f'' dm$ im Widerspruch dazu, daß $f''$ ein $m$-Integrand von $F$ ist.

Bemerkung. Es sei (mit Benutzung der im Satz benutzten Bezeichnungen) $x = (x_r', x_r'')$ mit $x_r' \in E_r'$, $x_r'' \in E_r''$. Ferner sei $f: E \longrightarrow \mathbb{R}$ $m$-meßbar mit $(x \longmapsto f(x) := g(x_r''))$ für jedes $x \in E$ und jedes $r$. Dann ist $f$ konstant $m$-fast überall in $E$, in dem Sinne, daß ein $\alpha \in \mathbb{R}$ existiert mit $m([f \neq \alpha]) = 0$.

Beweis. O.B.d.A. kann $f$ als in $E$ beschränkt angenommen werden; denn gemäß 3.2.2.3., bleiben bei Schränkungstransformation Meßbarkeit und $(x \longmapsto g(x_r''))$ erhalten. Gemäß 7.3.2. existiert $m_r'$-fast überall $f_r'$ mit $f_r'(x_r') = \int_{E_r''} g(x_r'') dm_r'' = \int_E f dm = \text{konst.} = \alpha$. Zufolge der Beh. (i$'$) des obigen Satzes ist nun $f = \alpha$ (mod $\mathfrak{m}$).

Achter Teil

# Sätze von Gauß und Stokes*)

## 8.0. Einleitung

Der „Fundamentalsatz“ der Differential- und Integralrechnung $\int_a^b f dx = F(b) - F(a)$, wobei $F$ eine stetig differenzierbare Funktion auf einem Intervall $[a; b]$ der Zahlgeraden $\mathbb{R}$ und $f$ ihre Ableitung ist, drückt das Integral von $f$ über $[a; b]$ aus durch die Werte von $F$ in den Randpunkten des Integrationsbereiches $[a; b]$. Die Frage liegt nahe, ob analoge Sätze für Funktionen von mehreren Variablen gelten. Zwei derartige Sätze sind die klassischen Integralsätze von Gauß und Stokes. Sie drücken gewisse Integrale über ein Gebiet im $\mathbb{R}^2$ bzw. eine Fläche im $\mathbb{R}^3$ aus durch Integrale über den Rand des Gebietes bzw. der Fläche. Im folgenden beweisen wir einen sie zusammenfassenden und zugleich verallgemeinernden Satz; wir nennen ihn den Gauß-Stokesschen Satz. Am Schluße geben wir noch an, wie man diesem Satz durch Verwendung der alternierenden Differentialformen (vgl. II., 3.13.3I) die folgende sehr elegante (koordinatenfreie) Kurzform geben kann

$$\text{(St)} \qquad \int_F d\omega = \int_{\partial F} \omega \,.$$

Hierbei bezeichnet $F$ eine „orientierte Fläche“ im $\mathbb{R}^m$ und $\partial F$ dessen (entsprechend orientierten) Rand, $\omega$ eine alternierende Differentialform und $d\omega$ deren Differential; das Integral linker bzw. rechter Hand ist das „orientierte“ Integral bezüglich des $n$- bzw. $(n-1)$-dimensionalen Maßes auf $F$ bzw. auf $\partial F$ (vgl. II., 6.5.4.1.).

Bevor die in 8.2.ff. auftretenden Begriffe allgemein definiert werden, möge der Gauß-Stokessche Satz an einigen einfachsten Beispielen, wie sie in der mathematischen Physik auftreten, erläutert werden; die in diesen Beispielen vorkommenden Funktionen sind als hinreichend oft stetig differenzierbar vorausgesetzt.

*) Dieser 8. Teil ist (bis auf 8.1.) von Herrn G. Nöbeling verfaßt auf Grund unseres, sich an § 11.3. der 2. Auflage (= HAP III) anlehnenden Entwurfs.

## 8.1. Beispiele

1. Beispiel. Es sei $n = 2$, ferner $F$ eine Kreisscheibe im $\mathbb{R}^2$, d.h. der $(\xi, \eta)$-Ebene, und $\partial F := \{(\xi(s), \eta(s)) : s \in [0; 2\pi]\}$, wobei $s$ die Bogenlänge und wachsendem $s$ der „positive Umlaufsinn" entspricht. Für $f, g : F \longrightarrow \mathbb{R}$ gilt dann

$$(1_2) \qquad \int_F (f_{|\xi} + g_{|\eta}) d\lambda^2 = \int_{\partial F} (f\eta' - g\xi') d\lambda^1 ,$$

wobei $\xi' = d\xi/ds$ usw., ferner $f_{|\xi} = \dfrac{\partial f}{\partial \xi}$ usw. (vgl. II., 3.1.3.1.).

1. Anmerkung. *Betr. Anwendung des Kalküls der alternierenden Differentialformen.* Für den Differentialoperator $d$ (im Sinne von II., 3.13.) gilt bekanntlich: (1) es ist $d$ linear. – (2) $d(A \wedge B) = (dA) \wedge B + A \wedge (dB)$. – (3) Für eine Differentialform 0-ter Ordnung, d.h. für eine skalare Funktion $f$ ist $df = f_{|\xi} d\xi + f_{|\eta} d\eta$, woraus (wegen $d(dx) = 0$ und zufolge des Vertauschbarkeitssatzes für gemischte partielle Ableitungen) sich $d(dA) = 0$ ergibt. Gemäß den Rechenregeln für das $\wedge$-Produkt erhält man für $\omega := f d\eta - g d\xi$ das Differential $d\omega = df \wedge d\eta - dg \wedge d\xi = (f_{|\xi} + g_{|\eta}) d\xi \wedge d\eta$. Damit sind wir (bei geeigneter „Orientierung" der Integrale) zu (St) gelangt.

2. Anmerkung. *Betr. Vektorschreibweise* (bei physikalischer Deutung). Wir betrachten $\mathfrak{u} := (f, g)$ als Geschwindigkeitsvektor einer stationären 2-dimensionalen Strömung, wobei $div\, \mathfrak{u} := f_{|\xi} + g_{|\eta}$ den (punktalen) „Quellenwert" (wenn $> 0$ „Quelle", wenn $< 0$ „Senke") liefert. Wird mit $\mathbf{n} := (\eta', -\xi')$ der ins Äußere von $F$ gerichtete, zu $\partial F$ senkrechte Einheitsvektor bezeichnet, so lautet $(1_2)$

$$\int_F div\, \mathfrak{u}\, d\lambda^2 = \int_{\partial F} \mathfrak{u} \mathbf{n}\, d\lambda^1 ,$$

was die Bilanz über die in $F$ ausquellende bzw. versickernde Flüssigkeit und die durch $\partial F$ aus- bzw. einströmende (vgl. II., 3.11.6.).

2. Beispiel. Es sei $m = 3$, $n = 2$ und $F$ ein Gebiet auf einer Kugeloberfläche, d.h. auf einer 2-Sphäre $S$ im $\mathbb{R}^3$ (der $(\xi, \eta, \zeta)$), wobei $F$ von einem Kreis $\partial F$ auf $S$ begrenzt wird. Ferner seien $f, g, h : G \longrightarrow \mathbb{R}$, unter $G$ eine offene Umgebung von $F$ im $\mathbb{R}^3$ verstanden und unter $\mathbf{n}$ den ins Äußere von $S$ gerichteten, zu $F$ senkrechten Einheitsvektor. Für $\mathfrak{v} := (f, g, h)$ gilt dann

$$(1_3) \qquad \int_F \mathbf{n}\, rot\, \mathfrak{v}\, dO_2 = \int_{\partial F} \mathfrak{t} \mathfrak{v}\, dO_1 ;$$

dabei ist $0_2$ das Oberflächenmaß auf $S$, ferner $0_1$ das Bogenmaß (die Bogenlänge) von $\partial F$ und $\mathfrak{t}$ der Tangentialeinheitsvektor in Richtung der positiven Durchlaufung von $\partial F$ (d.h. desjenigen $\mathfrak{t}$, der zusammen mit einer Fortschreitung in Richtung $\mathbf{n}(M)$ im Mittelpunkt $M$ von $F$ eine gleichorientierte Schraubung ergibt wie die, welche durch kürzeste Drehung der positiven $\xi$-Achse in die positive $\eta$-Achse mit einer Fortschreitung in Richtung der positiven $\zeta$-Achse zustande kommt) und schließlich

$$rot\,\mathfrak{v} := (h_{|\eta} - g_{|\zeta}, f_{|\zeta} - h_{|\xi}, g_{|\xi} - f_{|\eta})$$

(betr. *rot* vgl. II., 3.13.1.).

3. Anmerkung. *Betr. Anwendung der alternierenden Differentialformen.* Für $\omega := f d\xi + g d\eta + h d\zeta$ hat man $d\omega = (h_{|\eta} - g_{|\zeta}) d\eta \wedge d\zeta + (f_{|\zeta} - h_{|\xi}) d\zeta \wedge d\xi + (g_{|\xi} - f_{|\eta}) d\xi \wedge d\eta$. Die Gleichsetzung der 3 Terme von $d\omega$ mit den entsprechenden drei von $\mathbf{n}\, rot\, \mathfrak{v}\, d O_2$ ergibt (St) aus $(1_3)$.

4. Anmerkung. *Betr. Beziehung von* $(1_3)$ *zum Satz vom vollständigen Differential* (vgl. II., 3.8.1.). – Es gilt $(1_3)$ auch für allgemeinere Flächenstücke $F$. Daher folgt aus $(1_3)$, daß $rot\,\mathfrak{v} = 0$ in $G$ gleichbedeutend ist mit $\int_{\partial F} \mathfrak{t}\mathfrak{v}\, dO_1 = 0$ für beliebige geschlossene Kurven $\partial F$ in $G$, d.h. damit, daß das Kurvenintegral $\int_B (f d\xi + g d\eta + h d\zeta)$ längs eines Weges $B$ in $G$ nur von den Endpunkten $a$ und $b$ von $B$ abhängt. Andererseits besagt $rot\,\mathfrak{v} = 0$, daß das System partieller Differentialgleichungen $\varphi_{|\xi} = f$, $\varphi_{|\eta} = g$, $\varphi_{|\zeta} = h$ Lösungen $\varphi$ besitzt (II., 3.8.1.); m.a.W. daß $f d\xi + g d\eta + h d\zeta$ ein vollständiges Differential ist, nämlich $d\varphi$, woraus $\int_B d\varphi = \varphi(b) - \varphi(a)$ folgt.

5. Anmerkung. *Bei physikalischer Deutung* von $(1_3)$ wird $\mathfrak{v}$ gedeutet als ein Kraftfeld und die rechte Seite von $(1_3)$ als die Arbeit, welche die Kraft $\mathfrak{v}$ bei Durchlaufung von $\partial F$ um $F$ leistet. Und $rot\,\mathfrak{v}$ selbst deutet man als einen dem $\mathfrak{v}$ zugeordneten „Kraftfluß" (Strömung); daher bedeutet dann die linke Seite von $(1_3)$ den Gesamtfluß durch $F$. (Es findet $(1_3)$ Anwendung insbesondere in der Elektrodynamik).

4. Beispiel. Es sei $n = 3$ und $F$ eine Vollkugel im $\mathbb{R}^3$, also $\partial F$ eine 2-Sphäre; ferner sei $\mathbf{n}$ der ins Äußere von $F$ gerichtete Einheitsvektor, senkrecht zu $\partial F$; schließlich seien $u, v$: $F \rightarrowtail \mathbb{R}$. Dann gilt die (Greensche) Formel

(G) $$\int_F (u\Delta v + (\operatorname{grad} u)(\operatorname{grad} v))\, d\lambda^3 = -\int_{\partial F} u(\mathbf{n} \operatorname{grad} v)\, dO_2,$$

wobei $\Delta v := v_{|\zeta\zeta} + v_{|\eta\eta} + v_{|\xi\xi}$ und $O_2$ das Oberflächenmaß auf $\partial F$.
Aus (G) folgt

(G′) $$\int_F (u\Delta v - v\Delta u)\, d\lambda^3 = \int_{\partial F} (v(\mathbf{n} \operatorname{grad} u) - u(\mathbf{n} \operatorname{grad} v))\, dO_2.$$

Anwendung von (G′): Es sei speziell $\Delta u = \alpha' k u$ und $\Delta v = \alpha'' k v$ mit $k: F \rightarrowtail \mathbb{R}^+$ und konstanten $\alpha', \alpha'' \in \mathbb{R}$. Außerdem sei auf $\partial F$ die Randbedingung $v(\mathbf{n} \operatorname{grad} u) - u(\mathbf{n} \operatorname{grad} v) = 0$ erfüllt, z.B. $u = v = 0$ auf $\partial F$. Für $\alpha' \neq \alpha''$ folgt dann aus (G′), daß $\int_F kuv\, d\lambda^3 = 0$.

Bemerkung. Entsprechende Formeln gelten für $n = 2$ (vgl. I., 9.7.7.2., Aufg. (II)), etwa für $F$ als eine Kreisscheibe. In diesem Falle lautet eine physikalische Deutung bei der Randbedingung $u = 0$: Es entsprechen den Lösungen von $\Delta u - \alpha k u = 0$, welche der Randbedingung $u = 0$ längs $\partial F$ genügen, die Eigenschwingungen einer längs $\partial F$ eingespannten Membran. (Es gibt nur reelle, abzählbar viele Werte $\alpha$, die sogen. Eigenwerte des Randwertproblems, für die „Eigenfunktionen" existieren, d.h. Lösungen von $\Delta u - \alpha k u = 0$, die den Randbedingungen genügen). Vgl. 9.6.4.1.

5. Beispiel. *Divergenz und Rotation als Ableitungen.*

Aus $(1_2)$ erschließt man die Limesformel

$$(1_2') \qquad (div\,\mathfrak{u})(P) = \lim_{F \rightsquigarrow P} \frac{\int_{\partial F} (\mathfrak{u}\mathfrak{n})\, d\lambda^1}{\int_F d\lambda^2},$$

worin $F \rightsquigarrow P$ besagt, daß sich $F$ auf das feste Zentrum $P$ zusammenzieht.
Aus $(1_3)$ folgt in analoger Weise

$$(1_3') \qquad \mathfrak{n}_P (rot\,\mathfrak{v})(P) = \lim_{F \rightsquigarrow P} \frac{\int_{\partial F} (\mathfrak{t}\mathfrak{v})\, d\lambda^1}{\int_F d\lambda^2},$$

worin $F \rightsquigarrow P$ besagt, daß sich $F$ auf den festen Mittelpunkt $P$ (auf $S$) zusammenzieht, wobei die Normalvektoren $\mathfrak{n}$ von $F$ der Grenzlage $\mathfrak{n}_P$ zustreben.
Die Formeln $(1_2')$ bzw. $(1_3')$ lassen $div\,\mathfrak{u}$ bzw. $rot\,\mathfrak{v}$ als Derivierte einer skalaren bzw. vektoriellen Mengenfunktion erscheinen.

## 8.2. Gauß-Stokesscher Satz für das Simplex

**8.2.1.** Vorbereitungen. Unter $\mathbb{R}^m$, $m \geqq 2$, wird je nach Bedarf der euklidische Vektor- oder Punktraum $\sigma$ verstanden und $y \in \mathbb{R}^m$ daher als Vektor oder Punkt gedeutet. Um welche dieser beiden Interpretationen es sich jeweils handelt, wird nur angemerkt, falls Mißverständnisse zu befürchten sind.
Weiter sei $\mathfrak{b}_y := (y_1, \ldots, y_m)$ eine Orthonormalbasis*) des $\mathbb{R}^m$ mit den zugehörigen Koordinaten $\eta_1, \ldots, \eta_m$. Es sei $S$ ein $n$-Simplex im $\mathbb{R}^m$, $2 \leqq n \leqq m$. Der Rand $\partial S$ von S ist Vereinigung von $n + 1$ Simplizes der Dimension $n - 1$, die mit $R$ bezeichnet seien.

**8.2.1.1.** Unsere erste Aufgabe ist es in $S$ Parameter $\sigma_1, \ldots, \sigma_n$ einzuführen und im Anschluß daran in jedem $R$ Parameter $\varrho_2, \ldots, \varrho_n$.
**(A)** Es sei $[S]$ die $S$ enthaltende $n$-Ebene. In der zu $[S]$ parallelen $n$-Ebene $[S]_0$ durch den

*) Orthonormalbasis := orthonormierte Basis

Ursprung 0 des $\mathbb{R}^m$ wählen wir eine Orthonormalbasis $\mathfrak{b}_S := (s_1, \ldots, s_n)$ und in $[S]$ einen Punkt $p_S$. Dann hat jeder Punkt $p \in S$ eine eindeutige Darstellung $p = p_S + \sigma_1 + \ldots + \sigma_n s_n$. Diese Skalare $\sigma_1, \ \ldots, \sigma_n$ sind schon die gesuchten Parameter in $S$.

(**B**) Parameter $\varrho_2, \ldots, \varrho_n$ in jedem $(n-1)$-Simplex $R$ des Randes $\partial S$ von $S$ erhalten wir folgendermaßen: Es sei $[R]$ die $R$ enthaltende $(n-1)$-Ebene und $[R]_0$ die zu $[R]$ parallele $(n-1)$-Ebene durch 0, sodaß $[R] \subset [S]$ und $[R]_0 \subset [S]_0$.

(a) Nun sei erstens $\mathbf{n} = \mathbf{n}_1 s_1 + \ldots + \mathbf{n}_n s_n$ derjenige zu $[R]_0$ orthogonale Einheitsvektor in $[S]_0$, der „ins Äußere von $S$ weist“, d.h. für jeden Punkt $p$ von $R$ hat die Strecke $p + \mathbf{n}$ mit $S$ nur den Punkt $p$ gemeinsam; wir sagen dafür kürzer: $\mathbf{n}$ ist in $p$ **Außenvektor** von $S$. Sodann sei zweitens $\mathfrak{b}_R := (r_2, \ldots, r_n)$ eine Orthonormalbasis für $[R]_0$ derart, daß bezüglich der Basis $\mathfrak{b}_S$ gilt:

$$(+) \qquad \det(\mathbf{n}, r_2, \ldots, r_n) = +1 .$$

Ist $p_R$ ein Punkt von $[R]$, so hat jeder Punkt $p \in R$ eine eindeutig bestimmte Darstellung $p = p_R + \varrho_2 r_2 + \ldots + \varrho_n r_n$. Die hierdurch eindeutig bestimmten $\varrho_2, \ldots, \varrho_n$ werden als die gesuchten Parameter in $R$ gewählt.

(b) Sind in dieser Weise Parameter $\sigma$ in $S$ und Parameter $\varrho$ in jedem $R \subset \partial S$ gewählt, so sagen wir, es seien $S$ und $\partial S$ **konsistent parametrisiert.** – Parameter, welche aus den $\sigma$ durch eine orthogonale Transformation mit $\det = +1$ hervorgehen, leisten das Gleiche wie die $\varrho$. Analoges gilt für die $\varrho$ in jedem $R$.

**8.2.1.2.** Bezeichnungen. Ist $(a_1, \ldots, a_\tau, \ldots, a_t)$, $t \geqq 2$, irgend ein geordnetes $t$-tupel, so bezeichnen wir das hieraus durch Weglassen von $a_\tau$ entstehende $(t-1)$-tupel mit $(a_1, \ldots \hat{a}_\tau \ldots, a_t)$. Wie früher (2.5.) bezeichnen wir mit $\lambda^n$ bzw. $\lambda^{n-1}$ das klassische Lebesguesche Maß in $[S]$ bzw. in jedem $[R]$.

Die Basis $(s_1, \ldots, s_n)$ transformiert sich in die Basis $(\mathbf{n}, r_2, \ldots, r_n)$ durch lineare Gleichungen $\mathbf{n} = \sum_{\mu=1}^{n} \alpha_{\mu 1} s_\mu$, $r_\nu = \sum_{\mu=1}^{n} \alpha_{\mu\nu} s_\mu$, $\nu = 2, \ldots, n$. Auf $R$ ist daher jedes $\sigma_\mu$ eine lineare Funktion der $\varrho_2, \ldots, \varrho_n$, also $\sigma_\mu = \sum_{\nu=1}^{n} \alpha_{\mu\nu} \varrho_\nu =: l_\mu(\varrho_2, \ldots, \varrho_n)$, $\mu = 1, \ldots, n$. Dann ist $\alpha_{\mu\nu} = \dfrac{\partial \sigma_\mu}{\partial \varrho_\nu}$ oder, in anderer Schreibweise, $\alpha_{\mu\nu} = \dfrac{\partial l_\mu}{\partial \varrho_\nu}$ (vgl. II., 3.1.3.2., Anm. 1.). Für jeden Vektor $r = \sum_{\mu=2}^{n} \varrho_\nu r_\nu \in [R]_0$, als Vektor $\in [S]_0$ betrachtet, gilt daher:

$$\text{(c)} \qquad r_\nu = \sum_{\mu=1}^{n} \frac{\partial l_\mu}{\partial \varrho_\nu} s_\mu, \quad \nu = 2, \ldots, n .$$

In dieser Weise also drücken sich die Vektoren $r_\nu$ der Basis $(r_2, \ldots, r_n)$ aus durch die Vektoren der Basis $(s_1, \ldots, s_n)$. Für den Vektor $\mathbf{n} = \sum_{\nu=1}^{n} \mathbf{n}_\nu s_\nu$ gilt

$$\text{(d)} \qquad \mathbf{n}_\nu = (-1)^{\nu-1} \frac{\partial(l_1, \ldots \hat{l}_\nu \ldots, l_n)}{\partial(\varrho_2, \ldots, \varrho_n)}, \quad \nu = 1, \ldots, n .$$

Dies folgt durch Auflösung des Gleichungssystems $\mathbf{nn} = 1, \mathbf{n}r_2 = 0, \ldots, \mathbf{n}r_n = 0$ nach den Komponenten $\mathbf{n}_1, \ldots, \mathbf{n}_n$ von $\mathbf{n}$ nach der Cramerschen Regel unter Verwendung von 8.2.1.1., (+).

**8.2.1.3.** Weiter behaupten wir

(e) $$\int_{\partial S} \mathbf{n}_\nu d\lambda^{n-1} = 0, \quad \nu = 1, \ldots, n.$$

Es ist nämlich $\mathbf{n}_\nu = \cos \sphericalangle (\mathbf{n}, s_\nu)$. Sind daher $R_0, R_1, \ldots, R_n$ die $(n-1)$-Seiten von $S$ und etwa $\pi$ die orthogonale Projektion in $[R_0]_0$, so ist $\int_{R_\nu} \mathbf{n}_\nu d\lambda^{n-1} =: V(\pi(R_\nu))$, $\nu = 0, \ldots, n$, das (im Sinne von II., 1.4.7.) orientierte Volumen von $\pi(R_\nu)$. Wegen $\int_{\partial S} \mathbf{n}_\nu d\lambda^{n-1} = \sum_{\nu=0}^{n} V(\pi(R_\nu))$ wird (e) anschaulich klar. Ein Beweis für (e) ergibt sich mit Hilfe des in II., 1.4., entwickelten Rechnens für das orientierte Volumen.
Und schließlich gilt

(f) $$\int_S d\lambda^n = n^{-1} \int_{\partial S} \sum_{\nu=1}^{n} \mathbf{n}_\nu \sigma_\nu d\lambda^{n-1}.$$

Denn wegen (b) können wir den Ursprung der Parameter $\sigma_1, \ldots, \sigma_n$ im Innern von $S$ gelegen betrachten. Nun ist für jedes Randsimplex $R$ von $S$ und alle $(\sigma_1, \ldots, \sigma_n) \in R$ das Skalarprodukt $\sum \mathbf{n}_\nu \sigma_\nu$ gleich der Höhe $h_R$ des Ursprungs über $[R]$, also $\int_R \sum \mathbf{n}_\nu \sigma_\nu d\lambda^n = h_R \int_R d\lambda^{n-1}$. Hieraus folgt (f).

**8.2.2.** Gauß-Stokesscher Satz für ein Simplex

Voraussetzung. *Es liege vor ein n-Simplex S im* $\mathbb{R}^m$, $2 \leqq n \leqq m$; *es seien S und* $\partial S$ *konsistent parametrisiert. Weiter seien n dehnungsbeschränkte Funktionen* $f_1, \ldots, f_n : S \longrightarrow R$ *gegeben.*

Behauptung.

$(1_S)$ $$\int_S \frac{\partial(f_1, \ldots, f_n)}{\partial(\sigma_1, \ldots, \sigma_n)} d\lambda^n = \int_{\partial S} f_1 \frac{\partial(f_2, \ldots, f_n)}{\partial(\varrho_2, \ldots, \varrho_n)} d\lambda^{n-1}$$

Beweis.*) Wir beweisen zunächst die Gleichung

$(2_S)$ $$\int_S D_S d\lambda^n = n^{-1} \int_{\partial S} D_r d\lambda^{n-1}$$

mit

$$D_S := \det \left( \frac{\partial f_\nu}{\partial \sigma_1}, \ldots, \frac{\partial f_\nu}{\partial \sigma_n} \right)_n^{\nu=1} = \frac{\partial(f_1, \ldots, f_n)}{\partial(\sigma_1, \ldots, \sigma_n)}, \qquad D_R := \det \left( f_\nu, \frac{\partial f_\nu}{\partial \varrho_2}, \ldots, \frac{\partial f_\nu}{\partial \varrho_n} \right)_n^{\nu=1};$$

*) Der folgende Beweisgedanke geht im wesentlichen auf G. Aumann zurück.

die Integranden linker Hand in $(1_S)$ und $(2_S)$ existieren $\lambda^n$-fast überall auf $S$ und sind $\lambda^n$-summierbar; die Integranden rechter Hand in $(1_S)$ und $(2_S)$ existieren $\lambda^{n-1}$ fast überall auf $\partial S$ und sind $\lambda^{n-1}$-summierbar (vgl. 6.4. und 6.2.; die Integranden sind beschränkt).

**(I)** Als erstes beweisen wir die Gleichung $(2_S)$ für **lineare Funktionen:**

(g) $$f_\mu(\sigma_1, \ldots, \sigma_n) = \alpha_{\mu 0} + \alpha_{\mu 1}\sigma_1 + \ldots + \alpha_{\mu n}\sigma_n, \quad \mu = 1, \ldots, n.$$

Dann ist $\dfrac{\partial f_\mu}{\partial \sigma_\nu} = \alpha_{\mu\nu}$. Wir setzen

$$\det\begin{pmatrix}\alpha_{11} \ldots \alpha_{1n}\\ \alpha_{n1} \ldots \alpha_{nn}\end{pmatrix} =: A \quad \text{und} \quad (-1)^{\mu+\nu}\det\begin{pmatrix}\alpha_{11} \ldots \hat{\alpha}_{1\nu} \ldots \alpha_{1n}\\ \hat{\alpha}_{\mu 1} \ldots \hat{\alpha}_{\mu\nu} \ldots \hat{\alpha}_{\mu n}\\ \alpha_{n1} \ldots \hat{\alpha}_{n\nu} \ldots \alpha_{nn}\end{pmatrix} =: A_{\mu\nu}.$$

(Die Determinante rechterhand entsteht aus der Determinante linkerhand durch Streichen der $\mu$-ten Zeile und der $\nu$-ten Spalte). Nun ist einerseits die linke Seite der Gleichung $(2_S)$ gleich $A\int_S d\lambda^n$. Andererseits ergibt die Entwicklung von $D_R$ nach der ersten Spalte und nachfolgender Anwendung der Kettenregel $\dfrac{\partial f_\mu}{\partial \varrho_\nu} = \sum_{i=1}^n \dfrac{\partial f_\mu}{\partial \sigma_i}\dfrac{\partial \sigma_i}{\partial \varrho_\nu}$ (vgl. II., 3.1.3.3., $(J')$) wegen (d) (8.2.1.2.): $D_R = \sum_{\mu,\nu=1}^n f_\mu A_{\mu\nu}\mathbf{n}_\nu$. Dies ist wegen (g) und $\sum_{\mu=1}^n \alpha_{\mu\kappa}A_{\mu\nu} = A$ für $\kappa = \nu$ und $=0$ für $\kappa \neq \nu$ gleich $\sum_{\mu,\nu=1}^n \alpha_{\mu 0}A_{\mu\nu}\mathbf{n}_\nu + A\sum_{\nu=1}^n \mathbf{n}_\nu\sigma_\nu$. Wegen (e) (8.2.1.3.) ist folglich die rechte Seite von $(2_S)$ gleich $n^{-1}A\int_{\partial S}\mathbf{n}_\nu\sigma_\nu d\lambda^{n-1}$. Aus (f) (8.2.1.3.) folgt daher die Gleichung $(2_S)$ für die linearen Funktionen (g).

**(II)** Es gilt $(2_S)$ auch für auf $S$ *stückweise lineare* $f = (f_1, \ldots, f_n)$. Dabei heißt $f$ stückweise linear auf $S$, wenn eine Triangulierung $S = S_1 \cup \ldots \cup S_j$ von $S$ (vgl. 6.5.2.) existiert derart, daß $f_\mu | S_i$ linear ist für jedes $\mu = 1, \ldots, n$, und jedes $i = 1, \ldots, j$. Eine solche Triangulierung $\mathfrak{Z}$ von $S$ liege vor. Dann gilt weiter:

Ein $(n-1)$-Randsimplex $R_{i'}$ eines $S_{i'}$ ist entweder $(n-1)$-Randsimplex keines weiteren $S_{i''}$ oder $(n-1)$-Randsimplex von noch genau einem weiteren $S_{i''}$. Wir nennen dann $R_{i'}$ von *erster* bzw. *zweiter Art*. Der Rand $\partial S$ von $S$ ist die Vereinigung der $R_{i'}$ erster Art, und zwar bilden diese $R_{i'}$ eine Triangulierung von $\partial S$. Wir wählen nun wie in 8.2.1.1. eine Orthonormalbasis $\mathfrak{b}_S$ in $[S]_0$ und für jedes $(n-1)$-Randsimplex $R$ von $S$ den Außenvektor $\mathbf{n}$ und eine Orthonormalbasis $\mathfrak{b}_R = (r_2, \ldots, r_n)$ in $[R]_0$. Für jedes $R_{i'}$ erster Art $\subset R$ verwenden wir die Basis $\mathfrak{b}'_R := \mathfrak{b}_R$ in $[R_{i'}]_0 = [R]_0$. Für jedes $R_{i'} = R_{i''}$ zweiter Art verfahren wir folgendermaßen. Wie in 8.2.1.1. wählen wir für $R_{i'}$ als Randsimplex von $S_{i'}$ den Außenvektor $\mathbf{n}'$ und eine Orthonormalbasis $\mathfrak{b}'_R = (r'_2, \ldots, r'_n)$ in $[R_{i'}]_0$. Sodann sei $\mathbf{n}'' := -\mathbf{n}'$ und $\mathfrak{b}''_R = (r''_2, \ldots, r''_n)$ eine Orthonormalbasis in $[R_{i''}]_0 = [R_{i'}]_0$ derart, daß die orthogonale Transformation, welche $\mathfrak{b}'_R$ in $\mathfrak{b}''_R$ transformiert, die Determinante det $= -1$ hat. Dann ist $\mathbf{n}''$ der Außenvektor von $S_{i''}$ in jedem Punkt von $R_{i''}$ und bzgl. $\mathfrak{b}_S$ ist $\det(\mathbf{n}'', r''_2, \ldots, r''_n) = +1$.

Nach (I) gelten die Gleichungen $(2_{S_1}), \ldots, (2_{S_j})$. Die Addition dieser Gleichungen ergibt die Gleichung $(2_S)$; denn zufolge der soeben gemachten Festsetzungen ist die Summe der Integrale über die $R_{i'}$ erster Art gleich dem Integral über $\partial S$, während die beiden Integrale über jedes $R_{i'} = R_{i''}$ zweiter Art sich zu Null addieren.

(III) Der Beweis von $(2_S)$ für beliebige dehnungsbeschränkte Funktionen $f_1, \ldots, f_n : S \rightarrow \mathbb{R}$ ergibt sich nun mit Hilfe des Approximationssatzes (vgl. 6.5.3.). Wir gehen aus von einer ordentlichen Folge $(\mathfrak{Z}_\kappa)_\kappa$ von Triangulationen $\mathfrak{Z}_\kappa$ von $S$ und den Folgen $(f_{\mu\kappa})_\kappa$, $\mu = 1, \ldots, n$, der zugehörigen stückweise linearen Approximationen für die $f_\mu$ im Sinne des Approximationssatzes. Dann konvergieren die $\lambda^n$-fast überall existierenden, gleichgradig beschränkten $\frac{\partial f_{\mu\kappa}}{\partial \sigma_\nu}$, $\nu = 1, \ldots, n$, $\lambda^n$-fast überall in $S$ gegen $\frac{\partial f_\mu}{\partial \sigma_\nu}$. Daraus folgt die Konvergenz der (mit den $f_{\mu\kappa}$ statt den $f_\mu$ gebildeten $D_S$) $D_{S\kappa} \rightsquigarrow D_S$ für $\kappa \rightsquigarrow +\infty$ $\lambda^n$-fast überall auf $S$. Analog besteht Konvergenz von $\frac{\partial f_{\mu\kappa}}{\partial \varrho_\nu}$ gegen $\frac{\partial f_\mu}{\partial \varrho_\nu}$ und von $D_{R\kappa}$ gegen $D_R$ $\lambda^{n-1}$-fast überall auf $\partial S$. Da $(2_S)$ nach (II) für die stückweise linearen $f_{\mu\kappa}$ gilt, folgt jetzt (vgl. 3.4., Satz 2) die Gültigkeit von $(2_S)$ auch für die dehnungsbeschränkten $f_\mu$.

(IV) Es ist schließlich noch $(1_S)$ aus $(2_S)$ herzuleiten. Hierzu die

Zwischenbemerkung. Es seien $n-1$ dehnungsbeschränkte Funktionen $g_2, \ldots, g_n : \partial S \rightarrow \mathbb{R}$ gegeben. Dann ist

$$(3_S) \qquad \int_{\partial S} \frac{\partial(g_2, \ldots, g_n)}{\partial(\varrho_2, \ldots, \varrho_n)} \, d\lambda^{n-1} = 0 .$$

Zum Nachweis dieser Behauptung sei die Abbildung $h : \partial S \rightarrow \mathbb{R}^n$ definiert durch $g := (g_1, \ldots, g_n)$, wobei $g_1 : \partial S \rightarrow \{1\}$. Wir erweitern $g$ zu einer dehnungsbeschränkten Abbildung $g : S \rightarrow \mathbb{R}$ (vgl. II., 2.1.4.); speziell sei dabei $g_1 : S \rightarrow \{1\}$. Für dieses $g$ ist $D_S = 0$ und $D_R$ gleich dem Integranden in $(3_S)$. Die Gleichung $(3_S)$ folgt also aus $(2_S)$. Nun ist

$$D_R = n f_1 \frac{\partial(f_2, \ldots, f_n)}{\partial(\varrho_2, \ldots, \varrho_n)} - \sum_{\mu=2}^{n} \Delta_\mu ,$$

wobei $\Delta_\mu = \frac{\partial(f_2, \ldots, f_1 f_\mu, \ldots, f_n)}{\partial(\varrho_2, \ldots, \varrho_n}$ ist und sich die Gültigkeit der Gleichung durch Entwicklung von $D_R$ nach der ersten Spalte und von $\Delta_\mu$ nach der $\mu$-ten Spalte ergibt. Nach $(3_S)$ sind aber alle $\int_{\partial S} \Delta_\mu \, d\lambda^{n-1} = 0$. Aus $(2_S)$ folgt daher $(1_S)$.

## 8.3. Gauß-Stokesscher Satz für eine n-Fläche im $\mathbb{R}^m$

**8.3.1. Definition.** Ein Hyperpolynom $P$ im $\mathbb{R}^m$ heißt (simpliziale) **$n$-Pseudomannigfaltigkeit**, wenn $P$ dargestellt ist als Vereinigung $P = S_1 \cup \ldots \cup S_j$ von endlich vielen $n$-Simplexen $S_i$, $m \geqq n \geqq 2$, welche eine Triangulation von $P$ bilden mit der *zusätzlichen Eigenschaft*: für je zwei Indizes $i'$ und $i''$ mit $(\dim S_{i'} \cap S_{i''}) < n-1$ existieren Indizes $i_1, \ldots, i_k$ derart, daß $i' = i_1$, $i_k = i''$ und $\dim S_{i_h} \cap S_{i_{h+1}} = n-1$ ist für $h = 1, \ldots, k-1$. Die Vereinigung der $(n-1)$-Randsimplexe erster Art der $S_i$ (vgl. 8.2.2., Bew. (II)) heißt **Rand** $\partial P$ von $P$; ist $\partial P = 0$, so heißt $P$ **geschlossen.**

Wir führen nun in jedem $n$-Simplex $S_i$ Parameter $\sigma_1, \ldots, \sigma_n$ und damit konsistent in den $(n-1)$-Simplexen $R$ seines Randes $\partial S_i$ Parameter $\varrho_2, \ldots, \varrho_n$ ein. Ist $R$ von zweiter Art, $R = S_{i'} \cap S_{i''}$, so liefern $S_{i'}$ und $S_{i''}$ Parameter $\varrho_2', \ldots, \varrho_n'$ in $R_{i'}$ und $\varrho_2'', \ldots, \varrho_n''$ in $S_{i''}$. Die orthogonale Transformation, welche die $\varrho'$ in die $\varrho''$ überführt, hat die Determinante det $= \pm 1$. Der Wert dieser Determinante geht in den entgegengesetzten über, wenn wir die Parameter $\sigma_1', \ldots, \sigma_n'$ in $S_{i'}$ und damit zwangsläufig (wegen der Konsistenzforderung) auch die Parameter $\varrho_2', \ldots, \varrho_n'$ in $R$ orthogonalen Transformationen mit det $= -1$ unterwerfen.

Können wir unter Ausnützung des letzteren die Parameter $\sigma$ in den $S_i$ so wählen, daß für jedes $R$ zweiter Art die obige Determinante den Wert $-1$ hat, so heißt $P$ **orientierbar**. Liegt diese Situation vor, so nennen wir $P$ und $\partial P$ durch die Parameter $\sigma$ und $\varrho$ **konsistent parameterisiert.**

Beispiele. Das $n$-Simplex $S$ und der Würfel $W$ sind nicht geschlossene, orientierbare $n$-Pseudomannigfaltigkeiten. Ihre Ränder $\partial S$ und $\partial W$ sind geschlossene, orientierbare $(n-1)$-Pseudomannigfaltigkeiten. Jede $n$-Pseudomannigfaltigkeit $P$ im $\mathbb{R}^n$ (also $m = n$) ist orientierbar (in allen $S_i$ können wir als Parameter $\sigma_1, \ldots, \sigma_n$ die Koordinaten $\chi_1, \ldots, \chi_n$, des $\mathbb{R}^n$ wählen).

Ist nun $P = S_1 \cup \ldots \cup S_j$ eine orientierbare $n$-Pseudomannigfaltigkeit im $\mathbb{R}^m$, $m \geqq n \geqq 2$, und sind $P$ und $\partial P$ konsistent parametrisiert, so gilt der Satz in 8.2.2. wörtlich mit $P$ statt $S$ und mit $\partial P$ statt $\partial S$. Der Beweis erfolgt analog zum Teil (II) des Beweises in 8.2.2.

**8.3.2.** Für die Formulierung des Gauß-Stokesschen Satzes für eine $n$-Fläche in 8.3.3. benötigen wir noch einen Hilfsbegriff: den des Stellungskosinus. Seiner Definition dienen die folgenden Bemerkungen.

Im $\mathbb{R}^m$ mit der Orthonormalbasis $\mathfrak{b}_y := (y_1, \ldots, y_m)$ und den zugehörigen Koordinaten $\eta_1, \ldots, \eta_m$ sei ein $k$-Simplex $T$ gegeben, $1 \leqq k \leqq m$, mit einer Orthonormalbasis $\mathfrak{b}_t := (t_1, \ldots, t_k)$ in $[T]_0$ und den zugehörigen Parametern (Koordinaten) $\tau_1, \ldots, \tau_k$ in $T$ (vgl. 8.2.1.). Schließlich sei $g: T \rightarrowtail \mathbb{R}^m$ eine umkehrbar dehnungsbeschränkte Injektion von $T$ in den $\mathbb{R}^m$. Auf $g(T)$ wird ein Maß, differentiell geschrieben, definiert durch (vgl. 6.5.4.1.)

$$dO_k := \Omega_k d\lambda^k,$$

wobei

$$\Omega_k := \left[\sum_{\mu_1 < \ldots < \mu_k} \left(\frac{\partial(g_{\mu_1}, \ldots, g_{\mu_k})}{\partial(\tau_1, \ldots, \tau_k)}\right)^2\right]^{1/2}$$

Überall in $T$, außer in einer $\lambda^k$-Nullmenge $T_0 \subset T$, existiert $\Omega_k$ und ist $> 0$. Die $\lambda^k$-Nullmengen in $T$ werden durch $g$ auf $O_k$-Nullmengen in $g(T)$ abgebildet und umgekehrt.
In jedem Punkt $p \in T \setminus T_0$, also $\lambda^k$-fast überall auf $T$, existiert für $1 \leqq \mu_\kappa \leqq m$, $\kappa = 1, \ldots, k$:

$$c_{\mu_1, \ldots, \mu_k} := \frac{\partial(g_{\mu_1}, \ldots, g_{\mu_k})}{\partial(\tau_1, \ldots, \tau_k)} \Omega_k^{-1}.$$

Bei jeder Transformation der Parameter $\tau_1, \ldots, \tau_k$ mit positiver Determinante bleiben die $c_{\mu_1, \ldots, \mu_k}$ unverändert; sie sind also in diesem Sinne parameterinvariant. Die $c_{\mu_1, \ldots, \mu_k}$ beschreiben die Stellung (bzgl. der Basis $\mathfrak{b}_y$) des Tangentialraumes von $g(T)$ in $q = g(p)$. Man nennt daher die $c_{\mu_1, \ldots, \mu_k}$, mit $1 \leqq \mu_1 < \ldots < \mu_k \leqq m$ die **Stellungskosinus von** $g(T)$ im Punkt $q$.
Speziell sei nun $m = n$ und $k = n - 1$. Dann definieren wir (analog zu 8.2.1.2., (d)) die Skalare

$$\mathbf{n}_\nu := (-1)^{\nu-1} c_{1, \ldots \hat{\nu} \ldots, n} = (-1)^{\nu-1} \frac{\partial(g_1, \ldots, \hat{g}_\nu, \ldots, g_n)}{\partial(\tau_1, \ldots, \tau_{n-1})} \Omega_{n-1}^{-1}$$

und den Einheitsvektor

$$\mathbf{n} := \sum_{\nu=1}^{n} \mathbf{n}_\nu x_\nu$$

(wobei $\mathfrak{b}_x = (x_1, \ldots, x_n)$ die Orthonormalbasis im $\mathbb{R}^n$).
Dieser Einheitsvektor ist orthogonal zu jedem der $n-1$-Vektoren $\sum_{\nu=1}^{n} \frac{\partial g_\nu}{\partial \tau_\mu} x_\nu$, $\mu = 1, \ldots, n-1$; denn es ist

$$\det \begin{pmatrix} \frac{\partial g_1}{\partial \tau_\mu} \cdots \frac{\partial g_n}{\partial \tau_\mu} \\ \left(\frac{\partial g_1}{\partial \tau_\mu} \cdots \frac{\partial g_n}{\partial \tau_\mu}\right)_{n-1}^{\mu=1} \end{pmatrix} = 0$$

wegen der Gleichheit zweier Zeilen. Weil aber diese $n-1$-Vektoren die Tangentialhyperebene der Hyperfläche $g(T)$ im Punkt $q = g(p)$ aufspannen, ist also $\mathbf{n}$ einer der beiden Orthogonaleinheitsvektoren zur Hyperfläche $g(T)$ im Punkt $q$ und zwar derjenige, für welchen

$$\det\left(\begin{matrix}\mathbf{n}_1 & & \mathbf{n}_n \\ \left(\dfrac{\partial g_1}{\partial \tau_\mu}\right. & \cdots & \left.\dfrac{\partial g_n}{\partial \tau_\mu}\right)_{n-1}^{\mu=1}\end{matrix}\right) > 0$$

ist; denn diese Determinante ist $= \Omega_{n-1}$, wie die Entwicklung nach der ersten Zeile ergibt. Unterwerfen wir die Koordinaten $\chi_1, \ldots, \chi_n$ des die Hyperfläche $g(T)$ enthaltenden $\mathbb{R}^n$ einer orthogonalen Transformation mit det $= +1$, etwa $\bar{\chi}_\mu = \sum_{\nu=1}^n \alpha_{\mu\nu}\chi_\nu$, $\mu = 1, \ldots, n$, so transformieren sich die Komponenten des Vektors $\mathbf{n}$ in derselben Weise: $\bar{\mathbf{n}}_\nu = \sum_{\nu=1}^n \alpha_{\mu\nu}\mathbf{n}_\nu$.

**8.3.3. Definition.** Es sei $P = S_1 \cup \ldots \cup S_j$ eine orientierbare $n$-Pseudomannigfaltigkeit im $\mathbb{R}^m$, $2 \leqq n \leqq m$; es seien $P$ und $\partial P$ konsistent parametrisiert. Weiter sei $g: P \rightarrowtail \mathbb{R}^m$ eine Injektion von $P$ in den $\mathbb{R}^m$ derart, daß $g|S_i$ umkehrbar dehnungsbeschränkt ist für jedes $i = 1, \ldots, j$. Wir setzen $F := g(P)$, $\partial F := g(\partial P)$ und nennen $F$ eine **orientierte $n$-Fläche** im $\mathbb{R}^m$ und $\partial F$ ihren **Rand.** *)

B e i s p i e l. Die $n$-Sphäre $S^n := \{(\eta_1, \ldots, \eta_{n+1}) : \eta_1^2 + \ldots + \eta_{n+1}^2 = 1\}$ im $\mathbb{R}^{n+1}$ ist eine orientierte $n$-Fläche (Beweisskizze. Sei $S$ ein $(n+1)$-Simplex im $\mathbb{R}^{n+1}$ mit $0 \in S$ und sei $g: \partial S \rightarrowtail S^n$ die Zentralprojektion des Randes $\partial S$ von 0 aus auf die $S^n$. Weil $\partial S$ eine orientierbare $n$-Pseudomannigfaltigkeit und weil für jedes $n$-Simplex $S_i$ von $\partial S$, $i = 1, \ldots, n+1$, die Einengung $g|S_i$ umkehrbar dehnungsbeschränkt ist, folgt die Behauptung).

**Gauß-Stokesscher Satz für eine orientierte $n$-Fläche im $\mathbb{R}^m$.**

V o r a u s s e t z u n g. *Es liege vor eine orientierte n-Fläche F im* $\mathbb{R}^m$, $2 \leqq n \leqq m$. *Weiter seien n dehnungsbeschränkte Funktionen* $f_1, \ldots, f_n$ *gegeben;* $f_1$ *sei definiert auf* $G_1 \cup \partial F$, *wobei* $G_1$ *eine Umgebung von* $F \backslash \partial F$ *ist;* $f_2, \ldots, f_n$ *seien definiert auf einer Umgebung* $G_2$ *von F. Es seien* $f_1, \ldots, f_n$ $O_n$*-fast überall auf F differenzierbar nach* $(\eta_1, \ldots, \eta_m)$ *auf F, d.h. es gilt* $f_\nu \subset \mathfrak{D}(p, G_2, \mathbb{R}^m, \mathbb{R})$ *für alle* $p \in F$*; und ihre partiellen Ableitungen* $\dfrac{\partial f_\nu}{\partial \eta_\mu}$ *seien* $O_n$*-summierbar über F;* $f_2, \ldots, f_n$ *seien außerdem* $O_{n-1}$*-fast überall auf* $\partial F$ *differenzierbar nach* $(\eta_1, \ldots, \eta_m)$ *und ihre partiellen Ableitungen* $\dfrac{\partial f_\nu}{\partial \eta_\mu}$ *seien* $O_{n-1}$*-summierbar über* $\partial F$.

B e h a u p t u n g. *Es ist*

$$(1_F) \qquad \begin{aligned} &\int_F \left(\sum_{\mu_1 < \ldots < \mu_n} \frac{\partial(f_1, \ldots, f_n)}{\partial(\eta_{\mu_1}, \ldots, \eta_{\mu_n})} c_{\mu_1, \ldots, \mu_n}\right) dO_n = \\ &\int_{\partial F} f_1 \left(\sum_{\mu_2 < \ldots < \mu_n} \frac{\partial(f_2, \ldots, f_n)}{\partial(\eta_{\mu_2}, \ldots, \eta_{\mu_n})} c_{\mu_2, \ldots, \mu_n}\right) dO_{n-1} \end{aligned}$$

*) Durch die Parameter in $P$ bzw. $\partial P$ wird eine Orientierung von $F$ bzw. $\partial F$ repräsentiert. Die $n$-Flächen sind spezielle Vereinigungen von Elementarflächenstücken (6.5.5.).

*Die $c_{\mu_1}, \ldots, \mu_n(q)$ sind die in $O_n$-fast jedem Punkt $q$ von $F$ existierenden Stellungskosinus von $F$; die $c_{\mu_2}, \ldots, \mu_n(q)$ sind die in $O_{n-1}$-fast jedem Punkt $q$ von $\partial F$ existierenden Stellungskosinus von $\partial F$).*

Beweis. Wir setzen $h_\nu := f_\nu \circ g$. Nach 8.2.2. ist

$$(+) \qquad \int_P \frac{\partial(h_1, \ldots, h_n)}{\partial(\sigma_1, \ldots, \sigma_n)} d\lambda^n = \int_{\partial P} h_1 \frac{\partial(h_2, \ldots, h_n)}{\partial(\varrho_2, \ldots, \varrho_n)} d\lambda^{n-1}.$$

Einerseits ist nun in jedem Punkt von $P$, in welchem $h_\nu$ nach $(\sigma_1, \ldots, \sigma_n)$ differenzierbar ist, also $\lambda^n$-fast überall auf $P$, wegen $\eta_\mu = g_\mu(\sigma_1, \ldots, \sigma_n)$ zufolge der Kettenregel für Differentiale

$$\frac{\partial h_\nu}{\partial \sigma_\kappa} = \sum_{\mu=1}^m \frac{\partial f_\nu}{\partial \eta_\mu} \frac{\partial \eta_\mu}{\partial \sigma_\kappa}.$$

Also ist das Integral linker Hand

$$\int_P \left( \sum_{\mu_1 < \ldots < \mu_n} \frac{\partial(f_1, \ldots, f_n)}{\partial(\eta_{\mu_1}, \ldots, \eta_{\mu_n})} \frac{\partial(\eta_{\mu_1}, \ldots, \eta_{\mu_n})}{\partial(\sigma_1, \ldots, \sigma_n)} \right) d\lambda^n$$

$$= \int_F \left( \sum_{\mu_1 < \ldots < \mu_n} \frac{\partial(f_1, \ldots, f_n)}{\partial(\eta_{\mu_1}, \ldots, \eta_{\mu_n})} c_{\mu_1, \ldots, \mu_n} \right) dO_n.$$

Analog ist wegen

$$\frac{\partial h_\nu}{\partial \varrho_\kappa} = \sum_{\mu=1}^m \frac{\partial f_\nu}{\partial \eta_\mu} \frac{\partial \eta_\mu}{\partial \varrho_\kappa}$$

das Integral rechter Hand

$$\int_{\partial P} h_1 \left( \sum_{\mu_2 < \ldots < \mu_n} \frac{\partial(f_2, \ldots, f_n)}{\partial(\eta_{\mu_2}, \ldots, \eta_{\mu_n}} \frac{\partial(\eta_{\mu_2}, \ldots, \eta_{\mu_n})}{\partial(\varrho_2, \ldots, \varrho_n)} \right) d\lambda^{n-1}$$

$$= \int_{\partial F} f_1 \left( \sum_{\mu_2 < \ldots < \mu_n} \frac{\partial(f_2, \ldots, f_n)}{\partial(\eta_{\mu_2}, \ldots, \eta_{\mu_n})} c_{\mu_2, \ldots, \mu_n} \right) dO_{n-1}$$

**8.3.4.** Wir betrachten nun den klassischen Spezialfall $m = 3$, $n = 2$. Hier gilt der

**Satz von Stokes.** Voraussetzung. *Es liege vor eine orientierte (2-)Fläche $F$ im $\mathbb{R}^3$. Weiter seien drei dehnungsbeschränkte Funktionen $\varphi_1, \varphi_2, \varphi_3$ gegeben, definiert auf $G \cup \partial F$, wobei $G$ eine Umgebung von $F \setminus \partial F$ ist. Sie seien $O_2$-fast überall auf $F$ differenzierbar nach $(\eta_1, \eta_2, \eta_3)$ und ihre partiellen Ableitungen $\dfrac{\partial \varphi_\nu}{\partial \eta_\mu}$ $O_2$-summierbar über $F$.*

Behauptung. *Es ist*

$$\int_F \left(\left(\frac{\partial\varphi_3}{\partial\eta_2} - \frac{\partial\varphi_2}{\partial\eta_3}\right)c_{23} + \left(\frac{\partial\varphi_1}{\partial\eta_3} - \frac{\partial\varphi_3}{\partial\eta_1}\right)c_{31} + \left(\frac{\partial\varphi_2}{\partial\eta_1} - \frac{\partial\varphi_1}{\partial\eta_2}\right)c_{12}\right)dO_2$$

$$= \int_{\partial F}(\varphi_1 c_1 + \varphi_2 c_2 + \varphi_3 c_3)dO_1$$

Beweis. Für $v = 1, 2, 3$, definieren wir $f_1 := \varphi_v$ und $f_2(\eta_1, \eta_2, \eta_3) := \eta_v$. Einsetzen von $f_1$ und $f_2$ in 8.3.3., Satz, mit $m = 2$, $n = 2$ ergibt drei Gleichungen, durch deren Addition sich die Behauptung ergibt.

## 8.4. Gauß-Stokesscher Satz für ein Raumstück im $\mathbb{R}^n$

**8.4.1.** Im Raum $\mathbb{R}^n$ mit der Orthonormalbasis $\mathfrak{b}_x = (x_1, \ldots, x_n)$ und den zugehörigen Koordinaten $\chi_1, \ldots, \chi_n$ sei $P = S_1 \cup \ldots \cup S_j$ eine $n$-Pseudomannigfaltigkeit. In jedem Simplex $S_i$ wählen wir die Koordinaten $\chi_1, \ldots, \chi_n$ als Parameter $\sigma_1, \ldots, \sigma_n$ und hierzu konsistent in jedem Randsimplex $R$ eines jeden $S_i$ Parameter $\varrho_2, \ldots, \varrho_n$ (vgl. 8.3.1., Beispiele). Weiter sei $g : P \rightarrowtail \mathbb{R}^n$ eine Injektion von $P$ in den $\mathbb{R}^n$ derart, daß $g|S_i$ umkehrbar dehnungsbeschränkt ist für jedes $i = 1, \ldots, j$. Wir setzen $K := g(P)$ sowie $\partial K := g(\partial P)$ und nennen $K$ ein **Raumstück** mit dem **Rand** $\partial K$.
Weil $\partial P$ eine $\lambda^n$-Nullmenge und $g$ dehnungsbeschränkt ist, ist auch $\partial K$ eine $\lambda^n$-Nullmenge. Und da $g$ topologisch ist, folgt aus dem Satz von der Gebietsinvarianz (vgl. Alexandroff-Hopf, Topologie I., S. 396 (Berlin 1935)), daß $\underline{K} = g(\underline{P})$ ist; da aber $g(\underline{P}) = g(P \backslash \partial P) = g(P) \backslash g(\partial P) = K \backslash \partial K$ ist, folgt $\underline{K} = K \backslash \partial K$.
In $\lambda^n$-fast allen Punkten von $P$ ist $g$ nach $(\chi_1, \ldots, \chi_n)$ differenzierbar (vgl. 6.5.4.). In diesen Punkten ist die Funktionaldeterminante $\dfrac{\partial(g_1, \ldots, g_n)}{\partial(\chi_1, \ldots, \chi_n)}$ überall positiv oder überall negativ (vgl. Alexandroff-Hopf a.a.O., S. 475, Satz VII, und S. 477, Nr. 9., insbesondere Bemerkung II). Im ersteren Fall heiße $K$ (durch $g$), positiv, im letzteren Fall negativ orientiert. Wir setzen für das folgende voraus, daß $K$ *positiv orientiert* ist.

Beispiele. $n$-Simplexe, $n$-Würfel, $n$-Kugeln im $\mathbb{R}^n$ sind Raumstücke. Beweisskizze für die $n$-Kugel $K := \{(\chi_1, \ldots, \chi_n) : \chi_1^2 + \ldots + \chi_n^2 \leqq 1\}$ im $\mathbb{R}^n$. Sei $S$ ein $n$-Simplex im $\mathbb{R}^n$ mit $0 \in \underline{S}$; es ist $S$ die Vereinigung der $n$-Simplexe $S_i$, $i = 1, \ldots, n+1$, die aufgespannt werden durch 0 und die $(n-1)$-Simplexe von $\partial S$. Die Bijektion $g : S \rightarrowtail K$ werde nun folgendermaßen definiert: $g(0) := 0$; für jeden Punkt $p \neq 0$ von $S$ schneidet die Halbgerade durch $p$ mit dem Anfangspunkt 0 den Rand $\partial S$ von $S$ in einem Punkt $q$ und den Rand $\partial K := K \backslash \underline{K}$ von $K$ in einem Punkt $q'$; dann sei $g(p)$ derjenige Punkt $p'$ der Halbgeraden, für welchen gilt: $d(0, p) : d(0, p') = d(0, q) : d(0, q')$. Für diese Bijektion $g$ ist $g|S_i$ umkehrbar dehnungsbeschränkt für jedes $i = 1, \ldots, n+1$.

**8.4.2.** Aus dem Satz in 8.3.3. ergibt sich für ein Raumstück unmittelbar folgender

**Gauß-Stokesscher Satz für ein Raumstück im $\mathbb{R}^n$.**

Voraussetzung. *Wie in 8.3.3., l. c. mit $n$, $K$, $K$, $(\chi_1, \ldots, \chi_n)$ statt $m$, $F$, $G_1$, $(\eta_1, \ldots, \eta_m)$.*

Behauptung. Es ist

$$\int_K \frac{\partial(f_1, \ldots, f_n)}{\partial(\chi_1, \ldots, \chi_n)} d\lambda^n = \int_{\partial K} f_1 \left(\sum_{\nu=1}^n \frac{\partial(f_2, \ldots, f_n)}{\partial(\chi_1, \ldots, \hat{\chi}_\nu, \ldots, \chi_n)} c_{1, \ldots \hat{\nu} \ldots, n}\right) dO_{n-1}$$

**8.4.3. Satz.** Voraussetzung. *Es liege vor ein Raumstück $K$ im $\mathbb{R}^n$ und eine dehnungsbeschränkte Funktion $f: K \to \mathbb{R}$.*

Behauptung. *Es ist*

$$\int_K \frac{\partial f}{\partial \chi_\nu} d\lambda^n = \int_{\partial K} f \mathbf{n}_\nu dO_{n-1}, \quad \nu = 1, \ldots, n.$$

Beweis. Einerseits ist $\lambda^n$-fast überall in $K$

$$\frac{\partial(f, \chi_1, \ldots, \hat{\chi}_\nu, \ldots, \chi_n)}{\partial(\chi_1, \ldots, \chi_\nu, \ldots, \chi_n)} = (-1)^{\nu-1} \frac{\partial(\chi_1, \ldots, f, \ldots, \chi_n)}{\partial(\chi_1, \ldots, \chi_\nu, \ldots, \chi_n)} = (-1)^{\nu-1} \frac{\partial f}{\partial \chi_\nu}.$$

Andererseits ist

$$\sum_{\mu=1}^n \frac{\partial(\chi_1, \ldots, \hat{\chi}_\nu, \ldots, \chi_n)}{\partial(\chi_1, \ldots, \hat{\chi}_\mu, \ldots, \chi_n)} = \frac{\partial(\chi_1, \ldots, \hat{\chi}_\nu, \ldots, \chi_n)}{\partial(\chi_1, \ldots, \hat{\chi}_\nu, \ldots, \chi_n)} = 1.$$

Also folgt aus $(1_K)$ die behauptete Gleichung.

Wendet man diese Gleichung an auf die Funktion $f(\chi_1, \ldots, \chi_n) := \chi_\nu$, so erhält man folgende *Formeln für das Volumen von $K$*:

$$\int_K d\lambda^n = \int_{\partial K} \chi_\nu \mathbf{n}_\nu dO_{n-1}, \quad \nu = 1, \ldots, n.$$

**8.4.4.** Eine unmittelbare Folgerung aus 8.4.3. ist der klassische

**Satz von Gauß.** Voraussetzung. *Es liege vor ein Raumstück $K$ im $\mathbb{R}^n$ und ein dehnungsbeschränktes Vektorfeld $\varphi: K \to \mathbb{R}^n$*

Behauptung. *Es ist*

$$\int_K \left(\sum_{\nu=1}^n \frac{\partial \varphi_\nu}{\partial \chi_\nu}\right) d\lambda^n = \int_{\partial K} \left(\sum_{\nu=1}^n \varphi_\nu \mathbf{n}_\nu\right) dO_{n-1}.$$

Beweis. Wir wenden 8.4.3. für jedes $v = 1, \ldots, n$, an auf die Komponente $f := \varphi_\nu$ von $\varphi$ und addieren die entstehenden $n$ Gleichungen.

**8.4.5. Satz von Green.** Voraussetzung. *Es liege vor ein Raumstück $K$ im $\mathbb{R}^n$. Weiter seien $\varphi$, $\psi$ zwei dehnungsbeschränkte Funktionen, definiert auf einer Umgebung $G$ von $K$; sie seien überall auf $K$ differenzierbar nach $(\chi_1, \ldots, \chi_n)$ und ihre partiellen Ableitungen $\frac{\partial\varphi}{\partial\chi_\nu}$ und $\frac{\partial\psi}{\partial\chi_\nu}$ seien dehnungsbeschränkt.*

Behauptung. *Es ist*

$$\int_K (\varphi\Delta\psi - \psi\Delta\varphi)\,d\lambda^n = \int_{\partial K}\left(\varphi\frac{\partial\psi}{\partial_n} - \psi\frac{\partial\psi}{\partial\mathbf{n}}\right)dO_{n-1}$$

*mit*

$$\Delta\varphi := \sum_{\nu=1}^{n}\frac{\partial^2\varphi}{\partial\chi^2} \qquad \textit{und} \qquad \frac{\partial\varphi}{\partial\mathbf{n}} = \sum_{\nu=1}^{n}\mathbf{n}_\nu\frac{\partial\varphi}{\partial\eta_\nu};$$

*analog für $\psi$.*

Beweis. Für jedes $\nu = 1, \ldots, n$, ist auf die Funktion $f := \varphi\frac{\partial\psi}{\partial\chi_\nu}$ der Satz 8.4.3. anwendbar. Er liefert die Gleichungen

$$\int_K \varphi\frac{\partial^2\psi}{\partial\chi_\nu^2}\,d\lambda^n + \int_K \frac{\partial\varphi}{\partial\chi_\nu}\,\frac{\partial\psi}{\partial\chi_\nu}\,d\lambda^n = \int_{\partial K}\ \varphi\frac{\partial\psi}{\partial\chi_\nu}\,\mathbf{n}\,dO_{n-1}.$$

Ihre Addition ergibt

$$\int_K \varphi\Delta\psi\,d\lambda^n + \int_K \sum_{\nu=1}^{n}\frac{\partial\varphi}{\partial\chi_\nu}\,\frac{\partial\psi}{\partial\chi_\nu}\,d\lambda^n = \int_{\partial K}\ \varphi\frac{\partial\psi}{\partial\mathbf{n}}\,dO_{n-1}.$$

Analog ist

$$\int_K \psi\Delta\varphi\,d\lambda^n + \int_K \sum_{\nu=1}^{n}\frac{\partial\psi}{\partial\chi_\nu}\,\frac{\partial\varphi}{\partial\chi_\nu}\,d\lambda^n = \int_{\partial K}\ \psi\frac{\partial\varphi}{\partial\mathbf{n}}\,dO_{n-1}.$$

Subtraktion dieser beiden letzten Gleichungen liefert die Behauptung.

**8.4.6.** Bemerkung zu 8.4.3.–8.4.5. Für jeden inneren Punkt eines jeden $(n-1)$-Simplex $R \subset \partial P$, in welchem $g$ nach $(\varrho_2, \ldots, \varrho_n)$ differenzierbar ist, ist der Vektor $\mathbf{n} = (\mathbf{n}_1, \ldots, \mathbf{n}_n)$

in $q = g(p)$ ein Außenvektor von $K$ (d. h. alle zu $q$ hinreichend benachbarten, von $q$ verschiedenen Punkte der Strecke $q + \mathbf{n}$ liegen in $\mathbb{R}^n \setminus K$) (vgl. G. Nöbeling, Sitz. Ber. d. bayer. Akad. d. Wiss., math.–naturw. Kl., 1981, S. 27–35).

## 8.5. Heranziehung alternierender Differentialformen

Abschließend zeigen wir, daß der Satz in 8.3.3. mit etwas verschärften Voraussetzungen ein Spezialfall ist von folgendem, allgemeinen

**Satz von Stokes.** Voraussetzunen. *Auf einer die orientierte n-Fläche F enthaltenden offenen Menge G des* $\mathbb{R}^m$ *sei eine alternierende Differentialform* $(n-1)$*-ten Grades*

$$\omega := \sum_{\mu_2 < \ldots < \mu_n} f_{\mu_2, \ldots, \mu_n} d\eta_{\mu_2} \wedge \ldots \wedge d\eta_{\mu_n}$$

*gegeben.*[1]) *Die Funktionen* $f_{\mu_2}, \ldots, \mu_n : G \to \mathbb{R}$ *seien dehnungsbeschränkt, sowie* $O_n$*-fast überall auf F differenzierbar nach* $(\eta_1, \ldots, \eta_m)$ *und ihre partiellen Ableitungen seien* $O_n$*-summierbar über F.*

Behauptung: *Es ist*

$$\int_F d\omega = \int_{\partial F} \omega . \tag{1}$$

Beweis. Es ist

$$d\omega := \sum_{\mu_1=1}^{m} \sum_{\mu_2 < \ldots < \mu_n} \frac{\partial f_{\mu_2, \ldots, \mu_n}}{\partial \eta_{\mu_1}} d\eta_{\mu_1} \wedge d\eta_{\mu_2} \wedge \ldots \wedge d\eta_{\mu_n} .$$

Daher genügt es, bei festem $(n-1)$-tupel $\mu_2, \ldots, \mu_n$ mit $1 \leqq \mu_2 < \ldots < \mu_n \leqq m$ für die Funktion $f := f_{\mu_2, \ldots, \mu_n}$ die Gleichung

$$\int_F \sum_{\mu=1}^{m} \frac{\partial f}{\partial \eta_\mu} d\eta_\mu \wedge d\eta_{\mu_2} \wedge \ldots \wedge d\eta_{\mu_n} = \int_{\partial F} f d\eta_{\mu_2} \wedge \ldots \wedge d\eta_{\mu_n} ,$$

d. h. die Gleichung

$$\int_F \sum_{\mu=1}^{m} \frac{\partial f}{\partial \eta_\mu} c_{\mu, \mu_2, \ldots, \mu_n} dO_n = \int_{\partial F} f c_{\mu_2, \ldots, \mu_n} dO_{n-1} \tag{2}$$

zu beweisen. Nun ist das Integral linker Hand

[1]) Zu Begriff und Rechentechnik der alternierenden Differentialformen vgl. II., 3.13 und die Literatur.

$$= \int_P \sum_{\mu=1}^{m} \left( \frac{\partial f}{\partial \eta_\mu} \circ g \right) \frac{\partial(g_\mu, g_{\mu_2}, \ldots, g_{\mu_n})}{\partial(\sigma_1, \ldots, \sigma_n)} d\lambda^n$$

$$= \int_P \sum_{\mu=1}^{m} \left( \frac{\partial f}{\partial \eta_\mu} \circ g \right) \sum_{\nu=1}^{n} (-1)^{1+\nu} \frac{\partial g_\mu}{\partial \sigma_\nu} \frac{\partial(g_{\mu_2}, \ldots, g_{\mu n})}{\partial(\sigma_1, \ldots, \hat{\sigma}, \ldots, \sigma_n)} d\lambda^n$$

$$= \int_P \sum_{\nu=1}^{n} (-1)^{1+\nu} \sum_{\mu=1}^{m} \left( \frac{\partial f}{\partial \eta_\mu} \circ g \right) \frac{\partial g_\mu}{\partial \sigma_\nu} \frac{\partial(g_{\mu_2}, \ldots, g_{\mu_n})}{\partial(\sigma_1, \ldots, \hat{\sigma}_\nu, \ldots, \sigma_n)} d\lambda^n$$

$$= \int_P \sum_{\nu=1}^{n} (-1)^{1+\nu} \frac{\partial f}{\partial \sigma_\nu} \frac{\partial(g_{\mu_2}, \ldots, g_{\mu_n})}{\partial(\sigma_1, \ldots, \hat{\sigma}_\nu, \ldots, \sigma_n)} d\lambda^n$$

$$= \int_P \frac{\partial(f, g_{\mu_2}, \ldots, g_{\mu_n})}{\partial(\sigma_1, \ldots, \sigma_n)} d\lambda^n .$$

Das Integral rechter Hand ist

$$\int_{\partial P} (f \circ g) \frac{\partial(g_{\mu_2}, \ldots, g_{\mu_n})}{\partial(\varrho_2, \ldots, \varrho_n)} d\lambda^{n-1} .$$

Aus 8.3.1. folgt nun die behauptete Gleichung (2). Damit ist der obige Satz von Stokes bewiesen.

Nun seien auf einer Umgebung $G$ der $n$-Fläche $F$ im $\mathbb{R}^m$ Funktionen $f_1, \ldots, f_n : G \to \mathbb{R}$ gegeben, und zwar sei $f_1$ stetig differenzierbar, $f_2, \ldots, f_n$ seien zweimal stetig differenzierbar auf $G$. Wir setzen

$$\omega := f_1 \, df_2 \wedge \ldots \wedge df_n, \quad \text{also} \quad d\omega = df_1 \wedge df_2 \wedge \ldots \wedge df_n .$$

Wegen $df_\nu = \sum_{\mu=1}^{m} \frac{\partial f}{\partial \eta_\mu} d\eta_\mu$ ist

$$\omega = f_1 \left( \sum_{\mu_2 < \ldots < \mu_n} \frac{\partial(f_2, \ldots, f_n)}{\partial(\eta_{\mu_2}, \ldots, \eta_{\mu_n})} \right) d\eta_{\mu_2} \wedge \ldots \wedge d\eta_{\mu_n}$$

und

$$d\omega = \sum_{\mu_1 < \ldots < \mu_n} \frac{\partial(f_1, \ldots, f_n)}{\partial(\eta_{\mu_1}, \ldots, \eta_{\mu_n})} d\eta_{\mu_1} \wedge \ldots \wedge d\eta_{\mu_n} ,$$

also

$$\int_{\partial F} \omega = \int_{\partial F} f_1 \left( \sum \frac{\partial(f_2, \ldots, f_n)}{\partial(\eta_{\mu_2}, \ldots, \eta_{\mu_n})} \right) c_{\mu_2, \ldots, \mu_n} dO_{n-1}$$

und

$$\int_F d\omega = \int_F \left( \sum \frac{\partial(f_1, \ldots, f_n)}{\partial(\eta_{\mu_1}, \ldots, \eta_{\mu_n})} \right) c_{\mu_1, \ldots, \mu_n} dO_n .$$

Im Spezielfall (3) geht also die Gleichung (1) über in die Gleichung ($1_F$) in 8.3.3.

Bemerkung. Der obige Beweis für den Satz von Stokes setzt voraus, daß $\omega$ definiert ist auf einer Umgebung $G$ von $F$. Für einen Beweis für den Fall, daß $\omega$ nur auf $F$ definiert ist, vgl. G. Nöbeling, Sitz. Ber. d. bayer. Akad. d. Wiss., math.-naturw. Kl. 1982, S. 71–82.

Neunter Teil

# Lineare positive stetige Funktionale

## 9.0. Einleitung

Der klassische maßtheoretisch orientierte Aufbau der Theorie des bestimmten Integrals $I = \int_A f dm$ stützt sich auf die Vorstellung von $I$ als *Maß der Ordinatenmenge* im Produktraum $A \times \mathbb{R}_0^+$ (bei positivem $f$); dem steht gegenüber ein (von M. H. Stone entwickelter) funktional-analytisch orientierter Aufbau, bei welchem man (bei festem $A$ und $m$) $I$ betrachtet als Funktion von $f$, d. h. als Funktional, genauer als positives lineares stetiges Funktional. Diese Betrachtungsweise kommt den Bedürfnissen der modernen Funktionalanalysis entgegen und liefert im übrigen nebenher auch eine Maßtheorie.
Ausgangspunkt bildet dabei ein vorgegebenes derartiges Funktional $L: \mathfrak{e} \longrightarrow \mathbb{R}$, (welchem beim $m$-Integral etwa das Integral für $m$-summierbare Treppenfunktionen entspricht). Wie in der Theorie des $m$-Integrals handelt es sich dann auch hier um die Erweiterung von $L|\mathfrak{e}$ durch Adjunktion der Limiten von Folgen $(e_\nu)_\nu$ mit $e_\nu \in \mathfrak{e}$, die entweder monoton sind und „punktweise" (d. h. im üblichen Sinne) konvergieren, oder bezüglich einer „Norm" $N$, welche mit Hilfe von $L|\mathfrak{e}$ konstruiert wird. Außerdem wird die Erweiterung von $L|\mathfrak{e}$ durch Verwendung monotoner Moore-Smith-Folgen diskutiert. Schließlich wird untersucht, wann das erweiterte Funktional als ein $m$-Integral darstellbar ist.

## 9.1. Definitionen. Fragestellung

**9.1.0.** Alle unsere Betrachtungen spielen sich ab innerhalb des Systems $\mathfrak{r}$ aller im weiteren Sinne (= i.w.S.) reellen Funktionen $f: D \longrightarrow \overline{\mathbb{R}}$ bei festem Definitionsbereich $D$. Man bestätigt leicht:

(a) $\mathfrak{r}$ ist (teilweise) geordnet vermöge:

$$f \leqq f' :\leftrightarrow \bigwedge_{x \in D} f(x) \leqq f'(x), \quad f, f' \in D;$$

(b) $\mathfrak{r}$ ist ein **Verband**, d. h. geordnet und es existieren

$$\max\{f_1, f_2\} \quad \text{und} \quad \min\{f_1, f_2\} \quad \text{in } \mathfrak{r} \text{ für beliebige } f_1, f_2 \in \mathfrak{r};$$

($b_1$) $\mathfrak{r}$ ist ein vollständiger Verband, d.h. es existieren

$$\sup \mathfrak{r}' \quad \text{und} \quad \inf \mathfrak{r}' \quad \text{für beliebiges } \mathfrak{r}' \subset \mathfrak{r};$$

(c) $\mathfrak{r}$ ist distributiv, d.h. für beliebige $\mathfrak{r}' \subset \mathfrak{r}$ und $d \in \mathfrak{r}$ hat man

$$\min\{d, \sup \mathfrak{r}'\} = \sup\{\min\{d, f\} : f \in \mathfrak{r}\},$$

$$\max\{d, \inf \mathfrak{r}'\} = \inf\{\max\{d, f\} : f \in \mathfrak{r}'\};$$

(d) $$\bigwedge_{f \in \mathfrak{r}} |f| \in \mathfrak{r} \qquad (\text{wegen } |f| = \max\{f, -f\}).$$

**9.1.1.** $\mathfrak{r}$ ist kein Vektorraum mit der üblichen (stellenweisen) Definition von Addition und Multiplikation (II., 1.1.). Umsomehr richtet sich unser Interesse auf Teilverbände $\mathfrak{v}$ von $\mathfrak{r}$ die zugleich eine VR-Struktur besitzen, die mit der Ordnung in $\mathfrak{v}$ in Einklang steht.
**Definition.** Als **Vektorverband,** kurz VV, auch als **Rieszscher Raum** in $\mathfrak{r}$ wird bezeichnet ein Teilsystem $\mathfrak{e}$ von $\mathfrak{r}$ mit den Eigenschaften

(E°) $$\emptyset \neq \mathfrak{e} \subset \mathfrak{r}_e,$$

wobei $\mathfrak{r}_e$ das System aller $f \in \mathfrak{r}$ bezeichnet, die nur *endliche* Werte annehmen ($f: D \longrightarrow \mathbb{R}$);

(E′) es ist $\mathfrak{e}$ ein reeller Vektorraum (VR), d.h. für beliebige $f, f'$, $g \in \mathfrak{e}$ und beliebiges $\alpha \in \mathbb{R}$ gilt $f + f' \in \mathfrak{e}$ und $\alpha f \in \mathfrak{e}$ (diese Operationen punktweise ausgeführt); dabei gelten (wie in $\mathbb{R}$ selbst) die Monotonierelationen: $f \leqq f' \rightarrow f + g \leqq f' + g$ und $f \leqq f' \rightarrow \alpha f \leqq \alpha f'$ falls $\alpha > 0$;

(E″) für alle $f, f' \in \mathfrak{e}$ gilt auch $\max\{f, f'\} \in \mathfrak{e}$.

1. Bemerkung. Wegen $|f - f'| = 2\max\{f, f'\} - f - f'$ ist die Forderung $f \in \mathfrak{e} \rightarrow |f| \in \mathfrak{e}$ gleichwertig mit (E″) (bei Geltung von (E°), (E′)).
Die Funktionen $f \in \mathfrak{e}$ seien (im Rahmen der auf $\mathfrak{e}$ bezüglichen Untersuchungen) als **elementare Funktionen** (e.F) bezeichnet.

2. Bemerkung. Nicht gefordert wird, daß $1 := 1_D \in \mathfrak{e}$.

Folgerungen: (1) $\bar{0} := 1_\emptyset \in \mathfrak{e}$ (Statt $\bar{0}$ schreiben wir auch 0);
(2) $e \in \mathfrak{e} \rightarrow -e \in \mathfrak{e}$;
(3) $e, e' \in \mathfrak{e} \rightarrow \min\{e, e'\} \in \mathfrak{e}$;
(4) Mit $e \in \mathfrak{e}$ hat man auch $e^+ := \max\{e, 0\} \in \mathfrak{e}$ und $e^- := -\min\{e, 0\} \in \mathfrak{e}$ sowie $|e| = e^+ + e^- \in \mathfrak{e}$. Schließlich ist $e = e^+ - e^-$.

Beispiele von VV in $\mathfrak{r}$.
(I) Es ist $\mathfrak{r}_e$ (definitionsgemäß) der größte VV in $\mathfrak{r}$. Ferner ist das System $\mathfrak{r}_b$ aller *beschränkten* $f \in \mathfrak{r}$ ein VV (mit $\mathfrak{r}_b \subset \mathfrak{r}_e$).

(II) Es sei $\mathfrak{A} \subset \mathfrak{p}(D)$ eine $\sigma$-Algebra und es sei $\mathfrak{e}$ der VV der endlichen reellen Treppenfunktionen mit zu $\mathfrak{A}$ gehörigen (d.h. mit $\mathfrak{A}$-meßbaren) Konstanzmengen ($\mathfrak{e} < \mathfrak{r}_e$).
(III) Bei topologischem $D$ werde als **Träger** $T(f)$ von $f: D \rightarrowtail \mathbb{R}$ bezeichnet die *abgeschlossene* Hülle der Menge $\{x; x \in D \wedge f(x) \neq 0\} = \{x : x \in D \wedge |f(x)| > 0\}$. – Ein VV wird nun geliefert durch das System der stetigen $f \in \mathfrak{r}_e$ mit kompaktem Träger, falls $D$ ein lokalkompakter (Hausdorff-)Raum ist, d.h. jedes $x \in D$ eine Umgebung $U$ mit kompaktem $\underline{U}$ besitzt.

### 9.1.2. Lineare stetige Funktionale

**9.1.2.1. Definition.** Die Abbildung $L : \mathfrak{e} \rightarrowtail \mathbb{R}$ heißt **linear** bzw. **positiv**, wenn für alle $e, e' \in \mathfrak{e}$ und $\alpha \in \mathbb{R}$ gilt (L) bzw. (P), wobei

(L) $$L(e+e') = L(e) + L(e') \quad \text{und} \quad L(\alpha e) = \alpha L(e),$$

(P) $$L(e) \geqq 0, \quad \text{falls} \quad e \geqq 0.$$

Folgerungen. (1) $L(\bar{0}) = 0$. – (2) $L$ ist isoton: $e \leqq e' \rightarrow L(e) \leqq L(e')$. – (3) $|L(e)| \leqq L(|e|)$. – (4) $|L(e+e')| \leqq L(|e|) + L(|e'|)$ für $e, e' \in \mathfrak{e}$.
Beispiele linearer positiver Funktionale
(1) Das sogen. Dirac-Funktional $L_\delta$:
Es sei $J := [\alpha, \beta] \subset \mathbb{R}$ ein kompaktes Intervall und $\alpha \leqq \gamma \leqq \beta$ ferner sei $\mathfrak{e}$ der VV der in $J$ stetigen $e : J \rightarrow \mathbb{R}$ und $L_\gamma$ erklärt durch $L_\gamma : \mathfrak{e} \rightarrowtail \mathbb{R}$ mit $L_\gamma(e) := e(\gamma)$ für $e \in \mathfrak{e}$.
(2) Verallgemeinerung von (1): Jede endliche Linearkombination von Dirac-Funktionalen.
(3) Jedes $m$-Integral bezgl. des VV der $m$-summierbaren Funktionen.

**9.1.2.2.** Bei der in Aussicht gestellten Erweiterung $L'|\mathfrak{e}'$ von $L|\mathfrak{e}$ auf eine größere Funktionenklasse $\mathfrak{e}'$ ist es wünschenswert, daß diese „stetigen Charakter" hat etwa in folgendem Sinne: Für jede monotone, konvergente Folge $e_1, e_2, \ldots \in \mathfrak{e}$ mit $\lim_n e_n = f \in \mathfrak{e}'$ soll gelten $\lim L(e_n) = L'(f)$. Offenbar verlangt dies, daß bereits $L|\mathfrak{e}$ selbst die entsprechende Eigenschaft besitzt. Daher die

**Definition.** $L|\mathfrak{e}$ heißt (monoton) **stetig**, wenn für jede monotone, konvergente Folge $e_1, e_2, \ldots \in \mathfrak{e}$ mit $\lim_n e_n = e \in \mathfrak{e}$ gilt

$$\lim_n L(e_n) = L(e).$$

**Satz.** *Das lineare positive Funktional $L|\mathfrak{e}$ ist genau dann stetig, wenn*

(S') $$\bigwedge_{e, e_1, e_2, \ldots \in \mathfrak{e}} |e| \leqq \sum_n |e_n| \rightarrow L(|e|) \leqq \sum_n L(|e_n|).$$

Beweis. 1. Es sei $L|\mathfrak{e}$ stetig, und $0 \leqq e_n$, $e \in \mathfrak{e}$ und $e \leqq \sum_n e_n$. Wir setzen $e'_m := \sum_{n=1}^m e_n$, $e''_m := \min\{e, e'_m\} \in \mathfrak{e}$. Dann gilt $e = \lim_m e''_m$ monoton, also $L(e) = \lim_m L(e''_m) \leqq \lim_m e'_m =$

$\lim_m \sum_{n=1}^m L(e_n) \leqq \sum_n L(e_n)$. – 2. Es gelte (S'). Wegen (E') und (E'') genügt es, nicht-steigende nach $\bar{0}$ konvergente Folgen zu betrachten; es sei also $\bar{0} \leqq e_{n+1} \leqq e_n$ für alle $n$ und $\lim_n e_n = \bar{0}$. Dann gilt $e_1 - e_m = (e_1 - e_2) + \ldots + (e_{m-1} - e_m)$, also $L(e_1) \geqq L(e_1) - L(e_m) = \sum_{\nu=1}^{m-1} L(e_\nu - e_{\nu+1})$ für alle $m > 1$; somit ist $\sum_\nu L(e_\nu - e_{\nu+1})$ eigentlich konvergent, und wir erhalten aus $e_n = \sum_{\nu=n}^{\infty}(e_\nu - e_{\nu+1})$ schließlich $L(e_n) \leqq \sum_{\nu=n}^{\infty} L(e_\nu - e_{\nu+1}) \rightsquigarrow 0$ für $n \rightsquigarrow \infty$.

Bemerkung. Mit (S') äquivalent ist
(S'') Aus $e, e_n \in \mathfrak{e}$ mit $0 \leqq e_n \leqq e_{n+1}$, $n = 1, 2, \ldots$ und $e \leqq \sup\{e_n : n \in \mathbb{N}\}$ folgt $L(|e|) \leqq \bar{L}((e_n)_n) := \sup\{L(e_n) : n = 1, 2, \ldots\}$.
Beweis als Aufgabe.

Beispiele stetiger (linearer, positiver) Funktionale werden geliefert durch die Beispiele (1)–(3) von 9.1.2.1. (Für (3) z.B. folgt die Stetigkeit aus dem Satz von der $m$-Summierbarkeit bei monotoner Konvergenz (vgl. 3.4.).

**Definition.** Ein lineares, positives, stetiges Funktional $L|\mathfrak{e}$ auf einem VV $\mathfrak{e}$ in $\mathfrak{r}$ bestehend aus elementaren Funktionen $e : D \rightarrowtail \mathbb{R}$, wird als **elementares Integral**, kurz e.I., bezeichnet.

Wie schon in 9.0. angedeutet handelt es sich jetzt um Erweiterungen von e.I. Anders als beim $m$-Integral soll aber hier die Erweiterungskonstruktion „metrisch" sein, d.h. auf Limesbildungen bezüglich einer Norm gegründet werden. Die dazu erforderlichen Hilfsmittel werden vorab in 9.2. zusammengestellt.

## 9.2. Normfunktionen

**9.2.1. Definition.** Als **Normfunktion** $N$ **in** $\mathfrak{r}$ werde bezeichnet jedes den nachstehenden Forderungen (NP)–(NU) genügendes $N : \mathfrak{r} \rightarrowtail \bar{\mathbb{R}}_0^+$ (wobei also Werte $N(f) = +\infty$ zugelassen sind):

(NP) $$N(f) = N(-f) = N(|f|) \geqq 0 \quad \text{für alle} \quad f \in \mathfrak{r};$$

(NO) $$N(\bar{0}) = 0;$$

(NH) $$N(\alpha f) = |\alpha| N(f) \quad \text{für alle} \quad f \in \mathfrak{r} \quad \text{und alle} \quad \alpha \in \mathbb{R};$$

(NU) $$\bigwedge_{f_1, f_2, \ldots \in \mathfrak{r}} |f| \leqq \sum_n |f_n| \rightarrow N(f) \leqq \sum_n N(f_n), \quad f \in \mathfrak{r}.$$

Speziell gilt $\bigwedge_{f, f' \in \mathfrak{r}} |f| \leqq |f'| \rightarrow N(f) \leqq N(f')$.

Beispiele von Normfunktionen. (1) Trivial sind: $N_1(f) = 0$ für alle $f \in \mathfrak{r}$, und $N_2(f) := 0$ bzw. $+\infty$, je nachdem $f = 0$ bzw. $f \neq 0$. – (2) Es sei $D$ endlich, etwa $D := \{1, \ldots, m\}$, sodaß

$f \in \mathfrak{r}$ einen Vektor $f := (x_1, \ldots, x_m)$ bezeichnet. $N_3(f) := (\sum_\mu x_\mu^2)^{1/2}$, d.h. die Länge von $f$ ist eine Normfunktion (Die Beziehung (NU), welche auf die Ungleichung

$$(\textstyle\sum_\mu (\sum_n x_{n\mu})^2)^{1/2} \leqq \sum_n (\sum_\mu x_{n\mu}^2)^{1/2}$$

hinauskommt, ist die auf Polygone verallgemeinerte Dreiecksungleichung (vgl. II., 2.2.1.).

Folgerungen aus (NP)–(NU). Für jede Normfunktion $N|\mathfrak{r}$ gilt:

1. $|f| \leqq |f_1| \rightarrow N(f) \leqq N(f_1)$;
2. Falls mit $f$ und $f' \in \mathfrak{r}$ auch $f + f' \in \mathfrak{r}$, so ist

$$\text{(PN)} \qquad N(f+f') \leqq N(f) + N(f')$$

(nämlich wegen $|f+f'| \leqq |f| + |f'|$).

Bemerkung. Bei den Einengungen $N|\mathfrak{r}_e$ und $N|\mathfrak{r}_b$ von $N|\mathfrak{r}$ auf die VR $\mathfrak{r}_e$ und $\mathfrak{r}_b$ spricht man von **Pseudonormen** in dem Sinne, daß sie (NP), (NO), (NH) und (NU) ohne Einschränkung erfüllen. $N$ liefert in $\mathfrak{r}_e$ bzw. $\mathfrak{r}_b$ eine Pseudometrik (II., 1.5.6; 1.6.1.) $d$ vermöge $d(f, f') := N(f - f')$.

**9.2.2.** $N$-Nullfunktionen, $N$-Nullmengen, $N$-endliche Funktionen.

Durch eine vorgegebene Normfunktion $N|\mathfrak{r}$ wird folgende Klassifikation der $f \in \mathfrak{r}$ sowie der Teilmengen $M$ von $D$ bestimmt:

**Definitionen.** 1. $f \in \mathfrak{r}$ heißt eine $N$-**Nullfunktion**, wenn $N(f) = 0$. – 2. $f \in \mathfrak{r}$ heißt $N$-**endlich**, wenn $N(f) < +\infty$. – 3. $M \subset D$ heißt eine $N$-**Nullmenge**, wenn $N(1_M) = 0$.
Dementsprechend bedeutet „$N$-**fast überall**“ bzw. „$N$-**fast nirgends**“ (in $D$) soviel wie „Überall in $D$ mit Ausnahme einer $N$-Nullmenge“ bzw. „nur in einer $N$-Nullmenge“. Wir bezeichnen das *System der N-Nullfunktionen* mit $\mathfrak{n}$, das der *N-Nullmengen* mit $\mathfrak{N}$, und das der *N-endlichen Funktionen* mit $\mathfrak{E}$.
Neben dem System $\mathfrak{r}_e$ der endlichen Funktionen aus $\mathfrak{r}$ betrachten wir auch das *System* $\mathfrak{r}_{fe}$ *der N-fast überall endlichen* $f \in \mathfrak{r}$.
Zwischen den $N$-Nullmengen und den $N$-Nullfunktionen besteht folgender Zusammenhang.

**1. Hilfssatz.** Für alle $f \in \mathfrak{r}$ sind gleichwertig: (1) Es ist $f \in \mathfrak{n}$. – (2) Es ist $|f| \in \mathfrak{n}$. – (3) Es ist $f = 0$ $N$-fast überall in $D$.

Beweis. (1) $\rightarrow$ (2). Wegen (1) ist $0 = N(f) = N(|f|)$. – (2) $\rightarrow$ (3). Es sei $f \in \mathfrak{r}$ mit $f = |f|$ und $N(f) = 0$. Wir setzen $K(n) := [f \geqq n^{-1}]$ für $n = 1, 2, \ldots$ und $c_n := 1_{K(n)}$ sowie $c_0 := 1_{[f>0]}$, sodaß also $0 \leqq c_1 \leqq \ldots \leqq c_n \leqq c_{n+1} \leqq c_0 = \sup_n c_n \leqq \sum_n c_n$. Gemäß 9.2.1., (NU), folgt $N(c_0) \leqq \sum_n N(c_n)$. Wegen $0 \leqq c_n \leqq n|f|$ ist aber $0 \leqq N(c_n) \leqq nN(f) = 0$, also $N(c_0) = 0$. – (3) $\rightarrow$ (1). Sei jetzt $f = 0$ $N$-fast überall in $D$. Mit den Bezeichnungen wie in

(2)→(3) folgt dann $0 \leqq N(c_n) \leqq N(c_0) = 0$, also $N(c_n) = 0$ für alle $n$. Zufolge der Definition der $c_n$ ist aber $|f| \leqq \sum_n c_n$ und daher $N(f) \leqq \sum_n N(c_n) = 0$.
Weiter hat man den

**1. Satz.** *Ist $N|\mathfrak{r}$ eine Normfunktion auf $\mathfrak{r}$, so gilt:*

(1) *Die Abbildung $u|\mathfrak{p}(D)$, erklärt durch*

$$u(M) := N(1_M) \quad \textit{für} \quad M \in \mathfrak{p}(D),$$

*stellt eine Maßfunktion auf $\mathfrak{p}(D)$ dar (vgl. 2.6.1.);*
(2) *$\mathfrak{N}$ ist ein $\sigma$-Ideal in $\mathfrak{p}(D)$;*
(3) *Die für $f, f' \in \mathfrak{r}$ erklärte Relation*

$$f \approx f' :\leftrightarrow [f \neq f'] \in \mathfrak{N}$$

*ist eine Äquivalenzrelation in $\mathfrak{r}$;*
(4) $f \approx f' \rightarrow N(f) = N(f')$ *für alle* $f, f' \in \mathfrak{r}$

Beweis. *Zu* (1). $u(\emptyset) = N(0) = 0$. Ferner hat $M \subset \bigcup_n M_n$ zur Folge, daß $1_M \leqq \sum_n 1_{M_n}$, also $u(M) \leqq \sum_n u(M_n)$. – *Zu* (2). Aus „Zu (1)" folgt speziell für $M_n \in \mathfrak{N}$ für alle $n$, auch $u(M) = 0$, d.h. $M \in \mathfrak{N}$. Ferner ergibt die Isotonie von $u$, daß $Q \in \mathfrak{N}$, falls $Q \in \mathfrak{N}$, $Q' \in \mathfrak{p}(D)$ und $Q' \subset Q$. – *Zu* (3). Reflexivität und Symmetrie von $\approx$ ist evident. Nun gilt allgemein $[f \neq f''] \subset [f \neq f'] \cup [f' \neq f'']$ (weil offenbar $[f = f''] \supset [f = f'] \cap [f' = f'']$), also folgt auf Grund von (1) aus $[f \neq f'] \in \mathfrak{N}$ und $[f' \neq f''] \in \mathfrak{N}$ auch $[f \neq f''] \in \mathfrak{N}$. – *Zu* (4). Aus $[f \neq f'] \in \mathfrak{N}$ folgt $[|f| \neq [f'|] \in \mathfrak{N}$, also $|f| \leqq |f'| + k$ und $|f'| \leqq |f| + k'$ mit nicht negativen $N$-Nullfunktionen $k$ und $k'$, somit $N(f) \leqq N(f')$ und $N(f') \leqq N(f)$.

Bezeichnung. Die Äquivalenzklassen für die $f \in \mathfrak{r}$ bezüglich $\approx$ bezeichnen wir mit $\hat{f}$. Die Verbindung mit VR-Strukturen in $\mathfrak{r}$ ergibt sich aus dem

**2. Hilfssatz.** (1) $\mathfrak{E} \subset \mathfrak{r}_{fe}$. – (2) $\bigwedge_{f \in \mathfrak{r}_{fe}} \hat{f} \in \mathfrak{r}_{fe}$.
(3) $\bigwedge_{f \in \mathfrak{r}_{fe}} \bigvee_{f' \in \mathfrak{r}_e} f' \in \hat{f}$, sodaß $f = f' + g$ mit $g \in \mathfrak{N}$.
(4) $\bigwedge_{\alpha \in \mathbb{R}, f, f'' \in \mathfrak{r}} f \approx f'' \rightarrow \alpha f \approx \alpha f''$, wobei $\bigwedge_{\xi \in \mathbb{R}} 0.\ \xi = 0$.
(5) $\bigwedge_{f_1, f_2, f_1', f_2' \in \mathfrak{r}_e} f_1 \approx f_1' \wedge f_2 \approx f_2 \rightarrow f_1 + f_2 \approx f_1 + f_2$
(d.h. die Restriktion von $\approx$ auf $\mathfrak{r}_e$ ist verträglich mit der Addition in $\mathfrak{r}_e$).

Beweis. **Zu** (1). Es sei $k \in \mathfrak{E}$. Mit $c_n := 1_{[|k| \geqq n]}$, $n = 1, 2, \ldots$, ist $nc_n \leqq |k|$ (in $D$), somit $nN(c_n) \leqq N(k)$. Setzt man noch $c_\infty := 1_{[|k| = +\infty]}$, so gilt $0 \leqq c_\infty \leqq c_n$, also $N(c_\infty) \leqq N(c_n) \leqq n^{-1} N(k)$ für alle $n \in \mathbb{N}$. Mit $n \rightsquigarrow +\infty$ folgt $N(c_\infty) = 0$. – **Zu** (2). Ist $f' \approx f$ und $f \in \mathfrak{r}_e$, also $M_1 := [f' \neq f] \in \mathfrak{N}$ und $[f = \pm\infty] \in \mathfrak{N}$, so ist $[f' = \pm\infty] \subset M_1 \cup M_2 \in \mathfrak{N}$. – **Zu** (3). Wählen wir $f^*(x) := f(x)$ für $f(x) \neq \pm\infty$ und $f^*(x) := 0$ sonst, so ist $f^* \approx f$ und $f^* \in \mathfrak{r}_e$. – **Zu** (4). Für $\alpha = 0$ ist die Beh. klar; für $\alpha \neq 0$ hat man $[f \neq f'] = [\alpha f \neq \alpha f']$. – **Zu** (5). Ist $f_i' = f_i + (f_i' - f_i)$ mit $N(f_i' - f_i) = 0$, so folgt $|(f_1' + f_2') - (f_1 + f_2)| \leqq |f_1' - f_1| + |f_2' - f_2|$, somit $N((f_1' + f_2') - (f_1 + f_2)) = 0$.

Bezeichnung. Für das System der Äquivalenzklassen, welche in $\mathfrak{r}_{fe}$ enthalten sind (vgl. 2. Hilfssatz, (2)) bzw. deren jede Elemente mit $\mathfrak{E}$ gemeinsam hat, verwenden wir das Symbol $\hat{\mathfrak{r}}_{fe}$ bzw. $\hat{\mathfrak{E}}$. Ferner sollen mit $f^*$ Repräsentanten aus $\hat{\mathfrak{r}}_{fe}$ bzw. aus $\hat{\mathfrak{E}}$ bezeichnet werden. Es gilt nun der

**2. Satz.** Voraussetzung. *Es sei N eine Normfunktion in* $\mathfrak{r}$.

Behauptung. (I) *Es sind* $\hat{\mathfrak{r}}_{fe}$ *und* $\hat{\mathfrak{E}}$ *Vektorverbände gemäß den*

Definitionen: (a) $\hat{f}_1 \pm \hat{f}_2 := \widehat{f_1^* \pm f_2^*}$;
(m) $\alpha\hat{f} := \widehat{\alpha f^*}$, $\alpha \in \mathbb{R}$;
(o) $\hat{f}_1 \leqq \hat{f}_2 := \leftrightarrow f_1^* \leqq f_2^*$ *N-fast überall*..

*Diese Definitionen sind eindeutig in dem Sinne: Sie sind unabhängig von der Wahl der Repräsentanten* $f_1^*, f_2^*, f^*$.
(I) *Die VR* $\hat{\mathfrak{r}}_{fe}$ *und* $\hat{\mathfrak{E}}$ *sind normiert mit* $\hat{N}$, *wobei*

$$\hat{N}(\hat{f}) := N(f)\ (= N(f^*)) \quad mit \quad f \in \mathfrak{r}_{fe} \quad bzw. \quad f \in \mathfrak{E}.$$

(Der Beweis kann dem Leser überlassen bleiben).

Vereinbarung. Gemäß Satz 2. (vgl. dort (a), (m), (o)) sind die Addition usw. von Restklassen konsistent gegenüber $\approx$, d. h. gegenüber (mod $\mathfrak{N}$). Im Sinne des Repräsentantenprinzips wird daher von jetzt ab bei $=$, $\leqq$, $\in$, $+$ das $\hat{}$ weggelassen und (mod $\mathfrak{N}$) nur beibehalten, soweit Mißverständnisse zu befürchten wären.

### 9.2.3. Der bezüglich einer Normfunktion $N$ vollständige Vektorverband $\mathfrak{E}$ (mod $\mathfrak{N}$) der $N$-endlichen Funktionen.

**Definition.** Ist $\mathfrak{v}$ ein VV mit der Normfunktion $N|\mathfrak{v}$, so wird eine Folge $(f_r)_r$ mit $f_r \in \mathfrak{v}$, $r = 1, 2, \ldots$, als $N$-**Cauchyfolge**, kurz $NC$-**Folge**, bzw. als $N$-**konvergent** (in $\mathfrak{v}$) gegen ein $h \in \mathfrak{v}$ oder mit dem $N$-**Limes** $h$, in Zeichen $h = N\text{-Lim}_r f_r$, erklärt, wenn zu jedem $\varepsilon > 0$ ein $P(\varepsilon)$ $(\in \mathbb{N})$ gehört derart, daß $N(f_r - f_t) < \varepsilon$ bzw. $N(h - f_r) < \varepsilon$ für alle $r$, $t \geqq P(\varepsilon)$ bzw. $r \geqq P(\varepsilon)$. Weiter heißt $\mathfrak{v}$ $N$-**vollständig**, wenn jede $N$-Cauchyfolge $N$-konvergiert in $\mathfrak{v}$. In Rücksicht auf diese Definitionen sowie auf die Ergebnisse in 9.2.2. (vgl. dazu die dortige Vereinbarung) erhält man den

**1. Satz.** Voraussetzung. *Es sei* $N|\mathfrak{r}$ *eine Normfunktion.*

Behauptung. (1) *Es ist* $\mathfrak{E}$(mod $\mathfrak{N}$) *ein mit N normierter VV.* (2) *Es ist* $\mathfrak{E}$(mod $\mathfrak{N}$) *sogar N-vollständig.*

**Zusatz.** (I) Jede $N$-Cauchyfolge $(f_r)_r$ enthält eine $N$-fast überall in $D$ punktweise eigentlich konvergente Teilfolge $(g_k)_k$. – (II) Aus $h = N\text{-Lim}_t f_t$ mit $f_t \in \mathfrak{E}$(mod $\mathfrak{N}$) folgt $h \in \mathfrak{E}$(mod $\mathfrak{N}$).

Beweis. *Betr. Beh.* (1) Folgt aus 9.2.2.

*Betr. Zusatz* (I) Es sei $(f_r)_r$ mit $f_r \in \mathfrak{E}$, $r = 1, 2, \ldots$, und $N(f_r - f_t) < \varepsilon$ für $r, t \geqq P(\varepsilon)$, wobei o.B.d.A. $P(\varepsilon) \in \mathbb{N}$ und $(\varepsilon \mid \longrightarrow P(\varepsilon))$ für $\varepsilon \rightsquigarrow 0+$ streng antiton ist, ferner $[|f_r| < +\infty] = D$ (wegen $f_r \in \mathfrak{E}$ und 9.2.2., Hilfssatz 1.) für alle $r$. Nun sei $(\varepsilon_p)_p$ eine streng antitone Nullfolge mit $\sum_p \varepsilon_p = 1$, sodaß $\sum_{p \geqq q} \varepsilon_p \rightsquigarrow 0$ für $q \rightsquigarrow +\infty$. Setzt man $g_p := f_{P(\varepsilon_p)}$, so ist $(g_p)_p$ echte Teilfolge von $(f_r)_r$ mit $N(g_{p+q} - g_p) \leqq \varepsilon_p$ für $p, q = 1, 2, \ldots$ Setzt man

(G) $$g := |g_1| + \sum_{p \geqq 1} |g_{p+1} - g_p|,$$

so ist $N(g) \leqq N(g_1) + \sum_{p \geqq 1} N(g_{p+1} - g_p) \leqq N(g_1) + 1 < +\infty$, sodaß $g \in \mathfrak{E}$. Daher konvergiert die Reihe (G) $N$-fast überall in $D$ punktweise eigentlich und damit auch

(H) $$h := g_1 + \sum_{p \geqq 1} (g_{p+1} - g_p) = \lim_p g_p \,(\mathrm{mod}\ \mathfrak{N}) \text{ mit } h \in \mathfrak{E}$$

(wegen $N(h) \leqq N(g) < +\infty$). Folglich genügt $(g_p)_p$ der Beh. (I) des Zusatzes.

*Betr. Beh.* (2) (des Satzes). Gemäß (H) ist $|h - g_p| \leqq \sum_{q \geqq 1} |g_{p+q} - g_{p+q-1}|$, woraus $N(h - g_p) < \varepsilon'$ mit beliebig kleinem $\varepsilon' > 0$ für schließlich alle $p$, d.h. $h = N\text{-}\mathrm{Lim}_p g_p$. Wegen $N(h - f_t) \leqq N(h - g_p) + N(g_p - f_t) < \varepsilon$ mit beliebig kleinem $\varepsilon > 0$ für alle hinreichend großen $t$ und $p$ folgt $h = N\text{-}\mathrm{Lim}_t f_t$. Wegen $h \in \mathfrak{E}$ ist die Beh. (2) bewiesen.

*Betr. Zusatz* (II). Aus $f_t \in \mathfrak{E}$ und $N(h - f_t) < 1$ folgt $N(h) \leqq N(h - f_t) + N(f_t) < +\infty$.

Die Limesbildung $N$-Lim ist vertauschbar mit den linearen und Ordnungsrelationen in $\mathfrak{E}$ (mod $\mathfrak{N}$). Es gilt nämlich der

**2. Satz** (Rechnen mit $N$-Limiten in $\mathfrak{E}$ (mod $\mathfrak{N}$)).

Voraussetzung. *Es seien* $k, k_t, h, h_t \in \mathfrak{E}$, $t = 1, 2, \ldots$ *mit* $k = N\text{-}\mathrm{Lim}_t k_t$ *und* $h = N\text{-}\mathrm{Lim}_t h_t$.

Behauptung. (1) *Der N-Limes ist* (mod $\mathfrak{N}$) *eindeutig bestimmt.* – (2) *Es gilt* $N\text{-}\mathrm{Lim}_t(h_t + k_t) = N\text{-}\mathrm{Lim}_t h_t + N\text{-}\mathrm{Lim}_t k_t$ (mod $\mathfrak{N}$) *und* $N\text{-}\mathrm{Lim}_t \alpha k_t = \alpha N\text{-}\mathrm{Lim}_t k_t$ (mod $\mathfrak{N}$) *für jedes* $\alpha \in \mathbb{R}$. *Dabei folgt auch bei Beh.* (3) *die Existenz des jeweils links stehenden N-Limes aus der Existenz der rechts stehenden.* – (3) *Es gilt* $N\text{-}\mathrm{Lim}_t |k_t| = |N\text{-}\mathrm{Lim}_t k_t|$ (mod $\mathfrak{N}$) *sowie* $N\text{-}\mathrm{Lim}_t \max\{h_t, k_t\} = \max\{N\text{-}\mathrm{Lim}_t h_t, N\text{-}\mathrm{Lim}_t k_t\}$ (mod $\mathfrak{N}$)*; analog für* min. – (4) *Aus* $k_t \leqq h_t$ (mod $\mathfrak{N}$) *folgt* $N\text{-}\mathrm{Lim}_t k_t \leqq N\text{-}\mathrm{Lim}_t h_t$ (mod $\mathfrak{N}$).

Beweis. *Betr. Beh.* (1) Aus $N(k - k_t) < \varepsilon$ und $N(h - k_t) < \varepsilon$ folgt $N(h - k) \leqq N(h - k_t) + N(k_t - k) < 2\varepsilon$. – *Betr. Beh.* (2) $N((h + k) - (h_t + k_t)) \leqq N(h - h_t) + N(k - k_t)$ und $N(\alpha h - \alpha h_t) = |\alpha| N(h - h_t)$. – *Betr. Beh.* (3) Aus $||k| - |h_t|| \leqq |k - h_t|$ folgt $N(|k| - |h_t|) \leqq N(k - h_t)$. Ferner sei $m := \max\{h, k\}$, $m_t := \max\{h_t, k_t\}$, $d := h - k$, $d_t := h_t - k_t$. Dann gilt $2N(m - m_t) = N(|d| + h + k - |d_t| - h_t - k_t) \leqq N(|d| - d_t|) + N(h - h_t) + N(k - k_t)$. Gemäß Beh. (2) ist aber $d = N\text{-}\mathrm{Lim}_t d_t$ und daher (wie soeben gezeigt) $|d| = N\text{-}\mathrm{Lim}_t |d_t|$. Entsprechend betr. min. – *Betr. Beh.* (4). Wegen Beh. (3) gilt (immer (mod $\mathfrak{N}$) $k = N\text{-Lim}_t k_t = N\text{-Lim}_t \min\{h_t, k_t\} = \min\{h, k\} \leqq \max\{h, k\} = N\text{-Lim}_t \max\{h_t, k_t\} = N\text{-Lim}\, h_t = h$.

## 9.3. Mit Hilfe von Normfunktionen konstruierte Erweiterungen elementarer Integrale

**9.3.1.** Mittels Folgen elementarer Funktionen zu einem e.I. konstruierte Normfunktion (NF). Durch diese NF bestimmte Erweiterung dieses e.I.

Durch die Ungleichung (S′) bzw. (S″) in 9.1.2.2. wird nahegelegt die

**Definition.** In einem Vektorverband (VV) $\mathfrak{e}$ elementarer Funktionen (e.F.) sei $(e_n)_n$ mit $e_n \in \mathfrak{e}$ für alle $n$. Für $f \in \mathfrak{r}$ setzt man:

$$\mathfrak{s}(f) := \{(e_n)_n : |f| \leqq \textstyle\sum_n |e_n|\},$$

$$\mathfrak{t}(f) := \{(e_n)_n : (0 \leqq e_n \leqq e_{n+1} \quad \text{für alle } n) \wedge (|f| \leqq \sup_n e_n)\}.$$

und, unter Heranziehung eines *linearen, positiven* $E$: $\mathfrak{e} \longrightarrow \mathbb{R}$,

$$N_{\mathfrak{s}}(f) := \inf\{\textstyle\sum_n E(|e_n|) : (e_n)_n \in \mathfrak{s}(f)\},$$

$$N_{\mathfrak{t}}(f) := \inf\{\sup_n E(|e_n|) : (e_n) \in \mathfrak{t}(f)\};$$

ist $\mathfrak{s}(f) = \emptyset$ bzw. $\mathfrak{t}(f) = \emptyset$, so sei $N_{\mathfrak{s}}(f) = +\infty$ bzw. $N_{\mathfrak{t}}(f) = +\infty$.

Es gilt nun der

**Satz.** (1) *Falls wieder* $E|\mathfrak{e}$ *linear und positiv ist, hat man*
(1) (a) $N_{\mathfrak{s}}(f) = N_{\mathfrak{t}}(f) =: N(f)$ *für alle* $f \in \mathfrak{r}$;
(1) (b) *Es ist* $N|\mathfrak{r}$ *eine als zu* $L|\mathfrak{e}$ *gehörig bezeichnete Normfunktion.*
(1) (c) *Es ist* $N(e) \leqq E(|e|)$ *für alle* $e \in \mathfrak{e}$.
(2) *Ist überdies* $E|\mathfrak{e}$ *ein* elementares Integral $L|\mathfrak{e}$, *also* stetig, *so gilt* $N(e) = L(|e|)$ *für alle* $e \in \mathfrak{e}$.

Beweis. **Zu** (1) (a) (I) Es sei $|f| \leqq \sum_n |e_n| = \sup_m(\sum_{\nu=1}^m |e_\nu|)$, also $N_{\mathfrak{t}}(f) \leqq \sup_m E(\sum_{\nu=1}^m |e_\nu|) = \sup_m(\sum_{\nu=1}^m E(|e_\nu|) = \sum_n E(|e_n|) \leqq N_{\mathfrak{s}}(f)$. – (II) Mit $0 \leqq e_n \leqq e_{n+1}$, sei $|f| \leqq \sup_n |e_n| = \lim_n |e_n| = \sum_n(|e_n| - |e_{n-1}|)$, also $N_{\mathfrak{s}}(f) \leqq \sum_n(E(|e_n| - |e_{n-1}|) = \sum_n(E|e_n|) - E(|e_{n-1}|)) = \lim_n E(|e_n|) = \sup_n E(|e_n|) \leqq N_{\mathfrak{t}}(f)$. Somit $N_{\mathfrak{s}}(f) = N_{\mathfrak{t}}(f)$.
**Zu** (1) (b). Es folgen (NP), (NO) und (NH) unmittelbar, da Entsprechendes schon für $E$ gilt. – *Für den Beweis von* (NU) *soll* (in Rücksicht auf später) *nur die Definition* $N_{\mathfrak{t}}(f)$ *herangezogen werden.* Es sei also $|f| \leqq \sum_n |f_n|$. Falls $\sum_n N(f_n) = +\infty$, ist nichts zu beweisen. Anderenfalls ist $\bigwedge_n N(f_n) < +\infty$, so daß es zu jedem $\varepsilon_n > 0$ eine isotone Folge

$(e_{n\nu})_\nu$ mit $e_{n\nu} \geqq 0$ gibt und $|f_n| \leqq s_n := \sup_\nu e_{n\nu}$ sowie mit $N(f_n) \leqq E_n^+ := \sup_\nu E(e_{n\nu}) \leqq n(f_n) + \varepsilon_n$. Setzt man $\varepsilon := \sum_n \varepsilon_n$, so ist dann $\sum_n N(f_n) \leqq \sum_n E_n^+ \leqq \sum_n N(f_n) + \varepsilon$. Bezeichnet nun $\mathfrak{s}'$ das System aller Summen $\sum' e_{n\nu}$ aus je endlich vielen $e_{n\nu}$ mit lauter verschiedenen $n$, so ist $\sum_n s_n = \sup \mathfrak{s}'$ (denn einerseits ist $e_{n_1\nu_1} + \ldots + e_{n_k\nu_k} \leqq s_{n_1} + \ldots + s_{n_k} \leqq \sum_n s_n$ und andererseits ist $e_{1\nu_1} + \ldots + e_{m\nu_m} \leqq \sup \mathfrak{s}'$, also $s_1 + \ldots + s_m \leqq \sup \mathfrak{s}'$ und damit auch $\sum_n s_n \leqq \sup \mathfrak{s}'$). Analog ergibt sich $\sum_n E_n^+ = \sup E(\mathfrak{s}')$, unter $E(\mathfrak{s}')$ das System aller $E(\sum' e_{n\nu})$ verstanden (entsprechend der Erklärung von $\mathfrak{s}'$). Nun ist $|f| \leqq \sum_n s_n = \sup \mathfrak{s}'$, wegen (NU) (9.2.1.) also $N(f) \leqq \sup E(\mathfrak{s}') = \sum_n E_n^+ \leqq \sum_n N(f_n) + \varepsilon$; für $\varepsilon \sim +\infty$ folgt Beh. (1) (b).
*Zu* (1) (c). Es ist $|e| \leqq \sup_\nu e_\nu = |e|$ mit $e_\nu := |e|$, also $N(e) \leqq E(|e|)$ für $e \in \mathfrak{e}$.
*Zu* (2). Da $N(e) < +\infty$ (wegen (1) (c)), so gibt es zu beliebigem $\varepsilon > 0$ eine nicht-negative aufsteigende Folge $(e_\nu)_\nu$ mit $|e| \leqq \sup_\nu e_\nu$ und $L' := \sup_\nu L(e_\nu) < N(e) + \varepsilon$. Wegen (S') folgt $L(|e|) \leqq L' < N(e) + \varepsilon$, und für $\varepsilon \rightsquigarrow 0$ sodann $L(|e|) \leqq N(e)$, was mit (1) (c) die Gleichheit ergibt.

**Zusatz.** Wegen $|L(e') - L(e'')| \leqq 1 \cdot N(e' - e'')$ kann $L|\mathfrak{e}$ als *N-Lipschitzfunktion* mit der Lipschitzkonstanten 1 bezeichnet werden.

### 9.3.1.1. Erweiterung elementarer Integrale mit Hilfe der (gemäß 9.3.1.) zugehörigen Normfunktion $N|\mathfrak{r}$.

Im Hinblick auf 9.2.2. und die Vereinbarung am Ende von 9.2.2. wird mit Repräsentanten (mod $\mathfrak{N}$) operiert und (mod $\mathfrak{N}$) im allgemeinen weggelassen.
Die Existenz des $N|\mathfrak{e}$ legt es nahe, das elementare Integral $L|\mathfrak{e}$ nach $\mathfrak{E}$ hinein „stetig" fortzusetzen (zu erweitern) zu einem linearen, positiven, „stetigen" Funktional $S|\mathfrak{s}$, und zwar vermöge Adjunktion der $N$-Limiten von Folgen elementarer Funktionen. Hierbei wird benutzt, daß $L(e) = 0$ genau dann, wenn $N(e) = 0$, falls $e \in \mathfrak{e}$.
Bei der Konstruktion von $S|\mathfrak{s}$ bedienen wir uns der

**1. Definition.** Ein $N$-endliches $k \in \mathfrak{E}$ heiße $N$-**summierbar**, wenn $k = N\text{-Lim}_t e_t$ mit $e_t \in \mathfrak{e}$. Das System der $N$-summierbaren Funktionen $s$ sei mit $\mathfrak{s}$ bezeichnet.
Für dieses $\mathfrak{s}$ gilt nun der

**1. Satz.** (1) *Es ist* $\mathfrak{e} \subset \mathfrak{s} \subset \mathfrak{E}$ *sowie* $\mathfrak{n} \subset \mathfrak{s}$. *Mit* $s \in \mathfrak{s}$ *ist* $s' \in \mathfrak{s}$, *wenn* $s' = s$ (mod $\mathfrak{N}$). – (2) *Es ist* $\mathfrak{s}$ *ein mit* $N|\mathfrak{s}$ *normierter Vektorverband (zu dem jede N-Nullfunktion gehört).* – (3) *Es ist* $\mathfrak{s}$ *die bezüglich der Norm* $N|\mathfrak{s}$ *kleinste vollständige Erweiterung des VV* $\mathfrak{e}$ *der elementaren Funktionen.*

Anmerkung. Gemäß Beh. (3) ist $\mathfrak{s}$ ein Banachraum (II., 1.6.1.).

Beweis. *Betr. Beh.* (1). Es folgt $\mathfrak{e} \subset \mathfrak{s} \subset \mathfrak{E}$ aus der Definition von $\mathfrak{s}$ sowie aus 9.2.3., Satz 1., Beh. (2). Aus $s = s'$ (mod $\mathfrak{N}$) folgt $N(s - s') = 0$ und aus $N(s - e_t) < \varepsilon$ daher $N(s' - s_t) \leqq N(s - s') + N(s - e_t) < \varepsilon$, also $s' \in \mathfrak{s}$. Speziell für $k \in \mathfrak{n}$ ist $k = 0$ (mod $\mathfrak{N}$) mit $0 \in \mathfrak{e}$. –

*Betr. Beh.* (2) Daß $\mathfrak{s}$ ein VV ist, ergibt sich wegen 9.1.1., (E'), (E''), aus z. B. den Beweisen in 9.2.2., Satz 2. – *Betr. Beh.* (3) Es sei $(s_t)_t$ eine $N$-Cauchyfolge mit $s_t \in \mathfrak{s}$, $t = 1, 2, \ldots$ Gemäß 9.2.2., Satz 1., existiert $k \in \mathfrak{E}$ mit $N(k - s_t) < \varepsilon$ für $t > M(\varepsilon)$. Wegen $s_t \in \mathfrak{s}$ gibt es ferner zu jedem $\varepsilon > 0$ und jedem $t$ ein $e_t (:= e(t, \varepsilon)) \in \mathfrak{e}$ mit $N(s_t - e_t) < \varepsilon$, sodaß $N(k - e_t) \leqq N(k - s_t) + N(s_t - e_t) < 2\varepsilon$ für $t > M(\varepsilon)$, also $k \in \mathfrak{s}$. – Es ist $\mathfrak{s}$ die kleinste bezüglich $N$ vollständige Erweiterung von $\mathfrak{e}$, weil in jeder vollst. Erw. von $\mathfrak{e}$ das $\mathfrak{s}$ enthalten ist.

Bei der Konstruktion der oben in Aussicht gestellten Erweiterung von $L|\mathfrak{e}$ zu einem linearen, positiven, stetigen Funktional $S$ auf $\mathfrak{s}$ benützen wir die Zerlegung $e = e^+ - e^-$ von $e \in \mathfrak{e}$ in Positiv- und Negativteil $e^+$, $e^-$ (vgl. 9.1.1.), Folgerung (4)) sowie die daraus folgende Gleichung

$$(+) \qquad L(e) = L(e^+) - L(e^-) = N(e^+) - N(e^-).$$

Dies führt zur

**2. Definition.** Für jedes $s \in \mathfrak{s}$ sei $S(e) = N(s^+) - N(s^-)$.

Wegen $\mathfrak{s} \subset \mathfrak{E}$ ist also $|S(s)| < +\infty$, d. h. $S : \mathfrak{s} \longrightarrow \mathbb{R}$. Daher (und weil $\mathfrak{s}$ ein VV ist) gilt $s^+ = 2^{-1}(|s| + s)$ und $e^- = 2^{-1}(|s| - s)$ mit $s^+, s^- \in \mathfrak{s}$.

Wegen (+) ist schließlich $S|\mathfrak{s}$ Erweiterung von $L|n$. Ferner heiße $S|\mathfrak{s}$ **$N$-stetig** bzw. **stetig** (schlechthin), wenn aus $s_t \in \mathfrak{s}$ und aus der Existenz von $s := N\text{-Lim}_t s_t \in \mathfrak{s}$ folgt, daß $S(s) = \lim_t S(s_t)$ bzw. wenn aus $|s| \leqq \sum_t |s_t|$ folgt, daß $S(|s|) \leqq \sum_t S(|s_t|)$ (vgl. 9.1.2.2., Satz).

Anmerkung. Definitionsgemäß ist $S(s) = N(s)$ für $s \geqq 0$.

Man hat nun den

**2. Satz.** *Das Funktional* $S : \mathfrak{s} \longrightarrow \mathbb{R}$ *ist:* (I) *$N$-stetig und* (II) *linear, positiv und stetig sowie Erweiterung von* $L : \mathfrak{e} \longrightarrow \mathbb{R}$.

Beweis. *Betr.* (I) Für $s, s' \in \mathfrak{s}$ gilt $d(s, s') := |S(s) - S(s')| \leqq 2N(s - s')$. In der Tat: Definitionsgemäß ist $d(s, s') = |N(s^+) - N(s'^+) - (N(s^-) - N(s'^-))| \leqq N(s^+ - s'^+) + N(s^- - s'^-)$. Wegen $s^+ = 2^{-1}(|s| + s)$ gilt aber $|s^+ - s'^+| = 2^{-1}||s| - |s'| + s - s'| \leqq 2^{-1}(|s - s'| + |s - s'|) = |s - s'|$. Entsprechend hat man $|s^- - s'^-| \leqq |s - s'|$, woraus $d(s, s') \leqq 2N|s - s'|$. Aus $\lim_n N(s - s_n) = 0$ für $s_n \in \mathfrak{s}$ folgt also $S(s) = \lim_n S(s_n)$.

*Betr. Beh.* (II). Wegen $S(|s|) = N(s) \geqq 0$ ist $S$ positiv. – Für $e_r = |e_r| \in \mathfrak{e}$ gilt $S(e_r) = N(e_r) = L(e_r)$; aus der Stetigkeit von $L$ folgt daher die von $S$. – Wie schon oben bemerkt ist $S|\mathfrak{s}$ Erweiterung von $L|\mathfrak{e}$. – Es ist $S$ linear: Sei $s = N\text{-Lim}_n e_n$, $s' = N\text{-Lim}_n s'_n$, also $S(e) = \lim_n L(e_n)$ usw. (gemäß Beh. (I)). Wegen $s + s' = N\text{-Lim}_n(s_n + s'_n)$ (9.2.3., Satz 2.) gilt daher $S(s + s') = \lim_n L(e_n) + \lim_n L(e'_n) = S(s) + S(s')$. Entsprechend folgt $\lim_n(\alpha s_n) = \alpha S(s) = S(\alpha s)$ sowie $S(|s|) = \lim_n S(|e_n|) \geqq 0$. Und die Stetigkeit von $L$ folgt so: Ist $|s| \leqq \sum_n |s_n|$, so gilt (vgl. die Anmerkung) $N(|s|) = S(|s|) \leqq \sum_n N(s_n) = \sum_n S(|s_n|)$ (9.2.1., Def.).

**9.3.1.2.** Angefügt sei noch Folgendes.

**Definition.** Eine Folge $(s_n)_n$ mit $s_n \in \mathfrak{s}$ heißt *S*-**beschränkt**, wenn es ein $M \in \mathbb{R}^+$ gibt mit $|S(s_n)| < M$ für alle $n$. Existiert sowohl $\lim_n s_n$ als $\lim_n S(s_n)$, so heißt $(s_n)_n$ (gliedweise) $N$-**summierbar**, wenn $S(\lim_n s_n) = \lim_n S(s_n)$, wenn also lim mit $S$ vertauschbar ist.
Es gilt nun der

**1. Satz.** Monotone $S$-beschränkte Folgen sind gliedweise $N$-summierbar.

Voraussetzung. *Es sei* $s_n \in \mathfrak{s}$, $n = 1, 2, \ldots$, *mit* $s_n \leqq s_{n+1}$. *Und es sei* $(s_n)_n$ *S-beschränkt.*

Behauptung. *Es existiert und ist N-summierbar* $s = \lim_n s_n = \sup_n s_n = N\text{-}\mathrm{Lim}_n s_n$ *mit* $S(s) = \lim_n S(s_n) = \sup_n S(s_n)$ $(< M < +\infty)$.

Beweis. Es sei $g_n := s_n - s_{n-1}$ und $h_n := s_n - s_1 = g_2 + g_3 + \ldots + g_n \geqq 0$, $n \geqq 2$, wobei $g_n$, $h_n \in \mathfrak{s}$ mit $g_n \geqq 0$. Wegen $h_n \leqq h_{n+1}$ existiert $h := \lim_n h_n = \sum_{n \geqq 1} g_n \geqq 0$ mit $h \in \mathfrak{r}$. Wegen $S(h_n) = S(g_2) + \ldots + S(g_n) \leqq S(h_{n+1})$ existiert $0 \leqq \lim_n S(h_n) = \sum_{n \geqq 2} S(g_n) = \sup_n S(h_n) =: \gamma < 2M < +\infty$. Aus $g_n \geqq 0$ folgt aber $N(g_n) = S(g_n)$ und daher $N(h) \leqq \gamma < +\infty$, also $h \in \mathfrak{E}$. Außerdem zieht $S(h_n) = N(h_n)$ und die Existenz von $\lim_n S(h_n)$ nach sich, daß es zu jedem $\varepsilon > 0$ ein $Q$ gibt mit $\gamma_Q := \sum_{n > Q} N(g_n) < \varepsilon$, d.h. $N(h - h_Q) < \varepsilon$, also $h = N\text{-}\mathrm{Lim}_n h_n$ und $h \in \mathfrak{E}$, Gemäß 9.3.1.1., Satz 1., Beh. (3), folgt $h \in \mathfrak{s}$. Daher $s := h - s_1 \in \mathfrak{s}$ und $s = \lim_n s_n \in \mathfrak{s}$. Außerdem gilt $|N(h) - N(h_Q)| = |S(h) - S(h_Q)| \leqq N(h - h_Q) < \varepsilon$, also $N(h) = S(h) = \lim_n N(h_n) = \lim_n S(h_n)$ oder $S(s) = \lim_n S(s_n)$; und daneben $s = N\text{-}\mathrm{Lim}_n s_n$.

**Zusatz zum 1. Satz.** Ist der Limes einer isotonen Folge von $N$-summierbaren Funktionen $s_r$ selbst $N$-summierbar, also $\lim_r s_r =: s \in \mathfrak{s}$, so gilt auch $S(s) = \lim_r S(s_r)$.

Beweis. Es ist $(s_r)_r$ $S$-beschränkt, also Satz 1. anwendbar.

Mit Hilfe des 1. Satzes ergibt sich die folgende Modifikation.

**2. Satz.** Beiderseitig majorisierte konvergente Folgen $N$-summierbarer Funktionen sind gliedweise $N$-summierbar.

Voraussetzung. *Es seien* $s_n$, $\underline{s}$, $\bar{s} \in \mathfrak{s}$ *mit* $\underline{s} \leqq s_n \leqq \bar{s}$. *Außerdem existiere* $s = \lim_n s_n$.

Behauptung. *Es ist* $s = N\text{-}\mathrm{Lim}_n s_n$ $N$-summierbar mit $S(s) = \lim_n S(s_n)$.

Beweis. Es sei $h := h(q, n) := \max\{s_q, \ldots, s_n\}$ mit $q \leqq n$; es ist $h \in \mathfrak{s}$ und $(h(q, n))_n$ isoton sowie $S$-beschränkt, letzteres wegen der $S$-Beschränktheit von $(s_n)_n$, die aus $|s_n| \leqq p := \max\{|\underline{s}|, |\bar{s}|\} \in \mathfrak{s}$, also $S(|s_n|) \leqq N(p) < +\infty$ folgt; gemäß Satz 1. existiert daher $\bar{s}_q := \lim_n h(q, n) \leqq \bar{s}$ mit $\bar{s}_q \in \mathfrak{s}$. Ebenso ergibt sich aus $\underline{s} \leqq \bar{s}_{q+1} \leqq \bar{s}_q \leqq \bar{s}$ und aus $\bar{s}_q = \sup\{s_n : q \leqq n\}$, daß $s' := \lim_q \bar{s}_q \in \mathfrak{s}$ existiert und daß $s' = \limsup_n s_n$, also $s' = \lim_n s_n \in \mathfrak{s}$ ist. Entsprechend ergibt $k(q, n) := \min\{s_q, \ldots, s_n\} \in \mathfrak{s}$, daß $\underline{s}_q := \lim_n k(q, n) \in \mathfrak{s}$ und $\lim_q \underline{s}_q = \liminf_n s_n = s$ existiert, wobei $s = N\text{-}\mathrm{Lim}_q \bar{s}_q = N\text{-}\mathrm{Lim}_q \underline{s}_q$ (Satz 1.) und $\underline{s}_q \leqq s$, $s_n \leqq \bar{s}_q$. Mithin

$|s - s_n| \leqq \bar{s}_q - \underline{s}_q$ und $N(\bar{s}_q - \underline{s}_q) \leqq N(s - \bar{s}_q) + N(s - \underline{s}_q) < \varepsilon$ für schl. a. $q$ (wegen $s = N\text{-Lim}_q \bar{s}_q$ usw.). Somit $N(s - s_n) < \varepsilon$, also $s = N\text{-Lim}_n s_n$ und $S(s) = \lim_n S(s_n)$.

Der 2. Satz läßt sich auch so aussprechen:

**3. Satz.** *Es seien $t_r, \underline{t}, \bar{t} \in \mathfrak{s}$ mit $\underline{t} \leqq \sum_{r=1}^{n} t_r \leqq \bar{t}$ für jedes n. Außerdem existiere $t := \sum_{r=1}^{\infty} t_r$. Dann ist $t \in \mathfrak{s}$ und $S(t) = \sum_{r=1}^{\infty} S(t_r)$.*

**9.3.2.** Mit Hilfe von Moore-Smithfolgen elementarer Funktionen definierte, zu einem elementaren Integral gehörige Normfunktion und zugehörige Erweiterung dieses e.I.

Bei der Konstruktion einer ersten Normfunktion $N|\mathfrak{r}$ aus einem $L|\mathfrak{e}$ (9.3.1.) benutzten wir steigende Folgen $(e_n)_n$ nicht-negativer elementarer Funktionen $e_n$, wobei „steigend" *bezogen* ist *auf die Ordnung in* $\mathfrak{r}$. Dabei wurden die $|f|, f \in \mathfrak{r}$, von oben her „abgetastet" durch die $\sup_n e_n$, gemäß $|f| \leqq \sup_n e_n$. Eine Verschärfung dieses Abtastens ergibt sich bei Ersetzung der (linear geordneten) Folgen $(e_n)_n$ durch Moore-Smithsche Folgen $\mathfrak{F} := (e_i)_i$, $i \in I$, kurz $(e_i, I)$, wobei $e_i \in \mathfrak{e}$ und wobei das geordnete System $(I, \leqq)$ gerichtet ist, d.h. $\bigwedge_{i,j \in I} \bigvee_{u \in I} i \leqq u \wedge j \leqq u$. Außerdem ist die Abbildung $(i \longmapsto e_i)$, $i \in I$, *isoton* bezüglich der Ordnung in $I$ und $\mathfrak{e}$, d.h. $\bigwedge_{i,j \in I} i \leqq j \rightarrow e_i \leqq e_j$. Eine Vereinfachung der Schreibweise läßt sich dadurch erzielen, daß man die geordnete Teilmenge $\{e_i : i \in I\}$ von $(\mathfrak{e}, \leqq)$ als Indexmenge wählt gemäß $(f \longmapsto e_f := f), f \in \mathfrak{F}$. Dementsprechend erklärt man:

**Definition.** (A) Eine Moore-Smith-Folge $\mathfrak{F} := (f_i, I)$ *in* $\mathfrak{r}$, d.h. $f_i \in \mathfrak{r}$, wird als (1) **positiv** bzw. (2) als **aufsteigend** (auch isoton) bezeichnet, wenn (1) $\bigwedge_{f \in \mathfrak{F}} f \geqq 0$ bzw. (2) $\bigwedge_{f, f' \in \mathfrak{F}} \bigvee_{\bar{f} \in \mathfrak{F}} \max\{f, f'\} \leqq \bar{f}$. Ist $\mathfrak{F}$ positiv und aufsteigend, so spricht man von einer **p.a. MS-Folge.**

(**B**) Für eine p.a. MS-Folge $\mathfrak{F} := (e_i)_i$ in $\mathfrak{e}$ (d.h. $\bigwedge_{e_i \in \mathfrak{F}} e_i \in \mathfrak{e}$) sei gesetzt: $s(\mathfrak{F}) := \sup\{e : e \in \mathfrak{F}\}$ und $s_L(\mathfrak{F}) := \sup\{e_i : e_i \in \mathfrak{F}\}$. Ist dann $\mathfrak{a}(k)$ das System aller p.a. MS-Folgen $\mathfrak{F}$ mit $|k| \leqq \sup\{e : e \in \mathfrak{F}\}$, wobei $k \in \mathfrak{r}$, so werde gesetzt:

$$N'(k) := \inf\{s_L(\mathfrak{F}) : \mathfrak{F} \in \mathfrak{a}(k)\} \quad \text{für alle} \quad k \in \mathfrak{r}.$$

Folgerungen. (a) Es ist $N'|\mathfrak{r}$ eine Normfunktion. –
(b) Es ist $N'(e) \leqq N(e)$ für $e \in \mathfrak{e}$, wobei $N$ die erste Normfunktion bezeichnet, die zu $L|\mathfrak{e}$ gehört (9.3.1.).
(c) Für das System $\mathfrak{n}'$ der $N'$-Nullfunktionen gibt $\mathfrak{n} \subset \mathfrak{n}'$, wobei $\mathfrak{n}$ zu $N$ gehört.
(d) Das System $\mathfrak{N}'$ der $N'$-Nullmengen ist ein $\sigma$-Ideal in $\mathfrak{p}(D)$.
Beweis analog dem für $N$ in 9.2.2., Satz 1.
Wie in 9.2.2.ff. erklärt man nun die Begriffe $N'$-endlich, $N'$-Cauchyfolge, $N'$-konvergent, $N'$-Limes usw.

**9.3.2.1.** Um mit $N'$ entsprechende Ergebnisse zu erhalten wie für $N$ (bezüglich $L|\mathfrak{e}$ bzw.

$S|\mathfrak{s}$, vgl. insbesondere 9.3.1.1.), ist zunächst die Definition der Stetigkeit für ein Funktional (vgl. 9.1.2.2., Definition und Satz) zu verschärfen entsprechend der

**Definition.** Das lineare, positive Funktional $L|\mathfrak{e}$ werde als **MS-stetig** bezeichnet, wenn für alle $e \in \mathfrak{e}$ und alle p.a. MS-Folgen $\mathfrak{F}$ in $\mathfrak{e}$ gilt:

$$\text{(S''')} \qquad |e| \leqq \sup\{e' : e' \in \mathfrak{F}\} \to L(|e|) \leqq \sup\{L(e') : e' \in \mathfrak{F}\}.$$

Jeder $N'$-Limes von (gewöhnlichen) Folgen $(e_n)_n$ mit $e_n \in \mathfrak{e}$, $n \in \mathbb{N}$, heißt $N'$**-summierbar**. Das *System der $N'$-summierbaren Funktionen* (mod $\mathfrak{N}'$) sei mit $\mathfrak{s}'$ bezeichnet.

Folgerungen. (1) Für MS-stetiges $L|\mathfrak{e}$ gilt

$$N'(e) = L(|e|) \quad \text{für alle} \quad e \in \mathfrak{e}.$$

(2) Es ist $\mathfrak{s}'$ ein Vektorverband und Banachraum.
(3) Das System $\mathfrak{n}'$ der $N'$-Nullfunktionen ist Obermenge des Systems $\mathfrak{n}$ der $N$-Nullfunktionen.
(4) Zu jedem (linearen, positiven) MS-stetigen Funktional $L|\mathfrak{e}$ existiert die (lineare, positive) MS-stetige Erweiterung $S'|\mathfrak{s}'$ auf $\mathfrak{s}'$. Dabei gilt

$$N'(s') = S'(s') \quad \text{für} \quad s' = |s'| \in \mathfrak{s}'.$$

Beweise analog wie für die (erste) Erweiterung $S|\mathfrak{s}$ von $L|\mathfrak{e}$ (vgl. 9.3.1.1.).

## 9.4. Vergleich der in 9.3. konstruierten Erweiterungen S und S'

$$S : \mathfrak{s} \rightarrowtail \mathbb{R} \text{ und } S' : \mathfrak{s}' \rightarrowtail \mathbb{R} \text{ von } L|\ \mathfrak{e}.$$

Bei der Frage nach Unterschieden zwischen $S|\mathfrak{s}$ und $S'|\mathfrak{s}'$ zeigt sich nun:

**1. Satz.** *Es ist* $S'|\mathfrak{s}'$ Erweiterung *von* $S|\mathfrak{s}$, *welche im wesentlichen durch* Adjunktion neuer ($N'$-)Nullfunktionen *zu* $\mathfrak{s}$ *erhalten wird.*

Genauer: (1) *Für jedes* $f \in \mathfrak{r}$ *gilt* $N'(f) \leqq N(f)$.
(2) *Zu jedem* $s' \in \mathfrak{s}'$ *gibt es* $s \in \mathfrak{s}$ *und* $q' \in \mathfrak{n}'$, *also mit* $N'(q') = 0$, *derart, daß* $s' = q' + s$ (mod $\mathfrak{N}'$) *und* $S'(s') = S(s)$.
(3) *Das System* $\mathfrak{E}'$ (mod $\mathfrak{N}'$) *bzw.* $\mathfrak{s}'$ (mod $\mathfrak{N}'$) *der $N'$-endlichen bzw. $N'$-summierbaren Funktionen ist ein mit $N'$ normierter Vektorverband und Erweiterung des mit $N'$ normierten Vektorverbandes* $\mathfrak{E}$ (mod $\mathfrak{N}'$) *bzw.* $\mathfrak{s}$ (mod $\mathfrak{N}'$), *sodaß* $\mathfrak{E} \subset \mathfrak{E}'$ *und* $\mathfrak{s} \subset \mathfrak{s}'$.

Beweis. *Betr.* (1) (Gewöhnliche) Folgen $(e_n)_n$ sind Spezialfälle von MS $(e_i)_i$, sodaß $N'(f) \leqq N(f)$ für $f \in \mathfrak{r}$.

*Betr.* (2) Gemäß Beh. (1) ist $\mathfrak{E} \subset \mathfrak{E}'$ und $\mathfrak{s} \subset \mathfrak{s}'$. Für $s' \in \mathfrak{s}'$ existiert nach Definition von $\mathfrak{s}'$ ein $(e_n)_n$ mit $e_n \in \mathfrak{e}$ und $\lim_n N'(s' - e_n) = 0$, sodaß $N'(e_n - e_k) < \varepsilon$ für $n, k > Q(\varepsilon)$. Aus der Definition von $N'$ folgt aber $N'(e_n - e_k) = L(|e_n - e_k|) = N(e_n - e_k) < \varepsilon$. Gemäß 9.3.1.1., Satz 1., (3), existiert $s \in \mathfrak{s}$ mit $N'(s - e_n) < \varepsilon$ für hinreichend großes $n$. Wegen $N'(s' - s) \leqq N'(s' - e_n) + N(s - e_n) < 2\varepsilon$ ist daher $N'(s - s') = 0$, also $q' := s - s' \in \mathfrak{n}'$ (Man beachte, daß $q' = 0 \pmod{\mathfrak{N}'}$ zu verstehen ist, nicht $\pmod{\mathfrak{N}}$).

*Betr.* (3). Vgl. 9.3.1.1. sowie oben Beh. (2).
Bemerkt sei noch

**2. Satz.** Gliedweise $N'$-Summierbarkeit positiver, aufsteigender (p.a.) MS-Folgen $(e_i)_i$ aus elementaren Funktionen $e_i$ mit beschränkten $L(e_i)$. *Genauer:*

Voraussetzung. *O.B.d.A. sei $(e_i)_i$ eine positive, aufsteigende MS-Folge mit $e_i \in \mathfrak{s}$. Außerdem sei $(e_i)_i$ L-beschränkt, d.h.* $\sup\{L(e_i) : i \in I\} < +\infty$.

Behauptung. *Der Limes $s' := \lim_i e_i = \sup_i e_i$ ist $N'$-summierbar mit $S'(s') = \lim_i L(e_i) = \sup_i L(e_i)$.*

Beweis. Weil $(e_i)_i$ p.a. und $(L(e_i))_i$ beschränkt, etwa $|L(e_i)| < M < +\infty$, ist, existiert (a) $s' := \lim_i e_i$ und (b) $\gamma := \lim_i L(e_i) \leqq M < +\infty$. – Zufolge (b) gibt es zu jedem $\varepsilon := n^{-1}$ ein $t := t(\varepsilon) \in I$ mit $0 \leqq \gamma - L(e_t) < \varepsilon$. Man setze $h_{it} := e_i - e_t$ und $h_t := s' - e_t$. Zufolge der Definition von $N'$ gilt $0 \leqq N'(h_t) \leqq \sup_i L(h_{it}) \leqq \gamma - L(e_t) < \varepsilon$. Daraus folgt $\lim_t N'(s' - e_t) = 0$, also $s' = N'\text{-}\mathrm{Lim}_t e_t$, also $s' \in \mathfrak{s}'$ und $S(s') = \lim_t S(e_t)$.

**9.4.1.** Eine hinreichende Bedingung für die Gleichheit von $S|\mathfrak{s}$ und $S'|\mathfrak{s}'$.

**Satz.** Voraussetzung. (1) *Es sei $L : \mathfrak{e} \to \mathbb{R}$ ein elementares Integral im Sinne von 9.1.2.2.* – (2) *Es enthalte $\mathfrak{e}^+ := \{e : e \in \mathfrak{e} \wedge e \geqq 0\}$ eine abzählbare Teilmenge $\mathfrak{a}$ mit folgender Eigenschaft: Zu jedem $e \in \mathfrak{e}^+$ gibt es ein Teilsystem $\mathfrak{a}(e)$ von $\mathfrak{a}$ mit $e = \sup\{e' : e' \in \mathfrak{a}(e)\}$ und $L(e) = \sup\{L(e') : e' \in \mathfrak{a}(e)\}$.*

Behauptung. *Für $L|\mathfrak{e}$ gilt auch* (S''') *im Sinne von 9.3.2.1., d.h. $L|\mathfrak{e}$ ist MS-stetig. Außerdem gilt $N'|\mathfrak{r} = N|\mathfrak{r}$ und $S'|\mathfrak{s}' = S|\mathfrak{s}$.*

**Zusatz.** Wird unter Beibehaltung von Vor. (1)) ein $N''|\mathfrak{r}$ mit Hilfe lediglich abzählbarer Moore-Smithfolgen $\mathfrak{T}'' := (e''_i : e''_i \in \mathfrak{e})$ definiert, so gilt (S'') für diese $\mathfrak{T}''$ mit $N''|\mathfrak{r} = N|\mathfrak{r}$.

Beweis. Mit $\mathfrak{T}$ bzw. $\mathfrak{T}'$ seien nicht fallende Folgen $(e_n)_n$, $e_n \in \mathfrak{e}^+$ bzw. p.a. MS $(e'_i)_i$ mit $e'_i \in \mathfrak{e}^+$ bezeichnet.
(I) Es genügt (in (II)) zu zeigen: Zu jedem $\mathfrak{T}' := (e'_i)_i$ existiert ein $\mathfrak{T} = (e_n)_n$ derart, daß sowohl $s' := \sup\{e'_i : e'_i \in \mathfrak{T}'\} = s := \sup\{e_n : e_n \in \mathfrak{T}\}$ als auch $\alpha' := \sup\{L(e'_i);\ e'_i \in \mathfrak{T}'\} = \alpha := \sup\{L(e_n) : e_n \in \mathfrak{T}\}$. In der Tat folgt dann aus $s' \geqq |e|$ mit $e \in \mathfrak{e}$, daß auch $s \geqq |e|$, mithin (gemäß (S'')), daß $L(e) \leqq \alpha = \alpha'$. Somit gilt (S''') und $N'|\mathfrak{r} = N|\mathfrak{r}$.

(II) Gemäß Vor. (2) existiert zu jedem $e \in \mathfrak{T}'$ ein $\alpha(e)$ mit $e = \sup\{e' : e' \in \mathfrak{a}(e)\}$ und mit $L(e) = \sup\{L(e') : e' \in \mathfrak{a}(e)\}$. Die Menge $\mathfrak{g}(\mathfrak{T}') := \{a : a \in \mathfrak{a}(e) \wedge e \in \mathfrak{T}'\} \subset \mathfrak{a}$ ist abzählbar, also etwa $\mathfrak{g}(\mathfrak{T}') = \{a_n : n \geqq 1\} \subset \mathfrak{a} \subset \mathfrak{e}^+$. Wir zeigen, daß $\mathfrak{T} := (e_n)_n$ mit $e_n := \max\{a_1, \ldots, a_n\} \in \mathfrak{e}^+$ im Sinne von Ziff. (I) zu $\mathfrak{T}'$ gehört.

(II 1) Zunächst ist $0 \leqq e_n \leqq e_{n+1}$ und $\sup\{a : a \in \mathfrak{g}(\mathfrak{T}')\} = \sup_n e_n = \sup\{e' : e' \in \mathfrak{T}'\}$; außerdem ist $\sup\{L(e') : e' \in \mathfrak{T}'\} = \sup_n L(a_n)$. Daher ist nur noch zu beweisen, daß

$$(*) \qquad \sup\{L(a_n) : n \geqq 1\} = \sup\{L(e_n) : n \geqq 1\}.$$

(II 2) Verifikation von (+). Wegen $a_n \leqq e_n$ ist $L(a_n) \leqq L(e_n)$, also $\sup_n L(a_n) \leqq \sup_n L(e_n)$. Es genügt daher, die entgegengesetzte Ungleichung zu verifizieren. – Gemäß der Definition von $\mathfrak{g}(\mathfrak{T}')$ existiert zu jedem $a_k \in \mathfrak{g}(\mathfrak{T}')$ ein $e'_k \in \mathfrak{T}'$ mit $a_k \in \mathfrak{a}(e'_k)$ und $e_k \leqq a_k \leqq e'_k$. Da $\mathfrak{T}'$ p.a. ist, existiert zu jedem $k$ ein $e''_k \in \mathfrak{T}'$ mit $a'_k := \max\{e'_1, \ldots, e'_k] \leqq e''_k$. Es ist dann $e_k \leqq a'_k \leqq e''_k$, also $L(e_k) \leqq L(e''_k)$ und mithin $\sup_k L(e_k) \leqq \sup_k L(e''_k)$. Wegen $e''_k \in \mathfrak{T}'$ gilt $L(e''_k) = \sup\{L(a) : a \in \mathfrak{a}(e''_k)\} \leqq \sup_k L(a_k)$ und daher $\sup_n L(e_n) \leqq \sup_n L(a_n)$, womit (*) bewiesen ist.

*Betr. Zusatz.* Unter Rücksicht auf Ziff. (I) des obigen Beweises läßt sich etwa so schließen. Mit abzählbar vielen Elementen $b_r \in \mathfrak{e}^+$ bilde man $e_n := \max\{b_1, \ldots, b_n\} \in \mathfrak{e}^+$. Für $T := (e_n)_n$ gilt dann $\sup_r b_r = \sup_n e_n$ und $\sup_r L(b_r) = \sup_n L(e_n)$.

**9.4.2.** Auch die Sätze von Radon-Nikodym (vgl. 4.4.) und von Fubini (vgl. 7.3.2.) lassen sich für lineare Funktionale verallgemeinern, wie nachstehend angegeben sei (und zwar ohne Beweise, bezüglich derer auf die Literatur verwiesen wird).

Bezeichnungen. Mit $L|\mathfrak{e}$, speziell $L_X|\mathfrak{e}_X, L_Y|\mathfrak{e}_Y$, werden lineare, positive, stetige Funktionale im Sinne von 9.1.2. bezeichnet, wobei $\mathfrak{e}_X$ bzw. $\mathfrak{e}_Y$ ein Vektorverband von reellen Funktionen $f: D \longrightarrow \mathbb{R}$ und $D \subset X$ bzw. $D \subset Y$ sein soll. Entsprechend sei $S|\mathfrak{s}$ bzw. $S_X|\mathfrak{s}_X$ usw., genauer $S(L)|\mathfrak{s}(L)$ bzw. $S(L_X)|\mathfrak{s}(L_X)$ usw. die Erweiterung von $L|\mathfrak{e}$ bzw. von $L_X|\mathfrak{e}_X$ usw. im Sinne von 9.3.1.1. Wir erklären ferner für $L|\mathfrak{e}$ und $L'|\mathfrak{e}$ (also mit dem gemeinsamen Definitionsbereich $\mathfrak{e}$): Es sei $L \leqq L' :\leftrightarrow L(f) \leqq L'(f)$ für alle $f \in \mathfrak{e}$. Entsprechend für $L_X$, $S$ usw.

**9.4.2.1.** *Betr. Radon-Nikodym.* Wir machen hier zusätzlich die Annahme: Es enthalte $\mathfrak{s}(L)$ eine Folge $(h_r)_r$ (von Funktionen $h_r : D \longrightarrow \mathbb{R}$) derart, daß $\{x : x \in D \wedge 0 = \sup_r |h(x)|\}$ Nullmenge ist. Ferner sei $\min\{1, f\} \in \mathfrak{e}$ für jedes $f \in \mathfrak{e}$, wobei $\min\{1, f\} = 2^{-1}(1 + f - |1 - f|)$. Analog für $\mathfrak{s}(L')$. – Dann gilt der

**Satz** (Radon-Nikodym). *Ist $L \leqq L'$, so gibt es ein* (mod $\mathfrak{N}$) *einziges, $S$-meßbares $g: D \longrightarrow [0; 1]$ mit den folgenden Eigenschaften:* (1) *Es gilt $f' \in \mathfrak{s}(L') \leftrightarrow gf' \in \mathfrak{s}(L)$; und* (2) $f' \in \mathfrak{s}(L') \rightarrow S'(L')(f') = S(L)(gf')$

**9.4.2.2.** *Betr. Fubini.* Es seien $L_X | \mathfrak{e}_X$ und $L_Y | \mathfrak{e}_Y$ elementare Integrale. Ferner sei $Z := X \times Y$ und $z := (x, y) \in Z$ mit $x \in X, y \in Y$, sowie $f: Z \longrightarrow \mathbb{R}$. Mit einem $X_0 \in \mathfrak{N}_X = \mathfrak{N}(L_X)$ sei $\mathfrak{e}_X \circ \mathfrak{e}_Y := \{f(z) : f(x, y) \in \mathfrak{e}_Y$ für jedes $x \in X \setminus X_0 \wedge L_Y(f(x, y)) \in \mathfrak{e}_X$ für $x \in X \setminus X_0\}$ (es ist $\mathfrak{e}_X \circ \mathfrak{e}_Y$ ein Vektorraum, aber nicht notwendig ein Verband). Weiter sei $\mathfrak{e}_X * \mathfrak{e}_3$ eine Verengung von $\mathfrak{e}_X \circ \mathfrak{e}_Y$ auf einen VV (sodaß also mit $h$ auch $|h|$ zu $\mathfrak{e}_X * \mathfrak{e}_Y$ gehört); analog ist $\mathfrak{s}_X * \mathfrak{s}_Y$ zu erklären.
Man hat dann den

**Satz** (Fubini). *Sind $L_X$ und $L_Y$ sowie $L_Z$ elementare Integrale mit*
(1) $\mathfrak{e}_Z \subset \mathfrak{e}_X * \mathfrak{e}_Y$ *und* $L_Z(f) = L_X(L_Y(f))$ *für alle* $f \in \mathfrak{e}_Z$, *dann gilt auch*
(1′) $\mathfrak{s}(L_Z) \subset \mathfrak{s}(L_X) * \mathfrak{s}(L_Y)$ *und* $S_Z(f) = S_X(S_Y(f))$ *für alle* $f \in \mathfrak{s}(L_Z)$.

## 9.5. Durch m-Integrale darstellbare lineare Funktionale

Den Schluß unserer Betrachtungen betr. lineare Funktionale bildet die Angabe einer hinreichenden Bedingung für die Darstellbarkeit des Funktionals durch $m$-Integrale. Während aber in der Integraltheorie das Funktional, nämlich das $m$-Integral, mittelst eines vorgegebenen Maßes $m | \mathfrak{z}$ definiert wurde, hat man jetzt mit Hilfe des vorgegebenen Funktionals $L$ ein Maß $m | \mathfrak{z}$ zu konstruieren derart, daß das Funktional gleich dem $m$-Integral wird. Dabei wird (vgl. 9.5.1.ff.) die Definition des Maßes $m | \mathfrak{z}$ gegründet auf den Begriff der Meßbarkeit einer Funktion $f$ und dieser Begriff auf den der $N$-Summierbarkeit von $f$.
Wir übernehmen in 9.5.1.ff. die in 9.1.0.ff. eingeführten Bezeichnungen bezüglich des vorgegebenen Funktionals.

**9.5.1.** $N$-meßbare Funktionen.

Die eingangs erwähnte Zurückführung der Meßbarkeit auf die Summierbarkeit gründet sich auf die aus der Integraltheorie bekannte Tatsache: Eine $m$-meßbare Funktion $f$ ist $m$-summierbar genau dann, wenn ein $m$-summierbares $s \geqq 0$ mit $|f| \leqq s \pmod{\mathfrak{N}}$ existiert (vgl. 3.2.1., Satz 4.). Mit Benutzung des in I., 3.4.3., eingeführten med $(a, b, c) := \max\{\min\{a, b\}, \min\{b, c\}, \min\{c, a\}\}$ wird man daher geführt auf die

**Definition.** Ein $f \in \mathfrak{r}$ heiße $N$-**meßbar**, wenn med $(f, g, h)$ $N$-summierbar ist für alle $N$-summierbaren $g, h$, also med $(f, g, h) \in \mathfrak{s}$ für alle $g, h \in \mathfrak{s}$. Das System der $N$-meßbaren Funktionen sei $\mathfrak{m} \subset \mathfrak{r}$. – Entsprechend erklärt man die $N'$-Meßbarkeit bezüglich der mit Hilfe von Moore-Smith-Folgen definierten Norm $N'$ (9.3.2.).

Anmerkung. (1) Da für die $N'$-Meßbarkeit die gleichen Folgerungen gelten wie für die $N$-Meßbarkeit, wird im Folgenden nur letztere behandelt. (2) Den in I., 3.4.3., angeführten Eigenschaften von med seien hier noch hinzugefügt:

(I) $\min\{g, h\} \leqq f \leqq \max\{g, h\} \leftrightarrow f = \operatorname{med}(f, g, h)$;

(II) Aus $f = \lim_r f_r$ folgt $\operatorname{med}(f, g, h) = \lim_r \operatorname{med}(f_r, g, h)$;

(III) $\operatorname{med}(\alpha f, \alpha g, \alpha h) = \alpha \operatorname{med}(f, g, h)$ für $\alpha > 0$;

(IV) med ist verträglich mit „$=$ (mod $\mathfrak{N}$)“.

(V) Aus (IV) folgt: Ist $f \in \mathfrak{m}$ und $f = g$ (mod $\mathfrak{N}$), so ist auch $g \in \mathfrak{m}$.

Zum Beweis der vorstehenden Relationen: Es folgt z.B. (II) aus der $\sigma$, $\delta$-Distributivität des Verbandes $\mathfrak{r}$. Die Beweise können im übrigen dem Leser überlassen bleiben.

Man hat nun den

**1. Satz.** (I) *Spezielle Fälle N-meßbarer Funktionen sind die N-summierbaren, insbesondere also die N-Nullfunktionen* ($\mathfrak{n} \subset \mathfrak{s} \subset \mathfrak{m} \subset \mathfrak{r}$).

(II) *Für N*-meßbares *f sind* gleichwertig: (1) *Es ist f N-summierbar.* – (2) *Es ist* $N(f) < +\infty$, *d.h.* $f \in \mathfrak{E}$. – (3) *Es besitzt* $|f|$ *eine N-summierbare Majorante s, also* $|f| \leqq s$ *(mit* $f \in \mathfrak{m}$, $s \in \mathfrak{s}$*).*

(III) *Der Limes f einer (in D* (mod $\mathfrak{N}$) *punktweise) konvergenten Folge* $(f_r)_r$ *von N-meßbaren* $f_r$ *ist selbst N-meßbar, also* $f = \lim_r f_r$ (mod $\mathfrak{N}$) $\in \mathfrak{m}$.

Beweis. *Betr.* (I) Gemäß 9.3.1.1., Satz 1., Beh. (2) gilt $\min\{f, g, h\} \in \mathfrak{s}$ usw. für $f, g, h \in \mathfrak{s}$ und daher $\operatorname{med}(f, g, h) \in \mathfrak{s}$.

*Betr.* (II) (1) $\to$ (2) Wegen Beh. (I) und 9.3.1.1., ist $s \in \mathfrak{E}$. – (2) $\to$ (3) Zu $f \in \mathfrak{E}$ existieren (vgl. 9.2.2., Definition) $e_r \in \mathfrak{e}$ mit $e_r \geqq 0$, $r = 1, 2, \ldots$, derart, daß $|f| \leqq h := \sum_r e_r$ mit $N(h) \leqq \sum_r N(e_r) < +\infty$. Nun ist $h = \lim_n e'_n$, wobei $e'_n := e_1 + \ldots + e_n \in \mathfrak{e}$. Gemäß 9.3.1.1., ist $h = N\text{-}\mathrm{Lim}_n e'_n \in \mathfrak{s}$. Wegen $|f| \leqq h \in \mathfrak{s}$ folgt (3). – (3) $\to$ (1). Wegen $|f| \leqq h \in \mathfrak{s}$ ist $\operatorname{med}(f, -h, h) = f$ und wegen $\pm h \in \mathfrak{s}$ zusammen mit $f \in \mathfrak{m}$ folgt $f \in \mathfrak{s}$.

*Betr.* (III) Es sei $f = \lim_r f_r$ mit $f_r \in \mathfrak{m}$, $r = 1, 2, \ldots$ Man setze $\underline{M} := \min\{h, k\}$, $\bar{M} := \max\{h, k\}$, $M(f_r) := \operatorname{med}(f_r, h, k)$ und $M(f) := \operatorname{med}(f, h, k)$. Für $h, k \in \mathfrak{s}$ gilt $\mathfrak{s} \ni \underline{M} \leqq M(f_r) \leqq \bar{M} \in \mathfrak{s}$ mit $M(f_r) \in \mathfrak{s}$, weil $f_r \in \mathfrak{m}$. Wegen $M(f) = \lim_r M(f_r)$ ist $M(f) \in \mathfrak{s}$ (gemäß 9.3.1.1.). Daher $f \in \mathfrak{m}$.

**2. Satz.** *Das System* $\mathfrak{m}$ *der N-meßbaren Funktionen ist ein Vektorverband und überdies ein* $\sigma$, $\delta$*-Verband, d.h.: Für* $f, f_r \in \mathfrak{m}$, $r = 1, 2, \ldots$, *gilt* $\alpha f \in \mathfrak{m}$ *für* $\alpha \in \mathbb{R}$, *ferner* $|f| \in \mathfrak{m}$, $f_1 + f_2 \in \mathfrak{m}$, $\max\{f_1, \ldots, f_q\} \in \mathfrak{m}$, $q \geqq 2$; *außerdem ist* $\inf_r f_r \in \mathfrak{m}$ *und* $\sup_r f_r \in \mathfrak{m}$.

Beweis. (1) *Betr.* $\alpha f$. Für $\alpha \in \mathbb{R}$ ist $\alpha \operatorname{med}(f, h, k) = \operatorname{med}(\alpha f, \alpha h, \alpha k) \in \mathfrak{s}$ wegen der Homogenität von med und wegen $\alpha h \in \mathfrak{s}$ für $h \in \mathfrak{s}$ usw.

(2) *Betr.* $|f|$. Zu zeigen ist, daß für alle $h, k \in \mathfrak{s}$ gilt: $\operatorname{med}(|f|, h, k) \in \mathfrak{s}$, wenn $f \in \mathfrak{m}$. Beweisgedanke: Man stellt $\operatorname{med}(|f|, h, k)$ dar als Limes einer beschränkten Folge von $N$-summierbaren $g'_n$ und wendet 9.3.1.1., Satz 2., an. Im einzelnen kann das so erfolgen: (A) Es seien $h, k \in \mathfrak{s}$ beliebig, aber fest, vorgegeben. Mit $t := |h| + |k| \in \mathfrak{s}$ setze man $g_n := \operatorname{med}(f, -nt, nt) \in \mathfrak{s}$ (wegen $f \in \mathfrak{m}$). Für $x$ mit $t(x) > 0$ ist dann $\lim_n g_n(x) = f(x)$, hingegen $\lim_n g_n(x)$

$= g_n(x) = 0$, wenn $t(x) = 0$. Somit existiert $\lim_n |g_n| =: \bar{g}$ mit $\bar{g}(x) = |f(x)|$ für $t(x) > 0$, sonst $\bar{g}(x) = 0$; wegen $g_n \in \mathfrak{s}$ ist auch $|g_n| \in \mathfrak{s}$. – (B) Man setze weiter $g'_n := \operatorname{med}(|g_n|, h, k)$. Dabei ist $g'_n \in \mathfrak{s}$ wegen $|g_n| \in \mathfrak{s}$. Ferner existiert $g'' := \lim_n g'_n = \operatorname{med}(\lim_n |g_n|, h, k)$ mit $g''(x) = \operatorname{med}(|f|, h, k)(x)$ für $x$ mit $t(x) > 0$, hingegen $g''(x) = 0 = \operatorname{med}(|f|, h, k)(x)$ für $x$ mit $t(x) = 0$; es ist also $g'' = \operatorname{med}(|f|, h, k)$. Andererseits gilt $\mathfrak{s} \ni \min\{h, k\} \leqq g'_n \leqq \max\{h, k\} \in \mathfrak{s}$ (gemäß (i)), sodaß für $(g'_n)_n$ wegen $g'_n \in \mathfrak{s}$ die Vor. von 9.3.1.2., Satz 2., erfüllt sind. Mithin $g'' = \lim_n g'_n \in \mathfrak{s}$, also $\operatorname{med}(|f|, h, k) \in \mathfrak{s}$ und da dies für alle $h, k \in \mathfrak{s}$ gilt, ist $|f| \in \mathfrak{m}$.

*Betr.* $f + g$. Der Beweis ergibt sich analog wie für $|f|$.

*Betr.* $\max\{g, h\}$. Folgt aus $\max\{g, h\} = 2^{-1}(|g - h| + g + h)$. Entsprechend für min.

*Betr.* $\sup_r f_r$. Es ist $\sup_r f_r = \lim_n \max\{f_1, \ldots, f_n\}$ und Satz 1., Beh. (III), anwendbar.

**9.5.2.** Meßbare Mengen.

Vorausgeschickt seien drei Hilfssätze.

**1. Hilfssatz.** Voraussetzung. Es sei $f \in \mathfrak{r}$ nicht negativ, also $f = |f|$.

Behauptung. (1) Folgende Aussagen sind gleichwertig: (a) Es ist $f \in \mathfrak{m}$. – (b) Es gilt $\min\{f, k\} \in \mathfrak{s}$ für jedes $k = |k| \in \mathfrak{s}$.
(2) Speziell sind gleichwertig: (a′) Es ist $1 \in \mathfrak{m}$. – (b′) $\min\{1, k\} \in \mathfrak{s}$ für jedes $k = |k| \in \mathfrak{s}$.

Beweis. *Betr.* (1) (a) $\to$ (b). Für $f = |f|$, $k = |k| \in \mathfrak{r}$ gilt $\operatorname{med}(f, k, 0) = \min\{\max\{f, k\}, f, k\} = \min\{f, k\}$. Wegen $0 \in \mathfrak{s}$ folgt (b) für $k \in \mathfrak{s}$, $f \in \mathfrak{m}$. – (b) $\to$ (a). (I) Gemäß I., 3.4.3., Aufg. (c), ist $\operatorname{med}(f, g, h) = \max\{\min\{f, \max\{g, h\}\}, \min\{g, h\}\}$. Für $f = |f|$ und $m \in \mathfrak{s}$ erweist sich

$$(+) \qquad \min\{f, m\} = \min\{f, \max\{m, 0\}\} + \min\{m, 0\}$$

sowohl für $m \geqq 0$ als auch für $m < 0$ unmittelbar als richtig. – (II) Gemäß (b) sei nun $\min\{f, k\} \in \mathfrak{s}$ für alle $k = |k| \in \mathfrak{s}$. Für beliebige $g$, $h \in \mathfrak{s}$ gilt $m := \max\{g, h\} \in \mathfrak{s}$ und $\underline{m} := \min\{g, h\} \in \mathfrak{s}$, ferner $k := \max\{\bar{m}, 0\} \in \mathfrak{s}$. Wegen $k \geqq 0$ und (b) ist $\min\{f, g\} \in \mathfrak{s}$. Gemäß Ziff. (I) (+) ist daher $m := \min\{f, \bar{m}\} = \min\{f, k\} + \min\{\bar{m}, 0\} \in \mathfrak{s}$. Somit ist auch $\operatorname{med}(f, g, h) = \max\{m^+, \underline{m}\} \in \mathfrak{s}$, also $f \in \mathfrak{m}$, d. h. es gilt (a).

*Betr.* (2) Es ist $1 = |1|$.

**2. Hilfssatz.** Voraussetzung. Es sei $f \in \mathfrak{m}$.

Behauptung. Folgende 3 Aussagen sind *gleichwertig*: (a) Es ist $f \in \mathfrak{s}$. – (b) Es ist $f \in \mathfrak{E}$. – (c) Es existieren $s', s'' \in \mathfrak{s}$ mit $s' \leqq f \leqq s''$.

Beweis. (a) $\to$ (b) Es ist $\mathfrak{s} \subset \mathfrak{E}$. – (b) $\to$ (c) Wegen $N(f) < +\infty$ gibt es $e_n = |e_n| \in \mathfrak{e}$, $n = 1, 2, \ldots$, mit $|f| \leqq \sum_n e_n =: h = |h|$ und mit $\sum_n L(e_n) < +\infty$. Daher $N(h) \leqq \sum_n L(e_n)$

$< +\infty$ und mithin $h \in \mathfrak{s}$ (vgl. 9.3.1.2., Satz 1.), also $\mathfrak{s} \ni -h = s' \leqq f \leqq |h| = s'' \in \mathfrak{s}$. – (c) $\rightarrow$ (a). Wegen $f \in \mathfrak{m}$ und $s' \leqq f \leqq s''$ mit $s', s'' \in \mathfrak{s}$ gilt $\operatorname{med}(f, s', s'') = f \in \mathfrak{s}$ (vgl. 9.5.1., (1)).

**3. Hilfssatz.** (I) Zu jedem $f \in \mathfrak{E}$ (d.h. $N(f) < +\infty$) gibt es ein $N$-summierbares $f'$ mit $|f| \leqq |f'|$ und $N(f) = N(f')$. – (II) Falls $1 \in \mathfrak{m}$ ist, gibt es zu jedem $1_M \in \mathfrak{E}$ ein $N$-summierbares $1_{M'}$ mit $1_M \leqq 1_{M'}$ und $N(1_M) = N(1_{M'})$.

Beweis. *Betr.* (I) Wenn $N(f) < +\infty$, gibt es zu beliebigem $\varepsilon > 0$ solche $e_n := e_n(\varepsilon) \in \mathfrak{e}$, $n = 1, 2, \ldots$, mit $0 \leqq e_n \leqq e_{n+1}$, daß $|f| \leqq s := s(\varepsilon) := \sup\{e_n : n = 1, 2, \ldots\}$ und daß $N(f) \leqq \sup\{L(e_n) : n = 1, 2, \ldots\} < N(f) + \varepsilon < +\infty$. Daher ist $s \in \mathfrak{s}$, weil $e_n \in \mathfrak{e} \subset \mathfrak{s}$ (vgl. 9.3.1.1., Satz 1.), und $N(f) \leqq S(s) < N(f) + \varepsilon$. Für $\varepsilon := m^{-1}$, $m = 1, 2, \ldots$, und $g(m) := \min\{s(1), \ldots, s(m^{-1})\}$ gilt dann $|f| \leqq \ldots \leqq g(m+1) \leqq g(m)$, mit $g(m) \in \mathfrak{s}$ sowie mit $N(f) \leqq S(g(m)) \leqq N(f) + m^{-1}$. Gemäß 9.3.1.1., Satz 1., hat man $f' := \lim_m g(m) \in \mathfrak{s}$ sowie $|f| \leqq |f'|$ und $N(f) = N(f') = S(f')$.

*Betr.* (II) Es sei also $1 \in \mathfrak{m}$. Ferner sei $c := c(M) := 1_M$ mit $N(c) < +\infty$, also $c \in \mathfrak{E}$. – (II, 1). Gemäß (I) gibt es $f' = |f'| \in \mathfrak{s}$ mit $0 \leqq c \leqq f'$ und $N(c) = N(f')$. Wegen $1 \in \mathfrak{m}$ und $f' \in \mathfrak{s}$ ist $f'' = |f''| := \min\{1, f'\} \in \mathfrak{s}$ (Hilfssatz 1. Beh. (1)). Dabei ist $0 \leqq c \leqq f'' \leqq f'$, also $N(c) = N(f'')$. – (II, 2) Man setze $h := 1 - c$, $g := 1 - f''$, sodaß $0 \leqq g \leqq h \leqq 1$ und (wegen $f'' \in \mathfrak{s} \subset \mathfrak{m}$) zugleich $g = |g| \in \mathfrak{m}$. Weil $h := 1_{CM}$, ist $h = \min\{1, nh\}$ für alle $n$. Für $g_n := \min\{1, ng\}$ gilt daher $0 \leqq g = g_1 \leqq \ldots \leqq g_n \leqq g_{n+1} \leqq h \leqq 1$. Somit existiert $g' := \lim_n g_n \in \mathfrak{m}$ mit $0 \leqq c \leqq 1 - g' =: g'' \leqq 1 - g = f''$, wobei $g'' \in \mathfrak{m}$. Wegen $0$, $f'' = |f''| \in \mathfrak{s}$ ist $w := \operatorname{med}(g'', 0, f'') \in \mathfrak{s}$. Aber $\min\{\max\{g'', 0\}, \max\{g'', f''\}, \max\{0, f''\}\} = \min\{g'', f'', f''\} = g''$, also $g'' \in \mathfrak{s}$ mit $N(c) \leqq N(g'') \leqq N(f'')$ und daher $N(c) = N(g'')$. Schließlich ist $g''$, ebenso wie $g' = \lim_n g_n$ ein $1_Q$; denn bei gegebenem $x \in D$ ist entweder $g_n(x) = 0$ für alle $n$ oder $g_n(x) = 1$ für schließlich alle $n$.

Zu einem mit Hilfe von $L$ erklärtem Maß führt jetzt die

**Definition.** Eine Menge $T \subset D$ heiße $N$-**meßbar** bzw. $S$-**meßbar**, je nachdem $1_T \in \mathfrak{m}$ bzw. $1_T \in \mathfrak{s}$. Im Falle der $S$-Meßbarkeit werde $u(T) := S(1_T)$ als der $S$-**Inhalt** von $T$ bezeichnet. Diese Definition wird gerechtfertigt durch die folgenden Feststellungen.

**1. Satz.** (I) *Das* System $\mathfrak{y}$ *der* $N$-meßbaren Mengen *$T$ ist ein* $\sigma$-Ring. *Genau dann, wenn* $1 \in \mathfrak{m}$, *ist* $\mathfrak{y}$ *eine $\sigma$-Algebra mit $D$ als Einheit.*

(II) *Das* System $\mathfrak{z}$ *der* $S$-meßbaren Mengen *$T \subset D$ ist ein,* in $\mathfrak{y}$ enthaltener *Ring. Dabei ist $u|\mathfrak{z}$ ein endlicher, $\sigma$-additiver, in* $\mathfrak{r}$ vollständiger *Inhalt. Das System der $u$-Nullmengen ist gleich dem $\sigma$-Ideal $\mathfrak{N}$ (in $\mathfrak{p}(D)$) der $N$-Nullmengen; für jedes $M \subset D$ mit $N(1_M) = 0$ gilt daher $M \in \mathfrak{N} \subset \mathfrak{z}$.*

**Zusatz.** Aus $Q \in \mathfrak{z}$, $T \in \mathfrak{y}$ und $T \subset Q$ folgt $T \in \mathfrak{z}$. Für ein $M \in \mathfrak{z}$ ist daher $M \cap \mathfrak{y} \subset \mathfrak{z}$.

Beweis. *Betr.* $\mathfrak{y}$ *und* $\mathfrak{z}$. Es sei $c(M) := 1_M$ gesetzt; ferner sei $c' := 1_{T'}$, $c'' := 1_{T''}$. Dann ist

$(T' \cup T'') = \max\{c', c''\}$, $c(T' \cap T'') = \min\{c', c''\}$, $c(T' \setminus (T' \cap T'')) = c(T' \setminus T'') = c - \min\{c', c''\}$. Aus $T', T'' \in \mathfrak{y}$ bzw. $\in \mathfrak{z}$ folgt daher, weil $\mathfrak{m}$ und $\mathfrak{s}$ Verbände sind mit $\mathfrak{s} \subset \mathfrak{m}$, daß $\mathfrak{y}$ und $\mathfrak{z}$ Ringe sind mit $\mathfrak{z} \subset \mathfrak{y}$. Daß $\mathfrak{y}$ sogar ein $\sigma$-Ring ist, folgt aus 9.5.1., Satz 1., Beh. (III). Wegen $\mathfrak{s} \subset \mathfrak{m}$ ist $\mathfrak{z} \subset \mathfrak{y}$.

*Betr.* $u|\mathfrak{z}$. – Es ist $u|\mathfrak{z}$ ein *Inhalt*. Für $T', T'' \in \mathfrak{z}$ mit $T' \cap T'' = \emptyset$ gilt $\max(c', c'') = c' + c''$, also $u(T' \cup T'') = S(\max\{c', c''\}) = S(c') + S(c'') = u(T') + u(T'')$. Wegen $u(M) \geqq 0$ ist $u|\mathfrak{z}$ ein Inhalt. – Es ist $u|\mathfrak{z}$ *endlich* und *$\sigma$-additiv*. Zunächst ist $S(f) < +\infty$ für alle $f \in \mathfrak{s}$ also $u|\mathfrak{z}$ endlich. – Es seien $T, T_r \in \mathfrak{z}, r = 1, 2, \ldots$, mit $T_r \subset T_{r+1}$ und $T = \bigcup_r T_r$, also $c(T) = \lim_r c(T_r)$. Gemäß 9.3.1.1., Satz 2., Beh. (I), folgt $u(T) = \lim_r u(T_r)$. – Es ist $u|\mathfrak{z}$ *vollständig in* $\mathfrak{r}$. Ist nämlich $Q \subset D$ beliebig genau einschließbar aus $\mathfrak{z}$, so gibt es zu jedem $n \in \mathfrak{N}$ solche $T_n', T_n'' \in \mathfrak{z}$, daß $T_n' \subset Q \subset T_n''$ mit $u(T_n'' \setminus T_n') < n^{-1}$; o.B.d.A. kann dabei $T_n' \subset T_{n+1}'$ und $T_{n+1}'' \subset T_n''$ angenommen werden, sodaß $T' \subset Q \subset T''$ für $T' := \bigcup_n T_n'$ und $T'' := \bigcap_n T_n''$. Wegen der majorisierten Konvergenz der $(c(T_n'))_n$ und $(c(T_n''))_n$ sowie wegen $c(T_n'), c(T_n'') \in \mathfrak{s}$ ist $T', T'' \in \mathfrak{z}$ mit $u(T'' \setminus T') = 0$. Daraus folgt $Q \in \mathfrak{z}$ mit $u(Q) = u(T'') = u(T')$.

*Betr. u-Nullmengen.* Folgt aus $u(T) = S(1_T)$.

*Betr. Zusatz.* Folgt aus dem 2. Hilfssatz. Denn $\emptyset \subset T \subset Q$, also $c(\emptyset) = 0 \leqq c(T) \leqq c(Q)$ mit $c(\emptyset), c(Q) \in \mathfrak{s}$ und $c(T) \in \mathfrak{s}$.

**2. Satz.** Voraussetzung. *Zusätzlich sei angenommen, daß* $1 \in \mathfrak{m}$, *also* $\alpha \in \mathfrak{m}$ *für jedes* $\alpha \in \mathbb{R}$. *Außerdem sei* $f \in \mathfrak{E}$.

Behauptung. *Gleichwertig sind:* (a) *Es ist* $f \in \mathfrak{m}$. – (b) *Füe alle* $\alpha, \beta \in \mathbb{R}$ *mit* $\alpha < \beta$ *ist* $[\alpha \leqq f < \beta] \in \mathfrak{y}$.

Beweis. *Betr.* (a) $\rightarrow$ (b). Für $f \in \mathfrak{E}$ ist $[f = +\infty] \cup [f = -\infty] \in \mathfrak{N} \subset \mathfrak{z} \subset \mathfrak{y}$; daher kann o.B.d.A. $|f| < +\infty$ in $D$ angenommen werden. Man setze $c(M) := 1_M$ und $c(f, \alpha, \beta) := c([\alpha \leqq f < \beta]) = c([f < \beta]) - c([f < \alpha])$. Nun ist z.B. $c([f < \beta]) = \lim_n \min\{1, nq\}$, wenn $q := |f - \beta| - (f - \beta)$; denn $q(x) = 0$ für $\beta \leqq f(x)$ und $q(x) = 2(\beta - f) > 0$ für $f(x) < \beta$. Wegen $f, \beta \in \mathfrak{m}$ ist $q \in \mathfrak{m}$ und $\min\{1, nq\} \in \mathfrak{m}$ sowie $\lim \min\{1, nq\} \in \mathfrak{m}$ (vgl. 9.5.1., Satz 1., Beh. (III)). – *Betr.* (b) $\rightarrow$ (a). Es sei $0 < \eta_{r+1} - \eta_r < \delta$ für $r = 0, \pm 1, \pm 2, \ldots$, und $-\infty = \inf_r \eta_r < \sup_r \eta_r = \infty$. Wir setzen $t(\delta, n) := \sum_{-n<r<n} \eta_r c(f, \eta_r, \eta_{r+1})$ (vgl. betr. (a) $\rightarrow$ (b)). Wegen $c(f, \eta_r, \eta_{r+1}) \in \mathfrak{m}$ (gemäß Vor. (b)) ist $t(\delta, n) \in \mathfrak{m}$ und daher $t(\delta) := \lim_n t(\delta, n) \in \mathfrak{m}$ und $f = \lim_{\delta \to 0} t(\delta) \in \mathfrak{m}$.

Folgerung. Es seien $f_1, \ldots, f_k \in \mathfrak{m}$ und $g := (f_1, \ldots, f_k)$, ferner $Q \subset \mathbb{R}^k$ mit $\{g(x) : x \in D\} \subset Q$ und es sei $\varphi : Q \rightarrow \mathbb{R}$ stetig (in $Q$). Behauptet wird: Es ist auch $\psi := \varphi \circ g \in \mathfrak{m}$, also $[\alpha \leqq \psi < \beta] \in \mathfrak{y}$. In der Tat: Für $\alpha, \beta \in \mathbb{R}$ hat man $[\alpha \leqq \psi < \beta] = \bigcap_r [\alpha_r < \psi < \beta]$ mit $\alpha_r < \alpha_{r+1}$ und $\alpha = \lim_r \alpha_r$. Es genügt somit, die Beh. für $[\alpha < \psi < \beta]$ zu beweisen.

Wegen der Stetigkeit von $\varphi$ und wegen $E := [\alpha < \varphi < \beta] \subset Q$ ist $E$ offen in $Q$, also $E = Q \cap G$ für passendes in $\mathbb{R}^k$ offenes $G$. Aber $G = \bigcap_\mu H_\mu$ mit (abzählbar vielen, vgl. 1.1.5.) $H_\mu := {}^+(\alpha_{\mu 1}; \beta_{\mu 1}) \times \ldots \times {}^+(\alpha_{\mu k}; \beta_{\mu k})$. Daher $[\alpha < \psi < \beta] = \bigcup_\mu (H_\mu \cap D) = \bigcup_\mu [\alpha_{\mu 1} \leqq f_1 < \beta_{\mu 1}] \cap \ldots \cap [a_{\mu k} \leqq f_k < b_{\mu k}]$, also $\varphi(f_1, \ldots, f_k) \in \mathfrak{m}$.

**9.5.3.** Durch $m$-Integrale darstellbare lineare Funktionale.

Zur Darstellung eines $L : \mathfrak{s} \rightarrowtail \mathbb{R}$ durch ein $m$-Integral benötigt man – neben dem schon konstruierten $\sigma$-additiven Inhalt $u|\mathfrak{z}$ (vgl. 9.5.2., Satz 1.) und seiner Erweiterung zu einem Maß – ein System von zugehörigen Treppenfunktionen (vgl. 1.8.). In die Sprache der Mengenlehre übersetzt, haben wir dazu zu fordern:

(**1 D**) Es ist $D \in \mathfrak{y}$ und es existiert eine Zerlegung $D = \bigcup_{r=1}^{\infty} D_r$ von $D$ in $S$-meßbare Teile $D_r$ (also $D_r \in \mathfrak{z}$) mit $u(D_r) < +\infty$.

Zunächst wird – unter der *Voraussetzung, daß* (1 *D*) gilt – gezeigt:

**1. Satz.** (I) *Aus $D \in \mathfrak{y}$ folgt, daß $1 \in \mathfrak{m}$ und daß $\mathfrak{y}$ eine $\sigma$-Algebra mit der Einheit D ist. Außerdem ist jedes N-summierbare f darstellbar als Limes einer (punktweise konvergenten) Folge $(t_r)_r$ von N-summierbaren Treppenfunktionen im weiteren Sinne (i.w.S.) $t_r$. Ist überdies $f = |f| \in \mathfrak{s}$, so kann o.B.d.A. $0 \leqq t_r \leqq t_{r+1} \leqq f$ angenommen werden; es ist $[\alpha \leqq f < \beta] \in \mathfrak{z}$ (d.h. S-meßbar) für alle $\alpha, \beta \in \mathbb{R}^+$ mit $0 < \alpha < \beta < +\infty$.*

(II) *Gilt sogar die Forderung* (1D), *so ist der $\sigma$-additive Inhalt $u|\mathfrak{z}$ im Sinne von 9.5.2., Satz 1., sogar $\sigma$-endlich und erweiterbar zu einem $\sigma$-endlichen, in $\mathfrak{r}$ vollständigen Maß $u|\mathfrak{z}'$ (wobei also $\mathfrak{z}'$ eine Erweiterung von $\mathfrak{z}$ zu einer $\sigma$-Algebra mit D als Einheit bezeichnet).*

**Zusatz.** Es ist (1D) zusammen mit $1 \in \mathfrak{s}$ gleichwertig mit der Forderung:

(**2 D**) Es ist $1 \in \mathfrak{s}$ und es existiert $(f_r)_r$ mit $f_r \in \mathfrak{s}$ derart, daß

$$[\sup_r |f_r| = 0] \in \mathfrak{N}.$$

Beweis. *Betr.* (I) Mit $f \in \mathfrak{s}$ ist $|f| \in \mathfrak{s}$, also $f^+ = 2^{-1}(|f| + f) \in \mathfrak{s}$ und $f^- = f^+ - f \in \mathfrak{s}$, sodaß o.B.d.A. $f \geqq 0$ angenommen werden kann. Die gewünschten Treppenfunktionen i.w.S. werden nun geliefert durch die in 9.5.2., Satz 2., Bew., konstruierten $t(\delta, n)$. Analog zu dort setzen wir nämlich $t(\delta) := \sum_{r=0}^{+\infty} \eta_r c(f, \eta_r, \eta_{r+1})$ in $[0 \leqq f < +\infty]$, und $t(\delta) = +\infty$ in $[f = +\infty]$. Wegen $f \in \mathfrak{s}$ ist dabei $N(c([f = +\infty])) = 0$ und $c(f, \eta_r, \eta_{r+1}) \in \mathfrak{m}$, also $t(\delta) \in \mathfrak{m}$ mit $N(t(\delta)) < +\infty$. Da aber $0 \leqq t(\delta) \leqq f$ und $0, f \in \mathfrak{s}$ folgt $t(\delta) \in \mathfrak{s}$ und $c(f, \eta_r, \eta_{r+1}) \in \mathfrak{s}$ (vgl. 1.7.2., Hilfssatz 2.). Außerdem ist $t(\delta)$ Treppenfunktion mit $f = \lim_{\delta \to 0} t(\delta)$.

*Betr.* (II). Folgt wegen (1 D) aus 9.5.2., Satz 1.

*Betr. Zusatz.* (1 D) $\rightarrow$ (2 D). Aus $D = \bigcup_r D_r$ mit $D_r \in \mathfrak{z}$ und o.B.d.A. $D_r \subset D_{r+1}$ folgt $1 = \sup_r c(D_r)$. – (2 D) $\rightarrow$ (1 D) Es sei $g_n := \max\{|f_1|, \ldots, |f_n|\} \geqq 0$. Wegen $f \in \mathfrak{s}$ ist $g_n \in \mathfrak{s}$, also $D_{nr} := [r^{-1} \leqq g_n < r] \in \mathfrak{z}$ (vgl. 9.5.2., Hilfssatz 1., (1)), ferner $U_n := [g_n = +\infty] \in \mathfrak{N} \subset \mathfrak{z}$.

Es gilt $Q_n := [g_n = 0] \in \mathfrak{z}$. Mit $D_n := \bigcup_{r=1}^{\infty} D_{nr}$ hat man $D = Q_n \cup D_n' \cup U_n$. Wegen $g_n \leqq g_{n+1}$ ist $U_n \subset U_{n+1}$ und $Q_{n+1} \subset Q_n$ sowie $D_n' \in \mathfrak{z}$. Es sei $D' := \bigcup_n D_n'$, $Q' := \bigcap_n Q_n$, $U := \bigcup_n U_n$. Zufolge der Vor. ist $u(Q') = 0$, außerdem hat man $u(U) = 0$. Mithin $Q', U \in \mathfrak{N} \subset \mathfrak{z}$ und $D = Q' \cup D' \cup U$.
Nunmehr ergibt sich der

**2. Satz.** Darstellungssatz. Voraussetzung. (1) *Es sei* $L : \mathfrak{e} \longrightarrow \mathbb{R}$ *mit* $e : D \longrightarrow \mathbb{R}$ *für alle* $e \in \mathfrak{e}$, *linear, positiv und stetig (im Sinne von 9.1.2.2.). Ferner sei* $S|\mathfrak{s}$ *die kleinste (in* $\mathfrak{r}$*) vollständige Erweiterung von* $L|\mathfrak{e}$ *bezüglich der Normfunktion* $N$, *welche im Sinne von 9.3.1. zu* $L|\mathfrak{e}$ *gehört.*
(2) *Es genüge* $D$ *dem Postulat* (1 D).
(3) *Es sei* $u|\mathfrak{z}'$ *das in Satz* 1., (II), *erklärte Maß.*

Behauptung (I) *Jedes* $N$*-summierbare* $f$, *also* $f \in \mathfrak{s}$, *ist* $u$*-summierbar mit* $S(f) = \int_D f du$.
(II) *Umgekehrt ist jedes* $u$*-summierbare* $f$ *auch* $N$*-summierbar.*

**Zusatz.** Es sei $\mathfrak{w}$ eine $\sigma$-Algebra mit $D$ als Einheit und $w|\mathfrak{w}$ sei ein $\sigma$-endliches Maß; der Vektorverband der (endlichen) $w$-summierbaren Funktionen $h : D \longrightarrow \mathbb{R}$ sei $\mathfrak{v}$. – Dann ist $J(h) := \int_D h dw$, $h \in \mathfrak{v}$, ein lineares, positives, stetiges Funktional $J : \mathfrak{v} \longrightarrow \mathbb{R}$; außerdem ist das zu diesem $J|\mathfrak{v}$ im Sinne des 1. Satzes gehörige Maß $u|\mathfrak{y}$ die kleinste (in $\mathfrak{r}$) vollständige Erweiterung von $w|\mathfrak{w}$ zu einem Maß.

Beweis. *Betr.* (I) O.B.d.A. sei $f = |f| \in \mathfrak{s}$. Gemäß Satz 1., Beh. (I), ist ferner $f = \lim_r t_r$, wobei die $t_r$ $N$-summierbare Treppenfunktionen i.w.S. sind mit $t_r \leqq t_{r+1}$; o.B.d.A. sei dabei $0 \leqq t_r$. Wegen $0, t_r, f \in \mathfrak{s}$ ist $S(f) = \lim_r S(t_r)$. Zugleich ist $t_r$ auch $u$-summierbar mit $0 \leqq S(t_r) = \int_D t_r du \leqq S(f) < +\infty$. Nach dem Monotoniesatz für Integrale ist daher $f$ gleichfalls $u$-summierbar mit $\int_D f du = \lim_r \int_D t_r du = S(f)$. – *Betr.* (II). Ergibt sich entsprechend. – *Betr. Zusatz.* Es sei $N(J)$ die zum Funktional $J|\mathfrak{v}$ gehörige Normfunktion im Sinne von 9.3.1. Jedes $N(J)$-summierbare $f$ ist $N(J)$-Limes einer Folge von $w$-summierbaren $f_r$, sodaß $f = \lim_r f_r$ ($N(J)$-fast überall). Außerdem ist das $\sigma$-Ideal (in $\mathfrak{r}$) der $N(J)$-Nullmengen gleich dem der $w$-Nullmengen.

## 9.6. Hilberträume. Satz von Riesz-Fischer

Im 2. Band (1.6.1.) war als Pseudo-Hilbertscher Raum erklärt der Raum der Folgen $x := (\xi_1, \xi_2, \ldots)$ wobei $\xi_r \in \mathbb{R}$, $r = 1, 2, \ldots$, versehen mit der Norm $N_p := (x \longmapsto N_p(x) := (\sum_r |\xi_r|^p)^{1/p})$, $p \geqq 1$; speziell für $p = 2$ erhält man den Hilbertschen Raum. – Allgemein läßt sich für gewisse normierte Vektorräume mit der Norm $N$ für jedes reelle $p \geqq 1$ eine Norm $N_p$ mit Hilfe von $N$ einführen. Dies soll in 9.6.1. gezeigt werden. In 9.6.2. wird dann eine, dem Fall $p=2$ entsprechende Verallgemeinerung des Hilbertschen Raumes besprochen werden.

**9.6.1.** Annahme. In einer, an die in 9.1. benutzte sich anlehnenden, Terminologie sei $D \neq \emptyset$ eine Menge und $\mathfrak{r}$ das System der $f: D \longrightarrow \bar{\mathbb{R}}$, ferner $N: \mathfrak{r} \longrightarrow \bar{\mathbb{R}}_0^+$ eine Normfunktion. – Dabei werden wir im Sinne der *Vereinbarung in* 9.2.2. (Ende), also i.a. ohne besonderen Hinweis, (mod $\mathfrak{N}$) rechnen; hierbei haben $\mathfrak{N}$, $\mathfrak{n}$, $\mathfrak{r}_e$, $\mathfrak{r}_{fe}$ usw. die frühere Bedeutung.
Mit Hilfe von $N$ erklärt man nun:

**Definition.** Für alle $p \geqq 1$ (mit $p \in \mathbb{R}$) sei $N_p: \mathfrak{r} \longrightarrow \bar{\mathbb{R}}_0^+$ mit $(x \longmapsto N_p(x) := (N(|x|^p))^{1/p})$, $x \in \mathfrak{r}$.

Folgerung. (1) Für alle $p \geqq 1$ ist $N_p(x)=0$ gleichwertig mit $x=0$. – (2) Es ist $N_p(\alpha x) = |\alpha| N_p(x)$ für alle $\alpha \in \mathbb{R}$. – (3) Es ist $\mathfrak{E}_p := \{x : x \in \mathfrak{r} \cap N_p(x) < +\infty\} = \mathfrak{E}$ ein Vektorunterraum von $\mathfrak{r}$; entsprechend für $\hat{\mathfrak{E}}_p$ (d.h. für $\mathfrak{E}_p$ (mod $\mathfrak{N}$), vgl. 9.2.2.). – (4) Es gilt $\mathfrak{N}_p = \mathfrak{N}$, $\mathfrak{n}_p = \mathfrak{n}$.

Anmerkung. Daß $N$ und $N_p$ isoton seien, wird nicht vorausgesetzt.

Beweis. *Betr.* (1) Es ist $N_p(x)=0 \leftrightarrow N(|x|^p)=0 \leftrightarrow |x|^p=0$ (letzteres weil $N$ Norm) und $|x|^p=0 \leftrightarrow x=0$. – *Betr.* (2) Weil $N(\alpha x) = |\alpha| N(x)$. – *Betr.* (3) Weil $N$ Norm (i.w.S.), gilt $N(x+y) \leqq N(x)+N(y)$. Wegen II., 2.2.1., (H) (Hölder) mit $n=2$, $y_1=y_2=1$ und $p+q=pq$, also $p/q=p-1$, gilt $|x+y| \leqq 2^{-1}(|x|^p+|y|^p)$, also $(N_p(x+y))^p \leqq 2^{p-1}((N_p(x))^p+(N_p(y))^p)$. Für $x, y \in \mathfrak{E}_p$ und $p>1$ ergibt sich daher $x+y \in \mathfrak{E}_p$. Und $\alpha x \in \mathfrak{E}_p$, wenn $x \in \mathfrak{E}_p$, folgt aus (2). – *Betr.* (4) Es ist $N_p(1_M) = N(1_M)$. – Nun läßt sich zeigen:

**Satz.** Voraussetzung. *Es seien* $p, q \in \mathbb{R}^+$ *mit* $p>1$, $p+q=pq$ *(also* $q>1$*), sonst beliebig, ferner* $x, y \in \mathfrak{r}$. *(Die obigen Annahmen seien erfüllt).*

Behauptung. (I) *Es gelte die Ungleichungen*
($\mathrm{H}_p$) $N(x \cdot y) \leqq N_p(x) \cdot N_q(y)$ (*Hölder*)
($\mathrm{M}_p$) $N_p(x+y) \leqq N_p(x)+N_p(y)$ (*Minkowski*) (*gilt auch für* $p=1$)
(II) *Es ist* $N_p$ *eine Normfunktion in* $\mathfrak{r}$, *sowie eine Norm in* $\hat{\mathfrak{E}}_p$ $(=\mathfrak{E}_p$ (mod $\mathfrak{N}$)).

Beweis. *Betr.* (I) ($\mathrm{H}_p$). Es seien $x, y, \eta \in \mathbb{R}^+$. Dann gilt

$$x \cdot y \leqq \alpha(x^p \eta^p + y^q \eta^{-q}) \quad \text{mit} \quad \alpha := [(p/q)^{1/p} + (q/p)^{1/q}]^{-1}.$$

In der Tat besitzt die Funktion $\varphi$ von $\eta$ mit $\varphi(\eta) := x^p \eta^p + y^q \eta^{-q}$ für $\eta > 0$ die Stelle $\eta_0 := [q y^q \cdot (p x^p)^{-1}]^{1/pq}$ als einzige stationäre Stelle, die zugleich das absolute Minimum von $\varphi$ liefert, welches bis auf den Faktor $\alpha$, gleich $x \cdot y$ ist. Aus der eben bewiesenen Ungleichung folgt $N(x \cdot y) \leqq \alpha(N(x^p)\eta^p + N(y^q)\eta^{-q})$ und daraus ($\mathrm{H}_p$) für $\eta := [q N(y^q) \cdot (p N(x^p))^{-1}]^{1/pq}$.

*Betr.* (I) ($M_p$). Mit Hilfe von ($H_p$) ergibt sich aus $(x+y)^p = (x+y)^{p-1}(x+y) = (x+y)^{p-1}x + (x+y)^{p-1}y$, daß $N((x+y)^p) \leqq N_p(x)N_q((x+y)^{p-1}) + N_p(y)N_q((x+y)^{p-1} = (N_p(x) + N_p(y))N_q((x+y)^{p-1})$. – Nun ist ($M_p$) richtig, wenn $N_p(x) = +\infty$ oder (und) $N_p(y) = +\infty$. Daher sei o.B.d.A. $x, y \in \mathfrak{E}_p$, gemäß Folgerung (3) somit auch $(x+y) \in \mathfrak{E}_p$, d.h. $N((x+y)^p) < +\infty$. Wegen $p = q(p-1)$ ist aber $N((x+y)^p) = (N_q((x+y)^{p-1})^q$. Daher ergibt sich ($M_p$) aus der letzten Ungleichung durch Multiplikation rechts und links mit $N((x+y)^{p-1})$.

*Betr.* (II) Ergibt sich aus ($M_p$) zusammen mit den Folgerungen (1)–(3).

1. Anmerkung. Es läßt sich nun zeigen, z.B. daß $\mathfrak{E}_p$ ein bezüglich der Norm $N_p$ vollständiger Vektorraum ist, ferner, daß die Abbildung $\mathfrak{E}_1 \longrightarrow \mathfrak{E}_p$ mit $(x \longmapsto x|x|^{p-1})$ topologisch, sogar Lipschitzsch ist.

2. Anmerkung. Entsprechend zu II., 1.6.1., könnte $\mathfrak{E}_p$ als Pseudo-Hilbertscher Raum im weiteren Sinne bezeichnet werden.

**9.6.2.** Hilberträume (im weiteren Sinne).

Der Fall $p = 2$ trat schon beim euklidischen, $n$-dimensionalen Raum der $x := (\xi_1, \ldots, \xi_n)$, $\xi_\nu \in \mathbb{R}$, auf (vgl. II., 1.3.1.). Dort war $N_2(x) := (\sum_\nu \xi_\nu^2)^{1/2}$ als Norm eingeführt. Die Hauptrolle spielt jetzt das (mit $N_2$ zusammenhängende (II., 1.3.1.)) skalare Produkt $(x; y) := (\sum_\nu \xi_\nu \cdot \eta_\nu)$, wenn $y := (\eta_1, \ldots, \eta_n)$; dies ist ein bilineares, symmetrisches, positives Funktional. Und zwar wird $N_2$ durch $(x; y)$ bestimmt. Ganz entsprechend verhält es sich beim Hilbertschen Raum der $\infty$-tupel $(\xi_1, \xi_1, \ldots)$.
Verallgemeindernd erklären wir

**1. Definition.** Es sei $\mathfrak{v}$ ein reeller Vektorraum (beliebiger Dimension). Als **skalares Produkt** $(x; y)$, kurz SkP, wird jedes bilineare, symmetrische und positive Funktional in $\mathfrak{v}$ verstanden. Es soll also gelten: $(x+z; y) = (x; y) + (z; y)$ und $(\alpha x; y) = \alpha(x; y)$, ferner $(x; y) = (y; x)$ sowie $(x, x) > 0$ genau für $x \neq 0$ (wir schreiben $0$ statt $\bar{0}$). Jedes solche $\mathfrak{v}$ werde als ein **SkP-Raum** bezeichnet.

Anmerkung. $(\bar{0}; x) = 0$.

**2. Definition.** In jedem SkP-Raum $\mathfrak{v}$ sei $N_2(x) := (x; x)^{1/2}$ für alle $x \in \mathfrak{v}$.
Diese 2. Definition wird gerechtfertigt durch den

**1. Satz.** *Ist* $\mathfrak{v}$ *ein* SkP-*Raum mit dem* SkP $(x; y)$, *so gilt für alle* $x, y \in \mathfrak{v}$:
(A) $|(x; y)| \leqq N_2(x) \cdot N_2(y)$ (Schwarzsche, auch Höldersche Ungleichung); *insbesondere ist also die Abbildung* $(x \longmapsto (x; y))$ *für jedes* $y$ *Lipschitzisch.*
(B) *Es ist* $N_2 : \mathfrak{v} \longrightarrow \mathbb{R}_0^+$ *eine* Norm *in* $\mathfrak{v}$. *Insbesondere gilt also:* $N_2(x+y) \leqq N_2(x) + N_2(y)$ (Minkowskische Ungleichung) *sowie daraus* $|N_2(x) - N_2(y)| \leqq N_2(x-y)$.

Beweis. *Betr.* (A) Für $x = 0$ oder(und) $y = 0$ vgl. 1. Def. und Anmerkung dazu. Andernfalls gilt $0 \leqq (\alpha x + y; \alpha x + y) = (x; x)\alpha^2 + 2(x; y)\alpha + (y; y)$ für alle $\alpha$, insbesondere für $\alpha := -(x; y) : (x; x)$, daher $-(x; y)^2 + (x; x)(y; y) \geqq 0$ und daraus die Beh. (A).

*Betr.* (B) Aus der 2. Definition folgt $N_2(x) \geqq 0$ für alle $x$ und $N_2(x) = 0$ genau für $x = 0$, ferner $N_2(\alpha x) = |\alpha| N_2(x)$. – Betr. Minkowski-Ungleichung: O.B.d.A. sei $N_2(x + y) > 0$, sodaß $0 < N_2(x + y) N_2(x + y) = ((x + y); (x + y)) \leqq |(x; x + y)| + |y; (x + y)| \leqq (N_2(x) + N_2(y)) N_2(x + y)$ (gemäß (A)); und wegen $N_2(x + y) > 0$ kann in dieser Ungleichung rechts und links der Faktor $N_2(x + y)$ weggelassen werden. Gemäß (B) ist $N_2$ eine Norm in $\mathfrak{v}$.

Gemäß Satz 1. ist $\mathfrak{v}$ mit $N_2$ normiert und daher metrisch (vgl. II., 1.6.1.) vermöge $d(x, y) := N_2(x - y)$. Zufolge II., 1.5.10., läßt sich die Metrik $d$ erweitern zu einer Metrik $d'$ und damit $\mathfrak{v}$ zu einem metrischen Raum $\mathfrak{v}'$ derart, daß in der Erweiterung $\mathfrak{v}'$ jede $N_2$-Cauchyfolge, kurz $N_2$-$C$-Folge, $(x_r')_r$, $x_r' \in \mathfrak{v}'$, $r = 1, 2, \ldots$, also mit $d'(x_r', d_t') < \varepsilon$ für $r, t > Q(\varepsilon)$, konvergiert; d. h. es gibt (genau) ein $x' \in \mathfrak{v}'$ mit $x' = \lim_r x_r'$, d. h. $d'(x', x_r') < \varepsilon$ für schließlich alle $r$.

Bezeichnen wir die „kleinste" derartige Erweiterung $\mathfrak{v}'$ von $\mathfrak{v}$ (vgl. II., 1.5.10., Zusatz) als $N_2$-vollständige Hülle $\mathfrak{v}_v$ von $\mathfrak{v}$, so gilt:

**2. Satz.** *Die $N_2$-vollständige Hülle $\mathfrak{v}_v$ eines* SkP-*(Vektor) Raumes $\mathfrak{v}$ ist selbst ein* SkP-*Raum; speziell also ist $\mathfrak{v}_v$ normiert mit $N_2(x') := (x'; x')^{1/2}$. Setzt man $(x'; y')' := \lim_v (x_v; y_v)$, wobei $x' := N_2\text{-Lim}_v x_v$ und $y' := N_2\text{-Lim}_v y_v$, so ist die Abbildung $((x', y') \mapsto (x'; y')')$ stetig in $\mathfrak{v}_v \times \mathfrak{v}_v$, sogar ein Skalarprodukt.*

Beweis. Daß $(x'; y')'$ die Eigenschaften eines SkP besitzt, ergibt sich durch Grenzübergang aus der Bilinearität und Stetigkeit von $(x; y)$, wobei letztere eine Folge der, für jedes SkP gültigen, Ungleichung $|(x; y) - (x_1; y_1)| = |(x_1 + (x - x_1); y_1 + (y - y_1)) - (x_1; y_1)| \leqq N_2(x_1) N_2(y - y_1) + N_2(y_1) N_2(x - x_1) + N_2(x - x_1) N_2(y - y_1)$ ist.

**3. Definition.** (I) Jeder *$N_2$-vollständige* SkP-Raum $\mathfrak{h}$ werde als ein **Hilbertraum im weiteren Sinne**, kürzer als HR i.w.S., bezeichnet.

(II) Ferner bezeichnen wir als eine **Basis** $\mathfrak{b}$ des HR i.w.S. $\mathfrak{h}$ jedes Teilsystem $\mathfrak{b}$ von $\mathfrak{h}$ derart, daß $\mathfrak{h}$ gleich ist der $N_2$-abgeschlossene Hülle $(E(\mathfrak{b}))_v$ der Vektorraumhülle $E(\mathfrak{b})$ von $\mathfrak{p}$, d. h. (vgl. II., 1.4.1.) des Systems $E(\mathfrak{b})$ aller Linearkombinationen aus je endlich vielen Elementen von $\mathfrak{b}$ (man vgl. den Unterschied zum in II., 1.1.4.2. ff.; 1.1.5.1. definierten Basisbegriff).

(III) Unter der (ev. unendlichen) **Dimension** dim $\mathfrak{h}$ des HR i.w.S. $\mathfrak{h}$ werde verstanden die kleinste unter allen Mächtigkeiten (Kardinalzahlen) der Basen von $\mathfrak{h}$ (vgl. Lit.).

Jedes $\mathfrak{h}$ besitzt Basen, z. B. ist $\mathfrak{h}$ selbst eine Basis von $\mathfrak{h}$.

(IV) Hilberträume i.w.S. von *abzählbarer* Dimension heißen **Hilberträume** (schlechthin oder) **im engeren Sinne** (i.e.S.).

**3. Satz.** *Ist* $\mathfrak{b}$ *Basis des HR i.w.S.* $\mathfrak{h}$, *so sind für* $x, y \in \mathfrak{h}$ *gleichwertig:* (1) $x = y$. – (2) $(x; b) = (y; b)$ *für alle* $b \in \mathfrak{b}$.

Beweis. (1) ⟶ (2). trivial. – (2) ⟶ (1). Für $z := x - y \in \mathfrak{h}$ ist nach (2) $(z; b) = 0$ für alle $b \in \mathfrak{b}$. Definitionsgemäß ist $z \in \mathfrak{h}$ darstellbar als $z = N_2\text{-}\lim_r z_r$ mit $z_r \in E(\mathfrak{b})$, sodaß $(z; z) = \lim_r (z; z_r)$ (Satz 2.). Wegen $z_r \in E(\mathfrak{b})$ ist $(z; z_r) = \sum_\mu \alpha_{r\mu}(z; b_{r\mu}) = 0$. Daher $(z; z) = 0$, also $z = 0$.

### 9.6.3. Orthonormierte Basen

Wie in II., 1.3.1., erklären wir:

**Definition.** Ein Teilsystem $\mathfrak{t}$ einer SkP-Raumes heiße **orthogonal**, wenn $(x; y) = 0$ für alle $x, y \in \mathfrak{t}$ mit $x \neq y$. Gilt überdies $(x; x) = 1$ für alle $x \in \mathfrak{t}$, so heiße $\mathfrak{t}$ **orthonormiert** (für $x \neq 0$).

Folgerung. Es sei $\mathfrak{u}$ ein orthonormiertes Teilsystem des SkP-Raumes $\mathfrak{v}$. Für jedes $x := \alpha_1 u_1 + \ldots + \alpha_k u_k$ mit $\alpha_\kappa \in \mathbb{R}$, $u_\kappa \in \mathfrak{u}$, $\kappa = 1, \ldots, k$, gilt dann $\alpha_\kappa = (x; u_\kappa)$. Ist daher $y := \beta_1 u_1 + \ldots + \beta_\kappa u_k$ mit $\beta_\kappa \in \mathbb{R}$, so gilt $(x; y) = \sum_\kappa (x; u_\kappa) \cdot (y; u_\kappa)$ und speziell $(x; x) = \sum_\kappa (x; u_\kappa)^2$. Dabei sind die $u_1, \ldots, u_k$ als verschieden, d.h. mit $(u_\kappa; u_\varrho) = 0$ für $\kappa \neq \varrho$, vorauszusetzen.
Es gilt nun der

**1. Satz.** Voraussetzung. *Es sei* $\mathfrak{h}$ *ein Hilbertraum i.w.S. und* $\mathfrak{u}$ *ein orthonormiertes Teilsystem von* $\mathfrak{h}$.

Behauptung. (I) *Für irgend endlich viele, paarweise verschiedene* $u_1, \ldots, u_m \in \mathfrak{u}$ *gilt die* Besselsche Ungleichung

(B) $$(x; x) - \left(\sum_{r=1}^m (x; u_r)^2\right) = \left(N_2\left(x - \left(\sum_{r=1}^m (x; u_r) u_r\right)\right)\right)^2 \geqq 0.$$

(II) *Für jedes* $x \in \mathfrak{h}$ *gibt es unter den* $(x; u)$, $u \in \mathfrak{u}$, *nur* abzählbar viele *von Null verschiedene.*
(III) *Es gilt* $0 \leqq \sum_{u \in \mathfrak{u}} (x; u)^2 \leqq (x; x)$; *die Reihe rechterhand (mit nur abzählbar vielen von Null verschiedenen Gliedern) konvergiert also eigentlich (für alle* $x \in \mathfrak{h}$*).*
(IV) *Es sind gleichwertig:* (1) *Es ist* $\mathfrak{u}$ *eine (orthonormierte)* Basis *von* $\mathfrak{h}$. – (2) *Es ist* $(x; x) = \sum_{u \in \mathfrak{u}} (x; u)^2$ *für jedes* $x \in \mathfrak{h}$. – (3) *Es ist* $N_2(x - \sum_{u \in \mathfrak{u}} (x; u) u) = 0$ *für jedes* $x \in \mathfrak{h}$. – (4) *Es gilt* $(x; y) = \sum_{u \in \mathfrak{u}} (x; u)(y; u)$ *für alle* $x, y \in \mathfrak{h}$.

Anmerkung. Wie in 9.6.4. gezeigt wird, gibt es orthonormierte Basen von $\mathfrak{h}$.

Beweis. *Betr.* (I) Weil $\mathfrak{u}$ orthonormiert ist, gilt für beliebige $x, u \in \mathfrak{h}$, wenn $z := \alpha_1 u_1 + \ldots + \alpha_k u_k$ mit $\alpha_\kappa \in \mathbb{R}$ und $u_\kappa \in \mathfrak{u}$, die Ungleichung

(U) $$0 \leqq (N_2(x-u))^2 = (x;x) - (\sum_\kappa (x;u_\kappa)^2) + \sum_\kappa (\alpha_\kappa - (x;u_\kappa))^2.$$

Da die $\alpha_\kappa \in \mathbb{R}$ beliebig wählbar sind, kann $\alpha_\kappa = (x; u_\kappa)$ gesetzt werden, woraus (B) folgt.

*Betr.* (II). Im Falle überzählbar vieler $(x; u) \neq 0$ gibt es ein $m \in \mathbb{N}$ mit $(m+1)^{-1} < |(x; u_r)|$ für unendlich viele $r = 1, 2, \ldots$, mit $u_r \neq u_t$ für $r \neq t$. Daher gibt es endlich viele unter den $u_r$, o.B.d.A. $u_1, \ldots, u_Q$ mit $(x; u_1)^2 + \ldots + (x; u_Q)^2 > (x; x)$, weil $(x; x) < +\infty$. Dies widerspricht der Beh. (I).

*Betr.* (III) Gemäß (II) sei $(x; u) \neq 0$ genau für $u = u_r$, $r = 1, 2, \ldots$ Gemäß (I) ist $\varphi(k) := (x; x) - ((x; u_1)^2 + \ldots + (x; u_k)^2) \geqq 0$ für jedes $k \geqq 1$. Da $\varphi$ antitone Funktion von $k$ ist, bleibt die Ungleichung auch für $k \rightsquigarrow \infty$ richtig und ändert sich nicht bei hinzufügen von Gliedern $(x; u)^2 = 0$.

*Betr.* (IV). *Aus* (1) *folgt* (2). Es sei (vgl. (II)) $(x; u_r) \neq 0$ genau für $u_r$, $r = 1, 2, \ldots, (u_r \neq u_t$ für $r \neq t)$. Da $\mathfrak{u}$ Basis von $\mathfrak{h}$ sein soll, gibt es zu jedem $x \in \mathfrak{h}$ und jedem $\varepsilon > 0$ ein $z \in E(\mathfrak{u})$ mit o.B.d.A. $z = (z; u_1)u_1 + \ldots + (z; u_k)u_k$ und $0 \leqq (x; x) - (\sum_\kappa (x; u_\kappa)^2) \leqq (N_2(x-z))^2 = (x; x) - (\sum_\kappa (x; u_\kappa)^2) + (\sum_\kappa ((z; u_\kappa) - (x; u_\kappa))^2 < \varepsilon$. Da $(x; x) - (\sum_{\kappa=1}^k (x; u_\kappa)^2)$ mit wachsendem $k$ nicht wächst und da $\varepsilon > 0$ beliebig ist, folgt (2). –.
*Aus* (2) *folgt* (3) gemäß (2) und (I), (B).
*Aus* (3) *folgt* (4). Gemäß (3) ist $x = N_2\text{-}\lim_r x_r$ und $y = N_2\text{-}\lim_t y_t$ mit o.B.d.A. $x_r := (x; v_1)v_1 + \ldots + (x; v_r)v_r$ bzw. $y_t := (y; w_1)w_1 + \ldots + (y; w_t)w_t$, wobei $v_r, w_t \in \mathfrak{u}$. Zufolge der Stetigkeit von $(x; y)$ (9.6.2., Satz 2.) gilt $(x; y) = \lim_n (x_n; y_n)$. Aber $(x_n; y_n) = \sum_{\varrho=1}^n (x; u_\varrho)(y; u_\varrho)$ mit $u_\varrho \in \mathfrak{u}$, woraus $(x; y) = \sum_{\varrho=1}^\infty (x; u_\varrho)$, also (4).
*Aus* (4) *folgt* (1). Ist nämlich $\mathfrak{u}$ keine Basis, so gibt es ein $\eta > 0$ und ein $z \in \mathfrak{h} \setminus (E(\mathfrak{u}))_v$ derart daß $N_2(z - z') > \eta$ für alle $z' := (z; u_1)u_1 + \ldots + (z; u_k)u_k$ mit beliebigen $u_v \in \mathfrak{u}$. Dann ist aber $(z; z) - ((z; u_1)^2 + \ldots + (z; u_n)^2) > \eta$ für beliebige $u_v \in \mathfrak{u}$, im Widerspruch zu (4) für $x = y$.
Ist $\mathfrak{u}$ eine (orthonormierte) Basis von $\mathfrak{h}$, so ist jedes $x \in \mathfrak{h}$ (gemäß Satz 3. in 9.6.2.) durch die Menge der Zahlen $(x; u)$, $u \in \mathfrak{u}$, eindeutig bestimmt. Gemäß dem soeben bewiesenen 1. Satz sind dabei nur abzählbar viele der $(x; u)$ nicht Null und besitzen (eigentlich) konvergente Quadratsumme $\sum_{u \in \mathfrak{u}} (x; u)^2 < +\infty$. Daß umgekehrt zu beliebigen $\alpha_\varrho \in \mathbb{R}$ mit $\sum_{\varrho=1}^\infty a_\varrho^2 < +\infty$ ein $x \in \mathfrak{h}$ mit $a_\varrho = (x; u_\varrho)$ gehört, zeigt u.a. der

**2. Satz** (Riesz-Fischer).

Voraussetzung. (I) *Es sei* $\mathfrak{u}$ *ein (beliebiges orthonormiertes Teilsystem des Hilbertraumes i.w.S.* $\mathfrak{h}$. – (II) *Jedem* $u \in \mathfrak{u}$ *entspreche ein* $\alpha_u \in \mathbb{R}$ *derart, daß nur abzählbar viele der* $\alpha_u$ *nicht Null sind und daß ihre Quadratensumme (eigentlich) konvergiert:* $\sum_{u \in \mathfrak{u}} (\alpha_u)^2 < +\infty$.

Behauptung. (1) *Es existiert (mindestens) ein* $x \in \mathfrak{h}$ *mit* $(x; u) = \alpha_u$ *für jedes* $u \in \mathfrak{u}$. – (2) *Unter den* $x$ *mit* $(x; u) = \alpha_u$ *existiert genau eines in* $(E(\mathfrak{u}))_v$. – (2a) *Ist* $\mathfrak{u}$ *Basis von* $\mathfrak{h}$, *so ist* $x$

*durch die* $(x; u) = \alpha_u$ *eindeutig bestimmt.* – (2b) *Ist* u *nicht Basis von* $\mathfrak{h}$, *also* $\mathfrak{h}\setminus(E(\mathfrak{u}))_v \neq \emptyset$, *so existiert mehr als ein zu den* $\alpha_u$ *gehöriges* $x$.

Beweis. *Betr.* (1). Ist $\alpha_u = 0$ für alle $u$, so kann $x = \bar{0}$ gesetzt werden. Sonst sei $\alpha_\varrho \neq 0$ für (o.B.d.A.) $u = u_\varrho$, $\varrho = 1, \ldots$ Entweder existiert $m \geqq 1$ mit $\alpha_\varrho \neq 0$ für $\varrho \leqq m$ und $\alpha_\varrho = 0$ für $\varrho \geqq m+1$. Dann leistet $x := \alpha_1 u_1 + \ldots + \alpha_m u_m$ das Gewünschte. Andernfalls sei $x_n := \alpha_1 u_1 + \ldots + \alpha_n u_n$, $n \geqq 1$. Wegen $\sum_n \alpha_n^2 < +\infty$ ist $(N_2(x_n - x_{n+k}))^2 = \alpha_{n+1}^2 + \ldots + \alpha_{n+k}^2 < \varepsilon$ für $n > M(\varepsilon)$ und jedes $k$, also $(x_n)_n$ eine $N_2$C-Folge (9.2.3.). Wegen der $N_2$-Vollständigkeit von $\mathfrak{h}$ existiert daher $x = N_2\text{-}\lim_n x_n$ und zwar mit $x \in (E(\mathfrak{u}))_v$. Zufolge der Stetigkeit des SkP (9.6.2., Satz 2.) ist aber $(x; u) = \lim_n (x_n; u)$ für alle $u \in \mathfrak{u}$. Aus $(x_n; u_r) = \alpha_r$ bzw. $= 0$ für $r \leqq n$ bzw. $r > n$ folgt die Beh.

*Betr.* (2) Folgt aus 9.6.2., Satz 3., weil u Basis von $(E(\mathfrak{u}))_v$. – *Betr.* (2a). Weil u Basis von $\mathfrak{h}$. – *Betr.* (2b) Gemäß 9.6.4. existiert ein $y \in \mathfrak{h}$ mit $(y; y) = 1$ und $(y; u) = 0$ für $u \in \mathfrak{u}$. Daher ist $(x + \lambda y; u) = \alpha_u$ für jedes $u \in \mathfrak{u}$ und beliebiges $\lambda \in \mathbb{R}$, wenn $x$ der Beh. (1) genügt.

**9.6.4.** Die Existenz orthonormierter Basen für jeden Hilbertraum $\mathfrak{h}$ i.w.S. ergibt sich aus dem

**Satz.** Voraussetzung. *Es sei* $\mathfrak{h}$ *ein Hilbertraum i.w.S., also vollständig bezüglich* $N_2$ *und* $\mathfrak{h} \neq \{0\}$.

Behauptung. (I) *Es gibt orthonormierte Systeme in* $\mathfrak{h}$. – (Ia) *Jedes orthonormierte Teilsystem von* $\mathfrak{h}$ *läßt sich zu einer orthonormierten Basis von* $\mathfrak{h}$ *erweitern.*

(II) *Die Mächtigkeit einer jeden orthonormierten Basis von* $\mathfrak{h}$ *ist gleich der Dimension von* $\mathfrak{h}$, *also minimal.*

(III) *Für je zwei Hilberträume i.w.S.* $\mathfrak{h}$, $\mathfrak{h}'$ *ist* $\dim \mathfrak{h} = \dim \mathfrak{h}'$ *genau dann, wenn* $\mathfrak{h}$ *und* $\mathfrak{h}'$ *isomorph sind im folgenden Sinne: Es gibt eine Surjektion* $\sigma: \mathfrak{h} \rightarrowtail \mathfrak{h}'$, *sodaß für alle* $x, y \in \mathfrak{h}$ *gilt:* $\sigma(x+y) = \sigma(x) + \sigma(y)$, $\sigma(\alpha x) = \alpha\sigma(x)$ *und (für das SkP)* $\sigma(x; y) = (\sigma(x); \sigma(y))$.

Beweis. *Betr.* (I) Jedes $x \neq \bar{0}$, $x \in \mathfrak{h}$ liefert das orthonormierte System $\{(N_2(x))^{-1} x\}$. – *Betr.* (Ia). Transfinite Induktion. Es sei u ein orthonormiertes Teilsystem von $\mathfrak{h}$, aber keine Basis von $\mathfrak{h}$. Es sei $u_1, \ldots, u_\xi, \ldots$, mit $\xi < \beta$ eine Wohlordnung von $\mathfrak{w} := (E(\mathfrak{u}))_v$ und $u_\beta$, $u_{\beta+1}, \ldots$, eine Wohlordnung des nach Annahme nicht leeren $\mathfrak{w}' := \mathfrak{h}\setminus\mathfrak{w}$ (es bezeichnen $\xi$, $\beta$ Ordnungszahlen (vgl. Lit.) ebenso wie $\alpha$ usw.; es ist $x_\alpha \neq 0$). Es kann transfinite Induktion angewandt werden: Für ein $\alpha \geqq \beta$ sei schon ein, u enthaltendes orthonormiertes System $\mathfrak{u}_\alpha \neq \mathfrak{u}$ konstruiert, welches nicht Basis von $\mathfrak{h}$ ist, während $u_\chi \in \mathfrak{w}(\alpha) := (E(\mathfrak{u}_\alpha))_v$ für jedes $\chi < \alpha$. Diese Induktionsannahme ist richtig für $\alpha = \beta$ und $\mathfrak{w}(\alpha) = \mathfrak{w}$. Es sei nun $\eta$ die kleinste Ordnungszahl $\geqq \alpha$, für die $u_\eta$ nicht zu $\mathfrak{w}(\alpha)$ gehört. Gemäß 9.6.3., Satz 2., (2), existiert ein $u' \in \mathfrak{w}(\alpha)$, für das $(u'; u) = (u_\eta; u)$ bei beliebigem $u \in \mathfrak{u}_\alpha$. Setzt man $u'' := u_\eta - u'$, so gilt $(u''; u'') > 0$; denn $u_\eta \in \mathfrak{h}\setminus\mathfrak{w}(\alpha)$. Und $(u''; u) = 0$ für $u \in \mathfrak{u}_\alpha$. Mit $\bar{u}_\eta := u'' : N_2(u'')$ somit $\mathfrak{u}_\eta := \mathfrak{u}_\alpha \cup \{\bar{u}_\eta\}$ orthonormiert und (echte) Erweiterung von $\mathfrak{u}_\alpha$.

*Betr.* (II) Daß im Falle endlicher Dimension alle orthonormierten Basen gleiche (minimale) Mächtigkeit besitzen, ist in II., 1.1.5.1., gezeigt. Es sei also $\dim \mathfrak{h} \geqq +\infty$; und $\mathfrak{p}$ sei eine beliebige Basis von $\mathfrak{h}$ mit der unendlichen Mächtigkeit $\aleph_0$. Es liegt $\mathfrak{t} := E(\mathfrak{b})$ dicht in $\mathfrak{h}$; weiter liegt dicht in $\mathfrak{t}$, und damit auch in $\mathfrak{h}$, die Menge $\mathfrak{t}_r \subset \mathfrak{t}$ aller Linearkombinationen $\sum \alpha_\nu t_\nu$ mit rationalen Zahlen $\alpha_\nu$ und $t_\nu \in \mathfrak{b}$; denn bei beliebigen reellen $\beta_\nu$ und passenden rationalen $\alpha_\nu$ ist $N_2(\sum \beta_\nu t_\nu - \sum \alpha_\nu t_\nu) \leqq \sum |\beta_\nu - \alpha_\nu| N_2(t_\nu) < \varepsilon$. Nun hat $\mathfrak{t}_r$ gleiche Mächtigkeit wie $\mathfrak{b}$; denn $\sum_{\mu=2}^{\infty} (\aleph_0 \aleph_\omega)^\mu = \sum_\mu \aleph_\omega^\mu = \sum_\mu \aleph_\omega = \aleph_\omega$ (vgl. Hausdorff (1), S. 71/72). – Nunmehr sei $\mathfrak{o}$ eine orthonormierte Basis von $\mathfrak{h}$. Wegen $(\mathfrak{t}_r)_v = \mathfrak{h}$ existiert zu jedem $u \in \mathfrak{o}$ ein $w := w(u) \in \mathfrak{t}_r$ mit $N_2(u - w) < 2^{-1}$. Für beliebige $u, u' \in \mathfrak{o}$ mit $u \neq u'$ gilt dann $w(u) \neq w(u')$; falls nämlich $w(u) = w(u')$ ist, gilt (weil $\mathfrak{o}$ orthonormiert) $1 < N_2(u - u') = ((u; u) + (u'; u'))^{1/2} = 2^{1/2} = N_2((u - w(u)) - (u' - w(u'))) \leqq N_2(u - w(u)) + N_2(u' - w(u')) < 1$. Daher ist $\mathfrak{o}$ injektives Bild einer Teilmenge von $\mathfrak{t}_r$, wobei, wie oben gezeigt, $\mathfrak{t}_r$ gleiche Mächtigkeit besitzt wie $\mathfrak{b}$. Die Mächtigkeit von $\mathfrak{o}$ ist daher nicht größer als die von $\mathfrak{p}$. Bei der Suche nach minimalen Basen kann man sich daher auf orthonormierte beschränken. Zugleich lehrt die vorangehende Betrachtung (in Verbindung mit dem Bernsteinschen Äquivalenzsatz (vgl. Hausdorff, a.a.O., S. 27)), daß orthonormierte Basen gleichmächtig sind (und zugleich minimal).

*Betr.* (III). Es sei $\mathfrak{o}$ bzw. $\mathfrak{o}'$ eine orthonormierte Basis von $\mathfrak{h}$ bzw. von $\mathfrak{h}'$. Im Falle $\dim \mathfrak{h} = \dim \mathfrak{h}'$ existiert eine Bijektion $f: \mathfrak{o} \longrightarrow \mathfrak{o}'$. Aber $f$ läßt sich erweitern zu einer Bijektion $f': \mathfrak{h} \longrightarrow \mathfrak{h}'$ vermöge der Festsetzung: $x' := f'(x) : \leftrightarrow (x; u) = (f'(x); f(u))$ für alle $u \in \mathfrak{o}$, $x \in \mathfrak{h}$. Aus 9.6.3., Satz 2., folgt, daß dieses $f'$ ebenfalls bijektiv ist. Und gemäß 9.6.3., Satz 1., (IV), (4), ist $(x; y) = (f'(x); f'(y))$ für alle $x, y \in \mathfrak{h}$. Wegen $(x + y; u) = (x; u) + (y; u)$ und $(\alpha x; y) = \alpha (x; y)$ folgt die behauptete Isomorphie.

**9.6.4.1.** Beispiele orthonormierter Basen in Hilberträumen reeller Funktionen.

Es sei $A \subset \mathbb{R}^n$ und $\lambda^n | \mathfrak{L}^n$ das Lebesguesche Maß im $\mathbb{R}^n$, ferner $\mathfrak{A} := A \cap \mathfrak{L}^n$. Weiter sei $\mathfrak{h}$ der Hilbertraum der (reellen) Funktionen $f: A \longrightarrow \mathbb{R}$ mit $\lambda^n$-summierbarem $f^2$ d.h. endlichem $\int_A f^2 d\lambda^n$. Orthonormierte Basen von $\mathfrak{h}$ werden geliefert u.a. durch die Systeme von Eigenfunktionen (EF) von Randwertaufgaben (RWA) bei linearen homogenen Differentialgleichungen (DGL), wie sie in der mathematischen Physik auftreten. Dabei soll ein in der DGL auftretender reeller Parameter $\mathfrak{r}$ so bestimmt werden, daß die DGL für den betr. Wert von $\mathfrak{r}$, einen sogen. *Eigenwert* (EW) der RWA, Lösungen $y(j, \mathfrak{r})$, sogen. *Eigenfunktionen* (EF) besitzt, nämlich Lösungen, welche vorgeschriebenen *Randbedingungen* (RB) genügen. Einige einfachste derartige RWA seien angegeben:

(I) RWA bei gewöhnlichen, linearen, homogenen DGL.

(I 1) $A := [0; 1]$; DGL: $y'' + \mathfrak{r} y = 0$; RB: $y(0) = y(1)$, $y'(0) = y'(1)$; EW: $\mathfrak{r}_n = 2n\pi$, $n = 0$,

1, ..., also $\varrho_n \geqq 0$ mit $\varrho_n \rightsquigarrow +\infty$ für $n \rightsquigarrow +\infty$; EF: $y(j, \varrho_n) = \alpha \cos \varrho_n j + \beta \sin \varrho_n j$ für für $n \geqq 1$ und $y(j, \varrho_0) = \alpha_0 =$ konst., wobei $\alpha, \beta, \alpha_0 \in \mathbb{R}$ beliebig mit $|\alpha| + |\beta| > 0$ bzw. $\alpha_0 \neq 0$. (*Fourier*).

(I 2) $A := [0, 1]$; DGL: $xy'' + y' + \varrho xy = 0$; RB: $y(0+)$ existiert und ist endlich, ferner $y(1) = 0$; EW: $\varrho_n > 0, n = 1, 2, \ldots$, mit $\varrho_n \rightsquigarrow +\infty$ für $n \rightsquigarrow +\infty$ (*Bessel*).

(I 3) $A := [-1; +1]$; DGL: $(1 - x^2)y'' - 2xy' + \varrho y = 0$; RB: $y(-1+)$ und $y(1-)$ existieren und sind endlich; EW: $\varrho_n = n(n+1), n = 0, 1, 2, \ldots$; EF: $y(j, \varrho_n)$ ist ein Polynom $n$-ten Grades (*Legendresche Polynome*, auch *Kugelfunktionen*).

(I4) $A := [0; +\infty]$; DGL: $xy'' + (1 - x)y' + \varrho y = 0$; RB: Es existiert und ist endlich $y(0+)$, außerdem ist $jy^2 \exp(-j)$ $\lambda^1$-summierbar über $A$; EW: $\varrho = n$, $n = 0, 1, 2, \ldots$; EF: Sie sind Polynome und zwar ist $y(j, n)$ vom Grade $n$ (*Laguerre*).

(I 5) $A := [-\infty; +\infty]$; DGL: $y'' + (1 - x^2)y' + \varrho y = 0$; RB: $y^2$ ist $\lambda^1$-summierbar über $A$; EW: $\varrho_n = 2n, n = 0, 1, 2, \ldots$; EF: $y(j; \varrho_n) = \exp(-j^2) H_n$, wobei $H_n$ ein Polynom $n$-ten Grades ist (*Hermite*).

(II) RWA bei partieller linearer, homogener DGL 2. Ordnung.

Einfachstes Beispiel: $A := \{(\chi, \eta) : \chi^2 + \eta^2 \leqq 1\}$; GDL: $\Delta z + \varrho z = 0$; RB: $z(x, y) = 0$ für $x^2 + y^2 = 1$; EW: Sie sind sämtlich positiv und abzählbar mit $\varrho_n \rightsquigarrow +\infty$ für $n \longrightarrow +\infty$. Physikalisch handelt es sich um die Schwingungen einer kreisförmigen Membran, die längs ihres Randes eingespannt ist.

## 9.7. Einige weitere Fragestellungen*)

### 9.7.1. Lineare, positive Funktionale ohne Stetigkeitsvoraussetzungen

#### 9.7.1.1. Vervollständigung des Funktionals (Loomis)

Es sei $D$ eine Menge und $\mathfrak{r}_0$ der Vektorverband (VV) der (reellen endlichen) Funktionen $f: D \rightarrowtail \mathbb{R}$ (vgl. 9.1.1.). Weiter sei der VV $\mathfrak{e}(\neq \emptyset)$ Einengung von $\mathfrak{r}_e$ (also $\mathfrak{e}$ geordnet gemäß $f \leqq f' \rightarrow f + g \leqq f' + g$ und $\alpha f \leqq \alpha f'$ für $\alpha \in \mathbb{R}_0^+$), ferner mit $\max(f, g) \in \mathfrak{e}$ und $|f| \in \mathfrak{e}$ für $f, f', g \in \mathfrak{e}$. Dazu sei $L: \mathfrak{e} \rightarrowtail \mathbb{R}$ linear und positiv (d. h. es gelten (L) und (P) in 9.1.2.1.), aber nicht stetig (im Sinne von 9.1.2., (S')). An Stelle der Vervollständigung der stetigen $L|\mathfrak{e}$ mit Hilfe einer Normfunktion (wie in 9.3.1.1. ff.) („metrische Erweiterung“) tritt hier (für nicht stetige $L|\mathfrak{e}$) eine Vervollständigung durch Einschließung bezüglich $L$ („algebraische Erweiterung“), analog etwa wie im Falle eines Inhaltes (vgl. 2.3.3.). Dem entsprechen die

*) Soweit Beweise fehlen, findet der Leser diese in der zitierten Literatur.

**Definitionen.** $\mathfrak{e}_v := \mathfrak{e}_v(L) := \{f : f \in \mathfrak{r}_e \wedge (\bigwedge_{\varepsilon > 0} \bigvee_{g, h \in \mathfrak{e}} g \leqq f \leqq h \wedge L(h - g) < \varepsilon\}$ und $L_v(f) := \sup\{L(g) : g \in \mathfrak{e} \wedge g \leqq f\} = \inf\{L(h) : h \in \mathfrak{e} \wedge f \leqq h\}$ (gültig für alle $f \in \mathfrak{e}_v$).
Der VV $\mathfrak{e}_v$ ist Einengung von $\mathfrak{r}_e$ und Erweiterung von $\mathfrak{e}$. Für $L_v$ gelten (L) und (P), sowie $(\mathfrak{e}_v(L_v))_v = \mathfrak{e}_v(L)$.

**9.7.1.2.** Darstellung des linearen, positiven, vervollständigten Funktionals durch ein zu einem Inhalt gehöriges Integral (3.6.1.)

(A) Zunächst gelangt man mit Hilfe von $L_v | \mathfrak{e}_v$ zu einem *geeigneten Inhalt* so: Man bildet $\mathfrak{F} := \mathfrak{F}(\mathfrak{e}_v, L_v) := \{M : M \subset E \wedge 1_M \in \mathfrak{e}_v\} \in \mathfrak{p}(D)$. Es erweist sich $\mathfrak{F}$ als (Mengen-)Ring und $i : \mathfrak{F} \rightarrowtail \mathbb{R}_0^+$ mit $i(F) := L_v(1_F)$, $F \in \mathfrak{F}$ als ein (einschluß-)vollständiger Inhalt (vgl. 2.3.3.).
(B) Zu einem System $\mathfrak{s}$ von im gewünschten Sinne *i-integrierbaren Funktionen* kann man jetzt so gelangen: Es sei $\mathfrak{e}'_T := \{1_F : F \in \mathscr{F}\}$ und $\mathfrak{e}_T$ der von $\mathfrak{e}'_T$ erzeugte Vektorraum. Der Einfachheit wegen nehmen wir noch hinzu die Forderung

(M) $\min\{1, f\} \in \mathfrak{e}$ für alle $f \in \mathfrak{e}$, aber nicht $1 \in \mathfrak{e}$.

Die Vervollständigung $\mathfrak{s} := (\mathfrak{e}_T)_v$ von $\mathfrak{e}_T$ (im Sinne von 9.7.1.1.) erweist sich als ein VV, für den auch (M) erfüllt ist; außerdem gehört mit $f, g \in \mathfrak{s}$ auch $f \cdot g$ zu $\mathfrak{s}$. Und es ist $\mathfrak{s}$ Erweiterung von $\mathfrak{e}_T$ und Einengung von $\mathfrak{e}_v$. Die Vervollständigung von $L_v | \mathfrak{e}_T$ ist gleich $L_v | \mathfrak{s}$. Schließlich gilt $L_v(f) = \int_D f di$ (vgl. 3.6.1.) für jedes $f \in \mathfrak{s}$.

Anmerkung. Für alle $f \in \mathfrak{s}$ und $g \in \mathfrak{e}_v$ gilt $g \in \mathfrak{s}$, wenn $|g| \leqq |f|$.

**9.7.1.3.** Beispiel für nicht-stetige Funktionale.

Es sei $(E, \mathfrak{u})$ ein (Hausdorffscher) *lokal kompakter* Umgebungsraum (vgl. II., 1.6.1.1.), es besitze also jedes $x \in E$ eine Umgebung mit kompakter abgeschlossener Hülle. Ferner sei $\mathfrak{e}$ der VV der (reellen, endlichen) stetigen $f : D \rightarrowtail \mathbb{R}$, welche „*im Unendlichen verschwinden*", d.h. mit kompaktem $[|f| \geqq \alpha]$ für alle $\alpha \in \mathbb{R}^+$. Für $\mathfrak{e}$ gilt o.B.d.A.:*)

(M) $\min\{1, f\} \in \mathfrak{e}$, wenn $f \in \mathfrak{e}$;

(x) $\bigwedge_{x \in E} \bigvee_{g \in \mathfrak{e}} g(x) \neq 0$;

(xx) $\bigwedge_{x, y \in E, x \neq y} \bigvee_{h \in \mathfrak{e}} h(x) \neq h(y)$.

Gegeben sei nun ein lineares, positives $L : \mathfrak{e} \rightarrowtail \mathbb{R}$ und $L_v | \mathfrak{e}_v$ seine Vervollständigung (im Sinne von 9.7.1.1.), ferner sei der durch $L_v | \mathfrak{e}_v$ (gemäß 9.7.1.2.) definierte Inhalt wieder $i | \mathfrak{F}$ und $\mathfrak{s}$ der VV der $i$-integrierbaren Funktionen, wobei $L(f) = \int_E f di$. Bezüglich $i | \mathfrak{F}$ ist zu bemerken: Für jedes $F \in \mathfrak{F}$ ist $\bar{F}$ kompakt und $\mathfrak{F}$ enthält eine offene Umgebungs-

*) Es folgt (M) aus der Definition von $\mathfrak{e}$, während sich (x) bzw. (xx) erzwingen lassen durch Wegnahme aus $E$ derjenigen $x$ bzw. $(x, y)$, für welche (x) bzw. (xx) nicht erfüllt sind.

basis $\mathfrak{o}$ (von $(E, \mathfrak{u})$); außerdem gibt es zu jedem $F \in \mathfrak{F}$ und jedem $\varepsilon > 0$ ein $G \in \mathfrak{o}$ mit $F_g := \bar{F} \setminus \underline{F} \subset G$ und $i(G) < \varepsilon$ (vgl. 3.6.). Wegen der Vollständigkeit von $i|\mathfrak{F}$ gilt dann auch eine Umkehrung: Ist $M \subset E$ mit kompaktem $\bar{M}$ und gibt es zu jedem $\varepsilon > 0$ ein $G \in \mathfrak{o}$ mit $M_g \subset G$ und $i(G) < \varepsilon$, so ist $M \in \mathfrak{F}$. Daher gilt weiter: Für jedes $F \in \mathfrak{F}$ ist $\bar{F}, \underline{F}, F_g \in \mathfrak{F}$ und außerdem ist $i(F) = i(\bar{F}) = i(\underline{F})$. Das System $\mathfrak{k}(E)$ aller stetigen $f : E \longrightarrow \mathbb{R}$ mit kompaktem *Träger* $\overline{[|f| > 0]}$ ist in $\mathfrak{s}$ enthalten. Ferner ist $(s \longmapsto \int_E s\,di)$, $s \in \mathfrak{k}(E) \subset \mathfrak{s}$ ein lineares positives Funktional über $\mathfrak{k}(E)$ und zwar das einzige positive Radonmaß $\mathfrak{r}$ auf $E$ mit $\mathfrak{r}(1_F) = L_v(1_F)$ für alle $F \in \mathfrak{F}$. (Betr. Radonmaß vgl. 9.7.2.).

Bemerkung. Hier ist $i|\mathfrak{F}$ $\sigma$-additiv.

**9.7.2.** Lineare positive stetige Funktionale. Beispiel: Radonmaß.

**Definition.** Es sei $(E, \mathfrak{u})$ ein topologischer (Umgebungs-)Raum. Für $f : E \longrightarrow \mathbb{R}$ wird $\overline{[|f| > 0]}$ als **Träger von** $f$ bezeichnet (im Komplement des Trägers ist also $|f| = 0$). Mit $\mathfrak{k}$ werde der VV derjenige *stetigen* $f : E \longrightarrow \mathbb{R}$ bezeichnet, welche kompakten Träger besitzen. Weiter heißt $(E, \mathfrak{u})$ **lokal kompakt**, wenn jedes $x \in E$ eine Umgebung $U(x)$ mit kompaktem $\overline{U(x)}$ besitzt; dabei ist $(E, \mathfrak{u})$ als *Hausdorff*raum vorausgesetzt. Schließlich bezeichnet man bei lokal kompaktem $(E, \mathfrak{u})$, jedes lineare, positive Funktional $L : \mathfrak{k} \longrightarrow \mathbb{R}$ als *positives* **Radonmaß** und die Differenz zweier positiver Radonmaße als Radonmaß (schlechthin). Es gilt der

**Satz.** *Jedes positive Radonmaß ist stetig bezüglich isotoner Moore-Smith-Folgen, kurz (MS)-stetig (also stetig im Sinne von 9.3.2.).*

Beweis. (A) Zunächst wird gezeigt: Zu jedem kompakten (abgeschlossenen) $K \subset E$ und jedem $\varepsilon > 0$ existiert ein $k_0 \in \mathfrak{k}$ mit $k_0 \geqq 0$ und mit $K \subset [k_0 > 0]$ sowie mit $0 \leqq L(k_0) < \varepsilon$.

Beweis *von* (A). Weil $(E, \mathfrak{u})$ lokal kompakt und $K$ kompakt ist, existieren (endlich viele) offene $U_\nu$ mit kompaktem $\bar{U}_\nu$, $\nu = 1, \ldots, n$, und mit $K \subset U := \bigcup_\nu U_\nu = \underline{U}$; dabei ist $\bar{U}$ kompakt. Es sind $K$ und $U_g (= \bar{U} \setminus \underline{U})$ disjunkt, kompakt und abgeschlossen. Wir setzen: $H := K \cup U_g \subset \bar{U}$ und $h : H \longrightarrow \{0, 1\}$ mit $h(x) = 1$ bzw. $= 0$ für $x \in K$ bzw. $x \in U_g$, sodaß $h$ stetig in $H$ ist. Zufolge der Kompaktheit von $\bar{U}$ existiert nach einem bekannten Satz (vgl. Lit.) eine stetige Erweiterung $h'$ von $h$ mit $h' : U \longrightarrow [-1; +1]$ sowie mit $|h'| \leqq 1$ und kompaktem Träger $T(h') \subset U$. Durch dieses $h'$ wird geliefert ein in $E$ stetiges $h'' : E \longrightarrow \mathbb{R}$
Satz (vgl. Lit.) eine stetige Erweiterung $h'$ von $h$ mit $h' : U \longrightarrow [-1; +1]$ sowie mit $|h'| \leqq 1$ und kompaktem Träger $T(h') \subset U$. Durch dieses $h'$ wird geliefert ein in $E$ stetiges $h'' : E \longrightarrow \mathbb{R}$ vermöge der Festsetzung $h'' := h'$ in $U$ und $h'' = 0$ in $E \setminus U$. Es ist $|h''| \in \mathfrak{k}$ und $K \subset \overline{[|h''| > 0]}$. Nun ist $L(|h''|) < \varepsilon$ oder $\geqq \varepsilon$. Im ersten Fall genügt $h''$ der Beh., im zweiten tut dies $\alpha h''$ mit $\alpha := (2L(|h''|))^{-1}$.

(B) Es seien $k, k_i \in \mathfrak{k}$ mit $k \geqq 0$, $k_i \geqq 0$, $i \in I$; außerdem sei die *MS*-Folge $(k_i)_i$ isoton mit

$0 \leqq k \leqq \sup_i k_i$. Es sei $T := \overline{[k \neq 0]} =: K$ und $k_0$ sei das gemäß (A) konstruierte $|h''| \in \mathfrak{k}$ mit $T \subset [|k_0| > 0]$. Zu jedem $x \in T$ gibt es ein $k'_x \in \{k_i : i \in I\}$ mit $k'_x(x) > k(x) - k_0(x)$. Weil die $k'_x$, $k$, $k_0$ stetig sind, gibt es eine Umgebung $U(x)$ von $x$ derart, daß $k'_x(y) > k(y) - k_0(y)$ für $y \in U(x)$. Wegen der Kompaktheit von $T$ gibt es $x_\mu$ bzw. $U_\mu := U(x_\mu)$, $\mu = 1, \ldots, m$, mit $T \subset U := \bigcup_\mu U_\mu$ mit kompaktem $\bar{U}$. Für $k'_\mu := k'_{x_\mu}$ ist $a_n := \max\{k'_\mu : \mu = 1, \ldots, m\} \in \mathfrak{k}$ und $a_m \geqq 0$. Ferner existiert ein $k'' \in \{k_i : i \in I\}$ mit $a_m \leqq k''$, sodaß $k - k_0 \leqq k''$ in $E$ (wegen $T \subset U \subset E$). Daher $L(k) - \varepsilon \leqq L(k) - L(k_0) \leqq L(k'')$ und erst recht $L(k) - \varepsilon \leqq \sup_i L(k_i)$ für jedes $\varepsilon > 0$. Daraus folgt die behauptete ($MS$)-Stetigkeit des Radonmaßes.

Jedes positive Radonmaß läßt sich als Integral $\int s di$ bezüglich eines Inhaltes $i$ darstellen.

Für das System $\mathfrak{k}$ (der stetigen $f$ mit kompaktem Träger) sind die Vor. (M), (x) und (xx) in 9.7.1.3., erfüllt. Setzt man nämlich $T(f) := \overline{[|f| > 0]}$, so ist $T(f) = T(q)$ für $q := \min\{1, |f|\}$, es gilt also (M). Außerdem verschwinden die $f \in \mathfrak{k}$ im Unendlichen, weil $[|f| \geqq \alpha]$ für $\alpha > 0$ bei stetigem $f$ abgeschlossen ist und enthalten im kompakten $\overline{T(f)}$. Schließlich sind (x) und (xx) in $\mathfrak{k}$ von selbst erfüllt. Somit läßt sich 9.7.1.3. auch auf das Radonmaß anwenden und führt damit zur gewünschten *Integraldarstellung des Radonmaßes* (vgl. 9.7.1.3.) $\int_E s di$. Dies gilt also für *jedes* Radonmaß.

Anmerkung. Gemäß der Bemerkung am Schlusse von 9.7.1.2. ist hier das Integral $\int_E s di$ $\sigma$-additiv, also (vgl. 4.1., Satz 3) Differenz zweier („positiver") Maße im Sinne von 2.2. Darin liegt die Rechtfertigung der Bezeichnung des obigen $L|\mathfrak{k}$ als (Radon-)Maß, zumal $L|\mathfrak{k}$ positiv sein sollte.

**9.7.3.** Beziehungen zwischen abstrakten und konkreten Integrationstheorien (Nach H. Bauer).

Der Kürze halber bezeichnen wir die Entwicklungen in 9.7.1.1.–9.7.1.2. bzw. in 9.1. ff. als *abstrakte* Integrationstheorien von Loomis bzw. von Stone, hingegen als *konkrete* Theorien die Entwicklungen bezüglich der Beispiele in 9.7.1.3. bzw. in 9.7.2. Dabei erscheint die konkrete Theorie zunächst als Spezialfall der abstrakten. Wie H. Bauer gezeigt hat, läßt sich aber die abstrakte Theorie umgekehrt auch als Spezialfall der konkreten interpretierten oder – vielleicht etwas deutlicher – als „*Einengung*" der konkreten darstellen. Dies soll hier nur für den Fall der Stoneschen Theorie und der des Radonmaßes in Kürze dargelegt werden. Hinsichtlich der analogen Behandlung von abstrakter und konkreter Loomisscher Theorie werde auf die Literatur verwiesen.
Zunächst können (M), (x) und (xx) (9.7.1.3.) als erfüllt angenommen werden (sowohl im abstrakten als im konkreten Fall). Es gilt dann der

**Satz.** Voraussetzung. *Es sei* $L : \mathfrak{e} \twoheadrightarrow \mathbb{R}$ *ein Stonesches und zwar (lineares, positives)* *im (Sinne von 9.3.2.1.) (MS)-stetiges Funktional;* $\mathfrak{e}$ *ist der VV der elementaren Funktionen* $f: E \rightarrow \mathbb{R}$.

Behauptung. (I) *Es existiert ein sogen.* Darstellungsraum $E' = E'(E)$ *für* $L|\mathfrak{e}$, *wobei* $E'$ *ein lokal kompakter Oberraum von* $E$ *ist, in welchem* $E$ *dicht liegt.* – (II) *Jedes* $f \in \mathfrak{e}$ *ist Einengung eines in* $E'$ *stetigen, im Unendlichen verschwindenden* $f' = f'(f): E' \rightarrow \mathbb{R}$. *Bezüglich des Systems* $\mathfrak{e}'$ *aller dieser* $f'(f), f \in \mathfrak{e}$, *besitzt* $E'$ *die Eigenschaften* (M), (x), (xx). – (III) *Es ist* $E'$ *eindeutig bestimmt bis auf Homöomorphismen, bei denen alle Punkte von* $E$ *Fixpunkte sind.* – (IV) *Auf* $E'$ *existiert genau ein (positives) Radonmaß* $\varrho: \mathfrak{k}' \rightarrow \mathbb{R}$ *derart, daß gilt:* $\varrho'(f') = L(f)$ *für alle* $f \in \mathfrak{e}$ *mit der Festsetzung, daß* $f' = f'(f)$ *(vgl.* (II)); *und dabei ist* $\varrho'(f')$ *definiert als der Wert der Stonesschen, mit der (zweiten) Normfunktion* $N'$ *(vgl. 9.3.2.) gebildeten Vervollständigung von* $\varrho$ *an der Stelle* $f'$.

**Zusatz.** Es sei $\mathfrak{e}_0 \subset \mathfrak{e}$ die Einengung von $\mathfrak{e}$ auf alle *beschränkten* $f: E \rightarrow \mathbb{R}$, $f \in \mathfrak{e}$, mit folgender Eigenschaft: Zu jedem $g_0 \in \mathfrak{e}_0$ existiert ein $h = h(g_0) \in \mathfrak{e}$ derart, daß aus $h(x) < 1$ folgt $g_0(x) = 0$. Für dieses $\mathfrak{e}_0$ gilt nun:

(1) Das System $\mathfrak{e}_0'$ der stetigen Fortsetzungen $g_0' = g_0'(g_0)$ von $g_0 \in \mathfrak{e}$ (gemäß Satz, Beh. (II)) ist enthalten in $\mathfrak{k}(E')$, also $\mathfrak{e}_0' \subset \mathfrak{k}(E')$.

(2) Es sei $\mathfrak{k}^+(E')$ das (Teil-)System aller $k' \in \mathfrak{k}(E')$ mit $k' \geqq 0$. Zu jedem $k' \in \mathfrak{k}^+(E')$ und jedem $\varepsilon > 0$ gibt es dann $g_0', h_0' \in \mathfrak{e}_0'$ mit $g_0' \subset k' \subset g_0' + \varepsilon h_0'$, wobei $h_0' \geqq 0$ ist und nur von $k'$, nicht aber von $\varepsilon$, abhängt.

(3) Aus (2) folgt: Jedes lineare positive Funktional $L^*: \mathfrak{e}_0' \rightarrow \mathbb{R}$ läßt sich auf genau eine Weise fortsetzen zu einem (positiven) Radonmaß auf $E'$. Positive lineare Funktionale auf $\mathfrak{e}_0'$ und auf $\mathfrak{e}_0$ entsprechen also einander ein-eindeutig.

Wegen weiterer Sätze, insbesondere auch hinsichtlich der Theorie von Loomis, sei auf die Literatur verwiesen.

### 9.7.4. Distributionen.

Unter den linearen Funktionalen haben die sogen. Distributionen von L. Schwartz eine ausgezeichnete Bedeutung gewonnen. Über sie möge hier – lediglich andeutungsweise – folgendes ausgeführt werden.

Es sei $E := \mathbb{R}^m$, $m \geqq 1$; ferner sei (wieder) $\mathfrak{k} = \mathfrak{k}(E)$ der VV der stetigen $f: E \rightarrow \mathbb{R}$ mit (bezüglich der Topologie des $\mathbb{R}^m$) kompaktem Trägern $\overline{T(f)}$ (wobei $T(f) := [|f| > 0]$). Außerdem sei $\mathfrak{k}_d := C_0^\infty = C_0^\infty(\mathbb{R}^m)$ der Vektorunterraum von $\mathfrak{k}$, gebildet von allen unendlich oft differenzierbaren $f \in \mathfrak{k}$. Als eine Distribution $D|\mathfrak{k}_d$ *auf* $E$ werde bezeichnet jedes lineare Funktional auf $\mathfrak{k}_d$, welches *stetig* ist im folgenden Sinne: Für jede Folge $(f_r)_r$ aus $\mathfrak{k}_d$ (also $f_r \in \mathfrak{k}_d$) mit $\overline{T(f_r)} \subset K$ bei kompaktem, von $r$ unabhängigem $K \subset E$, gilt: Aus $\|f_r^{(\tau)}\| \rightsquigarrow 0$ für jedes $\tau = 0, 1, \ldots$, bei $r \rightsquigarrow +\infty$ folgt $D(f_r) \rightsquigarrow 0$.

Beispiele von Distributionen.

(**A**) Es sei $\mu : \mathfrak{k} \longrightarrow \mathbb{R}$ ein (o.B.d.A.) positives Radonmaß auf $E := \mathbb{R}^m$, $m \geqq 1$. Zu jedem kompakten $K \subset E$ gibt es dann ein $M_K \in \mathbb{R}_0^+$ mit $|\mu(f)| \leqq M_K \|f\|$ für alle $f \in \mathfrak{k}$ mit $T(f) \subset K$. Daher ist $\mu | \mathfrak{k}_d$ eine Distribution und zwar mit der „Stetigkeitseigenschaft".
(+) Für jede Folge $(f_r)_r$ mit $f_r \in \mathfrak{k}_d$ und mit $T(f_r) \subset K$, wobei $K$ kompakt und unabhängig von $r$ ist, gilt $\lim_r \mu(f_r) = 0$, wenn $\lim_r \|f_r\| = 0$.

Spezialfälle. (A I) „Einheitsmaße" $\varepsilon_a$ in $a$, erklärt als $\varepsilon_a(f) = f(a)$, $a \in \mathbb{R}^m$. – (A II) Es sei $q : \mathbb{R}^m \longrightarrow \mathbb{R}$ „lokal $\lambda^m$-summierbar", d.h. $\lambda^m$-summierbar auf jedem kompakten $K \subset \mathbb{R}^m$ und $\mu$ das Radonmaß über $\mathfrak{k}$ mit der „Dichte" $q$ bez. $\lambda^m$, also $\mu(f) = \int fq d\lambda^m$ für $f \in \mathfrak{k}$.
(**B**) Es sei $m = 1$ und $D(f) := f^{(t)}(a)$ (für $f \in \mathfrak{k}_d$) mit $t = 1, 2, \ldots$, (während $t = 0$ dem Beispiel (A I) entspricht). Diese Distribution ist kein Radonmaß, es gilt nämlich (+) (in (A)) nicht.
(**C**) Es sei $m \geqq 1$ und $q : \mathbb{R}^m \longrightarrow \mathbb{R}$ (einmal) stetig differenzierbar. Für die eingangs von 9.4. erklärte Distribution $D := (f \longmapsto \int fq d\lambda^m)$ (für $f \in \mathfrak{k}_d$) gilt dann (partielle Integration)

$$\text{(p)} \qquad \int f q_{|x_i} d\lambda^m = - \int f_{|x_i} q d\lambda^m, \qquad i = 1, \ldots, m.$$

Schreibt man für die durch $q$ definierte Distribution $D$ symbolisch $D := q\lambda^m$, so entspricht dem die Bezeichnung $\dfrac{\partial D}{\partial x_i} = \dfrac{\partial}{\partial x_i}(q\lambda^m) = \dfrac{\partial q}{\partial x_i}\lambda^m$ und weiter die symbolische Formel (gemäß (p)) $\dfrac{\partial D}{\partial x_i} f = D\left(-\dfrac{\partial f}{\partial x_i}\right)$.
Im Sinne dieser letzten Formel kann nun, weil $f \in \mathfrak{k}_d$, $D$ und damit jedes $q$ als beliebig oft „differenzierbar" angesehen werden.
Das im Vorstehenden unbekümmerte Operieren mit dem Differentiationsprozeß gibt uns einen Hinweis auf die Bedeutung der Distributionen: Beispielsweise können in der Theorie der partiellen Differentialgleichungen angebbare Distributionen an die Stelle von Lösungen (im üblichen Sinne) eines Problems treten, wobei – unter speziellen Voraussetzungen – hinterher der Übergang zu üblichen Lösungen vollzogen werden kann.

# Literaturnachweise

**1.1.2.2,** Anmerkung: Hausdorff, S. 85/86.
**1.5.1.,** Bezeichnung „Meßraum“ nach Bauer, S. 40.
**1.8.4.,** vgl. auch Haupt-Pauc, Akad. d. Wiss. u. d. Lit. (Mainz), Abh. d. math.-naturw. Kl. 1957, Nr. 6.
**2.3.2.,** vgl. Haupt-Pauc, Akad. d. Wiss. u. d. Lit. (Mainz), Abh. d. math.-naturw. Kl. 1959, Nr. 1, sowie Zitat zu 1.8.4.
**2.3.2.,** Ziff. 4., Anmerk.: W. Sierpiński, Fund. math. 1 (1920), S. 112ff.
**2.3.3.2.,** Zusatz, vgl. HAP III, 2.4.2. (betr. Inhalte o. Endl.).
**2.5.0.,** Bezeichnung „Maßraum“ nach Bauer, S. 40.
**2.5.0.,** betr. Adaption eines Maßes an eine Topologie, vgl. auch HAP III, S. 181–187. – Verallgemeinerte topologische Maßräume bei Haupt-Pauc, Journ. math. p. appl. 38 (1959), S. 213ff.
**2.5.4.,** zu Beispiel (I) vgl. etwa Aumann, S. 357. – Zu Beispiel (II) vgl. Encyklopädie S. 976/977, auch die dort zitierte Lebesguesche *Konstruktion* von Nicht-Borel, aber Lebesgue- und Jordanmeßbaren Mengen, – Zum sog. „Lebesgueschen Inhaltsproblem“ siehe Bauer, S. 50, sowie Encyklopädie S. 972.
**2.6.1.** ff., C. Carathéodory, Reelle Funktionen, 2. Aufl., Leipzig 1927.
**2.6.4.,** Eine auf das innere Maß gegründete Maßtheorie hat A. Rosenthal gegeben (Nachr. Ges. Wiss. Göttingen 1916); vgl. auch Encyklopädie S. 980, Fußnote 409, und S. 983/984.
**2.6.5.,** Encyklopädie, S. 972ff.
**2.7.,** vgl. auch Bauer, S. 19.
**2.8.,** betr. Einzigkeit des Haarschen Maßes siehe etwa L. Nachbin, The Haar Integral, D. van Nostrand, Princeton, N. J. 1965.
**3.1.1.,** Einfache Beispiele nicht absolut integrierbarer Funktionen sind die in I., 9.6., behandelten „uneigentlich“ integrierbaren. – Betr. die Denjoysche Integraltheorie, vgl. Encyklopädie, S. 1065ff. Allgemeiner bei HAP III, 10.3., sowie Aumann, S. 298ff.
**3.2.1.1,** Zusatz (I). Vgl. z. B. Encyklopädie S. 1045. Bei Lebesgue wird von vornherein der Integrand als *m*-meßbar vorausgesetzt. Vgl. dagegen oben im Text 3.2.2.1., Zusatz 2.
**3.6.,** vgl. auch Haupt-Pauc, Bayer. Akad. d. Wiss., Sitz.-Ber., math.-naturw. Kl. 1955, S. 347ff. – Verallgemeinerungen des Riemannintegrals bei Haupt, Bayer. Akad. d. Wiss., Sitz. – Ber., math.-naturw. Kl. 1981; dort Verallgemeinerung und Vereinfachung von HAP III, S. 187ff.
**4.5.2.,** Satz 1., Bew. betr. „nur dann“: siehe Hahn-Rosenthal, Set Functions, Albuquerque, New Mexico 1948, 8.4.1. (S. 103), und 7.3.2. (S. 88).
**4.6.,** Weiteres bei Hahn-Rosenthal (zitiert zu 4.5.2.), 5.8.1. ff. (S. 56ff.).
**4.6.2.,** vgl. E. Sparre Andersen und B. Jessen, Det kgl. Danske Vidensk. Selskab Mat.-Fys. Medd. 22 (1946), Nr. 14, und 25 (1948), Nr. 4 und Nr. 5.
**4.6.2.,** Satz 2., Bew., (II), vgl. HAP III, 5.4.2., Anmerk. zu Satz 2.
**5.1.2.,** Vgl. Aumann, 2.10.
**5.3.,** ff., vgl. Hayes-Pauc, Derivation und Martingales, Ergebn. d. Math. u. i. Grenzgebiete, Bd. 49, Springer-Verlag Berlin – Heidelberg – New York 1970, sowie HAP III, 9.1. ff.
**5.9.,** Anmerkung 2., vgl. Busemann-Feller, Fund. math. 22 (1934), oder Haupt-Aumann, 1. Aufl. 1938, 3. Bd. 4.2.
**5.9.3.,** Haupt-Pauc, Annali mat. pura appl. (4) 36 (1954), S. 247ff.
**5.9.4.,** J. Gapaillard, Relèvements sur une algèbre d'ensemble, Measure Theory, Prof. Conf. Oberwolfach 1975, Lect. Notes in Math. 541 (1976) S. 137ff.; S. Graf, Journ. reine u. angew. Math.

295 (1977), S. 169ff.; A. u. C. Ionescu-Tulcea a.a.O.,; D. Kölzow a.a.O. D. Maharam, Proc. Amer. Math. Soc. 9 (1958), S. 987ff.; J. v. Neumann, Journ. reine u. angew. Math. 165 (1931), S. 109ff.; J. C. Oxtoby a.a.O.

**6.7.**, A. Sard, Bull. Amer. Math. Soc. 48 (1942), S. 883ff.; auch R. Narasimhan, Analysis on real and complex Manifolds, Amsterdam 1968.

**7.6.**, E. Sparre Andersen – B. Jessen wie zu 4.6.2.; auch HAP III, S. 170, ferner D. A. Kappos, Math. Ann. 120 (1947/49), S. 43ff.

**8.5.1.**, siehe G. Nöbeling.

**9.0.**, ff., siehe M. H. Stone, Notes on Integration, Proc. nat. Acad. Sci. USA 34 (1948), S. 336ff.; S. 447ff.; S. 483ff.; und 35 (1949), S. 50ff. Vgl. auch Aumann S. 363ff.

**9.6.2.**, Definition 3, (III), vgl. Hausdorff S. 25 (betr. Kardinalzahl).

**9.6.4.**, Satz, Bew., betr. (Ia) bzw. (II): vgl. Hausdorff, S. 55ff. bzw. S. 71/72 und S. 27.

**9.6.4.1.**, siehe z. B. E. Madelung, Die mathematischen Hilfsmittel d. Physik 5. Aufl. Springer-Verlag Berlin – Göttingen – Heidelberg 1953.

**9.7.1.**, vgl. L. H. Loomis, Amer. Journ. Math. 76 (1954), S. 168ff., auch Zitat zu 3.6., sowie H. Bauer, Bayer. Akad. d. Wiss., Sitz.-Ber., math.-naturw. Kl. 1955, S. 187ff.

**9.7.3.**, H. Bauer, Bull. Soc. math. France 85 (1957), A. 151ff., und H. Bauer, Math. Zeitschr. 65 (1956), S. 448ff., auch K. Bichteler, Integration Theory (with Special Attention to Vector Measures), Lect. Notes in Math. 315, Berlin – Heidelberg – New York 1973; vgl. dort die Hinweise auf Bauer a.a.O. S. 51ff. und S. 161ff.

**9.7.4.**, L. Schwartz, Theorie des distributions. Hermann Paris 1966. Auch F. Treves, Topological Vector Spaces, Distributions and Kernels, Acad. Press New York 1967, und W. Walther, Einführung in die Theorie der Distributionen, Bibliographisches Institut Mannheim – Wien – Zürich 1974.

# Lehrbücher Monographien


B. Anger – H. Bauer, Mehrdimensionale Integration. Berlin – New York 1976.

G. Aumann, Reelle Funktionen, Berlin – Heidelberg – New York, 2. Aufl. 1969, zitiert mit: Aumann.

G. Aumann – O. Haupt, Einführung in die reelle Analysis, Berlin – New York, I. Band 1974 und II. Band 1979, zitiert mit: I bzw. II.

H. Bauer, Wahrscheinlichkeitstheorie und Grundzüge der Maßtheorie, Berlin – New York, 3. Aufl. 1978, zitiert mit: Bauer.

N. Bourbaki, Éléments de Mathématiques. Livre VI: Intégration. Actualités Scientifiques et Industrielles 1244. Paris 1956.

O. Haupt – G. Aumann – Chr. Pauc, Differential- und Integralrechnung, Berlin 3 Bände 1948–1955, zitiert mit: HAP I usw.

F. Hausdorff, Mengenlehre, Berlin, 3. Aufl. 1935, zitiert mit: Hausdorff.

E. Hewitt – K. Stromberg, Real and Abstract Analysis, Berlin – Heidelberg – New York, 3. Aufl. 1975.

A. u. C. Ionescu-Tulcea, Topics in the Theory of Lifting, Ergebnisse der Mathematik und ihrer Grenzgebiete Band 48, Berlin – Heidelberg – New York 1969, zitiert mit: A. u. C. Ionescu-Tulcea.

D. Kölzow, Differentiation von Maßen, Lecture Notes in Mathematics Band 65, Berlin – Heidelberg – New York 1968, zitiert mit: Kölzow.

G. Nöbeling, Integralsätze der Analysis, Berlin – New York 1979, zitiert mit: Nöbeling.

J.C. Oxtoby, Maß und Kategorie, Berlin – Heidelberg – New York 1971, zitiert mit: Oxtoby.

Encyklopädie d. math. Wiss. mit Einschluß ihrer Anwendungen, 2. Band Analysis, 3. Teil, 2. Hälfte, Leipzig 1923–1927, zitiert mit: Encyklopädie.

# Lösungen von Aufgaben

Soweit nicht anders bemerkt wird, handelt es sich jeweils um den Beweis von Behauptungen, die im Text als „Aufgaben" bezeichnet sind. – Aufgaben, deren Lösung u.E. dem Leser überlassen werden kann, wurden nicht berücksichtigt.

# Lösungen von Aufgaben des I. Bandes

**1.6.2.–1.** Die Abbildungen $\mathfrak{w} \times \mathfrak{w} \times \mathfrak{w} \longrightarrow \mathfrak{w}$, welche durch z.B. $(A \wedge B) \wedge C$ bzw. $A \wedge (B \wedge C)$ definiert werden, liefert zu gleichen Urbildern gleiche Bilder, wie man etwa an Hand von Wahrheitstafeln verifiziert. Für diejenigen Beh., welche Quantoren enthalten, kann man inhaltlich schließen. **2.** $\neg A \asymp (\neg E \vee (\neg F \wedge \neg G)) \wedge D \wedge (B \wedge C)$ (gemäß (1)). – **3.** Folgt aus $A \rightarrow B \asymp \neg A \vee B$ und (1). – **4.** Folgt aus $\neg (\bigwedge_x B(x)) \asymp \bigvee_x (\neg B(x))$ (vgl. (1)), wenn $B(x)$ ersetzt wird durch $A(x) \rightarrow B(x)$. – **5.***) Betr. Beispiel: Die Umkehrung gilt nicht, falls $\bigcap_{y \in M_2} y = \emptyset$. – **6.** $\neg (\bigwedge_b \bigvee_m \bigwedge_n n > m \rightarrow b < a_n) \asymp \bigvee_b \bigwedge_m \bigvee_n (n > m) \wedge (a_n \leqq b)$ (Vgl. (1)). – **7.** Abkürzungen: Für Aussagen $A, B, \ldots$ sei $\bar{A} := \neg A$, ferner $AB := A \wedge B$ und $A + B := A \vee B$. Weiter sei $P$ bzw. $M$ bzw. $L$ die Aussage: „Der Portier bzw. das Zimmermädchen bzw. der Liftboy ist der Dieb" und $Z$ besage: „Der Portier war im Zimmer". Die Aussagen $\pi$ des Portiers, $\mu$ des Zimmermädchens und $\lambda$ des Boys lauten daher: $\pi = \bar{P}M\bar{Z}$, $\mu = \bar{M}\bar{L}(\bar{\bar{P}}\bar{M}\bar{\bar{Z}}) = \bar{L}P\bar{M}Z$ (man beachte, daß nicht $\mu = \bar{M}\bar{L}\bar{\pi}$ gewählt wurde), $\lambda = \bar{L}Z(\overline{P\bar{M}Z}) = \bar{L}Z(\bar{P} + M + \bar{Z})$. Nach Vor. ist z.B. mindestens eine der 3 Aussagen in $\pi$ falsch, also $\bar{\pi}$ wahr; und ebenso sind $\bar{\mu}$ und $\bar{\lambda}$ wahr, sowie $\bar{P} + Z$ (d.h. wenn $P$ der Dieb war, muß er im Zimmer gewesen sein). Es genügt, zwei der 3 Aussagen $P\bar{M}\bar{L}$, $\bar{P}M\bar{L}$, $\bar{P}\bar{M}L$ als falsch (und die übrige dritte als wahr) nachzuweisen. Wäre $P\bar{M}\bar{L}$ wahr, so auch $Z$ und daher $\bar{L}P\bar{M}Z = \mu$ wahr, während doch $\bar{\mu}$ wahr ist. – Wäre $\bar{P}M\bar{L}$ wahr, so auch $A := \bar{P}M\bar{L}\bar{\pi}\bar{\lambda} = \bar{P}M\bar{L}(P + \bar{M} + Z)(L + \bar{Z} + P\bar{M}Z)$. Multipliziert man rechterhand aus und berücksichtigt, daß alle „Produkte" von Aussagen falsch sind, in denen $P\bar{P}$, $M\bar{M}$ usw. sowie $PL$ usw. oder $P\bar{Z}$ auftritt, so erweist sich $A$ als Summe von falschen Aussagen, also selbst als falsch. – Schließlich ist $\bar{P}\bar{M}L\bar{\pi}\bar{\mu} = \bar{P}\bar{M}L(P + \bar{M} + Z)(L + \bar{P} + M + \bar{Z})$ Summe von Aussagen, unter denen als einzige, nicht von vornherein falsche $\bar{P}\bar{M}LZ$ übrig bleibt.

---

*) Es muß $M_2$ zusätzlich als mehrpunktig vorausgesetzt werden.

Anmerkung. Man kann auch von vornherein die wahre Aussage $(PM\bar{L}+\bar{P}M\bar{L}+\bar{P}\bar{M}L)\bar{\pi}\bar{\mu}\bar{\lambda}$ zum Ausgangspunkt nehmen und durch Ausmultiplizieren feststellen, daß die einzigen wahren „Summanden“ den Faktor $L$ enthalten. Bei den obigen Beweisen werden die Wahrheitstafeln und die anschließenden Regeln (1.6.2.) benutzt.

**1.6.3.1.–1.** $A \subset AB (\subset A) \leftrightarrow A \subset B \leftrightarrow (B \subset) A \cup B \subset B$. – **2.** $D = \bigcup\{\{x\} : \bigwedge_{R \in \mathfrak{t}} x \in R\}$. Und zu $\mathfrak{e}' \subset \mathfrak{e}$ mit $\mathfrak{e}' \neq \mathfrak{e}$ gibt es $\mathfrak{t}$, für welche die Beh. nicht gilt. – Dual für $V$. – **3.** Setze: $S_0 := \emptyset$; $S_n := A_1 \cup \ldots \cup A_n$; $S := \bigcup_n A_n$; $A'_n := A_n \cap CS_{n-1}$; dann $S_1 = A_1 = A'_1$. Vollst. Induktion: $S_n = S_{n-1} \cup A_n = (A'_1 \cup \ldots \cup A'_{n-1}) \cup A_n \cap CS_{n-1}$. Oder so: Für $S'_n := A'_1 \cup \ldots \cup A'_n$ gilt $S'_n \subset S_n$ (trivial), ferner $\bigwedge_{x \in S_n} x \in S'_n$, sodaß $S_n \subset S'_n$. – **4.** Setze $A := \bigcup_r A_r$. Dann (Satz 5 und 6) $A \setminus (\bigcap_t B_t) = \bigcup_{r,t} A_r \cap CB_t$. – **5.** $(\bigcup_r A_r) \cap (C(\bigcap_t B_t)) \subset (\bigcup_r A_r) \cap (\bigcup_t CB_t)$.

**1.6.4.–1.** Es lassen sich $\cup$, $\cap$, $\setminus$ vermittelst $\subset$ definieren (1.6.3.1., Satz 3.). Da $(X \longmapsto X \times C)$ ordnungsisomorph ist, gilt $A \subset B \leftrightarrow (A \times C) \subset (B \times C)$. Daraus folgen die Sätze. – **2.** (a) Folgt aus der Definition, ebenso wie $(A \times B) \cap (C \times D) = (A \cap C) \times (B \cap D)$. – (b) Für $i = 1, 2$, setze man in (a) $M_1 := A$; $Q_2 := B$; $Q_1 := C$ und $M_2 := D$. Dann ergibt sich die Beh. (b) für $M_1 \times M_2$. Die Beh. für $\boldsymbol{C}$ folgt aus Satz 2. – (c) Klar. – Man erhält (b) für $i = 1, \ldots, n \geqq 3$ durch Induktion.

**1.6.6.** – **1.** (a) Es sei $g := f^{[-1]}$. Es folgen (I), (II) und $\mathrm{f}(\emptyset) = \emptyset = f^{[-1]}(\emptyset)$ aus der Definition. Aus $g(A) \subset g(A) \cup g(B) = g(A \cup B)$ folgt (III) (also aus (I)). Weiter ist (I) $\wedge$ (II) gleichwertig mit (I) $\wedge$ (IV). Es sei nämlich $f: U \longrightarrow B$ surjektiv (o.B.d.A.) und $X \subset B$, $Y := \boldsymbol{C}_B X$, Dann $g(X \cup Y) = U = g(X) \cup g(Y)$ und $g(\emptyset) = g(X \cap Y) = g(X) \cap g(Y) = \emptyset$, also $g(Y) = \boldsymbol{C}_U g(X) = g(\boldsymbol{C}_B X)$. Umgekehrt: $\boldsymbol{C}(g(A \cap B)) = g(\boldsymbol{C}g(A) \cup \boldsymbol{C}g(B)) = \boldsymbol{C}g(A) \cup \boldsymbol{C}g(B) = \boldsymbol{C}(g(A) \cap g(B))$, also (II). – (b) Die Ungleichungen folgen aus der Definition von $\tilde{f}$. Daß i.a. nicht das Gleichheitszeichen steht, zeigt das Beispiel: $\tilde{f}(\{1\}) = \tilde{f}(\{2\}) = \{\mathrm{a}\} \neq \emptyset$. Denn $\tilde{f}(\{1\} \cap \{2\}) = \tilde{f}(\emptyset) \neq \tilde{f}(\{1\}) \cap \tilde{f}(\{2\}) = \{\mathrm{a}\} \neq \emptyset$. Ferner $\tilde{f}(\{1\} \cup \{2\}) \setminus \tilde{f}(\{2\}) = \emptyset \neq \tilde{f}(\{1\}) = \{\mathrm{a}\}$. – **2.** Allgemein ist $f^{[-1]} : \mathfrak{p}(\tilde{f}(U)) \longrightarrow \mathfrak{p}(U)$ injektiv. – **3.** Das gesuchte $f$ ist gegeben durch $(z \longmapsto x)$ für $z \in f^{+}(\{x\})$. – **4.** Wegen $\tilde{f}(f^{[-1]}(B')) = B'$ und (1) (b) folgt $\tilde{f}(A' \cap f^{[-1]}(B')) \subset \tilde{f}(A') \cap B'$. Ist umgekehrt $z \in \tilde{f}(A') \cap B'$, so $\bigvee_{x \in A'} f(x) = z$, mithin $x \in f^{[-1]}(\{z\}) \subset f^{[-1]}(B')$, also $z \in \tilde{f}(A' \cap f^{[-1]}(B'))$. – **6.** Es ist $f|A$ injektiv, $g|f(A)$ injektiv und $g$ surjektiv. – **7.** Für $\mathfrak{a} := \{f^{[-1]}(\{f(x)\}) : x \in A\}$ ist $s: A \longrightarrow \mathfrak{a}$ surjektiv, $b: \mathfrak{a} \longrightarrow f(A)$ bijektiv und $i: f(A) \longrightarrow B$ surjektiv.

**1.6.6.1.–8.** $a = 1$, $b = 0$. – **9.** Es ist $f: \mathfrak{p}(B) \longrightarrow \mathfrak{p}(B)$ mit $f(X) := \boldsymbol{C}_B c(X)$ isoton, surjektiv sowie $\bigwedge_X X \subset f(X)$, woraus $f(0) = \emptyset$. Weiter ergibt Induktion, daß $f(\{x_1, \ldots, x_n\}) = \{x_1, \ldots, x_n\}$ für alle endlichen Teilmengen $\{x_1, \ldots, x_n\}$ von $B$; somit $f = j$, falls $B$ endlich. Für $B := \{0, \pm 1, \pm 2, \ldots\}$ setze $f(X) := X$, wenn $\boldsymbol{C}_B X$ leer oder nicht nach unten beschränkt, hingegen $f(X) := X \cup \{\min\{\boldsymbol{C}_B X\}\}$, wenn $\boldsymbol{C}_B X \neq \emptyset$ und nach unten beschränkt. Dann ist $c$ mit $c(X) := \boldsymbol{C}_B(f(X))$ antiton, surjektiv und $\bigwedge_X X \cap c(X) = \emptyset$, aber $c \neq \boldsymbol{C}_B$.

Betr. Satz. (a) Weil $d$ dualistisch, ist $d \circ d = j$, also $d(d(X)) = X$, und aus $d(d(X) \cup d(Y)) = X \cap Y$ folgt $d(X \cap Y) = d(X) \cup d(Y)$. – (b) Für $C := C_M$ gilt $X \cup CX = M$ und $X \cap CX = \emptyset$, daher $d(X) \cap d(CX) = d(M) = \emptyset$ und $d(X) \cup d(CX) = M$, woraus $d(CX) = C(d(X))$ folgt. Für $f: d \circ C = C \circ d$ hat man $f \circ f = (d \circ C) \circ (C \circ d) = j$. Daher ist $f: \mathfrak{p}(M) \rightarrowtail \mathfrak{p}(M)$ Involution. Die übrigen Eigenschaften von $f$ folgen direkt aus den entsprechenden von $d$ und $C$. – (c) Es ist $f(\{x\})$ einelementig; denn $\bigwedge_x f(\{x\}) \neq \emptyset \to f(\{x\}) = \{y_1\} \cup R$ mit einem $R$, für das $y_1 \notin R \to$ (wegen $f(\{x\}) \neq \emptyset$) $\{x\} = f(\{y_1\}) \cup f(R) = f(\{y_1\}) \to \{y_1\} = f(\{x\})$. Weiter ist $h: M \rightarrowtail M$ mit $h(x) := f(\{x\})$ involutorisch. Ferner $\bar{h} = f$; denn $\bar{h}(X) \subset f(X) \wedge M = \bar{h}(M) = \bar{h}(X) \cup \bar{h}(CX) \subset f(X) \cup f(CX) = M$ für alle $X \subset M$. – (d) und (e). Unmittelbar aus $f(X) = \bigcup_{y \in X} \{h(y)\}$ mittelst der Involution $h$.

**1.6.7.–1.** Betr. $=_3$. Reflexiv: $x =_1 x \wedge x =_2 x \to x =_3 x$. Symmetrie: Die Definition von $=_3$ läßt sich auch rückwärts lesen. Transitivität: $x =_3 z \wedge z =_3 y \leftrightarrow (x =_1 z \wedge z =_1 y) \wedge (x =_2 z \wedge z =_2 y) \to x =_1 y \wedge x =_2 y \to x =_3 y$. – Betr. $=_4$. Reflexiv: $x =_4 x$ folgt für $k = 1$, $z_1 = z_2$. Symmetrie: Wie bei $=_3$. Transitivität: Ist $x =_4 w \wedge w =_4 y$, so kann man $x$ mit $y$ durch eine, $w$ enthaltende „Kette" aus Elementen $z_\kappa$ „verbinden". – Betr. Beziehung zwischen $=_3$ und $=_4$ Es gilt $=_3 \to =_1 \wedge =_2 \wedge =_4$. Oder: Bezüglich $=_1$ und $=_2$ ist $=_3$ die „größte gemeinsam feinere" und $=_4$ die „feinste gemeinsam gröbere" Äquivalenz. – **2.** Reflexiv: $x = x \to x =_5 x$. Symmetrie und Transitivität wie bei 1. – **3.** Betr. z. B. $\varrho$. Vor. (im Sinne von (V), 1.5.4.1., mit $\sim_A = \sim_B = \sim$). $\bigwedge_{x,\ldots,y'} x \sim x' \wedge x' \varrho y' \wedge y' \sim y \to x \varrho y$. – Folgerung: Für $y = y'$ gilt $x \sim x' \wedge x' \varrho Y' \to x \varrho y'$. – Betr. $f$. Mit $B$ als Bildbereich von $f$ ist für $\sim_B$ die Identität in $B$ zu wählen. – **4.** $j(B') = B' \to B' \cong B'$ (wegen (I)). $A \cong B \wedge B \cong C \leftrightarrow B = f(A) \wedge g(B) = C \to C = g \circ f(A) \leftrightarrow A \cong C$ (wegen (II)). $A \cong B \leftrightarrow B = f(A) \leftrightarrow A = f^{[-1]}(B) \leftrightarrow B \cong A$ (wegen (III)).

**1.6.8.** Betr. stereographische Projektion vgl. etwa Mangoldt-Knopp, Einführung in die höhere Mathematik II, 11. Aufl. 1958, S. 605–610.

**1.6.10.–1.** Es ist $f: \{1, \ldots, n\} \rightarrowtail \{p_1, \ldots, p_n\}$ mit $f(\nu) = p_\nu$ bijektiv $\to \tilde{f}$ bijektiv und $\tilde{f}^{[-1]} = \widetilde{f^{[-1]}}$. Aber $p := p_{\nu_1} \cdot \ldots \cdot p_{\nu_k}$ teilbar durch $q := p_{\mu_1} \cdot \ldots \cdot p_{\mu_m} \leftrightarrow \{\mu_1, \ldots, \mu_m\} \subset \{\nu_1, \ldots, \nu_k\} \to$ Beh. – **2.** Es sei $<$ das Zeichen für „feiner als". Ohne weiteres ergeben sich Reflexivität und Transitivität. Die Identivität (Antisymmetrie) erreicht man durch die Definition $\mathfrak{z}' \sim \mathfrak{z}'' :\leftrightarrow \mathfrak{z}' < \mathfrak{z}'' \wedge \mathfrak{z}'' < \mathfrak{z}'$. – Betr. Anzahl der Zerlegungen: $1 + \binom{4}{2} + 2^{-1}\binom{4}{2} + \binom{4}{3} = 1 + 6 + 3 + 4 = 14$. – **3.** Es sei $f$ isoton auf $M'$. Es genügt, zweistellige Ketten zu betrachten. Für verschiedene $x_1', x_2' \in M'$ mit $x_1' < x_2'$, sonst beliebig, ist $K := \{x_1', x_2'\}$ eine Kette. Aber $f$ ist injektiv auf $K$ genau, wenn $f(x_1') < f(x_2')$ und $f(x_1') \neq f(x_2')$ genau, wenn $f$ streng isoton auf $M'$.*)

Betr. Anmerkung. (a) In einer geordneten Menge gibt es höchstens ein Maximum und

---

*) Im Bd. I. muß in Zeile 1 der Aufgabe 3 stehen: $\leqq$" (statt $\geqq$").

höchstens ein Minimum. – Denn mit $m, m' \in M$ gilt

$$\bigwedge_{y \in M} y \leqq m \wedge y \leqq m' \rightarrow m' \leqq m \quad \text{und} \quad m \leqq m' \rightarrow m = m'.$$

(b) $(\bigwedge_{y \in M} y \leqq m) \rightarrow (\bigwedge_{y \in M} m \leqq y \rightarrow y = m)$.

(c) Beispiel: Es seien $M'$ und $M''$ geordnet gemäß $<'$ bzw. $<''$; dabei besitze $M'$ sowohl als $M''$ je ein Maximum und ein Minimum (bezüglich $<'$ bzw. $<''$); man kann etwa setzen $M' := \{a', b'\}$ mit $a' <' b'$ und $M'' := \{a'', b''\}$ mit $a'' <'' b''$. Dabei sei $M' \cap M'' = \emptyset$. Behält man in $M := M' \cup M''$ die Relationen $<'$ in $M'$ und $<''$ in $M''$ bei, ohne weitere Ordnungsrelationen in $M$ hinzuzufügen, so ist $M$ geordnet mit genau 2 maximalen und genau zwei minimalen Elementen, aber ohne Maximum und ohne Minimum.
(d) Für in $M$ minimales $m$ gilt $\bigwedge_{y \in M}(y \leqq m \rightarrow y = m)$. Wegen der Linearität von $\leqq$ gilt $\bigwedge_{y \in M}(y \leqq m \vee m \leqq y)$, sodaß $m \leqq y$ für alle $y \in M$; d. h. $m$ ist Minimum in $M$.
(e) „Nur dann" folgt aus (4.4), weil jede Teilmenge ebenfalls linear geordnet ist. – „Dann": Ist $M$ nicht linear geordnet, so gibt es $x', x'' \in M$ mit $x' \neq x''$, für die weder $x' \leqq x''$ noch $x'' \leqq x'$. Daher ist z. B. $x'$ in $T := \{x', x''\}$ maximal, aber nicht Maximal (und zugleich minimal, aber nicht Minimal) in $T$.

**3.2.3.** *Beispiel.* Allgemein: Ist $p > 1$ Primzahl, so besitzt $j^2 - p$ keine Nullstelle in $\mathbb{Q}$. – Bew. Indirekt. Aus $x = m/n$ mit $m, n \in \mathbb{N}^+$, $m$ und $n$ teilerfremd und $x^2 = p$ folgt $n^2 p = m^2$, also $m^2$ teilbar durch $p$. Daher $m^2$ teilbar durch $p^2$ und $n^2 p = k^2 p^2$ mit $k \in \mathbb{N}^+$. Somit ist auch $n$ teilbar durch $p$ und folglich nicht teilerfremd zu $m$.

**3.4.2.** Satz 1. Induktion. Multipliziere rechts und links mit $\Sigma q_\nu$, fasse rechts die Glieder mit gleichen Potenzprodukten $q_1^{\mu_1} \cdot \ldots \cdot q_l^{\mu_l}$ zusammen und benutze 3.4.1., Def. 3. – Aufgabe 1, (b) $q_1 = -q_2 = 1$; (c) $q_1 = \ldots = q_n = 1$.

Satz 3. Induktion. Man addiere (arithm. R.) bzw. multipliziere (geometr. R.) rechts und links $a + (n+1)d$ bzw. mit $(1-q)q^{n+1}$. – Betr. Beispiel (b): $q = 2^{-1}$. – Anmerk. 1. Es gilt

$$(n+1)^n n^{-n} = \sum_{\nu=0}^{n} \frac{(n-\nu)!\,(n-\nu+1)\ldots n}{(n-\nu)!\,\nu!\,n\ldots n} =$$

$$= \sum_{\nu=0}^{n} \frac{1}{\nu!}\left(1 - \frac{\nu-1}{n}\right)\ldots\left(1 - \frac{1}{n}\right)\cdot 1 < 1 + \frac{1}{1!} + \ldots + \frac{1}{n!} \quad \text{und} \quad \frac{1}{\nu!} \leqq 2^{-(\nu-1)}, \nu \geqq 1,$$

sodann geometrische Reihe. – $(n!)^2 = (n \cdot 1)((n-1)\cdot 2)\ldots(2\cdot(n-1))(1\cdot n)$ und $(\nu+1)(n-\nu) = n + \nu((n-1)-\nu) \geqq n$ für $1 \leqq \nu \leqq n-1$.

Satz 4. Beh. richtig für $q = 2$; sie sei schon für ein $q \geqq 2$ bewiesen, also $(h(\varrho), h(\varrho+1)) \in R$ mit $h(\varrho) = a_\varrho \in Q$, $\varrho = 1, \ldots, q-1$, und $h(q) = a_q$. Weiter sei $Q' := \{a_{q+1}\} \cup Q$ und $R'$ das zu $Q'$ gehörige $R$. Wegen $Q \subset Q'$ kann $R \subset R'$ angenommen werden, sodaß $(h(\varrho),$

$h(\varrho+1)) \in R'$. Entweder $(h(q), a_{q+1}) \in R'$, sodaß $h'(\nu) = h(\nu)$, $\nu = 1, \ldots, q$, $h'(q+1) = a_{q+1}$ gesetzt werden kann. Oder $(a_{q+1}, h(q)) \in R'$, sodaß ein kleinstes $r \in \{0, \ldots, q-1\}$ existiert mit $(a_{q+1}, h(r+1)) \in R'$, also $(a_{q+1}, h(r)) \notin R'$ für $r \neq 0$. Somit $(h(r), a_{q+1})$, $(a_{q+1}, h(r+1))$ $\in R'$ usw.

Aufgabe 2. – (a) $\sum_{\nu=0}^{s}\binom{s}{\nu} = 2^s$. – (b) Die Anzahl ist $t^s$.

3. Betr. Regel (a). Es sei $x = [x] + q\cdot 10^{-1}$ mit $0 \leqq q < 10$ und (im Sinne des Augenscheins) $x + n\cdot 9\cdot 10^{-1} = m \in \mathbb{Z}$ mit $n \in \{0, 1, \ldots, 9\}$, also $q - n = (m - [x] - n)\cdot 10$. Da aber $|q-n| < 10$, so $q - n = 0$ mit $q := 10\,\Delta x$.

Betr. Regel (b). Es gibt genau ein $n'$, weil von den 11 Teilstrichen auf $\mathfrak{N}$ in jedem der „Intervalle“ $^+([x] + \nu - 1;\ [x] + \nu)$, $\nu = 1, \ldots, 10$ (zwischen benachbarten Teilstrichen auf $\mathfrak{M}$) mindestens einer, also (Schubladenprinzip) mindestens (und daher genau) einmal zwei liegen. Aus

$$(+) \qquad [x] + m' \leqq x + n'\cdot 9\cdot 10^{-1} < x + (n'+1)\cdot 9\cdot 10^{-1} < [x] + (m'+1)$$

schließt man auf $n' = [10\,\Delta x]$, entweder direkt oder über den Hilfssatz, indem man in $(+)$ $v := 9\cdot 10^{-1}$, $y := 10\,\Delta x$ sowie $g := m'$ einführt. – Bew. des Hilfssatzes: Jedenfalls ist $[y]$ ein $n'$ mit $yv' + n'v = g + d$; denn für $y = [y] + \eta$ hat man $yv' + [y]v = [y] + \eta v'$ mit $0 \leqq [y] \in \mathbb{Z}$ und $0 \leqq d := \eta v' < 1$. Es ist aber $[y]$ auch die kleinste Lösung $n'$. Denn andernfalls existiert $\bar{n} \in \mathbb{Z}$ mit $0 \leqq \bar{n} < [y]$, und $0 \leqq \bar{g} \in \mathbb{Z}$ sowie $0 \leqq \bar{d} < v'$ mit $yv' + \bar{n}v = \bar{g} + \bar{d}$, sodaß $v' < (y - \bar{n})v' \leqq yv' < 1$ und $(y-\bar{n})v' = \bar{g} - \bar{n} + \bar{d}$, woraus $0 < v' - \bar{d} < \bar{g} - \bar{n} \leqq yv' - \bar{d} < 1 - \bar{d} \leqq 1$, also $\bar{g} = \bar{n}$ und $0 < v - \bar{d} < 0$. Widerspruch.

**3.4.4.** Satz 1. Es ist $N \subset Z \subset Q$ und $0 \neq 1$ (weil sonst $1 + 0 = 1 + 1 = 2 = 1$ usw.). Aus $a > 0$ (für $a \in Z$) folgt $(-a) + a = 0 > -a$, aus $a \neq 0$ daher $a > 0$ oder $a < 0$. Nach $U_6$ ist somit $a^2 > 0$ für $a \neq 0$, also $1^2 = 1 > 0$ und $a < a + 1$ für jedes $a \in Z$, sodaß die Ordnung in $Z$ eindeutig festgelegt ist. Für $q \in Q$ gilt $q = ab^{-1} = ab : b^2$ und damit $q > 0$ genau, wenn $ab > 0$, wobei $a, b \in Z$ und $b \neq 0$. (Weiteres z.B. bei Haupt, Einführung i.d. Algebra, 3.Aufl., Leipzig 1956, S. 52ff.).

Aufgabe 1 und 2. Setze $a > 0 :\leftrightarrow a \in P$ bzw. $a < b :\leftrightarrow b - a \in P$.

Anmerkung. $\bigwedge_\nu q_\nu \min\{\ldots\} \leqq q_\nu a_\nu \leqq q_\nu \max\{\ldots\}$.

Satz 3. Es liefert $z$ eine Bijektion der Abschnitte von $T$ auf die von $N$. Veranschaulicht man die $(i, k)$ durch die (Gitter-)Punkte $(x = i, y = k)$ in der $x, y$-Ebene, so entspricht die lineare Ordnung in $T$ dem Durchlaufen der „Diagonalen“ $x + y =$ konst., und zwar aller in der gleichen Richtung.

**3.4.5.** Aufgabe Vor. $A(1) \wedge \bigwedge_n (A(n) \to A(n+1))$. – Beh. $\bigwedge_n A(n)$. Bew. Andernfalls existiert ein kleinstes $m \in \mathbb{N}^+$ mit $m > 1$ und mit

$$A(m-1) \wedge -A(m).$$

Satz 3, (1). O.B.d.A. sei $f$ surjektiv. Sind alle $f^{[-1]}(\{y\})$ einelementig, so ist $f$ bijektiv, also $|M| = |M'|$. – (2) Andernfalls wäre $H = \bigcup_{z \in H'} f^{[-1]}(\{z\})$ endlich.

**3.4.8.** „Umgekehrt". Betr. $A \cup B = A + B + AB$. Zunächst $A + B = A \cup B \leftrightarrow AB = \emptyset$; denn $A + B = (A \cup B) \cap C(A \cap B)$. Wegen $A + B \subset A \cup B$ ist $A \cup B = (A + B) \cup X$ und $(A + B)X = \emptyset$, also $X = C(C(A \cap B)) = AB$. – Für $A' := C_G A = G + A$ gilt: $AA' = \emptyset$ und $(A')' = A$, sowie $A + B = AB' \cup A'B$, $(A \cup B)' = A'B'$, $(A + B)' = (AB')'\ (A'B)' = AB \cup A'B'$. – Betr. $A + B = B + A$. Denn $A + B = AB' \cup A'B = A'B \cup AB'$. – Betr. $(A + B) + C = A + (B + C)$. Es gilt $A + (B + C) = A(B + C)' \cup A'(B + C) = A(BC \cup B'C') \cup A'(B'C \cup BC') = ABC \cup AB'C' \cup A'BC' \cup A'B'C$. Zyklische Vertauschung von $A$, $B$, $C$ in $C$, $A$, $B$ führt die rechte Seite in sich über, woraus die Beh. folgt. – Betr. $(A + B)C = AC + BC$. Es gilt $(A'B \cup AB')C = (A'BC \cup C'BC) \cup (ACB' \cup ACC')$. Wegen $A' \cup C' = (AC)'$ ist die rechte Seite gleich $(AC)'BC \cup AC(BC)' = AC + BC$.

**5.3.3.2.**, Anmerkung 2. Es sei $\sum_n a_n$ konvergent, $\sum_n |a_n|$ aber nicht, u.o.B.d.A. $a_n \neq 0$ für alle $n$. Man setze $p_r$ bzw. $q_t$ für $a_n > 0$ bzw. für $a_n < 0$, $r = 1, 2, \ldots$, bzw. $t = 1, 2, \ldots$, wobei größeren $n$ größere $r$ bzw. $t$ entsprechen sollen. Es gilt $p_r \rightsquigarrow 0$ und $q_t \rightsquigarrow 0$ für $r \rightsquigarrow +\infty$, $t \rightsquigarrow +\infty$ sowie $\sum_r p_r = +\infty$, $\sum_t q_t = -\infty$, woraus folgt: Zu beliebigem $s \in \mathbb{R}$, etwa $s \geqq 0$, existieren streng isotone Folgen $(h_\mu)_\mu$ bzw. $(k_\nu)_\nu$ natürlicher Zahlen $h_\mu, k_\nu$ bzw. eine Umordnung $(u)$ $p_1 + \ldots + p_{h_1} + q_1 + \ldots + q_{k_1} + p_{h_1+1} + \ldots + p_{h_2} + q_{k_1+1} + \ldots + q_{k_2} + \ldots$ von folgender Art: $s_1 - p_{h_1} \leqq s < s_1$ mit $s_1 := p_1 + \ldots + p_{h_1}$; $s_2 < s \leqq s_2 - q_{k_1}$ mit $s_2 := s_1 + q_1 + \ldots + q_{k_1}$; $s_3 - p_{h_2} \leqq s < s_3$ mit $s_3 := s_2 + p_{h_1+1} + \ldots + p_{h_2}$; usw. Dann gilt $s_n \rightsquigarrow s$ für $n \rightsquigarrow +\infty$, das Gleiche aber auch für die Folge aller Partialsummen von $(u)$ wegen deren monotonen Verhaltens innerhalb eines jeden $p$- und jeden $q$-Abschnittes.

**5.3.5.** – 1. Satz. *Es konvergiere $\Pi_n b_n$ gegen $p \in \mathbb{R}$. Dann ist $p = 0$ genau, wenn (mindestens) ein $b_n = 0$.* – Bew. Es sei $p_n := b_1 \ldots b_n$. Nach Vor. ist $p = p_n v_n$ mit $v_n > 2^{-1}$ für $n \geqq Q$. Aus $p = 0$ folgt daher $p_Q = 0$, also $b_r = 0$ für ein $r \in \{1, \ldots, Q\}$. Umgekehrt: Aus $b_t = 0$ folgt $p_r = 0$ für $r \geqq t$.
Angesichts des 1. Satzes *beschränken* wir die Betrachtung *auf die Fälle* $p = \lim p_n \neq 0$.

2. Satz. Vor. *Es sei $\bigwedge_n a_n > 0$ (Fall (A)) oder $\bigwedge_n -1 < a_n < 0$ (Fall (B)).*

Beh. *Es konvergiert $\Pi_n(1 + a_n)$ gegen ein $p \neq 0$ genau dann, wenn $\sum_n a_n$ konvergiert.*
Bew. Man setze $s_n = a_1 + \ldots + a_n$. Dann sind $(p_n)_n$ und $(s_n)_n$ im Fall (A) iso- und im Fall (B) antiton. – *Betr. Fall* (A). Es konvergiere $s_n$ gegen $s$, wobei also $s > 0$. Wegen $+ a_n < \exp a_n = 1 + a_n + 2^{-1} a_n^2 + \ldots$ ist $p_n < \exp s_n < \exp s < +\infty$, sodaß $(p_n)_n$, weil

isoton und $p_n > 0$, gegen ein $p > 0$ konvergiert. – Umgekehrt: Es sei $\lim p_n = p > 0$. Wegen $s_n < p_n < p + \infty$ und der Isotonie von $(s_n)_n$ konvergiert $(s_n)_n$ (gegen ein $s > 0$). – *Betr. Fall* (B). Wir setzen $b_n := -a_n$, sodaß $0 < b_n < 1$. Konvergiert $\sum a_n$, so auch $\sum 2b_n$, sodaß $\Pi_n(1 + 2b_n)$ konvergiert (Fall (A)). Nun ist $(1 - b_n)(1 + 2b_n) = 1 + (b_n - 2b_n^2)$ und ${}^s\bigwedge_n 0 < b_n - 2b_n^2 < b_n$ (wegen $\lim b_n = 0$), also $\Pi_n(1 - b_n)(1 + 2b_n)$ konvergent und damit auch $\Pi_n(1 - b_n)$. Umgekehrt: Mit $\Pi_n(1 - b_n)$ ist auch $\Pi_n(1 - b_n)^{-1}$ konvergent und, wegen $0 < 1 + b_n < (1 - b_n)^{-1}$ auch $\Pi_n(1 + b_n)$, sodaß $\sum b_n$ und damit auch $\sum a_n$ konvergiert.

**5.6.1.** (**1**) Binomischer Satz für $(1 + a)^n$ (1. und 2. bzw. 3. Glied). – (**2**) Gleichwertig mit $\sum_{\mu,\nu}(a_\mu b_\nu - a_\nu b_\mu)^2 \geqq 0$. Gleichheitszeichen nur, wenn alle Quadrate Null, d.h. wenn die $a_\mu, b_\mu$ proportional. – (**3**) Setze $a_1' := a_1^{1/2}$, $b_1' := a_2^{1/2}$, $a_2' := b_1^{1/2}$, $b_2' := b_2^{1/2}$. Dann (2). – (**4**) Gleichwertig mit $0 \leqq (a - b)^2$. – (**5**) $a + b \leqq (a^{1/n} + b^{1/n})^n = a + \binom{n}{1}a^{n - 1/n}b^{1/n} + \ldots + b$. Gleichheitszeichen nur für $ab = 0$. – (**6**) Setze $g(x, \pm) := x^2 \pm x - 6 = (x \mp 2)(x \pm 3)$. Dann $g(x, +) < 0 \wedge g(x, -) < 0 \to -3 < x < 2 \wedge -2 < x < 3 \to |x| < 2$. Analog für $(x - 1)(x + 3) \leqq 0$ und $x > 0$. – (**7**) $\max\{a_1, \ldots, a_k\} \leqq \min\{b_1, \ldots, b_k\}$.

**5.6.2.** (**1**) Eigentliche Konvergenz für $k \geqq 3$ (es muß heißen $\sum_{\nu=1}^n \nu^2 = 6^{-1}n(n + 1)(2n + 1)$) bzw. für $k \leqq -4$; für $k = 3$ bzw. $k = -4$ ist der Limes 1/3 bzw. 1/4, für $k > 3$ bzw. $k < -4$ Null. – Keine Konvergenz außer für einzelne Werte von $x$.

(**2**) $\bigvee_M |q_1 \cdot \ldots \cdot q_n| \leqq |q_1 \cdot \ldots \cdot q_M| \cdot q^{n-M} \rightsquigarrow 0$, wenn $q^n \rightsquigarrow 0$, also, wenn $nq^n \rightsquigarrow 0$. Aber $q^{-1} = 1 + a$, $a > 0$, also $2(1 + a)^n > n(n - 1)a^2$ (5.6.1., (1)), woraus $nq^n < 2/a^2(n - 1)$. – Betr. $a^n/n!$. Setze $q_n := a/n$.*)

(**3**) Wegen $(n^r)^{1/n} = (n^{1/n})^r$ genügt die Betrachtung von $n = (1 + a_n)^n$, wobei $a_n > 0$ für $n > 1$. Daher (5.6.1., (1)) $a_n^2 < 2/(n - 1)$, also $a_n \rightsquigarrow 0$.

(**4**) Für $c = 1 + a > 1$ wie (3). Für $0 < c < 1$ Übergang zu $c^{-1}$. Analog für $c_n \rightsquigarrow 1$.

(**5**) $p(n) = a_k n^k(1 + n^{-1}[a_{k-1}' + a_{k-2}' n^{-1} + \ldots + a_0' n^{-(k-1)}])$, wobei ${}^s\bigwedge_n |[\ldots]| < |a_{k-1}| + 1$. Dann (3), (4).

(**6**) $\binom{k}{n} k^{-n} = \frac{1}{n!}\left(\frac{k - n + 1}{k}\right) \ldots \left(\frac{k - 1}{k}\right)\left(\frac{k}{k}\right)$ und rechts stehen $n$ Faktoren, deren jeder für $k \rightsquigarrow +\infty$ gegen 1 geht. Für $n \rightsquigarrow +\infty$, $k > 0$ fest, ist der Limes Null (vgl. (2)).

(**7**) Für $k < n$ gilt $x_n := (n!)^{1/n} \geqq (k!)^{1/n}(k + 1)^{(n-k)/n} = (k!(k + 1)^{-k})^{1/n}(k + 1)$, wobei die rechte Seite der Ungleichung bei festem $k$ mit $n \rightsquigarrow +\infty$ gegen k + 1 konvergiert (gemäß (4)). Somit $\bigwedge_k {}^s\bigwedge_n x_n \geqq k + 1$.

(**8**) $a_n := (-1)^{n+1}n^{-1}$, $b_n := (-1)^{n+1}(2n(n + 1))^{-1} = 2^{-1}(a_n + a_{n+1})$, $c_n := (-1)^{n+1}(2n(n + 1)(n + 2))^{-1} = 2^{-1}(b_n + b_{n+1})$.

(**9**) Bildungsgesetz: $(4m - 3)^{-1} + (4m - 1)^{-1} - (2m)^{-1} = (8m - 3)((2m(4m - 3)(4m -$

---

*) Im Bd. I. muß es heißen: „(2) (Zu 5.3.5.)“ (statt (2) (Zu 5.3.1. Bsp. (1)), ferner „$q$“ (statt $p$).

$1))^{-1} = a_m < 4(4m-3)^{-2}$. Ferner $\sum_{m=1}^{n} a_m - 2^{-1}(\sum_{k=1}^{2n}(-1)^{k+1}k^{-1}) = \sum_{k=1}^{4n}(-1)^{k+1} k^{-1}$.

(**10**) Als $k$-stellig werde jedes $n \in N^+$ bezeichnet, dessen dekadische Entwicklung lautet: $z_k 10^{k-1} + \ldots + z_1 10^0$, $0 \leqq z_\kappa \leqq 9$; $\kappa = 1, \ldots, k$; $z_k > 0$; $k \geqq 1$. Da unter den Ziffern $0, \ldots, 9$ genau 8 bzw. 9 von 0 und 9 bzw. von 9 verschieden sind, hat man genau $8 \cdot 9^{k-1}$ $k$-stellige $n$ ohne ein $z_\kappa = 9$. Für die Summe $S_k$ der Reziproken dieser $n$ gilt $S_k < 10^{-(k-1)} 8 \cdot 9^{k-1}$, sodaß $\sum_k S_k$ konvergiert.

(**11**) *und* (**12**). Es sind (11) und (12), 1. Teil, Spezialfälle von (12), 2. Teil. Setze $B_n^{-1} := \sum_{\nu=1}^{n} b_\nu$ und $a_n := a + \alpha_n$ mit $\alpha_n \rightsquigarrow 0$ für $n \rightsquigarrow +\infty$. Dann $(\sum_{\nu=1}^{n} a_\nu b_\nu) B_n = a + C_n$ mit $C_n = (\sum_{\nu=1}^{n} \alpha_\nu b_\nu) B_n$, sowie (wegen $\bigwedge_n |\alpha_n| \leqq A < +\infty$ und $|\alpha_n| < \varepsilon$ für $n > n'$) $|C_n| \leqq (A(\sum_{\nu=1}^{n} b_\nu)) B_n + \varepsilon < 2\varepsilon$ für alle $n > n'' > n'$.

(**13**) $\alpha_k = k^r((a_0 - b_0) + (a_1 - b_1)k + \ldots + (a_m - b_m)k^m) : (\sqrt{a_0 + \ldots + a_m k^m} + \sqrt{b_0 + \ldots + b_m k^m}) = (a_m - b_m + (a_{m-1} - b_{m-1})k^{-1} + \ldots + (a_0 - b_0)k^{-m}) k^{m+r} : ((\sqrt{a_m + \ldots} + \sqrt{b_m + \ldots}) \cdot k^{m/2})$; es kommt also darauf an, welches das größte $u$ mit $a_u - b_u \neq 0$ ist und dann auf $r - u + 2^{-1} m$.

(**14a**) Vor. $\bigwedge_n a_n \geqq 0$, $b_n := a_n(1 + a_n)^{-1}$. Es ist $\bigwedge_n b_n \leqq a_n$, also: $\sum a_n$ konvergent $\rightarrow \sum b_n$ konvergent. Wenn $\sum b_n$ konvergent, so ${}^s\bigwedge_n b_n < 2^{-1}$, also $2a_n < 1 + a_n$, d.h. $a_n < 1$, mithin $a_n = b_n(1 + a_n) < 2b_n$, also $\sum a_n$ konvergent. – Betr. $c_n := a_n(1 + a_n^2)^{-1}$. Wenn $\sum a_n$ konvergent, dann wegen $c_n \leqq a_n$ auch $\sum c_n$ konvergent. Wenn $\sum a_n$ divergent, kann $\sum c_n$ konvergieren. Beispiel: $a_n = n^2 \rightarrow c_n = n^2(1 + n^4)^{-1} < n^2$.

(**14b**) Die Reihen $\sum a_n = 1 + 2^{-1} + \ldots + n_1^{-1} + 2^{-(n_1+1)} + 2^{-(n_1+2)} + \ldots + 2^{-n_2} + (2^n 2 + 1)^{-1} + \ldots + (2^n 2 + n_3 - n_2)^{-1} + 2^{-(n+1)} + \ldots$ und $\sum b_n = 2^{-1} + 2^{-2} + \ldots + 2^{-n} 1 + (2^n 1 + 1)^{-1} + \ldots + (2^n 1 + n_2 - n_1)^{-1} + 2^{-(n_2+1)} + \ldots$, genügen der Forderung, wenn die $n_1 < n_2 < n_3 \ldots$ so groß gewählt werden, daß $a_n$ und $\sum b_n$ divergieren.

(**14c**) Aus $0 \leqq a_n < +\infty$ folgt ${}^s\bigwedge_n 0 \leqq na_n < \alpha + 1 \rightarrow c_n > a_n(2 + \alpha)^{-1} \rightarrow \sum a_n$ divergent. Aus $0 < \beta < +\infty$ folgt ${}^s\bigwedge_n b = 2^{-1}\beta < na_n \rightarrow (na_n)^{-1} < b' = b^{-1} \rightarrow c_n = n^{-1}(1 + (na_n)^{-1})^{-1} > n^{-1}(1 + b')^{-1} \rightarrow \sum c_n$ divergent. – Aus $\alpha = \beta = +\infty$ folgt ${}^s\bigwedge_n 0 < M < na_n \rightarrow c_n > n^{-1}(1 + M^{-1}) \rightarrow \sum c_n$ divergent. Aus $0 = \beta < \alpha = +\infty$ folgt ${}^u\bigwedge_n na_n < \varepsilon \vee na_n > M$. Wenn genügend viele $n$ mit $a_n > Mn^{-1}$ vorhanden $\rightarrow \sum c_n$ divergent. Konvergenz von $\sum c_n$ z.B. für $a_n = 1$ für $n = 2^m$, sonst $a_n = 0$.

(**15**) Wegen $a_1 = 0$ gilt $0 < a_2 < q + \sqrt{b}$. Und aus $a_n < q + \sqrt{b} \rightarrow a_{n+1} < \sqrt{q^2 + 2q\sqrt{b} + b - q\sqrt{b}} < q + \sqrt{b}$. Somit $\bigwedge_{n \geqq 2} 0 < a_n < q + \sqrt{b}$. Ferner $a_{n+1} - a_n = \sqrt{qa_n + b} - \sqrt{qa_{n-1} + b} = q(a_n - a_{n-1}) : (\sqrt{qa_n + b} + \sqrt{qa_{n-1} + b})$ sowie $a_2 - a_1 > 0$. Somit $(a_n)_n$ isoton und beschränkt, also $a := \lim_n a_n > 0$ und $a = \sqrt{qa + b}$, woraus $a_n = 2^{-1}q + \sqrt{b + 2^{-2}q^2} > 0$.

(**16**) (a)*) Es bezeichne $K$ bzw. $uK$ bzw. $D$ Konvergenz bzw. uneigentliche Konvergenz bzw. Divergenz. Folgende Fälle sind zu unterscheiden: (1) $b = 0 \wedge d \neq 0$: (1.1) $d > 0 \rightarrow$

*) Im Bd. I. muß es heißen $((\ldots)(\ldots))^n$ (nicht: $((\ldots)(\ldots))n$)

$uK$, (1.2) $d<0\to D$; (2) $b\neq 0$: (2.1) $r<0$: (2.1.1) $d>0\to uK$, (2.1.2) $d=0$: (2.1.2.1) $b>0\to uK$, (2.1.2.2) $b<0\to D$, (2.1.3) $d<0\to D$; (2.2) $r=0\wedge b+d\neq 0$: (2.2.1) $b+d>0\to uK$, (2.2.2) $b+d<0\to D$; (2.3) $0<r<1$: (2.3.1) $b>0\to uK$, (2.3.2) $b<0\to D$; (2.4) $r=1$, hier ist $a_n=(1+an^{-1})^n:(b+dn^{-1})^n$ und $(1+an^{-1})^n\rightsquigarrow \exp a$ (8.8.5.3), (2.4.1) $|b|>1\to K$; (2.4.2) $-1\leqq b<0\to D$; (2.4.3) $0<b<1\to uK$; (2.4.4) $b=1\to a_n\rightsquigarrow \exp(a-d)$; (2.5) $r>1\to a_n\rightsquigarrow 0$. – (b) $a>0\to uK$, $a=0\to D$; $a<0\to K$. – (c) $2^{-1}<a\to uK$, $a\leqq 2^{-1}\to K$.

(**17**) Setze $q_{n+1}:=a_{n+1}:a_n$ und $w_n:=(a_n)^{1/n}$ sowie $q:=\liminf_n q_n$, $w:=\liminf w_n$. Zu zeigen: $q\leqq w$. Aber $a_{k+m}=q_{k+1}\cdots q_{k+m}a_k$ und $\bigwedge_{0<\varepsilon<q}{}^s\bigwedge_n q-\varepsilon<q_n$, sodaß $\bigwedge_{0<\varepsilon<q}{}^s\bigwedge_n(q-\varepsilon)(a_k(q-\varepsilon)^{-k})^{1/m+k}\leqq w_{m+k}$, woraus gemäß Aufg. (4) für $m\rightsquigarrow+\infty$ folgt $q-\varepsilon\leqq w$, also $q\leqq w$, da $\varepsilon$ beliebig klein sein kann. – Betr. $a_n:=2^n(1+(-1)^n)+1$. Es ist $q_{2k}=(2^{2k+1}+1)\rightsquigarrow+\infty$ und $q_{2k+1}=1:(2^{2k+1}+1)\rightsquigarrow 0$, also $q=0$ und $\limsup q_n=+\infty$. Ferner $a_{2k}{}^{1/2k}=2(2^{1/2k})(1+2^{-(2k+1)})^{1/2k}\rightsquigarrow 2$ (Aufg. (4)), also $2=\limsup w_n$, während $w=\liminf w_n=1$.

**5.6.3.** (**2**) Wegen $0\leqq z_ng^{-n}\leqq(g-1)g^{-n}$ ist eine geometrische Reihe Majorante.

(**3**) Es bezeichne $[x]$ die größte, in der reellen Zahl $x$ enthaltene ganze Zahl ($[x]\in\mathbb{Z}\wedge[x]\leqq x<[x]+1$). Der sogenannte „$g$-adische Algorithmus" besteht darin, zur vorgegebenen reellen Zahl $r$ die endlichen $g$-adischen Brüche

$$(*)\qquad \varrho_n:=g^{-n}[rg^n],\qquad n=0,1,2,\ldots$$

zu bilden; sie sind gerade die Näherungsbrüche einer $g$-adischen Entwicklung von $r$, d.h. $\bigwedge_n g^{-n}[\varrho_{n+1}g^n]=\varrho_n$ und $(\varrho_n)_n$ strebt isoton gegen $r$. *Bew.* Aus (*) folgt (**) $\varrho_ng^n\leqq rg^n<\varrho_ng^n+1$, also $\varrho_n\leqq r<\varrho_n+g$, also $\varrho_n\rightsquigarrow r$ für $n\rightsquigarrow\infty$. Da auch $\varrho_{n-1}g^n\leqq rg^n$ und außerdem ganz ist, so folgt $\varrho_{n-1}g^n\leqq\varrho_ng^n$, d.h. $(\varrho_n)_n$ ist isoton. Schließlich haben wir noch $\varrho_ng^n\leqq\varrho_{n+1}g^n<\varrho_ng^n+1$ zu zeigen, aber die erste Hälfte folgt aus der Isotonie; die zweite folgt aus $\varrho_{n+1}g^n\leqq rg^n<\varrho_ng^n+1$. Es ist offensichtlich

$$r=\varrho_0+\textstyle\sum_{n\geqq 1}z_ng^{-n}\quad\text{mit}\quad z_n:=g^n(\varrho_n-\varrho_{n-1})\,;$$

dabei ist ${}^s\bigwedge_n z_n=0$ genau dann, wenn $r$ ein $g$-adischer Bruch ist, d.h. die gefundene Darstellung von $r$ ist stets normiert.

*Zur Eindeutigkeit:* Eine $g$-adische Darstellung $(r_n)_n$ von $r$ ist genau dann nicht normiert, wenn $\bigvee_m rg^m=r_mg^m+1$. Wenn nämlich eine nicht normierte Darstellung vorliegt, so ist $m$ die letzte Stelle mit $z_m<g-1$ (oder $m=0$ mit $c=r-1$); wenn umgekehrt $rg^m=r_mg^m+1$, so ist $r-r_m=g^{-m}=(g-1)\sum_{\nu>m}g^{-\nu}$, und damit $\bigwedge_{\nu>m}z_\nu=g-1$. Für eine normierte Darstellung gilt also (**), d.h. (*).

(**4**) Ist $r=c+\sum_{n\geqq 1}z_ng^{-n}$ periodisch, etwa mit der Periode $z_q,\ldots,z_{q+p-1}$, so setze man $P:=z_qg^{-q}+\ldots+z_{q+p-1}g^{-q-p+1}$. Dann ist $r=(c+\sum_{n=1}^{q-1}z_ng^{-n})+P(\sum_{k=0}^{\infty}g^{-pk})$; wegen $\sum_{k=0}^{\infty}g^{-pk}=g^p:(g^p-1)\in\mathbb{Q}$ ist $r\in\mathbb{Q}$. Ist umgekehrt $r\in\mathbb{Q}$, etwa $r=a/b$, wobei

$b$ keine Potenz von $g$ – der andere Fall ist trivial –, so sei $rg^n = \zeta_n + a_n/b$ mit $\zeta_n := [rg^n]$ und $1 \leqq a_n \leqq b-1$. Weiter sei $\sigma$ die erste Zahl, so daß $a_\sigma = a_\alpha$ mit einem $\alpha < \sigma$, $\sigma - \alpha =: p$, $a_{\alpha+\mu} b^{-1} g = t_\mu + a_{\alpha+\mu+1} b^{-1}$ mit $t_\mu := [a_{\alpha+\mu} b^{-1} g]$. Dann ergibt sich $rg^{\alpha+mp} = \zeta_\alpha g^{mp} + (t_1 g^{p-1} + t_2 g^{p-2} + \ldots + t_p) \sum_{\nu=0}^{m-1} g^{\nu p}$. Somit ist $t_1, \ldots, t_p$ Periode der $g$-adischen Entwicklung von $r$.

**5.6.4.** (**1**) Der Existenz- und Eindeutigkeitsbeweis verläuft genau entsprechend dem Gedankengang in 3.2., wenn man für Paare $(x, y)$ definiert: $(x, y) \oplus (x', y') := (x + x', y + y')$; $(x, y) \odot (x', y') := (xx' - yy', xy' + x'y)$.
(**2**) $|z' \cdot z''| = |z'| \cdot |z''|$ folgt aus $(x'x'' - y'y'')^2 + (x'y'' + x''y')^2 = (x'^2 + y'^2) \cdot (x''^2 + y''^2)$; und $|z' + z''| \leqq |z'| + |z''|$ folgt durch Zurückführung dieser Beh., nämlich $((x' + x'')^2 + (y' + y'')^2)^{1/2} \leqq (x'^2 + y'^2)^{1/2} + (x''^2 + y''^2)^{1/2}$, durch Quadrieren auf 5.6.1., (2).
(**3**) Eine Abbildung $f: \mathbb{R}(i) \longrightarrow \mathbb{R}(i)$ heißt stetig im Punkt $z_0$, wenn $\bigwedge_{\varepsilon>0} \bigvee_{\delta>0} |z - z_0| < \delta \rightarrow |f(z) - f(z)|\varepsilon$. – Jeder stetige Automorphismus von $\mathbb{R}(i)$ läßt $\mathbb{R}$ elementweise fest; denn definitionsgemäß ist $f(0) = 0, f(1) = 1$, also $f(n) = n, f(p \cdot (qp^{-1})) = f(p) \cdot f(qp^{-1}) = f(q) = q \in \mathbb{Z}, p \in \mathbb{Z}$, also $f(q/p) = q/p$. Demgemäß ist auch $<$ konsistent bezüglich $f|\mathbb{Q}$, woraus wegen der Stetigkeit von $f$ folgt $f(r) = r$ für $r \in \mathbb{R}$. Ferner ist $f(i^2) = f(-1) = -1 = (f(i))^2$, also $f(i) = \pm i$. Für $f(i) = i$ ist $f = j$ (trivialer Automorphismus). Für $f(i) = -i$ wird $f(z) = \bar{z}$, was ebenfalls einen Automorphismus liefert; denn $\overline{z' + z''} = \bar{z}' + \bar{z}''$ und $\overline{z' \cdot z''} = \bar{z}' \cdot \bar{z}''$.
(**4**) Bei gegebenen $x, y \in \mathbb{R}$ mit $|x| + |y| > 0$ ist neben $|z| > 0$ auch $\varphi$ aus den Gleichungen $\cos\varphi = x|z|^{-1}$ und $\sin\varphi = y|z|^{-1}$ bestimmt und zwar (weil $2\pi$ kleinste Periode von cos und von sin) eindeutig bis auf additive Vielfache $2k\pi$ von $2\pi$ ($k \in \mathbb{Z}$ beliebig) (Betr. Definition und Additionstheoreme von cos und sin vgl. 8.4.4., sowie 7.4.1.). Die Moivresche Formel ist Spezialfall (für $\varphi_\kappa = \varphi$, $\kappa = 1, \ldots, k$) der Verallgemeinerung von (2) nämlich von $z_1 \ldots z_k = |z_1 \ldots z_k|(\cos(\sum_{\kappa=1}^k \varphi_\kappa) + i\sin(\sum_{\kappa=1}^k \varphi_\kappa))$. Letzteres ergibt sich durch Induktion, indem man rechts mit $|z_{k+1}|(\cos\varphi_{k+1} + i\sin\varphi_{k+1})$ und links mit $z_{k+1}$ multipliziert und die Additionstheoreme anwendet.
(**5**) $z = (\cos 2\pi\varphi + i\sin 2\pi\varphi)\exp(\alpha)$.
(**6**) Es sei $z := \cos t + i\sin t$, also $\bar{z} = \cos t - i\sin t = z^{-1}$, mithin z.B. $z^{m-\mu} z^{-\mu} = z^{m-2\mu}$. Wegen $2\cos t = z + \bar{z}$, $2i\sin t = z - \bar{z}$ folgt (binomischer Satz) $2^m \cos^m t = \sum_{\mu=0} \binom{m}{\mu}(\cos (m - 2\mu)t + i\sin(m - 2\mu)t)$; da links keine Glieder mit $i$ auftreten, folgt die erste in (6) behauptete Gleichung. Weiter ist $(2i)^m \sin^m t = \sum_{\mu=0}^m (-1)^\mu \binom{m}{\mu} (\cos(m - 2\mu)t + i\sin(m - 2\mu)t)$. Wegen $i^m = \pm 1$ für $m = 4n$ bzw. $m = 4n + 2$ und $i^m = \pm i$ für $m = 4n \pm 1$ folgen die beiden übrigen Gleichungen.
(**7**) Gemäß (6) läßt sich jedes Potenzprodukt $p = (\Pi_\mu (\sin a_\mu j)^{r_\mu}). (\Pi_\nu (\cos b_\nu j)^{s_\nu})$ darstellen als lineare Verbindung von Produkten $p$ mit $\bigwedge_{\mu,\nu} r_\mu = s_\nu = 1$. Dementsprechend genügt es, Produkte mit je 2 Faktoren, also $\sin aj \cos bj$ oder $\sin aj \sin bj$ usw., als lineare Verbindungen von sin und cos darzustellen; solche Darstellungen erhält man aus den

Gleichungen $\sin(a \pm b)j = \sin aj \cos bj \pm \sin bj \cos aj$ bzw. $\cos(a \pm b)j = \cos aj \cos bj \mp \sin aj \sin bj$ durch Auflösung nach den rechts stehenden Produkten.

**5.6.4.1.** Die Konstruktion des Quotientenkörpers von $J$ ist genau diejenige, welche von $\mathbb{Z}$ zu $\mathbb{Q}$ führt.

**5.6.5.** Betr. Einzigkeit des Limes bei ($V_4$). Es sei $a' := \lim a_n$ und $a'' := \lim a_n$ mit $a' \neq a''$. Wegen ($V_4$) gibt es $\mathfrak{J}' \ni a'$ und $\mathfrak{J}'' \ni a''$ mit $\mathfrak{J}' \cap \mathfrak{J}'' = \emptyset$; andererseits ist für schl.a. $n$ sowohl $a_n \in \mathfrak{J}'$ als $a_n \in \mathfrak{J}''$. Widerspruch. – Betr. Anmerkung. Ist $M$ ohne kleinstes und größtes Element, so ist jeder offene Halbraum Vereinigung von offenen Intervallen.

**5.6.6.** *Aufgabe.* Wegen $1 \in S$ ist $\bigwedge_{z \in \mathbb{Z}} z \cdot 1 \in S$; ferner ist $(z \longmapsto z \cdot 1)$ bijektiv sowie $(=, +, .)$-isomorph. Bei gegebenem $p \in \mathbb{Z}$ und $q \in \mathbb{N}^+$ gibt es $x \in K$ mit $(q \cdot 1)x = p \cdot 1$. Setzt man $x := (pq^{-1}) \cdot 1$, so ergeben sich $\mathbb{Q}$ und $\{(pq^{-1}) \cdot 1 : p \in \mathbb{Z} \wedge q \in \mathbb{N}^+\}$ als $(=, +, .)$-isomorph. – In $S$ (und $K$) gilt $\bigwedge_{a \in S} a - 1 < a < a + 1$, es besitzt also $S$ (und $K$) weder ein Maximum noch ein Minimum. – Im Folgenden schreiben wir statt z. B. $r \cdot 1$ kürzer $r$. *Betr. Satz* (A) $\longrightarrow$ (B). O.B.d.A. sei $a > 0$. Weil $K$ archimedisch ist, gilt $\bigwedge_{c>0} \bigvee_{n \in \mathbb{N}^+} 0 < a < nc$, also $0 < n^{-1}a < c$. Außerdem ist $(2^{-n})_n$ Teilfolge von $(n^{-1})_n$. – (B) $\longrightarrow$ (C). O.B.d.A. sei $a > 0$ und $c > 0$. Gemäß (B) gilt: Es gibt $k \in \mathbb{N}^+$ mit $2k^{-1} < c$ und es existiert $M := \min\{n : n \in \mathbb{N}^+ \wedge akc^{-1} < n\}$. Setzt man $r' := (M-2)k^{-1}$, $r'' := Mk^{-1}$, so gilt $r'c < a < r''c$ und $0 < r'' - r' = 2k^{-1} < c$. – (C) $\longrightarrow$ (D). Wegen (C) ist jedes $a \in K$ mit (o.B.d.A.) $a > 0$ Limes einer C-Folge $(r'_n)_n$ oder $(r''_n)_n$, die man etwa für $c = 2^{-1}, 3^{-1}, \ldots$ erhält (Damit ist zugleich der Zusatz bewiesen). Gemäß 5.0. bzw. 4.5.4., d. h. der Definition von $\mathbb{R}$ folgt (D). – (D) $\longrightarrow$ (A). Gemäß 4.5.5.

**5.6.7.** **(1)** $\longrightarrow$ **(2)**. Gemäß der Def. von $\mathbb{R}$. – **(2)** $\longrightarrow$ **(3)**. Vgl. 5.1.1. – **(3)** $\longrightarrow$ **(4)**. Wenn (3) gültig für $M$ dann (4) gültig für $-M := \{x := x \in M\}$ und umgekehrt. – **(4)** $\longrightarrow$ **(5)**. Ist $(a_n)_n$ beschränkt nach unten und antiton, so $(-a_n)_n$ beschränkt nach oben und isoton; und umgekehrt. Es sei also o.B.d.A. $(a_n)_n$ streng isoton und $\bigvee_b \bigwedge_n a_n \leq b$. Gemäß (4) bzw. (3) existiert $a = \sup a_n \in K$ mit $\bigwedge_{c>0} {}^s\bigwedge_n a - c < a_n < a$; denn wegen der strengen Isotonie ist $\bigwedge_n a_n < a$ und $\bigvee_m a - c < a_m$, weil sonst $a \neq \sup a_n$. – **(5)** $\longrightarrow$ **(6)**. Wie in 5.5.6. mit Hilfe analytischer Induktion, da hier wegen (5) auch die Vor. (Ind. 3) in 5.5.6. erfüllt ist. – **(6)** $\longrightarrow$ **(7)**. Vermöge Dualisierung aus (6): Es ist $0_i := \mathbf{C}_J A_i$ offen. Wegen $\bigwedge_{n \in \mathbb{N}^+} \bigwedge_{i_1, \ldots, i_n} A_{i_1} \cap \ldots \cap A_{i_n} \neq \emptyset$ ist $0_{i_1} \cup \ldots \cup 0_{i_n} \neq J$. Daher (weil $J = [a; b]$) $\bigcup_{i \in I} 0_i \neq J$ (weil andernfalls $\bigvee_{n, i_1, \ldots, i_n} 0_{i_1} \cup \ldots \cup 0_{i_n} = J$). Somit $\bigcap_{i \in I} A_i \neq \emptyset$. **(7)** $\longrightarrow$ **(8)**. Wird $A_n := [a_n; b_n]$ gesetzt, so folgt $D := \bigcap_n A_n \neq \emptyset$ (wegen (7)); und weil $\lim_n (b_n - a_n) = 0$, so kann $D$ nicht mehrpunktig sein (vgl. Eindeutigkeit des Limes, Lös. zu 5.6.5.). – Es sei $K^+ := \{p : p \in K \cap p > 0\}$. Wäre $K$ nicht archimedisch, so wäre für jedes $p \in K^+$ die Menge $A_p := \{x : x \in K^+ \wedge \bigwedge_{n \in \mathbb{N}^+} x < p/n\}$ nicht leer (man hätte nämlich $\bigvee_{a, b \in K^+} \bigwedge_{n \in \mathbb{N}^+} nb < a$; und, weil $K$ Körper, gilt $\bigwedge_{a, p \in K^+} \bigvee_{c \in K} p = ac$, sodaß $\bigwedge_{p \in K^+} \bigvee_{x = bc^{-1}} \bigwedge_n nx < p$). Für je endlich viele $A_{p_i}$, $i = 1, \ldots, m$, ist aber $A_{p_1} \cap \ldots \cap A_{p_m} \subset A_q \neq \emptyset$ mit $q := \min\{p_1, \ldots, p_m\}$.

Nach (7) gibt es daher ein $p^*$ in $\bigcap_{p\in K^+} A_p$, für welches also $0 < p^* < p/n$ für alle $p \in K^+$ und alle $n \in \mathbb{N}^+$, was z.B. für $p = p^+$ und $n = 2$ einen Widerspruch darstellt. – **(8)** $\rightarrow$ **(9)**. Indirekt. Es sei $K = A \cup B$, $A \cap B = \emptyset$, $A = \bar{A} \neq \emptyset$, $B = \bar{B} \neq \emptyset$. Ist $a_1 \in A$, $b_1 \in B$ und etwa $a_1 < b_1$, so gilt für $c := 2^{-1}(a_1 + b_1)$ entweder $c \in A$ und dann $a_2 := c$, $b_2 := b_1$ oder $c \in B$ und dann $a_2 := a_1$, $b_2 := c$. Fortsetzung führt zu einer Intervallschachtelung, deren Durchschnitt gemäß (8) einen Punkt $x$ enthält, der Häufungspunkt sowohl von $A$ als von $B$ ist, also mit $x \in \bar{A} \cap \bar{B} = A \cap B$, im Widerspruch zu $A \cap B = \emptyset$. – **(9)** $\rightarrow$ **(10)**. Nach Vor. ist $A \cap B = \emptyset$. Hätte $A$ ein größtes Element $a$ und $B$ ein kleinstes $b$, so wäre $2^{-1}(a + b)$ weder in $A$ noch in $B$. Hätte $A$ kein größtes und $B$ kein kleinstes Element, so wären $A$ und $B$ offen, also $K$ nicht zusammenhängend. Es bleibt noch etwa der Fall, daß $a$ größtes Element von $A$ und $B$ ohne kleinstes Element ist. Dann ist $a = \sup A$ und $a$ als größte untere Schranke von $B$ auch gleich $\inf B$. – **(10)** $\rightarrow$ **(11)**. Da $M$ beschränkt ist, gilt $B \neq \emptyset$ für $B := \{y : y \in K \wedge |\{z : z \in M \wedge y < z\}| \text{ endlich}\}$. Für $A := K \backslash B$ gilt $\bigwedge_{y,u\in K}$ $(y \in B \wedge y \leqq u) \rightarrow u \in B$, also $\bigwedge_{x\in A,\, y\in B} x < y$. Gemäß (10) existiert daher $c = \sup A = \inf B \in K$, sodaß $c$ Häufungspunkt von $M$ (gemäß der Definition von $B$) und zwar größter Häufungspunkt. – **(11)** $\rightarrow$ **(12)**. Es ist $K$ archimedisch. Andernfalls nämlich gilt $\bigvee_{a,b\in K^+}$ $\bigwedge_{n\in\mathbb{N}^+} b_n := nb < a$, wobei wieder $K^+ := \{x : x \in K \wedge x > 0\}$. Demgemäß ist $b_n < b_{n+1} < a$, also $\{b_n : n \in \mathbb{N}^+\}$ beschränkt, nicht endlich und ohne Häufungspunkt; letzteres weil $\bigwedge_{k\neq n} |b_k - b_n| \geqq b > 0$. Somit ist $K$ archimedisch. Ist nun $K$ nicht maximal, so existiert ein echter archimedischer Oberkörper $K'$ von $K$, also ein $x \in K' \backslash K$, wobei (wegen $0 \in K$) $x \neq 0$ und o.B.d.A. $x > 0$. Nun existieren $r', r'' \in K$ mit $r' < x < r''$; z.B. $r' = 0$, $r'' = k \cdot 1$ für hinreichend großes $k \in \mathbb{N}^+$ (weil $K'$ archimedisch und $1 \in K'$). Durch fortgesetzte Halbierung (vgl. (8) $\rightarrow$ (9)) erhält man in $K$ eine isotone bzw. antitone Folge $(r'_n)_n$ bzw. $(r''_n)_n$ mit $\bigwedge_n r'_n < r'_{n+1} < x < r''_{n+1} < r''_n$, wobei etwa $r'_0 := r'$ und $r''_0 := r''$ sowie $r''_n - r'_n < 2^{-n} k \cdot 1$. Da $M := \{r'_1, r''_1, r'_2, r''_2, \ldots\}$ unendlich ist, besitzt $M$ (gemäß (11)) einen Häufungspunkt $x' \in K$. Es muß aber $x' = x$ sein, sodaß $x \in K$. Widerspruch mit der Vor. $K' \neq K$. – **(12)** $\rightarrow$ **(1)**. Da $K$ (gemäß (12)) archimedisch ist, existiert ein $(+, \cdot, \leqq)$-isomorphes Bild $R'$ von $\mathbb{R}$ mit $K \subset R'$ (5.6.6.) (D)). Da aber $R'$ archimedisch und $K$ maximal ist, folgt $K = R'$.

**5.6.7.1.** Setzt man in 5.5.6., Satz, für $Ax$ die Aussage $x \in M$, so erweist sich als gleichwertig: (Ind 1) (5.5.6.) mit (1) (5.6.7.1.), ferner (Ind 3) mit (2). Und (Ind 2) ist Folge von (3).

**5.6.7.2.** Anmerkung. $(A, B) + (A', B') := (\mathbb{R} \backslash B'', B'')$, wobei $B'' := \{b + b' : b \in B \wedge b' \in B'\}$ (Dabei sei $\sup A \notin A$, $\sup A' \notin A'$). Daraus folgt insbesondere $-(A, B) = (-B, -A)$. – Ferner $(A, B) \cdot (A', B') := \{\mathbb{R} \backslash B'', B''\}$, wobei $B'' := \{bb' : b \in B \wedge b' \in B'\}$ und $0 < \sup A$, $0 < \sup A'$. Falls $\sup A \leqq 0$ und $\sup A' > 0$, wird $-(A, B) \cdot (A', B') := (-B, -A) \cdot (A', B')$, wobei $-B := \{-b : b \in B\}$ usw.

**5.6.8.1.** – 1. Die Menge $\mathfrak{r}$ der rationalen offenen Intervalle ist bijektives Bild der (vgl. 3.3.3.) abzählbaren Menge der Paare $(a, b)$ mit $a, b \in \mathbb{Q}$, $a < b$. Ferner gibt es in jedem

Intervall $(a'; b')$, $a', b' \in \mathbb{Q}$ mit $a' < b'$, wobei $(a'; b') = \bigcup\{[a; b] : a, b \in \mathbb{Q} \wedge a' < a < b < b'\}$ für $a', b' \in \mathbb{R}$ und $a' < b' - 2$. Jedes $x \in M$ ist enthalten in einem offenen $G_i$ der Überdeckung $\{G_i : i \in T\}$, wozu ein $(a_i; b_i)$ existiert mit rationalen $a_i, b_i$ und $x \in (a_i; b_i) \subset G_i$. Es wird also $M$ überdeckt von abzählbar vielen $(a_i; b_i)$ und somit auch von den entsprechenden abzählbar vielen $G_i$.

**5.6.9.** **(1)** Es sei $\mathfrak{F} := \{J_i\}_{i \in I}$, wobei $J_i := [a_i; b_i]$, $a_i < b_i$, und $\bigwedge_{i, j \in I} J_i \cap J_j \neq \emptyset$. Daher $\bigwedge_{i, j} a_i \leqq b_j$, also $a := \sup\{a_i : i \in I\} \leqq b := \inf\{b_i : i \in I\}$ und $a, b \in \bigcap_{i \in I} J_i$.
**(2)** $x \in \bar{M} \rightarrow d(x, M) = 0 \rightarrow x \in D := \bigcap_{r > 0} U(M, r)$, also $\bar{M} \subset D$. Umgekehrt $x \in D \rightarrow (\bigwedge_{r > 0} d(x, M) < r) \rightarrow x \in \bar{M}$ also $D \subset \bar{M}$.
**(3)** Für beliebige $r \in \mathbb{R}^+$ sei $U_r := \{x : x \in \mathbb{R} \wedge \bigvee_{i \in I} [x - r; x + r] \subset W_i\}$. Es ist $A \subset \bigcup_r U_r$ und $U_r$ offen. Wegen der Kompaktheit von $A$ und $A \subset \bigcup_r U_r$ gilt $A \subset U_{r_1} \cup \ldots \cup U_{r_k}$ (HBL-Satz). Wegen $U_r \subset U_t$ für $r > t$ ist daher $A \subset U_s$ mit $s := \min\{r_1, \ldots, r_k\}$.
**(4)** Folgt aus $|x_n + y_n| \leqq |x_n| + |y_n|$ bzw. aus $\sum (x_n + y_n)^2 \leqq ((\sum |x_n|^2)^{1/2} + (\sum |y_n|^2)^{1/2})^2$.
**(5)** Es sei $M_n := \{i : |x_i| > n^{-1}\}$ und $m \in \mathbb{N}^+$ mit $mn^{-1} > s$. Es ist $|M_n| < m$, weil sonst $(\sum_{i \in M_n'} |x_i|) > s$ für ein $M_n'$ mit $|M_n'| = m$ und $M_n' \subset M_n$. Daher $\{i : |x_i| > 0\}$ abzählbar.
**(6)** Beweis indirekt: Angenommen, $V := P \cup Q$ ist nicht zusammenhängend. Dann gibt es fremde offenen Mengen $G$ und $H \subset \mathbb{R}$, so daß $G \cup H \supset V$, aber weder $G \cap V$ noch $H \cap V$ leer ist. Wegen des Zusammenhangs von $P$ bzw. $Q$ ist $G \cap P$ oder $H \cap P$ bzw. $G \cap Q$ oder $H \cap Q$ leer, also etwa $P \subset G$ und $G \subset H$. Wegen $\bar{G} \cap H = \emptyset$ (vgl. 5.5.5.1., 2., Satz 2., (2)) wäre dann auch $\bar{P} \cap Q = \emptyset$. Widerspruch.
**(7)** Beispiel: $(M := Q \wedge P := R \backslash Q) \rightarrow (kM = kP = \emptyset \wedge k(P \cup M) = kR \neq \emptyset$.
**(8)** Es gilt $CkM = h(CM)$, also $hT = C(k(CT))$ für alle $M, T$. – (II) $M_g = hM \cap \overline{CkM} = M \leftrightarrow hM = M \wedge kM = \emptyset$. – (III) $(A \cap B)_g = \overline{(A \cap B)} \cap \overline{C(A \cap B)} \subset \bar{A} \cap \bar{B} \cap (\overline{CA} \cup \overline{CB}) = (A_g \cap \bar{B}) \cup (\bar{A} \cap B_g)$. Analog ergibt sich die zweite Inklusion. – (IV) Da kein (offenes) Intervall abzählbar ist, gilt $M = \emptyset$ für abzählbares $M$. Aber es gibt abzählbare $M \subset F$ mit $\bar{M} = F$ (vgl. (12)). Wegen $\bar{M} = M_g$ für $M = \emptyset$ folgt $F = M_g$.
**(9)** Andernfalls $\bigwedge_{n \in \mathbb{N}^+} \bigvee_{x_n \in A, y_n \in B} \lim_n (x_n - y_n) = 0 \wedge \lim_n y_n = y$, wobei $y \in B$ (weil $B$ kompakt). Daher $y = \lim_n x_n$, also $y \in A = \bar{A}$, daher $A \cap B \neq \emptyset$.
**(10)** Wegen $B \cap CU = \emptyset$ und $CU = \overline{CU}$ gilt $\bigwedge_{y \in B} r(y) := \inf\{|x - y| : x \in CU\} > 0$. Für $W(y) := (y - 2^{-1} r(y);\ y + 2^{-1} r(y))$ ist daher $\emptyset = W(y) \cap CU \subset \bar{W}(y) \cap CU = \emptyset$. Da $B = \bar{B}$ kompakt, gibt es (HBL-Satz) $y_1, \ldots, y_n$ so, daß für $A := \bigcup_{\mu=1}^{m} W(y_\mu)$ gilt $B \subset A \subset \bar{A}$ mit $\bar{A} \cap CU = \emptyset$, also $\bar{A} \subset U$. Außerdem ist $\bar{A}$ kompakt (gemäß 5.5.5.2., Satz 1.), weil $\overline{W(y_\mu)}$ kompakt.
**(11)** Das System $\mathfrak{r}$ aller offenen rationalen Intervalle (in $\mathbb{R}$) hat die Eigenschaft, daß jedes $x \in \mathbb{R}$ in beliebig kleinen $V \in \mathfrak{r}$ enthalten ist. Daher ist in jedem $U$ des Umgebungsfilters von $x$ ein $V \in \mathfrak{r}$ mit $x \in V$ enthalten.
**(12)** Es sei $(J_n)_n$ die Folge aller rationalen, offenen Intervalle mit $M \cap J_n \neq \emptyset$. Zu jedem $n$ existiert (Auswahlpostulat) ein $z_n \in M \cap J_n$. Daher $\bigwedge_{x \in M} \bigwedge_{\varepsilon > 0} \bigvee_n x \in J_n \wedge |z_n - x| < \varepsilon$. Die Menge dieser $z_n$ ist abzählbar und ein $T$.

(**13**) Es muß $f(\mathfrak{f}_A)$ feiner sein als $\mathfrak{f}_B$. Denn es besagt (*R*), daß in jedem $V \in \mathfrak{r}_B$ ein $f(U)$ enthalten ist, daß also $V$ in $\mathfrak{f}(f(U))$ vorkommt. In 5.6.8.3. ist $\mathfrak{r}_A = \{E_Q : Q \in \mathbb{N}^+\}$ und $\mathfrak{r}_B = \{\{x : |x-a| < \varepsilon\} : \varepsilon > 0\}$.

**6.1.1.** Anmerkung 1.,(III). (A) Eindeutigkeit von $f$. Aus $y(1-y^6)^{-1} = \eta(1-\eta^6)^{-1} = x$ folgt $\operatorname{sgn} y = \operatorname{sgn}\eta = \operatorname{sgn} x$, wobei $-1 < y, \eta < 1$. Falls $y \neq \eta$, etwa $y < \eta$, folgt aus $y - y\eta^6 = \eta - \eta y^6$, daß $y - \eta = y\eta(\eta^5 - y^5)$ im Widerspruch mit $y\eta > 0$. – (B) Existenz vom $f$. Bei gegebenem $x$ mit $x \geqq 0$ setzen wir $y_1 := 6x(1+6x)^{-1} < 1$, also $x = y_1 6^{-1}(1-y_1)^{-1}$. Nun ist $g(y) := y(1-y^6)^{-1}$ stetig in $^+(0; 1)$. Zufolge des Mittelwertsatzes genügt es daher (vgl. 6.3.4.), daß $0 = g(0) < x < g(y_1)$, also $0 < y_1 6^{-1}(1-y_1)^{-1} < g(y_1) = y(1-y_1^6)^{-1}$ oder $(1-y_1^6)(1-y_1)^{-1} = 1 + y_1 + \ldots + y_1^5 < 6$, was wegen $y_1 < 1$ richtig ist. Ähnlich wird der Fall $x < 0$ behandelt.

**6.2.6.** Anmerkung. Es ist $f(x) > 0$ für $x \in (-\infty; -\sqrt{3}) \cup (0; \sqrt{3})$ und $f(x) < 0$ in $(-\sqrt{3}; 0) \cup (\sqrt{3}; +\infty)$. Wegen $f'(x) = 3(1-x^2)$ ist streng isoton in $(-1; +1)$, sonst streng antiton. $f(-1) = -2$ bzw. $f(1) = 2$ ist lokales Minimum bzw. Maximum und globales in $G$, sodaß $f(G) = [-2; +2]$ in $f(D) = [-18; +18]$ abgeschlossen ist.

**6.4.2.** Bew. betr. Beh. (1) und (2). Für $0 \leqq L \leqq +\infty$ und $0 < |x| < +\infty$ gilt $|x|L = \limsup |a_n x^n|^{1/n} =: L'$. Wenn nun $|x| < r$, dann $L' < 1$, also (gemäß 5.3.4.2.) $\sum |a_n x^n|$ konvergent; wenn aber $r < |x| < +\infty$, dann $L' > 1$, also $|a_n x^n| > 1$ für unendlich viele $n$, also $\sum a_n x^n$ divergent gemäß 5.3.1., (5). – Betr. Beh. (3). (Beispiele). Für (a) $a_n := 1$; (b) $a_n := (-1)^{n+1} n^{-1}$; (c) $a_n := n^{-t}$ ist $r = 1$ (gemäß 5.6.2., (4) bzw. (3)). Ferner herrscht für $\sum x^n$ Divergenz bei $x = \pm 1$ (5.3.1., Beisp. (1)), für $\sum (-1)^{n+1} n^{-1} x^n$ Divergenz bzw. Konvergenz bei $x = -1$ bzw. $x = +1$ (5.3.1., (3a) bzw. (2a)), für $\sum n^{-t} x^n$ Konvergenz (5.3.1., (3a)) für $x = \pm 1$ bei $t > 1$ (sogar absolute Konvergenz).

**6.4.3.** Es sei $L := \limsup |a_n|^{1/n}$ und $M := \limsup |na_n|^{1/n}$. Weil $1 = \lim n^{1/n} = \limsup n^{1/n} = \liminf n^{1/n}$ (5.6.2., (3)), folgt aus 5.1.4.2., Satz 2., daß $1 \cdot L \leqq M \leqq 1 \cdot L$, also $L = M$. Die Beh. ist daher richtig für $k = 0$. Durch Induktion folgt sie für beliebiges $k$.

**7.1.0.2.** Anmerkung 1. Bew., daß z.B. $f_g$ l.k. ist. Weil $f$ l.k., ist $|f_g(x) - f_\delta(x')| \leqq \varepsilon$ für $x' < x < x' + \delta$ für hinreichend kleines $\delta$ (bei geg., $\varepsilon > 0$). Folglich existiert $\lim_{x \sim x'+} f_h(x) = f_v(x')$, also $f_h(x'+) = f_v(x')$. Entsprechend ergibt sich $f_h(x'-) = f_h(x')$. Definitionsgemäß ist außerdem $(f_h)_v(x') = f_v(x'+)$.

**7.3.2.** Anmerkung 1. Genauere Formulierung: Die positive bzw. negative Variation $P$ bzw. $N$ von $f$ ist die kleinste unter den nicht negativen, isotonen Funktionen $p'$ bzw. $n'$ mit $p'(a) \geqq 0$ bzw. $n'(a) \geqq 0$, für welche $f = p' + f(a) - n'$, d.h. also: Es ist $P \leqq p'$ und $N \leqq n'$. – *Bew.* Es ist $F := p' - p'(a) + n' - n'(a) \geqq V$. Daraus zusammen mit $d := f - f(a) = p' - n'$ folgt $2(p' - p'(a)) = F + d$ und $2(n' - n'(a)) = F - d$, weil $p'(a) - n'(a) = 0$. Für

$P$ und $N$ hat man wegen $V = P + N$ analog $2P = V + d$, $2N = V - d$. Gemäß $V \leqq F$ folgt $p' \geqq p'(a) + P \geqq P$ sowie $n' \geqq n'(a) + N \geqq N$.

**7.5.1.1.** – Betr. Satz. *Dann*: Nach Annahme ist $(\sum a_n x^n) q(x) = p(x)$, wobei $p$ und $q$ teilerfremde Polynome sind. Koeffizientenvergleich liefert die Beh. – *Nur dann*: O.B.d.A. sei $b_0 = 1$. Gilt die Rekursionsformel für $n > k$, so setze man $a := \max\{|a_0|, \dots, |a_k|\}$ und $b := \max\{1, |b_1|, \dots, |b_m|\}$. Dann ergibt sich aus der Rekursionsformel die Abschätzung $|a_{k+t}| \leqq a \cdot (mb)^t$ für $t \in \mathbb{N}^+$, sodaß $\sum a_n x^n$ für $|x| < (mb)^{-1}$ konvergiert und das Produkt $(1 + b_1 x + \dots + b_m x^m)(\sum a_n x^n)$ als Potenzreihe darstellbar ist, in welcher (zufolge der Rekursionsformel) schließlich alle Koeffizienten Null sind. – Betr. Aufgabe: Entweder erhält man $\sum a_n x^n$ durch den Ansatz $(1 + x + \dots + x^k)(\sum a_n x^n) = 1$ und Koeffizientenvergleich oder aus der Beziehung $(1 + x + \dots + x^k)^{-1} = (1 - x)(1 - x^{k+1})^{-1}$ und Anwendung der geometrischen Reihe.

**7.5.1.2.** Bew. Wegen $g(0) = 0$ und der Stetigkeit von $g$ gibt es ein $r$ mit $0 < r < r(b)$ so, daß $\sum_{\nu \geqq 1} |b_\nu x^\nu| < r(a)$ für $|x| < r$. Dann ist aber die Doppelreihe $\sum_{\mu \geqq 0} (\sum_{\nu \geqq 1} b_\nu x^\nu)^\mu a_\mu$ absolut konvergent für $|x| < r$, sodaß nach Potenzen von $x$ umgeordnet werden kann.

**7.5.1.4.** – Betr. Beispiel 1.*) Die Beh. folgt aus Satz 1., sobald die Beschränktheit von $|\sum \cos nx|$ und $|\sum \sin nx|$ für $x \neq 2k\pi$ nachgewiesen ist. Wegen $z^n = \cos nx + i \sin nx$ für $z = \cos x + i \sin x$ ist aber $\sum_{n=0}^{m-1} (\cos nx + i \sin nx) = \sum z^n = (1 - z^m) \cdot (1 - \bar{z}) : (2 - 2\cos x)$. Die fraglichen Summen sind daher (wegen $|z| \leqq 1, z \neq 1$) in jedem $[a; b] \subset (0; 2\pi)$ (sogar) gleichmäßig beschränkt.

Betr. Bew. von Satz 2. Setze $a_n := d_n x_1^n$ und $b_n := (x x_1^{-1})^n$, $n = 1, 2, \dots$ Für festes $x \in J$ ist $(b_n)_n$ antiton mit $\bigwedge_{x \in J} \bigwedge_n 0 \leqq b_n \leqq 1$. Nach Vor. ist $\sum a_n$ konvergent. Gemäß Satz 1. konvergiert mithin $\sum a_n b_n = \sum d_n x^n$ und zwar gemäß der Abschätzung (+) (Satz 1., Bew.) gleichmäßig in $J$.

Betr. Beispiel 2. Setze $a_n := (-1)^{n+1} n^{-1}$ und $b_n := x^n$, berücksichtige, daß $\sum a_n$ konvergiert (5.3.1.) und wende Satz 1. an. Dann folgt die Beh. aus Satz 2. wegen der Stetigkeit des Logarithmus.

**7.5.2.** Aufgabe 1. Es ist $(\bar{1}) \leftrightarrow \bar{f}(x) \leqq p$, sowie $(\bar{2}) \leftrightarrow \bar{f}(x_0) \geqq p$. Ferner $(\underline{1}) \bigwedge_{r > p} \bigwedge_U \bigvee_{x \in D \cap U} \underline{f}(x) < r \leftrightarrow \underline{f}(x_0) \leqq p$ sowie $(\underline{2})\ \bigwedge_{r < p} \bigvee_U \bigwedge_{x \in D \cap U} f(x) > r \leftrightarrow \underline{f}(x) \geqq p$. Daher $\bar{f}(x_0) = p < +\infty \leftrightarrow (\bar{1}) \wedge (\bar{2})$; $\underline{f}(x_0) = p > -\infty \leftrightarrow (\underline{1}) \wedge (\underline{2})$; für $p = +\infty$ bzw. $p = -\infty$ genügt$(\bar{2})$ bzw. $(\underline{1})$, damit $p = \bar{f}(x_0)$ bzw. $p = \underline{f}(x_0)$.
Aufgabe 3. (I). Für $x \in \bar{D} \setminus D$ ist $\mathrm{u}(x) = \dot{\mathrm{u}}(x_0)$. – (II). Entsprechend wie (für Folgen) in 5.1.4.2., Satz 3.
Bew. des 2. Satzes. (I). Vgl. Aufg. 3. – (II). Es ist $\underline{f}(x_0) = \bar{f}(x_0) = p \in \mathbb{R} \leftrightarrow \bigwedge_{\varepsilon < 0} \bigvee_U$

---

*) In Bd. I., Beisp. 1., Zeile 2, ersetze „$<$“ durch „$\subset$“ und in Beisp. 2., Zeile 1, setze: „$x \in (0; 1)$“.

$\bigwedge_{x \in D \cap U} p - \varepsilon < f(x) < p + \varepsilon$. Oder: Es ist $\bar{f}(x_0)$ bzw. $\underline{f}(x_0)$ der größte bzw. kleinste Häufungswert von $f(x)$ für $x \rightsquigarrow x_0$.

**7.5.2.1.** – (0) $\bigwedge_{\varepsilon<0} \bigvee_U \bigwedge_{x \in D \cap U} (f(x) < \bar{f}(x_0) + \varepsilon) \to (\bar{f}(x) < \bar{f}(x_0) + \varepsilon) \to (\bar{\bar{f}}(x_0) \leqq \bar{f}(x_0) + \varepsilon) \to (\bar{\bar{f}}(x_0) \leqq \bar{f}(x_0))$; außerdem $\bar{f}(x_0) \leqq \bar{\bar{f}}(x_0)$ (7.5.2., Satz 2.).
(**1**) Dem Übergang von $f$ zu $-f$ entspricht eine Umkehrung der Ordnung im Bildraum, sodaß sich inf und sup vertauschen (z. B. gilt (sup $\mapsto$ $-\inf(-f)$)). – *Folgerung*. Es genügt, im Folgenden *nur* den Fall der *Oberhalbstetigkeit* zu behandeln.
(**2**) Dann: Klar. – Nur dann: Indirekt. Aus $M \neq \bar{M}$ und der Oberhalbstetigkeit von $c$ folgt $\bigwedge_{x \in \bar{M} \setminus M} \bigwedge_{\varepsilon>0} \bigvee_U \bigwedge_{x' \in M \cap U} c(x') = 1 < c(x) + \varepsilon = \varepsilon$, weil $c(x) = 0$. Widerspruch.
(**3**) Folgt aus der Definition der Halbstetigkeit (z. B. $f(x_0) \leqq \bar{f}(x_0)$ usw.) und aus (0).
(**4**) und (**5**). Definitionsgemäß ist $f(x_0) \leqq \bar{f}(x_0)$ (vgl. 7.5.2., (1)).
(**6**) Vgl. 7.5.2., Satz 2.
(**7**) Ist $f(x_0) = \bar{f}(x_0)$, $x_0 \in D$, und $x_0 \in [f < r]$, so auch $\bar{f}(x_0) < r$; daher besitzt $x_0$ eine Umgebung $U'$ auf $D$ derart, daß $\bigwedge_{x \in U'} f(x) < r$. – Umgekehrt sei $[f < r]$ offen in $D$ für jedes $r \in \bar{\mathbb{R}}$. Dann existiert zu jedem $x' \in [f < r]$ eine Umgebung $U'$ auf $D$ von $x'$ mit $U' \subset [f < r]$, also mit $\bar{f}(x') \leqq r$; da dies für jedes $r$ mit $f(x') < r$ gilt, ist $\bar{f}(x') \leqq f(x')$ usw.
(**8**) Wenn $\bar{f}_i(x') = f_i(x')$, $i = 1, 2$, und $h := \max\{f_1, f_2\}$, gilt: $\bigwedge_{\varepsilon>0} \bigvee_U \bigwedge_{x \in D \cap U} \bigwedge_i f_i(x) < \bar{f}_i(x') + \varepsilon \leqq h(x') + \varepsilon$, also $\bar{h}(x') \leqq h(x')$. Für $k := \min\{f_1, f_2\}$ gilt $(\bigwedge_i \bar{k} \leqq \bar{f}_i = f_i) \to \bar{k} \leqq k$ (in $x'$).
(**9**) Spezialfall von (13).
(**10**) Es ist $\bigcap_{r < \sup f|D} [f \geqq r] \neq \emptyset$, weil bei oberhalb stetigem $f$ die $[f \geqq r]$ kompakt sind (vgl. (7) sowie 5.5.5.2., Satz 2. und Anmerkung zu Satz 4.). Daher $\bigvee_{x' \in D} f(x') \geqq \sup f|D$, also $f(x') = \sup f|D$.
(**11**) Bei $\bar{f} := \bar{f}(x_0) = f(x_0) =: f_0$ und $\bar{g} =: \bar{g}(x_0) = g(x_0) =: g_0$ gilt (gemäß 7.5.2., Aufg. 2.) $\overline{f+g} \leqq \bar{f} + \bar{g} = f_0 + g_0 \leqq \overline{f+g}$, also $\overline{f+g} = f+g$.
(12) Da $\bar{f}$ und $-\underline{f}$ oberhalb stetig sind (vgl. (11)), so auch ihre Summe $s$ (vgl. (11)). Die Existenz von $m$ folgt aus (10). Betr. Existenz von $\eta(s, m')$. Es sei $S(t) := \sup\{|f(x') - f(x'')| : |x' - x''| < t\}$ für $t > 0$. Offensichtlich ist $S$ isoton und von links stetig; außerdem ist $S(0+) = m$ (Beweis!). Falls $S^* := \sup_{t>0} S(t) = m$, so ist jedes positive $\eta$ gut genug. Wenn aber $S^* > m$, so gibt es zu jedem $m'$ mit $m < m' < S^*$ genau ein $\eta > 0$ mit $S(\eta) \leqq m'$ und $S(\eta+) \geqq m'$; und hierfür gilt $\bigwedge_{x', x''} |x' - x''| < \eta \to |f(x') - f(x'')| \leqq m'$.
(**13**) Es seien $U$ Umgebungen von $x_0$ in $D$ und $\phi := \inf\{f : f \in \mathfrak{F}\}$. $\phi(x_0) = +\infty$ ist trivial; andernfalls sei $\mathfrak{F}' := \{f : f \in \mathfrak{F} \wedge f(x_0) < +\infty\}$. Dann gilt (wegen der Oberhalbstetigkeit von $f$) $\bigwedge_{\varepsilon>0} \bigwedge_{f \in \mathfrak{F}} \bigvee_U \bigwedge_{x \in U} \bar{\phi}(x) \leqq f(x) < f(x_0) + \varepsilon$, also $\bigwedge_{\varepsilon>0} \bigwedge_{f \in \mathfrak{F}'} \bar{\phi}(x_0) \leqq f(x_0) + \varepsilon$, also $\bigwedge_{\varepsilon>0} \phi(x_0) \leqq \bar{\phi}(x_0) + \varepsilon$, somit $\bar{\phi}(x_0) \leqq \phi(x_0)$.

**7.5.2.2.** Es sei $U$ Umgebung von $x_0$ auf $D$. Zu zeigen ist: $\bigwedge_{\varepsilon>0} \bigvee_{U=U(\varepsilon)} \bigwedge_{x \in U} \bigwedge_n |f_n(x) - f_n(x_0| < \varepsilon$. Aber $\bigwedge_{n>m} |f_n(x) - f_n(x_0)| \leqq |f_m(x) - f(x)| + |f(x) - f(x_0)| + |f(x_0) - f_m(x_0)| \leqq |f_m(x) - f_m(x_0)| + 2|f_m(x_0) - f(x_0)| + 2|f(x_0) - f(x)| Q(x, x_0, m)$. Ferner $\bigwedge_{\varepsilon>0} \bigvee_m$

$\bigvee_U \bigwedge_{x\in U} |f_m(x_0) - f(x_0)| < \varepsilon \wedge |f(x) - f(x_0)| < \varepsilon \wedge (\bigwedge_{u\leqq m} |f_u(x) - f_u(x_0)| < \varepsilon)$. Somit $\bigwedge_{x\in U} \bigwedge_{n>m} |f_n(x) - f_n(x_0)| \leqq Q(x, x_0, m) < 5\varepsilon \wedge (\bigwedge_{u\leqq m} |f_u(x) - f_u(x_0)| < \varepsilon$.

**7.5.3.1.** Betr. Zeile 8/9. Zu zeigen: Beiderseitige lokale Isotonie in $(a; b)$ zieht globale Isotonie nach sich. Bew. Indirekt: $\bigvee_{x'<x''} f(x'') < f(x')$. Für $x_1 := 2^{-1}(x' + x'')$ ist $f(x'') < f(x_1)$ oder $f(x_1) < f(x')$; demgemäß setzt man $x_1'' := x''$, $x'^1 := x_1$ oder $x_1'' := x_1$, $x_1' := x'$. Für $x_1', x_1''$ kann man schließen wie für $x', x''$. Fortsetzung liefert ein isotones $(x_n')_n$ und ein antitones $(x_n'')_n$ mit $x_n' < x_n''$ und $f(x_n'') < f(x_n')$ für alle $n$, sowie $x := \lim_n x_n' = \lim_n x_n''$, während nach Vor. schließlich $f(x_n') \leqq f(x) \leqq f(x_n'')$.
Anmerkung (1). Durch Nachprüfung des Beweises des Satzes.

**7.5.3.2.** Es sei $f_n : \mathbb{R} \longrightarrow \mathbb{R}$ mit $f_n(x) = 0$ bzw. $= 1$ für z. B. $x < x_n$ bzw. $x_n \leqq x; n = 1, 2, \ldots$ Bei konvergentem $\sum p_n$ mit $p_n > 0$ konvergiert $\sum p_n f_n$ gleichmäßig in $\mathbb{R}$, liefert also eine isotone, beschränkte Funktion $f \mid \mathbb{R}$ (denn die $f_n$ sind sämtlich isoton). Ferner ist $f_n$ unstetig genau in $x_n$ mit dem Sprung 1. Daher ist $f$ für $x \in \mathbb{R}\setminus A$ stetig und hat in $x_n$ genau den Sprung $p_n$. Da ferner $f_n$ in $x_n$ rechtsseitig stetig ist, gilt dies auch für $f$ (denn nur $f_n$ ist unstetig in $x_n$). Durch Addition von $j$ kann man aus jeder isotonen eine streng isotone Funktion erhalten. Das Übrige ist klar.

**7.5.4.** Bew. des Zerlegungssatzes. (1) Es sei zunächst $s$ eine elementare Treppenfunktion mit den Konstanzintervallen $(x_{\nu-1}; x_\nu)$ und den zugehörigen Konstanzwerten $s_\nu$; $\nu = 1, \ldots, n$; $a = x_0 < x_1 < \ldots < x_n = b$. Wir wählen hier $g$ und $h$ so: $g(x_\nu) := h(x_\nu) := s(x_\nu)/2$; ferner seien $g$ und $h$ linear in $(x_{\nu-1}; x_\nu)$ mit $g(x_{\nu-1}+) = g(x_{\nu-1})$, $g(x_\nu -) = s_\nu - 2^{-1}s(x_\nu)$, $h(x_{\nu-1}+) = s_\nu - 2^{-1}s(x_{\nu-1})$, $h(x_\nu -) = h(x_\nu)$. Offensichtlich ist $g + h = s$ und $\|g\|, \|h\| \leqq s^{-1}3\|s\|$. – (2). Bei beliebigem l. k. $f_1$ wenden wir Approximation an: Es sei $\|f_1\| := M$ und $p > 1$ beliebig. Dann gibt es eine elementare Treppenfunktion $s_1$ mit $\|f_1 - s_1\| \leqq Mp^{-1}$, also $\|s_1\| \leqq (p+1)p^{-1}M$. Nach (1) existiert eine Darstellung $s_1 = g_1 + h_1$ mit $\|g_1\|, \|h_1\| \leqq 3(p+1)M/2p$. Diese Prozedur wiederholen wir nun mit $f_2 := f_1 - s_1$ und bestimmen ein $s_2$ mit $\|f_2 - s_2\| \leqq Mp^{-2}$ und $s_2 = g_2 + h_2$ mit $\|g_2\| \leqq 3(p+1)M(2p^2)^{-1}$ usw. Wir erhalten damit $f_1 = \sum_{\nu\geqq 1} s_\nu = \sum g_\nu + \sum h_\nu$ (wobei die erste Reihe gleichmäßig gegen $f_1$ konvergiert und auch die beiden anderen gleichmäßig konvergieren); dabei ist $\|\sum g_\nu\| \leqq \sum \|g_\nu\| \leqq 3(p+1)M2^{-1}(\sum_{\nu\geqq 1} p^{-\nu}) = 3\cdot 2^{-1}M(p+1)/(p-1)$ und analog für $\sum h_\nu$. Für hinreichend großes $p$ sind $g := \sum g_\nu$ und $h := \sum h_\nu$ (als gleichmäßige Limiten von l. k. Funktionen) von der gewünschten Art.

**7.5.5.1.** *Beispiel* 1. $\bigwedge_{x\in\mathbb{R}} y = s(x) \leftrightarrow (|y| = |x|.(1 + |x|)^{-1} \wedge \operatorname{sgn} y = \operatorname{sgn} x) \leftrightarrow \bigwedge_{y\in(-1,1)} x = y(1 - |y|)^{-1}$; es liegt also eine stetige Bijektion vor, die sogar umkehrbar stetig ist.

*Beispiel* 2. $\bigwedge_{x\in\mathbb{R}} y = y(x) \leftrightarrow y^2 = x^2(1 + x^2)^{-1} \wedge \operatorname{sgn} y = \operatorname{sgn} x) \leftrightarrow \bigwedge_{y\in(-1;1)} x = y(1 - y^2)^{-1/2}$ usw.

**7.5.5.2.** Als stetige Bijektion ist $t$ in jedem abgeschlossenen Teilintervall (von $\mathbb{R}$) streng monoton, also, wenn $t(-\infty) = -1$, streng isoton (folgt aus 7.5.9., (2)) (Betr. $s$ vgl. oben 7.5.5.1.).

**7.5.5.3.** Die Eigenschaften von $d_t$ folgen unmittelbar aus denen des absoluten Betrages.

**7.5.5.4.** Betr. Äquivalenz der Topologien: Für $x \in \mathbb{R}$ bilden die $(a; b)$ mit $x_0 \in (a; b)$ bzw. die $(x_0 - c; x_0 + c) = \{x : |x - x_0| < c\}$ eine Basis für die Ordnungs- bzw. die metrische Topologie in $\mathbb{R}$. In jedem $(a; b)$ ist ein $(x_0 - c; x_0 + c)$ enthalten und umgekehrt. Entsprechend für $\bar{\mathbb{R}}$ bei Hinzunahme von $\pm\infty$ und Benutzung von $d_t$ statt $||$. Die Kompaktheit von $\bar{\mathbb{R}}$ folgt aus der von $[-1; 1]$ vermöge der Homöomorphie $t$.

**7.5.5.5.** Vgl. 7.5.9., (2).

**7.5.5.6.** Folgt aus der umkehrbaren Stetigkeit von $s$ sowie ihrer Ordnungstreue (7.5.5.2.).

**7.5.6.** Betr. Bew. (I). $y_0 = 1 \leftrightarrow f(1) \leqq 1 \rightarrow g(1) \leqq 0$; aber $y_0 = f(1) \leftrightarrow 1 \leqq f(1) \rightarrow$ $g(f(1)) - f(1) \leqq f(1) - f(1) = 0$ (letzteres, weil $g$ antiton.

Aufg. (**1**). Da $f$ positiv und antiton, also $h := f \circ f$ isoton ist, folgt $a < +\infty$ (und die Existenz von $a$). Da das antitone $f$ in $D'$ stetig und positiv ist, existiert $\lim_{x \rightsquigarrow 0+} f(x) =: b$ mit $b > 0$. Daher bleiben die Schlüsse in Ziff. (I) des Bew. giltig. Da ferner $x' \in D'$ und $h$ isoton ist, bleibt auch Ziff. (II) giltig und ebenso Ziff. (III).

(**2**) Die Vor. (1) und (2) sind erfüllt, ebenso (4) bzw. (4'), wie man verifiziert. $f \circ f(x) = x$ bzw. $\bar{f} \circ \bar{f}(x) = x$ liefert eine Gleichung 2. Grades in $x$ mit genau einer positiven Lösung.

(**3**) Da $f$ antiton und positiv in $D'$ ist, existiert $b$ mit $b > 0$, also $b \in D'$. Setzt man $f(0) := b$, so ist $f$ stetig in $D$ und daher $\lim_{x \rightsquigarrow 0+} h(x) = f(\lim f) = f(b) > 0+$

(**4**) Die Vor. (1), (2) und (4) bzw. (4') sind für die $f_i$ erfüllt. Ist $x' = f(x')$ und $x' \leqq a$, so gilt Vor. (3) für $f_1$; und wenn $x' > a$ ist $x = f_1(x)$ genau für $x = a$. Schließlich ist $z' := a^{-1}x'$ die (einzige) Lösung von $z = f_2(z)$ (wegen $a^{-1}x' = a^{-1}f(aa^{-1}x')$).*)

**7.5.9.** – (**1**) Haben $r_1$ und $r_2$ an $m+1$ verschiedenen gemeinsamen Regularitätsstellen gleiche Werte, so hat das Polynom $P := p_1 q_2 - p_2 q_1$ vom Grad $\leqq m$ mindestens $m+1$ verschiedene Nullstellen und ist (nach 6.2.3., Satz 2.) das Nullpolynom, woraus Beh. folgt. – Wäre $|j|$ in $(-\varrho; \varrho)$, $\varrho > 0$, als rationale Funktion $f$ darstellbar, so wäre $f - j$ in $(0; \varrho)$ gleich 0, als rationale Funktion aber dann nach 1. auch Null in $(-\varrho; 0)$, in Widerspruch damit, daß dort $|j| \neq j$.

(**2**) (I) Dann: Klar. – Nur dann: Andernfalls existieren $a', b'$ und $a'', b''$ mit $a' < b', a'' < b''$, $f(a') < f(b')$ und $f(a'') > f(b'')$, sodaß $c, d, e \in J$ existieren mit $c < d < e$ und z.B. mit $m := \max[f(c), f(e)] < f(d)$. Wegen der Stetigkeit von $f$ gibt es also $x' \in (c; d)$, $x'' \in (d; e)$ mit $f(x') = f(x'') = (m + f(d))/2$. – (2) II: Folgt aus 6.7.2.

(**3**) Betr. (I) und (II): Folgen aus den Definitionen. – (3) (III): Im Spezialfall $f|\mathbb{R} = j|\mathbb{R}$

---

*) Im Bd. I. ist am Ende der 1. Zeile in $f := a^{-1}f(a)$ das $f$ links zu ersetzen durch $f_2$.

sind die $[j<y]$ usw. offene bzw. abgeschlossene Halbgeraden in $\mathbb{R}$ und somit die Beh. unmittelbar einzusehen. Für beliebiges $f$ erhält man sie auf Grund der durch $f^{[-1]}$ induzierten mengenalgebraischen Isomorphie (1.6.6., Aufg. (1) (a)) wegen $S_i[f](y)=f^{[-1]}(S_i[j](y))$. – (3) (IV): Es gilt $\bigwedge_{p\in D}\bigvee_{z\in M} p\in S_i[f](z)$ und $\bigwedge_{q\in D}\bigvee_{z\in M} q\notin S_i[f](z)$. – (3) (V): Klar.

**(4)** Betr. Beh. (I): Nur dann: Folgt aus Aufg. (3) (III) $i=-2$. – Dann: (A) Wegen (a) ist $T$ isoton. – (B) Für $p\in D$ setze man $f(p):=\inf\{z: z\in M\wedge p\in T(z)\}$; auf Grund von (b) ist $f|D$ endlich. – (C) zufolge der Definition von $f$ ist $\bigwedge_{p\in D}\bigwedge_{y\in M}(f(p)<y\rightarrow\bigvee_{z\in M} z<y\wedge p\in T(z)\subset T(y))$, also $[f<y]\subset T(y)$; andererseits: wegen (a) gilt $p\in T(y)\rightarrow\bigvee_{z\in M} z<y\wedge p\in T(z)\rightarrow f(p)\leqq z<y$, also $T(y)\subset[f<y]$ und daher $T(y)=[f<y]$ für $y\in M$.

Betr. Beh. (II): Gemäß Beh. (1′) sind wegen Aufg. (3), (III) für $i=-1$ bzw. $i=-2$ $S_{-1}[f]$ bzw. $S_{-2}[f]$ eindeutig bestimmt, gemäß (II) daher auch $S_0[f]$ und damit $f$. – Bem. vor (5): Aus den Definitionen der $S_i$ folgt $S_{-i}[f](y)=S_i[-f](-y)$. Gemäß Aufg. (3) (I) ist ferner $S_k[f](y)=C_D S_i[f](y)$ mit $k=(|i|-3)\operatorname{sgn} i$. Geht man dementsprechend von $(y\longmapsto T(y))$ zu $(y\longmapsto T(-y))$ bzw. zu $(y\longmapsto C_D T(y))$ und zu $(y\longmapsto C_D T(-y))$ über, so überträgt sich der oben (betr. (4) (I), (II)) für $S_{-2}$ geführte Beweis auf $S_{-1}, S_1, S_2$.

**(5)** Aus (II) folgt (I). Denn $z'<z''\rightarrow T(z')\subset[f\leqq z']\subset[f<z'']\subset T(z'')$. – Aus (I) folgt (II). Man setze $S_0(t):=\bigcap_{y'>t}T(y')\setminus\bigcup_{y<t}T(y)$ für $t\in J$. Weil $T$ isoton, ferner $M$ dicht in $J$ und $\bigcap\emptyset=D$, liefert $\bigcup_{t\in J}S_0(t)$ eine Zerlegung (vgl. 1.4.3.) von $D$. Daher ist $f: D\rightarrow J$ mit $f(x):=t$ für $x\in S_0(t)$ eindeutig erklärt. Dabei ist $[f<z]\subset T(z)\subset[f\leqq z]$ (weil $S_0(t)\subset T(z)$ für $t<z$). Ferner folgt $x\notin T(z)$ aus $x\in S_0(t)$ und $t>z$. – Daß nur ein einziges dieser Beziehung genügendes $f$ existiert, folgt so: Für 2 derartige $f, g$ gilt $[f<z]\subset T(z)\subset[g\leq z]$ und ebenso $[g<z]\subset[f\leqq z]$, also $[f\leqq z]\subset[g\leqq z]$ und umgekehrt (für $z\in M$); somit $[f\leqq y]=[g\leqq y]$ für $y\in\mathbb{R}$, woraus $f=g$.

**(6)** Ist $f(b)=b$, so ist $b$ Fixpunkt. Es sei also $f(b)<b$ und $M:=\{x: x\in J\wedge f(x)<x\}$ sowie $x_0:=\inf M$. Wegen der rechtsseitigen Unterhalbstetigkeit gilt $a\leqq f(x_0)\leqq\inf f(M)\leqq x_0$. Stehen hier die Gleichheitszeichen (wenn z.B. $x_0=a$), so ist $x_0$ Fixpunkt. Stünde aber ein Kleinerzeichen, so folgte wegen der linksseitigen Oberhalbstetigkeit, daß in einer gewissen linksseitigen Umgebung von $x_0$ gilt: $f(x)<f(x_0)+(x_0-f(x_0))/2=x_0-(x_0-f(x_0))/2<x$, im Widerspruch zur Definition von $x_0$.

**(7)** Es sei $x'<x''$. Betr. Beh. (I). Für $M:=\{x', x''\}$ und z.B. unter den Vor. (a) und (b) folgt $f(x'')=f(\sup M)=\sup f(M)=\max\{f(x'), f(x'')\}$, also $f(x')\leqq f(x'')$. – Betr. Beh. (II). Jetzt sei $M:=(x'; x'')$. Dann ist (Vor. (c)) $f(x')=f(\inf M)=\inf f(M)=f(x'+)$ (weil $f$ isoton ist gemäß Beh. (II)). Analog folgt (Vor. (b)), daß $f(x'')=f(x''-)$. Und dies gilt auch für $x'=a$ und $x''=b$.

**(8)** Nach Vor. existiert eine Nullfolge von Perioden $p_k>0, k=1,2,\ldots$; es ist jedes $zp_k, z\in\mathbb{Z}\setminus\{0\}$, Periode. Die Menge $A$ dieser $zp_k$ ist dicht in $\mathbb{R}$. – Fall (1): Es ist $f$ stetig in (mindestens) einem Punkt $x_0 \in \mathbb{R}$, also $\bigwedge_{\varepsilon>0} \bigvee_{\delta>0} (|x - x_0| < \delta \wedge |x' - x_0| < \delta) \rightarrow |f(x) - f(x')| < \varepsilon$. Verschiebung um beliebige $a \in A$ ergibt die gleichmäßige Stetigkeit von $f$ in $\mathbb{R}$. Wegen $f(x_0) = f(x_0 + a)$, der Stetigkeit und der Dichte von $A$ in $\mathbb{R}$ folgt $f =$ konst. $= f(x_0)$. – Fall (2): Liegt Fall (1) nicht vor, so besagt dies, daß $f$ nirgends stetig ist. Beispiel dazu: $f(x) = 0$ bzw. $= 1$ für $x \in \mathbb{Q}$ bzw. $x \in \mathbb{R}\setminus\mathbb{Q}$; dabei ist also jedes $d \in \mathbb{Q}\setminus\{0\}$ Periode.

**(9)** Es sei $x \in J$ und $x := 4z^2$ gesetzt mit $0 \leqq z \leqq 2^{-1}$. Dann haben wir $p_{n+1} = p_n + 2^{-1}(4z^2 - p_n^2)$, $n \geqq 0$. Für $z > 0$ gehen wir von $p_n$ zu $s_n$ über vermöge $p_n = 2z(1 - s_n)$ und mit $s_0 = 1$, sodaß $s_{n+1} = (1 - 2z)s_n + zs_n^2$. Es ergibt sich $0 \leqq s_n \leqq 1$ (vermöge Induktion), also weiter $0 \leqq s_{n+1} \leqq (1 - z)s_n$ und somit $0 \leqq s_n \leqq (1 - z)^n$. Rückgang auf $p_n$ liefert $0 \leqq 2z - p_n \leqq 2z(1 - z)^n =: q_n(z)$ und diese letzte Ungleichung gilt auch für $z = 0$. Schließlich konvergiert $(q_n(z))_n$ für $0 \leqq z \leqq 2^{-1}$ gleichmäßig nach Null; denn für $0 < \varepsilon < 2^{-1}$ und $0 \leqq z \leqq 2^{-1}$, d.h. $z \in [0; \varepsilon] \cup [\varepsilon; 2^{-1}]$ ist, ist $q_n(z) \leqq \max\{2\varepsilon, (1 - \varepsilon)^n\} = 2\varepsilon$ für alle hinreichend großen $n$.

**(11)** Es ist $A = \mathbb{R}\setminus(\bigcup_{n \in S} J_n)$, wobei $S \subset \mathbb{N}^+$ endlich oder unendlich ist und $J_n = (a_n; b_n)$, den Fall $a_n = -\infty$ bzw. $b_n = +\infty$ eingeschlossen, sowie $J_n \cap J_m = \emptyset$ für $n \neq m$ (vgl. 5.5.3., Satz 2., sowie 1.6.3.1., Satz 6.). Man erhält eine stetige Erweiterung von $f$ auf $\mathbb{R}$ vermöge $f(x) := f(a_n) + (x - a_n)(f(b_n) - f(a_n))/(b_n - a_n)$ für $x \in [a_n; b_n]$ (Man beachte, daß $a_n, b_n \in A$ bis auf ev. $a_n = -\infty$, $b_n = +\infty$. Ist etwa $a_n = -\infty$, so setzt man z.B. $f(x) := f(b_n)$ für $x < b_n$.

**(12)** Beh. (I) Aus $|x - y| \leqq |x - z| + |z - y|$ folgt, wenn man mit $x$ zu $d(z) = \inf\{|x - z| : x \in M\}$ übergeht: $d(y) \leqq d(z) + |z - y|$. Vertauschung von $z$ und $y$ liefert $d(z) \leqq d(y) + |z - y|$, sodaß $|d(z) - d(y)| \leqq |z - y|$. – Beh. II. Setze $f(x) := d(x; A) - d(x; B)$. Dann gilt $\bigwedge_{a \in A} f(a) = -d(a; B) < 0$ (wegen $A \cap \bar{B} = \emptyset$) und $\bigwedge_{b \in B} f(b) = d(b; A) > 0$ (wegen $\bar{A} \cap B = \emptyset$). Zufolge der Stetigkeit von $f$ sind $U(B) := f^{[-1]}(\mathbb{R}^+)$ und $U(A) := f^{[-1]}(\mathbb{R}\setminus(\mathbb{R}^+ \cup \{0\}))$ beide offen mit $A \subset U(A)$, $B \subset U(B)$ und $U(A) \cap U(B) = \emptyset$.

**(13)** Es sei $x_0 \in D$ und $f(x_0) = c$. Für $K := f^{[-1]}(\{c\})$ gilt dann: $K \neq \emptyset$, $K \subset D$ und $K$ zugleich offen und abgeschlossen in $D$. Betr. „offen": $\bigwedge_{x' \in K} \bigvee_{U(x')} \bigwedge_{x \in U(x')} f(x) = c$. – Betr. „abgeschlossen": Ist $y$ Häufungspunkt von $K$ in $D$, so gilt: $\bigwedge_{U(y)} \bigvee_{x \in U(y)} f(x) = c$, wegen $y \in D$ also $\bigvee_{c'} \bigvee_{x \in U(y)} f(x) = c'$, sodaß $c' = c$, also $y \in K$. – Weil $D$ zusammenhängend ist, folgt $K = D$. – Betr. Frage. Für nicht zusammenhängendes $D$ gibt es nicht leere, disjunkte, in $D$ offene $D'$, $D''$ mit $D = D' \cup D''$. Dann ist $f|D$ mit $f|D' =$ konst. $= 1$ und $f|D'' =$ konst. $= 0$ lokal, aber nicht global konstant (Speziell: $D := \mathbb{R}\setminus\{0\}$ und $f := |j|^{-1} \cdot j$).

**(14)** Von der gesuchten Art sind: $f_n(x) := \max\{mn^{-1} : m \in \mathbb{Z} \wedge mn^{-1} \leqq f(x)\}$, $n \in \mathbb{N}^+$, $x \in D$, und $D_{nm} := [x : mn^{-1} = f_n(x)]$; denn insbesondere gilt $\bigwedge_x |f_n(x) - f(x)| < n^{-1}$ und $D_{nm} = \emptyset$ für $|m| > n \sup\{|f(x)| : x \in D\}$.

**(15)** Es sei $U'$ und $V$ Umgebung von $c$. Es gilt $\bigwedge_{\varepsilon>0} \bigwedge_n \bigvee_{U' = U'(\varepsilon, n)} \bigwedge_{x \in U'} |f_n(x) - f_n(c)| < \varepsilon$ (Stetigkeit von $f_n$) und $\bigwedge_{\varepsilon>0} \bigvee_{n = n(\varepsilon)} \bigwedge_{m \geqq n(\varepsilon)} |f_m(c) - f(c)| < \varepsilon$ ($f = \lim f_n$). – Nur dann: Sei $f$ stetig in $c$; also $\bigwedge_{\varepsilon>0} \bigvee_{V = V(\varepsilon)} \bigwedge_{x \in V} |f(x) - f(c)| < \varepsilon$. Für $x \in W(\varepsilon) := U'(\varepsilon, n(\varepsilon)) \cap$

$V(\varepsilon)$ und $q(\varepsilon) := n(\varepsilon)$ gilt daher $|f_{q(\varepsilon)}(x) - f(x)| \leqq |f_{q(\varepsilon)}(x) - f_{q(\varepsilon)}(c)| + |f_{q(\varepsilon)}(c) - f(c)| + |f(c) - f(x)| < 3\varepsilon$, also $(+)$. – Dann: Wegen $(+)$ ist $\bigwedge_{x \in W(\varepsilon)} |f(x) - f_{q(\varepsilon)}(x)| < \varepsilon$. Mit $n := q(\varepsilon)$ und $V(\varepsilon) := U'(\varepsilon, q(\varepsilon)) \cap W(\varepsilon)$ folgt daher $\bigwedge_{x \in V(\varepsilon)} |f(x) - f(c)| \leqq |f(x) - f_n(x)| + |f_n(x) - f_n(c)| + |f_n(c) - f(c)| < 3\varepsilon$.

**8.6.3.2.** Beispiel 2. Mit $w(x) := (1 - x^2)^{1/2}$, $|x| < 1$, hat man $f'(x) = A - Bx(w(x))^{-1}$, $f''(x) = -B(w(x))^{-1} - Bx^2(w(x))^{-3}$, also $\operatorname{sgn}(f''(x)) = -\operatorname{sgn} B$. Aus $f'(z) = 0$ folgt $Aw(z) = Bz$. Ist also etwa $A > 0$, so $z = (\operatorname{sgn} B) A (A^2 + B^2)^{-1/2}$.

**8.6.4.-1.** Wir haben $f = j^4 - 6j^2 + 12j - 1$ und daher $f' = 4(j^3 - 3j + 3), f'' = 12(j^2 - 1)$, also $f''(z) = 0 \leftrightarrow z = \pm 1$. Daher ist das $(x, y)$-Bild $B$ von $f$ konvex in $D' := (-\infty; -1)^+ \cup {}^+(1; +\infty)$ und konkav in $D'' := D \setminus \underline{D}' = [-1; 1]$. Wegen $f'(\pm 1) > 0$ und der Konkavität von $f$ in $D''$ ist $f'$ isoton in $D''$ und hat $f'$ dort keine Nullstelle, aus den gleichen Gründen auch keine in $(1; +\infty)$. Wegen $f'(x) \rightsquigarrow -\infty$ für $x \rightsquigarrow -\infty$ liegt genau eine Nullstelle von $f'$ in $(-\infty; -1)$, etwa in $x' < -1$. Somit ist $f'$ antiton in $(-\infty; x')$ und isoton in $(x'; +\infty)$ und zwar streng. Wegen $f(0) > 0, f(-1) < 0$ liegt daher je genau eine Nullstelle von $f$ in $(-\infty; x')$ und in $(-1; 0)$. Es ist $x'$ die einzige (globale) Extremstelle und zwar Minimumstelle.

**2.** In $D' := \mathbb{R} \setminus \{1\}$ ist $f' = (j^3 - 3j^2 - 16)(j - 1)^{-3}$, $f'' = 6(j + 8)(j - 1)^{-4}$. Da $f''$ in $x_1 := -8$ das Vorzeichen wechselt, existiert in $x_1 \in D'$ der einzige Wendepunkt, wobei $f(-8) < 0$. Wegen $j^3 - 3j^2 - 16 = (j^2 + 4)(j - 4)$ existiert genau ein Extremum, nämlich in $x_3 := 4$ mit $f(4) > 0$ und zwar (wegen $f''(4) > 0$) ein Minimum. Es ist $f(x) \rightsquigarrow +\infty$ für $x \rightsquigarrow 1-$ und $x \rightsquigarrow 1+$; ferner $f(x) \rightsquigarrow +\infty$ bzw. $f(x) \rightsquigarrow -\infty$ für $x \rightsquigarrow +\infty$ bzw. $x \rightsquigarrow -\infty$. Setzt man $x_2 := 1$, so folgt: $f$ konvex mit $f > 0$ und iso- bzw. antiton in ${}^+(x_3; +\infty)$ bzw. in $(x_2; x_3)^+$. In $(x_1; x_2)$ ist $f$ konvex und besitzt, weil streng isoton, dort genau eine Nullstelle (übrigens die einzige von $f$), nämlich $x_0 = -2$. In $(-\infty; x_1)$ ist $f$ konkav und streng isoton. Schließlich gilt $f(x) - (x + 2) = (3x + 6)(x - 1)^{-2} \rightsquigarrow 0$ für $x \rightsquigarrow \pm\infty$; die Gerade mit der Gleichung $x - y + 2 = 0$ ist also sogar scharfe Asymptote 1. Grades (vgl. 9.7.12.2.).

**8.9.1.3.** Bew. betr. (I) $\longrightarrow$ (II). Ist $B \cap G$ mindestens 3-punktig, so ist $B \cap G$ (gemäß 8.9.1.1., Satz 2.) eine Strecke. Daraus folgt (II). – Betr. (II) $\longrightarrow$ (I). Vorbemerkung. Es sei $p(x) := (x, f(x))$, also $p(x) \in B$; ferner sei $\underline{B}(x|y) := \{(z, f(z)) : z \in (x; y)\}$ und $G(x, y)$ die Verbindungsgerade von $p(x)$ und $p(y)$; $x, y \in D$. – (1) Existiert $p(x) \in B \cap G(a, b)$ mit $x \in (a; b)$, so ist $B$ nach Vor. eine Strecke. – (2) Andernfalls liege $B(a|b)$ etwa unterhalb $G(a, b)$ („unterhalb" bezieht sich auf die Richtung der positiven $y$-Achse). Zu zeigen ist, daß für alle $x', x'' \in (a; b)$ mit $x' < x''$ ebenfalls $\underline{B}(x'|x'')$ nicht oberhalb $G(x', x'')$ liegt. Wir schließen indirekt, nehmen also an: Es gibt $x', x''$ und $z \in (x'; x'')$ derart, daß $p(z)$ oberhalb $G(x', x'')$ liegt (Falls $p(z)$ auf $G(x', x'')$ liegt, ist $B \cap G(x', x'')$ eine Strecke). Es sei $P$ eine zu $G(x', x'')$ parallele Gerade, die oberhalb $G(x', x'')$ und unterhalb $p(z)$ verläuft; dann gibt es $(x_1, y_1) \in \underset{\sim}{B}(x'|z) \cap P$ und $x_2, y_2 \in \underset{\sim}{B}(z|x'')$. Da $p(z)$ oberhalb $P$ und unterhalb $G(a, b)$ liegt, so liegt $p(a)$ oder $p(b)$ oberhalb $P$. Liegt etwa $p(a)$ oberhalb $P$, so folgt die Existenz eines $(x_3, y_3) \in \underset{\sim}{B}(a|x') \cap P$, sodaß $\underset{\sim}{B}(a|b) \cap P$ mindestens 3-punktig, also eine Strecke ist, in der $\underset{\sim}{B}(x_3|x_2)$ und mithin $p(z)$ enthalten ist, im Widerspruch zu $p(z) \notin P$.

**8.9.1.5.** **(1)** Setze $f := f(x), f' := f(x'); g := g(x), g' := g(x')$ und $z := 2^{-1}(x + x')$. Dann gilt $0 < 2f(z) \leqq f + f', 0 < 2g(z) \leqq g + g'$, also $0 < 2f(z)g(z) \leqq fg + f'g' + R$ mit $R = -2^{-1}(fg - fg' - f'g + f'g') = -2^{-1}(f - f')(g - g') \leqq 0$. – **(2)** Bezeichnungen wie in (1). $g(z) \leqq 2^{-1}(g + g') \rightarrow f(g(z)) \leqq f(2^{-1}(g + g')) \leqq 2^{-1}(f(g(x)) + f(g(x')))$. – **(3)** Addition der Ungleichungen $(\underset{\sim}{K})$ in 8.3.4.1. für die $f_\nu$ ergibt $(\underset{\sim}{K})$ für $h$. – **(4)** Mit $z := 2^{-1}(x + x')$ ist $\bigwedge_{\varepsilon > 0} \bigvee_{t \in T} 2s(z) \leqq 2f_t(z) + \varepsilon \leqq f_t(x) + f_t(x') + \varepsilon \leqq s(x) + s(x') + \varepsilon$. Da $\varepsilon$ beliebig, gilt dies für $\varepsilon = 0$. Lineare $f_t$ sind zugleich konvex und konkav. – **(5)** $\bigwedge_n 2f_n(z) \leqq f_n(x) + f_n(x')$ mit $z := 2^{-1}(x + x')$. Gemäß 5.1.4.2., Satz 2., Beh. (3) und (4), folgt die Beh. – **(6)** Für $z := 2^{-1}(x' + x'')$ ist $h(x') + h(x'') = 2h(z) = h(2z)$. – Ist $h$ beschränkt in $[a; b]$, so dort stetig (8.9.1.4.), also gemäß 8.3.4.2., (U), mit $x' = 0, x'' = 1, t = x$ jetzt $h(x) = xh(1)$. – **(7)** Gemäß 8.9.1.2. existiert genau ein $[a'; b'] =: J'$ mit $f(x) = f(x_0)$ für $x, x_0 \in J'$, während $f(x) > f(x_0)$ für $x \in D \setminus J'$. Daher $[x' x_0](f) \leqq 0$ für $x' < x_0$ und (weil $f$ konvex) $[x' x''](f) \leqq [x' x_0](f) \leqq 0$ für $x' < x'' < x_0$. Somit ist $A$ antiton. Entsprechend erweist sich $B$ als isoton. Betr. Konvexität z. B. von $A$ ist $(\underset{\sim}{K})$ nur für $x', x''$ mit $x' \leqq a' \leqq x''$ zu verifizieren: $A(x') + A(x'') = f(x') + f(a') \geqq 2f(2^{-1}(x' + a')) = 2A(2^{-1}(x' + a')) \geqq 2A(2^{-1}(x' + x''))$. – **(8)** Gemäß (B) ist $f((1 - t)x' + tx'') \leqq (1 - t)f(x') + tf(x'')$, wobei $0 \leqq t \leqq 1$ sonst beliebig. Somit $f((1 - t)x' + tx'') \leqq |f(x')| + |f(x'')|$; und da $(1 - t)x' + tx''$ jeden Wert in $J' := [x'; x'']$ annimmt, ist $f$ in $J'$ beschränkt nach oben, also 8.9.1.4. anwendbar. – **(9)** In einer Umgebung der Stetigkeitsstelle ist $f$ beschränkt, also 8.9.1.4. anwendbar. – **(10)** Es ist $f$ entweder monoton oder Summe zweier monotoner Funktionen (vgl. (7). Gemäß 7.3.1. und 7.3.2. ist $B$ rektifizierbar.

**8.9.2.1.** Bew. von Satz 2. nebst Anm. 1. Induktion. Die Beh. ist richtig für $n = 1$ (Satz 1.); sie sei schon bewiesen für $1 \leqq \nu \leqq n - 1$. Man setzt $D := [a; 2^{-1}(a + b)]$ und $F|D := f^{(n-1)}|D$. Gemäß Vor., (1)–(3) (Satz 2.) und der Beweisannahme ist $f^{(\nu)}$ stetig in $D$, $1 \leqq \nu \leqq n - 1$, also für $F$ und $D^+ F = f^{(n)}$ in $D$ die Vor. von Satz 1. erfüllt.

Beispiele: **(1)** $f'(x) = kx^{k-1}\sin(x^{-1}) - x^{k-2}\cos(x^{-1})$; Induktion nach $n$ ergibt $f^{(n)}(x) = a_n(x)\sin(x^{-1}) + b_n(x)\cos(x^{-1})$, wobei $a_n(x) = \sum c_{n\varrho}x^\varrho$, $b_n(x) = \sum d_{n\tau}x^\tau$ mit $k - 2n \leqq \varrho$, $\tau \leqq k - n$, und die $c_{n\varrho}$, $d_{n\tau}$ Konstante. Folglich $f^{(n)}(x) \rightsquigarrow 0$ für $x \rightsquigarrow 0$, wenn $0 \leqq n \leqq 2^{-1}(k - 1)$. – **(2)** $f^{(n)}(x) = p_n(x^{-1})f(x)$, wobei $p_n(j)$ Polynom (in $j$). Aber $f(x) = \exp(-x^{-2})$ wird für $|x| \rightsquigarrow 0$ stärker Null als jede Potenz von $x$ (8.8.6.2.). – **(3)** Etwa für $x > 0$ ist $f^{(n)}(x) = (p_n(x^{-1})\sin(x^{-1}) + q_n(x^{-1})\cos(x^{-1}))\exp(-x^{-1})$, wobei $p_n(j)$, $q_n(j)$ Polynome sind. Wegen $|\sin(x^{-1})| \leqq 1$, $|\cos(x^{-1})| \leqq 1$ erhält man $f^{(n)}(x) \rightsquigarrow 0$ für $x \rightsquigarrow 0$, $n \geqq 0$ und $f^{(n)}(0) = 0$ (vgl. Beisp. (2)).

Bew. von Satz 3. Aus $f^{(k)} \geqq 0$ folgt, daß $f^{(k-1)}$ in $J$ isoton ist, und aus $f^{(k)} \neq 0$ in $U$, daß $0 \leqq f^{(k-1)}(a) < f^{(k-1)}(x)$ für zu $a$ beliebig benachbarte $x$, daher $f^{(k-1)} > 0$ in $(a; b)^+$. Für $r \leqq k-2$ folgt jetzt die Beh. – Anmerk. 2. Es ist $f^{(k)} \neq 0$ in jedem $U$, weil andernfalls wegen der Stetigkeit von $f^{(k-1)}$ aus Satz 1 folgt, daß $f^{(k)}(a) = 0$.
Beispiel 2. Ist $f^{(\nu)}(a) > 0$ für ein $\nu$ mit $0 \leqq \nu \leqq n-1$, so folgt aus $f^{(\varrho)}(a) \geqq 0$ für $0 \leqq \varrho \leqq \nu$ die Existenz eines $U := (a; a_1)$ mit $f^{(\varrho)}(x) > 0$ für $x \in U$ und alle $\varrho$; daher ist auch $f^{(0)}(x) = f^{(n)}(x) > 0$ in $U$ und folglich jedes $f^{(\kappa)}$ mit $0 \leqq \kappa \leqq k$ streng isoton in $U$, also (wegen der Stetigkeit der $f^{(\nu)}$) auch $f^{(\kappa)}(a_1) > 0$ für alle $\kappa$. Der Übergang von $(a; a_1)^+$ zu $(a; b)^+$ ergibt sich etwa durch analytische Induktion. – Bei der Verallgemeinerung tritt $p_\nu \dfrac{d}{dx}\left(p_{\nu-1} \cdots \dfrac{d}{dx}(p_0 y) \ldots\right)$ an Stelle von $f^{(\nu)}$.

**8.9.3.4.** Beispiel. Die Reihe und die durch gliedweise $k$-malige Differentiation aus ihr gewonnenen Reihen konvergieren gleichmäßig für $x \geqq 0$, sodaß $f \in C^\infty$ (8.7.3.2.). Die Mac-Laurinreihe für $f$ konvergiert, liefert aber für $x = 1$ einen Wert $< e^{-1}$, während $f(1) > e^{-1}$ ist. Genauer: $f^{(k)}(x) = (-1)^k k!\,(\sum_{n \geqq 0}(-1)^n (n!(1 + a^n x)^{k+1})^{-1} a^{nk})$, $k \geqq 0$, konvergiert (für $x \geqq 0$) absolut und gleichmäßig, weil $0 < (1 + a^n x)^{-(k+1)}(a^k)^n \leqq (a^k)^n$, also die Reihensumme $< \exp(a^k)$. Somit $f^{(k)}(0) = (-1)^k k!\,(\sum_{n \geqq 0}(n!)^{-1}(-a^k)^n) = (-1)^k k!\, \exp(-a^k)$. – Die Mac-Laurin-Reihe $M(x) := \sum_{n \geqq 0}(k!)^{-1}(-1)^k k! \exp(-a^k) x^k$ konvergiert für alle $x$, weil (Quotientenkriterium) $\exp(-a^{k+1}) : \exp(-a^k) = \exp(-a^k(a-1)) \rightsquigarrow 0$ für $k \rightsquigarrow +\infty$. Ferner $f(1) > (1+1)^{-1} - (1+a)^{-1}$ (weil die Reihe für $f$ bei festem $x$ alterniert), also $f(1) > (e - e + 2) : 2e = \exp(-1)$. Hingegen $M(1) = \sum_{k \geqq 0}(-1)^k \exp(-a^k) < \exp(-1)$.

**8.9.5.** Aufgabe. $|R| \leqq 2^{-3} M n^{-2} + 2^{-1} 10^{-2k}$. Für $n = 10^k$, $r = 2k$, ist $|R| < 2^{-3}\, 0{,}4343 \cdot 10^{-2k} + 2^{-1} 10^{-2k} \leqq 2^{-1} 10^{-2k}(0{,}109 + 1) < 10^{-r}$. Für $n = 10^k\, 1{,}043$, $r = 2k+1$ folgt, $|R| < 2^{-1}(2^{-2}\, 0{,}4343 \cdot (1{,}043)^{-2}\, 10^{-2k} + 10^{-(2k+1)}) < 10^{-(2k+1)}$.

**8.9.6.** Betr. **(I)** (A) Aus $x' = f(x')$, $x'' = f(x'')$ folgt $|x' - x''| = |f(x') - f(x'')| \leqq |f'(z)||x' - x''| \leqq q \cdot |x' - x''| < |x' - x''|$, also $x' - x'' = 0$. – (B) $|x_{n+1} - \xi| = |f(x_n) - f(\xi)| \leqq q|x_n - \xi|$, also $|x_n - \xi| \leqq q^n |x_0 - \xi| < q^n d$.
**(II)** $|x_{n+1} - \xi| = |f(x_n) - f(\xi)| \leqq |f'(\xi)| \cdot |x_n - \xi| + |f''(z)| \cdot 2^{-1} |x_n - \xi|^2 \leqq 2^{-1} M |x_n - \xi|^2$. Setzt man $p := 2^{-1} M$, so folgt $p|x_{n+1} - \xi| \leqq (p|x_n - \xi|)^2$, also $p|x_{n+1} - \xi| \leqq (p|x_0 - \xi|)^2$. Daher $x_n \rightsquigarrow \xi$ für $n \rightsquigarrow +\infty$, wenn $p|x_0 - \xi| < 1$.
**(III)** (1) Wegen $f'(x) > 0$ ist $f$ streng isoton, besitzt also genau eine Nullstelle in $\mathfrak{J}$. – (2) Für $x \in \mathfrak{J}$ liegt $g'(x; t) := 1 - t f'(x)$ zwischen $1 - At$ und $1 - Bt$ (wenn $t > 0$), es ist also $|g'(x; t)| \leqq m(t) := \max\{|1 - tA|, |1 - tB|\}$, $t \in \mathbb{R}^+$. Nun gilt $|1 - tA| \lesseqgtr |1 - tB| \leftrightarrow (1 - tA)^2 \lesseqgtr (1 - tB)^2 \leftrightarrow 2(B - A) \lesseqgtr t(B^2 - A^2) \leftrightarrow t_0 := 2(A + B)^{-1} \lesseqgtr t$. Wegen $0 < A < B$ ist $B^{-1} < t_0 < A^{-1}$, ferner ist $|1 - tB| \leqq |1 - tA| = 1 - tA$ für $0 < t \leqq t_0$ sowie $|1 - tA| \leqq |1 - tB| = tB - 1$ für $t_0 \leqq t$. Da $1 - tA$ antiton und da $tB - 1$ isoton in $\mathbb{R}^+$, ist $t_0$ Mini-

malstelle von $m(t)$ mit $m(t_0) = (B - A):(B + A) \geqq |g'(x; t_0)|$ für alle $x \in \mathfrak{J}$. Da $g(x) = x$ für $x = \xi$ und da $|g'(x; t_0)| \leqq (B - A):(B + A) < 1$, folgt die Beh. (2) aus (I). Daß die Konvergenz der $x_n$ gegen $\xi$ „optimal" ist, ergibt sich aus der Minimaleigenschaft von $t_0$. – **(IV)** (Newtonsche Methode). Wegen $f'' < 0$ ist $f$ konkav (= konvex nach oben). Weil überdies $f' > 0$, liegt (wegen $f(a) < 0 < f(b)$) in $(a; b)$ genau eine Nullstelle $\xi$ von $f$. Aus den gleichen Gründen schneidet die Tangente $T(u)$ in $(u, f(u))$ für ein $u \in {}^+(a; \xi)$ an das $(x, y)$-Bild $B$ von $f$ die $x$-Achse in $u' \in (u; \xi)$; es ist dabei $u' = u - f(u):f'(u)$. Entsprechend schneidet die Parallele zu $T(u)$ durch $(v; f(v))$ mit $v \in (\xi; b)^+$ die $x$-Achse in einem $v' \in (\xi; v)$, wobei $v' = v - f(v):f'(u)$. Daher $v' - u' = v - u - (f'(u))^{-1}(f(v) - f(u)) = (v - u)(1 - (f'(u))^{-1} f'(z))$ mit $z \in (u; v)$, also $0 \leqq v' - u' < (v - u)(1 - f'(b):f'(a))$ (weil $f'(a) \geqq f'(u) > f'(z) \geqq f'(b)$ wegen $f'' < 0$). Wählt man z. B. $u_0 = a$, $v_0 = b$, so ergibt Induktion die behauptete Abschätzung. Wegen $u_n < u_{n+1} < \xi < v_{n+1} < v_n$ folgt $\xi = \lim v_n - \lim u_n$.

**8.9.7.** Aufg. **(1)** und **(2)**. Aus der Definition von $j$ bzw. $|j|$, sowie aus der Existenz der Ableitungen der durch eine Potenzreihe dargestellten Funktion (8.7.3.3.). – **(3)** In $\mathbb{R}^+$ ist $q' = 2j^{-3}q$; daraus (Induktion) $q^{(n)} = p_n q$, wobei $p_n = p_n(j^{-1}) = \sum_{v=1}^{m_n} a_v j^{-v}$, $a \in \mathbb{N}$ konst. Da $\exp(-x^{-2})$ für $x \rightsquigarrow 0$ stärker Null wird als jede positive Potenz von $x$ (8.8.6.2.) ergibt sich $q^{(n)}(x) \rightsquigarrow 0$ für $x \rightsquigarrow 0$ und für jedes $n$. Anwendung von 8.9.2.1., Satz 2., ergibt die Existenz von $q^{(n)}(0)$ mit $q^{(n)}(0) = 0$; $n \geqq 1$. Außerdem gilt $q' > 0$ in $\mathbb{R}^+$, also strenge Isotonie in $\mathbb{R}^+$ sowie $\bigwedge_{x \in \mathbb{R}} 0 \leqq q(x) < 1$ und $q(x) \rightsquigarrow 1$ für $x \rightsquigarrow +\infty$. – **(4)** Man setze $f := q(a - j) \cdot q(j + a)$ mit $a > 0$. Es ist $f(x) > 0$ genau für $|x| < a$, sonst $f(x) = 0$. – **(5)** Für $h_1 := q(-q(-j) + q(1))$ gilt $h \in C^\infty(\mathbb{R})$, ferner $h_1(x) = 0$ für $x \leqq 1$ sowie $h_1(x) = q(q(1)) =$ konst. für $x \geqq 0$; außerdem ist $h_1$ streng isoton in $[-1; 0]$. Nun leistet $h := (q(q(1))^{-1} h_1(-1 + (b - a)^{-1}(j - a))$ das Gewünschte. Mit $h_1$ in $[-1; 0]$ ist $h$ streng isoton in $[a; b]$ und isoton in $\mathbb{R}$.

**8.9.8.** Vermischte Aufgaben.

**(1)** $\sum_{v=0}^{n} (v!)^{-1} p^{(v)}(\xi)(j - \xi)^v = \sum_{v \geqq 0} (v!)^{-1} p^{(v)}(\xi) (\sum_{\mu=0}^{v} \binom{v}{\mu} j^\mu (-1)^{v-\mu} \xi^{v-\mu}) = \sum_{\mu=0}^{n} j^\mu (\sum_{v=\mu}^{n} \binom{v}{\mu} (v!)^{-1} (-1)^{v-\mu} p^{(v)}(\xi) \xi^{v-\mu})$.
Setzt man in der Summe rechterhand innerhalb der runden Klammer $\sigma := v - \mu$, so ergibt diese Summe $\sum_{\sigma=0}^{n-\mu} (\mu!\,\sigma!)^{-1} p^{(\mu+\sigma)}(\xi)(-1)^\sigma \xi^\sigma = (-1)^{n-\mu} \xi^{n-\mu+1} (\mu!(n-\mu)!)^{-1} \sum_{\sigma=0}^{n-\mu} \binom{n-\mu}{\sigma} p^{(\mu+\sigma)}(\xi)(-1)^{n-\mu-\sigma}(n - \mu - \sigma)!\, \xi^{-(n-\mu-\sigma+1)} = (-1)^{n-\mu}(\mu!(n-\mu)!)^{-1} \xi^{n-\mu+1} (d^{n-\mu}(\xi^{-1} p^{(\mu)}(x))/dx^{n-\mu})_{x=\xi}$, wobei 8.5.2. für ein Produkt aus zwei Faktoren benützt ist.

**(2)** Man hat zunächst

$$h(u) = h(u_0) + \sum_{v \geqq 1} (v!)^{-1} f^{(v)}(x_0) (\sum_{\varrho \geqq 1} (\varrho!)^{-1} g^{(\varrho)}(u_0)(\Delta u)^\varrho)^v,$$

woraus die angegebene Formel folgt. – Betr. Beispiel. In Rücksicht auf $g'(u) = 2u$, $g''(u) = 2$, $g^{(\mu)}(u) = 0$, $\mu \geqq 3$ ergibt sich

$$d^n f/du^n = n! \sum_{n/2 \leqq \nu \leqq n} \frac{2^{2\nu-n} u^{2\nu-n}}{(2\nu-n)!\,(n-\nu)!} f^{(\nu)}(u^2).$$

(**3**) Für $n = 1$ ist $P_1 = 1$, also die Beh. richtig. Sie sei schon für alle $n$ mit $1 \leqq n \leqq k$ bewiesen. Differentiation von $g^{(k)} = P_k(f')^{-r_k}$ nach $y$ unter Rücksicht auf $dF/dy = (dF/dx) \cdot (dx/dy)$ liefert $g^{(k+1)} = (P_k)'(f')^{-r_k-1} - r_k f''(f')^{-r_k-2} P_k$, wobei die Striche in $(P_k)'$ Ableitung nach $x$ bedeuten. Aber $(P_k)'$ und $f'' P_k$ sind wieder ganzrational in den $f', f'' \ldots$ Übrigens ist $r_n = -2n + 1$.

(**4**) Zustandsgleichung. $f(v) := p = c(v-b)^{-1} - av^{-2}$ mit $c = RT$ für $v \in (b; +\infty)$. – (I) $f' = -c(v-b)^{-2} + 2av^{-3} = cv^{-3}(2ac^{-1} - g(v))$ mit $g(v) = v^3(v-b)^{-2}$. Es ist $g'(v) = v^2$ $v^2(v-b)^{-3}(3(v-b) - 2v)$, also $v_1 = 3b$ die einzige Extremstelle und zwar Minimalstelle von $g$, wobei $g(3b) = 3^3 2^{-2} b$. Demnach besitzt $f'$ zwei bzw. eine bzw. keine Nullstelle je nachdem (bei konstanten, positiven $a$, $b$, $R$) $T_1 := a2^3 3^{-3} b^{-1} R^{-1} \lesseqgtr T$. – (II) $f'' = 2c(v-b)^{-3} - 6av^{-4} = -2cv^{-4}(3ac^{-1} - h(v))$, wobei $h(v) = v^4(v-b)^{-3}$. Es ist $h'(v) = 4v^3(v-b)^{-3} - 3v^4(v-b)^{-4} = v^3(v-b)^{-4}(4(v-b) - 3v)$ mit $v_2 = 4b$ als einziger Extrem- und zwar Minimalstelle. Demnach besitzt $f''$ zwei bzw. eine bzw. keine Nullstelle je nachdem $T_2 := 3^4 4^{-4} ab^{-1} R^{-1} \gtreqless T$. Dabei ist $T_1 < T_2$ (wegen $2^{11} < 3^7$). Für $T = T_1$ ist $f''(v_1) = 0$. Es heißen $T_1$ bzw. $v_1 = 3b$ sowie das zugehörige $p_1 = 3^{-3} ab^{-2}$ kritische Temperatur bzw. kritisches Volumen bzw. kritischer Druck (vgl. die Lehrbücher der Physik).

(**5**) Setze $a := 2c^2 h$; $b := ch/k$; $x := b(\lambda T)^{-1}$, also $E = ab^{-5} T^5 x^5 (\exp x - 1)^{-1}$, $x > 0$; $a$, $b$ konstant). – (I) Betr. Wiensches Gesetz. Bei festem $T$ sind die Maximalstellen von $E$ zu bestimmen. Aber $dE/dx = ab^{-5} T^5 x^4 (5(\exp x - 1) - x \exp x) \cdot (\exp x - 1)^{-2}$, also $dE/dx = 0 \leftrightarrow f(x) := (5-x)\exp x - 5 = 0$. Aber $f'(x) = (4-x)\exp x$, also $f$ in $(0; 4)^+$ streng isoton und in ${}^+(4; +\infty)$ streng antiton. Wegen $f(4) > 0$ existiert genau ein $x'' \in (4; 5)$ mit $f(x'') = 0$. Und wegen $f(x) > 0$ für $x < x''$ entspricht dem $x''$ (genau) ein $\lambda$, für das $E$ bei gegebener Temperatur maximal ist. Dabei $\lambda T = b/x'' =$ konst. (für alle $T$). – (II) Stefan–Boltzmann. Zu zeigen, daß $I = \int_0^{+\infty} E d\lambda$ existiert und daß $I = C^* T^4$ mit (von $T$ unabhängigem) konstantem $C^*$. Wegen $d\lambda/dx = -bT^{-1}x^{-2}$ gilt $\int_0^{+\infty} E d\lambda = CT^4 \int_0^{+\infty} x^3 (\exp x - 1)^{-1} dx$, wobei $C$ Konstante; dabei existiert das Integral linkerhand, wenn das rechterhand existiert. Letzteres ist aber der Fall; denn wegen $\exp x - 1 = x + \ldots + (5!)^{-1} x^5 + \ldots > \max\{x, (5!)^{-1} x^5\}$ für $x > 0$ gehört der Integrand für kleine $x$ zu $O(x^2)$, und für große $x$ zu $O(x^{-2})$, sodaß (vgl. 9.6.2.1.) das Integral existiert (Für große $x$ gehört der Integrand sogar zu $O(x^3 \exp(-x))$).

(**6**) Für $x > 0$ ist $y \in C^\infty$ (wegen $y' = 2x^{-1} y - 1$) und zwar ist $2y' = 1 + y' + xy''$, $2y'' = y'' + y'' + xy'''$, also $y''' = 0$. Somit $y = a + bx + cx^2$. Zufolge der Differentialgleichung ist $2a + 2bx + 2cx^2 = x(1 + b + 2cx)$, $x > 0$, also $a = 0$, $b = 1$ und mithin $y = x + cx^2$. Für $x_0 > 0$ ergibt sich daher $c$ eindeutig aus $y_0 = x_0 + cx_0^2$. Die gefundene Lösung genügt der Differentialgleichung sogar für $x \in \mathbb{R}$.

(**7**) $F := (j-a)^m (b-j)^n \rightarrow F' = (j-a)^{m-1}(b-j)^{n-1}((na+mb) - (m+n)j)$, $m$, $n \in \mathbb{N}^+$,

$a < b$. Also in $(a; b)$ genau ein Extremum und zwar für $\xi := (na + mb) : (n + m)$ das Mxi-mum $((b-a)(m+n)^{-1})^{m+n} m^m n^n$; Extrema in $x = a$ bzw. $x = b$ für $m = 2k$ bzw. $n = 2t$ (Minima). Falls $m$ und $n$ beide gerade bzw. beide ungerade sind, sind die Minima global und das Maximum lokal bzw. das Maximum global. Anderfalls gibt es nur lokale Extrema.

(**8**) $\ln(1+z) = z(1+\theta z)^{-1}$ mit $|\theta| < 1$ und $|z| < 1$. Setzt man $z = an^{-1} + h(n) = an^{-1}(1 + a^{-1} n\, h(n)) > an^{-1} 2^{-1}$ für hinreichend großes $n$, so folgt $n \ln(1 + an^{-1} + h(n)) = a(1 + a^{-1} nh(n))(1 + \theta(an^{-1} + h(n))) \rightsquigarrow a$ für $n \rightsquigarrow +\infty$.

(**9**) Es sei $0 \leqq |c| < (3a)^{-1}$ mit $a := 2^{-1}\pi$, also $f(a) = 1 - ca > 0$, $f(3a) = -1 - 3ca < 0$ und $f(2a) = -2ca = 0$ für $c \lesseqgtr 0$. Wegen der strengen Monotonie von $f$ je in $(a; 2a)$ bzw. $(2a; 3a)$ folgt die Existenz und Eindeutigkeit von $\xi(c)$. – Die behauptete Abschätzung von $\xi(c)$ ergibt sich so: Für $\xi(c)$ gilt $c = \xi^{-1} \sin\xi := y(\xi)$ mit $\xi = 2a$ genau für $c = 0$. Aus $y' = (\xi \cos\xi - \sin\xi)\xi^{-2}$ folgt $y'(2a) = -(2a)^{-1} \neq 0$. Nun ist aber $y$ durch eine Potenzreihe bzgl. $\xi$ darstellbar (für alle $\xi$); daher ist $\xi$ in einer Umgebung von $c = 0$ darstellbar durch eine Potenzreihe bzgl. $c$ (7.5.1.3.), etwa $\xi = \sum_{\nu \geqq 0} \beta_\nu c^\nu$. Dabei ist $\beta_0 = 2a$. Die $\beta_1$ und $\beta_2$ kann man (gemäß 8.3.3.4.) vermöge $\xi' = (y')^{-1}$ und $\xi'' = -y''(y')^{-3}$ berechnen. Die Abschätzung folgt dann aus der Konvergenz der Potenzreihe in einem Intervall.

(**10**) Da arcsin der Hauptzweig sein soll, ist $a_0 = 0$; und da mit $y$ auch $by$ mit $b \in \mathbb{R}$ der Differentialgleichung genügt, kann $a_1 = 1$ gesetzt werden, wenn $a_1 \neq 0$. Aus $y' = \sum na_n x^{n-1}$, $y'' = \sum n(n-1)x^{n-2}$ ergibt sich durch Einsetzen in die Differentialgleichung und Zusammenfassung der Glieder mit gleichem $x^n$ eine (konvergente) Potenzreihe, deren Glieder sämtlich Null sind, womit man eine Rekursionsformel zur Bestimmung der $a_n$ erhält. Im einzelnen hat man $(\sum_{n \geqq 0} n(n-1)a_n(1-x^2)x^{n-2}) - (\sum_{n \geqq 0} na_n x^n) + (\sum_{n \geqq 0} c^2 a_n x^n) = 0$ und daraus $(-n(n-1) - n + c^2)a_n + (n+2)(n+1)a_{n+2} = 0$. Mithin $a_0 = a_{2k} = 0$, $k \in \mathbb{N}$, und $a_{2k+1} = ((2k-1)^2 - c^2) \cdot ((2k+1)2k)^{-1} a_{2k-1}$, woraus $a_{2k+1} : a_{2k-1} \rightsquigarrow 1$ für $k \rightsquigarrow +\infty$, also der Konvergenzradius gleich 1.

(**11**) Setze $f_n(x) := 2^{-1}\pi - \overline{\operatorname{arc} tg}(x+n)$. Dann ist $-f_n'(x) = (1 + (x+n)^2)^{-1}$. Aber für $J := [a; b] \subset \mathbb{R}$ gilt: $\bigvee_{M>0} \bigwedge_{x \in J} \bigwedge_{k \in \mathbb{N}^+} \bigwedge_{n' \in \mathbb{N}^+} n' > M \rightarrow k \leqq a + n' + k \leqq x + (n'+k) \rightarrow 0 < -f'_{n'+k}(x) < (1+k^2)^{-1}$, sodaß $\sum(-1)^n f_n'(x)$ in $J$ gleichmäßig (und absolut) konvergiert. Ferner konvergiert $\sum(-1)^n f_n(x)$, weil alternierend (5.3.1., Beisp. 2); denn $0 < f_{n+1}(x) < f_n(x)$ (wegen der Isotonie von ($tg$ also von) arc $tg$) und $f_n(x) \rightsquigarrow 0$ für $n \rightsquigarrow +\infty$ (bei festem $x \in \mathbb{R}$) (weil arc $tg\, x \rightsquigarrow \pi/2$ für $x \rightsquigarrow +\infty$). Gemäß 8.7.3.1. gilt daher: Ist $f = \sum(-1)^n f_n(x)$, so ist $\sum(-1)^n f_n'(x) = f'(x)$; und da die $f_n'$ stetig und $\sum(-1)^n f_n'(x)$ gleichmäßig konvergent ist, ist $f'$ auch stetig; außerdem ist $\sum(-1)^n f_n(x)$ gleichmäßig konvergent in $J$. Da $f_n(-n) = \pi/2$ ist die Konvergenz nicht gleichmäßig in $\mathbb{R}$. – Außerdem gilt für $z = f_n(x)$, daß $x + n = ctg\, z > (2z)^{-1}$ für hinreichend kleine $z > 0$, also für schließlich alle $n$ bei festem $x$ (wie aus $\sin z = z(1+\theta')$, $\cos z = 1 - 2^{-1}z^2(1+\theta'')$ mit $|\theta| < 1$, $|\theta''| < 1$, für hinreichend kleine $z$, also $\sin z < z$ und $\cos z > 2^{-1}$ folgt). Daher konvergiert $\sum(-1)^n$

$f_n(x)$ nicht absolut; denn nach vorstehendem ist $z > 1 : 2(x+n) > (4n)^{-1}$ für schließlich alle $n$.

(**12**) Für $f = c_0 + c_1(j - x_0) + \eta(j)$ ist $[x_0 x](f) = c_1 + (x - x_0)^{-1}\eta$. – Beispiel: $x_0 = 0$; $f(x) = x^3 \sin x^{-1}$ für $x \neq 0$; $f(0) = 0$. Mithin $f'(x) = 3x^2 \sin x^{-1} - x \cos x^{-1}$ für $x \neq 0$. Nun ist $\lim f(x) = 0$ und $\lim_{x \rightsquigarrow 0} f'(x) = \lim [0\,x](f) = 0$, also $f'(0) = 0$ und $f'$ stetig. Weiter ist $f''(x) = 6x \sin x^{-1} - 3\cos x^{-1} - \cos x^{-1} + x^{-1} \sin x^{-1}$ stetig in $\mathbb{R}\backslash\{0\}$, aber es existiert weder $\lim f''(x)$ noch $\lim [0\,x](f')$ für $x \rightsquigarrow 0$, während $f \in o((j - x_0)^2)$.

(**13**) (I) $n > 0$. – (II) Wegen $|\sin| \leqq 1$ existiert $\lim_{x \rightsquigarrow 0} [0\,x](f)(=0)$ genau, wenn $n > 1$. – (III) In $x \neq 0$ existiert $d(|x|)/dx = \operatorname{sgn} x$. Daher $f'(x) = (\operatorname{sgn} x)(n|x|^{n-1} \sin(|x|^{-m}) - m|x|^{n-m-1} \cos(|x|^{-m})$ und somit $f'(x)$ l.k. in $x = 0$ genau, wenn $m + 1 < n$ (also auch $n \geqq 3$), wobei $f'(x) \rightsquigarrow 0$ für $x \rightsquigarrow 0$. Folglich $f'$ endlich und nicht l.k. in $x = 0$ genau, wenn $1 < n = m + 1$.

(**14**) (I) $f(x) := 2^{-1}x + x^2 \sin x^{-1}$. – (II) $f(x) := 2x^2 + x^2 \sin x^{-1}$. – (III) $f(x) := x^2 + x^2 \sin x^{-2}$.

**9.7.1.** (**1**) Partielle Integration. – (**2**) Zweimalige partielle Integration der linken Seite gibt $\int \exp(ax)\cos(bx)dx \sim a^{-1}\exp(ax)\cos(bx) + a^{-1}b \int \exp(ax)\sin(bx)dx = a^{-1}\exp(ax)\cos(bx) + a^{-2}b\exp(ax)\sin(bx) - a^{-2}b^2 \int \exp(ax)\cos(bx)dx$, woraus sich das Integral berechnet. – (**3**) Gemäß (2) kennt man $C_0$ und analog $S_0$. Induktion: Partielle Integration von $S_n$ und $C_n$ ergibt Ausdrücke in $S_{n-1}$ und $C_{n-1}$. – (**4**) Der Integrand ist Summe von Potenzproduktion aus $j$, $\exp(aj)$, $\sin(b_i j)$, $\cos(c_i j)$. Aber $(\exp(aj))^n = \exp(naj)$, ferner ist jedes Potenzprodukt von sin und cos darstellbar als lineare Verbindung von sin und cos (5.6.4.). Damit Reduktion auf (3). – (**5**) und (**6**) Führe $w = \ln x$ bzw. $w = \arcsin x$ als neue Integrationsvariable ein und wende (4) an. – (**7**) Mit $w = tg(2^{-1}z)$ als neuer Variabler wird $\cos z = (1 - w^2) : (1 + w^2)$, $\sin z = 2w : (1 + w^2)$, $dz/dw = 2(1 + w^2)^{-1}$ also: Reduktion auf Stammfunktion einer rationalen Funktion. – (**8**) (I) und (II) Spezialfälle von (7); (III) bzw. (IV) bzw. (V) führt vermöge $z := \exp x$ bzw. $z := \ln x$ bzw. $z := tg\,x$ auf rationale Integranden. – (**9**) Partielle Integration: $J(k,m) \sim (m+1)^{-1}(-\sin^{k-1} j \cos^{m+1} j + (k-1)J(k-2, m+2))$ und $\sin^{k-2} j \cos^{m+2} j = \sin^{k-2} j \cos^m j - \sin^k j \cos^m j$, also $(k+m) J(k,m) \sim -\sin^{k-1} j \cos^{m+1} j + (k-1)J(k-2,m)$. Vertauschung der Rollen von sin und cos bei part. Integr. in $J(k,m)$ liefert $(k+m)J(k,m) \sim \sin^{k+1} j \cos^{m-1} j + (k-1)J(k, m-2)$. Demnach kann man in $J(k,m)$ das $k$ sowohl als das $m$ je um 2 erniedrigen, also schließlich auf 1 oder 0 (vgl. (4)). – (**10**) Die Ableitungen der 3 Funktionen sind gleich.

**9.7.2.1.** Bew. Betr. ($PZT$), hier $T = 0 \leftrightarrow$ alle $a''_{\kappa\mu}$ usw. gleich 0. – Setze $P := L_1^s 1 \ldots L_k^s k Q_1^s 1 \ldots Q_r^s r =: P'_\kappa L_\kappa^{-s_\kappa} := P''_r Q_\varrho^{-t_\varrho}$. Dann ist $TP = (\sum_{\kappa=1}^k (\sum_{\mu=1}^{s_\kappa} a''_{\kappa\mu} L_\kappa^{s_\kappa - \mu}) P'_\kappa) + (\sum_{\varrho=1}^r (\sum_{\nu=1}^{t_\varrho} b''_{\varrho\nu} + c''_{\varrho\nu} j) Q_\varrho^{t_\varrho - \nu}) P''_\varrho) TP = 0 \leftrightarrow \bigwedge_\kappa$ (Rest $\operatorname{mod} L_\kappa = a''_{\kappa s_\kappa} = 0) \wedge \bigwedge_\varrho$ (Rest $\operatorname{mod} Q_\varrho = (b''_{\varrho\nu} + c''_{\varrho\nu} j) = 0$). (Hierbei Irreduzibilität und „relative Primheit" der $L_\kappa$ und $Q_\varrho$ benützt).

**9.7.3.** Betr. (**1**) und (**2**). Gemäß 9.7.1., (9) Lös., ist $kK(k,0) = -[\sin^{k-1}x\cos x]_{x=0}^{\pi/2} + (k-1)K(k-2,0)$, also $kK(k,0) = (k-1)K(k-2,0)$. Fortsetzung dieser Reduktion führt zur Beh. Entsprechend läßt sich $K(k,n)$ auf eines der $K(0,0)$, $K(1,0)$, $K(0,1)K(1,1)$ reduzieren.
(**3**) Vermöge $x := \cos t$ gelangt man zu $K(K(2k+1,0))$.
(**4**) Sei $J(a,b)$ das Integral von $a$ bis $b$. Dann $J(0,\pi) = J(0,2^{-1}\pi) + J(2^{-1}\pi,\pi)$. Das zweite Integral rechterhand ist vermöge $x = \pi - y$ gleich $\pi\int_0^{\pi/2}(\sin y)(1+\cos^2 y)^{-1}dy - J(0,2^{-1}\pi)$ und hier ist das erste Integral gleich $\pi[-\operatorname{arc} tg(\cos y)]_0^{\pi/2} = \pi^2/4$.
(**6**) Betr. (I) und (II). Es gilt $x \in J \leftrightarrow a+b-x \in J$, ferner für $J' := [2^{-1}(a-b); 2^{-1}(b-a)]$ gilt $z \in J' \leftrightarrow m \pm z \in J$. Für $x := m - z$ kommt $2g(x) = f(m-z) + f(m+z)$ und $2u(x) = f(m-z) - f(m+z)$, also $2\int_a^b u dx = \int_a^b f dx - \int_a^b f(a+b-x)dx = 0$, also $\int_a^b f dx = \int_a^b g dx = 2\int_a^b g dx$. – (III) Man hat $a := 0$, $b := \pi$; $f^+ := (\pi - x)\sin x : (1+\cos^2 x)$, also $2g = \pi\, d(-\operatorname{arc tg}\cos x)/dx$, woraus das Ergebnis von (4) folgt.
(**7**) $f(x) - f(a) = \int_a^x f'(z)\,dz = (xf'(x) - af'(a)) - \int_a^x zf''(z)\,dz = f'(a)(x-a) + x\int_a^x f''(x)\,dx - \int_a^x zf''(z)dz = f'(a)(x-a) + \int_a^x (x-z)f''(z)dz$. Induktion: $\int_a^x (x-z)^{n-1}f^{(n)}(z)dz = [-n^{-1}(x-\xi)^n f^{(n)}(\xi)]_{\xi=a}^{\xi=x} + n^{-1}\int_a^x (x-z)^n f^{(n+1)}(z)dz$. Der Rest ist $(n!)^{-1}\int_a^x (x-z)^n f^{(n+1)}(z)dz$. Ist etwa $f^{(n+1)}$ l. k. in $J$, so existiert $F(x) = \int_a^x f^{(n+1)}(z)dz$ mit $f^{(n)}(x) = f^{(n)}(a) + F(x)$. Ist $f^{(n+1)}$ beschränkt, so gibt es, wegen $0 \leqq (x-z)^n$ für $a \leqq z \leqq x$ ein $c$ mit $c\int_a (x-z)^n dx = \int_a^x (x-z)^n f^{(n+1)}(z)dz$ (vgl. 9.5.7.), wobei $\inf\{f^{(n)}(x) : x \in J\} \leqq c \leqq \sup\{f^{(n)}(x) : x \in J\}$. Demnach existieren $x', x'' \in J$ mit $x' < x''$ und $f^{(n)}(x') \leqq c \leqq f^{(n)}(x'')$. Nach der Zwischenwerteigenschaft von $f^{(n)}$ gibt es also ein $\xi \in J$ mit $c = f^{(n)}(\xi)$. Wegen $\int_a^x (x-z)^n dz = (n+1)^{-1}(x-a)^{n+1}$ ergibt sich die Lagrangesche Form des Restgliedes.
(**8**) Nach Definition ist $t^{-n-1}B_0(t) = d^n(x^{-1}f(x))/dx^n$. Es genügt zu zeigen, daß die $n$-te Ableitung von $t^{-1}f(t) = ((n-1)!)^{-1}\int_a^t (t-z)^{n-1}z^{-(n+1)}B_0(z)dz$ gleich $t^{-n-1}B_0(t)$ ist. Aber Differentiation nach $t$ liefert z.B. $d(\int_a^t (t-z)^m g(z)dz)/dt = m\int_a^t (t-z)^{m-1}g(z)dz$ (vgl. 9.7.8.2.) Wiederholung liefert daher die Beh. – Zur Verifizierung der Formel für $B_\mu$ beachtet man, daß aus der Formel für $f$ sich (wieder durch Differentiation nach dem Parameter $t$) ergibt: $(t^{-1}f^{(\mu)}(t))^{n-\mu} = t^{-(n+1)}B_0(t) + \mu((n-\mu)!)^{-1}\int_a^t (t^{-1}(t-z)^{n-\mu})^{n-\mu}z^{-(n+1)} B_0(z)dz + \mu((n-\mu)!)^{-1}(-1)^{n-\mu}c_{u-1}t^{-(n-\mu+1)}$. Aber $(t^{-1}(t-z^{n-\mu-1})^{n-\mu}) = (n-\mu)!\, t^{-(n-\mu+1)}z^{n-\mu}$ (8.9.8., (1) (II)).

**9.7.6.** (**1**) Log. Spirale: $x(\tau) = r\cos\tau$, $y(\tau) = r\sin\tau$, $r = \exp(a\tau)$. Evolute: $X = ra\sin\tau$, $Y = ra\cos\tau$. Für geeignetes $\beta$ wird $ra = \exp(a(\tau-\beta))$. Also die Evolute kongruent zur Spirale vermöge Drehung um $\beta$.
(**2**) Zykloide. Es sei $a$ der Radius des abrollenden Kreises und $b$ der Abstand des mit ihm fest verbundenen Punktes $p$ von Zentrum dieses Kreises; der „Wälzungswinkel" sei $\tau$. Die Bahn von $p$ sei mit $Z(a,b)$ bezeichnet. Für $a = b$ ergibt sich die gewöhnliche, für $a < b$ die verschlungene und für $b < a$ die gestreckte Zykloide. Entsprechend wie für $Z(a,a)$ hat man für $Z(a,b)$ die Darstellung $x(\tau) = a\tau - \beta\sin\tau$, $y(\tau) = a - b\cos\tau$. Dem-

nach $x(\tau + 2\pi) = x(\tau) + 2a\pi$, also $Z(a, b)$ erzeugbar durch Translation des Bogens $(x, y)|[0; 2\pi]$ längs der $x$-Achse um $2al\pi$, $l \in \mathbb{N}^+$. Krümmung $k = (x'y'' - x''y') : (x'^2 + y'^2)^{3/2}$, also hier $k = b(a\cos\tau - b) : (a^2 + b^2 - 2a\cos\tau)^{3/2}$. – Spitzen existieren genau für $a = b$, $\tau = 2n\pi$. Zwischen je zwei benachbarten Spitzen ist $Z(a, a)$ konkav und besitzt genau einen Scheitel (für $\tau = (2m + 1)\pi$). – Betr. gestreckte $Z(a, b)$, also $b < a$. Keine Spitzen und keine Doppelpunkte, letzteres weil $x(\tau) = x(\tau')$ mit $\tau < \tau' \rightarrow a = b\cos\tau''$ mit $\tau'' \in (\tau; \tau')$, was wegen $b < a$ unmöglich. Dagegen gibt es Wendepunkte. – Betr. verschlungene $Z(a, b)$, also $a < b$. Keine Wendepunkte. Keine Spitzen. Doppelpunkte für $a\tau - b\sin\tau = a\tau' - b\sin\tau'$ und $\cos\tau = \cos\tau'$ mit $\tau \neq \tau'$; daher $\tau' = \pm\tau + 2m\pi$ und $a\tau - b\sin\tau = a(\pm\tau + 2m\pi) - b\sin(\pm\tau)$. Für $+\tau$ ist $m = 0$, also $\tau = \tau'$, gegen die Vor. Für $-\tau$ hat man $2a\tau = 2am\pi + 2b\sin\tau$, also $\tau = m\pi + a^{-1}b\sin\tau$, sodaß mit $\tau$ auch $\tau + 2k\pi$ Lösung. Daher genügt die Kenntnis der Lösungen $\tau \in (-\pi; \pi)$, für die $|m| < 1 + b(\pi a)^{-1}$ und $|\tau - m\pi| \leqq ba^{-1}$. – Betr. Epi- bzw. Hypozykloide bezeichnet mit $E(A; a, b)$ bzw. mit $H(A; a, b)$. Dabei sei $K_A(K_a)$ der feste (bewegliche) Kreis mit dem Zentrum $Z_A(Z_a)$ und $b$ der Abstand des mit dem $K_a$ fest verbundenen, bewegten Punktes $p$ von $Z_a$. Als „Wälzungswinkel" $\tau$ wird erklärt der im mathematisch positiven Sinne gemessene Winkel der positiven $x$-(Halb-)Achse $H_x$ mit der Halbgeraden, die $Z_A$ als Anfangspunkt besitzt und durch den Berührungspunkt von $K_A$ mit $K_a$ geht. Für den Winkel $w(\tau')$, um den sich die $p$ enthaltende, von $Z_a$ ausgehende Halbgerade $P(\tau)$ gedreht hat, wenn $\tau'$ erreicht ist, gilt $w(\tau') = Aa^{-1}\tau'$. Daher ist der Winkel, den $P(\tau)$ mit $H_x$ bildet, für $E(A; a, b)$ bzw. $H(A; a, b)$ gleich $\tau + w(\tau) - \pi$ bzw. $\tau - w(\tau)$ (Daraus die Parameterdarstellungen vermöge Orthogonalprojektion der Strecken $Z_A Z_a$ und $Z_a p$ auf die $x$- bzw. $y$-Achse):

$E(A; a, b) : x = (A + a)\cos t - b\cos(1 + Aa^{-1})t;\ y = (A + a)\sin t - b\sin(1 + Aa^{-1})t.$

$H(A; a, b) : x = (A - a)\cos t + b\cos(1 - Aa^{-1})t;\ y = (A - a)\sin t + b\sin(1 - Aa^{-1})t.$

Die Diskussion verläuft ganz entsprechend wie die für $Z(a, b)$.

(3) Ellipse. Evolute: $(aX)^{2/3} + (bY)^{2/3} = (a^2 - b^2)^{2/3}$; $k'(t) = 0 \leftrightarrow (a - b)\sin 2t = 0$, Maxima bzw. Minima genau für $t = 0$, $t = \pi$ bzw. $t = \pi/2$, $t = 3\pi/2$.

(4) und (5). Hier ist $x = t$, $y = f(t)$, also $X = x - f'(1 + f'^2) : f''$, $Y = y + (1 + f'^2) : f''$, $R^2(f'')^2 = (1 + f'^2)^3$. Ein Scheitel liegt vor für jede Nullstelle von $R'$ mit Vorzeichenwechsel.

(6) Lemniskate. $X = 2a\cos^3 t : 3(\cos 2t)^{1/2}$; $Y = -2as\sin^3 t : 3(\cos 2t)^{1/2}$.

(7) Im Folgenden bedienen wir uns der Anschaulichkeit wegen geometrischer Schlüsse, ohne letztere in alle Einzelheiten auszuführen. Wir deuten $(x, y)$ als Punkte mit rechtwinkeligen, kartesischen Koordinaten $x$, $y$ in der Ebene und betrachten nur Punkte aus $Q := \{(x, y) : x, y \in \mathbb{R}^+\} \setminus \{(1, 1)\}$. Man bezeichne das $(x, y)$-Bild einer Lösung von $(\mathfrak{X})$ bzw. $(\mathfrak{Y})$ als Lösungskurve, kurz LK. – (I') Die Gesamtheit der LK von $(\mathfrak{X})$ und $(\mathfrak{Y})$ ist enthalten in der den Relationen: $(I')$ $\ln(xy) = x + y + C$ mit $C =$ konst. genügenden Kurven. (Man erhält (I') durch Integration (Trennung der Variablen) von $(\mathfrak{X})$ oder $(\mathfrak{Y})$). Für jede Lösung

von (I') besitzen $x$ und $y$ eine positive untere Schranke. Denn andernfalls existieren Folgen $(x_n)_n$, $(y_n)_n$ mit $(x_n, y_n) \in Q$ und z. B. $\lim_n x_n = 0$. Dann ist $\lim_n y_n = +\infty$; dies folgt aus (I'), weil sich daraus für $x = x_n$, $y = y_n$ bei beschränktem $y_n$ ein Widerspruch herleitet; und für $\lim y_n = +\infty$ und $\lim x_n = 0$ folgt jetzt aus (I'), daß $\ln(x_n y_n) \rightsquigarrow +\infty$, also $x_n y_n \rightsquigarrow +\infty$. Wegen $x_n \rightsquigarrow 0$ ist also $x_n < y_n$ für schl. a. $n$, mithin $0 < x_n y_n < y_n^2$. Daraus folgt jetzt $y_n^{-1} \ln(x_n y_n) < y_n^{-1}\, 2 \ln y_n \rightsquigarrow 0$. Aus (I') ergibt sich $y_n^{-1} \ln(x_n y_n) = x_n y_n^{-1} + 1 + y_n^{-1} C$. Darin konvergiert die rechte Seite gegen 1, die linke gegen 0 (vgl. 8.8.6.2., (I)). Widerspruch. Entsprechend ergibt sich ein Widerspruch bei der Annahme, daß, bei z. B. beschränkten $x_n$, die $y_n$ nicht beschränkt seien. Somit ist jede LK beschränkt und fremd zur $x$- und $y$-Achse. – (II') Durch jeden Punkt $(\bar{x}, \bar{y}) \in Q$ geht genau eine LK von $(\mathfrak{X})$ oder von $(\mathfrak{Y})$ bzw. von $(\mathfrak{X})$ und $(\mathfrak{Y})$, je nachdem $x \neq 1$ oder $y \neq 1$ bzw. $x \neq 1 \neq y$. Dies folgt aus 9.3.0. Denn z. B. $p(x, y) := (x^{-1} - 1)(y - 1)^{-1} y$ ist lateral konvergent bezüglich $x$ und genügt bezüglich $y$ für $x \in {}^+(a; +\infty) \subset (0; +\infty)$ und $y_1, y_2 \in T$ mit $T := {}^+(c; +\infty) \subset (1; +\infty)$ bzw. $T := (-\infty; d) \subset (-\infty; 1)$ einer Lipschitzbedingung $|p(x, y_1) - p(x, y_2)| \leqq M \cdot |y_1 - y_2|$ mit $M := |a^{-1} - 1|(c-1)^{-2}$ bzw. $M := |a^{-1} - 1|(d-1)^{-2}$. Ferner ist jede LK Vereinigung von (endlich vielen) Konvexbogen; denn zweimalige Differentiation von $\ln(xy) \doteq x + y + C$ etwa nach $x$ liefert $y''(y^{-1} - 1) = (y' y^{-1})^2 + x^{-2}$, also $y'' > 0$ bzw. $< 0$ für $0 < y < 1$ bzw. $y > 1$ (wobei $(x, y) \in Q$). – (III') Gemäß (II') besitzt jede LK weder Endpunkte in $Q$ noch mehrfache Punkte. Gemäß (I') ist daher jede LK eine in $Q$ enthaltene einfache geschlossene Kurve, die $(1, 1)$ umschließt; denn andernfalls gibt es eine Folge von LK $K_m$ derart, daß $K_{m+1}$ von $K_m$ umschlossen wird, aber $(1, 1)$ nicht umschließt; und wegen (II') gibt es $K_m$ beliebig kleinen Durchmessers; es existiert also ein Punkt $p$, der von den $K_m$ beliebig kleinen Durchmessers umschlossen wird. Da die LK paarweise fremd sind, geht durch $p$ keine LK, obwohl $p \in Q$. Widerspruch zu (II').

**9.7.7.2.** Bew. Betr. (II): Partielle Integration.

Betr. (III): Bei l. a. $u, v$ ist etwa $v = cu$, $c$ konst., also $C = 0$. Zum Bew. der Umkehrung beachte man: Jede Lösung von $L(y) = 0$ ist eindeutig bestimmt durch ihre „Anfangswerte“ $y(x_0)$, $y'(x_0)$ mit $x_0 \in J$ (beliebig) (vgl. 9.7.7.1.). Daher ist $y$ triviale Lösung genau dann, wenn $y(x_0) = y'(x_0) = 0$ für (mindestens) ein $x_0 \in J$. Sind daher $u, v$ beide nicht trivial und ist $P(u, v) = 0 (= u(x_0) v'(x_0) - u'(x_0) v(x_0))$, wobei $x_0$ so gewählt werden kann, daß etwa $u'(x_0) \neq 0$ (andernfalls wären $u$ und $v$ beide Konstante, also l. a. und nichts zu beweisen), so gilt $y(x_0) = y'(x_0) = 0$, wenn $y = v'(x_0) u - u'(x_0) v$. Somit ist $y$ trivial und $u, v$ sind l. a. Haben $u$ und $v$ oder $u'$ und $v'$ eine gemeinsame Nullstelle, so sind $u, v$ l. a.

Betr. (IV) Ist $y(x_n) = 0$, $n = 1, 2, \ldots$, mit $x_n \neq x_m$ für $n \neq m$, so besitzen die $x_n$ einen Häufungspunkt $h$. Ferner existieren (nach dem Rolleschen Satz) unendlich viele $x'_m$ mit $y'(x'_m) = 0$, wobei $h$ ebenfalls Häufungspunkt der $x'_m$ ist. Da $y$ stetig differenzierbar ist, folgt $y(h) = y'(h) = 0$, also $y$ trivial (Ziff. (III). Sind $u, v$ l. u. und $x', x''$ benachbarte Nullstellen von $u$, so ist $u(x)v'(x) - u'(x)v(x) = C \neq 0$ (Ziff. (III)). Daher $-u'(x')v(x') = C = -u'(x'')v(x'') \neq 0$. Da in $(x'; x'')$ keine Nullstellen von $u$ liegen, ist $u'(x')u'(x'') < 0$, also $v(x')v(x'') < 0$. Daher enthält $(x'; x'')$ eine Nullstelle von $v$ und zwar, wie weiter folgt, genau eine.

Betr. (V) Es muß $p_1^{-1} d\left(p_1 \dfrac{d\eta}{d\xi} \cdot \dfrac{d\xi}{dx}\right)/dx + p_2 \eta = 0$ sein, also $d\xi/dx = p_1^{-1}$, woraus $\xi$ als Funktion von $x$ mit $d\xi/dx \neq 0$, also $X = (\xi \longmapsto x(\xi))$ bekannt ist.

Betr. (VI) Gemäß (II) ist $\int_a^b(-y_1\lambda_2 q y_2 + y_2\lambda_1 q y_1)dx = 0$.

**9.7.8.1.** Setzt man $A := A(x; t, h) := f_2'(x, t) - (f(x, t+h) - f(x, t)) \cdot h^{-1}$, so ist zu zeigen, daß $\bigwedge_{\varepsilon>0} \bigwedge_{t\in T} \bigvee_{d>0} \bigwedge_{x\in D} \bigwedge_h 0 < |h| < d \rightarrow |A| < \varepsilon$. Aber $A = f_2'(x, t) - f_2'(x, t + \Theta h) = -f_{22}''(x, t + \bar{\Theta} \cdot \Theta \cdot h)\Theta h$ mit $|\Theta| < 1$, $|\bar{\Theta}| < 1$. Nach Vor. ist $|f_{22}''| < M < +\infty$ in $P$. Setzt man daher $d := \varepsilon M^{-1}$, so ist $|A| < \varepsilon$ für $|h| < d$.

**9.7.8.2.** $\Delta F = F(t + \Delta t) - F(t) = \int_a^{g+\Delta g} f(x, t + \Delta t)dx - \int_a^g f(x, t)dx = \int_a^g (f(x, t + \Delta t) - f(x, t))dx + \int_g^{g+\Delta g} f(x, t + \Delta t)dx$, also $\Delta F/\Delta t = \int_a^g ((f(x, t + \Delta t) - f(x, t))/\Delta t)dx + (\Delta g/\Delta t) f(g(t) + \Theta\Delta g, t + \Delta t)$ mit $0 < \Theta < 1$. Wegen $\Delta g \rightsquigarrow 0$ für $\Delta t \rightsquigarrow 0$ und der Stetigkeit von $f$ (Vor. (1)) sowie der gleichgradigen Differenzierbarkeit von $f$ folgt jetzt die Beh. aus 9.2.5. – Ein entsprechender Satz unter wesentlich schwächeren Vor. in Bd. III; 3.6.3.2.

**9.7.9.** Die Lösungen von $f' = -f\ln|f|$ mit $f \neq 0$ sind $f = \pm\exp(C\exp(-x))$ (denn $\int (f\ln|f|)^{-1} f = \ln|\ln|f|| = -x + C''$, also $\ln|f| = C'\exp(-x)$ und $f = +\exp(C\exp(-x))$ ($C$ Integrationskonstante); dabei ist $f$ in $\mathbb{R}$ erklärt. Es genügt $p(j, f)$ keiner Lipschitzbedingung bezüglich $f$; denn die Ableitung und damit die Differenzenquotienten von $f\ln|f|$ sind in keinem Intervall $(0; a)$ beschränkt.

**9.7.10.** Gemäß 9.1.4. besitzt $F := (\int_j^b f) \cdot (\int_a^j g)$ $A$-fast überall die l. k. rechtsseitige Ableitung $D^+ F(x) = g(x) \int_x^b f(z)dz - f(x) \int_a^x g(y)dy$. Ebenfalls gemäß 9.1.4. ist $\int_a^b D^+ f(x)dx = F(b) - F(a) = 0 = \int_a^b g(y)(\int_y^b f(x)dx)dy - \int_a^b f(x)(\int_a^x g(y)dy))dx$. – Allgemeiner in Bd. III., 3.6.3.1.

**9.7.11.1.** Beispiel 2. In $\int \sin(x^2)dx$ setze $x = y^{1/2}$; dann gelangt man zu $2^{-1} \int_1^{+\infty} y^{-1/2} \sin y dy$; da $|\int_a^x \sin x dx| \leqq 2$, konvergiert das Integral ($s = 1/2$). – Betr. die Fälle $s \leqq 0$. Es ist $2 = \int_u^v \sin x dx$ für $u = 2k\pi$, $v = (2k+1)\pi$, $k \geqq 1$. Und $\int_u^v x^s \sin x dx > \int_u^v \sin x dx$ für $s > 0$, weil $1 \leqq u \leqq x$, also $1 \leqq x^s$ und $\sin x \geqq 0$ für $x \in [u; v]$.

**9.7.11.2.** Aus der absoluten Konvergenz von $\int_D f dx$ folgt wegen $-|f| \leqq f \leqq |f|$ und 9.6.2. (Vergleichskriterium) die Konvergenz. Beispiel für Konvergenz ohne absolute: $D := (1; +\infty)$ und $f := (x \longmapsto (-1)^{n+1} n^{-1})$ für $x \in^+ (n; n+1)$, $n \in \mathbb{N}^+$. Es konvergiert $\int_D f(x)dx = \sum_{n\geqq 1} (-1)^{n+1} n^{-1}$, nicht aber $\int_D |f(x)|dx$ (Vgl. 5.3.1., Beisp. 2a, 3a).

Satz: (1) Nach Vor. $|g| \leqq m < +\infty$ in $D$, also $|gf| \leqq m|f|$ und $\int_D m|f(x)|dx$ konvergiert. Nun folgt die Beh. aus 9.6.2., da $fg$ in jedem $[a; b] \subset D$ integrierbar ist. – (2) 9.6.2.

**9.7.11.3.** **(0)** **(I)** Es sei $\varepsilon > 0$. Zufolge Vor. ist $f$ in $D := [a; b]$ beschränkt und gleichmäßig stetig, also $|f| \leqq A < +\infty$ und $|f(x') - f(x'')| < \varepsilon$, falls $|x' - x''| < \delta = \delta(\varepsilon)$. Mit $m > \max\{\varepsilon^{-1}, 2\pi\delta^{-1}\}$, $q := 2\pi m^{-1}$ sei $n \in \mathbb{N}^+$ so, daß $b - a \leqq (n+1)q < (b-a) + 1$.
Für $J_\mu := [a + \mu q; a + (\mu+1)q]$, $\mu = 0, 1, \ldots, n-1$, und $J_n := [a + nq; b]$ ist dann $D = \bigcup_{\nu=0}^{n} J_\nu$. Mit $r_\nu \in J_\nu$ gilt $\bigwedge_{x \in J_\nu} |f(x) - f(r_\nu)| < \varepsilon$, also $\int_{J_\nu} f(x) \sin mx\, dx = f(r_\nu) \int_{J_\nu} \sin mx\, dx + R$ mit $|R| \leqq \varepsilon q$. Da die Länge von $J_\mu$, $\mu = 0, 1, \ldots, n-1$, gleich $q$ und $mq = 2\pi$ ist, gilt $\int_{J_\mu} \sin mx\, dx = 0$, aber $\int_{J_n} \sin mx\, dx = m^{-1}(\cos mnq - \cos mb)$. Somit $|\int_D f(x) \sin mx\, dx| \leqq 2Am^{-1} + \varepsilon(b-a) < (2A + (b-a))\varepsilon$. – **(II)** Partielle Integration liefert $\int_a^b f(x) \sin mx\, dx = -m^{-1}([f(x)\cos mx]_a^b - \int_a^b f'(x) \cos mx\, dx)$. – **(III)** $\int_a^b x^{-1} f(tx)\, dx = \int_{at}^{bt} z^{-1} f(z)\, dz$. Weil $J$ existiert, wird das Integral rechterhand beliebig klein, wenn $at$ und $bt$, also $t$ hinreichend groß. – **(IV)** Es sei $\varepsilon > 0$ und $U_\mu := (a_\mu; b_\mu)$, $\mu = 1, \ldots, m$, Umgebung von $x_\mu$ mit $0 < b_\mu - a_\mu < (2m)^{-1}\varepsilon$. Weil $F := [a; b] \setminus \bigcup_\mu U_\mu$ kompakt und $1 - |f|$ in $F$ stetig sowie positiv ist, gibt es $\eta$ mit $0 < \eta < 1$ und $|f(x)| \leqq \eta$, also $|f(x)|^n \leqq \eta^n$ für $x \in F$. Somit $|\int_a^b f^n dx| \leqq \int_F |f|^n dx + \sum_\mu \int_{U_\mu} |f|^n dx \leqq (b-a)\eta^n + 2^{-1}\varepsilon < \varepsilon$ für schl. a. $n$.
**(1)** Es ist $(a^2 + b^2 j^2)^{-1} \in O(j^{-2})$ für $x \rightsquigarrow +\infty$. Zur Ausrechnung: Gemäß 9.2.3.3. ist $\int_0^z (\alpha^2 + \beta^2 x^2)^{-1} dx = (\alpha \cdot \beta)^{-1} \operatorname{arc\,tg} z$ und $\operatorname{arc\,tg} z \rightsquigarrow 2^{-1}\pi$ für $z \rightsquigarrow +\infty$.
**(2)** Durch $n$-malige partielle Integration ergibt sich $\int x^n \exp(-x)\, dx \sim p_n(x)\exp(-x) + n! \int \exp(-x)\, dx$, wobei $p_n$ Polynom in $x$ mit $p_n(0) = 0$. Wegen 8.8.6.2., (III), ist $p_n(x) \exp(-x) \rightsquigarrow 0$ für $x \rightsquigarrow +\infty$, während $\int_0^{+\infty} \exp(-x)\, dx = 1$.
**(3)** Folgt aus 9.7.1., (2), wegen $\exp(-\alpha 0) = 1$ und $\exp(-ax) \rightsquigarrow 0$ für $x \rightsquigarrow +\infty$.
**(4)** Vermöge $x := tg z$, erhält man $\int_0^{\pi/2} \cos^{2k-2}(x)\, dx$ und gemäß 9.7.3., (2), die Beh.
**(5)** Die Integranden gehören in der Nähe von $x = c$ zu $O(|c - x|^{-t})$, wobei $t = 2^{-1}$ und $c = 1$ für (A), $c = a$ für (B), $c = a$ sowie $c = b$ für (C). Aber z.B. $\int_{x'}^{c} (c - x)^{-1/2} dx$ existiert ($x' < c$), also jedes der Integrale (A)–(C) über eine Umgebung von $x = c$ und damit über $[0; 1]$ usw. (9.7.11.2., Satz. (2). Betr. Berechnung. Zurückführung von (A) auf $K(\mathrm{m}, 0)$ (9.7.3., (2)) vermöge $x = \sin z$, von (B) auf $2a^m K(0, 2m)$ vermöge $x = a\cos^2 z$, von (C) vermöge $x = a + (b-a)\sin^2 z$ auf $\int_0^{\pi/2} dz$.
**(6)** Nach Vor. ist $|f(x)| < M < +\infty$ in einer Umgebung $U$ von $b$ (in $D$), also über $U$ und damit über $D$ absolut integrierbar.
**(9)** Betr. Existenz von $S(n, m)$ für $n \geqq 2$. Denn es ist $f = (j^{-1} \sin j)^n (\cos j)^m$ stetig in ${}^+(0; +\infty)$ und $f \in O(j^{-2})$ für $x \rightsquigarrow +\infty$. Die Existenz von $S(1, m)$ ergibt sich durch Integration von (c) der „Anleitung zum Beweis" (kurz: „Anl."), da die Integrale rechterhand gemäß Anl. (b) existieren; zugleich ergibt sich $S(1, m) = rS(1, 0)$ mit $r \in \mathbb{Q}^+$. – Betr. Anl. (a). Für $0 < a < b < +\infty$ und $t > 0$ ist $\int_a^b x^{-1} \sin tx\, dx = \int_{ta}^{tb} z^{-1} \sin z\, dz$; wegen $t > 0$ folgt die Beh. für $a \rightsquigarrow 0$, $b \rightsquigarrow +\infty$. – Betr. Anl. (b). Es ist $2 \sin px \cos qx = \sin(p+q) \pm \sin|p-q|$ je nachdem $p - q \geqq 0$ bzw. $p - q < 0$. Wegen Anl. (a) existiert aber $\int_0^{+\infty} x^{-1} \sin(p+q)x\, dx = \int_0^{+\infty} x^{-1} \sin|p-q|x\, dx = S(1, 0)$. – Betr. Anl. (c). Vgl. 5.6.4. – Betr. Anl. (d). Ergibt sich durch Integration von $x^{-1}(\sin x \cos x)^m = 2^{-m+1}(2x)^{-1}(\sin 2x)^m$. – Betr. Anl. (e). Setze $s := \sin$, $c := \cos$. Partielle Integration liefert $\int x^{-n} s^n c^m dx \sim (-n+1)^{-1}$

$x^{-n+1}s^n c^m - (-n+1)^{-1}\int x^{-n+1}(ns^{n-1}c^{m+1} - ms^{n+1}c^{m-1})dx$. Wegen $s^{n+1}c^{m-1} = s^{n-1}c^{m-1}(1-c^2)$ ist das Integral rechterhand äquivalent mit $(n+m)\int x^{-(n-1)}s^{n-1}c^{m+1}dx - m\int x^{-(n-1)}s^{n-1}c^{m-1}dx$. Schließlich ist $x^{-(n-1)}s^n c^m = (x^{-1}s)^{n-1}sc^m \rightsquigarrow 0$ für $x \rightsquigarrow 0$ sowohl als für $x \rightsquigarrow +\infty$, falls nur $n \geqq 2 (m \geqq 1)$. – Betr. $S(n,m) = rS(1,0)$. Zur Abkürzung werde $\sum_{\varkappa=1}^{k} a_\varkappa S(n_\varkappa, m_\varkappa)$ als eine lineare Verbindung (über $\mathbb{Q}$), kurz l. V., der $S(n_\varkappa, m_\varkappa)$ bezeichnet, wenn $\bigwedge_\varkappa a_\varkappa \in \mathbb{Q}$. Gemäß Anl. (c) und (b) genügt es, jedes $S(n,m)$ mit $n \geqq 2$ l. V. von $S(1,m_\varkappa)$, $m_\varkappa \geqq 0$, darzustellen. Nun zeigt aber Anl. (e), daß $S(n,m)$ für $n \geqq 2$ l. V. von $S(n-1,m+1)$ und $S(n-1,m-1)$ ist. Für $n=2$ ist man fertig. Für $n \geqq 3$ und $n \leqq m$ ergibt fortgesetzte Anwendung von Anl. (e) wieder eine l. V. von $S(1,m_\varkappa)$. Ist aber ($n \geqq 3$ und) $n > m$, so reduziert man vermöge Anl. (e) zunächst $S(n,m)$ auf eine l. V. von $S(n-m,\mu)$ mit $0 \leqq \mu \leqq 2m$, wobei o.B.d.A. $n - m \geqq 2$. Für $\mu = 0$ hat man (Anl. (d)) $S(k,0) = 2^{-k+1}S(k,k)$ mit $k = n-m$, sodaß der schon erledigte Fall $n = m$ vorliegt; entsprechend hat man für $n - m \leqq \mu$ den schon erledigten Fall $n \leqq m$. Hingegen hat man für $1 \leqq \mu \leqq n-m$ die dem Fall $n > m$ entsprechende Reduktion zu wiederholen. Nach endlich vielen Schritten bricht diese Reduktion ab.

(**10**) Frullani-Integrale. $\int_{t'}^{t''}(f(ax)-f(bx))x^{-1}dx = \int_{at'}^{at''}y^{-1}f(y)dy - \int_{bt'}^{bt''}y^{-1}f(y)dy = \int_{at'}^{bt'}y^{-1}f(y)dy - \int_{at''}^{bt''}y^{-1}f(y)dy = \int_a^b f(t'x)x^{-1}dx - \int_a^b f(t''x)x^{-1}dx$. – Betr. Beispiel. Es existiert $\int_0^1(\cos x - \cos bx)x^{-1}dx$, weil der Integrand für $x \rightsquigarrow 0$ einen endlichen Limes besitzt; und die Existenz von $\int_1^{+\infty}(\cos x - \cos bx)x^{-1}dx$ folgt aus 9.7.11.1., (2). Der Wert des Integrals ist $\ln b$. Entsprechend für das zweite Integral. Man beachte aber, daß beim ersten Integral $\int_0^{+\infty}x^{-1}\cos x\,dx$ nicht existiert, weil $\cos x \rightsquigarrow 1$ für $x \rightsquigarrow 0$; dem entsprechend ist der Beweis der Frullani-Formel zu modifizieren. Beim dritten Integral führt die Einführung von $y = \ln x$ zu einem, dem zweiten ähnlichen Integral und zum Wert $\ln((c+1)(d+1)^{-1})$.

**9.7.11.4.** Beispiele.

(**2**) Es sei $f(x,t) := (t^2+x^2)^{-1}$. Der angegebene Ausdruck für $\int_0^{+\infty}(t^2+x^2)^{-n}dx$ ergibt sich durch $(n-1)$ malige Differentiation von $\int_0^{+\infty}f(x,t)dx$ unter dem Integral nach $t$. Dazu ist zu zeigen: (I) die $k$-te Ableitung $f_t^{(k)}(x,t)$ von $f(x,t)$ nach $t$ ist beschränkt etwa in $P = {}^+(0;+\infty) \times [c;d]$, wobei $0 < c < d < +\infty$, $k \in \mathbb{N}^+$, sodaß $f_t^{(k-1)}$ gleichgradig differenzierbar ist bezüglich $x$ nach $t$ in $P$ (gemäß 9.7.8.1.). – (II) Es konvergiert $\int_0^{+\infty}f_t^{(k)}dx$ gleichmäßig (bezüglich $t \in [c;d]$). – *Betr.* (I) Es ist $f_t^{(k)}(x,t) = p_k(x,t)(f(x,t))^{k+1}$, wobei $p_k(x,t) = \sum_{\varkappa=0}^{k} a_\varkappa x^\varkappa t^{k-\varkappa}$, also $p_k(x,t) = r^{-k}p_n(rx,rt)$. Dies ist für $k=1$ richtig; für beliebiges $k$ ergibt es sich daraus durch Induktion. Somit $|f_t^{(k)}(x,t)| \leqq t^{-k-2}(\sum_\varkappa |a_\varkappa| s^\varkappa (1+s^2)^{-(k+1)}) \leqq c^{-k-2}(k+1)M_k$, wobei $s = xt^{-1} \geqq 0$, also $s^\varkappa(1+s^2)^{-(k+1)} < 1$, und $M_k := \max\{|a_\varkappa| : \varkappa = 0, 1, \ldots, k\}$. – *Betr.* (II) Es ist $|f_t^{(k)}(x,t)| \leqq M_k(\sum d^{k-\varkappa}x^\varkappa(c^2+x^2)^{-(k+1)})$ und die einzelnen Summanden sind absolut integrierbar über ${}^+(0;+\infty)$ (unabhängig von $t$). – Aus (I) und (II) folgt jetzt, daß Satz 2. anwendbar ist.

(**3**) (I) Die $k$-te Ableitung des Integranden nach $t$ ist $f_k(x,t) = x^{t-1}\exp(-x)(\ln x)^k$. Es genügt zu zeigen, daß $\int_0^1 f_k dx$ und $\int_1^{+\infty} f_k dx$ in $T'$ gleichmäßig konvergieren. – Zunächst existieren $\int_0^1 f_k(x; c)dx$ und $\int_1^{+\infty} f_k(x, d)dx$; für $x \rightsquigarrow 0$, weil $x^{c-1}(\ln x)^k \in O(x\alpha)$ mit $-1 < \alpha < c-1$ (8.8.6.2., IV.); für $x \rightsquigarrow +\infty$, weil $x^{d-1}(\ln x)^k \exp(-x) \rightsquigarrow 0$ stärker als jede negative Potenz von $x$ (8.8.6.2., (I) und (II)). In jedem $[a; b] \subset (0; 1)^+$ bzw. $[a; b] \subset {}^+(1; +\infty)$ gilt aber, wenn $J_1 := \int_a^b f_k(x, c)dx$ und $J_2 := \int_a^b f_k(x, d)dx$ gesetzt wird: $\bigwedge_{t \in T'}$ $\min\{J_1, J_2\} \leqq \int_a^b f_k(x, t)dx \leqq \max\{J_1, J_2\}$ und $J_1$ sowie $J_2$ werden absolut beliebig klein für hinreichend kleine bzw. große $a, b$. – (II) Gemäß (I) und 9.7.11.3., Satz 2., genügt der Nachweis der gleichgradigen Differenzierbarkeit von $f_k$ bezüglich $x$ nach $t$, also (9.7.8.1.) etwa die Beschränktheit von $f_{k+2}$ in $[a'; b'] \times T'$ bei beliebigen $[a'; b'] \subset D$, wobei o.B.d.A. $0 < a' < 1 < b'$. Es ist aber $|f_k(x, t)| \leqq \max\{(b')^d(\ln b')^{k+2}, 1, (a')^{c-1}|\ln a'|^{k+2}\}$. – (III) Es ist exp konvex, daher ist auch $(t \longmapsto x^{t-1}\exp(-x)(\ln x)^k = \exp((t-1)\ln x) \cdot \exp(-x)(\ln x)^k)$ konvexe Funktion von $t$ und alsdann ebenso das Integral über $x$.

(4) Ist $J := \int_0^{+\infty} \exp(-x^2)dx$, so $\int_0^{+\infty} \exp(-tx^2)dx = t^{-1/2} J$. Die Beh. folgt also durch $k$-malige Differentiation rechts und links nach $t$, falls „Differentiation unter dem Integral" zulässig ist; letzteres beweist man analog wie z. B. in (2). Der Wert von $J$ findet sich in 9.7.11.3., (7).

(5) Partielle Integration von $F'(t) = -\int_0^{+\infty} 2x\exp(-x^2)\sin(2tx)dx$ liefert $F'(t) = [\exp(-x^2)\sin(2tx)]_0^{+\infty} - 2t\int_0^{+\infty} \exp(-x^2)\cos(2tx)dx = -2tF$. Integration dieser Differentialgleichung ergibt (Trennung der Variablen) $F(t) = F(0)\exp(-t^2)$, wobei $F(0)$ aus 9.7.11.3., (7), zu entnehmen ist.

(6) Gliedweise Integration der Mac-Laurin-Reihe für $x^{-1}\ln(1+x)$, was wegen der gleichmäßigen Konvergenz von $\sum_n (-1)^{n+1} n^{-1} x^n$ in $[0; 1]$ erlaubt ist.

(8) Setze $f(0) := 1, f(x) := x^{-1}\sin x$ für $x \in \mathbb{R}^+$, ferner $J_n' := \int_0^{\pi/2} |f|^n dx$ und $J_n'' := \int_{\pi/2}^{+\infty} |f|^n dx$, wobei $J_n'$ und $J_n''$ für $n \geqq 2$ existieren. Wegen $|S(n, m)| \leqq J_n' + J_n''$ genügt es, $J_n' \rightsquigarrow 0$ und $J_n'' \rightsquigarrow 0$ für $n \rightsquigarrow +\infty$ zu beweisen. Nun ist $0 < f(x) < 1$ in $(0; \pi/2)$, weil $f'(x) = x^{-2}(x - tg\, x)\cos x \leqq 0$ in $(0; \pi/2)$; daher ist 9.7.11.3., (0) (IV), auf $f$ bzw. $J_n'$ anwendbar. Weiter ist $J_n'' \leqq (n-1)^{-1}(\pi/2)^{-(n-1)} \leqq \varepsilon$ für hinreichend großes $n$ (weil $2\pi^{-1} < 1$).

**9.7.12.3.** Beispiel. Hier ist $f(t) = \ln(1 + \exp(t^2)) = t^2 + \ln(1+u)$ mit $u := \exp(-t^2)$, sodaß $u' = -2tu$. Mithin $f'(t) = 2t - u'(1+u)^{-1}$, $f''(t) = 2 - 2u(1+u)^{-1} + 2tu'(1+u)^{-1} + (2tu)u'(1+u)^{-2}$. Wegen $\bigwedge_k t^k u \rightsquigarrow 0$ für $t \rightsquigarrow +\infty$ folgt $B_2(t) = t \cdot t^{-1} f'' \rightsquigarrow 2$, $B_1(t) = t^2(t^{-1}f')' \rightsquigarrow 0$ und $B_0 = t^3(t^{-1}f)'' \rightsquigarrow 0$.

**9.7.131.** *Torus.* $F = 4\pi^2$ *ca.* – *Ellipsoid*, bei Drehung um die große bzw. kleine Achse. Mit $\varepsilon^2 = a^{-2}(a^2 - b^2)$ ist $F = 2\pi b(b + a\varepsilon^{-1}\arcsin\varepsilon)$ bzw. $F = 2\pi(a^2 + b^2\varepsilon^{-1}\operatorname{arcsinh} \varepsilon ab^{-1})$. – *Kegel.* $F = \pi ah^2(1+a^2)^{1/2}$. – *Zylinder.* $F = 2\pi ch$. – *Zykloide.* $F = 3^{-1}64\pi a^2$.

**9.7.13.2.** *Torus.* $V = 2\pi^2 a^2 c$. – *Ellipsoid* (Drehung um die große Achse) $V = 3^{-1}4ab^2\pi$. – *Kegel.* $V = 3^{-1}\pi a^2 h^3$. – *Zylinder* $V = \pi r^2 h$. – *Zykloide.* $V = 5\pi^2 a^3$.

# Lösungen von Aufgaben des II. Bandes

**1.4.1.1.** Es folgt $(D)$ aus den plausibleren $(H)$ und $(S)$.

**1.4.6.** Vgl. dazu etwa Behnke, H. u.a., Grundzüge d. Math. III. (Göttingen, 1962), 169–170. – Statt „Adjungierte" wäre vielleicht die Bezeichnung „Graßmannsche Ergänzung" vorzuziehen (um Verwechselungen mit der „algraischen" Adjungierten zu vermeiden).

**1.7.3.2.** Siehe die zu 1.7.3. zitierte Arbeit von G. Aumann.

**2.3.2.1.** Auf Grund des Beweises in 2.3.0.1. folgt $(\alpha)$ aus $(s)$. – Der in $(\beta)$ erwähnte $X$-Sektor ergibt sich mit Hilfe der durch $(s)$ erklärten $\delta := \delta(\varepsilon)$ und $\delta' := \delta(x', \varepsilon)$, wobei $\varepsilon > 0, x' < \delta$, folgendermaßen: Es sei $\delta_n := \min\{\delta(1), \ldots, \delta(n^{-1}), n^{-1}\}$, $n \in \mathbb{N}^+$, also $\delta_{n+1} \leqq \delta_n$; ferner sei $\delta^*(x') := \min\{\delta'(x', n^{-1}), x'\}$ für $x' \in {}^+(\delta_{n+1}, \delta_n)$; schließlich sei $S_X := \{(x', t') : x' \in (0; 1) \wedge t' < \delta^*(x')\}$. Dann ist $g$ auf $S_X$ total konvergent gegen $\varphi_0$. – Umgekehrt: Gilt $(\alpha)$ und ist $S := \{(x', t') : t' < \tau(x')\}$ ein $S_X$-Sektor, auf dem $g$ total gegen $\varphi_0$ konvergiert, so hat man $|g(0, t) - \varphi_0| < 2^{-1}\varepsilon$ für $t < \delta_1(\varepsilon)$ und $|g(x', t') - \varphi_0| < 2^{-1}\varepsilon$ für $t' < \tau(x')$ und $x < \delta_2(\varepsilon)$. Hieraus folgt mit $\delta := \min\{\delta_1(\varepsilon), \delta(\varepsilon)\}$ und $\delta' := \tau$ die Aussage $(s)$.

**2.3.4.3.**, Satz 3, Anmerkung. Vor. (1) $f$ $X$-stetig; (2) $f$ $T$-monoton; (3) $f_T$ existiert u. ist $X$-stetig. – Beisp., daß weder (1) noch (2) noch (3) für die Giltigkeit von Satz 3 entbehrlich ist: Es sei $X[0; 1] := T$, $x_0 = t_0 = 0$, $z_0 = (0, 0)$. Betr. (1) $f(x, t) := t(x+t)^{-1}$ für $x \neq 0$ und $f(0, t) := 0$ (Es ist $f$ nicht $X$-stetig). Betr. (2) $f(x, t) := (x+t)^{-2}xt$ für $x + t > 0$ und $f(0, 0) := 0$ (Es ist $f$ nicht $T$-monoton). Betr. (3) $f(x, t) := (x+t)^{-1}x$ für $x + t > 0$ und $f(0, 0) = 0$ (Es ist $f_T$ nicht $X$-stetig). – Beweis zu (1). Es ist $f$ $T$-isoton, weil für $x \neq 0$ und $t' < t''$ gilt $t'(x + t'') < t''(x + t')$. Für $x \geqq 0$ existiert $f_T(x) = \lim_{t \rightsquigarrow 0} f(x, t) = 0$, ist also $X$-stetig. Die $T$-Konvergenz ist nicht lokal gleichmäßig, weil $f(rt, t) = (1+r)^{-1}$ für $r > 0$, also z. B. $f(x, t) = 2^{-1}$ für beliebig kleine $x, t$. – Zu (2). Es ist $f$ nicht $T$-monoton; denn für $x > 0$ ist $(x+t)^2 t'x - (x+t')^2 tx = x(t - t')(tt' - x^2) \gtreqless 0$ bei $t' < t$, je nachdem $tt' - x^2 \gtreqless 0$. Es ist $f$ $X$-stetig mit $\lim_{x \rightsquigarrow 0} f(x, t) = 0$ für alle $t$; ebenso existiert $f_T(x) = 0$ für alle $x$, ist also $X$-stetig. Wegen $f(rt, t) = (1+r)^{-2}$ ist die $T$-Konvergenz nicht lokal gleichmäßig. – Zu (3) Es ist $f$ $T$-antiton; denn für alle $x$ ist $x(x+t) \leqq x(x+t')$, wenn $t \leqq t'$. Es ist $f$ $X$-stetig für alle $t$. Aber $f_T$ ist nicht $X$-stetig; denn $f_T(x) = 1$ für $x \neq 0$ und $f_T(0) = 0$. Es ist $f(rt, t) = (1+r)^{-1} r$ für $r > 0$.

**2.3.4.4.**, Lemma. Ein Beweis findet sich in 3.20.3.

**2.4.7.**, Bew. des Satzes S. 132, vor Ziff. II. Abkürzung: *szv* := streckenzugverknüpft. – (A) Jedes *szv* $A \subset \mathbb{R}^n$ ist zusammenhängend. Sonst $A = A' \cup A''$ mit $A' \cap A'' = \emptyset$ und in $A$ abgeschl. $A', A''$. Nach Vor. gibt es Str.-Zug $S$ mit $A' \cap S \neq \emptyset$ und $A'' \cap S \neq \emptyset$ und

$S = S' \cup S''$ mit $S' \cap S'' = \emptyset$ und $S', S''$ abgeschl. in $S$. Aber $S$ ist zusammenhängend. – (B) Sei $A$ offen, zus.-hängend, aber nicht *szv*. Es gibt $a', a'' \in A$ nicht *szv*. Aber $A' := \{x : x \in A$ und *szv* mit $a'\}$ ist offen, weil jedes $x \in A'$ eine konvexe Umgebung $U \subset A$ besitzt, so daß jedes $y \in U$ *szv* mit $x$, also mit $a'$ ist. Ebenso erweist sich $A'' := \{z : z \in A$ und *szv* mit $a''\}$ als offen (in $A$). Wegen $A' \cap A'' = \emptyset$ Widerspruch.

**2.4.7.**, Ziff. II. Der Streckenzug, gebildet aus 2 Seiten eines in $X$ gelegenen Dreiecks, ist (in $X$)homotop zur 3. Seite. – Beweis d. Aufg. durch Anwendung dieser Bemerkung, schrittweise auf $\mathfrak{w}$ unter Berücksichtigung der Konvexität von $X$. – Ziff. III., Satz 1: In beliebig kleiner Umgebung von $\mathfrak{w}$ gibt es $x_0$ mit $x_1$ verbindende Streckenzüge, die $\mathfrak{w}$ eingeschrieben sind.

**2.4.9.1.** (Gleichmäßige Konvergenz und Stetigkeit des Limes).
*Aus* (1) *folgt* (2). Nach Vor. (2) gibt es zu $\varepsilon > 0$ ein $\delta_1 > 0$ mit $(q, t) < \varepsilon$ für $0 < q < \delta_1$ und $|t, t_0| < \delta_1$. Wegen der Kompaktheit von $X$ gibt es zu $\varepsilon > 0$ endlich viele $x_1, \ldots, x_n \in X$ und ein $q' < \delta_1$ derart, daß $|F(x), F(x_\nu)| < \varepsilon$ für alle $x \in K_\nu$, wobei $K_\nu := \{x : x \in X \wedge |x, x_\nu| < q'\}$ und wobei die $K_1, \ldots, K_n$ ganz überdecken. Ferner gibt es ein $\delta_2 \in (0; \delta_1)$ so, daß $|f(x_\nu, t), F(x_\nu)| < \varepsilon$ für $|t, t_0| < \delta_2$ und $\nu = 1, \ldots, n$. Zu beliebigem $x \in X$ gibt es ein $\mu$ mit $x \in K_\mu$. Für alle $x \in X$ und alle $t$ mit $|t, t_0| < \delta_2$ erhält man daher

$$|F(x), f(x, t)| \leqq |F(x), F(x_\mu)| + |F(x_\mu), f(x_\mu, t)| + |f(x_\mu, t), f(x, t)| < 3\varepsilon.$$

*Aus* (2) *folgt* (1). Dies ergibt sich unmittelbar aus

$$|F(x), F(x')| \leqq |F(x), f(x, t)| + |f(x, t), f(x', t)| + |f(x', t), F(x')|.$$

Denn der erste und dritte Summand rechterhand ist (wegen der gleichmäßigen Konvergenz $f \rightsquigarrow F$, unabhängig von $x$ und $x'$) für hinreichend kleines $|t, t_0|$ beliebig klein; ferner ist der mittlere Summand $\leqq p(|x, x'|, t)$ und daher (gemäß Vor. (2)) beliebig klein für hinreichend kleine $|t, t_0|$ und $|x, x'|$.

**2.4.9.2.** Wegen der lokal gleichmäßigen Konvergenz von $(P_m)_m$, also der Stetigkeit von $P$ in $y_0 := \lim_n Q_n(x_0)$, gilt $P \circ Q(x_0) = P \circ \lim_n Q_n(x_0) = \lim_m(\lim_n P_m \circ Q_n(x_0)) = \lim_m (\lim_n Q_n \circ P_m(x_0)) = Q \circ \lim_m P_m(x_0) = Q \circ P(x_0)$.

**2.4.17.4.** Aufgabe 1. – Betr. (A) Es sei $\mathfrak{u}$ eine abzählbare Basis von $D$, wobei es zu je 2 verschiedenen $x, x' \in D$ verschiedene $U, U' \in \mathfrak{u}$ gibt. – (1) Es sei $W$ die Menge etwa der Maxima von $f$. Zu jedem $w \in W$ existiert definitionsgemäß ein $x \in D$ und ein $U \in \mathfrak{u}$ mit $x \in U$ und $f(y) \leqq f(x)$ für $y \in U$. Da zu verschiedenen $w', w'' \in W$ verschiedene $x', x''$ mit $f(x') = w', f(x'') = w''$ gehören, also nach Vor. auch verschiedene $U$, folgt die Abzählbarkeit von $W$. – (2) Ist $x_s$ etwa starke Maximumstelle, so gibt es ein $U \in \mathfrak{u}$ mit $x_s \in U$ und $f(y) < f(x_m)$ für $y \in U \setminus \{x_m\}$. Da die $f(x_m)$ abzählbar sind, folgt die der $x_m$. – Betr. (B).

Es sei $C$ das in I., 5.5.3., konstruierte Cantorsche Diskontinuum in $[0;1]$. Jedes der disjunkten offenen Intervalle $J_n \subset [0;1] \setminus C$ sei Durchmesser eines in $y > 0$ gelegenen Halbkreises $H_n$. Dann ist $G := \bigcup_n \bar{H}_n$ Graph eines stetigen $f: D \to \mathbb{R}_0^+$ mit $C$ als einer Menge von (nicht starken) Minimumstellen; aber $C$ ist nicht abzahlbar.

**3.2.3.** Bei Giltigkeit des Mittelwertsatzes würde es zu gegebenen $t' \neq t''$ ein $t$ geben, sodaß $((\cos t' - \cos t''):(\sin t' - \sin t''):(t' - t'')) = (-\sin t:\cos t:1)$, also $(\cos t' - \cos t'')^2 + (\sin t' - \sin t'')^2 = (t' - t'')^2$ und daher $(\sin 2^{-1}(t' - t''))^2 = (2^{-1}(t' - t''))^2$, was nur für $t' = t''$ möglich ist.

**3.3.5.3.** Betr. Vorbemerkung z. Bew. Setze $q =: \lambda_2 \lambda_1^{-1} =: tg\varphi$ mit $\varphi \in (0; 2^{-1}\pi)$. Für $\Delta x := \lambda_1 e_1 + \lambda_2 e_2 = (e_1 + q e_2)\lambda_1$ gilt dann $\Delta x |\Delta x|^{-1} = (\lambda_1^2 + \lambda_2^2)^{1/2} \Delta x = (e_1 + e_2 q)\cos\varphi$, also $|\Delta x|\Delta x|^{-1} - e_1| = 2\sin 2^{-1}\varphi < q$, letzteres wegen $\cos\varphi < \cos 2^{-1}\varphi$ und mithin $2\sin 2^{-1}\varphi < 2\sin 2^{-1}\varphi \cos 2^{-1}\varphi : \cos\varphi = q$.

**3.5.1.,** Anmerkung. Nach (III)′ sei etwa $F(x_0 - \delta, y_0) < 0 < F(x_0 + \delta, y_0)$. Da $F$ stetig, gibt es eine Umgebung $Y' \subset Y$ von $y_0$ mit $F(x_0 - \delta, y) < 0 < F(x_0 + \delta, y)$ für $y \in Y'$. Daher gibt es zu jedem $y \in Y'$ ein $\xi = G(y)$ mit $x_0 - \delta < G(y) < x_0 + \delta$ und $F(G(y), y) = 0$; insbesondere ist $G(y_0) = x_0$ (wegen (III)′). Für jeden Limespunkt $(\xi', y_0)$ von $(G(y), y)$ für $y \rightsquigarrow y_0$ gilt $x_0 - \delta \leqq x' \leqq x_0 + \delta$ und wegen der Stetigkeit von $F$ auch $F(\xi', y_0) = 0$. Wegen (III)′ folgt $\xi' = x_0$ also die Stetigkeit von $G$ in $y_0$. Es kann $X' = (x_0 - \delta; x_0 + \delta)$ gesetzt werden.

**3.5.3.1.** Beweis des Zusatzes. Wegen der freien Differenzierbarkeit gilt $F(x'', y) - F(x', y) = dF(z_0)(x'' - x') + R$ mit $|R| < \varepsilon |x'' - x'|$ für beliebiges $\varepsilon > 0$ für alle $(x', y)$, $(x'', y)$ aus einer passenden Umgebung von $z_0 := (x_0, y_0)$, sodaß mit $L := dF(z_0)$ gilt $|F(x'', y) - F(x', y) - L(x'' - x')| < \varepsilon |L^{[-1]}| |L(x'' - x')| = q|L(x'' - x')|$ mit $0 < q < 1$, falls $\varepsilon |L^{[-1]}| < 1$. Damit sind die Vor. in 2.1.5.1., Satz, erfüllt.

**3.7.3.3.** Betr. Bew. d. Satzes. Für $y_i := y(x; x_0, y_0; w_i)$, $i = 1, 2$, (und $\varepsilon := (b - a)L|w_1 - w_2|$) gilt $|y_1(x) - y_2(x)| \leqq |\int_{x_0}^{x} (p(\xi, y_1(\xi), w_1) - p(\xi, y_2)(\xi), w_2)))d\xi| \leqq |L \int_{x_0}^{x} (|w_1 - w_2| + |y_1(\xi) - y_2(\xi)|)d\xi| \leqq L|w_1 - w_2|(b - a) + L|\int_{x_0}^{x} |y_1(\xi) - y_2(\xi)| d\xi|$. Nach 3.7.2., (IV), folgt die Beh. d. Satzes.

**3.7.3.4.** In 3.7.0., (D), führt man $y_0$ als Parameter ein vermöge Ersetzung von $y$ durch $y_0 + y$, wobei dann $(y_0 + y)' = y'$. Nun Anwendung von 3.7.3.4., Satz.

**3.7.4.** Für $x = 0$ ist $\exp y = 1 + y = 1 + y + 2^{-1}y^2 + \ldots$, also $y(0) = 0$. Es sei $h(y) := 2(\exp y - 1 - y)$. Wegen $h'(y) > 0$ für $y > 0$ ist $h$ streng isoton und $h := (y \mapsto h(y) = x^2)$ für $y > 0, x > 0$ injektiv. – Die Ungleichung linkerhand ergibt sich aus $0 < 2^{-1}(2 + x)^2 = \exp y - y \leqq \exp y$. – Die Ungleichung rechterhand wird mit Hilfe des vorangehenden Satzes verifiziert: Dazu sei $f(x) := \alpha \ln(2 + x^2)$ mit $\alpha := (\ln 2)^{-1/2}$, also $\alpha > 1$, und $G(x, y) :=$

$x(y+2^{-1}x^2)^{-1}$; zu beweisen ist dann $y<f(x)$. Es ist aber (das durch $H(x,y)=0$, $x\geqq 0, y\geqq 0$, bestimmte) $y$ Lösung der Diffgl. $y'=G(x,y)$, wie aus $dH/dx=0=y'(\exp y-1)-x$, also $y'=x(\exp y-1)^{-1}=x(y+2^{-1}x^2)^{-1}$ folgt. Die Vor. (1) des Satzes ist also erfüllt, ebenso Vor. (2) wegen $y(0)=0<f(0)=\alpha\ln 2$ und $y'(0)=0=f'(0)$. Schließlich ist Vor. (3), d.h. $G(x,f)<f'(x)$, gleichwertig mit $x(\alpha\ln(2+x^2)+2^{-1}x^2)^{-1}<2\alpha x(2+x^2)^{-1}$ oder, wenn $x>0$, mit $(2+x^2)<2\alpha(\alpha\ln(2+x^2)+2^{-1}x^2)$; diese letzte Ungleichung ist aber für $x>0$ richtig, weil $2\alpha^2\ln 2=2$ und $\alpha>1$.

**3.12.5.** Betr. Beweis siehe 3.20.11. Dort muß es heißen 3.12.5. statt 3.13.5.

**3.13.5.** Betr. Beweis siehe 3.20.12.

**3.14.3.** Betr. 4. Beispiel. – Die Wurfbahn ist gegeben durch $x=x(t,u):=ta\cos u$ und $y=y(t,u):=ta\sin u-2^{-1}gt^2$ (wobei $t$ die Zeit). Elimination von $t$ aus $x-x(t,u)=0$ und $y-y(t,u)=0$ liefert als Wurfbahn eine Parabel $B$ mit der Gleichung $B(x,y,u)=0=x^2g-xa^2\sin 2u+y2a^2\cos^2 u$. Und Elimination von $u$ aus $B(x,y,u)=0=B_{|u}(x,y,u)$ ergibt als Einhüllende: $x^2g^2+y2ga^2-a^4=0$, also einen Parabelbogen $P$ in der Halbebene $y\geqq 0$. Jeder Punkt „innerhalb" $P$ ist Schnittpunkt zweier Wurfparabeln (sofern $x\neq 0$) („direkter" bzw. „indirekter Schuß"). Suprema der Wurfhöhe bzw. der Wurfweite sind $y_0=(2g)^{-1}a^2$ bzw. $x_0=g^{-1}a$.

5. Beispiel. Es sei $x^2+y^2-1=0$ mit $2^{-1}\leqq x\leqq 1$ die Gleichung des Spiegels. Einfallsrichtung des Lichtstrahls sei die der $+x$-Achse. Ist $u$ der Winkel, den der im Punkt $(x,y)$ des Kreises einfallende Strahl mit dem in $(x,y)$ endenden Kreisradius bildet, so wird der reflektierte Strahl geliefert durch die Gleichung $g(x,y,u)=0=y-s-(x-c)\operatorname{tg}2u$, wenn $s:=\sin u$, $c:=\cos u$, also $g_{|u}=c+s\operatorname{tg}2u-(x-c)2(\cos 2u)^{-2}=0$ oder $0=2c(\cos 2u)^{-2}-2x(\cos 2u)^{-2}-c-s\operatorname{tg}2u=0$. Daraus $x=4^{-1}(3\cos u-\cos 3u)$ und $y=4^{-1}(3\sin u-\sin 3u)$. Elimination von $u$ liefert als Gleichung der Katakaustik: $(4(x^2+y^2)-1)^3-27y^2=0$.

6. Beispiel. Es sei $G$ die $x$-Achse, $q=(x=0, y=c>0)$ und $(\operatorname{ctg}\varepsilon, 0)$ der Punkt von $G$, in dem der zu betrachtende Strahl $S$ einfällt, also $\varepsilon$ der Winkel zwischen $S$ und der $+y$-Richtung (Der Fall $(-\operatorname{ctg}\varepsilon,0)$ erledigt sich ebenso). Ist $\gamma$ der Winkel zwischen gebrochenem Strahl $B$ und der $(-y)$-Richtung, so liegt $(0,\operatorname{tg}\varepsilon\operatorname{ctg}\gamma)$ auf $B$. Es ist also $0=y\operatorname{tg}\gamma+x-\operatorname{ctg}\varepsilon=0$ Gleichung einer Einhüllenden $H$. Setzt man $n:=\sin\varepsilon:\sin\gamma$, so ergibt sich bei konstantem $n$ für $H$ die Gleichung $((cn)^{-1}y)^{2/3}+((cn)^{-1}x(1-n^2)^{1/2})^{2/3}=1$. Je nachdem $n<1$ oder $n>1$ ist dies die Gleichung der Evolute einer Ellipse bzw. Hyperbel. Im Falle einer Ellipse hat diese die Gleichung $a^{-2}n^2y^2+a^{-2}n^2(1-n)^2)^{-1}x^2=1$ mit den Brennpunkten $(x=0, y=\pm a)$.

7. Beispiel. Kanalflächen. Es sei $r$ der gemeinsame Radius der Kugeln; der Ort der Zentra sei $(a_1(u), a_2(u), a_3(u))$. Dann hat man $f=0=\sum_i(x_i-a_i(u))^2-r^2$ und $f_{|u}=2(\sum_i(x_i-a_i)a_{i|u}=0$. Speziell für $a_1=a\cos u, a_2=a\sin u, a_3=0$ liefert die Elimination von $u$ als Gleichung der Kanalfläche: $(x_1^2+x_2^2+x_3^2+a^2-r^2)^2-4a^2(x^2+y^2)=0$.

**3.14.3.** Aufgabe. Die Einhüllende ergibt sich durch Nullsetzen der partiellen Ableitung von (0) $z = \alpha x + \beta(\alpha) y^2$ nach $\alpha$, also aus $0 = x + \beta' y^2$. Diese Gleichung liefert wegen $y > 0$ und $\beta'' \neq 0$ eindeutig $\alpha$ als Funktion von $x$ und $y$, also $\alpha = A(x, y)$. Einsetzen von $A(x, y)$ in (0) an Stelle von $\alpha$ ergibt $Z(x, y) = Ax + \beta(A) y^2$ und dieses $Z$ genügt der Differentialgleichung.

**3.18.3.**, Satz3, Bew. – Nur dann. Ist $f$ $n$-mal differenzierbar in $D$, dann gilt die Beh. (2) des 2. Satzes, also auch Beh. (1). – Dann. Zufolge Satz 2., (1) $\longrightarrow$ (2), besitzen alle ausgezeichneten Deriviertenfunktionen $D(f^{(n-2)})$ von $f^{(n-2)}$ für jedes $x \in D$ je den gleichen Wert, d.h. es existiert $f^{(n-1)}$ in $D$ mit $D(f^{(n-2)}) = f^{(n-1)}$. Da aber gemäß Satz 2., (2), die Derivierte $D(f^{(n-2)})$ differenzierbar in $D$ ist, existiert $f^{(n)}$ in $D$.

**3.20.6.** Bew. von Satz 1. Das Produkt der Eigenwerte von $Q(A)$, d.h. der Nullstellen von $\det(A - \lambda E) = 0$, sie seien etwa $\lambda_1, \ldots, \lambda_n$, ist gleich $\det A$. Transformiert man $A$ auf die Diagonalform $A' = (\lambda_\mu \delta_{\mu\nu})_n^{\mu,\nu=1}$, so liefern die Produkte $\lambda_1 \ldots \lambda_\mu$, $\mu = 1, \ldots, n$ die Werte der $J'_\mu$ von $A'$. Bei der Transformation von $A$ in $A'$ (etwa gemäß 2.2.3.1.) sind aber jedenfalls die Vorzeichen der $J'_\mu$ gleich denen der $J_\mu$.

**3.20.9.** Betr. Kreuzen usw. Mit der Vor. $v(\varphi) = \sin\varphi$ handelt es sich um die Minimalisierung von $((x, y) \mapsto x^{-1}(x^2 + y^2) + |x - x_1|^{-1}((x - x_1)^2 + (y - y_1)^2)$ mit $x \neq 0$ und $y \neq y_1$. Die Funktion ist stationär in $(x, y)$, wenn $x^{-1} y + |x - x_1|^{-1}(y - y_1) = 0$ und $x^{-2} y^2 + (x - x_1)^{-2}(y - y_1)^2 = 2$ falls $x > x_1$ bzw. $-x^{-2} y^2 + (x - x_1)^{-2}(y - y_1)^2 = -2$ falls $x < x_1$. Hieraus ergeben sich durch Diskussion der verschiedenen Möglichkeiten die Behauptungen.

# Lösungen von Aufgaben des III. Bandes

**1.1.1.2.**, (2.1.) Anwendung der Rechenregeln in I., 1.6.3.1.
(2.6.) (c). (1) Mit $\boldsymbol{C} := \boldsymbol{C}_E$ und $R, R' \in \mathfrak{R}$ gilt $\boldsymbol{C}(R \cap R') = \boldsymbol{C} R \cup \boldsymbol{C} R' \in \mathfrak{C}$ und $\boldsymbol{C} R \cap \boldsymbol{C} R' = \boldsymbol{C}(R \cup R') \in \mathfrak{C}$, aber $\boldsymbol{C} R \backslash \boldsymbol{C} R' = R' \backslash R \in \mathfrak{R}$ und nicht immer $\in \mathfrak{C}$, z.B. wenn $\mathfrak{R} \cap \mathfrak{C} = \emptyset$. – (2) $R \cup \boldsymbol{C} R' \in (\mathfrak{R} \cup \mathfrak{C})_s$, ferner $R \backslash \boldsymbol{C} R' = R \cap R' \in \mathfrak{R}$ und $\boldsymbol{C} R \backslash R' = \boldsymbol{C}(R' \cup R) \in \mathfrak{C}$.

**1.1.4.**, Anmerkung 1., betr. $\mathfrak{c} \subset \mathfrak{k}_\sigma$. Es sei $X$ die Menge der Punkte $x := (\xi_1, \ldots, \xi_n)$ mit rationalen Zahlen $\xi_\nu$, $\nu = 1, \ldots, n$, also $X \subset \mathbb{R}^n$, Es ist $X$ abzählbar und dicht in $\mathbb{R}^n$. Weiter sei $\mathfrak{K}$ die Menge der abgeschlossenen Kugeln $K(x, r)$ mit $x \in X$ als Zentrum und rationalem Radius $r$; es ist $\mathfrak{K}$ abzählbar mit $\mathfrak{K} \subset \mathfrak{k}$. – Nun sei $G \in \mathfrak{o}$. Zu beliebigem $z \in G$ gibt es rationale $\alpha > 0$ mit $\{y : |z - y| < \alpha \wedge y \in \mathbb{R}^n\} \subset G$. Weil $X$ dicht in $\mathbb{R}^n$, gibt es aber $x \in X$ mit $z \in K(x, \beta) \subset G$, wobei $\beta := 2^{-1}\alpha$. Wegen der Abzählbarkeit von $\mathfrak{K} \subset \mathfrak{k}$ folgt $\mathfrak{o} \subset \mathfrak{k}_\sigma$.

**1.1.5.2.** Beweis. Es sei $I := \{0, 1\}$ und $S_{\nu 0} := S_\nu$ sowie $S_{\nu 1} := \boldsymbol{C} S_\nu$, $\nu = 1, 2, \ldots$ Für jedes $n \in \mathbb{N}^+$ gilt $E = \bigcap_{\nu=1}^{n} (S_{\nu 0} \cup S_{\nu 1}) = \bigcup S_{1 i_1} \cap \ldots \cap S_{n i_n}$, wobei $\bigcup$ zu erstrecken ist über alle $2^n$ verschiedenen $(i_1, \ldots, i_n) \in I^n$. Die $S_{1 i_1} \cap \ldots \cap S_{n i_n}$ sind disjunkt und liefern eine Zerlegung $\mathfrak{Z}_n$ von $E$, die durch $S_1, \ldots, S_n$ bestimmt ist und deren Elemente die Elemente der von den $S_\nu$ erzeugten Algebra $\mathfrak{A}_n$ sind. Es ist $\mathfrak{Z}_{n+1}$ Verfeinerung von $\mathfrak{Z}_n$ und $\mathfrak{A}_n \subset \mathfrak{A}_{n+1} \subset \mathfrak{A}$, wo $\mathfrak{A}$ die von $\mathfrak{S}$ erzeugte Algebra bezeichnet. Aber jedes Element von $\mathfrak{A}$ ist Erzeugnis einer endlichen Anzahl von $S_\nu$, mithin enthalten in einem der $\mathfrak{A}_n$. Somit ist $\mathfrak{A} = \bigcup_n \mathfrak{A}_n$.

**1.3.3.** Analog wie in 1.1.2.2., Satz, Bew., betr. (1), setze man $S_1' := S_1$, $S_\mu' := S_\mu \cap \boldsymbol{C} T_\mu$, wobei $T_\mu := S_1 \cup \ldots \cup S_{\mu-1}$.

**1.4.** Betr. (1) Vgl. I., 1.6.3.1., Satz 5.
Betr. (2) Vgl. I., 1.6.3.1., Aufg. 7., (c).
Betr. (3) Vgl. I., 1.6.3.1., Aufg. 7, (a), und $Q_r \backslash Q_r' \cap Q_r \subset \bigcup_{r,\iota} Q_r \backslash Q_r \cap Q_\iota'$.
Betr. (3a) Es sei $Q_r \backslash Q_\iota' := Q_r \backslash Q_\iota' \cap Q_r$ und $Q := \bigcup_r Q_r$. Aus $Q_\iota' \subset Q_r$ und (3) folgt $U := \bigcup_r (Q_r \backslash Q_r') \subset V := \bigcup_{r,\iota} (Q_r \backslash Q_\iota') \subset Q$, sodaß $V \subset U$ oder $V \cap (Q \backslash U) = \emptyset$ zu zeigen bleibt. Aber $Q_r' \subset Q_r \subset Q \to Q \backslash (Q_r \backslash Q_r') = (Q \backslash Q_r) \cup Q_r' \to Q \backslash U = \bigcap_s (Q \backslash (Q_s \backslash Q_s'))$ (gemäß (2)) $= \bigcap_s ((Q \backslash Q_s) \cup Q_s') \to V \cap (Q \backslash U) = (\bigcup_{r,\iota} (Q_r \backslash Q_\iota')) \cap (\bigcap_s ((Q \backslash Q_s) \cup Q_s')) \subset \bigcup_{r,\iota} (Q_r \backslash Q_\iota') \cap ((Q \backslash Q_r) \cup Q_r') \cap ((Q \backslash Q_\iota) \cup Q') = \bigcup_{r,\iota} (Q_r \backslash Q_\iota') \cap ((Q \backslash Q_r) \cap (Q \backslash Q_\iota) \cup Q_r' \cap Q_\iota') = \emptyset$.
Betr. (4) Setze $Q := \bigcap_r Q_r$, $Q' := \bigcap_\iota Q_\iota'$, $U := \bigcup_r (Q_r \backslash Q_r')$. Dann $Q_r \backslash Q_r' \subset U \to \bigcup_r (Q_r \backslash Q_r') \subset U \to Q \backslash \bigcap_r Q_r' = Q \backslash Q' \subset U$ (vgl. (2)). Entsprechend beweist man die zweite Formel (4).
Betr. (5) Folgt aus (4) wegen (für $Q := \bigcup_r Q_r$ und $Q' := \bigcup_\iota Q_\iota'$) $Q + Q' = (Q \backslash Q') + (Q' \backslash Q) \subset \bigcup_r (Q_r \backslash Q_r') + \bigcup_r (Q_r' \backslash Q_r) = \bigcup_r (Q_r + Q_r')$. Und daraus die erste Formel (5).

**1.8.1.**, Beispiel 3. – Bei offenem $T$ ist $1_T : V \longrightarrow \{0, 1\}$ $u$-stetig, weil $i_T$ in $T$ konstant (also stetig) und sonst Null ist. – Umgekehrt: Bei $u$-stetigem $i_T$ ist $T$ offen, weil sonst ein $y \in T$ existiert, also $i_T(y) = 1$, mit zu $y$ beliebig benachbarten $z \in V \backslash T$, für die also $1_T(z) = 0$.

**1.8.1.**, Aufg. nach Satz 2. – Betr. (1). Die Beweise zu I., 7.5.2.1., übertragen sich im wesentlichen unverändert auf den allgemeinen Fall, weil in I. nur die Topologie im dortigen (speziellen) Definitionsbereich $V := \mathbb{R}^1$ benützt wird. – Betr. (2). Beweis wie für Satz 1., wenn die Stetigkeit gemäß der Anleitung oder gemäß I., 7.5.5.1., für ein $F : V \longrightarrow \bar{\mathbb{R}}^1$ erklärt wird.

**1.8.3.2.**, Kennzeichnung der extremen $F$. – Skalen. – Beispielsweise betr. die untere extr. Sk. $(q \longmapsto [f < q])$: Daß diese Abbildung die fragliche (erste) Gleichung erfüllt, folgt aus der Dichtheit von $Q$ in $\mathbb{R}^1$. – Umgekehrt folgt aus dem Bestehen dieser Gleichung, daß $S$ isoton ist, sodaß nach Satz 1. eine Funktion $f$ existiert mit $[f < q'] \subset S(q') \subset [f \leqq q']$ für alle $q' \in Q$. Läßt man hierin $q'$ gegen $q$ gehen, so folgt $[f < q] \subset S(G) \subset [f \leqq q]$.

**2.2.** Bemerkungen. – Betr. (1) Bedarf keines Beweises. – Betr. (2). Es seien $A, B, C \in \mathfrak{R}$ mit $A \cap B = \emptyset$ und $C = A \cup B$. Zu $\longrightarrow$. Wegen ($\alpha$) $f(A) + f(B) = f(C)$ und $f > -\infty$ ist $f(C) - f(A)$ sinnvoll nur für $f(A) < +\infty$. Dann gilt aber ($\beta$) $f(C) - f(A) = f(B)$. – Zu $\longleftarrow$. Bei $f(A) < +\infty$ ist $f(C) - f(A)$ sinnvoll; es gilt also ($\beta$) und dann ($\alpha$). – Ist aber $f(A)$ und $f(B)$ gleich $+\infty$, so gilt ($\alpha$), wenn $f(C) = +\infty$. Ist dagegen $f(C)$ endlich, so ist $f(C) - f(A)$ sinnvoll, sodaß $f(C) - f(A) = f(B)$ wäre. – Betr. (3) Zu $\longrightarrow$. Klar wegen $f(\emptyset) = 0$. – Zu $\longleftarrow$. Aus $B = B \cup \emptyset$ und $f(B) < +\infty$ folgt $f(B) = f(B) + f(\emptyset)$, also $f(\emptyset) = 0$ und damit $f \geqq 0$.

**2.2.2.1.** Satz 3., Bew. – Beh. (I) Folgt wegen $D = \bigcup_k D_k$ mit $D_k \subset D_{k+1}$ aus der $\uparrow$-Stetigkeit von $i$ (gemäß Satz 1., Beh. (b)). – Beh. (II). Entsprechend wegen der $\downarrow$-Stetigkeit von $i$ (zufolge Satz 1., Zusatz). – Beh. (III). Ergibt sich aus (I) und (II). – Zusatz zu Satz 3.: Betr. (1). Nur wenn. Aus der $\ddot{u}$-Beschränktheit von $f$ folgt sowohl (als Spezialfall) die Subadditivität als die Isotonie. – Wenn. Es sei $R \subset R_1 \cup \ldots \cup R_t$, also $R = (R_1 \cap R) \cup \ldots \cup (R_t \cap R)$. Wegen der Subadditivität von $f$ gilt $f(R) \leqq f(R_1 \cap R) + \ldots + f(R_t \cap R) \leqq f(R_1) + \ldots + f(R_t)$. Letzteres wegen der Isotonie von $f$. – Betr. (2) Nur dann. Folgt aus Satz 1, Beh. (a). – Dann. Gemäß (1) ist $f$ isoton und daher, wegen $f(\emptyset) = 0$, nicht negativ.

**2.6.5.2.** Bew., daß $\mathfrak{A} \subset \mathfrak{M}_C$. – Es sei $B \in \mathfrak{A}$ und $Z \in \mathfrak{G}$. Definitionsgemäß gibt es $A = A(Z) \in \mathfrak{A}_{\sigma\delta}$ mit $Z \subset A$ und $f(Z) = i_Y(A) = i_Y(A \cap B) + i_Y(A \cap CB) \geqq f(Z \cap B) + f(Z \cap CB)$ (wegen $A \supset Z$ und $Z = (Z \cap B) \cup (Z \cap CB)$), also $B \in \mathfrak{M}_C$.

# Sachverzeichnis

# Berichtigungen zum 2. Band*)

| | |
|---|---|
| 15, 12↑ | $k > m$ statt $k \geqq m$ |
| 10↑ | $m > k$ statt $m \geqq k$ |
| 25, 7↑ | $L(X, X)$ statt $L(X, Y)$ |
| 28, 15↓ | beim letzten Quantor: $K$ statt $V$ |
| 29, 12↑ | $K \in \mathfrak{K}'$ statt $K \in \mathfrak{K}$ |
| 30, 4↓ | $\times \ldots \times$ statt $\cap \ldots \cap$ |
| 13↑ | $n$,1-Matrix statt 1,$l$-Matrix |
| 33, 11↑ | $\sigma(x, y)$ statt $\varrho(x, y)$ |
| 34, 17↑ | Bei $L$ statt Bei $f$ |
| 38, 19↓ | $1 \leqq i < j \leqq k$ statt $1 \leqq i \leqq j \leqq k$ |
| 40, 9↓ | zu streichen: $1 \leqq r, t \leqq n$ |
| 10/9↑ | $\operatorname{sgn}(v, u) \cdot \operatorname{sgn}(\gamma(v, u), t) = \operatorname{sgn}(v, \gamma(u, t)) \cdot \operatorname{sgn}(u, t)$ |
| | statt $\operatorname{sgn} \gamma(v, u), t) = \operatorname{sgn}(v, \gamma(u, t))$ |
| 44, 14↓ff. | $\mathfrak{F}$ statt $\mathfrak{K}$ |
| 53, 9↑ | $M \subset X$ statt $X \subset M$ |
| 8↑ | $\cup$ statt $\cap$ |
| 54, 7↓ | $(A, \mathfrak{u}_A)$ statt $(A, \mathfrak{u})$ |
| 55, 16↓ | $\mathfrak{u}$ feiner als $\mathfrak{u}'$ statt $\mathfrak{u}'$ feiner als $\mathfrak{u}$ |
| 61, 10↓ | einzufügen hinter und: , falls $T$ punktweise rational ist |
| 12↑ | $U(t) \in \mathfrak{v}(G(\mathfrak{u}))(t)$ statt $U(t) \in G(\mathfrak{u})(t)$ |
| | $X(t) \in \mathfrak{v}(G(\mathfrak{u}))(x)$ statt $X(t) \in \mathfrak{v}G(\mathfrak{u})(t)$ |
| 11↑ | $\mathfrak{v}(G(\mathfrak{u}))(x)$ statt $G(\mathfrak{u})(x)$ |
| 62, 7↓ | $\mathfrak{v}(G(\mathfrak{u}))(y)$ statt $G(\mathfrak{u})(y)$ |
| 71, 5↓ | $V \times V$ statt $V \times X$ |
| 74, 11↑ | $M_1$ statt $M$ |
| 76, 14↑ | quasikompakt statt kompakt |
| 78, 3↓ | $\not\subset$ statt $\subset$ |

*) Fehler, die vom Leser leicht korrigiert werden können, sind nicht angeführt. – Die Zahl vor dem Komma ist die Seitenzahl; die Zahl hinter dem Komma gibt die Zeilennummer an, ↓ von oben, ↑ von unten gezählt

83, 16↓ $f = \psi \circ f^* \circ \varphi^{[-1]}$ statt $f = \psi \circ f \circ \varphi^{[-1]}$
84, 7↑ $\bar{k}$ bzw. $\underline{k}$ statt $\bar{k}$
92, 4↓ vor $\leqq$ : $)^{p_\kappa}$ statt $^{p_\kappa})$
6↓ und $t$ statt und $k$
93, 11↓ $|^{p^2}$ statt $|^{p}$
12↓ $|x_{1\nu}|$ statt $|x_{1\nu}|^{p_1}$
106, 4/5↓ Es muß heißen: (3) $\underline{L}_M f$ ist antiton und $\bar{L}_M f$ ist isoton bzgl. $M$
(d.h. $\underline{L}_M f \leqq \underline{L}_{M'} f$ und $\bar{L}_M f \geqq \bar{L}_{M'} f$ für $M' \subset M$).
110, 6↓ $L_{S_Y}($ statt $L_Y($
117, 14↓ $\bigwedge_n$ statt $\bigwedge$
7↑ $t_0$ statt $y_0$
6/3↑ $D$-stetig statt $Z$-stetig
124, 10↓ $-1$ statt $1$
126, 8↑ $< \delta$ statt $\delta$
129, 12↑ $X$ statt $W$
130, 18/10↑ $X$ statt $X_0$
140, 14↑ $1_{B_t}$ statt $1_B$
141, 15↓ $0+$ statt $0+1$
154, 8↓ $x = Sx^*$ statt $x \mapsto\!\!\rightarrow Sx^*$
159, 11↑ $p$ statt $\bar{0}$
$\{p + \varrho u : \varrho \in \mathbb{R}^+\}$ statt $\{\varrho u : \varrho \in \mathbb{R}^+\}$
160, 14↑ einfügen: $p$ sei innerer Punkt von $G$
167, 13↑ $\kappa_1 < \ldots < \kappa_n$ statt $\kappa_1 \leqq \ldots \leqq \kappa_n$
168, 1↑ $\bigwedge_n$ streichen
171, 4↓ partiell differenzierbar statt partiell
173, 14↑ $\in V$ statt $\in L$
181, 9↓ $x' = p$ statt $x' \rightsquigarrow p$
194, 5↓ $= -$ statt $=$
7↓ $G'_{\kappa|\nu}$ statt $G_{\kappa|\nu}$ und $F'_{\tau|\nu}$ statt $F_{\tau|\nu}$
195, 2↓ $F_{\tau|\kappa}$ statt $F'_{\tau\kappa}$, $F'_{\tau|\nu}$ statt $F'_{\tau\nu}$
203, 8↓ abhängig statt unabhängig
248, 4↑ $\cos\psi$ statt $-\cos\psi$
250, 5↓ $\bar{p}_3$ ist nicht topologisch
254, 3↑ $\wedge$ statt $=:$
263, 9↓ $\mathfrak{x}_i$ statt $\chi$
276, 4↑ $-$ statt $=$
296, 11↓ff. $\alpha$ statt $\underline{\alpha}$
303, 10↑ 3.12.5 statt 3.13.5

FSC
www.fsc.org
MIX
Papier | Fördert
gute Waldnutzung
FSC® C083411

Zeitfracht Medien GmbH
Ferdinand-Jühlke-Straße 7
99095 Erfurt, Deutschland
produktsicherheit@kolibri360.de